含能材料译丛

装备科技译著出版基金

火炸药燃烧热化学
（第3版）

Propellants and Explosives: Thermochemical Aspects of Combustion (3rd Edition)

［日］久保田浪之介 著

徐司雨 姚二岗 裴 庆 赵凤起 译

国防工业出版社

·北京·

著作权合同登记　　图字:军-2018-044 号

图书在版编目(CIP)数据

火炸药燃烧热化学:第3版/(日)久保田浪之介著;徐司雨等译.
—北京:国防工业出版社,2019.9
书名原文:Propellants and Explosives
Thermochemical Aspects of Combustion(Third,
Revised and Updated Edition)
ISBN 978-7-118-11872-8

Ⅰ.①火⋯　Ⅱ.①久⋯　②徐⋯　Ⅲ.①火药-燃烧化学-热化学　②炸药-燃烧化学-热化学　Ⅳ.①TQ56　②O643.2

中国版本图书馆 CIP 数据核字(2019)第 116126 号

Translation from the English Language edition:
Propellants and Explosives:Thermochemical Aspects of Combustion
By Naminosuke Kubota
Copyright©2015 John Wiley & Sons, Ltd.

All Rights Reserved. Authorised translation from the English language edition published by John Wiley & Sons Limited. Responsibility for the accuracy of the translation rests solely with National Defense Industry Press and is not the responsibility of John Wiley & Sons Limited. No part of this book may be reproduced in any form without the written permission of the original copyright holder, John Wiley & Sons Limited.

本书简体中文版有 John Wiley & Sons,Ltd. 授权国防工业出版社独家出版发行。
版权所有,侵权必究。

※

国防工业出版社出版发行
(北京市海淀区紫竹院南路 23 号　邮政编码 100048)
三河市腾飞印务有限公司印刷
新华书店经售

＊

开本 710×1000　1/16　印张 31¾　字数 578 千字
2019 年 9 月第 1 版第 1 次印刷　印数 1—2000 册　定价 168.00 元

(本书如有印装错误,我社负责调换)

国防书店:(010)88540777　　　发行邮购:(010)88540776
发行传真:(010)88540755　　　发行业务:(010)88540717

译 者 序

本书是《火炸药燃烧热化学》的最新版,即第 3 版,由日本国际著名固体推进剂专家久保田浪之介(Naminosuke Kubota)教授编著。作者 20 世纪 70 年代初在美国普林斯顿大学攻读博士学位,师从美国著名的火箭推进与推进剂燃烧专家 Martin Summerfield 教授,主要研究含催化剂的双基推进剂的超速燃烧机理。回日本后在日本防卫厅本部第三研究所历任高级科学家和所长等职务,在火炸药燃烧领域颇有造诣,为日本首席固体推进剂专家,并跻身于固体推进剂研究的世界知名学者之列。作者于 2003 年首次来燃烧与爆炸技术重点实验室讲学,并赠送当时该书的第 1 版原版。鉴于该书具有很高的理论和实用价值,当时即在重点实验室内部组织人员对该书进行翻译校对,并由重点实验室内部出版。自该书的第 1 版出版以来,经过作者不断修订、丰富和完善,相继于 2007 年和 2015 年出版了该书的第 2 版和第 3 版,该书是火炸药燃烧热化学领域中难得的全面性论著之一。

本书全面系统地总结了火炸药燃烧热化学方面的理论和试验研究的成果与经验,内容涉及燃烧热化学理论基础,推进剂、发射药、炸药和烟火药的燃烧以及火箭发动机中推进剂的燃烧,是一本理论性和实用价值都很高的著作。全书共 15 章:第 1 章介绍了爆发动力学基础;第 2 章介绍了燃烧热化学基础;第 3 章介绍了火炸药燃烧过程中燃烧波的传播;第 4 章介绍了火炸药的能量性能;第 5 章介绍了聚合物和晶体氧化剂等的燃烧;第 6 章介绍了双基推进剂的燃烧;第 7 章介绍了复合固体推进剂的燃烧;第 8 章介绍了改性双基推进剂的燃烧;第 9 章介绍了炸药的燃烧;第 10 章和第 11 章介绍了含能烟火剂的组成和燃烧特性;第 12 章介绍了燃烧产物的散发特性;第 13 章介绍了火药与烟火药的瞬态燃烧特性;第 14 和第 15 章分别介绍了火箭发动机的推力控制以及冲压发动机的推进剂原理及固体火箭冲压发动机中推进剂的燃烧性能等。译者相信,本书的翻译出版将对我国从事火炸药研究、设计、生产和使用的专家、工程技术人员起到借鉴与促进作用。同时本书也可作为在读硕士、博士研究生的一本极有价值的参考书。

第 1 章至第 3 章由赵凤起翻译,第 4 章由张明翻译,第 5 章至第 9 章由徐司雨翻译，第10章至第13章由姚二岗翻译，第14章、第15章和附录由裴庆翻译。全书由徐司雨统稿，赵凤起审校。

值此书译本出版之际，衷心感谢国防工业出版社"装备科技译著出版基金"和西安近代化学研究所燃烧与爆炸技术重点实验室的大力支持。同时，我们也感谢国防工业出版社肖志力编辑对本书译稿的出版所付出的辛勤劳动。另外，还要感谢李上文研究员、宋秀铎研究员、高红旭研究员、郝海霞副研究员、王晗副研究员、仪建华研究员、姜菡雨工程师等同志在译稿整理和审校中给予的支持和帮助。

鉴于译者水平有限，译文中难免有不妥甚至错误之处，敬请读者批评指正。

译 者

2019 年 2 月于西安

第3版前言

与第1版和第2版类似,第3版主要还是介绍火炸药燃烧过程中最基本的一些内容。虽然这一版与第2版的章节设置基本相同,但该版在相应章节增加了一些与燃烧现象有关的更为有指导意义的说明和相应的实验数据,而且这一版还增加了一些火炸药实际应用中涉及的燃烧数据,而这些数据的获得则需要一些火炸药有关的更为先进的科技知识。

本书在第4章中,对常见含能材料的化学制备过程进行了详细阐述。在第6章中,对硝基聚合物常见的平台燃烧现象进行了详尽的论述以方便构建更为真实的燃烧模型。同时在第6章也对火箭发动机排气的烟焰特性进行了更为详尽的阐述。由晶态高氯酸铵(AP)颗粒和碳氢类高聚物组成的复合推进剂是目前应用最广泛的一类推进剂,这主要由于该类推进剂具有较高的能量,同时还具有很好的物理化学稳定性,但是AP类复合推进剂燃烧时会产生大量的氯化氢气体,而该气体由发动机喷管排出后会与空气中的水蒸气反应形成对环境有很大危害作用的盐酸,因此在第12章中重点介绍了一些燃气清洁的新型推进,即绿色推进剂。绿色推进剂主要由一些不含AP的新型含能材料组成,其物理化学性能目前也可满足实际应用的需要。

在第14章中介绍了一些脉冲式火箭发动机的设计概念。采用一级固体火箭发动机的导弹,在飞行总射程的后段是无动力飞行的,发动机关机时,导弹速度越高,射程越大。然而,导弹的阻力与飞行速度的平方成正比,在速度达到最大后阻力很大,无动力飞行时导弹必然很快减速,以致在弹道的末端难以再进行较大的机动。如果采用多级发动机分离的形式,无疑又增大了导弹武器的复杂程度,降低了可靠性。在固体发动机上实现多次点火,把原有的连续推力分配成多段,并控制各段推力的大小、持续时间和时间间隔,可显著改善固体发动机能量可控性差的缺点,极大地提高导弹武器的性能。采用多次点火技术的固体发动机即脉冲固体火箭发动机。脉冲固体火箭发动机通常由两个分离的燃烧室(助推燃烧室和续航燃烧室)和一个发动机喷管组成。助推燃烧室和续航燃烧室内推进剂的点火时间间隔通过精确控制以获得最优的飞行轨迹。

在此作者特别感谢曾经工作过的防卫厅第三研究中心的各位同事,以及

Asahi 化学公司、NOF 公司、Daicel 公司和 Nissan 发动机公司的各位工程技术研究人员,感谢他们在不同推进剂燃速数据方面所提供的巨大帮助。在我所从事的火箭冲压发动机项目研究中,许多有价值的空气动力学数据和燃烧数据均来自于 IHI 宇航公司,对此作者也深表感谢。作者还特别感谢在普林斯顿大学期间的导师 M. Summerfield 教授以及 L. H. Caveny 和 T. J. Ohlemiller 博士,感谢他们在平台双基推进剂燃烧机理研究方面所提供的特别有价值的讨论与建议。

久保田浪之介
2014 年 12 月于日本横滨

第 2 版前言

描述火炸药燃烧现象的基础即燃烧动力学,其主要关注的是可产生热和反应产物的热化学转变过程。火炸药燃烧产生的高温燃烧产物可形成推力、破坏力以及各种不同类型的机械力。与火炸药类似,烟火剂发生燃烧反应时主要产生高温的凝聚相和(或)气相燃烧产物。火药主要用于火箭发动机和枪炮武器中,并通过发生爆燃而产生推力,而烟火药主要用于与烟火有关的体系中,如冲压发动机、气体混合发动机以及点火器和照明弹中。第 2 版增加了烟火剂的热化学过程,以介绍其在火药和炸药中的潜在应用。

火药、炸药与烟火剂的燃烧特性主要取决于其不同的物理化学性能参数,如能量性能、氧/燃比、氧化剂的粒径和燃料组分的分解过程。虽然金属粉已作为火炸药中的高能燃烧组分以及烟火药中的重要组分使用,但其与氧化剂发生的氧化和燃烧过程仍然非常复杂,对该过程的机理研究也非常困难。

与第 1 版相同,第 2 版的第一部分主要介绍燃烧动力学基础,即主要介绍含能材料的燃烧基础。第二部分主要介绍含能材料的应用,即火药、炸药和烟火剂。同时还详细介绍和讨论了火箭发动机燃烧时可产生的瞬态燃烧、振荡燃烧、点火瞬间以及侵蚀燃烧现象。冲压发动机是一种新型的推进系统,其使用烟火剂后燃烧性能明显增强。

推进剂燃烧表面处通过边界层流动的传热、传质过程在火箭发动机的有效控制中起主要作用。在冲压发动机入口处形成激波是实现冲压发动机高推进性能的重要过程,因此在附录 B~D 中主要介绍了空气动力学和热传递方面的基础知识,以作为研究燃烧动力学的基础。

久保田浪之介
2006 年 9 月于日本东京

第1版前言

由含能材料组成的火药和炸药在燃烧时可产生高温高压。这一燃烧现象包括从固态到液态或气态的复杂的物理化学变化,并伴随有快速的放热反应。关于燃烧方面的书已出版过不少,例如在 1985 年由纽约 Benjamin/Cummings 出版的 F. A. Williams 著作《燃烧理论》第 2 版,就是一本优秀的理论性书籍;又如 1977 年纽约科学出版社出版的由 I. Glassman 所写的《燃烧》一书,是一本适合于研究生的参考书。但是迄今为止还没有一本关于固态含能材料燃烧方面的参考书出版。因此本书试图为从事火箭推进和炸药行业的读者提供一本在含能材料燃烧方面的介绍性教科书。

本书分为四个部分。第一部分(第 1~3 章)主要对化学能转化为燃气热能的基础知识作简单的回顾。附在每章后的参考文献可帮助读者更好地理解能量转化过程的物理基础,如热量生成、超声速流动、冲击波、爆轰和爆燃。第二部分(第 4 章)列举了一些用于火药和炸药中的化学物质的能量性能,如生成焓、爆热、绝热火焰温度和比冲。第三部分(第 5~8 章)主要介绍不同类型的化合物、火药和炸药的燃速测试结果。根据对燃烧机理的理解,也讨论了从气相到凝聚相的热反馈过程和燃烧波结构。列举在本章中的数据主要来源于作者以前所做的实验和分析结果。但本书并没有对固相到液相或气相的热分解机理作详细介绍。第四部分(第 9 章)主要描述火箭发动机工作过程中可能遇到的一些现象,如火箭发动机的稳定性准则、温度的敏感性、瞬态点火、烧蚀和振荡燃烧等。对变流量冲压火箭的基本原理也作了介绍。对用于冲压火箭的气体发生剂(即富燃料推进剂)的燃烧特性和能量进行了讨论。

目前,多种含能材料已应用于火炸药中,但我们不可能对每种含能材料的燃烧过程都给予全面介绍。本书仅介绍了典型晶态含能材料、聚合物以及各类推进剂的燃烧过程,以便为读者理解燃烧机理提供一种通用的方法。

久保田浪之介
2001 年 3 月于日本镰仓

目 录

第1章 爆发动力学基础 … 1
1.1 热和压强 … 1
1.1.1 热力学第一定律 … 1
1.1.2 比热容 … 2
1.1.3 熵变 … 4
1.2 流场中的热力学 … 5
1.2.1 一维稳态流动 … 5
1.2.2 冲击波的形成 … 6
1.2.3 超声速喷管流动 … 9
1.3 推力的产生 … 11
1.3.1 动量的变化与推力 … 11
1.3.2 火箭推进 … 12
1.3.3 枪炮推进 … 15
1.4 破坏力的形成 … 18
1.4.1 压强和冲击波 … 18
1.4.2 冲击波在固体中的传播与反射 … 18
参考文献 … 18

第2章 燃烧热化学 … 20
2.1 热能的产生 … 20
2.1.1 化学键能 … 20
2.1.2 生成焓和爆热 … 21
2.1.3 热平衡 … 22
2.2 绝热火焰温度 … 23
2.3 化学反应 … 26
2.3.1 热解离 … 26
2.3.2 反应速率 … 27
2.4 化学能的估算 … 28

2.4.1　反应物和产物的生成焓 ································· 28
　　　2.4.2　氧平衡 ·· 31
　　　2.4.3　热力学能 ·· 33
　参考文献 ·· 34

第3章　燃烧波传播 ·· 36
　3.1　燃烧反应 ·· 36
　　　3.1.1　点火和燃烧 ·· 36
　　　3.1.2　预混和扩散火焰 ·· 36
　　　3.1.3　层流和湍流火焰 ·· 37
　3.2　预混气体的燃烧波 ·· 37
　　　3.2.1　燃烧波的控制方程 ·· 37
　　　3.2.2　Rankine-Hugoniot 关系 ····································· 38
　　　3.2.3　Chapman-Jouguet 点 ··· 40
　3.3　燃烧波结构 ·· 43
　　　3.3.1　爆轰波 ·· 43
　　　3.3.2　爆燃波 ·· 45
　3.4　点火反应 ·· 47
　　　3.4.1　点火过程 ·· 47
　　　3.4.2　点火的热理论 ·· 47
　　　3.4.3　可燃极限 ·· 48
　3.5　含能材料的燃烧波 ·· 49
　　　3.5.1　燃速的热理论 ·· 49
　　　3.5.2　火焰自持距离 ·· 56
　　　3.5.3　含能材料的燃速特性 ·· 57
　　　3.5.4　燃速温度敏感系数分析 ···································· 57
　　　3.5.5　燃烧波中的化学反应速度 ································ 60
　参考文献 ·· 61

第4章　炸药的能量学 ·· 63
　4.1　晶体材料 ·· 63
　　　4.1.1　晶体材料的物化性能 ·· 63
　　　4.1.2　高氯酸盐 ·· 66
　　　4.1.3　硝酸盐 ·· 67
　　　4.1.4　硝基化合物 ·· 68

目 录

    4.1.5 硝胺 ………………………………………………………………… 69
4.2 聚合物材料 ………………………………………………………………… 70
    4.2.1 聚合物材料的物理化学性质 ………………………………………… 70
    4.2.2 硝酸酯 ………………………………………………………………… 71
    4.2.3 惰性聚合物 …………………………………………………………… 72
    4.2.4 叠氮聚合物 …………………………………………………………… 75
4.3 火炸药的分类 ……………………………………………………………… 79
4.4 火药的配方 ………………………………………………………………… 81
4.5 硝基聚合物火药 …………………………………………………………… 82
    4.5.1 单基发射药 …………………………………………………………… 82
    4.5.2 双基火药 ……………………………………………………………… 82
4.6 复合推进剂 ………………………………………………………………… 87
    4.6.1 AP 复合推进剂 ………………………………………………………… 87
    4.6.2 AN 复合推进剂 ………………………………………………………… 90
    4.6.3 硝胺复合推进剂 ……………………………………………………… 91
    4.6.4 HNF 复合推进剂 ……………………………………………………… 92
    4.6.5 TAGN 复合推进剂 …………………………………………………… 93
4.7 复合改性双基推进剂 ……………………………………………………… 95
    4.7.1 AP-CMDB 推进剂 …………………………………………………… 95
    4.7.2 硝胺 CMDB 推进剂 ………………………………………………… 96
    4.7.3 三基发射药 …………………………………………………………… 96
4.8 黑火药 ……………………………………………………………………… 97
4.9 炸药的配方 ………………………………………………………………… 98
    4.9.1 工业炸药 ……………………………………………………………… 99
    4.9.2 军用炸药 ……………………………………………………………… 99
参考文献 ………………………………………………………………………… 100

第 5 章 晶体物质和聚合物的燃烧 ………………………………………… 103
5.1 晶体物质的燃烧 …………………………………………………………… 103
    5.1.1 高氯酸铵 ……………………………………………………………… 103
    5.1.2 硝酸铵 ………………………………………………………………… 104
    5.1.3 HMX …………………………………………………………………… 105
    5.1.4 三氨基胍硝酸盐 ……………………………………………………… 108
    5.1.5 二硝酰胺铵 …………………………………………………………… 114

  5.1.6　硝仿肼 …………………………………………………… 115
 5.2　聚合物的燃烧 ………………………………………………………… 115
  5.2.1　硝酸酯 …………………………………………………… 115
  5.2.2　聚叠氮缩水甘油醚 ……………………………………… 118
  5.2.3　双叠氮甲基环丁烷 ……………………………………… 121
 参考文献 …………………………………………………………………… 126

第6章　双基推进剂的燃烧 ……………………………………………… 130
 6.1　NC-NG 推进剂的燃烧 ………………………………………………… 130
  6.1.1　燃速特性 …………………………………………………… 130
  6.1.2　燃烧波结构 ………………………………………………… 130
  6.1.3　燃速模型 …………………………………………………… 138
  6.1.4　气相能量和燃速 …………………………………………… 139
  6.1.5　燃速温度敏感系数 ………………………………………… 145
 6.2　NC-TMETN 推进剂的燃烧 …………………………………………… 148
  6.2.1　燃速特性 …………………………………………………… 148
  6.2.2　燃烧波结构 ………………………………………………… 149
 6.3　硝基-叠氮推进剂的燃烧 ……………………………………………… 149
  6.3.1　燃速特性 …………………………………………………… 149
  6.3.2　燃烧波结构 ………………………………………………… 151
 6.4　双基推进剂的催化 …………………………………………………… 152
  6.4.1　超速燃烧、平台燃烧和麦撒燃烧 ………………………… 152
  6.4.2　铅催化剂的效果 …………………………………………… 153
  6.4.3　含催化剂的双基推进剂的燃烧 …………………………… 154
  6.4.4　超速、平台和麦撒燃烧的燃烧模型 ……………………… 159
  6.4.5　以 LiF 为催化剂的双基推进剂 …………………………… 161
  6.4.6　以 Ni 为催化剂的双基推进剂 ……………………………… 162
  6.4.7　超速和平台燃烧的抑制 …………………………………… 164
 参考文献 …………………………………………………………………… 166

第7章　复合推进剂的燃烧 ……………………………………………… 169
 7.1　AP 复合推进剂 ………………………………………………………… 169
  7.1.1　燃烧波结构 ………………………………………………… 169
  7.1.2　燃速特性 …………………………………………………… 177
  7.1.3　催化的 AP 复合推进剂 …………………………………… 183

目 录

7.2 硝胺复合推进剂 …………………………………………… 190
 7.2.1 燃速特性 ……………………………………………… 191
 7.2.2 燃烧波结构 …………………………………………… 192
 7.2.3 HMX-GAP 推进剂 …………………………………… 194
 7.2.4 催化的硝胺复合推进剂 ……………………………… 197
7.3 AP-硝胺复合推进剂 ……………………………………… 204
 7.3.1 热性能 ………………………………………………… 204
 7.3.2 燃速 …………………………………………………… 206
7.4 TAGN-GAP 复合推进剂 …………………………………… 210
 7.4.1 物化特性 ……………………………………………… 210
 7.4.2 燃速和燃烧波结构 …………………………………… 211
7.5 AN-叠氮化聚合物复合推进剂 …………………………… 212
 7.5.1 AN-GAP 复合推进剂 ………………………………… 212
 7.5.2 AN-(BAMO-AMMO)-HMX 复合推进剂 …………… 214
7.6 AP-GAP 复合推进剂 ……………………………………… 215
7.7 ADN、HNF 和 HNIW 复合推进剂 ………………………… 216
参考文献 …………………………………………………………… 218

第8章 CMDB 推进剂的燃烧 ……………………………………… 221

8.1 CMDB 推进剂的特性 ……………………………………… 221
8.2 AP-CMDB 推进剂 ………………………………………… 221
 8.2.1 火焰结构和燃烧模型 ………………………………… 221
 8.2.2 燃速模型 ……………………………………………… 223
8.3 硝胺-CMDB 推进剂 ……………………………………… 225
 8.3.1 火焰结构和燃烧模式 ………………………………… 225
 8.3.2 燃速特性 ……………………………………………… 228
 8.3.3 热波结构 ……………………………………………… 229
 8.3.4 燃速模型 ……………………………………………… 234
8.4 催化 HMX-CMDB 推进剂的平台燃烧 …………………… 235
 8.4.1 燃速特性 ……………………………………………… 235
 8.4.2 燃烧波结构 …………………………………………… 236
参考文献 …………………………………………………………… 240

第9章 炸药的燃烧 ………………………………………………… 242

9.1 爆轰特性 …………………………………………………… 242

9.1.1　爆速和压强 ··· 242
　　　9.1.2　CHNO 炸药爆速的估算 ·· 243
　　　9.1.3　炸药爆轰状态方程 ·· 244
　9.2　密度和爆速 ·· 245
　　　9.2.1　含能爆炸性材料 ··· 245
　　　9.2.2　工业炸药 ··· 246
　　　9.2.3　军用炸药 ··· 247
　9.3　临界直径 ·· 248
　9.4　爆轰现象的应用 ·· 249
　　　9.4.1　爆轰波的形成 ··· 249
　　　9.4.2　聚能效应 ··· 251
　　　9.4.3　Hopkinnson 效应 ·· 252
　　　9.4.4　水下爆炸 ··· 254
　参考文献 ·· 254

第 10 章　含能烟火剂的组成 ·· 256
　10.1　推进剂、炸药和烟火剂的区别 ··· 256
　　　10.1.1　烟火剂的热力学能量 ··· 256
　　　10.1.2　热动力学性质 ·· 257
　10.2　烟火剂的能量 ··· 258
　　　10.2.1　反应物和产物 ·· 258
　　　10.2.2　热量和产物的生成 ·· 259
　10.3　元素能量 ·· 260
　　　10.3.1　元素的理化性质 ·· 260
　　　10.3.2　元素的燃烧热 ·· 262
　10.4　化学物质选择标准 ··· 266
　　　10.4.1　烟火剂特性 ·· 266
　　　10.4.2　烟火剂的理化性质 ·· 267
　　　10.4.3　烟火剂配方 ·· 269
　10.5　氧化剂组分 ··· 272
　　　10.5.1　含金属的氧化剂 ·· 273
　　　10.5.2　金属氧化物 ·· 275
　　　10.5.3　金属硫化物 ·· 275
　　　10.5.4　氟化合物 ··· 275

目 录

10.6 燃料组分 ································ 276
   10.6.1 金属燃料 ···························· 276
   10.6.2 非金属固体燃料 ························ 277
   10.6.3 聚合物燃料 ··························· 279
10.7 金属叠氮化物 ································ 280
参考文献 ····································· 280

第11章 烟火剂的燃烧传播 ·································· 282

11.1 燃烧波的理化结构 ······························ 282
   11.1.1 热分解和放热过程 ························ 282
   11.1.2 均质烟火剂 ··························· 283
   11.1.3 非均质烟火剂 ·························· 283
   11.1.4 点火器用烟火剂 ························· 284
11.2 金属颗粒的燃烧 ······························· 285
   11.2.1 氧化和燃烧过程 ························· 285
11.3 黑火药 ··································· 286
   11.3.1 物化性能 ···························· 286
   11.3.2 反应过程和燃速 ························· 286
11.4 Li-SF_6烟火剂 ······························· 287
   11.4.1 锂的反应 ···························· 287
   11.4.2 SF_6的化学特性 ························· 287
11.5 含Zr烟火剂 ································ 287
   11.5.1 与$BaCrO_4$的反应性 ······················· 288
   11.5.2 与Fe_2O_3的反应性 ······················· 288
11.6 Mg-Tf烟火剂 ································ 288
   11.6.1 热化学性质与能量性 ······················· 288
   11.6.2 Mg和Tf的反应性 ························ 290
   11.6.3 燃速特性 ···························· 290
   11.6.4 燃烧波结构 ··························· 293
11.7 B-KNO_3型烟火剂 ······························ 294
   11.7.1 热化学性能和能量性能 ······················ 294
   11.7.2 燃速特性 ···························· 295
11.8 Ti-KNO_3和Zr-KNO_3烟火剂 ······················· 296
   11.8.1 氧化过程 ···························· 296

XVII

11.8.2　燃速特性 ·· 296
　11.9　金属-GAP 烟火剂 ·· 296
　　　11.9.1　火焰温度和燃烧产物 ·· 296
　　　11.9.2　热分解过程 ·· 297
　　　11.9.3　燃速特性 ·· 298
　11.10　Ti-C 烟火剂 ··· 298
　　　11.10.1　Ti-C 的热化学性质 ··· 298
　　　11.10.2　Tf 与 Ti-C 烟火剂间的反应活性 ··· 299
　　　11.10.3　燃速特性 ·· 299
　11.11　NaN₃ 烟火剂 ··· 299
　　　11.11.1　NaN₃ 烟火剂的热化学性质 ··· 299
　　　11.11.2　NaN₃ 烟火剂配方 ·· 300
　　　11.11.3　燃速特性 ·· 301
　　　11.11.4　燃烧残渣分析 ·· 301
　11.12　GAP-AN 烟火剂 ·· 301
　　　11.12.1　热化学特性 ··· 301
　　　11.12.2　燃速特性 ·· 302
　　　11.12.3　燃烧波结构和传热 ·· 302
　11.13　硝胺烟火剂 ··· 302
　　　11.13.1　物理化学性质 ·· 302
　　　11.13.2　燃烧波结构 ··· 303
　11.14　B-AP 烟火剂 ··· 303
　　　11.14.1　热化学特性 ··· 303
　　　11.14.2　燃速特性 ·· 304
　　　11.14.3　燃速分析 ·· 306
　　　11.14.4　硼在燃烧波中燃烧的位置和方式 ··· 308
　11.15　烟火剂的摩擦感度 ·· 309
　　　11.15.1　摩擦能的定义 ·· 309
　　　11.15.2　有机铁离子和硼化合物的作用 ·· 309
　参考文献 ··· 312

第 12 章　燃烧产物的辐射特性 ·· 314
　12.1　发光原理 ·· 314
　　　12.1.1　发光特性 ·· 314

目 录

  12.1.2 黑体辐射 ·········· 315
  12.1.3 气体的辐射和吸收 ·········· 315
 12.2 火焰的光辐射 ·········· 317
  12.2.1 气体火焰的辐射 ·········· 317
  12.2.2 高温粒子的连续辐射 ·········· 317
  12.2.3 有色光发射体 ·········· 317
 12.3 发烟剂 ·········· 318
  12.3.1 物理烟与化学烟 ·········· 318
  12.3.2 白烟发烟剂 ·········· 319
  12.3.3 黑烟发烟剂 ·········· 320
 12.4 无烟烟火剂 ·········· 320
  12.4.1 硝基聚合物烟火剂 ·········· 320
  12.4.2 硝酸铵类烟火剂 ·········· 321
 12.5 烟火剂的烟特性 ·········· 322
 12.6 火箭发动机的烟焰性能 ·········· 328
  12.6.1 无烟与微烟 ·········· 328
  12.6.2 发动机羽流的抑制 ·········· 330
 12.7 减少 AP 推进剂燃烧产物中的 HCl ·········· 337
  12.7.1 减少 HCl 的背景 ·········· 337
  12.7.2 通过形成金属氯化物减少 HCl ·········· 338
 12.8 降低燃烧产物的红外辐射 ·········· 340
 12.9 绿色推进剂 ·········· 341
  12.9.1 AN 复合固体推进剂 ·········· 342
  12.9.2 ADN 和 HNF 复合固体推进剂 ·········· 343
  12.9.3 硝胺复合固体推进剂 ·········· 343
  12.9.4 TAGN-GAP 复合固体推进剂 ·········· 343
  12.9.5 NP 推进剂 ·········· 344
参考文献 ·········· 345

第 13 章 火药与烟火药的瞬态燃烧 ·········· 346

 13.1 点火瞬态过程 ·········· 346
  13.1.1 对流与热传导点火 ·········· 346
  13.1.2 辐射点火 ·········· 348
 13.2 燃烧点火 ·········· 350

13.2.1　点火过程描述 ·· 350
　　13.2.2　点火过程 ·· 352
13.3　侵蚀燃烧现象 ·· 354
　　13.3.1　速度阈值 ·· 354
　　13.3.2　横向气流的影响 ·· 356
　　13.3.3　通过边界层的热流 ······································· 356
　　13.3.4　Lenoir-Robilard 参数的确定 ························· 358
13.4　不稳定燃烧 ·· 360
　　13.4.1　T^* 不稳定燃烧 ··· 360
　　13.4.2　L^* 不稳定燃烧 ··· 363
　　13.4.3　声不稳定燃烧 ··· 365
13.5　加速度场中的燃烧 ·· 374
　　13.5.1　燃速增大效应 ··· 374
　　13.5.2　铝粉的影响 ·· 375
13.6　含金属丝推进剂的燃烧 ·· 376
　　13.6.1　热传递过程 ·· 376
　　13.6.2　燃速增大效应 ··· 378
参考文献 ··· 381

第 14 章　火箭推力调节 ··· 383

14.1　固体火箭发动机中的燃烧现象 ································· 383
　　14.1.1　推力和燃烧时间 ·· 383
　　14.1.2　火箭发动机的燃烧效率 ································· 385
　　14.1.3　火箭发动机稳定性判据 ································· 388
　　14.1.4　火箭发动机中压强温度敏感系数 ···················· 390
14.2　双推力火箭发动机 ·· 392
　　14.2.1　双推力火箭发动机的原理 ······························ 392
　　14.2.2　单推进剂双推力火箭发动机 ··························· 392
　　14.2.3　双推进剂双推力发动机 ································· 394
　　14.2.4　推力调节器 ·· 398
14.3　脉冲火箭发动机 ·· 398
　　14.3.1　脉冲火箭发动机的设计原理 ··························· 398
　　14.3.2　脉冲发动机的有效射程分析 ··························· 399
　　14.3.3　双脉冲发动机的试验研究 ······························ 400

目 录

14.4 火箭发动机中的侵蚀燃烧 ……………………………………… 401
 14.4.1 头部压强 ……………………………………………… 401
 14.4.2 侵蚀燃烧现象的确定 ………………………………… 402
14.5 无喷管火箭发动机 …………………………………………… 405
 14.5.1 无喷管火箭发动机的原理 …………………………… 405
 14.5.2 无喷管火箭发动机中的流动特性 …………………… 406
 14.5.3 燃烧性能分析 ………………………………………… 408
14.6 燃气混合火箭 ………………………………………………… 409
 14.6.1 燃气混合火箭的原理 ………………………………… 409
 14.6.2 推力和燃烧压强 ……………………………………… 411
 14.6.3 燃气发生器用烟火剂 ………………………………… 412
参考文献 ……………………………………………………………… 415

第 15 章 冲压火箭推进 …………………………………………… 416
15.1 冲压火箭推进的基本原理 …………………………………… 416
 15.1.1 固体火箭发动机、液体冲压喷气发动机
    与固体火箭冲压发动机 ……………………………… 416
 15.1.2 固体火箭冲压发动机的结构及工作过程 …………… 417
15.2 固体火箭冲压发动机的设计参数 …………………………… 418
 15.2.1 推力和阻力 …………………………………………… 418
 15.2.2 设计参数的确定 ……………………………………… 419
 15.2.3 最优飞行包线 ………………………………………… 420
 15.2.4 比冲与飞行马赫数的关系 …………………………… 421
15.3 固体火箭冲压发动机的性能分析 …………………………… 421
 15.3.1 燃料流动系统 ………………………………………… 421
15.4 可变流量固体冲压发动机原理 ……………………………… 423
 15.4.1 能量转化过程的优化 ………………………………… 423
 15.4.2 燃气流速的控制 ……………………………………… 423
15.5 燃气发生器用烟火剂的能量 ………………………………… 425
 15.5.1 物理化学性质 ………………………………………… 425
 15.5.2 燃气发生器用烟火剂的燃速特性 …………………… 426
 15.5.3 可变燃料固体冲压发动机用烟火剂 ………………… 428
 15.5.4 GAP 烟火剂 …………………………………………… 428
 15.5.5 金属粉燃料 …………………………………………… 429

XXI

15.5.6	GAP-B 烟火剂	430
15.5.7	AP 烟火剂	432
15.5.8	金属粉对燃烧稳定性的影响	432

15.6 固体火箭冲压发动机燃烧试验 433
    15.6.1 燃烧试验系统 433
    15.6.2 可变流量燃气发生器的燃烧 434
    15.6.3 多口进气道的燃烧效率 438
参考文献 441

附录 A 含能材料缩写表 443

附录 B 燃烧波中的质量与热传递 445
B.1 稳态条件下一维流场的守恒方程 445
    B.1.1 质量守恒方程 445
    B.1.2 动量守恒方程 446
    B.1.3 能量守恒方程 446
    B.1.4 化学物质守恒方程 447
B.2 流场在稳态条件下的通用守恒方程 448

附录 C 冲击波在二维流场中的传播 449
C.1 斜激波 449
C.2 膨胀波 452
C.3 菱形激波 453
参考文献 454

附录 D 超声速进气道 455
D.1 扩压器的压缩特性 455
    D.1.1 扩压器原理 455
    D.1.2 压力恢复 456
D.2 进气道系统 458
    D.2.1 外压缩系统 458
    D.2.2 内压缩系统 459
    D.2.3 进气道设计 459
参考文献 461

附录 E 燃速和燃烧波结构的测定 462

名词术语 464

第 1 章　爆发动力学基础

爆发动力学描述的是通过燃烧将化学能转化为机械能的过程,它包括热力学和流体力学的变化。火炸药是含能的固体材料,由氧化剂、燃料等组分组成,这些组分可产生高温分子。火药常用于产生高温和小分子燃烧产物,并转化为推力。炸药常用于产生高压燃烧产物,并伴随着冲击波的出现形成破坏力。为了更好地了解火炸药的爆发动力学,本章首先介绍热力学和流体力学的基础知识。

1.1　热和压强

1.1.1　热力学第一定律

按照热力学第一定律,含能材料化学反应所产生的能量转换成对推进或爆炸系统所做的功。由化学反应产生的热 q 被转换成反应产物的内能 e 和对系统所做的功 w,关系式为

$$\mathrm{d}q = \mathrm{d}e + \mathrm{d}w \tag{1.1}$$

反应产物膨胀做功表示为

$$\mathrm{d}w = p\mathrm{d}v \quad \text{或} \quad \mathrm{d}w = p\mathrm{d}\left(\frac{1}{\rho}\right) \tag{1.2}$$

式中:p 为压强;v 为反应产物的比容(单位质量占的体积);ρ 为密度,$v = 1/\rho$。焓 h 的定义为

$$\mathrm{d}h = \mathrm{d}e + \mathrm{d}(pv) \tag{1.3}$$

将式(1.1)和式(1.2)代入式(1.3)得

$$\mathrm{d}h = \mathrm{d}q + v\mathrm{d}p \tag{1.4}$$

每摩尔理想气体的状态方程可表示为

$$pv = R_g T \quad \text{或} \quad p = \rho R_g T \tag{1.5a}$$

式中:T 为温度;R_g 为气体常数。气体常数的表达式为

$$R_g = \frac{R}{M_g} \tag{1.5b}$$

式中:M_g 为相对分子质量;R 为普适气体常数,$R = 8.314472 \text{J} \cdot \text{mol}^{-1} \cdot \text{K}^{-1}$。在 n 摩尔理想气体和体积为 V 的情况下,状态方程表示为

$$pV = nR_g T \quad 或 \quad p = n\rho R_g T \tag{1.6}$$

1.1.2 比热容

比热容的定义为

$$c_V = \left(\frac{\mathrm{d}e}{\mathrm{d}T}\right)_V, \quad c_p = \left(\frac{\mathrm{d}h}{\mathrm{d}T}\right)_p \tag{1.7}$$

式中:c_V 为定容比热容;c_p 为定压比热容。两种比热容表明了能量大小随温度的变化,由式(1.3)和式(1.5),得

$$c_p - c_V = R_g \tag{1.8}$$

比热容比定义为

$$\gamma = \frac{c_p}{c_V} \tag{1.9}$$

由式(1.9)得

$$c_V = \frac{R_g}{\gamma - 1}, \quad c_p = \frac{\gamma R_g}{\gamma - 1} \tag{1.10}$$

比热容是热能通过温度转换为机械能的重要参数,见式(1.7)和式(1.4)。因此,为了解分子能量的基础物理学,以分子的动力学理论为基础讨论了气体的比热容[1,2]。单一分子能量 ε_m 等于内能的总和,包括平移能 ε_t、旋转能 ε_r、振动能 ε_v、电子能 ε_e 和它们的相互作用能 ε_i。

$$\varepsilon_m = \varepsilon_t + \varepsilon_r + \varepsilon_v + \varepsilon_e + \varepsilon_i$$

含 n 个原子的一个分子有三个空间运动自由度,其自由度的分布为

分子结构	自由度	平移	旋转	振动
单原子	3	=3		
双原子	6	=3	+2	+1
多原子线型	$3n$	=3	+2	$+(3n-5)$
多原子非线型	$3n$	=3	+2	$+(3n-6)$

能量均分的统计定理表明,能量 $kT/2$ 由平移和旋转方式的每个自由度给出,能量 kT 由振动方式的每个自由度给出,玻耳兹曼常数 $k = 1.38065 \times 10^{-23} \text{J} \cdot \text{mol}^{-1} \cdot \text{K}^{-1}$。式(1.6)定义的普适气体常数 $R = k\zeta$,其中,ζ 为阿伏加德罗常数,$\zeta = 6.02214 \times 10^{23} \text{mol}^{-1}$。

当分子的温度增加时,旋转和振动方式被激发,内能增加。每个自由度的激发能可由作为温度函数的统计力学计算求得,尽管分子的平移和旋转在低温下就可被完全激发,但振动只有在室温时才能激发。电子的激发和相互作用发生在比燃烧还要高的温度下。当燃烧温度非常高时,分子发生解离和离子化。

当单原子、双原子和多原子分子的平移、旋转和振动被完全激发后,分子的能量可表示为

$$\varepsilon_m = \varepsilon_t + \varepsilon_r + \varepsilon_v$$

单原子分子　　$\varepsilon_m = 3 \times \dfrac{kT}{2} = \dfrac{3kT}{2}$

双原子分子　　$\varepsilon_m = 3 \times \dfrac{kT}{2} + 2 \times \dfrac{kT}{2} + 1 \times kT = \dfrac{7kT}{2}$

线型分子　　$\varepsilon_m = 3 \times \dfrac{kT}{2} + 2 \times \dfrac{kT}{2} + (3n-5) \times kT = \dfrac{(6n-5)kT}{2}$

非线型分子　　$\varepsilon_m = 3 \times \dfrac{kT}{2} + 3 \times \dfrac{kT}{2} + (3n-6) \times kT = 3(n-1)kT$

由式(1.7)所定义的定容比热容可由内能的温度微商求得,故 1mol 分子的比热容 $c_{V,m}$ 可表达为

$$c_{V,m} = \frac{d\varepsilon_m}{dT} = \frac{d\varepsilon_t}{dT} + \frac{d\varepsilon_r}{dT} + \frac{d\varepsilon_v}{dT} + \frac{d\varepsilon_e}{dT} + \frac{d\varepsilon_i}{dT}$$

其单位为 $J \cdot mol^{-1} \cdot K^{-1}$。

因此,由单原子、双原子和多原子分子组成的气体的摩尔比热容分别为

单原子分子　　$c_V = \dfrac{3R}{2} = 12.47 J \cdot mol^{-1} \cdot K^{-1}$

双原子分子　　$c_V = \dfrac{7R}{2} = 29.10 J \cdot mol^{-1} \cdot K^{-1}$

线型分子　　$c_V = (6n-5)\dfrac{R}{2} J \cdot mol^{-1} \cdot K^{-1}$

非线型分子　　$c_V = 3(n-1)R \: J \cdot mol^{-1} \cdot K^{-1}$

由式(1.9)定义的比热容比对单原子分子其值为 5/3,对双原子分子其值为 9/7。因为自由旋转和振动只有超过所限定的温度才能激发,所以由动力学理论确定的比热容不同于由实验所测得的比热容。无论如何,由理论所得结果对了解燃烧热化学中分子的行为和能量转化过程是极为有价值的。图 1.1 表明了燃烧中真实气体的比热容[3]。当温度增加时,单原子气体的比热容保持不变并由动力学理论确定。当旋转和振动因温度升高被激发时,双原子和多原子气体的

比热容会增大。

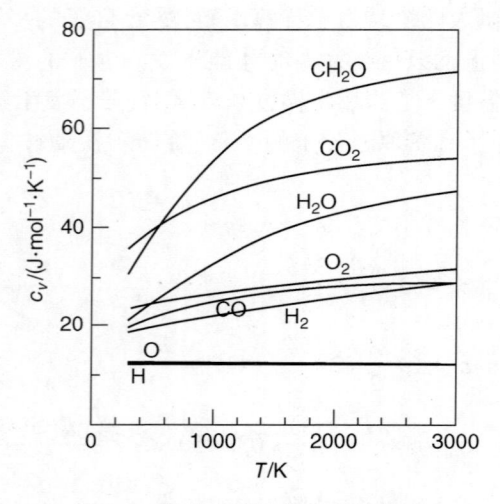

图 1.1　燃烧中真实气体的比热容

1.1.3　熵变

熵 s 的定义为

$$ds \equiv \frac{dq}{T} \tag{1.11}$$

把式(1.4)、式(1.5)和式(1.7)代入式(1.11)得

$$ds = c_p \frac{dT}{T} - R_g \frac{dp}{p} \tag{1.12}$$

在等熵的情况下 $ds=0$，对式(1.12)积分，得

$$\frac{p}{p_1} = \left(\frac{T}{T_1}\right)^{\frac{c_p}{R_g}} \tag{1.13}$$

式中：下标 1 表示初始状态。由式(1.10)、式(1.5)和式(1.13)可得

$$\frac{p}{p_1} = \left(\frac{T}{T_1}\right)^{\frac{\gamma}{\gamma-1}} \text{和} \ p\left(\frac{1}{\rho}\right)^{\gamma} = p_1\left(\frac{1}{\rho_1}\right)^{\gamma} \tag{1.14}$$

即使在绝热条件下，当一个系统包含由分子碰撞引起的摩擦耗散效应，或由非均匀分子分布引起的扰动时，ds 为正值，则式(1.13)和式(1.14)不再适用。无论如何，当这些物理效应非常小时，或系统的热损失和系统的热增益也非常小时，系统被认为是等熵的。

1.2 流场中的热力学

1.2.1 一维稳态流动

1.2.1.1 声速和马赫数

在理想气体中传播的声速 a 定义为

$$a = \sqrt{\left(\frac{\partial p}{\partial \rho}\right)_s} \tag{1.15}$$

由状态方程式(1.8)和绝热变化方程式(1.14)可得

$$a = \sqrt{\gamma R_g T} \tag{1.16}$$

马赫数定义为

$$Ma = \frac{u}{a} \tag{1.17}$$

式中：u 为流场中的流速。马赫数是表征流场的一个重要参数。

1.2.1.2 流场转换方程

首先考虑一个简单流动,即没有黏滞应力或重力的一维稳态流动,其质量、动量和能量的转换方程为：

质量输入速度−质量输出速度=0,即

$$d(\rho u) = 0 \tag{1.18}$$

对流引起的动量增加速度+促使流动的压差=0,即

$$\rho u du + dp = 0 \tag{1.19}$$

热传导引起的能量输入速度+对流引起的能量输入速度=0,即

$$d\left(h + \frac{u^2}{2}\right) = 0 \tag{1.20}$$

把式(1.19)和式(1.4)联立,可得到流速变化和焓变化的关系式：

$$dh = dq - u du \tag{1.21}$$

1.2.1.3 滞止点

假设流场中流动过程是绝热的,并且耗散效应可忽略不计,则系统的流动是等熵的($ds=0$),于是式(1.21)变为

$$dh = -u du \tag{1.22}$$

对式(1.22)求积分,得

$$h_0 = h + \frac{u^2}{2} \tag{1.23}$$

式中：h_0 为一个滞止流动点 $u=0$ 时的滞止气体的焓。将式(1.7)代入式(1.23)可得

$$c_p T_0 = c_p T + \frac{u^2}{2} \tag{1.24}$$

式中：T_0 为 $u=0$ 时的滞止温度。

在流场中温度、压强和密度的变化可表示为马赫数的函数：

$$\frac{T_0}{T} = 1 + \frac{\gamma-1}{2} Ma^2 \tag{1.25}$$

$$\frac{p_0}{p} = \left(1 + \frac{\gamma-1}{2} Ma^2\right)^{\frac{\gamma}{\gamma-1}} \tag{1.26}$$

$$\frac{\rho_0}{\rho} = \left(1 + \frac{\gamma-1}{2} Ma^2\right)^{\frac{1}{\gamma-1}} \tag{1.27}$$

1.2.2 冲击波的形成

假设不连续流动发生在图 1.2 所示的 1 和 2 之间，假设流动是无黏滞力、外力和化学反应的稳态一维流动，则质量连续方程可表示为

$$\rho_1 u_1 = \rho_2 u_2 = m \tag{1.28}$$

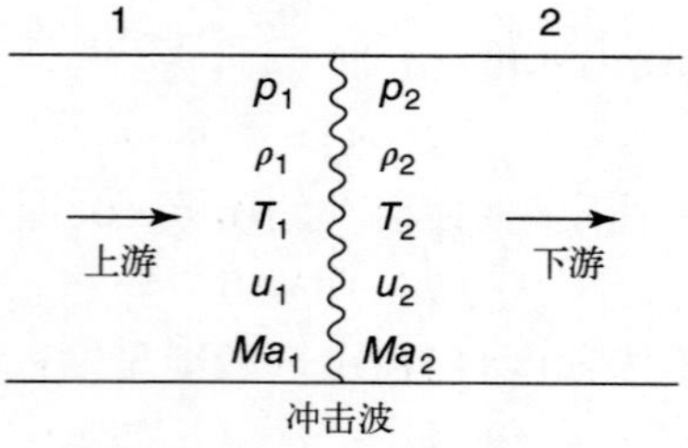

图 1.2 冲击波传播

动量方程为

$$p_1 + m u_1^2 = p_2 + m u_2^2 \tag{1.29}$$

应用式(1.20)，能量方程可表示为

$$c_p T_1 + \frac{u_1^2}{2} = c_p T_2 + \frac{u_2^2}{2} \tag{1.30}$$

式中：下标 1 和 2 分别表示不连续的上游气流和下游气流。将式(1.28)代入式(1.29)得

$$p_1 + \rho_1 u_1^2 = p_2 + \rho_2 u_2^2 \tag{1.31}$$

应用式(1.25),T_2 和 T_1 的温度比采用对应的马赫数 Ma_2 和 Ma_1 表示为

$$\frac{T_2}{T_1} = \frac{1 + \frac{\gamma-1}{2}Ma_1^2}{1 + \frac{\gamma-1}{2}Ma_2^2} \tag{1.32}$$

由式(1.5a)、式(1.17)和式(1.28)可得

$$\frac{T_2}{T_1} = \left(\frac{Ma_2}{Ma_1}\right)^2 \left(\frac{p_2}{p_1}\right)^2 \tag{1.33}$$

联立式(1.31)和式(1.32),压强比作为 Ma_1 和 Ma_2 的函数可表示为

$$\frac{p_2}{p_1} = \frac{Ma_1}{Ma_2} \frac{\sqrt{1 + \frac{\gamma-1}{2}Ma_1^2}}{\sqrt{1 + \frac{\gamma-1}{2}Ma_2^2}} \tag{1.34}$$

联立式(1.33)和式(1.34),可得到在状态 1 和状态 2 条件下马赫数之间的关系为

$$\frac{Ma_1 \sqrt{1 + \frac{\gamma-1}{2}Ma_1^2}}{1 + \gamma Ma_1^2} = \frac{Ma_2 \sqrt{1 + \frac{\gamma-1}{2}Ma_2^2}}{1 + \gamma Ma_2^2} \tag{1.35}$$

从式(1.35)中可求得两个答案:

$$Ma_2 = Ma_1 \tag{1.36}$$

$$Ma_2 = \left[\frac{\frac{2}{\gamma-1} + Ma_1^2}{\frac{2\gamma}{\gamma-1}Ma_1^2 - 1}\right]^{\frac{1}{2}} \tag{1.37}$$

从式(1.36)的解可证明:在上游气流和下游气流之间没有发生流动的不连续。但是,式(1.37)却表明,1 和 2 之间存在着压强、密度和温度的不连续性。这种不连续性叫做"正激波",它存在于流场中,与流动方向垂直。关于正激波和超声速流场的结构讨论参见文献[4,5]。

将式(1.37)代入式(1.34)可得到压强比为

$$\frac{p_2}{p_1} = \frac{2\gamma}{\gamma+1} Ma_1^2 - \frac{\gamma-1}{\gamma+1} \tag{1.38}$$

将式(1.37)代入式(1.33),也可得到温度比为

$$\frac{T_2}{T_1} = \frac{1}{Ma_1^2} \frac{2(\gamma-1)}{(\gamma+1)^2} \left(1 + \frac{\gamma-1}{2}Ma_1^2\right)\left(\frac{2\gamma}{\gamma-1}Ma_1^2 - 1\right) \tag{1.39}$$

密度比由式(1.38)、式(1.39)和式(1.8)得到:

$$\frac{\rho_2}{\rho_1} = \frac{p_2}{p_1} \frac{T_1}{T_2} \tag{1.40}$$

利用上游气流和下游气流的式(1.24)和式(1.38)得到滞止压强的比值为

$$\frac{p_{02}}{p_{01}} = \left(\frac{\gamma+1}{2} Ma_1^2\right)^{\frac{\gamma}{\gamma-1}} \left(1 + \frac{\gamma-1}{2} Ma_1^2\right)^{\frac{\gamma}{1-\gamma}} \left(\frac{2\gamma}{\gamma+1} Ma_1^2 - \frac{\gamma-1}{\gamma+1}\right)^{\frac{1}{1-\gamma}} \tag{1.41}$$

上游气流和下游气流的温度、压力及密度的比值为

$$\frac{T_2}{T_1} = \frac{p_2}{p_1} \frac{\left(1 + \frac{1}{\zeta} \frac{p_2}{p_1}\right)}{\left(\frac{1}{\zeta} + \frac{p_2}{p_1}\right)} \tag{1.42}$$

$$\frac{p_2}{p_1} = \frac{\left(\zeta \frac{\rho_2}{\rho_1} - 1\right)}{\left(\zeta - \frac{\rho_2}{\rho_1}\right)} \tag{1.43}$$

$$\frac{\rho_2}{\rho_1} = \frac{\left(\zeta \frac{p_2}{p_1} + 1\right)}{\left(\zeta + \frac{p_2}{p_1}\right)} \tag{1.44}$$

式中:$\zeta = (\gamma+1)/(\gamma-1)$。由式(1.42)~式(1.44)构成的方程组称为没有任何化学反应的冲击波 Rankine-Hugoniot 方程。在 $\gamma = 1.4$(如空气的情况下)时,p_2/p_1 和 ρ_2/ρ_1 的关系表明,当下游气流的密度增加约 6 倍时,下游气流的压强无限增大,这可从式(1.43)中看出,当 $\rho_2/\rho_1 \to \zeta$ 时,$p_2/p_1 \to \infty$。

尽管得到 Rankine-Hugoniot 方程组(式(1.42)~式(1.44)),但是,当一个静态的冲击波在一个动态的坐标系中产生时,同样一个动态的冲击波也可在静态的坐标系中产生。在静态坐标系中,冲击波的运动速度为 u_1,微粒的速度可由 $u_p = u_1 - u_2$ 得到。温度、压强和密度的比值对动态坐标还是静态坐标都相同。

通过冲击波的熵变可表征冲击波。应用表示理想气体状态方程的式(1.5a),熵变可表示为

$$s_2 - s_1 = c_p \ln\left(\frac{T_2}{T_1}\right) - R_g \ln\left(\frac{p_2}{p_1}\right) \tag{1.45}$$

将式(1.38)和式(1.39)代入式(1.45),得

$$s_2 - s_1 = c_p \ln\left[\frac{2}{(\gamma+1) Ma_1^2} + \frac{1}{\zeta}\right] + \frac{c_p}{\gamma} \ln\left[\frac{2\gamma}{\gamma+1} Ma_1^2 - \frac{1}{\zeta}\right] \tag{1.46}$$

显然，对于 $1<\gamma<1.67$ 的气体来说，在 $Ma_1<1$ 的区间熵变为正值，在 Ma_1 大于 1 的区间熵变为负值。因此，仅当 $Ma_1>1$ 时，式(1.46)才是有效的。换言之，仅当 $Ma_1>1$ 时，一个不连续流动形成。这种垂直于流动方向的不连续表面即为正激波。波后气流马赫数总是 $Ma_1<1$（亚声速流动），并且滞流压强比由作为 Ma_1 函数的式(1.37)和式(1.41)得到。冲击波之间的温度、压强和密度比值可应用式(1.38)~式(1.40)和式(1.25)~式(1.27)而求得。一个正常激波的特性可总结如下：

	波　前	←冲击波→	波　后
速度	u_1	>	u_2
压强	p_1	<	p_2
密度	ρ_1	<	ρ_2
温度	T_1	<	T_2
马赫数	Ma_1	>	Ma_2
滞止压强	p_{01}	>	p_{02}
滞止密度	ρ_{01}	>	ρ_{02}
滞止温度	T_{01}	=	T_{02}
熵	s_1	<	s_2

1.2.3　超声速喷管流动

在非等熵情况下，当气体从滞止状况通过一个喷管时，则焓变可由式(1.23)表示。将式(1.14)代入式(1.24)可得到流速：

$$u^2 = 2c_p T_0 \left[1 - \left(\frac{p}{p_0}\right)^{\frac{R_g}{c_p}} \right] \tag{1.47}$$

把式(1.6)代入式(1.47)，得

$$u = \left[\frac{2\gamma}{\gamma-1} R_g T_0 \left\{ 1 - \left(\frac{p}{p_0}\right)^{\frac{\gamma-1}{\gamma}} \right\} \right]^{\frac{1}{2}} \tag{1.48a}$$

在喷管出口的流速可表达为

$$u_e = \left[\frac{2\gamma}{\gamma-1} R_g T_0 \left\{ 1 - \left(\frac{p_e}{p_0}\right)^{\frac{\gamma-1}{\gamma}} \right\} \right]^{\frac{1}{2}} \tag{1.48b}$$

式中：下标 e 表示喷管出口。质量流速可由一维稳态流动的质量守恒定律获得：

$$\dot{m} = \rho u A \tag{1.49}$$

式中：$\dot{m}$ 为喷管中的质量流速；ρ 为气体密度；A 为喷管横截面面积。将式(1.48a)、式(1.5)和式(1.14)代入式(1.49)，得

$$\dot{m}=p_0 A\left[\frac{2\gamma}{\gamma-1}\frac{1}{R_g T_0}\left(\frac{p}{p_0}\right)^{\frac{2}{\gamma}}\left\{1-\left(\frac{p}{p_0}\right)^{\frac{\gamma-1}{\gamma}}\right\}\right]^{\frac{1}{2}} \quad (1.50)$$

于是，质量流量 $\dot{m}/A$ 可表示为

$$\frac{\dot{m}}{A}=p_0\left[\frac{2\gamma}{\gamma-1}\frac{1}{R_g T_0}\left(\frac{p}{p_0}\right)^{\frac{2}{\gamma}}\left\{1-\left(\frac{p}{p_0}\right)^{\frac{\gamma-1}{\gamma}}\right\}\right]^{\frac{1}{2}} \quad (1.51a)$$

质量流量也可根据式(1.25)和式(1.26)表示为马赫数的函数，即

$$\frac{\dot{m}}{A}=\rho u=\frac{pu}{R_g T}$$

$$=\sqrt{\frac{\gamma}{R_g T_0}}pM\left(1+\frac{\gamma-1}{2}Ma^2\right)^{\frac{1}{2}}$$

$$=\sqrt{\frac{\gamma}{R_g T_0}}p_0 Ma\left(1+\frac{\gamma-1}{2}Ma^2\right)^{-\frac{\xi}{2}} \quad (1.51b)$$

对式(1.51b)求导可得

$$\frac{d}{dMa}\left(\frac{\dot{m}}{A}\right)=\sqrt{\frac{\gamma}{R_g T_0}}p_0(1-Ma^2)\left(1+\frac{\gamma-1}{2}Ma^2\right)^{\frac{1-3\gamma}{2(\gamma-1)}} \quad (1.51c)$$

由式(1.51c)可以看出，当 $Ma=1$ 时，$\dot{m}$ 有最大值，可得到最大质量流量 $(\dot{m}/A)_{max}$，而此时横截面积为 A^*。$\left(\dfrac{\dot{m}}{A^*}\right)_{max}$ 的表达式为

$$\left(\frac{\dot{m}}{A^*}\right)_{max}=\sqrt{\frac{\gamma}{R_g T_0}}p_0\left(\frac{2}{\gamma+1}\right)^{\frac{\xi}{2}} \quad (1.52)$$

于是 A/A^* 可由下式求出：

$$\frac{A}{A^*}=\frac{1}{Ma}\left\{\frac{2}{\gamma+1}\left(1+\frac{\gamma-1}{2}Ma^2\right)\right\}^{\frac{\xi}{2}} \quad (1.53)$$

当 m、T_0、P_0、R_g 和 γ 已知时，由式(1.53)可算得在 A 时的马赫数。另外，T、p 和 ρ 可由式(1.25)、式(1.26)和式(1.27)求出。式(1.53)对马赫数求导得

$$\frac{d}{dMa}\left(\frac{A}{A^*}\right)=\frac{Ma^2-1}{Ma^2}\frac{2}{\gamma+1}\left\{\frac{2}{\gamma+1}\left(1+\frac{\gamma-1}{2}Ma^2\right)\right\}^{\frac{2}{\gamma-1}-\frac{\xi}{2}} \quad (1.54)$$

上述方程表明，当 $Ma=1$ 时，A/A^* 有一极小值。当 $Ma<1$ 时，随着 A/A^* 值降低，流体马赫数增加。当 $Ma>1$ 时，随着 A/A^* 值增加，流体马赫数也增加。当 $Ma=1$ 时，$A=A^*$ 并且与 γ 无关。显然，A^* 是喷管流动的最小横截面积，称为"喷

喉",在此处流动速度变为声速。进一步讲,在收敛段的亚声速流动中流速增加,在扩张段的超声速流动中流速也增加。

在喷喉处的流速 u^*、温度 T^*、压强 p^* 和密度 ρ^* 可分别由式(1.16)、式(1.18)、式(1.19)和式(1.20)求出:

$$u^* = \sqrt{\gamma R T^*} \tag{1.55}$$

$$\frac{T^*}{T_0} = \frac{2}{\gamma+1} \tag{1.56}$$

$$\frac{p^*}{p_0} = \left(\frac{2}{\gamma+1}\right)^{\frac{\gamma}{\gamma-1}} \tag{1.57}$$

$$\frac{\rho^*}{\rho_0} = \left(\frac{2}{\gamma+1}\right)^{\frac{1}{\gamma-1}} \tag{1.58}$$

例如,当 $\gamma=1.4$ 时,可得到 $T^*/T_0=0.833$,$p^*/p_0=0.528$ 和 $\rho^*/\rho_0=0.664$。在喷喉处,滞止条件下的温度 T_0 降低 17%,压强 p_0 降低 50%。当流体膨胀通过一个收敛的喷管时,压强降低比温度降低更快。在喷管扩张段的出口,可得到最大流体速度。当喷管出口的压强是真空时,由式(1.48)和式(1.56)得到最大流速为

$$u_{e,\max} = \sqrt{\frac{2\gamma}{\gamma-1} \frac{R}{M_g} T_0} \tag{1.59}$$

这个最大流速依赖于相对分子质量 M_g、比热容 γ 和滞止温度 T_0。流速随着 γ 和 M_g 的降低以及 T_0 的增加而增加。由式(1.52)可知,一个简化的质量流速和喷管面积 $A_t(=A^*)$、燃烧室压强 $p_c(=p_0)$ 之间的表达式为

$$\dot{m} = c_D A_t p_c \tag{1.60}$$

式中:c_D 为喷管排出系数,由下式给出:

$$c_D = \sqrt{\frac{M_g}{T_0}} \sqrt{\frac{\gamma}{R} \left(\frac{2}{\gamma+1}\right)^{\zeta}} \tag{1.61}$$

1.3 推力的产生

1.3.1 动量的变化与推力

假设在大气压下一个工作的推进发动机如图 1.3 所示,空气在前段 i 处进入并通过燃烧室,在出口 e 处排出,由含能材料燃烧产生的热释放到燃烧室中。产生推力 F 的动量平衡方程可表示为

$$F + p_a(A_e - A_i) = (\dot{m}_e u_e + p_e A_e) - (\dot{m}_i u_i + p_i A_i) \tag{1.62}$$

式中：u 为流速；$\dot{m}$ 为质量流量；A 为面积；下标 i 表示进口，e 表示出口，a 表示环境大气，含能材料造成的燃烧室分子质量流量 m_p 由出口质量流量与入口质量流量差 $\dot{m}_e - \dot{m}_i$ 决定；$\dot{m}_i u_i$ 为入口 i 处的动量；$\dot{m}_e u_e$ 为出口 e 处的动量；$p_i A_i$ 为作用于 i 处的压强作用力；$p_e A_e$ 为作用于 e 处的压强作用力。$F + p_a(A_e - A_i)$ 等于作用于发动机外表面的力。

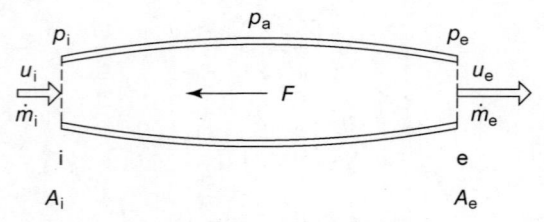

图 1.3 推进的动量变化

在火箭推进的情况下，前端是密闭的（$A_i = 0$），并且 $\dot{m}_i = 0$，所以火箭推进的推力可表达为

$$F = \dot{m}_e u_e + A_e(p_e - p_a) \tag{1.63}$$

此时，$\dot{m}_p = \dot{m}_g$，$\dot{m}_e$、A_e 和 p_a 为已知量，于是，推力可由出口处的流速和压强确定。

式（1.63）对 A_e 求导，得

$$\frac{dF}{dA_e} = u_e \frac{d\dot{m}_g}{dA_e} + \dot{m}_g \frac{du_e}{dA_e} + A_e \frac{dp_e}{dA_e} + p_e - p_a \tag{1.64}$$

在喷管出口处的动量方程可表达成 $\dot{m}_g du_e = -A_e dp_e$ 和 $d\dot{m} = 0$（在喷管中为稳态流动）。因此，从式（1.64）得

$$\frac{dF}{dA_e} = p_e - p_a \tag{1.65}$$

在 $p_e = p_a$ 即在喷管出口处的压强等于环境压强时，得到最大推力。

但是，必须注意的是，式（1.62）适用于冲压发动机的推进，如冲压火箭和固体燃料冲压发动机，因为对于这些发动机，空气由入口进入，入口和出口之间设置了压差。在冲压发动机推进时，入口的质量流量对产生推力起着重要作用。

1.3.2 火箭推进

图 1.4 展示了由推进剂燃烧室和喷管组成的火箭发动机简图。喷管是一种收敛和扩张喷管，以便通过喷喉将燃气从亚声速加速到超声速。图 1.4 通过压强-体积曲线和焓-熵曲线表示了火箭发动机工作过程中的热力学过程[6]。在

燃烧室中的推进剂产生燃气并在恒定燃烧室压强 p_c 下,将燃温由 T_i 增加至 T_c。燃烧产物通过收敛喷管而膨胀,在喷喉处,压强变为 p_t,温度变为 T_t。燃烧产物继续通过扩张膨胀,在扩张段末端压强变为 p_e,温度变为 T_e。

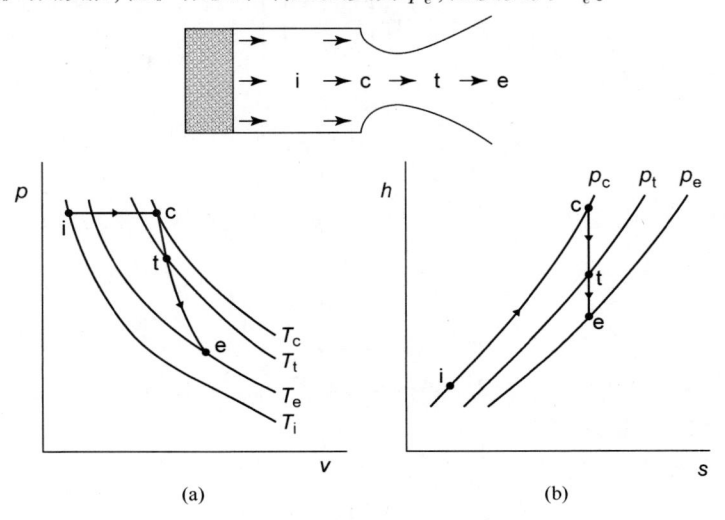

图 1.4 火箭推进的压强-体积曲线和焓-熵曲线

(a)压强-体积曲线;(b)焓-熵曲线。

如果假设:①流体是一维和稳态流动;②流体等熵;③燃气是理想气体,比热容比恒定,$p-V$ 曲线和 $h-s$ 曲线唯一确定[6-9]。推进剂燃烧焓变为

$$\Delta h = c_p (T_c - T_i) \tag{1.66}$$

式中:Δh 为单位质量推进剂的反应热。图 1.4 所表示的膨胀过程 c→t→e 在本章的 1.2.3 节热力学过程中已有描述。

1.3.2.1 推力系数

火箭发动机产生的推力由式(1.63)表示。将式(1.48b)和式(1.52)代入式(1.63)得

$$F = A_t p_c \left[\frac{2\gamma^2}{\gamma-1} \left(\frac{2}{\gamma+1} \right)^{\frac{\gamma+1}{\gamma-1}} \left\{ 1 - \left(\frac{p_e}{p_c} \right)^{\frac{\gamma-1}{\gamma}} \right\} \right]^{\frac{1}{2}} + (p_e - p_a) A_e \tag{1.67}$$

如式(1.65)所示,已知燃烧气体的比热容比 $p_e = p_a$ 时,得到最大推力 F_{max} 的表达式为

$$F_{max} = A_t p_c \left[\frac{2\gamma^2}{\gamma-1} \left(\frac{2}{\gamma+1} \right)^{\frac{\gamma+1}{\gamma-1}} \left\{ 1 - \left(\frac{p_e}{p_c} \right)^{\frac{\gamma-1}{\gamma}} \right\} \right]^{\frac{1}{2}} \tag{1.68}$$

依照喷喉面积和燃烧室压强大小,式(1.68)可由一个简化的表达式表示:

$$F = c_F A_t p_c \quad (1.69)$$

式中：c_F 为推力系数，并且由下式给出：

$$c_F = \left[\frac{2\gamma^2}{\gamma-1}\left(\frac{2}{\gamma+1}\right)^{\frac{\gamma+1}{\gamma-1}}\left\{1-\left(\frac{p_e}{p_c}\right)^{\frac{\gamma-1}{\gamma}}\right\}\right]^{\frac{1}{2}} + \frac{(p_e-p_a)}{p_c}\frac{A_e}{A_t} \quad (1.70)$$

最大推力系数 $c_{F,\max}$ 为

$$c_{F,\max} = \left[\frac{2\gamma^2}{\gamma-1}\left(\frac{2}{\gamma+1}\right)^{\frac{\gamma+1}{\gamma-1}}\left\{1-\left(\frac{p_e}{p_c}\right)^{\frac{\gamma-1}{\gamma}}\right\}\right]^{\frac{1}{2}} \quad (1.71)$$

当喷管扩张比变为无穷大时，压强比 p_c/p_a 也变为无穷大，最大推力系数变为

$$c_{F,\max} = \left[\frac{2\gamma^2}{\gamma-1}\left(\frac{2}{\gamma+1}\right)^{\frac{\gamma+1}{\gamma-1}}\right]^{\frac{1}{2}} \quad (1.72)$$

例如：$\gamma=1.20$ 时，$c_{F,\max}=2.246$；$\gamma=1.4$ 时，$c_{F,\max}=1.812$。

1.3.2.2 特征速度

特征速度 c^* 的定义为

$$c^* = \frac{A_t p_c}{\dot{m}_g} \quad (1.73)$$

将式(1.52)代入式(1.73)得

$$c^* = \sqrt{\frac{RT_c}{\gamma M_g}}\left(\frac{2}{\gamma+1}\right)^{-\frac{\zeta}{2}} \quad (1.74)$$

式(1.74)表明，c^* 仅与 T_c、M_g 和 γ 有关，而与压强及燃烧室和排气喷管实际尺寸无关，是一个用于表征燃烧能量大小的参数。

1.3.2.3 比冲

比冲是描述推进剂燃烧能量效率的一个参数，其表达式为

$$I_{sp} = \frac{F}{\dot{m}_g g} \quad (1.75)$$

式中：g 为重力加速度，其值为 $9.80665 \text{m} \cdot \text{s}^{-2}$。比冲的单位是 s。热力学上，比冲是通过能量转换保持推进剂质量克服重力所产生推力的有效时间。质量流速 $\dot{m}_g$ 由式(1.50)给出且 F 由式(1.67)给出，所以 I_{sp} 的表达式为

$$I_{sp} = \frac{1}{g}\left[\frac{2\gamma}{\gamma-1}\frac{R}{M_g}T_c\left\{1-\left(\frac{p_e}{p_c}\right)^{\frac{\gamma-1}{\gamma}}\right\}\right]^{\frac{1}{2}} + \frac{1}{g}\left(\frac{\gamma+1}{2}\right)^{\frac{\zeta}{2}}\sqrt{\frac{RT_c}{\gamma m_g}}\left(\frac{p_e-p_a}{p_c}\right)\frac{A_e}{A_t} \quad (1.76)$$

$$I_{sp} \approx \sqrt{\frac{T_g}{M_g}} \quad (1.77)$$

式中：T_g 为燃温；M_g 为燃烧产物的相对分子质量。尽管 $I_{sp,max}$ 也是燃烧产物比热容比 γ 的函数，但是在推进剂中 γ 几乎不变。从式（1.77）可以看出，产生高 T_g 和高 M_g 的燃烧产物的含能材料并不总是有用的推进剂，产生较低 T_g 的推进剂在 M_g 足够低时亦是有用的。类似于 F_{max} 和 $c_{F,max}$，最大比冲 $I_{sp,max}$ 在 $p_e=p_a$ 时可得到且可表示为

$$I_{sp,max} = \frac{1}{g}\left[\frac{2\gamma}{\gamma-1}\frac{R}{M_g}T_g\left\{1-\left(\frac{p_e}{p_c}\right)^{\frac{\gamma-1}{\gamma}}\right\}\right]^{\frac{1}{2}} \quad (1.78)$$

另外，比冲也可用推力系数和特征速度表示：

$$I_{sp} = \frac{c_F c^*}{g} \quad (1.79)$$

式中：c_F 为在喷管流动中膨胀过程的效率；c^* 为燃烧室内燃烧过程的效率；I_{sp} 为火箭发动机的总效率。

1.3.3　枪炮推进

1.3.3.1　枪炮推进的热化学过程

发射药的燃烧是在非定容和非恒压的条件下进行的，由于火炮身管中弹丸位移的变化，火药气体生成速度随时间和温度同时发生快速的改变。虽然压强变化比较快，但火药的线性燃烧速度被假定为符合指数规律（维也里定律）：

$$r = ap^n \quad (1.80)$$

式中：r 为燃烧速度（mm·s^{-1}）；p 为压强（MPa）；n 为压强指数（是与燃烧组分有关的常量）；a 为一个与火药化学组分和火药初温有关的常数。

枪炮发射药和火箭推进剂最基本的差异是燃烧压强的大小。因为在枪炮中燃烧压强非常高（>100MPa），这个方程中的参数是依据经验决定的。尽管固体推进剂的工作压强小于 20MPa，但是通常发射药的燃速表达式和火箭推进剂的燃速表达式相类似。火药的质量燃速也依赖于火药燃面大小，火药燃面在燃烧过程中或增加或减小，燃面的变化取决于所使用火药药粒（柱）的形状和尺寸。

枪炮发射药的有效功为作用于弹丸底部压强的作用。因此，火药燃烧的做功能力可通过火药力来估算，它的表达式为

$$f = pV = \frac{RT_g}{M_g} = p_0 V_0 \frac{T_g}{T_0} \quad (1.81)$$

式中：p_0、V_0、T_0 分别为标准状态下单位质量的火药燃烧产生的压强、体积和温度；火药力 f 的单位是 MJ·kg^{-1}。很明显，枪炮发射药的火药力越高越有利，这与估计火箭推进剂热力学性能的比冲 I_{sp} 相类似。

火药燃烧产生的热能部分转变成为各种无效的能量[10]。在枪炮身管中,这些能量的损失大致为:

燃烧气体的显热　　　　　　　42%
燃烧气体的动能　　　　　　　3%
弹丸和枪炮身管的热损失　　　20%
机械损失　　　　　　　　　　3%

其余的32%能量用于加速弹丸的运动。显然,损失的能量大部分是由枪炮身管的热散失造成的。根据热力学定律,在燃烧气体的温度降到环境温度之前,枪炮身管中的压强将不会下降,实际上,这种热损失是不可避免的。

1.3.3.2　内弹道学

对于枪炮的内弹道来讲,它的一维动量方程可表示为[10-12]

$$M_w \frac{du}{dt} = M_w u \frac{du}{dx} = pA_{bi} \tag{1.82}$$

式中:M_w为弹丸的质量;u为速度;x为距离;t为时间;p为压强;A_{bi}为枪管的横截面积。对式(1.82)从0到L_b积分得

$$M_w \frac{u_{be}^2}{2} = A_{bi} \int_0^{L_b} p dx \tag{1.83}$$

式中:u_{be}为枪(炮)管出口处的速度;L_b为用于加速弹丸的枪(炮)管的有效长度。如果假定枪(炮)管内的平均压强为$[p]$,则

$$[p] = \frac{1}{L_b} \int_0^{L_b} p dx \tag{1.84}$$

弹丸的速度为

$$u_{be} = \sqrt{\frac{2[p]L_b A_{bi}}{M_w}} \tag{1.85}$$

当一个枪(炮)管的物理尺寸已知时,发射药的热力学效率被要求最大,以便在有限的时间内用给定的发射药质量在枪(炮)管内产生尽可能高的压强。

通常枪管内的膛压要超过200MPa,并且发射药燃速压强指数$n=1$,这可由式(1.80)给出。当$n=1$时,发射药的燃速可表示为

$$r = ap \tag{1.86}$$

式中:r为燃速;p为压强;a为与发射药化学组分和初温有关的常数。发射药的体积燃速用$S(t)r$表示,其中$S(t)$是时间为t时发射药装药燃烧的表面积。发射药装药体积燃速变化的定义为

$$\frac{dz}{dt} = \frac{V(t)}{V_0} = \frac{S_0}{V_0} \frac{S(t)}{S_0} r(t) = \sigma \frac{S(t)}{S_0} r(t) \tag{1.87}$$

式中:V_0 为发射药装药的初始体积,$\sigma = S_0/V_0$;$V(t)$ 为 t 时刻发射药装药的体积;z 为装药的几何函数。将表面积比值的变化定义为"形状函数",用 φ 表示,其定义为

$$\phi(z) = \frac{S(t)}{S_0} \tag{1.88}$$

表 1.1 列出了几种不同药型的形状函数。将式(1.80)、式(1.86)和式(1.88)代入式(1.87)可得体积燃速变化的简化表达式为

$$\frac{\mathrm{d}z}{\mathrm{d}t} = a\sigma\varphi(z)p \tag{1.89}$$

表 1.1　不同种发射药粒子的药型参数

药　型	$\varphi(z)$
球形、立方形	$(1-z)^{2/3}$
圆盘形、正方形、线型	$(1-z)^{1/2}$
短圆柱形	$(1-z)^{3/5}$
短管形	$(1-0.57z)^{1/2}$
中心开孔圆盘形	$(1-0.33z)^{1/2}$
长管形	1
七孔短管形	$(1+z)^{1/2}$

将式(1.89)代入式(1.82)中,弹丸的速度变化可表示为

$$\mathrm{d}u = \left(\frac{A_{\mathrm{bi}}}{M_{\mathrm{w}}}\right)\left(\frac{1}{a\sigma}\right)\frac{\mathrm{d}z}{\varphi(z)} \tag{1.90}$$

对式(1.90)从起始态到状态 z_1 进行积分,可得弹丸的速度为

$$u = \left(\frac{A_{\mathrm{bi}}}{M_{\mathrm{w}}}\right)\left(\frac{1}{a\sigma}\right)\int_0^{z_1}\frac{\mathrm{d}z}{\varphi(z)} \tag{1.91}$$

式中:u 为 $z = z_1$ 时的速度。通常,膛内的压强达到某一初始压强 p_c 时,弹丸才开始运动,因为弹丸和膛体之间会产生发射阻力,因此,弹丸的速度可表示为

$$u = \left(\frac{A_{\mathrm{bi}}}{M_{\mathrm{w}}}\right)\left(\frac{1}{a\sigma}\right)\left[\int_0^{z_1}\frac{\mathrm{d}z}{\varphi(z)} - \int_0^{z_0}\frac{\mathrm{d}z}{\varphi(z)}\right] \tag{1.92}$$

式中:z_0 为 p_c 时体积燃速变化。发射药装药完全烧尽后膛内压强按照下式发生等熵变化:

$$p = \frac{\rho_{\mathrm{g}}p^*}{\rho_{\mathrm{g}}^*} \tag{1.93}$$

式中:p^* 为燃烧完全时的压强;ρ_{g}^* 为燃烧完全时的密度。

1.4 破坏力的形成

1.4.1 压强和冲击波

火药在密闭燃烧器内燃烧时,产生大量的气体分子。由这些分子产生的压强作用于燃烧器的内表面,火药不断地燃烧导致压强缓慢增大。当压强超过燃烧器壁的最大耐受压强时,在燃烧器壁上的最薄处发生机械破坏。作用于燃烧器壁的力由燃烧气体产生的静压引起。

炸药在密闭容器中爆轰时形成冲击波,冲击波向容器的内表面移动,并作用于容器内壁,该冲击波引发压力波的产生,但这个压力波并非由爆燃气体产生的压强而形成。冲击波在容器内首先通过空气传播,随后燃烧产生的气体跟踪而至。当冲击波达到容器壁的内表面时,如果容器壁的机械强度小于冲击波所产生的机械力,则容器将被毁坏。相比于燃烧气体建立的静压而言,冲击波作用于内壁上的时间非常短,但其对内壁的冲击力将导致破坏性的损毁。当火药在燃烧器外燃烧时,不会产生任何压强,但炸药在燃烧器外部爆轰时,仍会有冲击波产生,且冲击波到达燃烧器外表面后会损毁燃烧器。

1.4.2 冲击波在固体中的传播与反射

当冲击波在固体的燃烧室壁上从一面向另一面移动时,在冲击波的前沿产生一个压缩波。当冲击波到达另一面时,则形成反射波,该波沿着反方向传播。该反射波形成一个膨胀力作用于燃烧器壁。

对于固体材料的破坏一般有两种模式,即韧性破裂和脆性破裂。这些模式与材料的类型和作用于材料上力的种类有关。由冲击波产生的机械力类似于由冲击应力产生的力。材料的断裂机理与机械力的作用密切相关。当冲击波在混凝土墙中从一端向另一端传播时,产生一个压缩应力,没有发现有任何损毁。当冲击波在墙的另一端被反射回来时,形成反射波,伴随着膨胀应力的产生。由于混凝土的压缩强度可以抵抗由冲击波产生的压缩应力,因此,冲击波本身未能导致任何的机械损毁。当混凝土墙遭受由膨胀波产生的拉伸应力作用时,膨胀力超过了墙的拉伸强度,导致了混凝土墙破坏。

参 考 文 献

[1] Jeans,J. (1959) Introduction to the Kinetic Theory of Gases, The University Press,

Cambridge.
[2] Dickerson, R. E. (1969) Molecular Thermodynamics, Chapter 5, W. A. Benfamin, New York.
[3] JANAF (1960–1970) Thermochemical Tables, Dow Chemical Co. , Midland, MI.
[4] Liepmann, H. W. and Roshko, A. (1957) Elements of Gas Dynamics, Chapter 2, John Wiley & Sons, Inc. , New York.
[5] Shapiro, A. H. (1953) The Dynamics and thermodynamics of Compressible Fluid Flow, Chapter 5, The Ronald Press Company, New York.
[6] Summerfield, M. (1959) The Liquid Propellant Rocket Engine, Jet Propulsion Engines, Princeton University Press, Princeton, NJ, pp. 439–520.
[7] Glassman, I. and Sawyer, F. (1970) The Performance of Chemical Propellants, Chapter 2, Circa Publications, New York.
[8] Sutton, G. P. (1992) Rocket Propulsion Elements, Chapter 3, 6th edn, John Wiley & Sons, Inc. , New York.
[9] Kubota, N. (1995) Rocket Combustion, Chapter 2, Nikkan Kogyo.
[10] Weapons Systems Fundamentals – Analysis of Weapons (1963), NAVWEPS Operating Report 3000, U. S. Navy Weapons Systems, vol. 2.
[11] Krier, H. and Adams, M. J. (1979) An introduction to fun interior ballistics and a simplified ballistic code, in Interior Ballistics of Guns, Progress in Astronautics and Aeronautics, Vol. 66 (eds H. Krier and M. Summerfield), AIAA, New York.
[12] Stiefel, L. (ed) (1988) Gun Propulsion Technology, Progress in Astronautics and Aeronautics, vol. 109, AIAA, Washington, DC.

第 2 章 燃烧热化学

2.1 热能的产生

2.1.1 化学键能

所有的物质都由原子构成，这些原子间通过化学键紧密地结合形成构成物质的分子。发生化学反应时，旧键断裂，新化学键形成，原物质转变为其他物质。化学键键能的大小取决于化学键的类型以及各个原子周围电子所处的能级状态。尽管物质精确的能态要通过量子力学计算，但是通过实验确定出所有化学键的键能也可以估算出总的能态。

典型的化学键包括离子键和共价键。通过这些键形成含能材料以及它们的燃烧产物。气态反应物如氢气、氧气、氮气和碳氢化合物含有共价键，它们可能是单键、双键或者是三键。许多含能晶体物质是由离子键构成的。化学键的状态决定了物质的能量和物理化学性质。

一个分子中所有原子间化学键键能之和就是这个分子的能量。气体分子相互碰撞或者提供外加光化学能，分子才会发生键的断裂。当分子分解为原子时，需要有足够的能量去破坏化学键并使原子分离。分子 A—B 的化学键能等于将分子离解为 A 和 B 所需的能量，例如，H_2O 分子离解为 2 个 H 原子和 1 个 O 原子：$H_2O \rightarrow 2H+O-912 kJ \cdot mol^{-1}$。通过 $H_2O \rightarrow H+OH-494 kJ \cdot mol^{-1}$ 和 $OH \rightarrow H+O-419 kJ \cdot mol^{-1}$ 的反应，出现两个 O—H 键的断裂。第一个 O—H 键的断裂需要 $494 kJ \cdot mol^{-1}$，而第二个 O—H 键断裂需要 $419 kJ \cdot mol^{-1}$。显然，在 O—H 键能上有 $75 kJ \cdot mol^{-1}$ 的差值。但是 H_2O 分子两个离解过程是同时发生的，因此，O—H 键的平均键能为 $457 kJ \cdot mol^{-1}$。

用于形成含能材料典型的化学键有 C—NO_2、N—NO_2、O—NO_2、N—N 和 O—O，当这些键由于热分解或与其他分子发生反应导致其分子断裂时，CO_2 和 N_2 的气体分子形成，如图 2.1 所示。含能材料键能和气体分子键能的差异在于所释放的热能。与燃烧有关的典型分子化学键键能见表 2.1[1-3]。

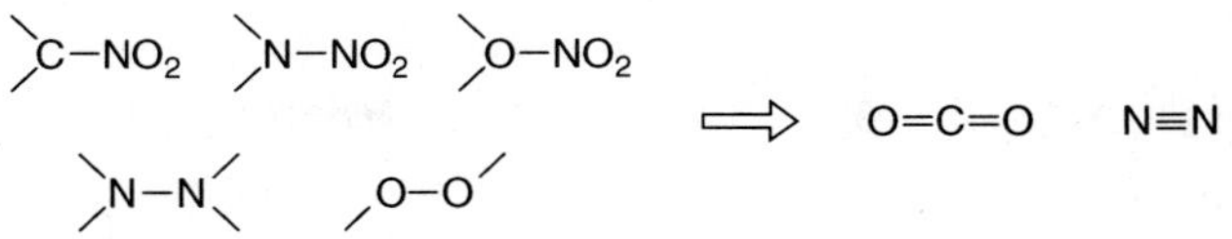

图 2.1 能材料中键断裂产生热且生成 CO_2 和 N_2

表 2.1 含能材料化学键的键能

化 学 键	键能/(kJ·mol^{-1})
C—H	411
C—C	358
C=C	599
C≡C	812
C—O	350
C=O(酮)	766
C=O(甲醛)	699
C=O(乙醛)	720
C≡N	883
H—H	435
O—H	465
O—O	138
N—H	368
N—O	255
N=O	601
N=N	443
N≡N	947

2.1.2 生成焓和爆热

当含能物质 R 发生反应生成产物 P 时,会放热(或者吸热)。因为 R 和 P 的化学键键能不同,表现为两者的热量亦不同。R 分子结构发生重排改变了其化学潜能。在一定压强下反应热 Q_p 等于化学反应的焓变,即

$$\Delta H = Q_p \tag{2.1}$$

式中:H 为焓;ΔH 为反应的焓变;下标 p 表示恒压条件。

化学反应产生的热量即为爆热 H_{exp},H_{exp} 由反应物的生成焓 $\Delta H_{f,R}$ 和产物的生成焓 $\Delta H_{f,p}$ 的差值确定,即

$$H_{exp} = \Delta H_{f,R} - \Delta H_{f,p} \quad (2.2)$$

式中：H_{exp} 为爆热；$\Delta H_{f,R}$ 为反应物的生成焓；$\Delta H_{f,p}$ 为产物的生成焓。

生成焓 ΔH_f 值取决于分子的化学结构和它的化学键能。式(2.2)表明要获得较高的爆热 H_{exp}，那么反应物的生成焓 $\Delta H_{f,R}$ 应较高，而产物的生成焓 $\Delta H_{f,p}$ 应较低。

2.1.3 热平衡

与其他化学反应相比，燃烧是一个快速放热的化学反应，反应时间短，而经过大量分子碰撞后生成燃烧产物，生成的产物中也存在大量燃烧中间产物。当时间、平均分子量和温度恒定时，可称反应系统达到热力学平衡状态[1,2,4]。

对于 1mol 理想气体的 Gibbs 自由能 F 定义为

$$F = h - Ts = e + pV - Ts \quad (2.3)$$

将式(1.4)、式(1.5a)和式(1.11)代入式(2.3)并微分，得

$$dF = Vdp - sdT \quad (2.4)$$

对于 1mol 理想气体，将式(1.5)代入式(2.4)，得

$$dF = \left(\frac{RT}{p}\right)dp - sdT \quad (2.5)$$

当气体温度保持不变时，式(2.5)简化为

$$dF = RTd\ln p \quad (2.6)$$

积分得

$$F - F_0 = RT\ln p \quad (2.7)$$

式中：F_0 为 1MPa 下温度为 T 时的标准自由能。

假设在热平衡状态时存在 A、B、C 和 D 四种物质，可逆反应方程式为

$$aA + bB \rightleftharpoons cC + dD \quad (2.8)$$

式中：a、b、c、d 为可逆反应在热平衡状态下的化学计量系数，基于式(2.7)，反应的自由能变化 dF 为

$$\Delta F - \Delta F_0 = RT[(c\ln p_C + d\ln p_D) - (a\ln p_A + b\ln p_B)] = RT\ln \frac{p_C^c p_D^d}{p_A^a p_B^b} \quad (2.9)$$

式中：p_A、p_B、p_C、p_D 是各组分的分压；ΔF_0 为反应式(2.8)的标准自由能变化。当反应达到热力学平衡时，自由能变化为 0，即 $\Delta F = 0$，此时，式(2.9)变为

$$\Delta F_0 = -RT\ln \frac{p_C^c p_D^d}{p_A^a p_B^b} \quad (2.10)$$

$$= -RT\ln K_p \quad (2.11)$$

式中：K_p 为平衡常数，定义为

$$K_p = \frac{p_C^c p_D^d}{p_A^a p_B^b} \tag{2.12}$$

将式(2.11)代入式(2.3),得

$$dh_0 - Tds_0 = -RT\ln K_p \tag{2.13}$$

式中:dh_0、ds_0 为温度为 T 时从标准压强(1MPa)到压强为 p 时焓和熵的变化。于是,式(2.13)等号左边为温度为 T 时标准压强到压强为 p 时的自由能变化,等号右边 K_p 由化学反应确定。因为自由能变化取决于温度而不是取决于压强,所以 K_p 也只与温度有关[4,5]。燃烧反应的平衡常数列在 JANAF 热化学表中[6]。如果反应 A+B=C+D 在反应前后所涉及的分子数不变,那么反应平衡显然与压强无关。

2.2 绝热火焰温度

反应热是由于反应物与产物的生成热不同而产生的。当反应物温度 T_0 变为产物温度 T_1 时,化学反应的能量变化由能量守恒定律来表示[4,7],即

$$\sum_i n_i [(H_{T_1} - H_0^0) - (H_{T_0} - H_0^0) + (\Delta H_f)_{T_0}]_i$$
$$= \sum_j n_j [(H_{T_2} - H_0^0) - (H_{T_0} - H_0^0) + (\Delta H_f)_{T_0}]_j + \sum_j n_j Q_j \tag{2.14}$$

式中:H_0^0 为 0K 时的标准焓;n 为反应所涉及化学组分的化学计量比。下标 T_1 表示反应物的温度;T_2 表示产物的温度;i 表示反应物;j 表示产物。此式表明,能量变化与从反应物到产物的反应路径无关。

当反应物温度为 T_1,产物温度为 T_2 时,式(2.14)简化为

$$\sum_i n_i [(H_{T_1} - H_0^0) + (\Delta H_f)_{T_0}]_i = \sum_j n_j [(H_{T_2} - H_{T_0}) + (\Delta H_f)_{T_0}]_j + \sum_j n_j Q_j \tag{2.15}$$

式中:T_0 为定义生成热的温度;焓 H 由下式得到

$$H_T - H_{T_0} = \int_{T_0}^T c_p dT \tag{2.16}$$

当 $T_0 = 298.15K$,用作标准温度时,式(2.16)变为

$$\sum_i n_i [(H_{T_1} - H^0) + \Delta H_f^0]_i = \sum_j n_j [(H_{T_2} - H^0) + \Delta H_f^0]_j + \sum_j n_j Q_j \tag{2.17}$$

式中:H^0 为 298.15K 时的标准生成焓。JANAF 热化学表给出了各种物质的 $H_T - H^0$ 与 T 的函数值。

当反应在绝热条件下进行时,所有产生的热 $\sum_j n_j Q_j$ 都转化为产物的焓,温度由 T_2 变为 T_f,T_f 定义为绝热火焰温度。式(2.17)变为

$$\sum_i n_i \left[(H_{T_1} - H^0) + (\Delta H_f)_{T_0} \right]_i = \sum_j n_j \left[(H_{T_f} - H^0) + (\Delta H_f)_{T_0} \right]_j \tag{2.18}$$

由式(2.18)得到两个独立的等式:

$$Q_1 = \sum_i n_i (\Delta H_f)_{T_0,i} - \sum_j n_j (\Delta H_f)_{T_0,j} \tag{2.19}$$

$$Q_2 = \sum_j n_j (H_{T_f} - H_{T_0})_j - \sum_i n_i (H_{T_1} - H_{T_0})_i \tag{2.20}$$

当 $Q_1 = Q_2$ 时,确定 T_f 和 n_j 值。当 $T_0 = 298.15K$ 时,式(2.19)和式(2.20)变为

$$Q_1^0 = \sum_i n_i (\Delta H_f^0)_i - \sum_j n_j (\Delta H_f^0)_j \tag{2.21}$$

$$Q_2^0 = \sum_j n_j (H_{T_f} - H^0)_j - \sum_i n_i (H_{T_1} - H^0)_i \tag{2.22}$$

当 $Q_1^0 = Q_2^0$ 时,确定 T_f 和 n_j 值。若反应物温度为 298.15K,$H_{T_1} = H^0$,于是,

$$Q_2^0 = \sum_j n_j \int_{298.15}^{T_f} c_{p,j} dT \tag{2.23}$$

尽管上述一系列方程是非线性复杂方程,但是利用热化学数据,就可以计算出任何燃烧反应的 T_f 和 n_j 值。以 2MPa 下 $3H_2 + O_2$ 这个反应为计算实例,验证求解 T_f 和 n_j 值的程序,阐述热化学平衡理论和绝热火焰温度原理。首先假设下述的反应式和产物存在:

$$3H_2 + O_2 \longrightarrow n_{H_2O} H_2O + n_{H_2} H_2 + n_H H + n_O O + n_{O_2} O_2 + n_{OH} OH \tag{2.24}$$

每一种化学组分的量在反应前后都保持不变。对于氢原子数:

$$3H_2 = 2n_{H_2O} + 2n_{H_2} + n_{OH} = 6 \tag{2.25}$$

对于氧原子数:

$$O_2 = n_{H_2O} + n_O + 2n_{O_2} + n_{OH} = 2 \tag{2.26}$$

对每一物质的状态方程为

$$p_j V = n_j RT, \quad pV = nRT \tag{2.27}$$

于是:

$$n_j = \frac{p_j V}{RT} = \frac{p_j n}{p} \tag{2.28}$$

式中:n 为产物总的摩尔数。将式(2.28)代入式(2.25),得

$$2p_{H_2O} + 2p_{H_2} + p_H + p_{OH} = 6 \frac{RT}{V} \tag{2.29}$$

第 2 章 燃烧热化学

$$p_{H_2O} + 2p_{O_2} + p_O + p_{OH} = 2\frac{RT}{V} \tag{2.30}$$

产物化学物质全部处于平衡态：

$$\frac{1}{2}O_2 \rightleftharpoons O \tag{2.31}$$

$$\frac{1}{2}H_2 \rightleftharpoons H \tag{2.32}$$

$$\frac{1}{2}O_2 + \frac{1}{2}H_2 \rightleftharpoons OH \tag{2.33}$$

$$H_2 + \frac{1}{2}O_2 \rightleftharpoons H_2O \tag{2.34}$$

按式(2.12)定义,每个化学平衡状态的平衡常数为

$$K_{p,1} = \frac{p_O}{p_{O_2}^{\frac{1}{2}}} \tag{2.35}$$

$$K_{p,2} = \frac{p_H}{p_{H_2}^{\frac{1}{2}}} \tag{2.36}$$

$$K_{p,3} = \frac{p_{OH}}{p_{O_2}^{\frac{1}{2}} p_{H_2}^{\frac{1}{2}}} \tag{2.37}$$

$$K_{p,4} = \frac{p_{H_2O}}{p_{O_2}^{\frac{1}{2}} p_{H_2}} \tag{2.38}$$

K_p 是温度的函数,其值可由式(2.13)确定(见 JANAF 热化学表[5])。有七个未知参数(T_f、p_{H_2O}、p_{H_2}、p_O、p_H、p_{O_2} 和 p_{OH})和七个方程式(2.18)、式(2.29)、式(2.30)、式(2.35)~式(2.38),具体的计算步骤如下:

(1) 由热化学表确定在 T_0、T_1 和 p 时的 $H_{T_1} - H_{T_0}$;
(2) 由热化学表确定 H_{f,T_0};
(3) 由热化学表确定假设温度 $T_{f,1}$ 时的 $K_{p,j}$ 和 $H_{T_{f,1}} - H_{T_0}$;
(4) 确定压强为 p 温度为 $T_{f,1}$ 时的 p_j(或者 n_j);
(5) 确定 Q_1 和 Q_2;
(6) 如果 $Q_1 > Q_2$ 或者 $Q_1 < Q_2$,假设 $T_{f,2}$,重复步骤(1)~(6),直到 $Q_1 = Q_2$;
(7) 如果在 $T_{f,m}$,$Q_1 = Q_2$,温度 $T_{f,m}$ 就是绝热火焰温度 T_f。

例如,计算过程表明 Q_1 随着温度 T 单调递减,Q_2 随着温度 T 单调递增,那么绝热火焰温度由计算的结果插值来决定,具体计算可应用计算机程序[8]。此例

25

的计算结果为

$T_f = 3360K$、$n_{H_2O} = 1.837$、$n_{H_2} = 1.013$、$n_O = 0.013$、$n_H = 0.168$、$n_{O_2} = 0.009$、$n_{OH} = 0.131$。

表 2.2 是氢气和氧气按不同比例混合反应的绝热火焰温度及产物摩尔分数。当按氢和氧化学计量混合比,即($2H_2+O_2$)时,得到最高绝热火焰温度。

表 2.2　2MPa 下 H_2 和 O_2 混合燃烧的绝热火焰温度及燃烧产物摩尔分数

反应物	T_f/ K	摩尔分数					
		H_2O	H_2	O	H	O_2	OH
H_2+O_2	3214	0.555	0.021	0.027	0.009	0.290	0.098
$2H_2+O_2$	3498	0.645	0.136	0.022	0.048	0.042	0.107
$3H_2+O_2$	3358	0.579	0.319	0.004	0.053	0.003	0.042
$4H_2+O_2$	3064	0.479	0.481	0.000	0.030	0.000	0.000

如果燃烧产物中有凝聚相物质生成,那么不采用式(2.12)定义的平衡常数。例如,碳与氧气生成二氧化碳的反应:

$$C(s) + O_2(g) \longrightarrow CO_2(g) \quad (2.39)$$

因为在固体碳的蒸气压 $p_{vp,C}$ 下,固体碳发生气化,那么反应热平衡常数 $K_{p,6}$ 定义为

$$K_{p,6} = \frac{p_{CO_2}}{p_{vp,C} p_{O_2}} \quad (2.40)$$

但是因为蒸气压是由热力学特征值确定的,与反应系统无关。因此平衡常数 $K_{p,7}$ 定义为

$$K_{p,7} = K_{p,6} \times p_{vp,C} = \frac{p_{CO_2}}{p_{O_2}} \quad (2.41)$$

于是,$K_{p,7}$ 是由蒸气压和标准自由能确定的。计算时第一步是假设没有固体物质生成。如果局部压强高于蒸气压,那么后面的计算需要考虑液体或者固体物质。然后计算才能继续进行,直到条件相匹配时为止。

2.3　化　学　反　应

2.3.1　热解离

在高温下,燃烧产物处于由热离解产物多种分子组成的平衡状态。例如,随着温度升高,二氧化碳分子旋转和振动受到激发,其运动变得非常剧烈。当温度

升高时,碳和氧原子之间的键会断裂。这类键的断裂称为热离解。例如,0.1MPa 下,在 2000K 时水分子发生明显离解,生成 H_2、OH、O_2、H 和 O。在 3200K 时,约 50%水离解,在 3700K 时,水离解达 90%。随着温度继续升高,O_2、H_2 和 OH 离解为 H 和 O。在恒定温度下,随着压强增加,热离解的分子数受到抑制。

2.3.2 反应速率

因为化学反应是通过分子碰撞发生的,对于化学物质 M_j 经分子碰撞发生反应可表示为

$$\sum_{j=1}^{n} v'_j M_j \rightarrow \sum_{j=1}^{n} v''_j M_j \tag{2.42}$$

式中:v'、v'' 分别为反应物和产物的化学计量系数;n 为反应中包含的化学物质的量。按照质量作用定律[2,4],反应速率 Ω 为

$$\Omega = k_f \prod_{j=1}^{n} [M_j]^{v'_j} \tag{2.43}$$

式中:$[M_j]$ 为物质 M_j 的浓度;k_f 为式(2.42)表示的反应速率常数。由统计学理论确定反应速率常数 k_f,其表达式为

$$k_f = Z_c \exp\left(\frac{-E}{RT}\right) \tag{2.44}$$

式中:E 为活化能;Z_c 为由碰撞理论计算出的指前因子。式(2.44)中指数项是玻耳兹曼因子,它表明 M_j 分数的能量高于活化能 E。

M_i 物质的产生速率表达式为

$$\frac{d[M_i]}{dt} = (v''_i - v'_i)\Omega = (v''_i - v'_i) k_f \prod_{j=1}^{n} [M_j]^{v'_j} \tag{2.45}$$

式中:$(v''_i - v'_i)$ 为化学计量因子;t 为时间。总反应级数 m 定义为

$$m = \sum_{j=1}^{n} v'_j \tag{2.46}$$

如果 $m=1$,反应就是一级反应,$m=2$、$m=3$ 分别称为二级反应和三级反应。对基本化学反应:

$$A + 2B \longrightarrow 3P$$

反应中 1mol A 和 2mol B 反应产生 3mol P,其反应速率(单位为 $mol \cdot m^{-3} \cdot s^{-1}$)表达式为

$$\frac{d[P]}{dt} = -3\frac{d[A]}{dt} = -\frac{3}{2}\frac{d[B]}{dt}$$

2.4 化学能的估算

由于材料的能量密度由它们的分子内结构决定,因此,聚合物材料的能量密度受到限制,因为它们有相对较长的化学键把原子分开。换言之,聚合物材料的密度也受到所包含的化学结构的影响。另外,晶体材料的密度较高,因为在分子结构中,原子在三维方向上排列。在晶体结构中,原子之间的距离相对较短,故原子之间的键能较高。将聚合物材料和晶体材料的优点结合起来形成混合物,是火炸药用高能量密度材料发展的必由之路。因此,聚合物材料和晶体材料的选择是高能火炸药配方研究的核心。

当金属颗粒氧化时,可产生大量的热。氧化后的产物凝结成凝聚相的粒子,且很少有气体产生。故金属颗粒作为火炸药的燃料组分,其潜在应用受到限制。当由 C、H、N 和 O 原子组成的有机材料被氧化时,可得到 CO_2、H_2O、N_2 和碳氢气体,并产生大量的热。

用作氧化剂的典型晶体材料有高氯酸盐、硝酸盐、硝基化合物、硝胺和叠氮金属化合物等。用作燃料的聚合物材料可分为如下类型:硝酸酯类、惰性聚合物类、叠氮聚合物类等。优化组合这些氧化剂和燃料组分可得到火炸药所需的弹道特性。

2.4.1 反应物和产物的生成焓

推进剂和炸药的设计原则是在能满足机械感度、制造工艺、物理特性以及燃烧特性等要求时,应有尽可能高的能量密度。如式(2.2)中所示,反应物的生成焓 $\Delta H_{f,R}$ 尽可能高,产物的生成焓 $\Delta H_{f,p}$ 尽可能的低,以期得到高的爆热(H_{exp})。表 2.3 和表 2.4 分别给出了在 298K 时含能材料配方典型组分的生成焓和含能材料典型燃烧产物的生成焓[1-9]。

表 2.3 含能物质的生成焓

反应物	生成焓 $\Delta H_{f,R}/(MJ \cdot kg^{-1})$	反应物	生成焓 $\Delta H_{f,R}/(MJ \cdot kg^{-1})$
NG	−1.70	DEP	−7.37
NC	−2.60	TA	−5.61
DEGDN	−2.21	2NDPA	−0.01
TEGDN	−2.53	HMX	+0.25
TMETN	−1.61	RDX	+0.27
DBP	−3.03	AP	−2.52

(续)

反应物	生成焓 $\Delta H_{f,R}/(MJ \cdot kg^{-1})$	反应物	生成焓 $\Delta H_{f,R}/(MJ \cdot kg^{-1})$
NP	+0.23	三硝基苯甲醚	-0.548
KP	-3.12	TNB	-0.097
AN	-4.56	TNChloroB	+0.169
TAGN	-0.281	硝酸甲酯	-1.91
ADN	-1.22	Tetryl	+0.196
HNF	-0.39	三硝基苯酚(苦味酸)	-0.874
CL-20	+0.96	叠氮化铅	+1.66
KN	-4.87	CTPB	-0.89
苦味酸铵	-1.50	HTPB	-0.31
二偶氮二硝基酚	-1.46	GAP	+0.96
二乙二醇	-2.10	BAMO	+2.46
乙二醇二硝酸酯	-1.51	立方烷	+5.47
NQ	-0.77	B	0
NIBGTN	-0.80	C	0
NM	-1.73	Al	0
硝酸肼	-2.45	Mg	0
PETN	-1.59	Ti	0
TNT	-0.185	Zr	0

表2.4 燃烧产物的生成焓

产 物	生成焓 $\Delta H_{f,p}/(MJ \cdot kg^{-1})$
CO	-3.94
CO_2	-8.94
H_2	0
$H_2O(g)$	-13.42
N_2	0
Al_2O_3	-16.4
B_2O_3	-18.3
MgO	-14.9

含有氧原子和氮原子的典型物质,如硝化棉(NC)和硝化甘油(NG)之类的硝

酸酯，其结构中有—O—NO$_2$化学键。氧原子是氧化剂组分,碳原子和氢原子则是可燃组分,氧化燃烧的产物就是 CO$_2$和 H$_2$O,其生成焓 $\Delta H_{f,p}$分别为-8.94MJ·kg^{-1}和-13.42MJ·kg^{-1},见表 2.4[9-17]。反应物中的氮原子产生的是氮气,其生成焓$\Delta H_{f,p}$为 0(表 2.4)。

表 2.5 所列的是作为推进剂和炸药主要组分的典型含能物质的爆热 H_{exp}和含氮量(N%)[9-17]。为了获得更高爆热的推进剂和炸药,其中还混进了诸如增塑剂、安定剂、反应速率改良剂等不同类型的化学物质。主要的化学物质就是燃料和氧化剂。燃料和氧化剂反应产生热量和气体产物。如果氧化剂具有充分氧化燃料的潜力,即使燃料和氧化剂的生成焓 $\Delta H_{f,R}$都低,仍然可以得到较高的爆热 H_{exp}。像燃烧这样的氧化反应可产生较低生成焓 $\Delta H_{f,p}$的燃烧产物。含氮量(N%)高的物质也可得到高的爆热 H_{exp}。

表 2.5 含能物质的爆热和含氮量

物质名称	化学式	$H_{exp,r}$/(MJ·kg^{-1})	N/%
NG	(ONO$_2$)$_3$(CH$_2$)$_2$CH	6.32	18.50
NC	C$_{12}$H$_{14}$N$_6$O$_{22}$	4.13	14.14
DEGDN	(CH$_2$)$_4$O(ONO$_2$)$_2$	4.85	14.29
TEGDN	(CH$_2$)$_6$O$_2$(ONO$_2$)$_2$	3.14	11.67
TMETN	CH$_3$C(CH$_2$)$_3$(ONO$_2$)$_3$	5.53	16.46
AP	NH$_4$ClO$_4$	1.11	11.04
AN	NH$_4$NO$_3$	1.60	35.0
ADN	NH$_4$N(NO$_2$)$_2$		45.16
NQ	CH$_4$N$_4$O$_2$	2.88	53.83
TAGN	CH$_9$N$_7$O$_3$	3.67	58.68
HMX	(NNO$_2$)$_4$(CH$_2$)$_4$	5.36	37.83
RDX	(NNO$_2$)$_3$(CH$_2$)$_3$	5.40	37.84
HNIW	(NNO$_2$)$_6$(CH)$_6$	6.80	38.45
苦味酸铵	NH$_4$OC$_6$H$_2$(NO$_2$)$_3$	4.28	22.77
二偶氮二硝基苯酚	C$_6$H$_2$N$_2$O(NO$_2$)$_2$		26.67
二乙二醇二硝酸酯	(ONO$_2$)$_2$(CH$_2$)$_4$O	4.85	14.29
乙二醇二硝酸酯	(ONO$_2$)$_2$(CH$_2$)$_2$	6.83	18.42
硝基二异丁醇三硝酸酯	(ONO$_2$)$_3$NO$_2$C(CH$_2$)$_3$	7.15	19.58

(续)

物质名称	化学式	$H_{\exp,r}/(MJ \cdot kg^{-1})$	N/%
NM	CH_3NO_2	4.54	22.96
硝酸肼	$(NH_2)_2HNO_3$	3.87	44.20
HNF	$N_2H_5C(NO_2)_3$		38.25
PETN	$(ONO_2)_4(CH_2)_4C$	5.90	17.72
TNT	$(NO_2)_3C_7H_5$	5.07	18.50
二硝基苯甲醚	$(NO_2)_3C_7H_5O$	4.62	17.29
TNB	$(NO_2)_3C_6N_3$	5.34	19.72
TNChloroB	$(NO_2)_3C_6H_2Cl$		16.98
硝酸甲酯	CH_3ONO_2	6.12	18.19
Tetryl	$(NO_2)_4C_7H_5N$	5.53	24.39
苦味酸	$(NO_2)_3C_6H_2OH$	5.03	18.37
叠氮化铅	$Pb(N_3)_2$		28.85

2.4.2 氧平衡

氧平衡[OB]是表征氧化剂氧化能力的一个重要参数,它是指氧化剂氧化 C、H、Mg、Al 等元素生成 H_2O、CO_2、MgO、Al_2O_3 等产物后剩余的氧原子的数量,即表示氧化剂中氧原子含量。如果氧化反应后有剩余的氧分子存在,该氧化剂称为"正"氧平衡。如果氧分子完全被消耗掉,并剩余下燃料分子,这样的氧化剂就认为是"负"氧平衡。

可以通过下面式子了解由 $C_aH_bN_cO_dCl_eS_f$ 构成的氧化剂的反应:

$$C_aH_bN_cO_dCl_eS_f \longrightarrow a\,CO_2 + \frac{1}{2}(b-e)H_2O + \frac{c}{2}N_2 +$$
$$e\,HCl + f\,SO_2 - \left[(a+f) + \frac{1}{4}(b-e) - \frac{d}{2}\right]O_2$$

氧平衡可用质量百分含量表示为

$$[OB] = -\left[(a+f) + \frac{1}{4}(b-e) - \frac{d}{2}\right] \times \frac{32}{M_R \times 100}(\%)$$

式中:M_R 为物质的相对分子质量。

例如,NG 燃烧产物中还有剩余氧分子:

$$C_3H_5N_3O_9 \longrightarrow 3CO_2 + \frac{5}{2}H_2O + \frac{3}{2}N_2 + \frac{1}{4}O_2$$

则 NG 的氧平衡为

$$[OB]_{NG} = +\frac{1}{4} \times \frac{32}{227} \times 100 = +3.52\%$$

由任何类型氧化剂混合成的混合物,其氧平衡均可以通过假定氧化产物获得。表 2.6 给出了氧化剂的氧平衡[OB]和含能材料的密度 ρ。

表 2.6 氧平衡和含能材料的密度

物质名称	[OB]/%	$\rho/(kg \cdot m^{-3})$
NG	+3.5	1590
NC	−28.7	1670
DEGDN	−40.8	1380
TEGDN	−66.7	1340
TMETN	−34.5	1470
DBP	−224.2	1050
TA	−139.0	1150
AP	+34.0	1950
NP	+71.5	2220
AN	+20.0	1720
ADN	+25.8	1720
HNF	+25.0	1860
NQ	−30.7	1710
TAGN	−33.5	1500
HMX	−21.6	1900
RDX	−21.6	1820
CL-20	−10.9	2040
苦味酸铵	−52.0	1720
二偶氮二硝基本酚	−60.9	1630
二乙二醇	−40.8	1380
乙二醇二硝酸酯	0	1480
NIBGTN	0	1680
NM	−39.3	1140
硝酸肼	+8.6	1640
PETN	−10.1	1760
TNT	−73.9	1650

(续)

物 质 名 称	[OB]/%	$\rho/(kg \cdot m^{-3})$
三硝基苯甲醚	−62.5	1610
TNB	−56.3	1760
TNChloroB	−45.3	1800
硝酸甲酯	−10.4	1220
三硝基苯甲硝胺	−47.4	1730
苦味酸铵	−45.4	1770
叠氮化铅	−5.5	4600

2.4.3 热力学能

如同第2章所述,含能材料燃烧产生的化学能被转化为用作推进和爆炸的热力学能量,而化学能是由含能材料分子的化学结构所决定的。然而,热力学能量是由热量和燃烧产物转换成压强来决定的,这在第1章中已有描述。在式(1.74)中定义的特征速度 c^*、式(1.76)中定义的比冲 I_{sp} 以及式(2.2)中定义的爆热 H_{exp},均是用来评估物质潜在的热力学能量的。c^* 是用来评估火箭发动机中的装药能量的,I_{sp} 是用于评估包括喷管处膨胀过程在内所有的能量的,而 H_{exp} 是用来评估潜在热焓的。此外,燃烧温度 T_g 和燃烧产物的相对分子质量 M_g 的比值 $\Theta = T_g/M_g$ 也可以用来评估物质的能量。

虽然推进剂和炸药的热力学能量不能由其中每个组分的热力学能量来确定,但是,通过每个组分的热力学能量去识别其热化学特性是很重要的。表2.7给出了通过 NASA 程序计算得到的用作推进剂和炸药主要组分的 T_g、M_g、Θ、I_{sp} 以及燃烧产物[8]。

表2.7 含能化学物质的热化学特性(10MPa)

名 称	T_g/K	$M_g/(kg \cdot kmol^{-1})$	$\Theta/(kmol \cdot K \cdot kg^{-1})$	I_{sp}/s
NC(12.6%N)	2600	24.7	105	233
NG	3300	28.9	114	247
TMETN	2910	23.1	126	256
TEGDN	1390	19.0	73	186
DEGDN	2520	21.8	116	244
AP	1420	27.9	51	160
AN	1260	22.9	55	164

(续)

名称	T_g/K	$M_g/(kg \cdot kmol^{-1})$	$\Theta/(kmol \cdot K \cdot kg^{-1})$	I_{sp}/s
ADN	2060	24.8	83	206
HNF	3120	26.4	118	265
CL-20	3640	27.5	132	281
NP	610	36.4	17	88
RDX	3300	24.3	136	269
HMX	3290	24.3	135	269
TAGN	2310	18.6	124	251

主要燃烧产物/摩尔比

名称	O_2	H_2O	CO	CO_2	H_2	N_2	OH	HCl	Cl_2
NC(12.6%N)	—	0.225	0.147	0.128	0.116	0.111	—	—	—
NG	0.069	0.280	0.107	0.275	0.014	0.181	0.041	—	—
TMETN	—	0.263	0.375	0.096	0.140	0.136	—	—	—
TEGDN	—	0.110	0.397	0.063	0.335	0.079	—	—	—
DEGDN	—	0.253	0.365	0.079	0.190	0.111	—	—	—
AP	0.289	0.377	—	—	—	0.119	—	0.197	0.020
NP	0.750	—	—	—	—	0.125	—	—	0.125
AN	0.143	0.571	—	—	—	0.286	—	—	—
RDX	—	0.226	0.246	0.082	0.089	0.326	—	—	—
HMX	—	0.227	0.246	0.082	0.089	0.326	—	—	—
TAGN	—	0.209	0.098	0.013	0.290	0.389	—	—	—
HNF	0.098	0.337	0.002	0.125	—	0.348	0.003	—	—
ADN	0.196	0.339	—	—	—	0.397	—	—	—
CL-20	0.018	0.137	0.235	0.142	0.028	0.367	0.033	—	—

参 考 文 献

[1] Dickerson, R. E. (1969) Molecular Thermodynamics, Chapter 5, W. A. Benjamin, New York.

[2] Laidler, K. J. (1969) Chemical Kinetics, Chapter 4, 2nd edn, McGraw-Hill, New York.

[3] Sarner, S. F. (1966) Propellant Chemistry, Chapter 4, Reinold Publishing Corporation, New York.

[4] Penner, S. S. (1957) Chemistry Problems in Jet Propulsion, Chapters 12 and 13, Pergamon

Press, New York.

[5] JANAF Thermochemical Tables (1975) The Clearing House for Federal Scientific and Technical Information, U. S. Department of Commerce, Springfield.

[6] Wilkins, R. L. (1963) Theoretical Evaluation of Chemical Propellants, Chapters 3–5, Prentice-Hall, Englewood Cliffs, N J.

[7] Glassman, I. (1977) Combustion, Chapter 1, Academic Press, New York.

[8] Gordon, S. and McBridge, B. J. (1971) Computer Program for Calculation of Complex Chemical Equilibrium Compositions, Rocket Performance, Incident and Reflected Shocks, and Chapman-Jouguet Detonations, NASA SP-273, 1971.

[9] Meyer, R. (1977) Explosives, Verlag Chemie, Weinheim.

[10] Sarner, S. F. (1966) Propellant Chemistry, Reinhold Publishing Corporation, New York.

[11] Japan Explosives Society (1999) Energetic Materials Handbook, Kyoritsu Shuppan.

[12] Chan, M. L., Reed, R. Jr., and Ciaramitaro, D. A. (2000) in Combustion, and Motor Interior Ballistics, Progressin Astronautics and Aeronautics, vol. 185, Chapter 1.7 (eds V. Yang, T. B. Brill, and W. -Z. Ren), AIAA.

[13] Doriath, G. (1994) Available propellants, solid rocket technical committee lecture series. AIAA Aerospace Sciences Meeting, Reno, Nevada, 1994.

[14] Miller, R. R. and Guimont, J. M. (1994) Ammonium dinitramide based propellants, solid rocket technical committee lectureseries. AIAA Aerospace Sciences Meeting, Reno, Nevada, 1994.

[15] Kubota, N. (2000) Propellant Chemistry, Journal of Pyrotechnics, Inc., pp. 25-45.

[16] Sanderson, A. (1994) New ingredients and propellants, solid rocket technical committee lecture series. AIAA Aerospace Sciences Meeting, Reno, Nevada, 1994.

[17] Miller, R. (1994) Advancing technologies: oxidizers, polymers, and processing, solid rocket technical committee lecture series. AIAA Aerospace Sciences Meeting, Reno, Nevada, 1994.

第 3 章 燃烧波传播

3.1 燃烧反应

3.1.1 点火和燃烧

人们已经广泛地研究了燃烧现象,并且出版了大量的基于实验[1-4]和理论的[5]指导性书籍,但是燃烧的定义仍不明确。气相物质燃烧产生热并伴随着发光反应产物的辐射。然而,含能聚合物本身燃烧迅速,有时放出热并不发光。通过外部能源供热,反应性气体分子之间将会发生化学反应。此反应的初始阶段是放热,同时形成高温产物,称为点火,这是燃烧现象的一部分。当放热反应产生的热使反应性气体未反应部分升温时,在没有外部加热条件下,即建立起一个成功的点火过程。这个过程即自燃烧。位于未燃烧区和燃烧区之间的点燃区称为燃烧波,它向未燃烧区进行传播。

当热量传送到含能固体物质表面时,表面温度和亚表面温度同时增加。若表面温度达到分解或气化温度,吸热或放热反应就会发生在表面处和其上方。分解气体反应形成反应产物,同时伴随大量的热量放出,气相中的温度增加,这一过程是含能固体物质的点燃。如果传向表面的热量被移去之后这个反应仍然持续,则燃烧已被建立起来。另外,如果放热和汽化反应传向表面的热量被移去之后反应终止,那么点火就失败,燃烧就不能发生。

点火需要外部热量,燃烧从高温燃烧区到低温未燃烧区也都需要连续的热量。反应性气体及含能固体物质的点火和燃烧基本上是相同的,但是含能固体物质存在另外的物理化学过程,例如,固-液或固-气的相变,在燃烧波中熔化、分解、升华和气化过程。

3.1.2 预混和扩散火焰

任何能生成燃烧产物的反应物(组分)都是由氧化剂和燃料的混合物构成的,混合物的反应产生火焰。当混合物燃烧时,会形成两种类型的火焰:预混火焰和扩散火焰[1,2]。预混火焰是在燃烧区内燃烧之前,氧化剂和可燃剂两组分预先混合后燃烧形成的。在预混反应物中相邻氧化剂和燃料分子在燃烧区内发生均相反应,燃烧区内产物的温度和浓度均匀地增加。

当氧化剂和燃料(可燃剂)在燃烧区中物理分离并相互扩散时,就会形成扩散火焰。因为在燃烧区内,氧化剂和可燃剂分子分布不均匀,所以温度和燃烧产物也是不均一的。于是,与预混火焰相比,扩散火焰生成燃烧产物的反应速率低,原因在于形成扩散火焰需要一个额外的扩散过程。

3.1.3 层流和湍流火焰

反应物的类型、压强、温度和流动条件决定了反应气体(预混气体)的特性。当燃烧波的火焰阵面在形状上是平坦的且是一维的时,火焰称为层流焰;若燃烧波的火焰阵面形貌上由大量的三维涡流组成,这时的火焰称为湍流火焰。与层流焰不同的是,湍流火焰的燃烧波不再是一维的,并且燃烧波的反应表面,因为流体力学导致的涡流极大地增加。

相同组成的反应物用于各种类型火焰中,化学反应速率可认为是一致的。但是,由于存在涡流特性,湍流火焰的反应表面面积会增加,故燃烧波的整体反应速率表现出比层流火焰高得多。此外,对于湍流火焰来说,一些热物理特性(如导热性)比层流火焰特性高,所以在燃烧波中从未燃烧气相到燃烧气相的热传输过程不同,因此,湍流火焰速度比层流火焰速度快很多。

燃烧区中涡流的产生依赖于未燃烧气相流动的性质,即雷诺系数。如果上游流动是湍流,则燃烧区趋向于湍流。然而,因为燃烧区温度和作用力的增加导致传输特性(如黏度、密度和热导率)的改变,上游气流中的层流趋向于在燃烧区内产生涡流,火焰变为湍流火焰。并且在某些情况下,可以发现伴随涡流的湍流火焰比燃烧波的厚度要大。尽管局部燃烧区看似层流且性质上是一维的,但火焰的整体特性却不仅仅是这些层流火焰的性质。

3.2 预混气体的燃烧波

3.2.1 燃烧波的控制方程

预混气体燃烧波以一定的速度向未燃区(流动速度为0)传播,这一速度是靠预混气体的热力学和热化学特性维持的。图3.1说明了在稳态条件下,燃烧波以速度 u_1 一维地向未燃气体中传播。

如果假设观察者沿燃烧波传播方向以相同的速度 u_1 移动,燃烧波则表现出相对静止,那么未燃气体是以速度 u_1 流入燃烧波,燃气是以相对于燃烧波的速

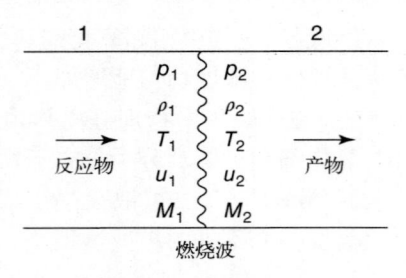

图 3.1 燃烧波传播

度 u_2 离开燃烧气体下游区的。用未燃气(下标为 1)和燃气(下标为 2)的速度 u、压强 p、密度 ρ 和温度 T 来描述燃烧波的热力学特性,如图 3.1 所示。

燃烧波的控制方程满足质量、动量和能量守恒方程:

$$\rho_1 u_1 = \rho_2 u_2 = m \tag{3.1}$$

$$p_1 + \rho_1 u_1^2 = p_2 + \rho_2 u_2^2 \tag{3.2}$$

$$c_p T_1 + \frac{u_1^2}{2} + q = c_p T_2 + \frac{u_2^2}{2} \tag{3.3}$$

式中:m 为质量流;q 为每单元质量的反应热量。这些方程除了式(3.3)附加项 q 外,对于冲击波来说等同于式(1.28)、式(1.29)和式(1.30)。燃烧波反应产生热量由下式决定:

$$q = h_1^0 + h_2^0 \tag{3.4}$$

焓等于显焓和化学焓之和:

$$h = c_p T + h^0 \tag{3.5}$$

$$c_p T = e + \frac{p}{\rho} \tag{3.6}$$

式中:h、h_0 分别为在温度 T 和标准状态下每单位质量产生的热量。

式(3.1)和式(3.2)给出速度 u_1 和 u_2 如下:

$$u_1^2 = \frac{1}{\rho_1^2} \left(\frac{p_2 - p_1}{\frac{1}{\rho_1} - \frac{1}{\rho_2}} \right) \tag{3.7}$$

$$u_2^2 = \frac{1}{\rho_2^2} \left(\frac{p_2 - p_1}{\frac{1}{\rho_1} - \frac{1}{\rho_2}} \right) \tag{3.8}$$

3.2.2 Rankine-Hugoniot 关系

联立式(3.1)~式(3.4),得

$$h_2-h_1=\frac{1}{2}(p_2-p_1)\left(\frac{1}{\rho_1}+\frac{1}{\rho_2}\right) \quad (3.9)$$

式(3.9)称为 Rankine-Hugoniot 方程。由于内能 e 可用式(3.6)表达,Rankine-Hugoniot 方程也可表达为

$$e_2-e_1=\frac{1}{2}(p_1+p_2)\left(\frac{1}{\rho_1}-\frac{1}{\rho_2}\right)+q \quad (3.10)$$

如果假设反应物和产物处于热力学平衡状态,e_1 和 e_2 则被认为是压强和密度的函数,即

$$\begin{cases} e_1=e(p_1,\rho_1) \\ e_2=e(p_2,\rho_2) \end{cases} \quad (3.11)$$

如图 3.2 所示,由式(3.10)或式(3.11)给出的 Rankine-Hugoniot 方程表明 $1/\rho$ 和 p 的函数关系称为 Hugoniot 曲线。$q=0$(也就是没有化学反应)的 Hugoniot 曲线经过初始点$(1/\rho,p)$,这恰好等同于第 1 章中描述的冲击波。当燃烧波产生热量 q 时,Hugoniot 曲线位移到图 3.2 所示的位置。显然,在 Hugoniot 曲线上,两类不同类型的燃烧都是可能的:①爆轰,此时爆轰压强和密度增加;②爆燃,此时爆燃压强和密度减小。从式(3.1)和式(3.2)可以得出以下关系式,这就是 Rayleigh(瑞利)方程:

$$\frac{(p_2-p_1)}{\left(\frac{1}{\rho_2}-\frac{1}{\rho_1}\right)}=-m^2 \quad (3.12)$$

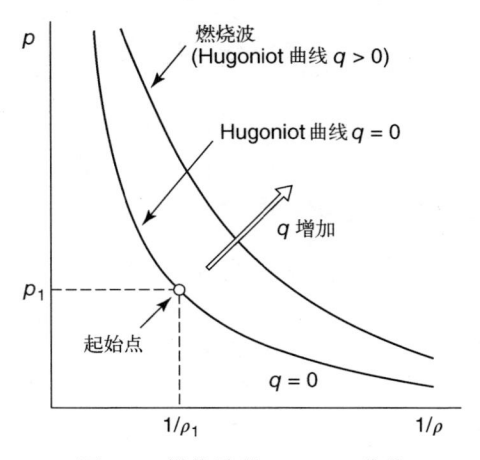

图 3.2 燃烧波的 Hugoniot 曲线

如图 3.3 所示,在 Hugoniot 曲线上从起始点 $1(1/\rho_1,p_1)$ 到点 J 和 $K(1/\rho_2,p_2)$

可以得到两条切线，即为 Rayleigh 线，用以下方程表示[6]：

$$\left[\frac{p_2-p_1}{\frac{1}{\rho_2}-\frac{1}{\rho_1}}\right]_J = \left[\frac{\partial p}{\partial\left(\frac{1}{\rho}\right)}\right]_J = \tan\theta_J \tag{3.13}$$

$$\left[\frac{p_2-p_1}{\frac{1}{\rho_2}-\frac{1}{\rho_1}}\right]_K = \left[\frac{\partial p}{\partial\left(\frac{1}{\rho}\right)}\right]_K = \tan\theta_K \tag{3.14}$$

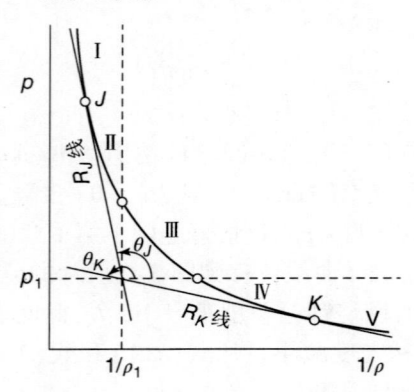

图 3.3 燃烧波 Hugoniot 曲线的定义

质量流率由方程式(3.1)给出。而在点 J 或 K 的速度 u_2 为

$$m = \sqrt{-\tan\theta_J} = \sqrt{-\tan\theta_K} \tag{3.15}$$

$$u_2 = \frac{1}{\rho_2}\sqrt{-\tan\theta_J} \text{（在点 } J\text{）} \tag{3.16}$$

$$u_2 = \frac{1}{\rho_2}\sqrt{-\tan\theta_K} \text{（在点 } K\text{）} \tag{3.17}$$

3.2.3 Chapman-Jouguet 点

如图 3.3 所示，Hugoniot 曲线被划分为五个区域[1-4]。在区域Ⅲ内由式(2.16)表达的速度 u_2 为假想值，又因为 $\tan\theta_J$ 是正值，所以在区域Ⅲ内，燃烧波从物理意义上是不可能存在的，将点 J 和点 K 称为 Chapman-Jouguet 点。Chapman-Jouguet 表明，在 Hugoniot 曲线上点 J 的速度相对于未燃气体的传播速率 u_D 是极小值，而点 K 表示的速率相对于未燃气体的传播速率 u_D 是极大值。反应产物的熵沿 Hugoniot 曲线变化。Chapman-Jouguet 关系的相关描述见文献[3-5]。

由于通过点 J 或点 K 的 Rayleigh 线是 Hugoniot 曲线的切线，并且也是通过点 J 或 K 的等熵线的切线，因此，等熵线的斜率正好是 Hugoniot 曲线在点 J 或 K

的斜率[6]。式(3.10)的微分形式为

$$de = \frac{1}{2}(p_1+p_2)d\left(\frac{1}{\rho_2}\right) + \frac{1}{2}\left(\frac{1}{\rho_1}+\frac{1}{\rho_2}\right)dp_2 \tag{3.18}$$

熵曲线由下式表达：

$$Tds = de + p_1 d\left(\frac{1}{\rho}\right) \tag{3.19}$$

联立式(3.15)、式(3.18)和式(3.19)，可以得到沿着 Hugoniot 曲线(H)的方程：

$$T\left(\frac{\partial s}{\partial p}\right)_H = \left(\frac{1}{\rho_1}-\frac{1}{\rho_2}\right)\left[1+\frac{m^2}{\frac{\partial p}{\partial\left(\frac{1}{\rho}\right)}}\right]_H \tag{3.20}$$

因为 Rayleigh 曲线(R)是 Hugoniot 曲线在点 J 和点 K 的切线，$\{\partial p/\partial(1/\rho)\}_H = \{\partial p/\partial(1/\rho)\}_R$，故在式(3.13)或式(3.15)基础上得

$$\left[\frac{\partial p}{\partial\left(\frac{1}{\rho}\right)}\right]_H = -m^2 \tag{3.21}$$

将式(3.21)代入式(3.20)，可以得到 Hugoniot 曲线上 $(\partial s/\partial p)_H = 0$ 的关系式。然后在 Hugoniot 曲线上点 J 和 K 处，$ds = 0$。

在燃烧气体中声速表达为

$$a^2 = \left(\frac{\partial p}{\partial \rho}\right)_S = -\frac{1}{\rho^2}\left[\frac{\partial p}{\partial\left(\frac{1}{\rho}\right)}\right]_S \tag{3.22}$$

利用式(3.13)，得

$$(a_2^2)_J = \left[-\frac{1}{\rho_2^2}\frac{p_2-p_1}{\frac{1}{\rho_2}-\frac{1}{\rho_1}}\right]_J = (u_2^2)_J \tag{3.23}$$

于是，得

$$(u_2)_J = (a_2)_J \quad \text{或在点 } J \text{ 处 } M_2 = 1$$

在点 J 处，燃烧气体的速度 u_2 等于燃烧气体中声速 a_2。在点 K 处也可得到类似的结果：在点 K 处，$M_2 = 1$。

燃烧气体相对于静止观察者的速度为 u_p，它的定义为"质点速度"，由下式给出：

$$u_1 = u_D = u_2 + u_p \tag{3.24}$$

利用式(3.1)，得

$$u_p = u_1\left(1 - \frac{\rho_1}{\rho_2}\right) \qquad (3.25)$$

因为对于爆轰而言 $\rho_1 < \rho_2$，对于爆燃则 $\rho_1 > \rho_2$，故流场对于爆轰 $0 < u_p < u_1$，而对于爆燃则 $u_p < 0$。对于爆轰，燃烧产物的速度小于爆轰波的速度；而对于爆燃，燃烧产物移动的方向总是与爆燃波的方向相反。

式(1.14)表示了等熵线，$p(1/\rho)^\gamma =$ 常数，这条线随着压强增加而增加，它比 Rayleigh 线陡，但不如区域 I 和 V 的 Hugoniot 线陡，分别叫做强爆轰支线和强爆燃支线。另外，在区域 II 和 IV，随着压强增加，等熵线不如 Rayleigh 线陡，但比 Hugoniot 线陡得多，它们分别称为弱爆轰支线和弱爆燃支线。在区域 I 和 IV 的燃烧波之后，反应产物相对于反应峰面的速度是亚声速的，在点 J 处 Chapman-Jouguet 爆轰或点 K 处爆燃之后的速度是声速的，在区域 II 和 V 的燃烧波之后的速度为超声速。这些特征如图 3.4 所示，并总结如下[3-6]：

区域 I $p_2 > p_J$ 超声速流到亚声速流，强爆轰
区域 II $p_2 < p_J$ 超声速流到超声速流，弱爆轰
区域 III   —   物理上不成立的流动
区域 IV $p_2 > p_K$ 亚声速流到亚声速流，弱爆燃
区域 V $p_2 < p_K$ 超声速流到超声速流，强爆燃

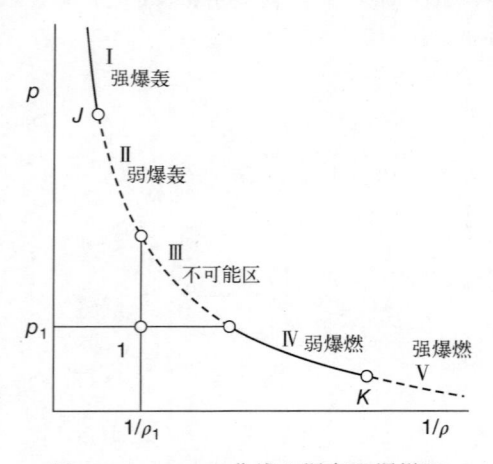

图 3.4　Hugoniot 曲线上爆轰和爆燃区

可是，正如文献[1-4]所描述的，区域 II 和 V 是物理上不可达到的区域。实验中大多数爆燃波可以在弱爆燃分支的区域 IV 中观察到，而在强爆轰分支的区域 I 中观察到的大多数是爆轰波。必须注意的是，Hugoniot 曲线关系是在理想条件下得到的：假设燃烧波在一维和稳态流条件下形成，反应气体和产物均假定

为理想气体。然而,燃烧波传播的真实情况是很复杂的,并伴随着热物理和热化学效应。在表 3.1 中列出了爆轰和爆燃的一般特征。

表 3.1 爆轰和爆燃的一般特征

	爆 燃	爆 轰		爆 燃	爆 轰
p_2/p_1	<1	>1	u_2/u_1	>1	<1
ρ_2/ρ_1	<1	>1	Ma_1	<1	>1
T_2/T_1	>1	>1	Ma_2	<1	<1

通常,在爆燃分支中波的传播速度称为火焰速度,而在爆轰分支中波的传播速度称为爆轰速度。

3.3 燃烧波结构

3.3.1 爆轰波

图 3.5 展示了在一维稳态流条件下燃气所形成的爆轰波。Hugoniot 曲线指出,由于冲击波的通过,在爆轰波前阵面的压强、密度和温度快速增加。在冲击波中,由非平衡分子碰撞引起的能量转换发生了从平移能到转动能和振动能的转变。冲击波后,增加的温度引发燃气的放热化学反应,并使温度进一步上升。冲击波后,压强经过一个松弛期而减小,并达到稳态状况 Chapman-Jouguet(或 C-J)点 J(图 3.4)。通常经过爆轰波的压强和温度是按照 $p_2/p_1 = 15 \sim 50, T_2/T_1 = 10 \sim 20$ 顺序增加的,但是密度是按如图 3.5 所示 $\rho_2/\rho_1 = 1.5 \sim 2.5$ 的顺序增加。爆轰温度比爆燃温度高 400~800K,这是因为对于爆轰波而言,动能转化为压强,然后转化为温度。

Zeldovich、von Neumann 和 Döring 提出的爆轰波结构(ZND 模型)认为,冲击波阵面的压强沿着 Hugoniot 曲线上升,这一过程中无化学反应发生,然后达到 Rayleigh 曲线和 Hugoniot 曲线交点处的压强[3-6],这就是 von Neumann 峰,见图 3.6。然后压强沿着 Rayleigh 线降低到 C-J 的点 J,这时爆轰速度达到声速 Ma_2。实验观察指出:爆轰阵面的压强比点 J 处的压强高,但低于 Rayleigh 线和 Hugoniot 曲线交点处的压强,最终达到如图 3.6 所示点 J 处的压强。

爆轰速度的计算步骤如下:
(1) 假设反应模式(从反应物到产物);
(2) 假设 T_2;
(3) 假设 $1/\rho_2$ 并由状态方程确定 p_2;

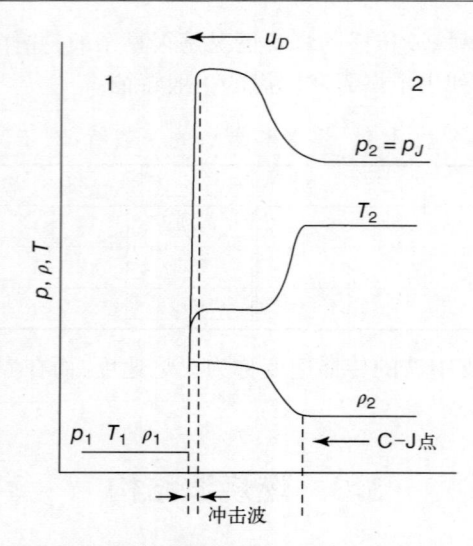

图 3.5　爆轰波结构和 Chapman-Jouguet 点

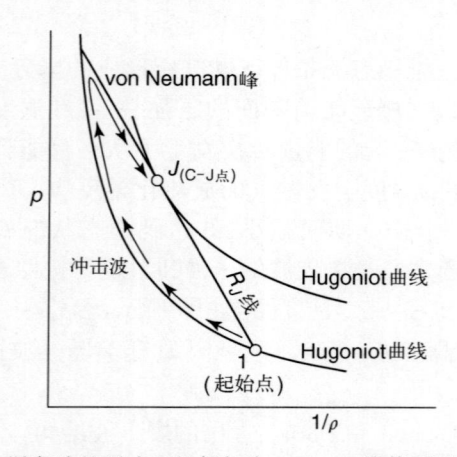

图 3.6　爆轰波的形成(从冲波到 Neumann 峰值再到 C-J 点)

(4) 用 2.2 节中描述的确定 T_f 的同样程序来确定在 T_2 和 p_2 处的 p_j(或 n_j);
(5) 重复第(3)和第(4)步直至满足式(3.9);
(6) 通过式(3.7)确定 u_1;
(7) 假设另一 T_2;
(8) 重复(3)~(7)过程,直至确定 u_1 的最小值;
(9) 这个 u_1 最小值就是点 J 的爆轰速度 u_D(Chapmann-Jouguet 爆轰速度)。
各种氧化剂和燃料混合物的热化学值计算可以从文献[7]中得到,实际计算可以按文献[8]中描述的,利用计算机程序来计算。在表3.2中,列出了气态混合物$2H_2+O_2$的爆轰特征的计算例子,并与爆燃特性进行了比较。

表3.2　$2H_2+O_2$的爆轰特征

初 始 条 件	爆　　轰	爆　　燃
$p_1 = 0.1$MPa	$p_J = 1.88$MPa	$p_2 = 0.1$MPa
$T_1 = 298$K	$T_2 = 3680$K	$T_2 = 3500$K
$a_1 = 538$m·s^{-1}	$a_2 = 1550$m·s^{-1}	$a_2 = 1380$m·s^{-1}
	$Ma_1 = 5.28$	
	$u_D = 2840$m·s^{-1}	

因为在C-J点处爆轰速度等于声速,故可由式(3.24)和式(3.25)确定u_D。由于冲击波压缩成爆轰波,C-J点处爆轰温度高于燃烧温度。

3.3.2 爆燃波

图3.7说明了反应性气体在一维稳态条件下形成的爆燃波。

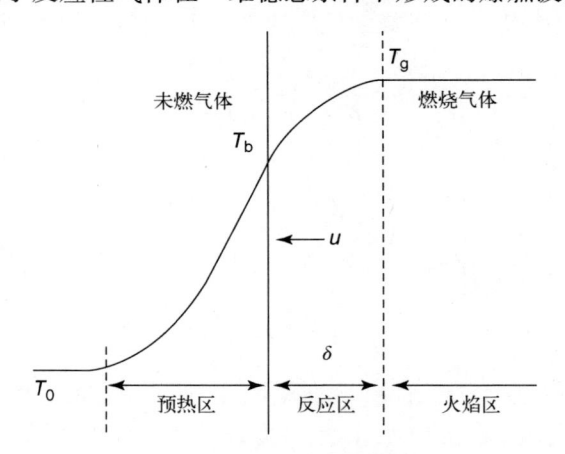

图3.7　爆燃波的热结构

在爆燃波中,温度从未燃气体的初始温度上升到点火温度,然后达到火焰温度。反应区产生的热量反馈到未燃气相区。

由反应区反馈到未燃气相区的热流和热量使未燃气体从初始温度T_0上升至点火温度T_b的热平衡可表示为

$$\lambda \left(\frac{dT}{dx}\right)_b = c_p \rho u (T_b - T_0) \tag{3.26}$$

式中：T 为温度；x 为距离；u 为流速（等于层流焰速度）；ρ 为密度；c_p 为比热容；λ 为热导率；下标 0 和 b 分别表示初始条件和化学反应开始位置的标记。若反应区温度是线性增加的，则反应区的温度梯度为

$$\left(\frac{\mathrm{d}T}{\mathrm{d}x}\right)_b = \frac{(T_g - T_b)}{\delta} \tag{3.27}$$

式中：δ 为反应区的厚度；T_g 为火焰区温度。联立式(3.26)和式(3.27)，得

$$\frac{\lambda(T_g - T_b)}{\delta} = c_p \rho u (T_b - T_0) \tag{3.28}$$

然后得

$$u = \frac{\lambda}{c_p \rho \delta} \frac{T_g - T_b}{T_b - T_0} \tag{3.29}$$

燃烧波中反应速率为

$$[\omega]\delta = \int_0^\delta \omega \, \mathrm{d}x \tag{3.30}$$

而且可以得到关系式 $\rho u = [\omega]\delta$。

式中：ω 为反应速率；$[\omega]$ 为燃烧波反应速率的平均值。然后可得

$$u = \frac{1}{\rho}\sqrt{\frac{\lambda[\omega]}{c_p} \frac{T_g - T_b}{T_b - T_0}} \tag{3.31}$$

燃烧波厚度为

$$\delta = \frac{\lambda}{(c_p \rho u)} \tag{3.32}$$

燃烧波反应速率表达为

$$\omega = \rho^m [\varepsilon]^m Z \exp\left(\frac{-E}{RT}\right) \tag{3.33}$$

式中：ε 为反应物的摩尔分数；$[\varepsilon]$ 为在燃烧波中反应物摩尔分数的平均值；p 为压强；m 为化学反应级数；E 为活化能；R 为普适气体常数；Z 为常数。

将式(3.33)和式(1.5)代入式(3.31)，可以得到层流火焰速度为

$$u \sim p^{\frac{m}{2-1}} \exp\left(\frac{-E}{2RT}\right) \tag{3.34}$$

式中：假设 T 为 T_b 和 T_g 的平均值。尽管此分析做了简化处理，但仍可得到层流火焰速度的特征。通常气相反应是双分子的，且化学反应级数大约为 2 级。层流火焰速度与压强无关。当预混气中燃料和氧化剂混合物处于化学计量比时，火焰温度 T_g 为最大值，此时，层流火焰速度也达到最大。当增高预混气的初始温度 T_0 时，层流焰速度也增加。由式(3.31)给出的层流焰速度已被观察结果所

证实。例如,从式(3.32)可以得到丙烷-空气混合物反应区的速度和厚度:$u=350\text{mm}\cdot\text{s}^{-1}$和$\delta=1.6\text{mm}$。

3.4 点火反应

3.4.1 点火过程

当热量传到含氧化剂和燃料的气相混合物(即预混气)中时,就发生放热反应和温度升高,即使不再供热,反应仍持续进行至混合物的未反应区。把传给混合物的热量定义为点火能量。然而,如果热量被移走,反应就终止了,则混合物的点火失败。这是因为燃烧区产生的热不足以加热混合物未燃部分,使其温度从初始温度上升至点火温度。

点火依靠于各种物理化学参数,如反应物类型、反应速率、压强、从外部加热反应物的热传输过程和反应物的大小或质量。产热速率依赖于反应物和产物的生成焓、温度和活化能。点火过程包括外部加热和反应物的放热反应。因此,当外部加热和由放热反应的自加热同时进行时,会出现非稳态的热平衡。

3.4.2 点火的热理论

假定反应气体置于容器中,同时发生放热反应,反应物的产热速率q_R(放热反应自加热)为

$$q_R = QV\omega = QV\rho^m [\varepsilon]^m Z\exp\left(\frac{-E}{RT}\right) = QVAp^m \exp\left(\frac{-E}{RT}\right) \quad (3.35)$$

式中:V为容器的体积;Q为反应热;A为常数。由于容器表面与周围环境温度的差异而导致热损失,热损失为

$$q_L = h_g S(T - T_0) \quad (3.36)$$

式中:S为容器表面积;h_g为容器表面到环境的热导率;T_0为环境温度,也是反应气体的初始温度。

式(3.35)和式(3.36)作为温度的函数已在图3.8中说明。温度T_i为反应气体的点火温度。若反应物的产热速率由曲线q_{R1}表示,在T_0处发生自加热且没有热损失,且温度增至T_1。但是当温度升至T_1、热损失率q_L等于q_{R1}时,则自加热增加的温度停止于T_1点,温度不可能达到点火温度T_i。另外,反应物的产热速率由曲线q_{R2}给出,因为在温度$T_0 \sim T_i$范围内q_{R2}比q_L大,所以自加热使温度增至T_i。因为在温度高于T_i的范围内q_{R2}比q_L要大,自加热继续进行,然后发生点火。

图 3.8 点火的判据

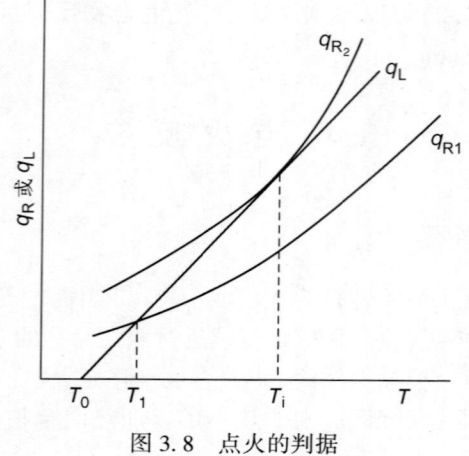

点火的热理论判据由下式表示：
当 $T=T_i$ 时，有

$$q_L = q_{R2} \text{ 和 } \frac{dq_L}{dT} = \frac{dq_{R2}}{dT} \quad (3.37)$$

将式(3.35)和式(3.36)代入式(3.37)，得

$$T_i - T_0 = \frac{RT_0^2}{E} \quad (3.38)$$

从式(3.35)和式(3.38)可以看出，随着反应物密度的增加，即压强增加，点火温度降低。

3.4.3 可燃极限

混合物的产热速率取决于混合物中氧化剂和燃料组分的比率。当混合物比率是富燃或富氧时，产热速率下降，同时反应率也下降。在某一混合比时，即使提供过量的点火能量，混合物也不会燃烧，这就是燃烧极限，即可燃极限。然而，对于相同氧化剂和燃料组成的不同混合比的混合物而言，存在两个着火极限，即下限和上限。例如，氢气和空气混合物在混合比率 0.04~0.74(氢气体积比)内燃烧，着火下限为 0.04 而上限为 0.74。在混合比为 0.292 时，可以得到最大反应速率和最高温度，这个混合比率也就是氢气与氧气体积的化学计量比。在氢气和氧气混合物中，着火下限为 0.04 而上限为 0.94，混合物的化学计量比为 0.667。

3.5 含能材料的燃烧波

3.5.1 燃速的热理论

3.5.1.1 燃烧波结构的热模型

典型含能材料的燃烧波结构如图 3.9 所示,热量传递与燃烧距离和温度有关,具体的传输过程见图 3.10。在区域Ⅰ(固相区或凝聚相区)不发生化学反应,温度从初始温度 T_0 升至分解温度 T_g;在区域Ⅱ(凝聚相反应区)温度从 T_g 升至燃烧表面温度 T_s,发生由固态转变为液态或气态的相转变,形成反应活性气体并且发生吸热或放热反应。在区域Ⅲ(气相反应区)温度由 T_s 快速升至火焰温度 T_g,发生气相反应放热。

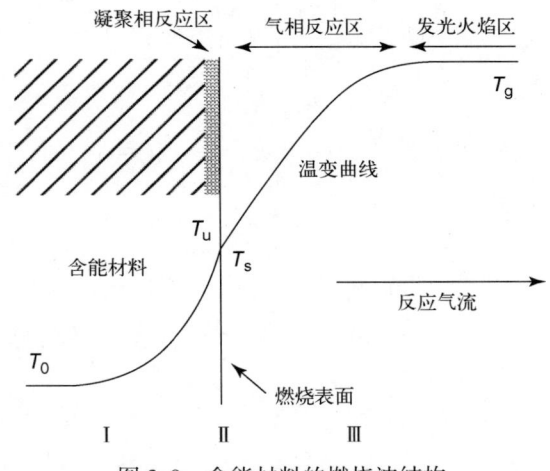

图 3.9 含能材料的燃烧波结构

燃速模型的基本假设如下:
(1)一维燃烧;
(2)在固定压强下稳态燃烧;
(3)气相辐射能在燃烧表面处被吸收。
参考图 3.9 和图 3.10,能量方程和物质方程如下:
凝聚相能量方程为

$$\frac{\mathrm{d}}{\mathrm{d}x}\left(\lambda_\mathrm{p}\frac{\mathrm{d}T}{\mathrm{d}x}\right)-\rho_\mathrm{p}rc_\mathrm{p}\frac{\mathrm{d}T}{\mathrm{d}x}+\omega_\mathrm{p}Q_\mathrm{p}=0 \qquad (3.39)$$

凝聚相中物质 j 的物质方程为

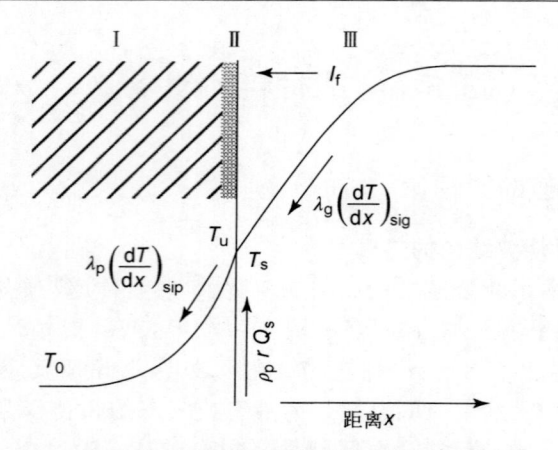

图 3.10 燃烧波的热结构和热反馈过程

$$\frac{d}{dx}\left(\rho_p D_{p,j}\frac{d\varepsilon_j}{dx}\right)-\rho_p r\frac{d\varepsilon_j}{dx}-\omega_{p,j}=0 \tag{3.40}$$

气相能量方程为

$$\frac{d}{dx}\left(\lambda_g\frac{dT}{dx}\right)-\rho_g u_g c_g\frac{dT}{dx}+\omega_g Q_g=0 \tag{3.41}$$

气相中物质 i 的物质方程为

$$\frac{d}{dx}\left(\rho_g D_{g,i}\frac{d\varepsilon_i}{dx}\right)-\rho_g u_g\frac{d\varepsilon_i}{dx}-\omega_{g,i}=0 \tag{3.42}$$

式中：r 为燃速；Q 为反应热；D 为扩散系数；下标 p 表示凝聚相；g 表示气相；j 表示凝聚相中的物质；i 表示气相中的物质。

图 3.11 以图示的方式描述了气相和凝聚相的热传递。从高温区即火焰区通过燃烧表面向凝聚相区传递的热流量，由热传导 $\frac{d}{dx}\left(\lambda\frac{dT}{dx}\right)$、对流热 $-\rho rc\frac{dT}{dx}$ 和化学反应热之和确定。

燃烧波的温度从初温 T_0 增加到燃烧表面温度 T_s，再升高到火焰温度 T_g。气相中的热传导 $\frac{d}{dx}\left(\lambda\frac{dT}{dx}\right)$ 随着离表面距离的增大而减少，在距燃烧表面某个特定距离达到最小值，这之前在某距离热传导增加较多，之后出现了降低。凝聚相的热传导随着离燃烧面距离的增大而减少。气相中的热对流 $-\rho rc\frac{dT}{dx}$ 和凝聚相中的热对流均随离燃烧面距离的增大而增加。另外，由化学反应引起的热释放 ωQ 速率，首先沿燃烧表面向下游递增，在某距离处达到最大值，在远距离处逐渐接

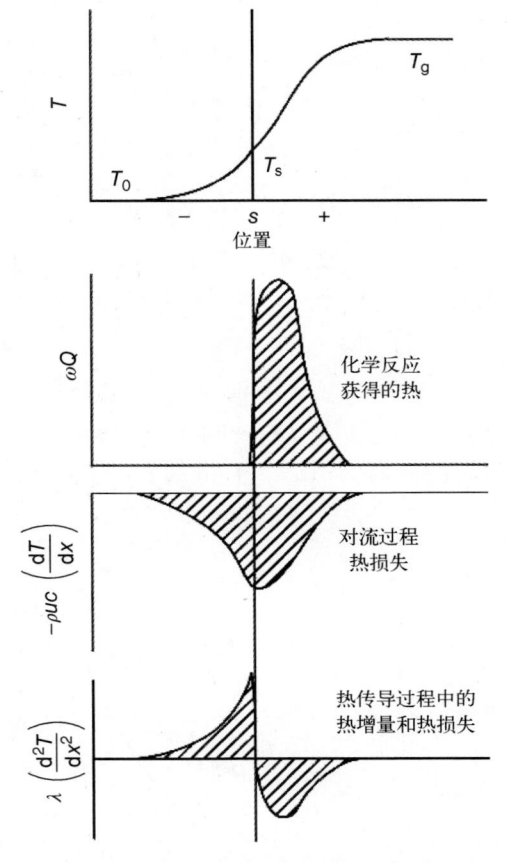

图 3.11 燃烧波中热反馈过程图示

近于 0。气相中的热传递在离燃面的极远处终止,此时温度达到最大值,得到最终燃烧产物。

3.5.1.2 凝聚相的热结构

为了描述凝聚相的能量转化过程,在文献[9,10]的所述方程中进行了如下假设:①在凝聚相区(低于燃烧表面)没有吸热或放热反应;②发光火焰区对从气相到燃烧表面的热反馈无贡献;③在凝聚相区或气相区不发生物质扩散。则式(3.39)和式(3.40)可简化为

$$\frac{d}{dx}\left(\lambda_p \frac{dT}{dx}\right) - \rho_p r c_p \frac{dT}{dx} = 0 \qquad (3.43)$$

$$-\rho_p r \frac{d\varepsilon_j}{dx} - \omega_{p,j} = 0 \qquad (3.44)$$

51

式(3.43)在以下边界条件积分：
$$x = -\infty, \quad T = T_0$$
$$x = 0, \quad T = T_s$$

结果为

$$T(x) - T_0 = (T_s - T_0) \exp\left(\frac{rx}{\alpha_p}\right) \tag{3.45}$$

式中：α_p 为凝聚相的热扩散系数，定义为 $\alpha_p = \lambda/\rho_p c_p$，即假定与温度无关。图 3.12 表示了在假设 $T_0 = 325\text{K}$、$T_s = 600\text{K}$、$\lambda_p = 2.10 \times 10^{-4} \text{kJ} \cdot \text{s}^{-1} \cdot \text{m}^{-1} \cdot \text{K}^{-1}$、$\rho_p = 1600 \text{kg} \cdot \text{m}^{-3}$、$c_p = 1.47 \text{kJ} \cdot \text{kg}^{-1} \cdot \text{K}^{-1}$ 和 $\alpha_p = \lambda_p/\rho_p c_p = 8.93 \times 10^{-8} \text{m}^2 \cdot \text{s}^{-1}$，燃速分别为 $r = 2\text{mm} \cdot \text{s}^{-1}$、$10\text{mm} \cdot \text{s}^{-1}$ 和 $50\text{mm} \cdot \text{s}^{-1}$ 时的凝聚相温度曲线。凝聚相的热层厚度定义为 $\delta_p = \alpha_p/r$，在燃速 $r = 2\text{mm} \cdot \text{s}^{-1}$、$10\text{mm} \cdot \text{s}^{-1}$ 和 $50\text{mm} \cdot \text{s}^{-1}$ 时分别为 $45\mu\text{m}$、$9\mu\text{m}$ 和 $1.8\mu\text{m}$。凝聚相温度梯度随着燃速的增加而增加，即 δ_p 随着燃速的增加而减小。

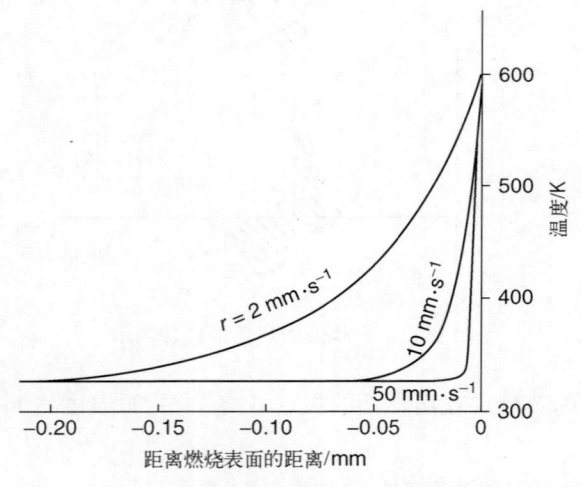

图 3.12 含能材料凝聚相的温度曲线

3.5.1.3 气相中的热结构

因为含能材料由几种化学组分构成，每种分子结构复杂，在燃烧表面产生大量的气体物质，它们的反应历程也很复杂，所以，在燃烧过程中测量每一种物质 j 气相反应速率是十分困难的，决定了采用对燃烧表面上方气相反应的温度梯度 $\phi = (dT/dx)_{s,g}$ 和从气相到凝聚相的热反馈 $\Lambda_g = \lambda_g \phi$ 进行处理的方法，作为推导燃速方程的基础。为了获得气相热反馈过程，假设气相放热为一阶函数，ω_g 为正的常数，则从气相向凝聚相的热反馈模型，可通过式(3.41)在无穷远处热流

为0的边界条件下积分得

$$\Lambda_g = Q_g \int_0^\infty \exp\left(\frac{-\rho_g c_g u_g x}{\lambda_g}\right) \omega_g \mathrm{d}x \tag{3.46a}$$

与凝聚相类似,气相的热扩散系数由 $\alpha_g = \lambda_g/\rho_g c_g$ 给出,即假设与温度无关。气相热层厚度 δ_g 定义为 $\delta_g = \alpha_g/u_g$,则式(3.46a)表示为

$$\Lambda_g = Q_g \int_0^\infty \exp\left(\frac{-u_g x}{\alpha_g}\right) \omega_g \mathrm{d}x \tag{3.46b}$$

$$= Q_g \int_0^\infty \exp\left(\frac{-x}{\delta_g}\right) \omega_g \mathrm{d}x \tag{3.46c}$$

通常,当活化能非常高时,反应速率强烈地依赖于温度,因而假定影响反应速率的两个主要因素(温度和反应物浓度),两者相互抵消;当反应进行时,温度升高而反应物浓度降低。而且,假定从燃烧表面($x_i = 0$)至整个气相反应区($x = x_g$)的反应速率恒定(图3.13),式(3.46c)在这些近似条件下变为

$$\Lambda_g = (\delta_g[\omega_g]Q_g)\left\{\exp\left(\frac{-x_i}{\delta_g}\right) - \exp\left(\frac{-x_g}{\delta_g}\right)\right\} \tag{3.46d}$$

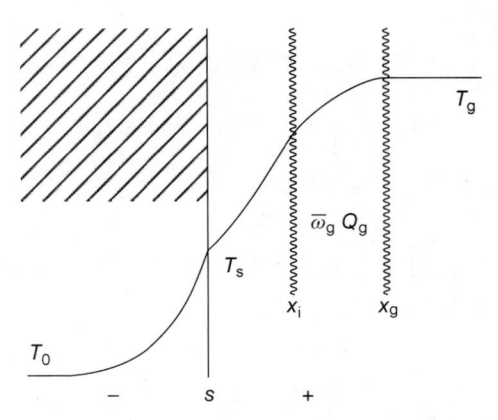

图 3.13 从 $x_i = 0$ 到 $x = x_g$ 处气相反应的阶梯函数模型

式中:$[\omega_g]$ 在 $x_i < x \leq x_g$ 区间是正常数,在其他范围为0,认为在气相中发生的实际反应速率 $[\omega_g]$ 是平均值。

$\alpha_0 = \lambda_g/\rho_g c_g$ 的定义为凝聚相和气相界面处的热扩散系数。特征长度 L_g^* 的定义为 $L_g^* = \alpha_0/r = \delta_g$,代入式(3.46a)得

$$\Lambda_g = \frac{\alpha_0 [\omega_g] Q_g}{r}\left\{1 - \exp\left(-\frac{x_g}{L_g^*}\right)\right\} \tag{3.47}$$

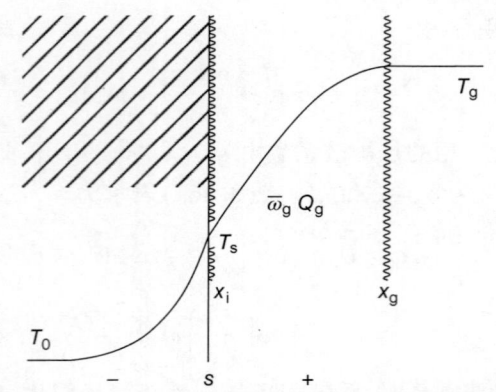

图 3.14　从 $x_i=0$ 到 $x=x_g$ 处气相反应的阶梯函数模型

当指数项 $x_g/L_g^* \gg 1$ 时,可以得到从气相到凝聚相热反馈的简单表示式[10]:

$$\Lambda_g = L_g^*[\omega_g]Q_g \tag{3.48}$$

无论如何,与气相释放热相比,反馈到燃烧表面的热量非常小,这意味着 x_g/L_g^* 足够大。虽然式(3.48)并不精确,但它在没有引入复杂的数学模型和反应参数的情况下,便描绘出了燃速特性。

3.5.1.4　燃速模型

由导热作用从区域 II 向区域 I 的热反馈为

$$\Lambda_p = \lambda_p \left(\frac{dT}{dx}\right)_{s,p} = \rho_p c_p r(T_s - T_0) \tag{3.49}$$

而燃烧表面凝聚相区产生的热流为

$$\Gamma_s = \rho_p r Q_s \tag{3.50}$$

式中:下标 s 表示燃烧表面;p 表示在燃烧表面的凝聚相反应区。凝聚相和燃烧表面的能量方程的边界条件分别为

$$\begin{aligned}&\text{在 } x = -\infty, \quad T = T_0 \\ &\text{在 } x = 0, \quad \Lambda_p = \Lambda_g + \Gamma_s \end{aligned} \tag{3.51}$$

通常,一阶反应为

$$\sum_{i=1}^{N} v_i' M_i \xrightarrow{k_g} \sum_{i=1}^{N} v_i'' M_i$$

其反应速率 ω_j 可表示为

$$\omega_j = \rho_g \frac{d\varepsilon_j}{dx} = \rho_g u_g \frac{d\varepsilon_j}{dx} = (v_i'' - v_i') k_g \prod_{h=1}^{N} (\rho_g \varepsilon_h)^{v_h'} \tag{3.52}$$

式中:M 为任意化学物质的代号;N 为气相区平行反应途径的个数;k_g 为反应常数;v_i''、v_i' 分别为物质 i 作为反应物和物质 j 作为产物的化学计量系数。因此,从

式(3.24)、式(3.48)和式(3.52)可以得到气相到燃烧表面的热反馈为

$$\Lambda_g = L_g^* \sum_{i=1}^{N} Q_{g,i}(v_i'' - v_i') k_g \prod_{h=1}^{N} (\rho_g \varepsilon_h)^{v_h'} \tag{3.53}$$

然后,联立式(3.51)和式(3.53),得

$$r = \left[\frac{\alpha_0}{\rho_p c_p \left(\frac{T_s - T_0 - Q_s}{c_p} \right)} \sum_{i=1}^{N} Q_{g,i}(v_i'' - v_i') k_g \prod_{h=1}^{N} (\rho_g \varepsilon_h)^{v_h'} \right]^{\frac{1}{2}} \tag{3.54}$$

式(3.54)是简化的燃速方程。如果知道气相反应速率,那么燃速将以气体密度(压强)、燃烧表面温度、推进剂初始温度和含能材料的物理特性等形式给出。

燃烧表面温度与燃速的关系由 Arrhenius(阿累尼乌斯)方程关联,其假设燃烧表面的每种物质反应都是一级分解反应:

$$r = \sum_{j=1}^{K} \varepsilon_j Z_{s,j} \exp\left(\frac{-E_{s,j}}{RT_s} \right) \tag{3.55}$$

式中:K 为假设的凝聚相平行独立气化反应途径的数目。

联立式(3.54)和式(3.55)可以得到任意给定条件下的燃速和燃烧表面温度。

通常,假设含能材料的气相为预混气体,其火焰模型中的气相反应为双分子反应,是二级反应,因而式(3.54)可表示为

$$r = \left[\frac{\alpha_0 Q_g (\varepsilon_g \rho_g)^2 k_g}{\rho_p c_p \left(\frac{T_s - T_0 - Q_s}{c_p} \right)} \right]^{\frac{1}{2}} \tag{3.56}$$

反应速率常数 k_g 是温度的函数,即

$$k_g = Z_g \exp\left(-\frac{E_g}{RT_g} \right) \tag{3.57}$$

采用理想气体方程来联系空间密度(假定恒定)与 p 和 T_g 的关系:

$$\rho_g = \frac{p}{RT_g} \tag{3.58}$$

将式(3.57)和式(3.58)代入式(3.56),在上述假设条件下得出推进剂的燃速方程为

$$r = p \left[\frac{\alpha_0 Q_g \varepsilon_g^2 Z_g \exp\left(\frac{-E_g}{RT_g} \right)}{\rho_p c_p (RT_g)^2 \left(\frac{T_s - T_0 - Q_s}{c_p} \right)} \right]^{\frac{1}{2}} \tag{3.59}$$

式中:T_g 由下式给出:

$$T_g = T_0 + \frac{Q_s}{c_p} + \frac{Q_g}{c_p} \tag{3.60}$$

从式(3.55)得到燃烧表面分解速率,即燃速:

$$r = Z_s \exp\left(-\frac{E_s}{RT_s}\right) \tag{3.61}$$

式(3.59)和式(3.61)均呈非线性,需要用迭代法求解。

3.5.2 火焰自持距离

若含能材料在燃烧表面产生的反应性气体在气相缓慢反应并产生明亮的火焰,从燃烧表面到明亮火焰前阵面的距离 L_g 称为火焰自持距离。如图 3.9 所示,气相区的温度梯度很小,温度增长相对缓慢,在这种情况下,式(3.41)中的第一项热传导可以忽略,同样,式(3.42)中第一项质量扩散速率与式(3.42)中的第二项传质速率相比较小,于是得

$$-\rho_g u_g c_g \frac{dT}{dx} + \omega_g Q_g = 0 \tag{3.62}$$

$$-\rho_g u_g \frac{d\varepsilon_g}{dx} - \omega_g = 0 \tag{3.63}$$

第 m 级反应速率(ρ_g 与温度的关系忽略不计)为

$$\omega_g = \rho_g \frac{d\varepsilon_g}{dt} = \rho_g u_g \frac{d\varepsilon_g}{dx} = -\varepsilon_g^m \rho_g^m Z_g \exp\left(-\frac{E_g}{RT_g}\right) \tag{3.64}$$

联立式(3.62)~式(3.64)得

$$\frac{dT}{dx} = \left(\frac{1}{c_g u_g}\right) Q_g \varepsilon_g^m \rho_g^{m-1} Z_g \exp\left(-\frac{E_g}{RT_g}\right) \tag{3.65}$$

气相和固相之间的质流连续关系为

$$u_g = \frac{r\rho_p}{\rho_g} \tag{3.66}$$

联立式(3.65)和式(3.66)并应用理想气体状态方程,得

$$\frac{dT}{dx} = \left(\frac{1}{c_g \rho_p r}\right) Q_g \varepsilon_g^m (RT_g)^{-m} p^m Z_g \exp\left(-\frac{E_g}{RT_g}\right) \tag{3.67}$$

若含能材料的燃速用下式表达:

$$r = ap^n \tag{3.68}$$

式中:n 为燃速的压强指数。式(3.67)可表示为

$$\frac{dT}{dx} = \left(\frac{1}{c_g \rho_g a}\right) Q_g \varepsilon^m (R_g T_g)^{-m} p^{m-n} Z_g \exp\left(-\frac{E_g}{R T_g}\right) \qquad (3.69)$$

气相温度梯度 $dT/dx \approx \Delta T_g / L_g$，其中，$\Delta T_g$ 是气相温度变化。因此，火焰自持距离 L_g 表示为

$$L_g = p^{n-m} \frac{\Delta T_g c_g \rho_p a (RT_g)^m}{Q_g \varepsilon_g^m Z_g \exp\left(\dfrac{-E_g}{RT_g}\right)} \qquad (3.70a)$$

$$L_g \approx p^{n-m} = p^d \qquad (3.70b)$$

3.5.3 含能材料的燃速特性

3.5.3.1 燃速压强指数

通常，当初始温度 T_0 恒定时，含能材料的燃速随压强的增加而呈线性增加，如式(3.68)表示的 $\ln p$-$\ln r$ 曲线，r 为燃速，p 为压强。于是，在恒定初始温度下，燃速压强敏感度定义为

$$n = \left(\frac{\partial \ln r}{\partial \ln p}\right)_{T_0} \qquad (3.71)$$

式(3.68)称作 Vieille 定律或 Saint Robert 定律，n 定义为压强指数，a 取决于化学组分和推进剂初温。

3.5.3.2 燃速温度敏感系数

即使压强保持恒定，含能材料的燃速也依赖于初温 T_0。燃速温度敏感系数 σ_p 定义为 T_0 变化对燃速变化的影响：

$$\sigma_p = \frac{1}{r} \frac{r_1 - r_0}{T_1 - T_0} \qquad (3.72a)$$

式中：r_0、r_1 分别为在温度 T_0 和 T_1 时的燃速；r 为温度 T_0 和 T_1 间燃速的平均值，于是 σ_p 的单位是 K^{-1}。式(3.72a)的微分形式如下：

$$\sigma_p = \frac{1}{r}\left(\frac{\partial r}{\partial T_0}\right)_p = \left(\frac{\partial \ln r}{\partial T_0}\right)_p \qquad (3.72b)$$

代入式(3.68)得

$$\sigma_p = \left[\frac{\partial \ln(ap^n)}{\partial T_0}\right]_p = \frac{1}{a}\left(\frac{\partial a}{\partial T_0}\right)_p \qquad (3.72c)$$

式(3.72c)定义的燃速温度敏感系数是对含能材料有重要意义的参数。

3.5.4 燃速温度敏感系数分析

为了理解燃速温度敏感系数的基本概念，本节的分析假设燃烧波是均匀的，

是由一维稳态的连续反应区组成[10,11]。发生气相反应并伴随温度从燃烧表面温度升至最大火焰温度。含能材料的燃烧波结构中热传输如图 3.10 所示。从区域Ⅲ到区域Ⅱ通过热传导反馈的热流 $\Lambda_g = \lambda_g \left(\dfrac{dT}{dx}\right)_{s,g}$ 由式(3.46)给出,从区域Ⅱ到区域Ⅰ通过热传导反馈的热流 $\Lambda_p = \lambda_p \left(\dfrac{dT}{dx}\right)_{s,p}$ 由式(3.49)给出。在燃烧表面对能量方程式(3.51)积分,将燃速表示为

$$r = \alpha_s \frac{\phi}{\varphi} \tag{3.73}$$

$$\varphi = \left(\frac{dT}{dx}\right)_{s,g} \tag{3.74}$$

$$\varphi = T_s - T_0 - \frac{Q_s}{c_p} \tag{3.75}$$

$$\alpha_s = \frac{\lambda_g}{\rho_p c_p} \tag{3.76}$$

式(3.73)指出,确定含能材料燃速有两个参数,即气相参数 ϕ(由气相区的物理化学性质决定)和凝聚相参数 φ(由凝聚相的物理化学性质决定)。如图 3.15 温度曲线所示,当初始温度从 T_0 升至 $T_0 + \Delta T_0$ 时,燃烧表面温度从 T_s 升至 $T_s + \Delta T_s$,最终燃烧温度从 T_g 升至 $T_g + \Delta T_g$。

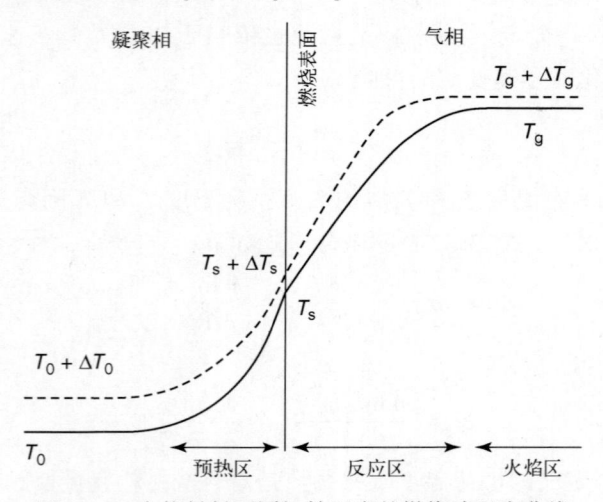

图 3.15 含能材料不同初始温度的燃烧波温度曲线

将式(3.73)以燃速方程的对数式表示,并在恒定压强下对含能材料初始温

度微分,得[12]

$$\left(\frac{\partial \ln r}{\partial T_0}\right)_p = \left\{\frac{\partial}{\partial T_0}\left[\lambda_g\left(\frac{dT}{dx}\right)_{s,g}\right]\right\}_p - \left\{\frac{\partial}{\partial T_0}\left[\left(T_s - T_0 - \frac{Q_s}{c_p}\right)\ln \rho_p c_p\right]\right\}_p \quad (3.77)$$

因此,假设燃烧表面热扩散率 α_s 的物理特性与 T_0 无关,式(3.77)变为

$$\sigma_p = \left(\frac{\partial \ln \phi}{\partial T_0}\right)_p - \left(\frac{\partial \ln \varphi}{\partial T_0}\right)_p = \Phi + \Psi \quad (3.78)$$

式中:

$$\Phi = \left(\frac{\partial \ln \phi}{\partial T_0}\right)_p \quad (3.79)$$

$$\Psi = -\left(\frac{\partial \ln \varphi}{\partial T_0}\right)_p \quad (3.80)$$

式(3.78)表明,燃速温度敏感系数由两个参数组成[11]:Φ 和 Ψ。Φ 称为"气相燃速温度敏感系数",由气相区参数决定;Ψ 称为"凝聚相燃速温度敏感系数",由凝聚相区参数决定。

假定式(3.48)给出气相区的反应,那么从气相区到燃烧表面的热反馈由下式给出:

$$\lambda_g \phi = \alpha_0 [\omega_g] \frac{Q_g}{r} \quad (3.81)$$

恒压条件下,把式(3.81)变为对数形式并对温度 T_0 微分,得

$$\Phi = \left(\frac{\partial \ln[\omega_g] Q_g}{\partial T_0}\right)_p - \left(\frac{\partial \ln r}{\partial T_0}\right)_p = \left(\frac{\partial \ln[\omega_g]}{\partial T_0}\right)_p + \left(\frac{\partial \ln Q_g}{\partial T_0}\right)_p - \sigma_p = \Omega + \Theta - \sigma_p$$

$$(3.82)$$

式中,假定 λ_g 和 α_0 为常数,则

$$\Omega = \left(\frac{\partial \ln[\omega_g]}{\partial T_0}\right)_p \quad (3.83)$$

$$\Theta = \left(\frac{\partial \ln Q_g}{\partial T_0}\right)_p \quad (3.84)$$

于是,可得到燃速温度敏感系数表达式:

$$\sigma_p = \frac{\Omega}{2} + \frac{\Theta}{2} + \frac{\Psi}{2} \quad (3.85)$$

若假设气相区反应速率按式(3.64)给出的一阶 m 级 Arrhenius 模型反应,代入式(3.83),得

$$\Omega = \frac{E_g}{RT_g^2}\left(\frac{\partial T_g}{\partial T_0}\right)_p \quad (3.86)$$

气相区产生的热为

$$Q_g = c_g(T_g - T_s) \tag{3.87}$$

将式(3.87)代入式(3.84),得

$$\Theta = \left(\frac{\partial T_g}{\partial T_0} - \frac{\partial T_s}{\partial T_0}\right)_p \frac{1}{T_g - T_s} \tag{3.88}$$

将式(3.86)、式(3.88)和式(3.80)代入式(3.85),得

$$\sigma_p = \frac{E_g}{2RT_g^2}\left(\frac{\partial T_g}{\partial T_0}\right)_p + \left(\frac{\partial T_g}{\partial T_0} - \frac{\partial T_s}{\partial T_0}\right)_p \frac{1}{2(T_g - T_s)} - \left(\frac{\partial T_s}{\partial T_0} - 1 - \frac{1}{c_p}\frac{\partial Q_s}{\partial T_0}\right)_p \frac{1}{2\left(\frac{T_s - T_0 - Q_s}{c_p}\right)} \tag{3.89}$$

式(3.89)是基于一维燃烧波中的一阶反应分析,从而得出的含能材料的燃速温度敏感系数表达式。

3.5.5　燃烧波中的化学反应速度

含能材料的燃烧波是伴随着分子碰撞、解离和再结合的化学反应区,因此,有热量放出,且燃烧产物在燃烧波中升温。燃烧波的传播速度,即含能材料的燃烧速度,由化学反应速度决定。当某种含能材料在一维方向上稳态燃烧时,其燃烧波在材料的燃烧表面上方形成,同时质量、动量和能量的变化贯穿整个燃烧波。从气相反馈到燃面和含能材料内部的热流速度决定了燃面退移速度,即含能材料的燃速。

从图3.9可看出,当均质含能材料燃烧时,在燃面和其上方形成一维的燃烧波。如果假定沿着燃烧波的流动方向没有化学物质扩散,则沿着 x 就不会发生热传导和热辐射等形式的热反馈,故参照文献[10]质量、动量和能量的守恒方程表示为

$$u\left(\frac{dp}{dx}\right) + \rho\left(\frac{du}{dx}\right) = 0 \tag{3.90}$$

$$\rho\frac{du}{dx} + \frac{dp}{dx} = 0 \tag{3.91}$$

$$H_0 = H + \frac{u^2}{2} \tag{3.92}$$

式中:x 为距离;p 为压强;ρ 为密度;u 为速度;H 为流体的焓。由所有化学物质构成的反应气体的状态方程为

$$p = \sum \rho_i R_i T_i \tag{3.93}$$

式中:R_i 为化学物质 i 的气体常数。焓 H 和 h_i 分别由下式给出:

第 3 章 燃烧波传播

$$H = \sum h_i Y_i \tag{3.94}$$

$$h_i = \Delta H_{fi} + \int_{T_0}^{T} c_{gi} dT \tag{3.95}$$

式中：h_i 为化学物质 i 的焓；Y_i 为化学物质 i 的摩尔浓度；ΔH_{fi} 为化学物质 i 在标准温度 T_0 下的生成焓。

在燃烧波中，大量的基元化学反应连续不断地发生，第 i 个基元反应可表示为

$$\sum_{i=1}^{n} \alpha_{ij}^{*} M_i \underset{k_{bi}}{\overset{k_{fi}}{\rightleftharpoons}} \sum_{i=1}^{n} \alpha_{ij}^{**} M_i \tag{3.96}$$

式中：k_f 为正反应的反应速度常数；k_b 为负反应的反应速度常数；α_i^{*}、α_i^{**} 分别为正反应和负反应的反应物浓度和生成物浓度；M_i 为第 i 种化学物质。Y_i 的浓度梯度可表示为

$$\frac{dY_i}{dx} = \left(\frac{1}{\rho u}\right) \sum_{j=1}^{N} (\alpha_{ij}^{**} - \alpha_{ij}^{*}) \left[k_{fj} \prod_{j=1}^{n} (\rho Y_i)^{\alpha_{ij}^{*}} - k_{bj} \prod_{i=1}^{n} (\rho Y_i)^{\alpha_{ij}^{**}} \right] \tag{3.97}$$

式中：N 为基元化学反应的个数；n 为化学物质 i 的总数。沿着燃烧波 x 方向上的温度 T、压强 p、密度 ρ、速度 u 和化学物质 i 的摩尔浓度 Y_i 可联立式(3.90)~式(3.97)求解得出[10]。

参 考 文 献

[1] Lewis,B. and von Elbe,G. (1951) Combustion,Flames and Explosions of Gases,Academic Press,New York.

[2] Gaydon,A. G. and Wolfhard,H. G. (1960)Flames:Their Structure,Radiation and Temperature,Chapman & Hall,London.

[3] Strehlow, R. A. (1968) Fundamentals of Combustion, Chapter 5, International Textbook Company,Scranton,PA.

[4] Glassman,I. (1977)Combustion,Chapter 5,Academic Press,New York.

[5] Williams,F. A. (1985)Combustion Theory,Chapters 6 and 7,2nd edn,Benjamin/Cummings Publishing Company,New York,pp. 182-246.

[6] Zucrow,M. J. and Hoffman,J. D. (1976)Gas Dynamics,Chapter 9,John Wiley & Sons, Inc. ,New York.

[7] JANAF (1960-1970)Thermochemical Tables,Dow Chemical Co. ,Midland,MI.

[8] Gordon, S. and McBridge, B. J. (1971) Computer Program for Calculation of Complex Chemical Equilibrium Compositions,Rocket Performance,Incident and Reflected Shocks,and

Chapman-Jouguet Detonations, NASASP-273, 1971.

[9] Kubota, N., Ohlemiller T. J., Caveny, L. H., and Summerfield, M. (1973) The Mechanism of Super-Rate Burning of Catalyzed Double-Base Propellants, AMS Report No. 1087, Aerospace and Mechanical Sciences, Princeton University, Princeton, NJ.

[10] Kubota, N. (1984) Survey of rocket propellants and their combustion characteristics, in Fundamentals of Solid-Propellant Combustion, Progress in Astronautics and Aeronautics, vol. 90, Chapter 1 (eds K. K. Kuo and M. Summerfield), AIAA, Washington, DC.

[11] Kubota, N. (1990) temperature sensitivity of solid propellants and affecting factors: experimental result, in Nonsteady Burning and Combustion Stability of Solid Propellants, Progress in Astronautics and Aeronautics, Vol. 143, Chapter 4 (eds L. DeLuca, E. W. Price, and M. Summerfield), AIAA, Washington, DC.

[12] Kubota, N. and Ishihara, A. (1984) Analysis of the temperature sensitivity of double-base propellants. Twentieth Symposium on Combustion, The Combustion Institute, Pittsburgh, PA, 1984, pp. 2035-2041.

第 4 章 炸药的能量学

4.1 晶体材料

4.1.1 晶体材料的物化性能

含能材料由燃料和氧化剂组合构成,它们混合在一起形成特定的化学结构。燃料组分大多具有碳氢结构,由氧原子和碳原子构成。如图 2.1 所示,NO_2 是一个典型的氧化剂成分,在碳氢结构中,它和 C、N 或 O 原子相连形成 C—NO_2、N—NO_2 和 O—NO_2 键。N—N 或 O—O 键的断裂产生热并伴随着反应产物 CO_2 或 N_2 的生成。火炸药中,作为氧化剂组分常分解放热并产生氧化性的气体分子。另外,作为燃料组分的碳氢聚合物,如聚氨酯和聚丁二烯,常可吸热分解并产生氢、固态碳和其他的碳氢物质。碳氢聚合物和晶体物质混合构成了含能材料,并且通过加热气化不断地产生具有燃料和氧化特性的物质,这些物质反应放热并产生高温燃烧产物。含能材料的燃烧过程依赖于所用材料的物理化学特性,如燃料和氧化剂组分的特殊性能、二者的混合配比、氧化剂的粒径、加入的催化剂和改良剂,以及燃烧的压强和初温。

为了获得高能火炸药[1-15],含能材料的组成受到了广泛研究。晶体含能材料多由碳结构组成。碳原子通过 C—C 单键、C=C 双键和 C≡C 三键形成不同类型的物理结构,如金刚石、石墨烯和富勒烯(C_{60})[16]等。C_{60} 的尺寸约为 4×10^{-10}m,其分子结构如图 4.1 所示,为了便于比较,金刚石和石墨烯的结构也示于该图中。

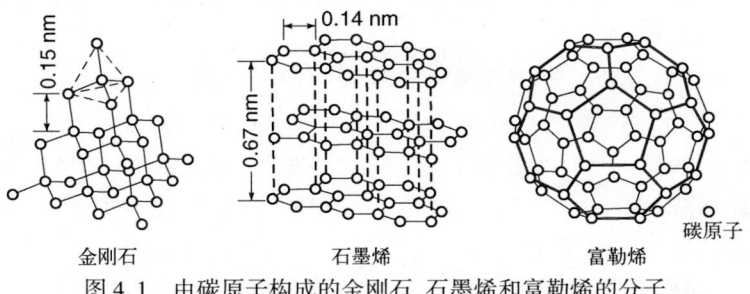

图 4.1 由碳原子构成的金刚石、石墨烯和富勒烯的分子

这些碳分子的物理学形成了发展高能燃料的基础。当 H、O 和(或)N 原子和这些碳原子结合时,可得到高密度含能材料。而在热分解时,碳原子和氢原子起到燃料的作用,与氮原子结合在一起的氧原子起到了氧化剂的作用。

由碳原子和氢原子构成的脂肪族有机化合物,常可将硝酸酯基团—ONO_2 连接到碳原子上,形成含能材料,如硝化甘油(NG,$(ONO_2)_3(CH_2)_2CH$)、乙二醇二硝酸酯(NGC,$(ONO_2)_2(CH_2)_2$)。这些脂肪族化合物具有二维的伸展分子结构且在室温下一般为液体状,与芳香族硝基化合物相比,它们的密度较低。季戊四醇四硝酸酯(PETN,太安)是一个脂肪族的粉状含能材料,它的化学式为 $(ONO_2)_4(CH_2)_4C$,常用作对撞击极敏感的起爆药。

与脂肪族化合物类似,由苯环组成的芳香族化合物,当硝基基团(NO_2)与苯环连接时,则可形成含能材料。苯环的硝化产生—C—NO_2 键,并得到含能的晶体颗粒。当苯环的三个 C—H 键用 HNO_3 硝化时,得到三硝基苯(TNB,$C_6H_3(NO_2)_3$)。TNB 是一个基础的含能材料,由此可进一步发展新的含能材料。当 TNB 的一个碳氢键被甲基(—CH_3)取代时,则可得到三硝基甲苯(TNT),其化学反应过程如下:

$$C_6H_6 \longrightarrow C_6H_3(NO_2)_3 \longrightarrow C_6H_2(CH_3)(NO_2)_3$$
$$苯 \longrightarrow TNB \longrightarrow TNT$$

用 TNB 制备含能材料的其他例子如下:

$C_6H_2(NO_2)_3$—+—$CO(OH)$ ⟶ $C_6H_2(NO_2)_3CO(OH)$ 三硝基苯甲酸
　　　　+—NH_2 ⟶ $C_6H_2(NO_2)_3NH_2$ 三硝基苯胺
　　　　+—$N(CH_3)(NO_2)$ ⟶ $C_6H_2(NO_2)_3N(CH_3)(NO_2)$ 特屈儿
　　　　+—OH ⟶ $C_6H_2(NO_2)_3NH_2(OH)$ 苦味酸
　　　　+—OCH_3 ⟶ $C_6H_2(NO_2)_3OCH_3$ 三硝基苯甲酸醚

这些芳香族材料均为高能炸药,许多其他的芳香族炸药也可通过不同类型的化学反应制得。当两个硝化的芳香族分子被化学键结合到一起时,形成一个新的带硝基的芳香族分子,典型的化合物是六硝基芪(HNS)和六硝基偶氮苯(HNAB),其化学式可表示如下:

HNS　　$C_6H_2(NO_2)_3$—CH=CH—$C_6H_2(NO_2)_3$
HNAB　$C_6H_2(NO_2)_3$—N≡N—$C_6H_2(NO_2)_3$

当氮氮单键(N—N)和氮氮双键(N=N)断开时,它们可产生大量的热。乙二硝胺(EDNA,$C_2H_4(NH-NO_2)_2$)是一种脂肪族炸药,由两个—N—NO_2 键构成,但不是硝酸酯类化合物。同样,硝基胍(NQ,HN=C(NH_2)—(HN—NO_2))也是一种脂肪族炸药,由一个 N—NO_2 键构成,氢原子具有相当高的质量分数。

以 N—NO$_2$ 键为特征的化合物称作硝胺。环四甲基四硝胺(HMX)和环三甲基三硝胺(RDX)是脂肪族硝胺,由环状—C—N—环构成。

六硝基六氮杂异伍兹烷(HNIW)是一种典型的高能量密度材料,在其分子结构中有 6 个—N—NO$_2$ 键和 12 个—C—N—键,构成笼形化合物。HNIW 分子中氧原子的个数不足以起到氧化剂的作用,但是其热分解释放的热极高,这主要是由于键断裂和 N$_2$ 分子的产生造成的。这种化学过程与 HMX 和 RDX 的分解和热释放过程类似。

高能量密度材料是由含有 N—N 键的三维结构形成的。当多个 N—N 单键断裂时,它们会产生大量的热,并且会产生含有 N≡N 三键的 N$_2$ 分子。据计算机分子设计预测,像 N$_4$、N$_6$、N$_7$、N$_{20}$ 和 N$_{60}$ 等这些由—N—N—单键构成的全氮类含能晶体材料,是完全可能存在的,它们的分子结构见图 4.2。

图 4.2 全氮类含能晶体的分子结构

由相似化学键产生的更加复杂的高能量密度材料,可借助计算机分子设计来预测。尽管它们大多数存在对热不稳定和对机械冲击非常敏感,但是图 4.3

六硝基六氮杂异伍兹烷　　　　六硝基六氮杂伍兹烷

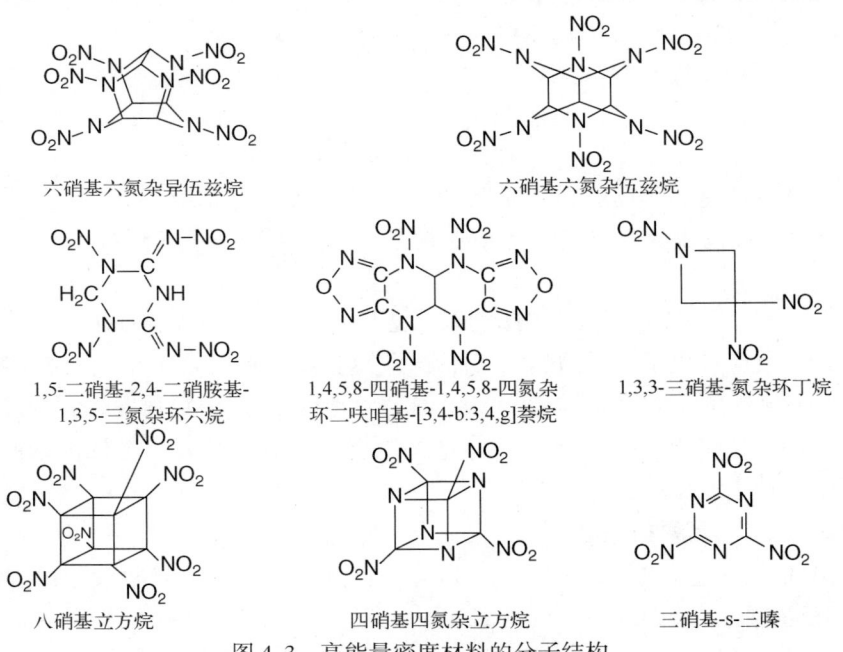

1,5-二硝基-2,4-二硝胺基-　　1,4,5,8-四硝基-1,4,5,8-四氮杂　　1,3,3-三硝基-氮杂环丁烷
1,3,5-三氮杂环六烷　　　　　环二呋咱基-[3,4-b:3,4,g]萘烷

八硝基立方烷　　　　四硝基四氮杂立方烷　　　　三硝基-s-三嗪

图 4.3 高能量密度材料的分子结构

中的高能量密度材料对火炸药来说是极为有用的。基于对含能材料的基本认识[18-20]，诸多其他的聚合物和含能材料晶体已被合成和加工[21-27]。

4.1.2 高氯酸盐

高氯酸盐的特征是其分子结构中有 ClO_4 阴离子存在，可用作炸药组分的晶体材料[18,19,21]。ClO_4 中的氧原子起到了氧化剂的作用。典型的高氯酸盐有高氯酸铵（AP，NH_4ClO_4）、高氯酸硝酰（NP，NO_2ClO_4）和高氯酸钾（KP，$KClO_4$）。由于 AP 不含金属原子并且燃烧产物的分子质量较小，故而它是复合推进剂中主要的氧化剂晶体。

4.1.2.1 高氯酸铵

AP 是一种白色的晶体材料，其晶体结构在 513K 时由正交晶系向立方晶系转变，这直接影响其分解过程。AP 在大气环境下不吸湿，氧的质量分数为 0.545。它广泛用作火药和烟火剂的氧化剂。在低压下，AP 在 670~710K 发生快速升华。在慢速加热的情况下，AP 约在 470K 开始分解，其分解反应过程为

$$4NH_4ClO_4 \longrightarrow 2Cl_2 + 3O_2 + 8H_2O + 2N_2O$$

在约 620K，AP 按下式分解：

$$2NH_4ClO_4 \longrightarrow Cl_2 + O_2 + 4H_2O + 2NO$$

当升温速率极高时，总的反应过程为

$$NH_4ClO_4 \longrightarrow NH_3 + HClO_4$$

$$HClO_4 \longrightarrow HCl + 2O_2$$

上述反应是放热反应，并且产生氧作为氧化剂。

当 AP 颗粒和聚合物燃料混合时，分解产生的氧分子可起到氧化剂的作用，例如：

$$NH_4ClO_4 + C_mH_n(CH 类聚合物) \longrightarrow CO_2 + H_2O + N_2 + HCl$$

这个反应产生了大量的热和气体分子，这样就会形成高比冲 I_{sp}（式 1.76）。

尽管 AP 在机械撞击下相对稳定，但是，当撞击达到一定程度或者超过一定值时，就会以 $3400m \cdot s^{-1}$ 的速度爆轰。AP 和硝酸铵（AN）与少量硅和铁混合就形成了一种工业炸药。

4.1.2.2 高氯酸硝酰

NP 的氧含量比其他晶体材料高，因此，当它作为氧化剂和燃料成分相结合时，化学潜能较高。NP 的理论密度是 $2200kg \cdot m^{-3}$，生成焓是正的（$+33.6kJ \cdot mol^{-1}$）。它是一种理想的氧化剂。然而，NP 吸湿性强，水解形成硝酸铵和高氯酸：

$$NO_2ClO_4 + H_2O \longrightarrow HNO_3 + HClO_4$$

NP 在约 360K 时分解形成 NO_2,此温度太低使得它不能作为实用的氧化剂组分。

4.1.2.3 高氯酸钾

KP 是一种知名的氧化剂。因为 KP 产生 K_2O 和凝聚相产物,燃烧产物的相对分子质量高,导致不适合用作火箭推进剂的氧化剂。75% 的 $KClO_4$ 和 25% 的沥青混合形成一种称为 Galcit 的火箭推进剂,它就是 20 世纪 40 年代使用的最原始的复合推进剂。尽管 $KClO_3$ 也是一种氧化剂晶体,但是,与 KP 相比,它的氧平衡较低,且对机械撞击感度高,易点燃,也容易爆轰。

4.1.3 硝酸盐

用于推进剂和炸药的典型晶体硝酸盐就是硝酸铵(AN,NH_4NO_3)、硝酸钾(KN,KNO_3)、硝酸钠(SN,$NaNO_3$)、季戊四醇四硝酸酯(PETN,$C_5H_8(ONO_2)_4$)和三氨基硝酸胍(TAGN,$CH_9N_7O_3$)。

4.1.3.1 硝酸铵

AN 是一种白色晶体材料,其晶体结构随温度的变化而变化[18-21]。它的熔点是 442K,熔化热是 71.4kJ·kg^{-1}。尽管 AN 中氧的质量分数高达 0.5996,但是 AN 极易吸湿,它从大气中吸收水分可形成液态的 AN 酸溶液,这极大限制了它在火药和烟火剂中的应用。然而,它广泛地用作炸药的氧化剂,如浆状炸药和 ANFO 炸药(硝酸铵燃油炸药)。

NH_4NO_3 的热分解依赖于升温过程。在低温时(430K),其分解反应可表示为

$$NH_4NO_3 \longrightarrow NH_3 + HNO_3$$

该反应是可逆反应。AN 的气化是吸热反应,约需 181kJ·mol^{-1} 的能量。在高温时(550K),其分解反应可表示为

$$NH_4NO_3 \longrightarrow N_2O + 2H_2O$$

该反应放出 36.6kJ·mol^{-1} 的热量。这个反应接下来进行 N_2O 的分解。因此,AN 总的分解反应可表示为

$$NH_4NO_3 \longrightarrow N_2 + 2H_2O + \frac{1}{2}O_2$$

反应放出 119kJ·mol^{-1} 的热量。

火箭推进剂和烟火药剂中使用 AN 的缺点就是 AN 的吸湿性和晶型转变。从相 I 到相 V 的晶型转变随温度降低而发生,其转变情况如下:

V	IV	III	II	I
	256K	305K	357K	398K
四方	正交	三方	四方	立方

表 4.1 表明,晶型转变伴随着密度和体积的改变。体积改变直接影响到推进剂装药的机械内应力。在 305K 时由杂乱的正交晶系向三方晶系的转变导致密度的显著降低,有时会造成在温度循环条件下,推进剂或烟火剂装药的破坏。在推进剂和烟火剂的成型过程中,由于 AN 的吸湿特性,所以,必须控制湿度。为了抑制 AN 晶体的相转变并且达到稳定的相稳定硝酸铵(PSAN),常常将金属盐混入 AN 的晶格中。铜盐和镍盐是典型的金属盐,特别有益于控制相转变。另外,AN 的吸湿性和晶相转变并不影响其在代那买特、乳化炸药或浆状炸药中的应用。

表 4.1 AN 的物理化学性质

相	熔化	I	II	III	IV	V
转变温度/K	422	398	357	305	256	
密度/($kg \cdot m^{-3}$)		1550	1600	1570	170	1750
晶型转变热/($kJ \cdot kg^{-1}$)		50.0	22.3	21.0	6.7	
体积变化/($\times 10^{-6} m^3 \cdot kg^{-1}$)		+13	-8	+22	-16	

4.1.3.2 硝酸钾和硝酸钠

尽管 KN 和 SN 的氧化潜能强,但两者产生的燃烧产物相对分子质量(M_g)高,因此,KN 或 SN 用于火箭推进剂中比冲较低。KN 或 SN 主要用作凝胶炸药或信号弹烟火剂的组分,KN 也是黑火药的主要成分。

4.1.3.3 季戊四醇四硝酸酯

PETN 不像其他的硝酸盐晶体,它是一种类似于 NG 和 NC 的硝酸酯晶体。尽管 PETN 炸药的威力极大,但是,当它热分解时,不产生多余的氧化剂组分,因而,不能用作推进剂的氧化剂。

4.1.3.4 三氨基硝基胍

TAGN 中氢的摩尔分数相对高,它的氧化剂组分(HNO_3)在分子结构中是以离子键相连接的,由于其含氢量高,燃烧产物的相对分子质量就低。

4.1.4 硝基化合物

分子结构中含有—C—NO_2 键的含能材料就是硝基化合物。与硝酸盐类化合物相似,硝基化合物热分解时,生成具有氧化剂功能的 NO_2 分子。NO_2 分子在和其他 C—H 结构的物质反应时,产生大量的高温燃烧产物。用于推进剂和炸药中的典型硝基化合物是二硝基甲苯(DNT,$C_7H_6N_2O_4$)、三硝基甲苯(TNT,$C_7H_5O_6N_3$)、六硝基芪(HNS,$C_{14}H_6O_{12}N_6$)、二氨基三硝基苯(DATB,$C_6H_5O_6N_5$)、三氨基三硝基苯(TATB,$C_6H_6O_6N_6$)、叠氮二硝基苯酚(DDNP,$C_6H_2O_5N_4$)、硝仿肼(HNF,$N_2H_5C(NO_2)_3$)、六硝基苯(HNB,$C_{12}H_4N_8O_{12}$)、2,4,6-三硝基苯甲硝胺(Tetryl,$C_7H_5O_8N_5$)和2,4,6-三硝基苯酚(苦味酸,$C_6H_3N_3O_7$)。分子设计计算出某些可能的高能量密度硝基化合物,例如,八硝基立方烷、四硝基四氮杂立方烷、三硝基-s-三嗪和六硝基六氮杂伍兹烷(HNHAW)等,这些含能材料的化学结构如图4.3所示。

通常,硝基化合物能量密度高,爆轰感度也高,因而,硝基化合物可用作炸药的主要成分,而不用于推进剂中。无论如何,由于HNF的能量密度高于AN或ADN的能量密度,HNF推进剂产生的燃烧产物无氯,且可作为环境友好的推进剂。HNF的分子结构为$N_2H_5^+C(NO_2)_3^-$,由硝仿和肼之间的酸碱反应制得。像AN和ADN一样,HNF易吸湿,因此,在加工成型过程中必须控制湿度。

4.1.5 硝胺

硝胺有与碳氢结构相连的—N—NO_2化学键,N—N键断裂产生NO_2作为氧化剂,其余的碳氢碎片作为燃料。典型的硝胺有1,3,5-三次甲基-2,4,6-三硝胺(RDX:$C_3H_6O_6N_6$)、1,3,5,7-四次甲基-2,4,6,8-四硝胺(HMX:$C_4H_8O_8N_8$)、硝基胍(NQ:$CH_4N_4O_2$)、六硝基六氮杂异伍兹烷(CL-20:$(NNO_2)_6(CH)_6$)、二硝酰胺铵(ADN:$NH_4N(NO_2)_2$)以及其他一些高能量密度的硝胺,例如,六硝基六氮杂伍兹烷(HNHAW)、六硝基六氮杂金刚烷(HNHAA)。通过分子设计预测后两者可作为推进剂和炸药的组分。

众所周知,RDX和HMX分别为六元环和八元环物质。尽管RDX和HMX两者的密度、生成焓以及爆热近似,但HMX的熔点比RDX的高得多。为提高炸药的爆炸能力,合成的RDX可得到比硝化甘油更高的能量密度,RDX的名称来源于《研究与发展的炸药》(Research and Development Explosive)。合成的HMX比RDX的熔点更高,它的命名源于《高熔点的炸药》(High Melting Explosive)。

假设RDX和HMX的燃烧产物为CO而不是CO_2,它们的化学计量平衡为

$$RDX: C_3H_6O_6N_6 \longrightarrow 3CO+3H_2O+3N_2$$
$$HMX: C_4H_8O_8N_8 \longrightarrow 4CO+4H_2O+4N_2$$

尽管在10MPa条件下,RDX的绝热火焰温度是3300K,而HMX的是3290K,但两者均没有多余氧化剂碎片产生,因此,RDX和HMX在推进剂中并不起氧化剂作用。

通常 HMX 的初始热分解反应可表示为

$$3(CH_2NNO_2)_4 \longrightarrow 4NO_2+4N_2O+6N_2+12CH_2O$$

产物中的 NO_2 和 N_2O 作为氧化剂，而 CH_2O 作为燃料。因为 NO_2 和 CH_2O 的反应是相当快的气相反应：

$$7NO_2+5CH_2O \longrightarrow 7NO+3CO+2CO_2+5H_2O$$

这可能就是热分解反应之后立即伴随着的主导反应。反应产物中的 NO 氧化了 H_2 和 CO 等剩余燃料组分。然而，据报道 NO 生成最终燃烧产物的氧化反应较缓慢。控制着 HMX 燃速的主导气相反应的就是 NO_2 的氧化反应。RDX 的燃烧过程与 HMX 相似。

硝基胍(NQ)是分子结构中含有一个 $N—NO_2$ 基团的硝胺化合物，它不如 RDX、HMX 这类环状硝胺的密度和爆热高，但是，由于含有高质量分数的 H_2，燃烧产物的相对分子质量(M_g)低。NQ 颗粒添加到双基推进剂中构成的复合体系称为三基药，可用作枪炮的发射药。

ADN 的分子结构式为 $NH_4N(NO_2)_2$，即含以离子键存在的正的铵离子(NH_4^+)和负的二硝酰胺根离子$[—N(NO_2)_2^-]$。ADN 中氧含量相对高一些，因此，用作火箭推进剂的氧化剂。尽管 ADN 是晶体，且类似于 AP 和 KP 的含氧量高，但其分子结构中没有卤素和金属原子(这类似于 AN)，故用作微烟复合推进剂的氧化剂。它的熔点大约为 364K，且伴随有熔融吸热，其放热反应的初始温度约为 432K，在约 480K 反应完全且不留残渣。分解放热过程的活化能在 $117\sim151kJ\cdot mol^{-1}$。

4.2　聚合物材料

4.2.1　聚合物材料的物理化学性质

作为燃料和氧化剂的聚合物材料由 N、O、C 和 H 原子构成。碳氢结构作为燃料组分，而$—C—NO_2$、$—O—NO_2$、$—O—NO$ 和$—N—NO_2$ 等作为氧化剂组分，与碳氢结构通过共价键相连接。

由碳氢结构和$—C=N^-=N^+$ 键构成的聚合物称为叠氮聚合物。当它们发生热分解时，叠氮聚合物产生热。叠氮键的断裂形成气体 N_2 分子，同时由于 N_2 的两个氮原子的化学键能高，故而反应伴随有大量的热放出。由此可看出，叠氮聚合物可在没有氧化反应进行的情况下产生热量。由表 4.2 可看出，由材料得到的爆热(H_{exp})越高，则产物中 N_2 的浓度越高。

聚合物材料作为黏结剂黏结晶体颗粒形成复合炸药或复合推进剂。当晶体颗粒是富氧物质时，聚合物也部分作为燃料。一些类型的碳氢聚合物用作聚合物黏合剂。

聚合物黏合剂同晶体颗粒混合过程中,为了得到均匀分散的结构,要求黏合剂黏度相对低,固化时间要足够长,以便混合均匀。此外,固化后的弹性要足够好以便复合炸药和复合推进剂有良好的机械强度及延伸率。

常用的三种聚合物材料为惰性聚合物、活性聚合物和叠氮聚合物。惰性聚合物热分解过程不产生热量,而活性聚合物和叠氮聚合物热分解时放热。当活性聚合物和叠氮聚合物被点燃时,本身可自持燃烧。

4.2.2 硝酸酯

硝酸酯的特点就是在结构中有—O—NO$_2$ 键。用于推进剂和炸药的典型硝酸酯是硝化棉(NC)、硝化甘油(NG)、一缩三乙二醇二硝酸酯(TEGDN)、三羟甲基乙烷三硝酸酯(TMETN)、二乙二醇二硝酸酯(DEGDN)和3-硝酸酯甲-3-甲基氧杂丁环(NIMMO)。这些硝酸酯在室温下均为液体,用作含能增塑剂形成推进剂和炸药。硝酸酯的热分解是通过 O—NO$_2$ 键的断裂发生的,产物是 NO$_2$ 气体[19,21]。剩余的碳氢结构也发生热分解,产生醛和其他可被 NO$_2$ 气体氧化的可燃成分。这一氧化反应是高放热反应,且产生高温的燃烧产物。

NC 是一种含能硝酸酯聚合物,它由碳氢结构和起氧化剂作用的—O—NO$_2$ 基团组成。通常,NC 由棉或木的纤维素$\{C_6H_7O_2(OH)_3\}_n$中的—OH 基团被硝酸酯化生成 NC 结构中的—O—NO$_2$ 基团。

$$\{C_6H_7O_2(OH)_3\}_n + xHNO_3 \longrightarrow (C_6H_7O_2)_n(OH)_{3n-x}(ONO_2)_x + xH_2O$$

通过硝化反应,纤维素中的—OH 被—O—NO$_2$ 取代,NC 生成高温燃烧气体的能量取决于硝化的程度。NC 中的氮含量达到 14.4% 时,硝化程度最大,NC 的能量密度随着纤维素的硝化程度而变化。用于一般的推进剂和炸药组分的 NC 的含氮量范围在 13.3% ~ 11.0%。含氮量为 12.6% 的 NC 分子表示为 $C_{2.20}H_{2.77}O_{3.63}N_{0.9}$,其生成热 ΔH_f 为 -2.60 MJ·kg^{-1}。生成热随着硝化程度的减小而减少,如表 4.2 所列。

表 4.2 不同含 N 量的硝化棉的生成焓

N/%	13.3	13.0	12.5	12.0	11.5	11.0
$\Delta H_f/(MJ·kg^{-1})$	-2.39	-2.48	-2.61	-2.73	-2.85	-3.01

NC 通过自身催化反应进行分解生成 NO$_2$ 气体,这是由于—O—NO$_2$ 中最弱的键断裂引起的。第一级反应在 363~448K 之间,其活化能为 196kJ·mol^{-1},生成其余碎片如 HCHO 和 CH$_3$CHO 的醛类物质。NO$_2$ 和醛的反应产生热量和燃烧产物。

NG 的相对分子质量相对低一些,为 227.1kJ·mol^{-1},室温呈液态,当温度低于286K时变为固态[20,21]。由于NC对撞击是敏感的且容易发生爆轰,需和钝感剂混合才能在实际中应用。NG是推进剂和炸药的主要成分之一,典型的例子就是它与硝化棉混合得到的双基推进剂或用硝化棉和其他晶体物质混合成的胶质炸药。NG的自催化反应温度为418K,是由—O—NO$_2$的键断裂引起,并形成NO$_2$气体,伴随的活化能为109kJ·mol^{-1}。在491K时,反应产生的NO$_2$达到临界的浓度后发生自燃反应。

尽管NG是液态硝酸酯,而不是硝基聚合物,但是,当它作为增塑剂与NC混合时就成为聚合材料。与NC类似,NG在碳氢结构中也含有氧化剂—O—NO$_2$基团。其热分解反应基本和NC相同,生成的NO$_2$气体作为一种氧化剂,产生的醛作为燃料组分。

4.2.3 惰性聚合物

多种类型的聚合物在推进剂和炸药配方中有应用。聚合物的特性可通过其化学键结构来确定[21]。聚合物在含能颗粒间既作为燃料组分又作为黏合剂,提供了必要的力学性能,以防止在点火和燃烧期间药柱断裂或形成裂纹。为了得到理想的火药或炸药配方,需要的惰性聚合物的质量分数约为0.12或更少,在与含能粒子混合时,需要聚合物的黏度低。一般而言,聚合物在高温时会变软,而在低温时会变脆,对于火炸药中用的聚合物,要求其在高温时有高的机械强度,而在低温时有高的延伸率。

惰性聚合物依其化学键结构进行分类。图4.4给出了典型的聚合物基本单元和键结构[21]。这些聚合物主要是基于碳氢结构的,它们在和火药中的晶体氧化剂颗粒或与炸药中的含能添加剂混合过程中黏度较低。现代推进剂和炸药中主要用的两类共聚物:①聚氨酯共聚物;②聚丁二烯共聚物。聚氨酯类共聚物中含聚醚和聚酯键结构。对于聚氨酯类黏合剂,其分子中氧的含量较高,这类黏合剂和低含量氧化剂晶体混合后的燃烧效率高。另外,与聚氨酯共聚物相比,聚丁二烯共聚物的生成焓高,而分子中氧含量低。这类黏合剂和氧化剂晶体颗粒混合,通常燃烧温度较高。

聚丙烯腈基丁二烯(PBAN)可作为航天飞机的大型助推器推进剂的黏合剂。端羧基聚丁二烯(CTPB)和端羟聚丁二烯(HTPB)广泛用于现代复合推进剂中。CTPB和HTPB通过交联反应形成有规律分布的聚合物基体,例如,HTPB聚合物(HO—(CH$_2$—CH=CH—CH$_2$)$_n$—OH)和异佛尔酮二异氰酸酯(IPDI)固化形成一种聚合物黏合剂。使用这种黏合剂,可得到高氧化剂粒子含量的推进剂。要想得到力学性能优良的推进剂药柱,添加少量的键合剂可使氧化剂颗粒与黏合剂粘结得更好。

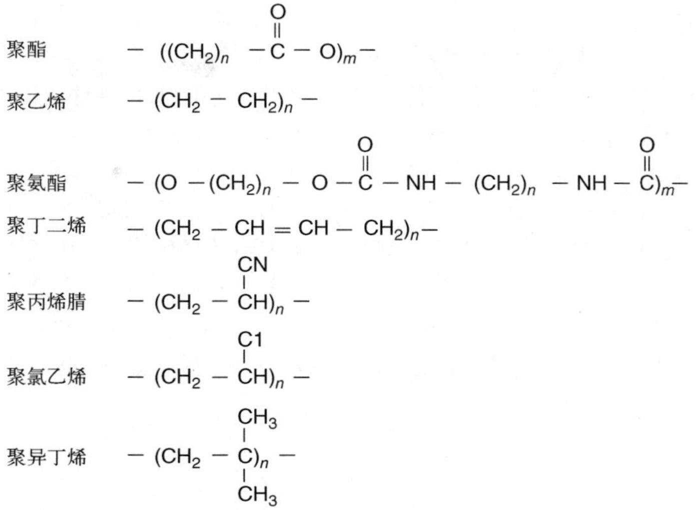

聚酯　　　　$-((CH_2)_n-\overset{\underset{\|}{O}}{C}-O)_m-$

聚乙烯　　　$-(CH_2-CH_2)_n-$

聚氨酯　　　$-(O-(CH_2)_n-O-\overset{\underset{\|}{O}}{C}-NH-(CH_2)_n-NH-\overset{\underset{\|}{O}}{C})_m-$

聚丁二烯　　$-(CH_2-CH=CH-CH_2)_n-$

聚丙烯腈　　$-(CH_2-\underset{\underset{CN}{|}}{CH})_n-$

聚氯乙烯　　$-(CH_2-\underset{\underset{Cl}{|}}{CH})_n-$

聚异丁烯　　$-(CH_2-\underset{\underset{CH_3}{|}}{\overset{\overset{CH_3}{|}}{C}})_n-$

图 4.4　典型聚合物的基本单元结构

端羟基聚酯(HTPS)是由二甘醇和脂肪酸合成的,端羟基聚醚(HTPE)是由丙二醇合成的,而端羟基的聚乙炔(HTPA)是由丁炔二醇和多聚甲醛[$(CH_2O)_x$]合成的,其结构中含有炔键。这些端羟基的聚合物能与异佛尔酮二异氰酸酯发生固化反应。表 4.3 所列的是用于复合推进剂和炸药的典型高聚物的化学特性。除了 HTPB 聚合物外,所有聚合物分子结构中氧的含量相对高,且都是惰性的。

表 4.3　用于复合推进剂和炸药的聚合物的化学特性

聚合物	化学式	$\xi(O)$	ΔH_f
HTPS	$C_{4.763}H_{7.505}O_{2.131}N_{0.088}$	34.1	−0.550
HTPE	$C_{5.194}H_{9.840}O_{1.608}N_{0.194}$	25.7	−0.302
HTPA	$C_{4.953}H_{8.184}O_{1.843}N_{0.205}$	29.5	−0.139
HTPB	$C_{7.075}H_{10.65}O_{0.223}N_{0.063}$	3.6	−0.058

注:$\xi(O)$为氧含量,%(质量);ΔH_f为生成焓(298K),$MJ \cdot mol^{-1}$

聚醚预聚物:
$$H-(O-CH(CH_3)-CH_2)n-O-CH_2-CH(CH_3)-O$$
$$-(CH_2-CH(CH_3)-O)n-H \quad n=17$$

聚酯预聚物:
$$[O-\{CH_2CH_2-O-CH_2CH_2-O-C(=O)-(CH_2)_4-C(=O)-O\}_{3\sim 4}$$
$$-CH_2]_3C-CH_3$$

图 4.5 展示了复合推进剂和塑料黏结炸药(PBX)用的典型黏合剂的化合过

73

程及分子结构[21]。聚硫化物的特征是其结构中有硫原子,并在聚合过程中有 H_2O 分子生成。这些 H_2O 分子应该在真空下除去,以免在火炸药中形成气泡。CTPB 的固化过程分两种类型:一种为亚胺型;另一种为环氧型。当 HTPB 用作火炸药的惰性黏合剂时,可得到优异的高低温力学性能。

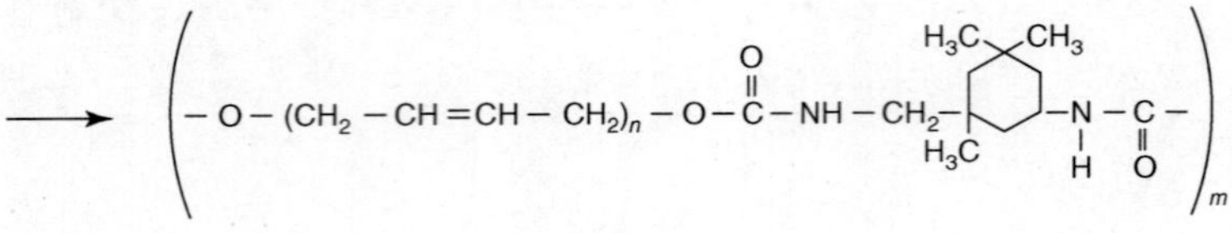

黏合剂

图 4.5 复合推进剂用典型黏合剂的化合过程和分子结构

1. 聚硫橡胶

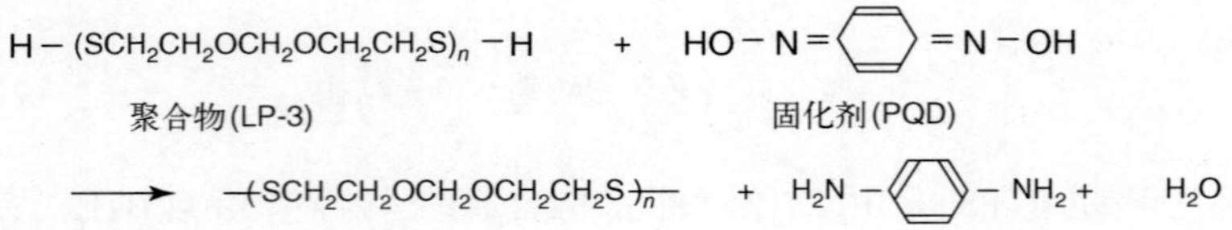

聚合物(LP-3)　　　固化剂(PQD)

2. 聚氨酯

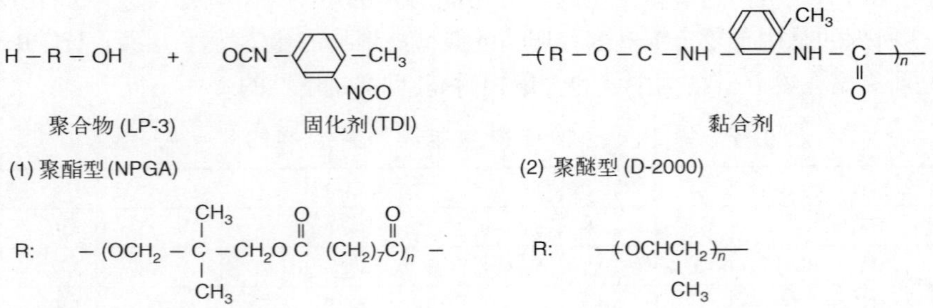

聚合物(LP-3)　　　固化剂(TDI)　　　黏合剂

(1) 聚酯型(NPGA)　　　(2) 聚醚型(D-2000)

3. 端羧基聚丁二烯(CTPB)

(1) 亚胺型固化剂

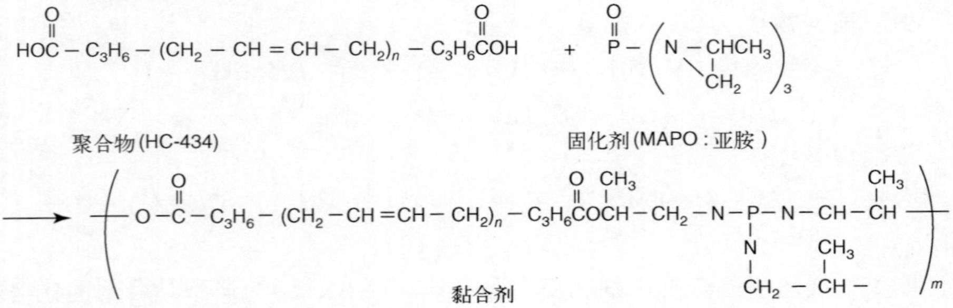

聚合物(HC-434)　　　固化剂(MAPO:亚胺)

黏合剂

（2）环氧型固化剂

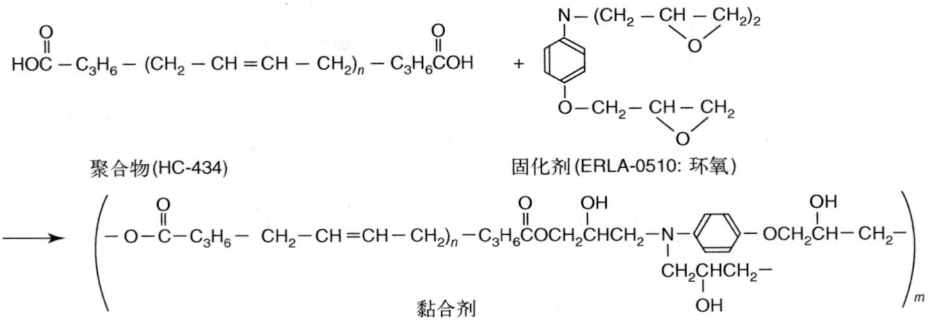

聚合物(HC-434) + 固化剂(ERLA-0510：环氧)

→ 黏合剂

4. 端羟基聚丁二烯，HTPB

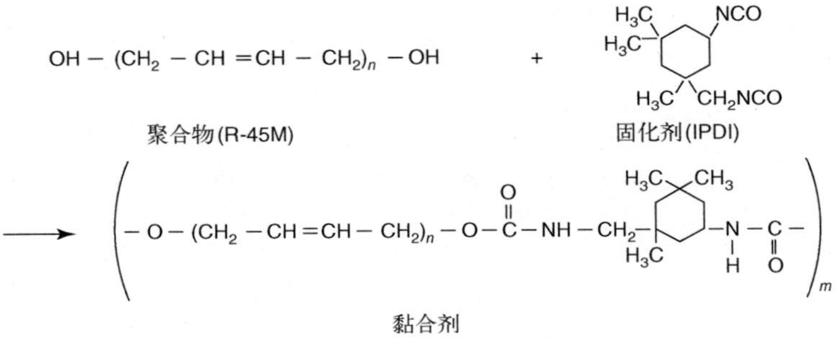

$OH-(CH_2-CH=CH-CH_2)_n-OH$ + 固化剂(IPDI)

聚合物(R-45M)

→ 黏合剂

4.2.4 叠氮聚合物

如4.2.1节部分所述，含有—N=N⁻=N⁺键的物质就是叠氮化物。叠氮化物热分解时，产生氮气并伴随有大量的热生成。含有—N=N⁻=N⁺键的碳氢结构聚合物就是含有与碳原子相连的—N₃键的叠氮聚合物。聚叠氮缩水甘油醚（GAP 单体，$C_3H_5ON_3$）、双叠氮甲基氧丁环（BAMO 单体，$C_5H_8ON_6$）和3-叠氮甲基-3-甲基氧丁环（AMMO 单体，$C_5H_9ON_3$）是典型的含能叠氮聚合物，可以用作推进剂和炸药的活性黏合剂[22,26-33]。

叠氮聚合物—N₃ 键的断裂产生大量的热，这是没有氧原子的氧化反应。—N₃键断裂反应的初始阶段伴随有熔化和气体生成。加热产生气体组分，而大量的化学碎片来自于叠氮聚合物的反应表面。从高温区到反应表面的热传递决定了叠氮聚合物的燃烧速度。

4.2.4.1 GAP

GAP 是通过用 C—N₃ 键取代聚氯乙醇的 C—Cl 键而合成的[14]。在每一个 GAP 单元结构中（图4.6），N₃ 中三个氮原子以线性的离子键和共价键相结合，据文献

$n = 20$

图 4.6 GAP 预聚物

报道,每一个 N_3 的键能是 378kJ。GAP 在室温下液态的,GAP 预聚物通过与端羟基环己烷二异氰酸酯(HMDI)反应(图 4.7),并和三甲基正丙醇(TMP)交联(图 4.8),最后聚合形成 GAP 聚合物。GAP 预聚合物和 GAP 共聚物的物化特性如表 4.4 和表 4.5 所列[32]。

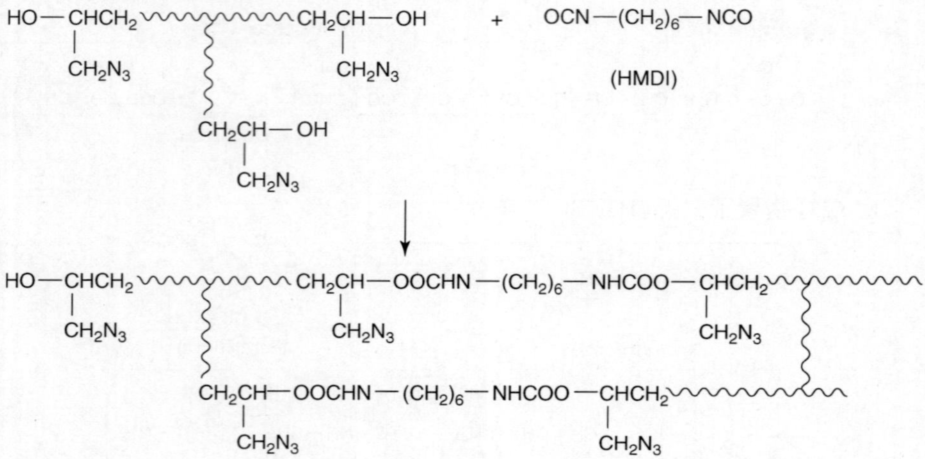

图 4.7 GAP 和 HMDI 的聚合反应

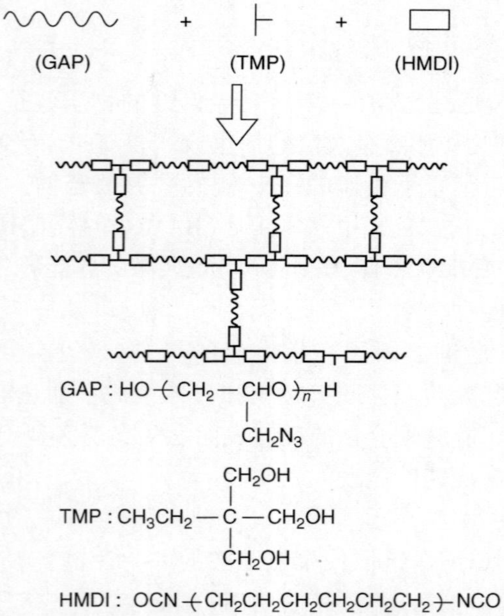

图 4.8 GAP 与 HMDI 共聚过程以及与 TMP 的交联过程

表 4.4 GAP 预聚物的物化特性

化学式	$C_3H_5ON_3$
相对分子质量/(kg·mol^{-1})	1.98
生成焓/(MJ·kg^{-1})	0.957(293K)
绝热火焰温度/K	1470(5MPa)

表 4.5 GAP 共聚物的物化特性

化学式	$C_{3.3}H_{5.6}O_{1.12}N_{2.63}$						
相对分子质量/(kg·mol^{-1})	1.27						
绝热火焰温度/K	1370(5MPa)						
5MPa 时的燃烧产物(摩尔分数)								
N_2	$C_{(s)}$	CO	CO_2	CH_4	H_2	H_2O	
0.190	0.298	0.139	0.004	0.037	0.315	0.016	

5MPa 下 GAP 共聚物的绝热火焰温度是 1370K,燃烧形成大量的燃烧产物,主要是 $C_{(s)}$、H_2 和 N_2,还有少量的 CO_2 和 H_2O。

4.2.4.2 BAMO

BAMO 单体由 C—N$_3$ 键取代 3,3-双(氯甲基)氧丁环(BCMO)中 C—Cl 键而制得[33]。BAMO 聚合物的每一个 BAMO 单体中有两个 N$_3$ 键。BAMO 聚合物类似于 GAP 的聚合方式,由单体聚合而得到。表 4.6 列出了 BAMO 聚合物的物化性能。BAMO 的生成焓是正的,其绝热火焰温度也比 GAP 的高。BAMO 的结构单元是通过 C—N$_3$ 键代替 3,3-二氯甲基氧丁环中的 C—Cl 键而合成的[33],相对分子质量的分布范围为 300~5×10^5,相对分子质量高度集中在 M_n 为 9600 和 M_w 为 26700(M_w/M_n=2.8)处,其中 M_n 为数均相对分子质量,M_w 为质均相对分子质量[33]。

表 4.6 BAMO 预聚物的生成焓和火焰温度

化学式	HO—(C$_5$H$_8$N$_6$O)$_n$—H
相对分子质量/(kg·mol^{-1})	2.78(n=16.4)
密度/(kg·m^{-3})	1300
熔点/K	334
玻璃化转变温度/K	234
生成焓/(MJ·kg^{-1})	2.46(293K)

(续)

化学式	HO—$(C_5H_8N_6O)_n$—H				
火焰温度/K	2020(10MPa)				
10MPa下的燃产物(摩尔分数)						
N_2	$C_{(s)}$	CO	CH	H	HCN
0.252	0.328	0.084	0.006	0.324	0.005

由于BAMO预聚物在室温下是固态,它和四氢呋喃(THF)共聚后形成液态的BAMO-THF共聚物,该共聚物可作为推进剂和炸药的黏合剂,其结构如图4.9所示。BAMO-THF的端羟基和环己烷二异氰酸酯(HDMI)的NCO基团发生固化作用,又与三甲基正丙醇(TMP)发生交联作用。表4.7列出了BAMO与THF在摩尔比为60/40时形成的BAMO-THF共聚物的物化性能[15]。

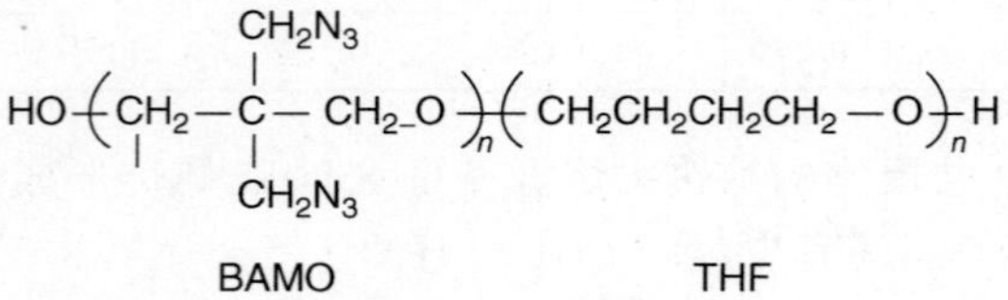

图4.9 BAMO-THF共聚物

表4.7 BAMO-THF共聚物(摩尔比为60/40)的物化性能

化学式	HO—$(C_5H_8N_6O)_n$—$(C_4H_8O)_m$—H				
相对分子质量/(kg·mol^{-1})	2.24(n=10.4,m=6.9)				
密度/(kg·m^{-3})	1270				
熔点/K	249				
玻璃化转变温度/K	212				
生成焓/(MJ·kg^{-1})	1.19(293K)				
火焰温度/K	1520(10MPa)				
10MPa下的燃产物(摩尔分数)						
N_2	$C_{(s)}$	CO	CH	H	HCN
0.186	0.342	0.095	0.037	0.331	0.007

BAMMO也可与NIMMO共聚形成含能共聚物BAMMO-NIMMO液体。由于NIMMO分子中含硝酸酯基(—N—NO_2),因此,BAMMO-NIMMO共聚物的能量较BAMMO-THF共聚物的能量更高。BAMMO和NIMMO的化学结构基础均为

环氧烷结构,BAMMO-NIMMO 共聚物的结构如图 4.10 所示。

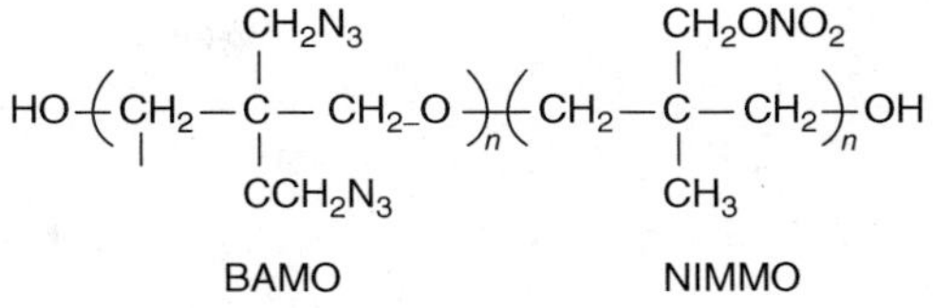

$$HO\left(CH_2-\underset{CCH_2N_3}{\overset{CH_2N_3}{C}}-CH_2O\right)_n\left(CH_2-\underset{CH_3}{\overset{CH_2ONO_2}{C}}-CH_2\right)_n OH$$

BAMO　　　　　　　　NIMMO

图 4.10　BAMO-NIMMO 共聚物

BAMMO-NIMMO 共聚物的物理性能(如黏度、弹性、硬度)可通过改变共聚物的分子量调节,而分子量主要通过改变共聚物中的 m 和 n 调整。

4.3　火炸药的分类

火药和炸药均是由高能材料组成,通过燃烧产生高温气体产物。火药主要通过燃烧提供推动力,而炸药则提供毁伤力。当火药和炸药在容器中燃烧时,气体产物产生高压进而转变为推进力或毁伤力。尽管火药和炸药两者的含能特性基本相同,但是,由于热释放的过程不同,两者的燃烧现象也不同。火药燃烧处在 Hugoniot 曲线的燃烧波区(图 3.4 中的Ⅳ区),而炸药燃烧处在爆轰波区(图 3.4 中的Ⅰ区)。

单位体积内产生的能量定义为能量密度,它是火药和炸药的一个重要特性参数。对于火箭和枪炮推进而言,在空气中飞行的气动阻力随着飞行器的横截面积的增加而增加的。减小截面积可通过减小火箭燃烧室的尺寸或者通过增加所用推进剂的密度来实现,也就是说,要得到大体积的推进力则要求推进剂的能量密度高。

另外,对于炸药则要求在密闭容器或敞开容器中产生高压。当密闭容器的壳体因高压被破坏且当压力升高的速率达到使壳体非塑性破坏时就生成大量的壳体破片,这些破片的形成过程被应用于炸弹和战斗部的爆炸。当炸药在岩石的孔中爆炸时,在孔内产生的高压使岩石破坏成为大量的碎片或者几个大块体,这些破坏过程也用于矿井的爆破过程。

当含能物质在封闭壳体中缓慢燃烧,并伴随生成爆燃波(而不是爆轰波),且当压强达到壳体的破坏强度极限时,壳体才会破坏。当壳体被设计成突然爆炸且产生碎片时,依靠壳体和空气间的压强差异,产生的冲击波会扩散到大气中,在这种情况下,即使含能物质在爆燃区燃烧,含能物质的行为也可认为是一种爆炸。

尽管含能材料燃烧产生高温气体进而产生高压,但高温气体并不是产生高压的唯一条件,当气体的相对分子质量低时,即使温度低也会产生高压,就像在

第1章中所述的。下面的一个例子可以明显说明这一点：钛和碳进行反应产生固态碳化钛。

$$Ti+C \longrightarrow TiC+184kJ \cdot mol^{-1}$$

当这一反应在密闭容器中发生时，其燃烧温度可达到3460K，但压强不变。这是因为在整个反应过程中没有气体产生。因此，这种含能材料称为烟火剂(pyrolant)，而不能用作推进剂和炸药。但是，由发热剂产生的热量可以用作推进剂和炸药点燃的引发剂。故含能物质可分为两类：一类是可产生高温和低的相对分子质量的含能材料，用于推进剂和炸药；另一类是可产生高温和高的相对分子质量的含能材料，用于高温高质剂。

用于火药和炸药的含能材料可分为两种：①在同一分子中含有氧化剂和燃料组分的含能物质；②由氧化剂和燃料组分物理混合构成的含能复合材料。要获得高放热量和低相对分子质量的燃烧产物应选择理想配比(即化学当量平衡)的材料。含有硝基和碳氢结构的硝基聚合物是分解时产生氧化剂和燃料碎片的含能物质。NC是用作火药主要组分的一种典型的硝基高聚物。尽管NG不是一种硝基聚合物，但它也含有硝基和碳氢结构，它和NC一起用于组成硝基聚合物火药，即双基火药。双基火药是近似化学当量平衡的含能材料，燃烧时产生高温和相对分子质量较低的燃烧产物。图4.11(a)所示的是由双基推进剂推进的火箭。从火箭喷口看不到烟雾特征信号，这是因为燃烧产物主要是CO_2、CO、H_2O和N_2。

(a)　　　　　　　　　　(b)

图4.11　由(a)NC-NG双基推进剂和(b)含铝的AP复合推进剂推进的火箭飞行轨迹

在化学结构中含有过量氧化剂组分或过量燃料组分的物质也用于构成复合含能材料。富氧组分和富燃料组分的混合物形成一种常用作火药和炸药的化学当量比的材料。尽管高氯酸铵(AP)产生富氧化剂碎片，但其能量密度不高。碳氢聚合物也是一种低能物质，但它和AP混合在一起就构成了化学当量比的AP复合推进剂了。为了提高比冲，可添加铝粉作为燃料组分。图4.11(b)所示的

第 4 章 炸药的能量学

就是由 AP 复合推进剂推进的火箭,从火箭喷口看到白色烟雾信号,这是因为燃烧产物主要是 HCl、Al_2O_3、CO_2 和 H_2O。HCl 和大气中的 H_2O(湿气)结合就产生白色的烟雾。

炸药的物化特性和火药的基本相同。炸药也是由硝基类聚合物和炸药晶体粒子等含能物质组成的。TNT、RDX 和 HMX 是用于炸药的典型含能晶体材料,而且,当硝酸铵(AN)颗粒和石油混合时,就构成了称为硝铵燃料油(ANFO)的含能炸药。含水 AN 也是一种炸药,用于工业和民用工程。炸药和火药原料组分之间的差异不大。炸药通常是通过机械撞击或高热流引爆的,即使低能量密度材料也具有爆炸可能性。

4.4 火药的配方

当燃料和氧化剂组分用化学键结合在同一分子中时,这样的分子常被选作配制含能材料。硝基聚合物是由 $O—NO_2$ 基团和碳氢结构构成,$O—NO_2$ 键断裂产生作为氧化剂的 NO_2 等气体碎片,而剩余的碳氢结构则作为燃料碎片。NC 是一种可用作火药主要组分的典型的硝基聚合物,由 NC 组成的火药称为硝基聚合物火药。

产生气体氧化剂碎片的晶体颗粒通常作氧化剂用,而产生气体燃料碎片的碳氢聚合物作燃料用。这些晶体颗粒和碳氢聚合物混合形成的含能材料称为"复合推进剂"。燃烧表面处的氧化剂和燃料组分相互混合,在气相中形成化学当量比的反应气体。

碳氢高聚物也用作颗粒间黏结的黏合剂,以形成推进剂药柱。高氯酸铵(AP)是一种典型的氧化剂晶体,而端羟基聚丁二烯(HTPB)是一种典型的聚合物燃料。当 AP 和 HTPB 在推进剂表面分解时,产生的氧化剂和燃料气体会相互扩散,然后反应产生高温燃烧气体。

另外,由粒状含能颗粒构成的含能材料称为"粒状发射药"。粒状发射药作枪炮发射药和烟火剂用。例如,晶体硝酸钾颗粒、硫磺和木炭混合组成的含能颗粒状材料称为"黑火药"。粒状 NC 可用作枪炮的单基发射药。粒状单基、双基以及三基发射药也用作枪炮发射药。尽管粒状发射药的线性燃速(垂直于发射药燃烧表面的燃速)不高,由于颗粒的燃烧表面积大,其质量燃速(颗粒全部燃烧表面的质量生成速率)非常高。高质量燃速的发射药适用于枪炮推进以便在膛内短时间燃烧产生高压。粒状发射药在膛内的燃烧时间在 10~100ms 量级范围内,这些颗粒的质量燃速高是因为药粒肉厚与火箭推进剂的药柱肉厚相比非常小,且燃烧压强在 100~1000MPa 范围。既然单基和双基药粒的物理结构基本上是均质的,这些药粒在燃烧器中可独立燃烧。因此,它们的火焰结构在本质上也是均质的。药粒的形状设计是为了在燃烧过程中得到合适的压强与时间的关系。

火药的力学性能对火药药柱(粒)的配方很重要。在压强增长过程中,如在火箭燃烧室中点火瞬间及不稳定燃烧时,或在炮管中非常高的压强($\geqslant$1GPa)下,非常高的机械应力作用于药柱上。如果药柱内孔的形状复杂,那么燃烧室的压强增加将引起药柱破裂,且燃烧表面积增加。突发的破裂导致燃烧表面积的增加使得燃烧室压强增加,这样会引起火箭发动机或炮管发生破坏性的爆炸。通常,火药的力学特性依赖于环境的温度。在低温下(约低于200K)时,火药的延伸率变差。低温时,机械应力作用在药柱上会引起药柱深处破裂。另外,高温(约高于330K)时其强度特性变差。当外力(如加速度或重力)作用于药柱时,就会引起药柱的变形。此外,火药组分的选择不仅依赖于燃烧性能,而且依赖于火药药柱(粒)的机械特性。发射药与火箭推进剂的设计准则不同,发射药每一个药粒的大小和质量比火箭推进剂药柱小得多。对于枪炮发射药来说,每一个质量单元的燃烧表面积很大,因而,枪炮发射药的燃烧压强数量级为1GPa,而火箭推进剂的则为1~10MPa。

4.5 硝基聚合物火药

4.5.1 单基发射药

单基药是由NC和作为溶剂的乙醇或乙醚进行塑化制成的,还增加了少量的二苯胺((C_6H_5)$_2$NH)作为NC的化学安定剂。在某些情况下,少量的K_2SO_4或KNO_3作为火焰抑制剂也加入其中。混合乙醇或乙醚以使NC软化,便于药粒形成合适的尺寸和形状。药粒表面用石墨包覆使其光滑。表4.8所列的是一种典型单基药的化学组成、火焰温度和燃烧产物。

表4.8 单基药的物化特性

组分/%(质量)				燃烧温度/K	燃烧产物摩尔分数/%				
NC	DNT	DBP	DPA	T_f	CO_2	CO	H_2O	H_2	N_2
85.0	10.0	5.0	1.0	1590	0.052	0.508	0.130	0.212	0.098

4.5.2 双基火药

双基火药是由NC和NG、DEGDN、DEGDN或TMETN类的含能硝酸酯塑化而制成的。这些液态硝酸酯通常用于塑化NC生成坚硬的凝胶网络,并形成物理结构均匀的双基火药。例如,液态 NG 被固体 NC 吸收形成均匀的塑化材料。尽管两种物质本身可以燃烧,但由 NC 和 NG 构成的火药保持了火箭或枪炮所要求的药柱(粒)形状及燃烧时产生所要求的温度和燃烧产物。

邻苯二甲酸二丁酯(DBP)、邻苯二甲酸二乙酯(DEP)和三乙酸甘油酯(TA)都是用于双基推进剂典型的增塑剂和安定剂。这些物质通常使推进剂药柱(粒)成型时具有较好的工艺特性,还可改善力学性能、撞击敏感性和化学安定性。多种胺类化合物用作双基推进剂的抗老化剂。胺类和由硝酸酯的 O—NO_2 键断裂产生的 NO_2 气体反应,这个反应抑制了火药药柱(粒)中的气体生成和药柱(粒)的机械破坏。通常在硝基聚合火药中加入少量的 2-硝基二苯胺(2-NDPA)。DBP、TA 和 2-NDPA 的生成焓见表 2.3。

4.5.2.1 NC-NG 火药

双基火药以无烟药而闻名于世,适用于枪炮和火箭。构成双基火药药柱(粒)的两种主要成分就是 NC 和 NG。NG 是含—O—NO_2 基团的硝酸酯,它以猛炸药著称。由于 NG 在室温下是液态,它被 NC 吸附并相互作用使 NC 塑化形成双基火药药柱(粒),表 4.9 列出了典型双基推进剂的化学组分和能量特性。

表 4.9 NC-NG 和 NC-TMETN 双基推进剂的化学组分及能量特性(10MPa)

组分	NC-NG 质量分数/%	NC-TMETN 质量分数/%
NC	39.6	53.8
NG	49.4	—
TMETN	—	39.1
DEP	10.0	—
TEGDN	—	7.0
EC	1.0	0.1
$\rho_p/(kg \cdot m^{-3})$	1550	1550
T_f/K	2690	2570
$M_g/(kg \cdot mol^{-1})$	24.6	23.6
$\Theta/(kmol \cdot K \cdot kg^{-1})$	109	109
I_{sp}/s	242	240
燃烧产物	摩尔分数/%	摩尔分数/%
CO	39.7	39.8
CO_2	12.4	19.4
H_2	11.5	14.3

（续）

燃烧产物	摩尔分数/%	摩尔分数/%
H₂O	23.8	23.6
N₂	12.4	11.8
OH	0.1	0.0
H	0.2	0.1

NC 和 NG 是从其有机部分（如纤维素）的 O—NO₂ 基团中得到有效氧。双基火药的物化特性（诸如能量密度、力学特性和化学安定性等）均依赖于 NC、NG、安定剂、增塑剂以及催化剂的含量。尽管增加 NG 的含量可以提高能量密度，但是力学性能会受到不利的影响，且化学安定性也变差。

制备火箭用双基推进剂药柱和枪炮用双基发射药药粒常有两种生产方法：①利用外部机械压力的挤压法；②利用微细的 NC 粉末或 NC-NG 粉末的浇注方法。挤压方法适用于制造枪炮发射药和烟火剂的小尺寸（<0.1kg）药粒。而浇注方法适用于制造像助推器和火箭主发动机的大尺寸药柱（>1kg）。由 NC 和 NG 构成的双基推进剂的比冲 I_{sp} 如图 4.12 所示，其中 NG 的质量分数 $\xi(NG)$ 为横坐标。当 $\xi(NG)=1.0$ 时，在理想扩张比为 10MPa/0.1MPa 的条件下，最大理论比冲 I_{sp} 为 247s。然而，NG 在室温是液体，对机械撞击敏感，实际的双基推进剂总是需要加入增塑剂与 NG 相混合以实现 NG 降感。由于 NG 是一种炸药，传统的双基推进剂的 $\xi(NG)<0.5$。此外，不同类型的化学物质，如燃速催化剂、改良剂、抗老化剂等添加到 NC-NG 混合物中可以使得推进剂在高温和低温环境条件下均具有优良的力学性能，并能改善燃速特性。

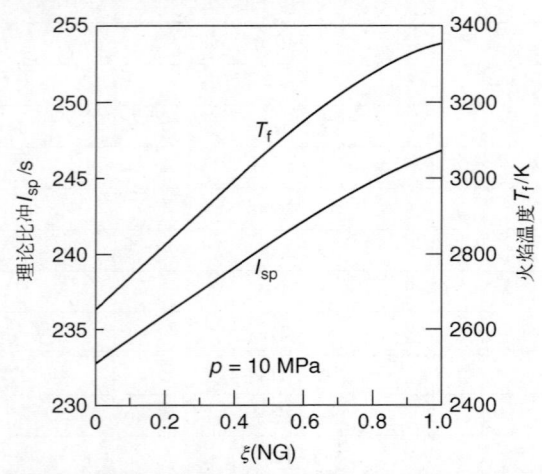

图 4.12 NC-NG 双基推进剂的理论比冲和绝热火焰温度与 NG 的质量分数的关系

双基推进剂的力学性能和撞击敏感性很大程度上依赖于 NC 和 NG 的混合比。尽管双基推进剂的比冲随着 NG 的含量增加而增加,但推进剂强度减小。当室温下 $\xi(\mathrm{NG})$ 达到 0.6 时,药柱的形状很难保持,当 $\xi(\mathrm{NG})$ 减小到 0.4 以下时,双基推进剂的延伸率变差,因此,双基推进剂需要添加钝感剂、安定剂等化学物质来改善其力学性能。为了得到优良的力学性能,加入一些化学物质,例如:邻苯二甲酸二丁酯(DBP,$C_{16}H_{22}O_4$)、三乙酸甘油酯(TA,$C_9H_{14}O_6$)、中定剂(EC,$CO\{N(C_6H_5)(C_2H_5)\}_2$)或邻苯二甲酸二乙酯(DEP,$C_{12}H_{14}O_4$)。典型的双基推进剂化学组成和热化学特性如表 4.19 所列。

4.5.2.2 NC-TMETN 推进剂

因为 NG 的撞击感度高,故其他类型的硝酸酯也能用于双基推进剂配方中。例如,DEGDN、TEGDN 和 TMETN 均是典型的、含能的、可代替 NG 的硝酸酯。尽管这些硝酸酯比 NG 的能量低,但对机械摩擦和撞击的敏感性要比 NG 小,因而,在推进剂配方中使用的钝感剂的质量分数少于在 NG 推进剂配方中使用的量。这些硝酸酯的物化特性如表 2.3、表 2.5~表 2.7 所列。

TMETN 在室温下是液态,因此,NC-NG 推进剂的制造工艺通常也适于制造 NC-TMETN 推进剂。TMETN 的能量密度低于 NG,其撞击感度也低于 NG,故 NC-TMETN 推进剂不需要加钝感剂。DEP 或 TA 是 NC-NG 推进剂的低能增塑剂和安定剂,而 TMETN 与能量密度高的 TEGDN 相混合形成双硝酸酯混合物,代替 DEP 和 TA,因此,NC-TMETN 双基推进剂的总能量密度等同于甚至超过了 NC-NG 双基推进剂。

为比较 NC-NG 和 NC-TMETN 两种双基推进剂,把两者的化学组成和热化学特性列于表 4.9 中。尽管 NC/NG 的质量比(0.8)要比 NC/TMETN 的质量比(1.38)小得多,而 T_f 和 M_g 等燃烧参数却相同,两种推进剂的 Θ 均是 109kmol·K·kg^{-1},在火箭发动机工作条件下,两种推进剂的 ρ_p 和 I_{sp} 也近似相等。

4.5.2.3 硝基叠氮推进剂

含有叠氮聚合物的双基推进剂称为硝基叠氮推进剂。在双基推进剂中作为增塑剂的 DEP 由叠氮聚合物替代,以提高能量密度。GAP 预聚物与 NG 相容适于作为降低 NG 机械感度的钝感剂,形成的火箭推进剂药柱具有优良的力学特性。

表 4.10 所列的是 10MPa 下 NC-NG-DEP 和 NC-NG-GAP 的理论燃烧特性的比较。尽管 GAP 代替 DEP 后,燃烧产物的相对分子质量 M_g 没有变化,但当 12.5% 的 GAP 代替 12.5% 的 DEP 时,绝热火焰温度从 2557K 增加到 2964K,因而,比冲 I_{sp} 也从 237s 增加到 253s。推进剂的密度 ρ_p 也是估算推进剂能量性能

的一个重要参数。GAP 代替 DEP 后,密度也从 1530kg·m^{-3} 增加到 1590kg·m^{-3}。因为 GAP 与 DEP 也相容,所以用 NC、NG、DEP 和 GAP 四种主要组分也可构成双基推进剂。

表 4.10 NC-NG-DEP 和 NC-NG-GAP 推进剂的化学组分和热化学性质(10MPa)

组分	NC-NG-DEP 质量分数/%	NC-NG-GAP 质量分数/%
NC	37.5	37.5
NG	50.0	50.0
DEP	12.5	—
GAP	—	12.5
ρ_p/(kg·m^{-3})	1530	1590
T_f/K	2560	2960
M_g/(kg·kmol^{-1})	24.0	25.0
Θ/(kmol·K·kg^{-1})	107	118
I_{sp}/s	237	253
燃烧产物	摩尔分数/%	摩尔分数/%
CO	41.5	33.7
CO$_2$	11.0	13.4
H$_2$	13.4	9.1
H$_2$O	22.2	25.9
N$_2$	11.9	16.9

4.5.2.4 构成双基推进剂的化学物质

尽管双基推进剂的主要成分是 NC-NG 或 NC-TMETN,但不同种类的添加剂也是必需的,如增塑剂、燃速改良剂、燃烧不稳定抑制剂等添加剂。表 4.11 所列的是可用于构成双基推进剂的化学物质。

表 4.11 可用于构成双基推进剂的化学物质

增塑剂(氧化剂和燃料)	NG、TMETN、TEGDN、DNT
增塑剂(燃料)	DEP、DBP、TA、PU
安定剂	EC、2NDPA、DPA
增塑剂(含能燃料)	GAP、BAMO、AMMO
黏合剂(燃料和氧化剂)	NC

(续)

燃速催化剂	PbSa、PbSt、Pb2EH、CuSa、CuSt、LiF
燃速催化改良剂	C(炭黑、石墨)
燃烧不稳定性抑制剂	Al、Zr、ZrC
遮光剂	C(炭黑、石墨)
火焰抑制剂	KNO_3、K_2SO_4

4.6 复合推进剂

KNO_3、NH_4NO_3 和 NH_4ClO_4 这类物质分子结构中氧含量高,可作为固体推进剂的氧化剂。它们在热分解时产生大量的气态氧化剂碎片。聚氨酯和聚丁二烯类碳氢聚合物在热分解时产生大量的气态燃料碎片。两种气态碎片之间相互扩散进行反应,产生热量和燃烧产物。因而,晶体和聚合物混合形成物理结构不均匀的可燃的含能材料,这种含能材料称为复合或异质推进剂。此外,弹道性能(如燃速、压强指数)不仅依赖于氧化剂和燃料的化学组分,而且依赖于氧化剂颗粒的形状和尺寸。

复合推进剂药柱的力学性能不仅依赖于聚合物的物化特性,而且依赖于键合剂、表面活性剂、交联剂以及固化剂等添加剂的物化特性。通过使用不同种类和不同质量分数的黏合剂及氧化剂的粒度,调节其物理特性(如机械强度和延伸率)。为了制备化学计量平衡的推进剂,需要低黏度的混合材料。为得到高的比冲,要求氧化剂或铝粉的含量高。为了得到宽燃速范围,要加入提高燃速的催化剂或改良剂。

4.6.1 AP 复合推进剂

4.6.1.1 AP-HTPB 推进剂

如图 4.13 和图 4.14 所示,10MPa 时,当 AP 的质量分数 $\xi(AP) = 0.98$ 时,比冲 I_{sp} 值最高,此时该 AP 复合推进剂的 I_{sp} 最大值为 259s,而 T_f 最大值为 3020K。为了提高比冲 I_{sp},加入铝粉作为燃料。尽管加入铝粉增加了相对平均分子质量 M_g,但 T_f 增大仍然可提高比冲 I_{sp}。加入的铝粉质量分数 $\xi(Al)$ 对 I_{sp} 和 T_f 的影响如图 4.7 和图 4.8 所示。尽管 T_f 随着 $\xi(Al)$ 的增加而增加,但 I_{sp} 在 $\xi(Al) = 0.20$ 时达到最大,例如,$\xi(Al) = 0.20$ 时,$I_{sp} = 270s$、$T_f = 3890K$。

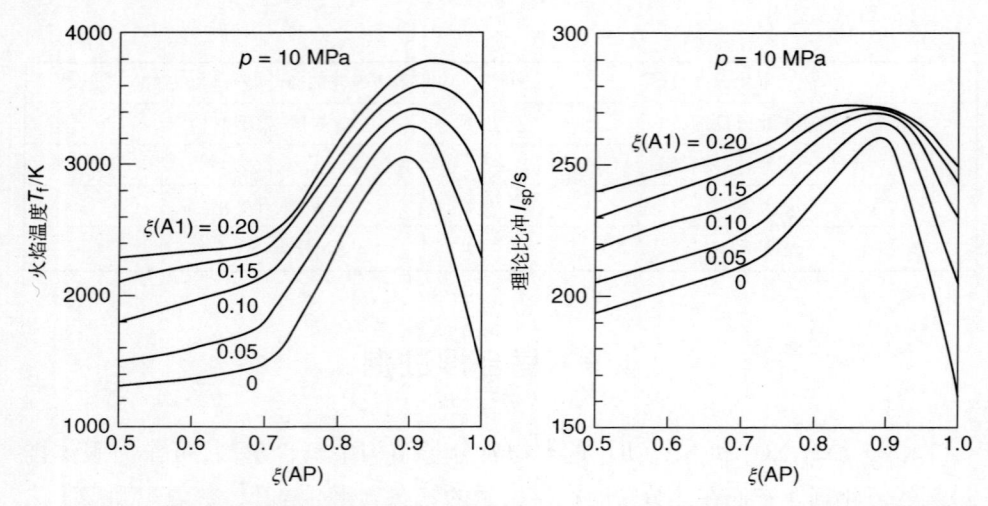

图 4.13　含铝 AP-HTPB 复合推进剂的绝热火焰温度

图 4.14　含铝 AP-HTPB 复合推进剂的比冲

当 AP 复合推进剂燃烧时,产生高摩尔分数的氧化铝燃烧产物,并产生大量的烟雾。但在某些情况下则需要避免产生烟雾,如用以军事用途或烟火表演,这时铝粉就不能作为 AP 复合推进剂中组分用。此外,即使无铝的 AP 复合推进剂燃烧,也会产生大量的白色烟雾,这是因为燃烧产物中的 HCl 是大气中水汽凝聚的核心,相对大粒度的水滴形成雾或薄雾。这个物理过程只发生在相对湿度大于 60% 的大气中。如果大气温度低(<260K),这个过程也会形成白色烟雾。如果要消除由 AP 燃烧产生的 HCl 烟雾,复合推进剂应由双基推进剂替代或者该推进剂中的 AP 应由其他非卤素或非金属氧化剂(例如 AN、RDX、ADN 或 HNF)代替。当用镁粉代替铝粉时,HCl 的摩尔分数就会大大减少,这是因为生成燃烧产物 $MgCl_2$。

端羟基聚丁二烯(HTPB)是目前最好的黏合剂,其具有良好的燃烧性能,在低温下具有高的延伸率,在高温具有高的抗拉强度,这些性能难以在双基推进剂中得到。HTPB 是具有端—OH 为特征基团的丁二烯聚合物。其他类型的聚丁二烯聚合物,如端羧基聚丁二烯(CTPB),它可以和胺类物质或环氧树脂发生固化作用。此外,需提到的是 CTPB 对湿度较为敏感,其老化特性受到湿度的影响。HTPB 预聚物和异佛尔酮二异氰酸酯固化、交联,成为氧化剂颗粒黏合剂的 HTPB 聚合物。HTPB 预聚物的官能度也是固化、交联过程中的一个重要的化学参数,以便使 HTPB 黏合剂获得优良的力学性能,它影响 AP-HTPB 推进剂的老化特性。

4.6.1.2 AP-GAP 推进剂

GAP 和 BAMO 之类的叠氮聚合物也可用于构成 AP 复合推进剂,提高 AP-HTPB 推进剂的比冲。由于叠氮聚合物本身可自持燃烧,叠氮聚合物用作 AP 或铝粉的黏合剂,可增加 AP-HTPB 推进剂的比冲 I_{sp}。如图 4.15 所示,在 $\xi(AP) = 0.80$ 时,获得最大的比冲 $I_{sp} = 260s$,比 AP-HTPB 推进剂的高约 12%,这是因为 AP 复合推进剂的最大装填密度 $\xi(AP)$ 约为 0.86。当 GAP-AP 推进剂 $\xi(AP)$ 在 0.8 以上时,相对分子质量 M_g 很高,比冲 I_{sp} 将随着 $\xi(AP)$ 增加而迅速减少。

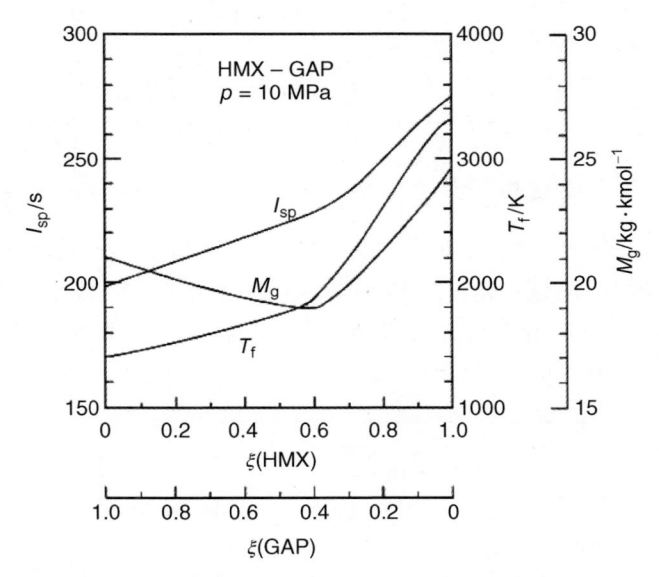

图 4.15 AP-GAP 复合推进剂的比冲、绝热火焰温度与相对分子质量

4.6.1.3 用于 AP 复合推进剂配方的化学物质

类似于双基推进剂,不同种类的物质,如增塑剂、燃速改良剂和稳定燃烧抑制剂也添加到 AP 及黏合剂的混合物中。表 4.12 列出了用于构成 AP 复合推进剂的物质。

表 4.12 用于构成 AP 复合推进剂的物质

氧化剂	AP
黏合剂(燃料)	HTPB、CTPB、PBAN、HTPE、HTPS、HTPA、PU、PS(聚硫橡胶)、PVC
黏合剂(含能燃料)	GAP、BAMO、AMMO、NIMMO
固化或交联剂	IPDI、TDI、PQD、HMDI、MAPO

（续）

键合剂	MAPO、TEA、MT-4
增塑剂	DOA、IDP、DOP
燃速催化剂	Fe_2O_3、FeO(OH)、二茂铁、卡托辛
燃速抑制剂	LiF、$SrCO_3$
负燃速改良剂	OXM
金属燃料	Al
高能添加剂	RDX、HMX、NQ、HNIW、ADN
燃烧不稳定抑制剂	Al、Zr、ZrC
HCl 抑制剂	Mg、MgAl、$NaNO_3$

4.6.2 AN 复合推进剂

AN 中氧化剂碎片含量相对高，见表 4.4。为了得到尽可能高的比冲 I_{sp}，和 AN 混合较好的黏合剂是 GAP。然而，当 $\xi(AN) = 0.85$ 时，最大的比冲 I_{sp} 和燃烧温度 T_f 分别为 238s 和 2400K，见图 4.16。因为 AN 颗粒晶体不像 AP 那样，实际上 $\xi(AN)$ 低于 0.8 时，比冲 I_{sp} 降低到 225s，而燃烧温度 T_f 降低到 2220K。

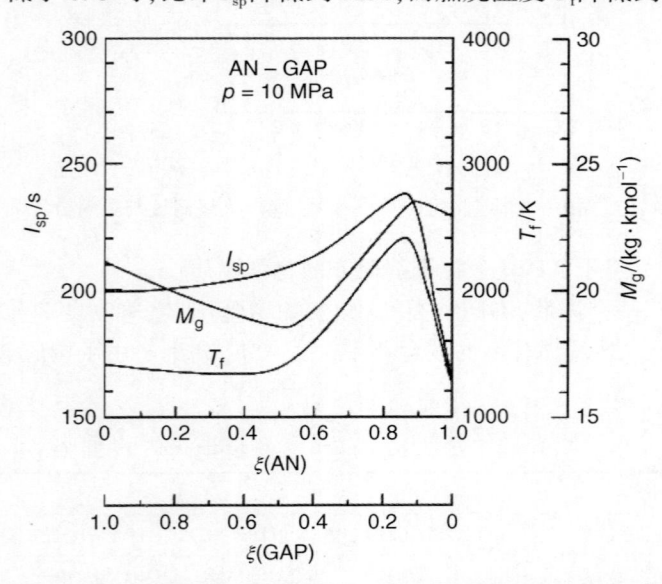

图 4.16 AN-GAP 复合推进剂的比冲、绝热火焰温度与相对分子质量

4.6.3 硝胺复合推进剂

由 HMX 和 RDX 颗粒及聚合物构成的硝胺复合推进剂具有燃温低、燃烧产物相对分子质量低的优点,同时红外辐射减少。红外辐射减少的原因是燃烧产物中 CO_2 和 H_2O 减少。硝胺晶体单元推进剂(如 HMX 或 RDX)和聚合物黏合剂相混合构成复合推进剂。因为 HMX 和 RDX 是化学计量平衡的,聚合物黏合剂作为冷却剂产生低温富燃料的燃烧产物。这与 AP 复合推进剂正相反,在 AP 复合推进剂中,黏合剂作为燃料围绕着 AP 粒子产生高温燃烧产物。

用于 AP 复合推进剂的聚合物黏合剂也可用于硝胺复合推进剂中,例如 HTPB、HTPE 和 GAP。HMX 复合推进剂的燃烧性能和产物分别如图 4.17 和图 4.18 所示。图中与 HMX 颗粒混合的黏合剂就是 GAP,如图 4.10 中 AN-GAP 推进剂。当 $\xi(HMX) = 1.0$ 时,得到最大的燃烧温度 T_f 和比冲 I_{sp},但实际的 HMX-GAP 推进剂中 HMX 最大的装填量 $\xi(HMX) < 0.80$,而此时的比冲 $I_{sp} = 250s$,燃烧温度 $T_f = 2200K$。重要的是 $\xi(HMX) = 0.60$ 时,燃烧产物中不生成 H_2O、CO_2 以及 $C_{(s)}$。尽管 H_2 和 N_2 的摩尔含量相对高,但这些分子没有红外辐射或吸收。CO 的辐射还没有 CO_2、H_2O 和 $C_{(s)}$ 的高。这类推进剂的使用极大地减少了火箭燃气的红外辐射。

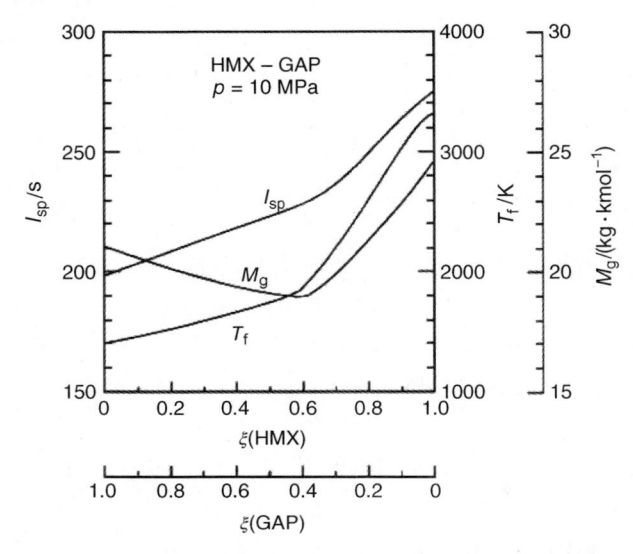

图 4.17 HMX-GAP 复合推进剂的比冲、绝热火焰温度与相对分子质量

由图 4.19 可看出 ADN-GAP 和 CL-20-GAP 推进剂的比冲与 ADN 的质量分数 $\xi(\text{ADN})$ 或 CL-20 的质量分数 $\xi(\text{CL-20})$ 有关。当 $\xi(\text{ADN})=0.87$ 时,比冲 I_{sp} 达到最大 270s,而当 $\xi(\text{CL-20})=1.00$ 时,比冲 I_{sp} 达到最大 280s。因为 GAP 的质量分数高于 $\xi(\text{GAP})=0.13$ 时才能构成有实际应用价值的复合推进剂,故对于 ADN-GAP 推进剂而言,比冲 I_{sp} 可能达到 270s,而 CL-20-GAP 推进剂的比冲 I_{sp} 只能为 260s。

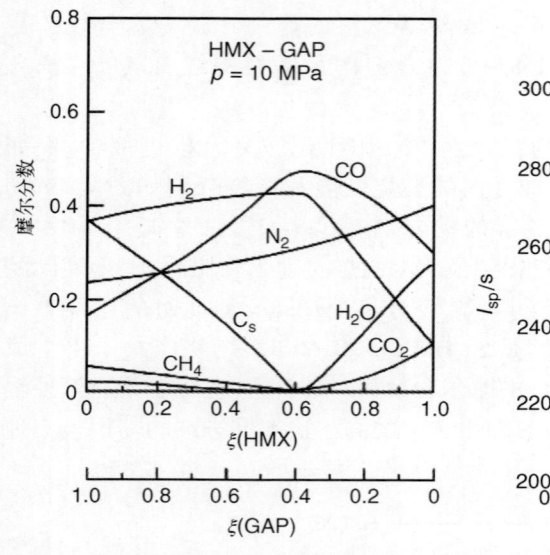

图 4.18 HMX-GAP 复合推进剂燃烧产物的摩尔分数

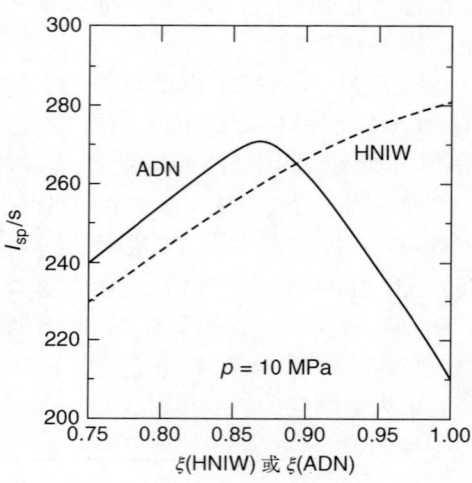

图 4.19 ADN-GAP 或 CL-20-GAP 复合推进剂的比冲

4.6.4 HNF 复合推进剂

HNF 的氧化剂碎片含量相当高,如表 2.6 所列。当 GAP 作为 HNF 颗粒的黏合剂时,可得到 HNF-GAP 复合推进剂。当 $\xi(\text{HNF})=0.90$,优化压强从 10MPa 膨胀到 0.1MPa 时,可得到 285s 的最大比冲 I_{sp} 和 3280K 的最大 T_f,如图 4.20 和图 4.21 所示。由于 HNF 的质量分数为 0.90(偏高),难以得到实用的 HNF-GAP 推进剂配方,故一般选 HNF 的质量分数为 0.75。尽管 I_{sp} 和 T_f 分别降低到 274s 和 3160K,但与 HNF-HTPB 推进剂相比,HNF-GAP 推进剂性能更优异(图 4.20 和图 4.21)。但应该注意的是,HNF 极易吸湿,且其撞击感度和摩擦感度均比其他晶体氧化剂高。

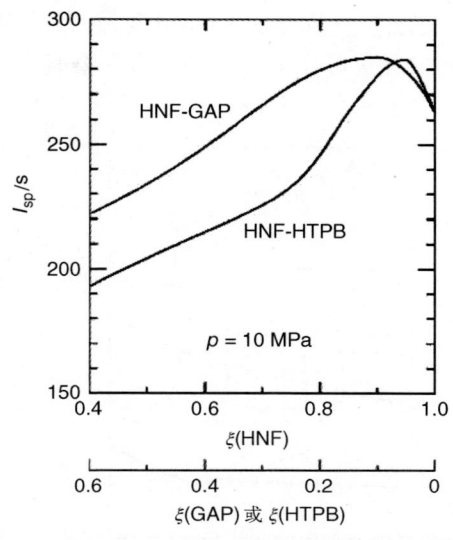

图 4.20　HNF-GAP 和 HNF-HTPB 复合推进剂的比冲

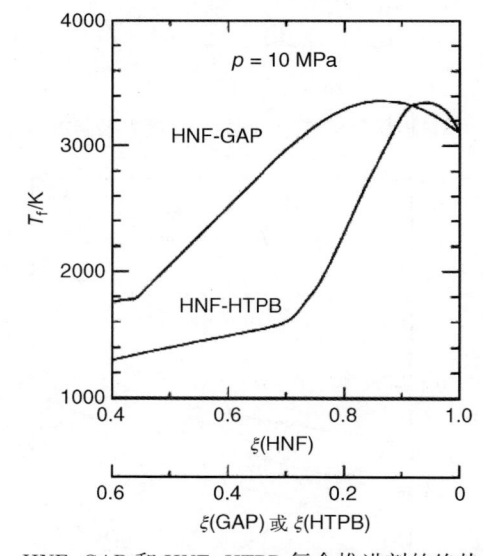

图 4.21　HNF-GAP 和 HNF-HTPB 复合推进剂的绝热火焰温度

4.6.5　TAGN 复合推进剂

TAGN 是一种独特的含能材料,其氢原子的摩尔含量较高。当 TAGN 和聚合物混合时,可作为辅助氧化剂,产生富燃料的燃烧产物。图 4.22 展示了由 TAGN 和 GAP 构成的推进剂的比冲 I_{sp}、燃烧温度 T_f 和相对分子质量 M_g。

图 4.23 表示了燃烧产物摩尔分数与 $\xi(\text{TAGN})$ 或 $\xi(\text{GAP})$ 的关系。因为 T_f 和 I_{sp} 都比较低,TAGN-GAP 推进剂可作为冲压式火箭发动机的气体发生剂或减少炮管烧蚀的发射药组分。

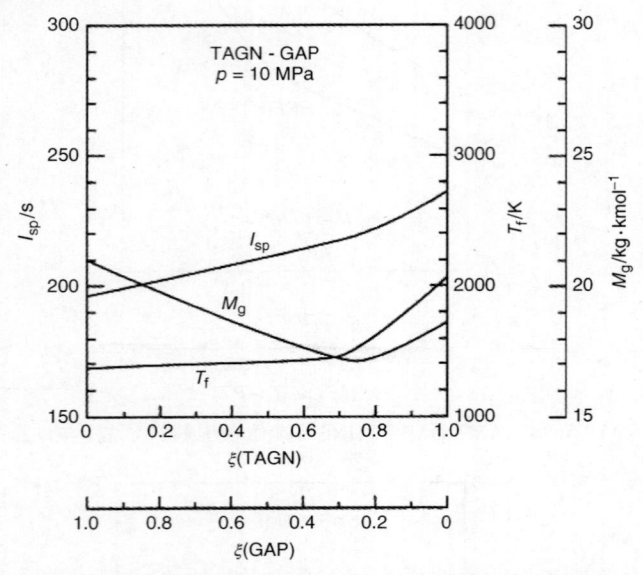

图 4.22 TAGN-GAP 复合推进剂的比冲、绝热火焰温度与相对分子质量

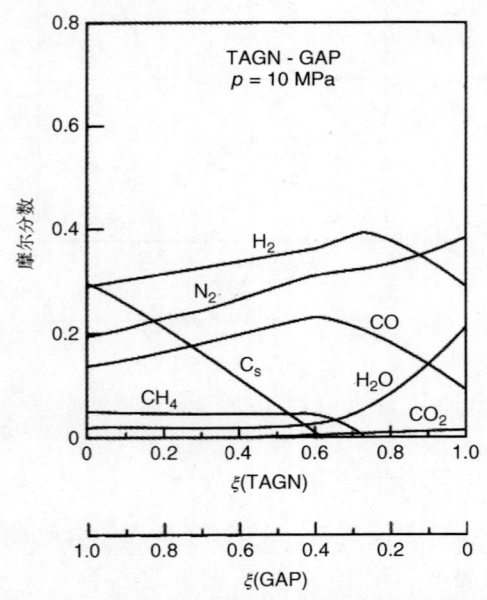

图 4.23 TAGN-GAP 复合推进剂燃烧产物的摩尔分数

4.7 复合改性双基推进剂

由于 NC-NG 或 NC-TMETN 构成的硝基聚合物推进剂的能量有限,即它们的氧化剂碎片浓度不高,故为了增加该类推进剂的热力学能量或比冲,常常在推进剂中加入某些晶体颗粒。故而,这类推进剂称为"复合改性双基(CMDB)推进剂"。CMDB 推进剂的物化性能介于复合推进剂和双基推进剂之间,并且该推进剂由于产生高比冲的潜力和燃速容易调节而广泛应用。

尽管 CMDB 推进剂的物理结构是异质的,与复合推进剂结构类似,但是黏合剂基体身即可燃烧,因此 CMDB 推进剂的燃烧模式既不同于复合推进剂,也不同于双基推进剂,CMDB 推进剂的燃速依赖于添加的颗粒晶体类型。

4.7.1 AP-CMDB 推进剂

当 AP 晶体粒子和硝基聚合物混合时,可得到高氯酸铵复合改性双基(AP-CMDB)推进剂。实际上 NC-NG 或 NC-TMETN 双基推进剂中的硝基聚合物起到了基体的作用,把 AP 粒子粘结在推进剂内部。每一个 AP 粒子热分解时产生富氧化剂作用的火焰束,该火焰束扩散到基体材料分解产生的反应性气体中,最后燃烧产物在气相的下方生成,并且燃烧温度达到最大值。

图 4.24 所示为 10MPa 时 AP-CMDB 推进剂的比冲和火焰温度,它们与 AP

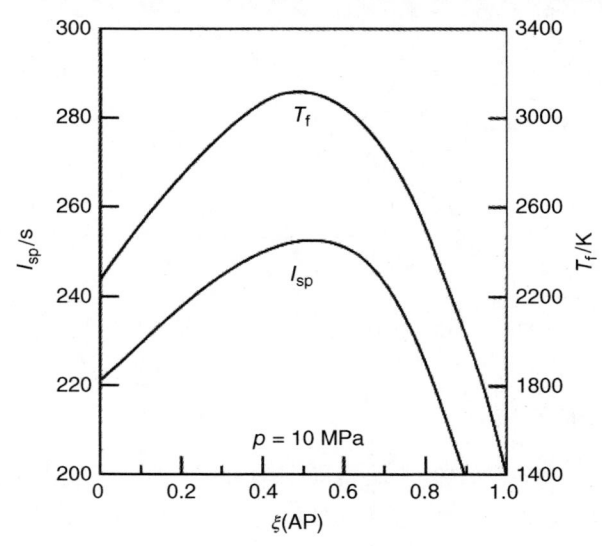

图 4.24 AP-CMDB 推进剂的比冲和绝热火焰温度

的质量分数有关。双基推进剂基体中 $\xi(NC)$ 和 $\xi(NG)$ 均为 0.5，当 AP 质量分数为 0.5 时，推进剂的最大比冲 $I_{sp} = 253s$，$T_f = 3160K$。

4.7.2 硝胺 CMDB 推进剂

当硝胺颗粒(如 HMX 和 RDX)混入双基推进剂时，可得到硝胺复合改性双基推进剂。因为 HMX 和 RDX 是化学当量比平衡的物质，这些硝胺粒子的应用与 AP-CMDB 推进剂有不同的燃烧模式。由于每个硝胺颗粒都能在燃烧表面独立于基体而燃烧，故在气相区每个颗粒都能产生单元推进剂火焰，单元推进剂火焰扩散进入燃烧表面基体产生的反应性气体中，形成一个均匀的混合气体。

图 4.25 所示为 HMX-CMDB 推进剂的火焰温度，它与 HMX 质量分数有关。双基推进剂由 NC/NG 比例为 0.2/0.8 构成。因为 HMX 是化学计量比平衡的含能物质，所以可作为含能化合物，而不是作为氧化剂。当 $\xi(HMX)$ 增加时，火焰温度随之呈直线增加。

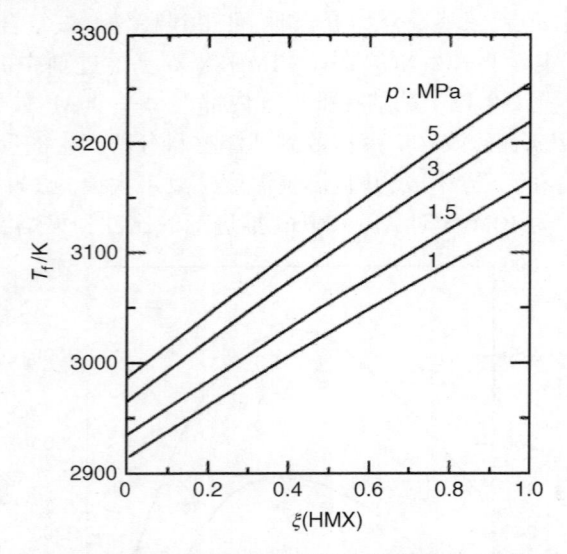

图 4.25 HMX-CMDB 推进剂的比冲和绝热火焰温度

4.7.3 三基发射药

三基药是在双基火药中加入硝基胍(NQ)制成的。由于 NQ 分子结构中氢原子的摩尔分数比较高，即使其火焰温度低，其燃烧产物的相对分子质量也低。表 4.13 所列的是三基药(NC:12.6%N)的化学组成，10MPa 的火焰绝热温度及火药力，火药力的定义见式(1.84)。

表 4.13 三基发射药的化学组成和特点

组成/%(质量)				火焰温度/K	火药力/MJ·kg^{-1}
NC	NG	EC	NQ	T_f	f
28.0	22.8	47.7	1.5	3050	1.09

图 4.26 表示了单基、双基和三基药的燃烧温度 T_f 和火药力。双基发射药的 f 值较高,其 T_f 也是很高。为了抑制枪炮身管的烧蚀,需要较低的 T_f。为了减少烧蚀,并有尽可能高的 f 值,设计了三基发射药。

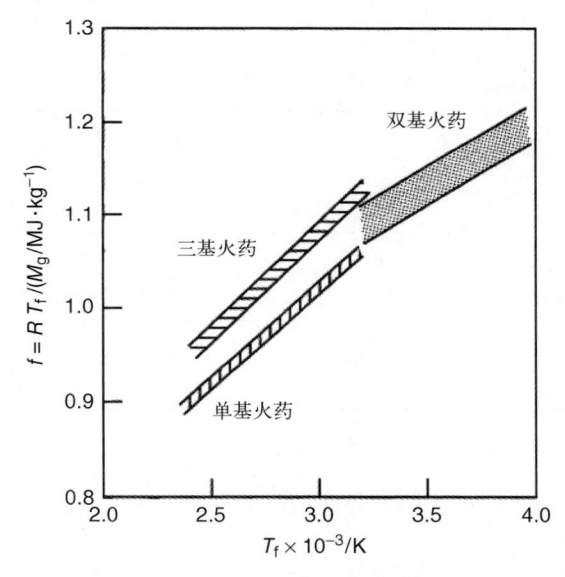

图 4.26 单基、双基和三基药的火药力

4.8 黑 火 药

这种粒状火药由大量的粉状含能物质构成,装填在弹药中,用于枪炮的推进和主要空中抛射的火工品。黑火药是小型火箭、枪炮和烟火中用的典型粒状火药。因为黑火药中每个颗粒尺寸较小且多孔,故其质量燃速非常高。

尽管理论上黑火药的比冲 I_{sp} 低于单基、双基和 AP 基的复合推进剂,但对于工作时间短、结构简单的推进系统很有用。黑火药的优点是价廉且不易老化,通过调节含量就可简单调节推力。

黑火药是由 KNO_3 粉末(60%~80%)、炭粉(10%~25%)、硫磺(8%~25%)

经机械混合形成的混合物,经过压制、造粒制成可用于装填弹药的形状。当黑火药被引燃时,燃烧发生于全部颗粒表面,因此,气体生成率比传统的火箭推进剂高得多。然而,这种燃烧现象是爆燃,而不是爆轰。由于粒状材料的燃烧特性,黑火药的燃速不能像火箭推进剂那样定义。

总的气体生成率也是一个重要的燃烧参数,这依赖于每种颗粒状火药和其装填密度。黑火药的燃速很大程度上依赖于组分的粒度。当混合比固定后,炭粉的空隙率也是影响燃速的一个重要参数。用于生产炭粉的木质原料类型也是决定燃烧性能的一个重要参数。表 4.14 列出了用于空中抛射焰火弹用黑火药的化学组成。

表 4.14　黑火药的化学组成和热化学特性

组分	质量分数/%
硝酸钾	60～80
活性炭	10～25
硫磺	8～25
$\rho_p/(\text{kg}\cdot\text{m}^{-3})$	1200～2000
T_f/K	1400～3200
I_{sp}/s	60～150

4.9　炸药的配方

硝化甘油与硝化棉结合即可形成炸药,也可形成双基推进剂。然而,炸药中 NC 的质量分数仅为 6%～8%,而双基推进剂中则为 30%～60%。尽管两种材料在物理结构上均是均质的,但由于炸药中 NG 的质量分数高,因此其能量密度比双基推进剂要高。

硝化乙二醇(NGC)与 NG 有类似的物理化学特性,但其蒸气压较高,因此不能作为推进剂和炸药的主要组分。硝化乙二醇作为添加剂加入到 NG 中可降低 NG 的凝固点从而形成炸药,但 NG 基炸药的撞击感度要比其他类型的炸药高得多。

晶体氧化剂(如硝酸铵或硝酸钾)添加到硝酸酯或含能聚合物中可形成物理结构为异质的复合炸药。与均质炸药相反,复合炸药的能量密度要比均质炸药高得多。

当炸药用于炮弹和导弹战斗部时,炸药所承受的加速度很大,飞行速度很高,由于超速飞行的气动力加热也变大,因此,以 TNT 为主要组分的炸药不能承受高加速或高加热。聚合物材料和晶体含能物质(如 HMX、PETN、DATB 和 HNS)混合用作高级炸药。聚合物材料的使用改善了抗拉强度和延伸率,从而防止外部的机械撞击和外部加热。

4.9.1 工业炸药

4.9.1.1 ANFO 炸药

硝酸铵和轻油混合物生成低强度炸药,用作采矿和工程上的爆炸物,其名称为 ANFO 炸药(铵油炸药)[3]。95%的 AN 颗粒和 5%的轻油混合成为 ANFO 炸药。多孔的 AN 颗粒也用于有效吸收油分子,并构成一定形状的 ANFO 炸药。由于硝胺是高度吸湿的物质,制造工艺过程需要对湿度进行控制。ANFO 炸药密度在 $800\sim900\text{kg}\cdot\text{m}^{-3}$ 范围内,爆速为 $2500\sim3500\text{m}\cdot\text{s}^{-1}$。

4.9.1.2 浆状炸药

浆状炸药由硝酸铵的饱和水溶液和敏化剂组成[1,3],硝酸盐(如硝酸甲胺、硝酸二乙基乙二醇或硝基乙醇胺)可用作敏化剂,铝粉也可作为含能材料加入。表 4.15 所列的是浆状炸药典型的化学组成。重要的是为保证起爆并随后产生爆炸波,在炸药中加入了微泡剂。这些微泡剂是由玻璃或聚合物材料组成的。

表 4.15 浆状炸药的化学组成

组分	质量分数/%
水	10
硝酸铵	45
硝酸钾	10
硝酸甲胺	30
铝	2
其他	3

浆状炸药具有防水、防潮的特点,且对机械撞击和热也基本上是钝感的,其爆轰能力接近于 NC-NG 基炸药,因为浆状炸药是含水的 AN 和油的混合物,其物理性质为乳状物,也称为乳状炸药。

4.9.2 军用炸药

4.9.2.1 TNT 基炸药

TNT 与 RDX 或 TNT 与 AN 的混合物也称作 TNT 基的炸药,铝粉、硝酸钡或其他少量物质用作添加剂,其密度在 1450~1810kg·m^{-3} 范围内。加入铝粉则是为水下爆炸时提供气泡能。

4.9.2.2 塑料粘结炸药

因为 TNT 基的炸药熔点低,当超声速或高速超声速飞行时的空气动力加热向战斗部提供的高热流时,炸药就会出现变形或未预期的引爆。塑料粘结炸药(PBX)已被开发,其基本的化学加工过程类似于复合火箭推进剂。RDX 和 HMX 晶体物质与液态的共聚物(如聚苯乙烯和聚丁二烯的预聚物)混合。混合物在真空条件下浇铸入战斗部中以消除混合物中的气泡。然后,混合物交联、固化成具有类似橡胶特性的物质,此时它的机械强度和热分解温度比 TNT 基炸药高很多。

有多种类型的晶体物质和聚合物可用于构成 PBX 炸药。表 4.16 所列就是用于 PBX 的典型物质。尽管所用的聚合物不同于那些用于推进剂的聚合物,但构成 PBX 的材料选择的基本概念与推进剂是相同的。

表 4.16 用于构成 PBX 的化学物质

含能物质(氧化剂)	RDX、HMX、TNT、AP、AN
聚合物(黏合剂和燃料)	尼纶、维纶、聚酯-聚苯乙烯、HTPB、PU、硅树脂
增塑剂	氟硝基聚合物、TEGDN
燃料	Al

参 考 文 献

[1] Elliot, M. S., Smith, F. J., and Fraser, A. M. (2000) Synthetic procedures yielding targeted nitro and nitroso derivatives of the propellant stabilisers diphenylamine, N-Methyl-4-nitroaniline, and [N,N'-Diethyl-N,N'-diphenylurea. Propellants Explos. Pyrotech., 25, 31-36.

[2] Teipel, U., Heintz, T., and Krause, H. H. (2000) Crystallization of spherical ammonium dinitramide (ADN) particles. Propellants Explos. Pyrotech., 25, 81-85.

[3] Niehaus, M. (2000) Compounding of glycidyl azide polymer with nitrocellulose and its influence on the properties of propellants. Propellants Explos. Pyrotech. 25, 236-240.

[4] Beal, R. W., Incarvito, C. D., Rhatigan, B. J., Rheingold, A. L., and Brill, T. B. (2000) X-ray crystal structures of five nitrogen-bridged bifurazan compounds. Propellants Explos. Pyrotech., 25 277-283.

[5] Hammerl, A., Klapötke, T. M., Piotrowski H., Holl, G., and Kaiser, M. (2001) Synthesis and characterization of hydrazinium azide hydrazinate. Propellants Explos. Pyrotech., 26,

第4章 炸药的能量学

161-164.

[6] Klapötke, T. M. and Ang, H. -G. (2001) Estimation of the crystalline density of nitramine (N-NO2-based) high energy density materials (HEDM). Propellants Explos. Pyrotech., 26, 221-224.

[7] (a) Simões, P., Pedroso, L., Portugal, A., Carvalheira, P., and Campos, J. (2001) New propellant component, part I. Study of 4,6-Dinitroamino-1,3,5-triazine-2(1H)-one (DNAM). Propellants Explos. Pyrotech., 26, 273-277; (b) Simões, P., Pedroso, L., Portugal, A., Plaksin, I., and Campos, J. (2001) New propellant component, part I. Study of a PSAN/DNAM/HTPB based formulation. Propellants Explos. Pyrotech., 26, 278-283.

[8] Eaton, P. E., Zhang, M. -X., Gilardi, R., Gelber, N., Iyer, S., and Surapaneni, R. (2002) Octanitrocubane: a new nitrocarbon. Propellants Explos. Pyrotech., 27, 1-6.

[9] Bunte, G., Neumann, H., Antes, J., and Krause, H. H. (2002) Analysis of ADN, its precursor and possible by-products using ion chromatography. Propellants Explos. Pyrotech., 27, 119-124.

[10] Teipel, U. and Mikonsaari, I. (2002) Size reduction of particulate energetic material. Propellants Explos. Pyrotech., 27, 168-174.

[11] Kwok, Q. S. M., Fouchard, R. C., Turcotte, A. -M., Lightfoot, P. D., Bowes, R., and Jones, D. E. G. (2002) Characterization of aluminum nanopowder compositions. Propellants Explos. Pyrotech., 27, 229-240.

[12] Wingborg, N. and Eldsäter, C. (2002) 2,2-Dinitro-1,3-bis-nitrooxy-propane (NPN): a new energetic plasticizer. Propellants Explos. Pyrotech., 27, 314-319.

[13] Chen, F. -T., Duo, Y. -Q., Luo, S. -G., Luo, Y. -J., and Tan, H. -M. (2003) Novel segmented thermoplastic polyurethane elastomers based on tetrahydrofuran/ethylene oxide copolymers as high energetic propellant binders. Propellants Explos. Pyrotech., 28, 7.

[14] Spitzer, D., Braun, S., Schäfer, M. R., and Ciszek, F. (2003) Comparative crystallization study of several linear dinitramines in nitrocellulose-based gels. Propellants Explos. Pyrotech., 28, 58.

[15] Venkatachalam, S., Santhosh, G., and Ninan, K. N. (2002) in High Energy Oxidisers for Advanced Solid Propellants and Explosives (eds M. Varma and A. K. Chatterjee), Tata McGraw-Hill Publishing Co., Ltd., pp. 87-106.

[16] Wang, N. -X. (2001) Review on the nitration of [60]fullerene. Propellants Explos. Pyrotech., 26, 109-111.

[17] Matsunaga, T. and Fujiwara, S. (1999) Material design of high energy density materials explosion. Japan Explosives Society, 9 (2), 100-110.

[18] Meyer, R. (1977) Explosives, Verlag Chemie, Weinheim, and also (2012) Encyclopedic Dictionary of Pyrotechnics, Journal of Pyrotechnics, Inc., Whitewater, CO.

[19] Sarner, S. F. (1966) Propellant Chemistry, Reinhold Publishing Corporation, New York.

[20] Cooper, P. W. and Kurowshi, S. R. (1996) Introduction to the Technology of Explosives, Wiley-VCHVerlagGmbH, and also Japan Explosives Society, Energetic Materials Handbook, Kyoritsu Shuppan (1999).

[21] Kubota, N. (2004) Propellant Chemistry Chapter 12, Journal of Pyrotechnics, Inc., Whitewater, CO.

[22] Chan, M. L., Jr. Reed, R., and Ciaramitaro, D. A. (2000) Advances in solid propellant formulations, in Solid Propellant Chemistry, Combustion, and Motor Interior Ballistics, Progress in Astronautics and Aeronautics, vol. 185, Chapter1.7 (eds V. Yang, T. B. Brill, and W. -Z. Ren), AIAA, Virginia.

[23] Doriath, G. (1994) Available propellants, solid rocket technical committee lecture series. AIAA Aerospace Sciences Meeting, Reno, NV.

[24] Miller, R. R. and Guimont, J. M. (1994) Ammonium dinitramide based propellants, solid rocket technical committee lectureseries. AIAA Aerospace Sciences Meeting, Reno, NV.

[25] Kubota, N. (1995) Combustion of energetic azide polymer. J. Propul. Power, 11 (4), 677-682.

[26] Sanderson, A. (1994) New ingredients and propellants, solid rocket technical committee lecture series. AIAA Aerospace Sciences Meeting, Reno, NV.

[27] Miller, R. (1994) Advancing technologies: oxidizers, polymers, and processing, solid rocket technical committee lecture series. AIAA Aerospace Sciences Meeting, Reno, NV.

[28] Kuwahara, T., Takizuka, M., Onda, T., and Kubota, N. (2000) Combustion of GAP based energetic pyrolants, Propellants, Explosives. Pyrotechnics, 25, 112-116.

[29] Beckstead, M. W. (2000) Overview of combustion mechanisms and flame structures for advanced solid propellants, in Solid Propellant Chemistry, Combustion, and Motor Interior Ballistics, Progress in Astronautics and Aeronautics, vol. 185, Chapter 2.1 (eds V. Yang, T. B. Brill, and W. -Z. Ren), AIAA, VA.

[30] Bazaki, H. (2000) Combustion mechanism of 3-Azidomethyl-3-methyloxetane (AMMO) composite propellants, in Solid Propellant Chemistry, Combustion, and Motor Interior Ballistics, Progress in Astronautics and Aeronautics, vol. 185, Chapter 2.8 (eds V. Yang, T. B. Brill, and W. -Z. Ren), AIAA.

[31] Komai, I., Kobayashi, K., and Kato, K. (2000) Burning rate characteristics of glycidyl azide polymer (GAP) fuels and propellants, in Solid Propellant Chemistry, Combustion, and Motor Interior Ballistics, Progress in Astronautics and Aeronautics, vol. 185, Chapter 2.9. (eds V. Yang, T. B. Brill and W. -Z. Ren), AIAA, Virginia.

[32] Kubota, N. and Sonobe, T. (1988) Combustion mechanism of azide polymer. Propellants Explos. Pyrotech., 13, 172-177.

[33] Miyazaki, T. and Kubota, N. (1992) Energetics of BAMO. Propellants Explos. Pyrotech., 17, 5-9.

第 5 章　晶体物质和聚合物的燃烧

5.1　晶体物质的燃烧

5.1.1　高氯酸铵

5.1.1.1　热分解

AP 热分解和燃烧过程实验及其详细机理等方面的研究已有报道[1-11]。图 5.1 为 AP 的差热分析(DTA)和热重分析(TG)曲线,测试条件为升温速率 0.33K·s^{-1}。在 520K 处为吸热峰,是由斜方晶系转为立方晶系的转晶峰,无质量损失,转晶反应热为-85kJ·kg^{-1}。放热反应发生在 607~720K,伴随有质量损失。放热反应过程可通过以下总反应式表示[1,2]:

$$NH_4ClO_4 \longrightarrow NH_3 + HClO_4$$
$$HClO_4 \longrightarrow HCl + 2O_2$$

反应产生过量的氧气可作为氧化剂,放热峰随着升温速率的增大而向高温方向移动。图 5.2 为温度的倒数与升温速率的关系曲线。通过线性拟合可确定

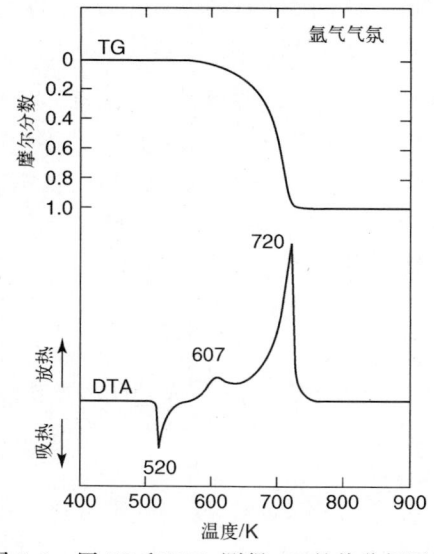

图 5.1　用 TG 和 DTA 测得 AP 的热分解过程

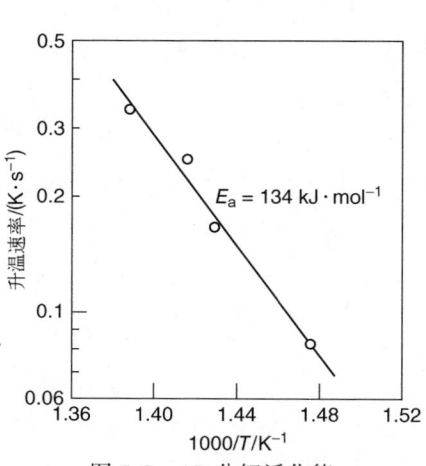

图 5.2　AP 分解活化能

放热气化反应的活化能,其值为 134kJ·mol^{-1}。然而,分解反应包括升华和熔化过程,这些过程无法从 DTA 和 TG 的数据中识别。与通常燃烧的升温速率相比,这些实验的升温速率较慢,易于发生离解升华[15]。升华吸热约为 2.1MJ·kg^{-1},且升华反应过程随压强的变化为零级反应。当升温速率快时,AP 的熔化发生在较高的温度区(725K)。

5.1.1.2 燃速

Bircumshaw 和 Newman[3] 最先研究了 AP 的分解模式。他们发现,低于 570K 时,只有 30%的 AP 发生分解,余下的 70%是一种多孔性的残余物,其化学性质与起始物 AP 相同,在压强和温度较低时不会进一步反应。在 670K 以上,没有残余物。随着压强的增加,单纯的升华被抑制而分解反应加大。AP 裂解包括:首先发生松散的 NH$_3$·HClO$_4$ 复合体的离解升华,而后是释放气态 NH$_3$ 和 HClO$_4$。

Arden[1]、Levy 和 Friedman[2] 讨论了压制的 AP 药条的燃速与压强的关系。AP 燃烧的压强下限约为 2.7MPa,在这个值之上,燃速随着压强的增大而增加。10MPa 下,NH$_3$/HClO$_4$ 的气相反应区厚度小于 100μm,并且气相反应区的厚度随着压强的增加而减小,而反应时间与压强的变化呈反比,为 6.5×10^{-7} ps^{-1}[8]。

5.1.1.3 燃烧波结构

当 AP 药条燃烧时,因为 NH$_3$ 和 HClO$_4$ 之间的放热反应,会在气相区形成高温火焰。Mitani 和 Niioka 测试了 AP 药条退移表面上方的气相结构,发现存在两层火焰[12],同时 Guirao 和 Williams 也已经建立了 AP 的爆燃模型[13]。火焰传到燃烧表面的热加热了固相区使之从初始温度上升至表面温度。在燃烧表面,AP 晶粒经历斜方晶系转为立方晶系的晶型转变,在 513K 转晶吸热为 −80kJ·kg^{-1}。Tanaka 和 Beckstead[13] 假设了 32 种气体物质、107 个反应来估算 AP 凝聚相和气相结构,燃烧表面温度和熔融层的厚度也作为压强的函数进行估算[14]。计算表明,AP 的燃烧表面温度和熔融层厚度也与压强有关。表面反应的活化能约为 63kJ·mol^{-1},且其在 2.7~10MPa 范围内的燃速压强指数 n 约为 0.77[14]。

5.1.2 硝酸铵

AN 在 443K 熔化,高于 480K 开始汽化。分解温度决定了 AN 的分解过程。在低温(约 480K)时 AN 气化过程是吸热的(−178kJ·mol^{-1})可逆反应[15]:

$$NH_4NO_3 \rightleftharpoons NH_3 + HNO_3$$

随着温度增大,分解过程转变为放热(37kJ·mol^{-1})气化反应:

$$NH_4NO_3 \longrightarrow N_2O + 2H_2O$$

而 AN 的整个分解反应如下式所示：
$$NH_4NO_3 \longrightarrow N_2 + 2H_2O + 1/2 O_2$$
这个反应放出大量的热($119kJ \cdot mol^{-1}$)，产生的氧分子可用作氧化剂。尽管由于初始阶段的吸热反应，使 AN 点火困难，但在高压区 AN 变得非常易燃，当加热至温度高于 550K 时，AN 变得具有爆炸性。此外，杂质或者添加物也决定了 AN 的易燃特性。

5.1.3 HMX

5.1.3.1 热分解

Boggs 对 HMX 的热分解进行了详细的文献综述和讨论[16]，从文献[16]中可以大体了解 HMX 的分解过程。当 HMX 缓慢加热时，观察到单一质量损失过程：质量损失开始于 550K，在 553K 发生快速气化反应，高于 553K 时未见固体残余物；可以看到两个吸热峰和一个放热峰：在 463K 处第一个吸热峰为 HMX 从 β 型转为 δ 型的晶型转变峰，550K 处第二个吸热峰为从固态转为液态的相变峰；553K 处放热峰是由一些伴随的气相反应所致。

在质量损失 50% 时中止加热(552K 停止加热，样品冷却至室温 293K)，认为获得的 HMX 热降解样品是重结晶物质[17]。热降解 HMX 的气化反应开始于 550K，在 553K 发生快速分解，这个过程等同于非热降解 HMX 的热分解过程。但是，降解 HMX 没有出现 463K 的吸热峰。β-HMX、δ-HMX 和降解 HMX 样品的红外(IR)分析结果表明，降解 HMX 等同于 δ-HMX，这就意味着在 550K 处的固相转变为液相的吸热反应是由 δ-HMX 引起的。

5.1.3.2 燃速

因为 HMX 是由细晶体颗粒组成的，故很难测试它的线性燃速。对大尺寸的 HMX 单个晶体块(大约 10mm×10mm×20mm)，用电加热丝在晶体顶部点火时，HMX 立刻发生破裂，这是因为在晶体内产生热应力。由于 HMX 从点火表面到晶体内部的热传导速率比表面退移速率(燃速)要快，HMX 晶体不会稳态燃烧，也不存在线性燃速。晶体内的温差引起热应力导致 HMX 晶体结构的破坏。

将 HMX 颗粒压制成药条并在其顶部点火时，它稳定燃烧且药条不发生破裂。压制药条内产生的热应力能在药条内的 HMX 颗粒界面间释放。而且压制药条的密度至多可达到 HMX 理论密度的 95%，晶体的热应力被 HMX 颗粒之间的空隙吸收。图 5.3 所示为 HMX 压制的药条的燃速，压制的药条是不同 β-HMX 颗粒混合而成(33% 为 $20\mu m$，67% 为 $200\mu m$)，药条的直径为 8mm、长为 7mm、密度为 $1700kg \cdot m^{-3}$，达最大理论密度($1900kg \cdot m^{-3}$)的 89%。在 $\ln p$-$\ln r$ 的关系图中 HMX 药条的燃速线性增加，初温 293K 时燃速压强指数为 0.66。

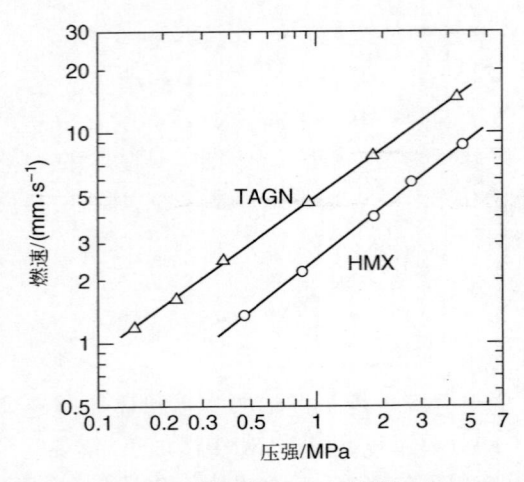

图 5.3 HMX 和 TAGN 的燃速表明 HMX 的燃速低于 TAGN 的燃速

5.1.3.3 气相反应

HMX 初始分解的总反应如下[18,19]：

$$3(CH_2NNO_2)_4 \longrightarrow 4NO_2 + 4N_2O + 6N_2 + 12CH_2O$$

因为 NO_2 很快与 CH_2O 反应[16,20,25]，则气相反应为

$$7NO_2 + 5CH_2O \longrightarrow 7NO + 3CO + 2CO_2 + 5H_2O$$

这个反应可能是主导反应，随之是初始分解反应。NO_2 和 CH_2O 之间的反应大量放热，并且反应速率比其他气体快得多。

上述反应生成的产物在后阶段再次反应，即 NO 和 N_2O 作为氧化剂，H_2 和 CO 作为燃料再次反应。NO 和 N_2O 参与的反应如下[25]：

$$2NO + 2H_2 \longrightarrow N_2 + 2H_2O$$
$$2NO + 2CO \longrightarrow N_2 + 2CO_2$$
$$2N_2O \longrightarrow 2NO + N_2$$

NO 和 N_2O 参与的反应缓慢发生，并且是三分子反应[20]。低压下反应速率缓慢，随着压强的增加反应快速增加。

5.1.3.4 燃烧波结构与热传递

不同压强下 HMX 药条的典型火焰结构如图 5.4 所示。位于燃烧表面一定距离处的是发光的火焰薄层，在其之上产生微红色的火焰。火焰薄层随着压强的增加而接近燃烧表面[17]。当压强小于 0.18MPa 时，发光火焰薄层远离燃烧表面，如图 5.4(a)所示。压强增加，火焰薄层快速接近燃烧表面。但是在 0.18~0.3MPa 压强范围内，燃烧表面上方火焰薄层变得非常不稳定，形成波状火焰层，如图 5.4(b)所示。在高于 0.3MPa 时，燃烧表面上方发光的火焰薄层

变的稳定并且为一维的,如图 5.4(c)所示。

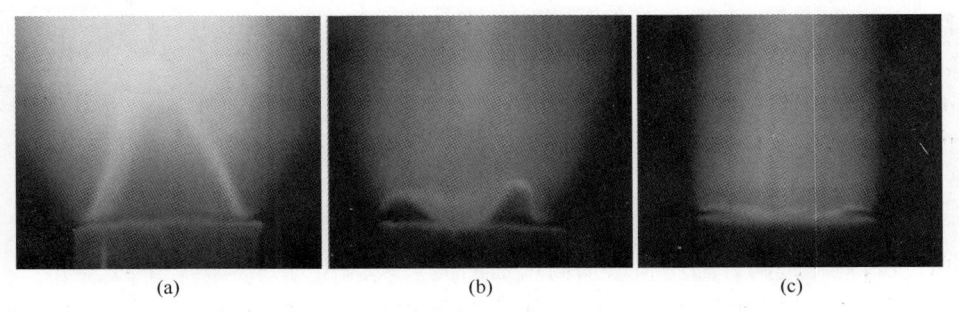

图 5.4　HMX 在三种不同压强下的火焰照片
(a) 0.18MPa;(b) 0.25MPa;(c) 0.3MPa。

HMX 的燃烧波可划分为三个区域:晶态凝聚相区(区域Ⅰ),固液凝聚相区(区域Ⅱ)和气相区(区域Ⅲ)。图 5.5 所示为燃烧波的热传递过程。在区域Ⅰ,温度从初始温度 T_0 上升至分解温度 T_u,没有反应发生;在区域Ⅱ,温度从 T_u 上升至燃烧表面温度 T_s(凝聚相与气相的分界面);在区域Ⅲ,温度从 T_s 快速增加至发光火焰温度(图 5.4)。因为凝聚相反应区很薄,故 T_s 约等于 T_u。

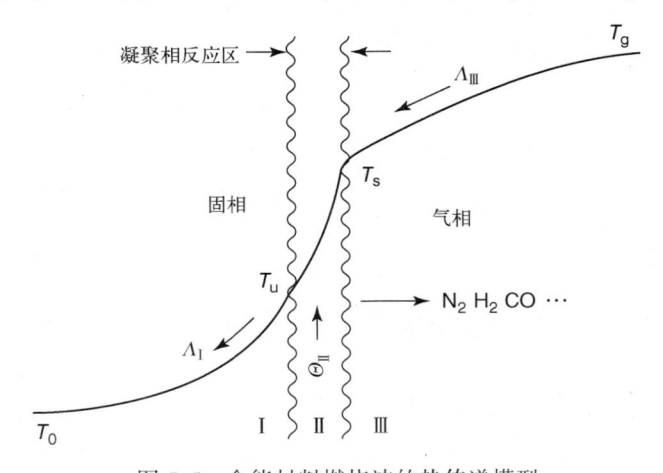

图 5.5　含能材料燃烧波的热传递模型

从区域Ⅲ向区域Ⅱ的热流传递 $\Lambda_{\text{Ⅲ}}$ 由下式表示:

$$\Lambda_{\text{Ⅲ}} = \lambda_{\text{Ⅲ}} \left(\frac{\mathrm{d}T}{\mathrm{d}x}\right)_{\text{Ⅲ}} \tag{5.1}$$

而区域Ⅱ产生的热流 $\Theta_{\text{Ⅱ}}$ 由下式表示:

$$\Theta_{\text{Ⅱ}} = \rho_{\text{Ⅰ}} r Q_{\text{Ⅱ}} \tag{5.2}$$

式中：Q_{II}为区域II的反应热。燃烧表面的热平衡方程由下式表示：
$$\Theta_{II} = \rho_I r c_I (T_s - T_0) - \Lambda_{III} \tag{5.3}$$

在区域III中的温度梯度$(dT/dx)_{III}$随着压强的增加而增加，表达式为$(dT/dx)_{III} \sim p^{0.7}$。然而，在0.1~0.5MPa压强范围内，$T_s$保持相对不变(700K)。应用HMX的物理参数($\rho_I = 1700 kg \cdot m^{-3}$、$c_I = 1.30 kJ \cdot kg^{-1} \cdot K^{-1}$、$\lambda_{III} = 8.4 \times 10^{-5} kW \cdot m^{-1} \cdot K^{-1}$)确定$Q_{II}$为$300 kJ \cdot kg^{-1}$。

图5.6所示为区域II产生热流和区域III到区域II的热流传递与压强的关系。$\Theta_{II} \approx \Lambda_{III}$，两者随压强增加而增加的关系表达式为$\Lambda_{III} \sim p^{0.75}$和$\Theta_{II} \sim p^{0.65}$。从式(5.2)可以明显看出，$\Theta_{II}$的压强敏感度约等于燃速的压强敏感度，即HMX燃速的压强敏感度($\approx p^{0.65}$)取决于Λ_{III}，也就是气相反应的压强敏感度[17]。

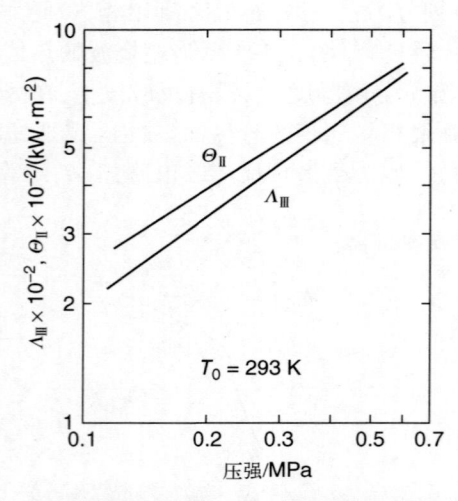

图5.6 从气相传递到燃烧表面的热流和燃烧表面产生的热流

5.1.4 三氨基胍硝酸盐

5.1.4.1 热分解

三氨基胍硝酸盐(TAGN)燃烧的物理化学过程与HMX和RDX不同，TAGN的氧化剂碎片(HNO_3)通过离子键连接在分子结构中，而HMX和RDX的氧化剂碎片(—N—NO_2)通过共价键连接。虽然TAGN的火焰温度比HMX低，但它们的热力学参数值$(T_f/M_g)^{1/2}$基本相等。TAGN的主要燃烧产物为N_2、CO_2和H_2O，而HMX的主要燃烧产物为N_2、CO和H_2O。TAGN的相对分子质量M_g为$18.76 kg \cdot mol^{-1}$，HMX的相对分子质量为$24.24 kg \cdot mol^{-1}$。即使在低的火焰温度下 TAGN 产生高浓度的 H_2，因此会使热力学参数值增加。

图 5.7 为 TAGN 在燃烧前和熄火后的表面 SEM 图。熄火表面通过在药条燃烧过程中快速降低压力来制备。熄火表面为均匀分散的细晶粒度的重结晶材料。研究表明，TAGN 形成熔化层，之后熔化层分解，在燃面产生反应性气体。

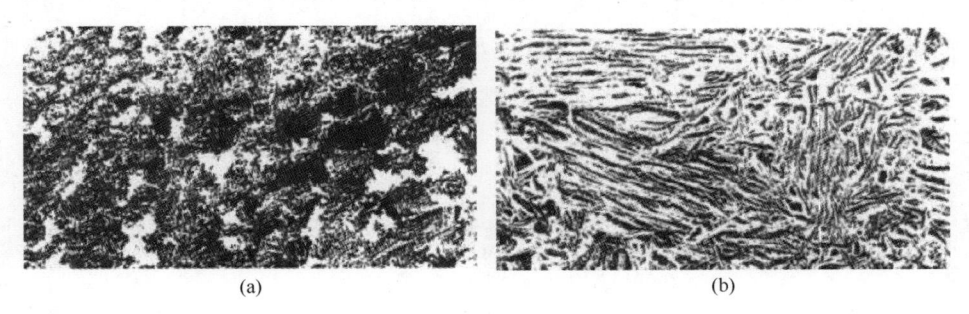

图 5.7　TAGN 的扫描电镜照片
（a）燃烧前；（b）1.0MPa 下燃烧熄火后。

图 5.8 所示为 TAGN 热分解的 DTA 和 TG 表征结果[26]。从图 5.8 可以看出，TAGN 的热分解包括三阶段的热量变化和失重过程。第一阶段对应于快速的放热反应，质量损失从 0%(488K)~27%(498K)；第二阶段对应于相对缓慢的吸热反应，质量损失从 27%(498K)~92%(573K)；第三阶段对应于非常缓慢的吸热反应，质量损失从 92%(573K)~100%(623K)。位于 488K 的吸热峰是由于从凝聚相转变为液相的相转变引起的。第一阶段的快速放热过程代表了 TAGN 的能量特性。该放热过程在吸热相转变过程后立即发生。

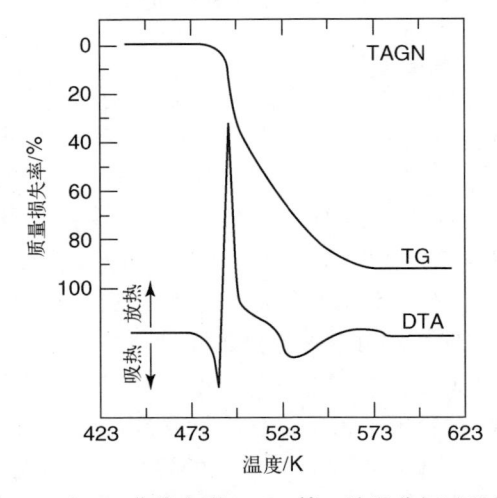

图 5.8　TAGN 的 DTA 和 TG 曲线表明 TAGN 第一阶段分解过程是剧烈的放热反应

在失重27%时分解中止，得到TAGN热解样品再进行热分解，没有观察到TAGN第一阶段的放热峰，如图5.9所示(虚线)，气化反应开始于498K，主要的分解反应在553K时完成。如图5.8所示，TAGN分解过程第一阶段的放热峰完全消失，表明主要的含能碎片在第一阶段已消耗掉，并伴随有27%的质量损失。

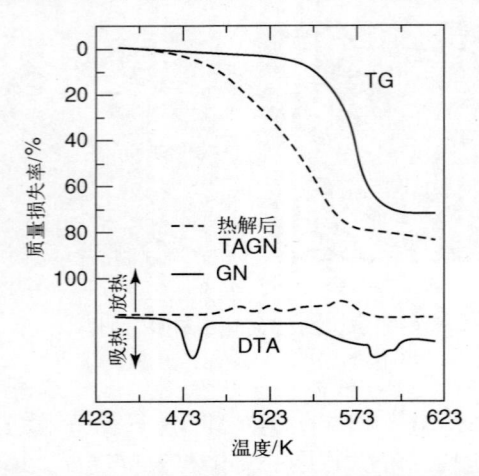

图5.9 热解后的TAGN和GN的DTA和TG曲线表明两种材料具有较低的能量

除了TAGN具有三个氨基外，硝酸胍(GN：$CH_6N_4O_3$)的分子结构与TAGN很相似。

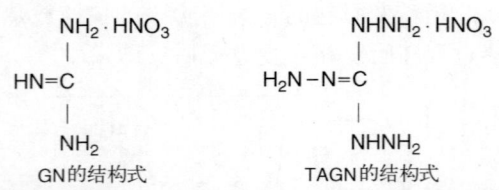

$$\begin{array}{cc} NH_2 \cdot HNO_3 & NHNH_2 \cdot HNO_3 \\ | & | \\ HN=C & H_2N-N=C \\ | & | \\ NH_2 & NHNH_2 \\ \text{GN的结构式} & \text{TAGN的结构式} \end{array}$$

GN的DTA和TG如图5.9(实线)所示，位于483K处的吸热峰对应于由凝聚相到液相的相转变，而相变之后出现很慢的反应。GN的主要分解开始于530K，结束于539K(失重70%)，剩余30%的质量在高温下吸热分解。尽管GN也是一种含能材料(T_f = 1370K，ΔH_f = -3.19MJ·kg^{-1})，但它是由氧化剂碎片(HNO_3)和燃料碎片经过离子键结合而成的，它既不发生快速的气化反应也不发生放热反应。这是它与TAGN的分解过程比较明显的差异。从而可以得出结论，与TAGN分子相结合的HNO_3，不是分解过程第一阶段快速放热反应中产生的碎片。

图5.10为TAGN、热处理TAGN和GN的红外图谱。当加热到放热峰出现时(失重27%)，TAGN中—NH_2和—C—N基团的峰几乎完全消失，热处理后TAGN的谱图与GN相似，C—N键的断裂形成气体碎片；热处理后TAGN的—NH_2峰消

失,这表明发生了 N—NH₂ 键的断裂,在分解的第一阶段释放出 NH₂。由于 TAGN 分子中最弱的化学键是 N—N 键(159kJ·mol⁻¹),初始键断裂发生在氨基处。

TAGN 分子裂解产生自由基 NH₂,3(NH₂) 质量分数为 0.288,约等于第一阶段分解过程的失重(27%)。TAGN 和 GN 的化学焓之差为 344kJ·mol⁻¹,NH₂ 基团生成 N₂ 和 H₂ 的反应放出的能量为 168 kJ·mol⁻¹,此热量就是 TAGN 第一阶段分解所产生的热量。

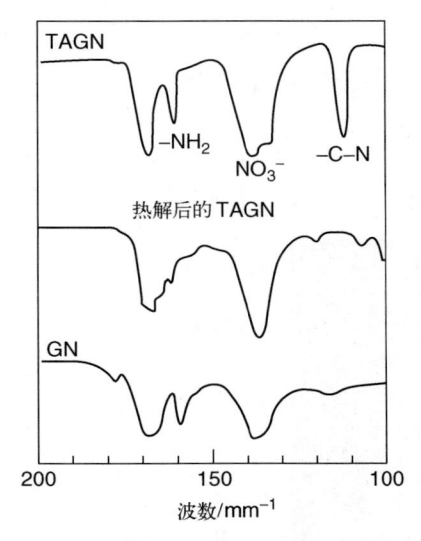

图 5.10 热解后 TAGN 和 GN 的红外图谱

5.1.4.2 燃速

由于 TAGN 是晶体颗粒,它的燃速可用压制的药条测定。图 5.3 为 TAGN 燃速与压强的关系图。药条是使用粒径为 5μm 的 TAGN 颗粒压制而成,药条的密度为 1470kg·m⁻³,是理论最大密度的 98%。在 ln$p$-ln$r$ 关系图中燃速呈线性增加,压强指数 n 为 0.78,与 HMX 的压强指数相同。作为参比的 HMX 的 ln$p$-ln$r$ 关系也见图 5.3,即使 TAGN 的能量密度低于 HMX,但在相同的压强下,TAGN 的燃速也几乎是 HMX 的 2 倍。

5.1.4.3 燃烧波结构与热传递

图 5.11 为 TAGN 在 0.2MPa 下的燃烧火焰照片。TAGN 的发光火焰位于距燃面一定的距离处。当压强增大时,火焰前峰接近燃烧表面,与 5.1.3 节所描述的 HMX 的火焰类似。对于双基推进剂和硝胺,火焰与燃面的距离和压强的对数曲线关系如下:

$$L_g = ap^d \tag{5.4}$$

式中：$d = -1.00$。

基于式(3.70)的分析，气相中整个反应速率 ω_g 可表达为

$$(\omega_g) = \frac{\rho p r}{L_g} \tag{5.5}$$

$$(\omega_g) \approx p^{m-d} \approx p^m \tag{5.6}$$

用燃速实验值计算反应速率，结果如图 5.3 所示，火焰与燃面间的距离如图 5.12 所示。在 $\ln\omega_g$-$\ln p$ 曲线中反应速率随压强增加而线性增加。气相中总反应级数由关系式 $k = m - d$ 给出，为 1.78。这表明 TAGN 的气相反应速率对压强的敏感度低于其他推进剂，例如，双基推进剂和硝胺(如 RDX 和 HMX)在气相中产生发光火焰的总级数介于 2.5～2.7。双基推进剂和硝胺的发光火焰是由于从 NO 到 N_2 的还原反应产生的，该反应为三分子反应，且对压强敏感。NO 还原为 N_2 的反应并非 TAGN 火焰反应的主要反应。

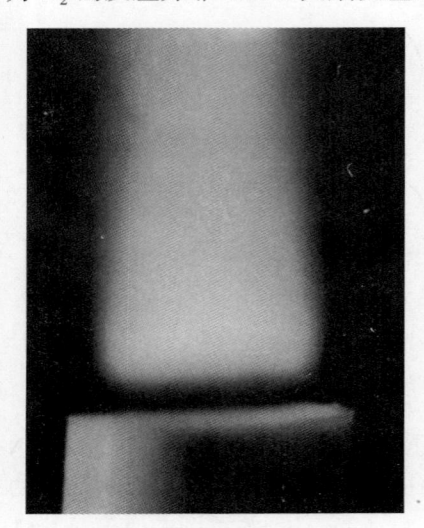

图 5.11　TAGN 的火焰照片

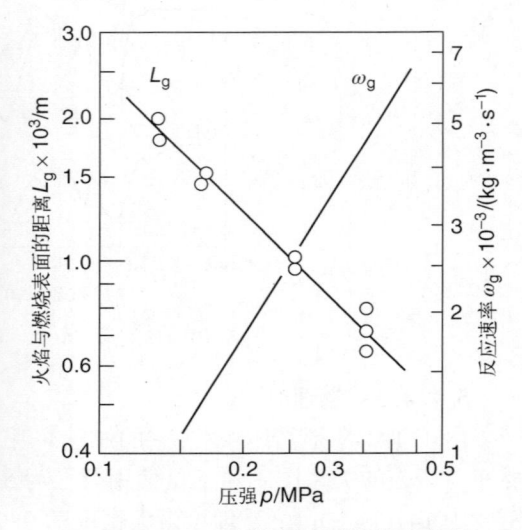

图 5.12　TAGN 火焰Ⅲ区的燃烧速率和火焰与燃面的距离

TAGN 燃烧波温度曲线的测量为燃速特性的控制提供了能量信息。TAGN 燃烧波的热传递过程与 HMX 相同，分为三个区域：区域Ⅰ是凝聚相区，温度通过热传导增加，没有化学反应发生，温度由初始温度 T_0 升高到分解温度 T_d 呈指数规律增加，当温度达到 T_d 时发生小的温度波动。区域Ⅱ为凝聚相，温度由 T_d 突然升高至 T_s，包含非常薄的反应区厚度 δ_{II}，可通过加压使其增大。因此，区域Ⅱ是包含液-气相混合的表面反应区。图 5.13 是实验测得的温度曲线，熔化层温度 T_d 为 750K，表面温度 T_s 为 950K，当压强增加时，二者相对恒定。

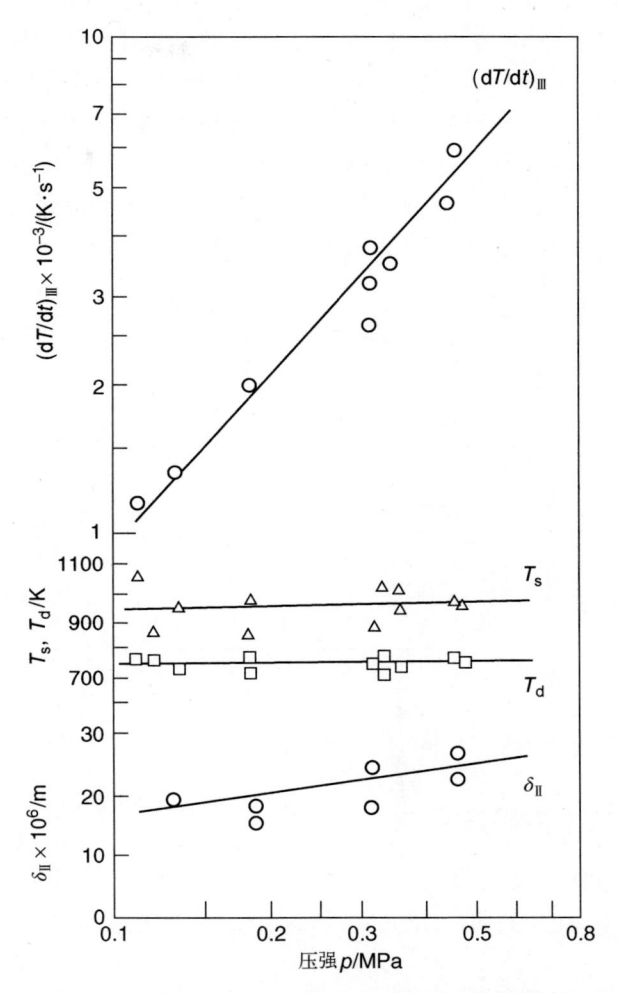

图 5.13　TAGN 燃烧火焰Ⅲ区中的火焰温度、表面温度和温度梯度与压强的
关系及Ⅱ区中反应区厚度与压强的关系

在区域Ⅲ中,温度上升速率$(dT/dt)_Ⅲ$随着压强的增大而增大。区域Ⅲ到区域Ⅱ的热反馈由$\lambda_g \varphi_Ⅲ$确定(其中,λ_g为热导率;$\varphi_Ⅲ$为区域Ⅱ中的温度梯度,由$\varphi_Ⅲ=(dT/dt)_Ⅲ/r$定义)。如图 5.14 所示,$\varphi_Ⅲ$随压强的增加而增加,表明热流$\lambda_g \varphi_Ⅲ$随着压强的增加而增加。通过热平衡方程式(5.3)确定区域Ⅱ中总反应热$Q_Ⅱ$为 525kJ·kg^{-1}。该反应热由NH_2自由基间的反应产生,NH_2自由基通过N—NH_2的解离产生。NH_2自由基快速反应生成N_2和H_2,伴随着168MJ·kmol^{-1}的热量释

放。虽然 TAGN 和 HMX 的爆热分别为 3.67MJ·kg^{-1}和 5.36MJ·kg^{-1},且 TAGN 的绝热火焰温度比 HMX 低 1200K,但是 TAGN 的燃速几乎是 HMX 燃速的 2 倍。图 5.8~图 5.10 中的热化学数据表明,TAGN 比 HMX 的燃速更高是因为 TAGN 在区域Ⅱ中有更高的反应热(TAGN 为 525kJ·kg^{-1},HMX 为 300kJ·kg^{-1})。

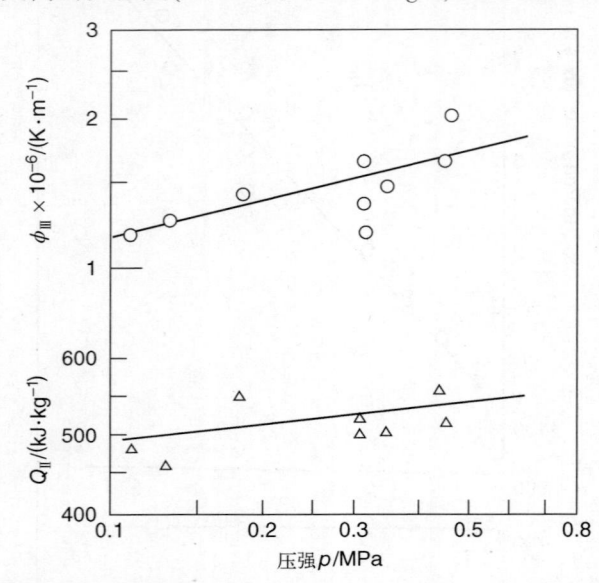

图 5.14 TAGN 燃烧火焰Ⅲ区中的温度梯度和Ⅱ区中的反应热与压强的关系

5.1.5 二硝酰胺铵

差示扫描量热仪(DSC)和 DTA 用于分析二硝酰胺铵(ADN)(NH$_4$N(NO$_2$)$_2$)。结果表明,ADN 的熔点为 328K,在 421K 开始分解,在 457K 出现放热峰。在 457K 以下,质量分数 30% 的 ADN 发生气化,剩余 70% 的 ADN 在 457K 以上分解。初始分解产物是氨和二硝酰胺。二硝酰胺进一步解离为 AN 和 N$_2$O。400~500K 温度范围内的分解产物有 NH$_3$、H$_2$O、NO、N$_2$O、HONO 和 HNO$_3$,总放热量为 240kJ·mol^{-1}。这些分子在气相中反应形成的最终燃烧产物是 O$_2$、H$_2$O 和 N$_2$,绝热火焰温度达到 3640K。当 ADN 与燃料分子混合时,过多的氧气可作为氧化剂。

ADN 的燃烧波结构包含三个区域:熔化层区、预备区和火焰区。在熔化层区温度保持不变,在熔化层区以上,温度由 1300K 快速增加到 1400K,形成预备区。在熔化层区上方一定距离处,温度快速增加形成火焰区,最终燃烧产物与硝酸酯类似。ADN 的燃烧产生两阶段气相反应,NO 还原为 N$_2$,该反应为三分子反应。从预备区反馈到熔化层区的热流决定了熔化层区的气化过程。

5.1.6 硝仿肼

硝仿肼(HNF)分子式为 $N_2H_5C(NO_2)_3$,熔点为 397K,在 439K 完全分解,放热 113kJ·mol^{-1}。DTA 和 TG 结果表明 HNF 的热分解分为两步。第一步是放热反应,发生于 389~409K 的温度范围内,伴随着 60% 的质量损失。第二步是发生在 409~439K 温度范围内的另一个放热反应,质量损失为 30%。两个反应逐步发生,分解机理在 409K 时发生变化。

与 AN 的分解过程一样,HNF 的热分解过程随着分解温度的变化而变化。HNF 分解产生硝仿肼,可进一步分解为肼、三硝基甲烷和氨气。这些产物在气相中反应放出热量,最终燃烧产物如下:

$$N_2H_5C(NO_2)_3 \longrightarrow 2NO+CO_2+2H_2O+3/2N_2+1/2H_2$$

与 ADN 类似,HNF 的燃烧波结构包含两个气相区。然而,在 HNF 中未出现熔化区。在 HNF 分解表面上方的气相区,温度迅速增加。在第一气相区温度以较缓慢速率增加。在第二气相区开始时,温度再次迅速增加,并形成最终的燃烧产物。因此,第二反应区位于 HNF 分解表面上方一定距离处。第一反应区中产生的 2NO 和 1/2H$_2$ 在第二反应区内发生反应:

$$2NO+1/2H_2 \longrightarrow N_2+1/2H_2O+3/4O_2$$

NO 被还原放出大量的热,但由于该反应是三级反应,故在低压下反应较慢,与硝基聚合物在暗区中的燃烧反应类似。HNF 的总反应如下:

$$N_2H_5C(NO_2)_3 \longrightarrow CO_2+5/2H_2O+5/2N_2+3/4O_2$$

绝热火焰温度达到 3120K。HNF 与燃料混合后燃烧所形成的大量氧气分子可作为氧化剂。

5.2 聚合物的燃烧

5.2.1 硝酸酯

硝酸酯具有 O—NO$_2$ 基团,可以是液体或固体。典型的硝酸酯是硝化棉(NC)和硝化甘油(NG)。NC 是一种火棉,可用作枪炮的单基发射药。因为 NC 是一种纤维材料,用溶剂处理后可得到 NC 药粒。NG 在室温下是液体,NG 与 NC 混合形成胶状的含能材料,可用作炸药和火药。当这种混合物用于枪和火箭中时,称为双基火药。

为了明确硝酸酯的分解和燃烧过程,进行了大量的实验和理论研究。本节对目前存在的硝酸酯燃烧和分解的多种机理进行了综述。了解硝酸酯燃烧的关键因素,可帮助在应用过程中预测其燃烧特性。对基本的稳态燃烧机理的理解,是通过模型描述燃速与压强和初始温度间函数关系的先决条件。

5.2.1.1 硝酸甲酯的分解

硝酸甲酯是最简单的硝酸酯,化学式为CH_3ONO_2,分解过程如下:

$$CH_3ONO_2 \longrightarrow CH_3O + NO_2 \quad Q_p = -147 \text{kJ} \cdot \text{mol}^{-1}$$
$$\longrightarrow CH_2O + 1/2H_2 + NO_2 \quad Q_p = -34 \text{ kJ} \cdot \text{mol}^{-1}$$
$$\longrightarrow CO, H_2O, NO, H_2, N_2O, CH_2O, CO_2$$

前两个反应是吸热反应,但是总反应为放热反应,最终火焰温度为1800K。燃速与压强的关系遵循二级反应速率定律,总的活化能与NO_2的氧化反应一致,这个反应是最慢的,也是速度控制步骤。

5.2.1.2 硝酸乙酯的分解

硝酸乙酯$C_2H_5ONO_2$分解的主要步骤也是$C_2H_5O—NO_2$键的断裂,分解速率遵循一级速率方程。乙二醇二硝酸酯的分解过程如下:

$$\begin{array}{c} CH_2ONO_2 \\ | \\ CH_2ONO_2 \end{array} \longrightarrow \begin{array}{c} CH_2O \cdot \\ | \\ CH_2ONO_2 \end{array} + NO_2 \quad Q_p = -147 \text{ kJ} \cdot \text{mol}^{-1}$$

$$\longrightarrow 2CH_2O + NO_2 \quad Q_p = -113 \text{ kJ} \cdot \text{mol}^{-1}$$

$O—NO_2$键断裂生成自由基,再分解为甲醛和二氧化氮。当2,3-二硝酸酯丁烷在大气压下分解时,生成乙醛和二氧化氮。但是,这些产物在离分解表面2mm处快速反应生成一氧化氮。1,4-二硝酸酯丁烷的分解生成二氧化氮、甲醛和乙烯。在分解表面1mm内,可以观察到温度急剧上升,二氧化氮和甲醛浓度迅速下降。有人提出,二硝酸酯分解产生等量的醛和二氧化氮,如下式:

$$\begin{array}{c} R—CHONO_2 \\ | \\ R—CHONO_2 \end{array} \longrightarrow 2RCHO + 2NO_2$$

然后,NO_2与RCHO发生氧化反应转化为NO。

5.2.1.3 硝酸酯的总分解过程

实验结果表明,大多数硝酸酯似乎在初始阶段($O—NO_2$键断裂)分解为NO_2和$C—H—O$。由于NO_2还原为NO伴随着$C—H—O$物质氧化为H_2O、CO和CO_2,分解表面附近的气相中放出大量的热。而NO的还原反应慢,在一些硝酸酯分解体系中未观察到该反应发生。即使该反应发生,因为反应发生在远离表面的区域,释放的热也不能反馈到表面。

对于简单的硝酸酯来说,分解过程基本上分为三个阶段。

第一阶段:$RNO_2 \longrightarrow NO_2 +$有机分子(主要是醛)

第二阶段:NO_2+第一阶段中的有机产物——→NO、H_2、CO、CO_2、H_2O 等(在低压下)

第三阶段:NO+H_2、CO 等——→N_2、CO_2、H_2O 等(在高压下)

第二阶段在高压和低压下均可发生。

双基推进剂的分解过程是自催化的,首先形成 NO_2,然后反应增加 NO_2 的释放速率。分解的第一步是 RO—NO_2 键的断裂,然后生成复杂的有机气体物质。

当温度高于430K时,HCHO 和 NO_2 的混合物迅速反应,NO_2 几乎等量还原为 NO,甲醛氧化为 CO、CO_2 和 H_2O。该过程在 5.2.1.4 节进行了详细的讨论。

5.2.1.4 NO 和 NO_2 的气相反应

如前所述,NO_2 和 NO 是硝酸酯燃烧所生成的主要氧化剂,NO_2 和醛之间的反应是硝酸酯燃烧的重要步骤,因为这些分子是硝酸酯第一阶段燃烧的主要分解产物。Pollard 和 Wyatt 研究了 HCHO/NO_2 混合物在低于大气压下的燃烧过程,他们发现当温度高于 433K 时,反应迅速发生,NO_2 几乎等量还原为 NO,而醛被氧化为 CO、CO_2 和 H_2O。反应级数对两个反应物来说都是 1。McDowell 和 Thomas 也报道了相同的结果,他们提出了如下的反应过程:

$$CH_2O+NO_2 \longrightarrow CH_2O_2+NO$$

$$CH_2O_2 \longrightarrow CO+H_2O$$

$$CH_2O_2+NO_2 \longrightarrow CO_2+H_2O+NO$$

火焰速度与压强无关,对于含 43.2mol% HCHO 的混合体系,最大速度为 $1.40 m \cdot s^{-1}$。速率与混合比例密切相关,对于含 60% HCHO 的混合体系,速率几乎下降 $\frac{1}{2}$。Powling 和 Smith 对 CH_3CHO/NO_2 混合体系的火焰速率进行了测量,结果表明,火焰速率对 CH_3CHO/NO_2 的比例非常敏感,Pollard 和 Wyatt 在 HCHO/NO_2 体系中也观察到了相同的结果。在含 37% CH_3CHO 时速率大约为 $0.10 m \cdot s^{-1}$,增加 CH_3CHO 到 60%,速率降低为 $0.04 m \cdot s^{-1}$。

H_2、CO 和碳氢化合物与 NO 的燃烧,对硝基聚合物推进剂的暗区和火焰区都非常重要。NO 在燃烧过程中作用复杂,在特定浓度下可催化反应,而在其他浓度下可能会抑制反应。Sawyer 和 Glassman 在 0.1MPa 下的流动反应器中测量 H_2 和 NO 的反应。在相当宽的混合比例范围下,温度低于 NO 的分解温度时,除非存在自由基否则反应不易发生。同样 CO 和 NO 的混合体系也不易点燃,只有富含 NO 的体系在 1720K 下可被点燃。

Cummings 在很宽的压强范围内测量了 NO 和 H_2 混合体系的燃速,结果表明,在 $0.1 \sim 0.4$MPa,燃速与压强无关,为 $0.56 m \cdot s^{-1}$。然而,Strauss 和 Edse 研究表明,在 5.2MPa 及 1:1 的混合比例下,燃速由 $0.56 m \cdot s^{-1}$ 增加至 $0.81 m \cdot s^{-1}$。

Sawyer 对 NO_2 和 NO 的反应机理进行了大量的实验研究,结果表明,H_2 与 NO_2 的反应速率比 H_2 与 NO/O_2(2∶1)混合体系的反应速率快 3 倍,而 H_2 和 NO 不发生反应。

通常计算预混气体火焰燃速时,假设气相反应中的净反应为二级反应。然而,众所周知,NO 的氧化反应通常是三分子反应,例如[40-42]:

$$2NO+Cl_2 \longrightarrow 2NOCl$$
$$2NO+Br_2 \longrightarrow 2NOBr$$
$$2NO+O_2 \longrightarrow 2NO_2$$

Hinshelwood 和 Green[42] 根据 NO 和 H_2 反应的实验结果,提出了如下机理:

$$2NO+H_2 \longrightarrow N_2+H_2O_2(慢)$$
$$H_2O_2+H_2 \longrightarrow 2H_2O(快)$$

测定的总反应级数介于 2.60~2.89。但是,Pannetier 和 Souchay[43] 提出的由于是三分子反应过程,因此,上述假设不成立,他们提出如下反应机理:

$$2NO \rightleftharpoons N_2O_2(快)$$
$$N_2O_2+H_2 \longrightarrow N_2+H_2O_2(慢)$$
$$H_2O_2+H_2 \longrightarrow 2H_2O(快)$$

在上述一系列反应中,包含 N_2O_2 的慢反应是决定速度步骤。NO 快速发生反应与 N_2O_2 达到平衡。因此,N_2 和 H_2O 的生成速度相对于 NO 和 H_2 是三级反应。这些反应步骤的总和为三级反应,而基元反应均为双分子的二级反应。

总之,醛和 NO_2 之间的气相反应易于发生并放出大量热。反应速率与醛和 NO_2 的混合比例密切相关。在醛比较多的体系中,反应速率随着 NO_2 浓度的增加而增加。此外,在 1200K 下未观察到 NO 参与反应。NO 参与的总的化学反应为三级反应,表明反应对压强敏感。关于上述反应的讨论有助于理解硝基聚合物推进剂的气相反应机理。

5.2.2 聚叠氮缩水甘油醚

5.2.2.1 热分解和燃速

用环已烷二异氰酸酯(HMDI)的 NCO 基团来固化聚叠氮缩水甘油醚(GAP)预聚物的端羟基,并与三羟基甲基丙烷(TMP)交联形成 GAP 共聚物,这种共聚物由 84.8% 的 GAP 预聚物,12.0% 的 HMDI 和 3.2% 的 TMP 组成。GAP 的 DTA 和 TG 表征结果如图 5.15 所示,在 475~537K 伴随有质量损失,放热峰归因于分解和气化反应。发生了两阶段的气化反应:第一阶段是伴随放热的快速反应;第二阶段相对比较慢,没有放热[44]。第一阶段放热气化的活化能是 $174kJ \cdot mol^{-1}$。

在 532K 下制备 GAP 热解共聚物,热降解的质量损失分数 β 为 0.25[44]。放

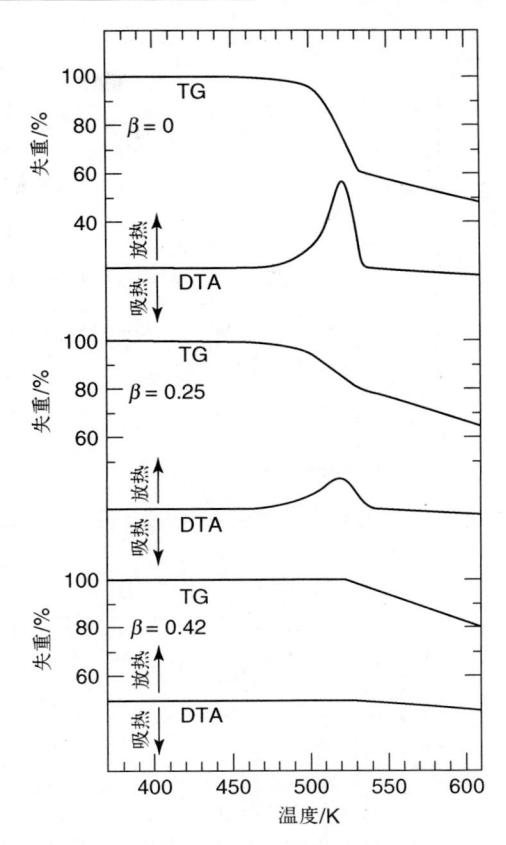

图 5.15　热降解的 GAP 热分解表明,随降解质量分数增大,放热峰变小

热峰减小,在 529K 且 $\beta = 0.25$ 处完成第一阶段反应。在第一阶段反应末尾 (537K,$\beta = 0.42$)中止加热,得到的 GAP 共聚物无放热峰出现。GAP 共聚物的放热反应只发生在分解的早期阶段,余下部分的气化无放热反应。

如图 5.16 所示,GAP 共聚物中氮原子分数随着 β 的增加而线性降低。在第一阶段反应过程中($\beta<0.41$)氮原子的质量分数为 68%,余下的 32% 的氮原子在第二阶段反应过程中($\beta>0.41$)气化。与氮原子的释放相似,GAP 共聚物的 H、C、O 原子分数在 $\beta<0.41$ 的范围内,随着 β 的增大而呈线性降低。

对热降解前后的 GAP 聚合物进行红外分析,结果表明,初始 GAP 共聚物 ($\beta = 0$)叠氮基的吸收峰位于 $2150 cm^{-1}$[44],热降解后($\beta = 0.41$)叠氮基的吸收峰完全消失。在 537K 以上,GAP 共聚物中的—N_3 热解生成 N_2。因此,第一反应阶段观察到 GAP 共聚物的气化,由两个氮原子的裂解产生,伴随着热量的释放。剩余的 C—H—O 分子碎片在第二阶段中分解,该过程不放热。

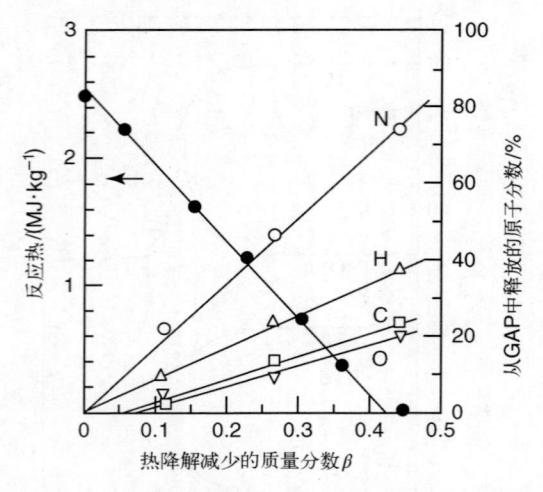

图 5.16 GAP 热解过程中释放出的原子分数和反应热

如图 5.17 所示,在 lnr-lnp 曲线中 GAP 共聚物的燃速随着压强的增加线性增加,根据式(3.71),在恒定的初始温度下,GAP 共聚物的燃速压强指数为 0.44;在恒定压强下,燃速温度敏感系数为 0.010K^{-1}。

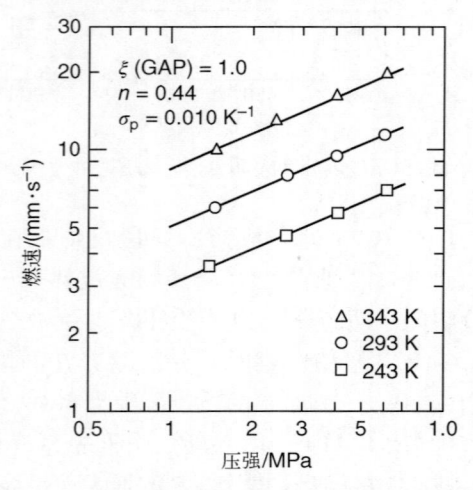

图 5.17 GAP 共聚物在三个不同温度下的燃速

5.2.2.2 燃烧波结构

GAP 共聚物的燃烧波可划分为三个区域:区域Ⅰ为非反应热传导区,区域Ⅱ为凝聚相反应区,区域Ⅲ是气相反应区,最终产物在该区形成。区域Ⅱ分解反应开始于 T_u,气化反应完成于区域Ⅱ的 T_s。该反应过程类似于 HMX 和 TAGN,见图 5.5。

由燃烧波的温度分布数据可确定区域Ⅱ($\Theta_Ⅱ$)和区域Ⅲ($\Lambda_Ⅲ$)的热流。如图5.18所示,$\Theta_Ⅱ$和$\Lambda_Ⅲ$均随着压强的增加而线性增加,$\Theta_Ⅱ \sim p^{0.75}$,$\Lambda_Ⅲ \sim p^{0.8}$。区域Ⅱ的反应热为624kJ·kg^{-1}。值得注意的是,虽然HMX的绝热火焰温度(1900K)高于GAP共聚物,但HMX在区域Ⅱ的反应热为300kJ·kg^{-1}。而且GAP的$\Lambda_Ⅲ$与HMX的$\Lambda_Ⅲ$处于相同数量级,但是GAP的$\Theta_Ⅱ$比HMX的$\Theta_Ⅱ$大10倍多,见图5.6。

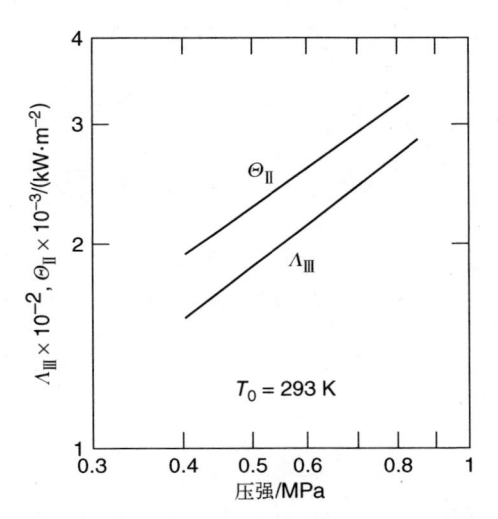

图5.18 由气相传递到燃烧表面的热流和GAP共聚物燃烧表面产生的热流与压强的关系

5.2.3 双叠氮甲基环丁烷

5.2.3.1 热分解和燃速

BAMO受热时发生放气汽化反应,当质量损失达到35%时,放热反应完成。在该气化过程中,BAMO中的两个氮三键断裂生成氮气并伴随着放热。剩余部分在高温区继续气化,但不发生放热反应。作为参比,BCMO的热分解过程见图5.19,在气化反应过程中无放热反应发生。图5.20为BAMO分解温度T_d和放热峰温度T_p随加热速率变化的曲线图。当加热速率θ加快时,在$\ln(\theta/T^2)$与$1/T$的曲线上,T_d和T_p都移向高温区,分解活化能为158kJ·mol^{-1}。

图5.21为不同N$_3$键密度$\xi(N_3)$组成的BAMO共聚物的分解热Q_d。THF与BAMO的预聚物共聚,N$_3$键密度随着BAMO预聚物和THF的质量分数比率的改变而变化。由DSC法测定的Q_d(MJ·kg^{-1})与$\xi(N_3)$(mol·mg^{-1})的关系如下[46]:

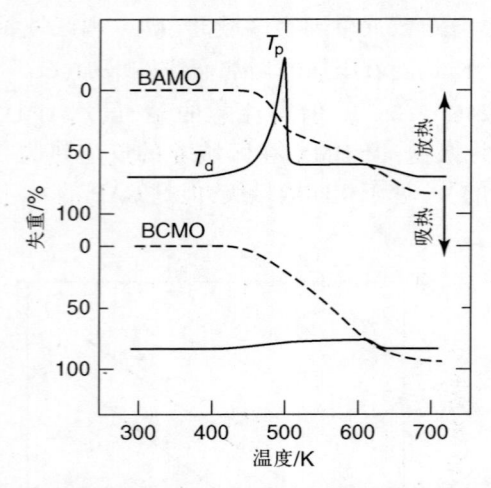

图 5.19　含有 C—N₃ 键的 BAMO 分解同时快速放热,质量损失 35%;
含有 C—Cl 键的 BCMO 分解相对缓慢,并不放热

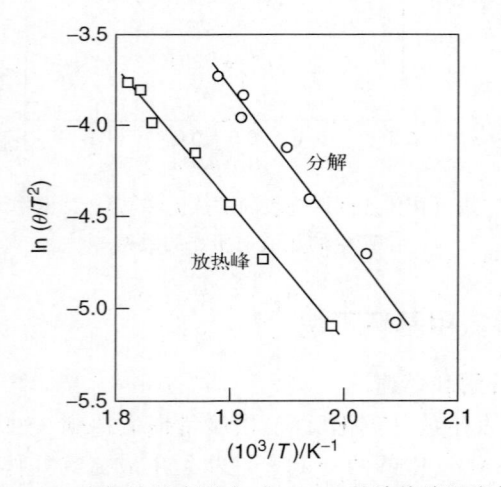

图 5.20　当加热速率增大时 BAMO 的放热峰温度与
分解温度向高温方向移动

$$Q_d = 0.6\xi(N_3) - 2.7 \quad (5.7)$$

分解热随着 N₃ 键密度的增加而呈线性增加。

利用红外光谱分析 BAMO 共聚物燃烧中止物的凝聚相反应区。在非加热区,可观察到 N₃、C—O、C—H 和 N—H 键的吸收峰。在表面反应区(燃烧表面以下 0~0.5mm),N₃ 键的吸收峰消失。但是,仍可观察到 C—O、C—H 和 N—H 键的吸收峰。这表明在亚表面和表面反应区存在 N₃ 键的分解,并发生了放热反应[45]。

第 5 章 晶体物质和聚合物的燃烧

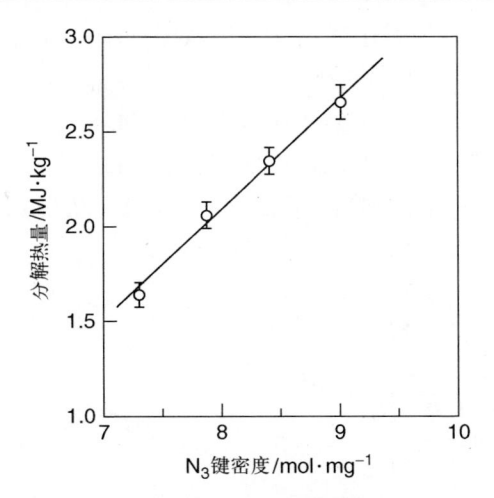

图 5.21 在 BAMO 共聚物中 N_3 键密度增大时分解热也增大

在 T_0 = 293K 时,BAMO 共聚物的燃烧速率与 Q_d 和 $\xi(N_3)$ 的关系见图 5.22。3MPa 下在半对数曲线中燃速 $r(\text{mm·s}^{-1})$ 与 Q_d 的曲线关系表示如下:

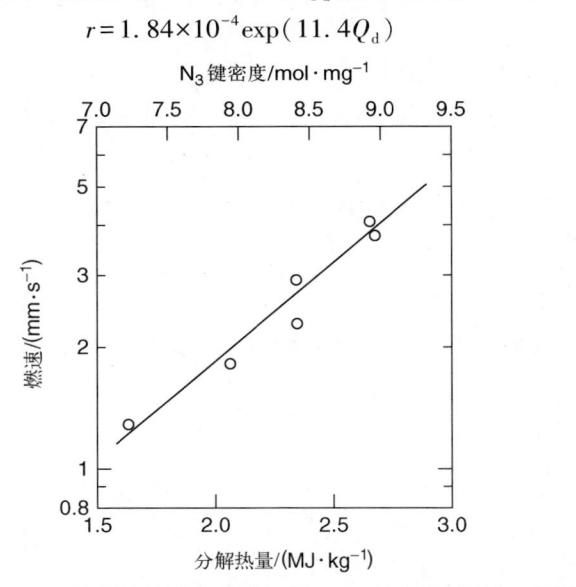

$$r = 1.84 \times 10^{-4} \exp(11.4 Q_d) \tag{5.8}$$

图 5.22 BAMO 共聚物的燃速随分解热和 N_3 键密度的增加而增加

图 5.23 是当 BAMO/THF 组成比为 60:40 和 50:50 时,BAMO 共聚物的燃速与压强的关系[31]。在初温 T_0 不变时,在 $\ln r$-$\ln p$ 曲线中燃速随压强增加而线性增加。燃速对 BAMO/THF 的混合比例非常敏感,而且 BAMO 共聚物的燃速

123

对 T_0 的变化也敏感。在恒定压强 p 下,当 BAMO/THF 组成比为 60∶40 时,燃速随着 T_0 的增加急剧增加,见图 5.24。燃速表示为

$$r = 0.55 \times 10^{-3} p^{0.82}, T_0 = 243 \text{K}$$
$$r = 2.20 \times 10^{-3} p^{0.82}, T_0 = 343 \text{K}$$

按照式(3.73),燃速温度敏感系数在 3MPa 时为 0.0112K^{-1}。

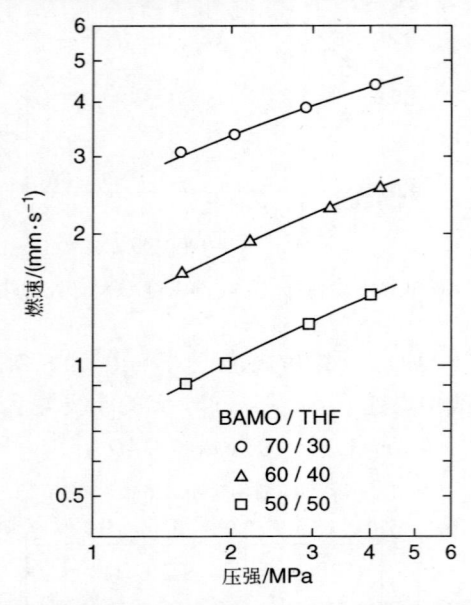

图 5.23 恒压下 BAMO/THF 共聚物的燃速随 BAMO 质量分数增加而增加

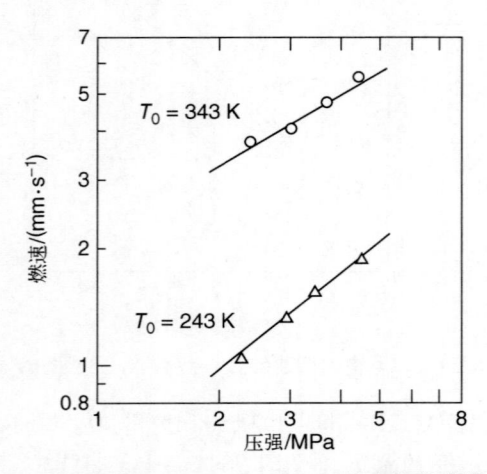

图 5.24 初温对 BAMO/THF=60∶40 共聚物燃速的影响

5.2.3.2 燃烧波结构和热传递

当 BAMO 共聚物在惰性气体带压环境中燃烧时,燃烧表面放热并形成含碳的固体残渣。BAMO 共聚物燃烧波温度从初始温度 T_0 增加至燃烧表面温度 T_s,最终达到火焰温度 T_f。在 p 为 3MPa 时,BAMO 共聚物(BAMO/THF = 60:40)的燃烧表面温度随着 T_0 的增加而增加。在 T_0 = 243K 时,T_s = 700K;在 T_0 = 343K 时,T_s = 750K。T_0 对 T_s 的影响定义为 $(dT_s/dT_0)_p$,它的测量值为 0.5[46]。

如图 5.25 所示,T_0 = 243K、p = 3MPa 时,气相的温度梯度在燃烧表面达到最大值,并随着离开燃烧表面的距离而减小,在离燃烧表面距离为 1.1mm 时减为 0。当初始温度 T_0 从 243K 增加至 343K 时,温度梯度增加,在离燃烧表面距离为 0.7mm 时温度梯度为 0。

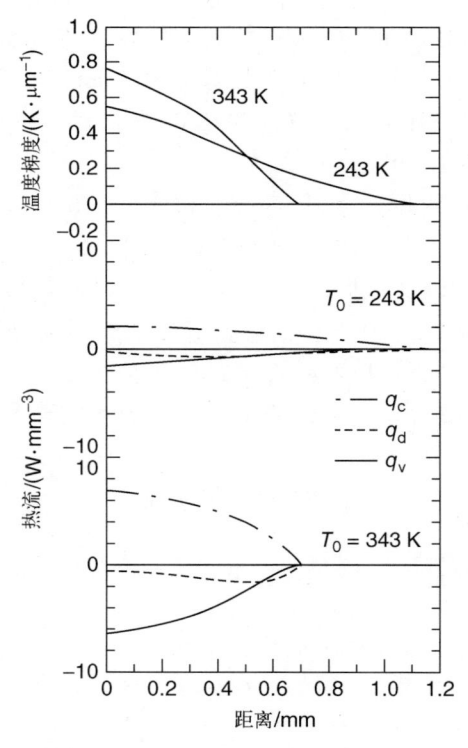

图 5.25 在 3MPa(初温:243K 和 343K)下 BAMO/THF = 60:40 共聚物的温度梯度、传导热流、对流热流和化学反应热流与燃烧表面距离的关系

稳态燃烧的气相能量守恒方程由式(3.41)给出。假定在气相区 λ_g 和 c_g 物理参数恒定,式(3.14)可表示为

$$q_d(x) + q_v(x) + q_c(x) = 0 \tag{5.9}$$

热传导的热流为 $$q_d(x) = \lambda_g \frac{d^2 T}{dx^2} \qquad (5.10)$$

对流热流为 $$q_v(x) = -mc_g \frac{dT}{dx} \qquad (5.11)$$

化学反应热流为 $$q_c(x) = Q_g \omega_g(x) \qquad (5.12)$$

在气相中总反应速率 ω_g 可表达为

$$\omega_g = \int_0^\infty \omega_g(x) dx = m \qquad (5.13)$$

利用图5.24的燃速数据和图5.25的温度梯度数据,可以得到由式(5.10)~式(5.12)给出的热流与燃烧距离的关系。如图5.25所示,不论初始温度是高还是低,$q_c(x)$在燃烧表面均是最大的,并随燃面距离的增大而减少。343K时的对流热流 $q_c(0)$ 为243K时的3.3倍,对 $T_0 = 243K$ 时反应距离到气相反应完成的距离是1.1mm,而对于 $T_0 = 343K$ 的距离是0.7mm。根据图5.24、图5.25和式(5.13)可以得出,在3MPa下,在 $T_0 = 243K$ 时的 ω_g 为 $1.58 \times 10^3 kg \cdot m^{-3} \cdot s$,而在 $T_0 = 343K$ 时 ω_g 为 $7.62 \times 10^3 kg \cdot m^{-3} \cdot s$。

将实验得到的 T_s 数据代入式(3.75)和式(3.76)可以得到:$T_0 = 243K$ 时 $Q_s = 457 kJ \cdot kg^{-1}$;在 $T_0 = 343K$ 时 $Q_s = 537 kJ \cdot kg^{-1}$。

将实验得到的 T_s 和 Q_s 数据代入式(3.75)和式(3.76)得到气相区的燃速温度敏感系数 $\Phi = 0.0028 K^{-1}$,固相区的燃速温度敏感系数 $\Psi = 0.0110 K^{-1}$,Ψ 约为 Φ 的4倍。由 Φ 和 Ψ 的总和表示的 σ_p 的计算值为 $\sigma_p = 0.014 K^{-1}$,与实验值接近。燃烧表面反应热是影响BAMO共聚物燃速温度敏感系数的主要因素。

参 考 文 献

[1] Arden, E. A., Powling, J., and Smith, W. A. W. (1962) Observations on the burning rate of ammonium perchlorate. Combust. Flame, 6(1), 21-33.

[2] Levy, J. B. and Friedman, R. (1962) 8th Symposium (International) on Combustion, The Williams & Wilkins, Baltimore, MD, pp. 663-672.

[3] (a) Bircumshaw, L. L. and Newman, B. H. (1954) The thermal decomposition of ammonium perchlorate I. Proc. R. Soc., A227(1168), 115-132; (b) see also Bircumshaw, L. L. and Newman, B. H. (1955) The thermal decomposition of ammonium perchlorate II. Proc. R. Soc., A227(1169), 228-241.

[4] Jacobs, P. W. M. and Pearson, G. S. (1969) Mechanism of the decomposition of ammonium perchlorate. Combust. Flame, 13, 419-429.

[5] Jacobs, P. W. M. and Whitehead, H. M. (1969) Decomposition and combustion of

ammonium perchlorate. Chem. Rev. ,69,551-590.
- [6] Jacobs,P. W. M. and Powling,J. (1969) The role of sublimation in the combustion of ammonium perchlorate propellants. Combust. Flame,13,71-81.
- [7] Hightower,J. D. and Price,E. W. (1967) Combustion of ammonium perchlorate. 11th Symposium (International) on Combustion,The Combustion Institute,Pittsburgh,PA,1967,pp. 463-470.
- [8] Steinz,J. A. ,Stang,P. L. ,and Summer field,M. (1969) The Burning Mechanism of Ammonium Perchlorate Based Composite Solid Propellants,Aerospace and Mechanical Sciences Report No. 830,Princeton University.
- [9] Beckstead,M. W. ,Derr,R. L. , and Price,C. F. (1971) The combustion of solid monopropellants and composite propellants. 13th Symposium (International) on Combustion, The Combustion Institute,Pittsburgh,PA,pp. 1047-1056.
- [10] Manelis,G. B. and Strunin,V. A. (1971) The mechanism of ammonium perchlorate burning. Combust. Flame,17,69-77.
- [11] Brill,T. B. ,Brush,P. J. ,and Patil,D. G. (1993) Thermal decomposition of energetic materials 60. major reaction stages of a simulated burning surface of NH_4ClO_4. Combust. Flame,94,70-76.
- [12] Mitani,T. and Niioka,T. (1984) Double flame structure in AP combustion. 20th Symposium (International) on Combustion, The Combustion Institute, Pittsburgh, PA, pp. 2043-2049.
- [13] Guirao,C. and Williams,F. A. (1971) A model for ammonium perchlorate deflagration between 20 and 100 atm. AIAA J. ,9,1345-1356.
- [14] Tanaka,M. and Beckstead,M. W. (1996) A three-phase combustion model of ammonium perchlorate, AIAA 96 - 2888. 32nd AIAA Joint Propulsion Conference, AIAA, Reston, VA,1996.
- [15] Sarner,S. F. (1966) Propellant Chemistry,Reinhold Publishing Corporation,New York.
- [16] Boggs,T. L. (1984) The thermal behavior of cyclotrimethylenetrinitramine (RDX) and cyclotetramethylenetetran itramine (HMX),in Fundamentals of Solid-Propellant Combustion, Progress in Astronautics and Aeronautics,vol. 90,Chapter 3 (eds K. K. Kuo and M. Summerfield),AIAA,New York.
- [17] Kubota,N. (1989) Combustion mechanism of HMX. Propellants Explos. Pyrotech. ,14, 6-11.
- [18] Suryanarayana,B. ,Graybush,R. J. ,and Autera,J. R. (1967) Thermal degradation of secondary nitramines:a nitrogen tracer study of HMX. Chem. Ind. ,52,2177.
- [19] Kimura,J. and Kubota,N. (1980) Thermal decomposition process of HMX. Propellants Explos. ,5,1-8.
- [20] Fifer,R. L. (1984) Chemistry of nitrate ester and nitramine propellants,in Fundamentals of

Solid-Propellant Combustion, Progress in Astronautics and Aeronautics, vol. 90, Chapter 4 (eds K. K. Kuo and M. Summerfield), AIAA, New York.

[21] Beal, R. W. and Brill, T. B. (2000) Thermal decomposition of energetic materials 77. Behavior of N-N bridged bifurazan compounds on slow and fast heat ing. Propellants Explos. Pyrotech. ,25,241-246.

[22] Beal, R. W. and Brill, T. B. (2000) Thermal decomposition of energetic materials 78. Vibrational and heat of formation analysis of furazans by DFT. Propellants Explos. Pyrotech. , 25,247-254.

[23] Nedelko, V. V. , Chuk anov, N. V. , Rae vsk ii, A. V. , Korsounskii, B. L. , Larikova, T. S. , Kolesova, O. I. , and Volk, F. (2000) Comparative investigation of thermal decomposition of various modifications of hexanitrohexaazaisowurtzitane (CL-20). Propellants Explos. Pyrotech. ,25,255-259.

[24] Häußler, A. , Klapötke, T. M. , Holl, G. , and Kaiser, M. (2002) A combined experimental and theoretical study of HMX (Octogen, Octahydro-1,3,5,7-tetranitro-1,3,5,7-tetrazocine) in the gas phase. Propellants Explos. Pyrotech. ,27,12-15.

[25] Hinshelwood, C. N. (1950) The Kinetics of Chemical Change, Oxford University Press, Oxford.

[26] Kubota, N. , Hirata, N. , and Sakamoto, S. (1986) Combustion mechanism of TAGN. 21st Symposium (International) on Combustion, The Combustion Institute, Pittsburgh, PA, 1986, pp. 1925-1931.

[27] Santhosh, G. , Venkatachalam, S. , Krishnan, K. , Catherine, B. K. , and Ninan, K. N. (2000) Thermal decomposition studies on advanced oxidiser: ammonium dinitramide. Proceedings of the 3rd (International) Conference on High-Energy Materials, Thiruvananthapuram, India, 2000.

[28] Varma, M. , Chatterjee, A. K. , and Pandey, M. (2002) in Advances in Solid Propellant Technology, 1st International HEMSI Workshop (eds M. Varma and A. K. Chatterjee), Birla Institute of Technology, pp. 144-179.

[29] Adams, G. K. and Wiseman, L. A. (1954) The Combustion of Double-Base Propellants, Selected Combustion Problems, Butterworth's Scientific Publications, London, pp. 277-288.

[30] Adams, G. K. (1965) The chemistry of solid propellant combustion: nitrate esters of double-base systems. Proceed ings of the 4th Symposium on Naval Structural Mechanics, Purdue University, Lafayette, IN, pp. 117-147.

[31] Powling, J. and Smith, W. A. W. (1958) The combustion of the butane-2,3- and 4-diol dinitrates and some aldehyde nitrogen dioxide mixtures. Combust. Flame,2(2),157-170.

[32] Hewkin, D. J. , Hicks, J. A. , Powling, J. , and Watts, H. (1971) The combustion of nitricester-based propellants: ballistic modification by lead compounds. Combust. Sci.

Technol. ,2,307-327.

[33] Robertson, A. D. and Napper, S. S. (1907) The evolution of nitrogen peroxide in the decomposition of gun cotton. J. Chem. Soc. ,91,764-786.

[34] Pollard, F. H. and Wyatt, P. M. H. (1950) Reactions between formaldehyde and nitrogen dioxide; part Ⅲ, the determination of flame speeds. Trans. Faraday Soc. ,46(328),281-289.

[35] McDowell, C. A. and Thomas, J. H. (1950) Oxidation of aldehydes in the gaseous phase; part IV. The mechanism of the inhibition of the gaseous phase oxidation of acetaldehyde by nitrogen peroxide. Trans. Faraday Soc. ,46(336),1030-1039.

[36] Sawyer, R. F. and Glassman, I. (1969) The reactions of hydrogen with nitrogen dioxide, oxygen, and mixtures of oxygen and nitric oxide. 12th Symposium (International) on Combustion, The Combustion Institute, Pittsburgh, PA, 1969, pp. 469-479.

[37] Cummings, G. A. (1958) Effect of pressure on burning velocity of nitric oxide flames. Nature,4619,1327.

[38] Strauss, W. A. and Edse, R. (1958) Burning velocity measurements by the constant pressure bomb method. 7th Symposium (International) on Combustion, The Combustion Institute, Pittsburgh, 1958, pp. 377-385.

[39] Sawyer, R. F. (1965) The homogeneous gas-phase kinetics of reactions in hydrazine-nitrogen tetraoxide propellant system. PhD thesis, Princeton University.

[40] Heath, G. A. and Hirst, R. (1962) 8th Symposium (International) on Combustion, Williams & Wilkins Company, Baltimore, MD, pp. 711-720.

[41] Penner, S. S. (1957) Chemistry Problems in Jet Propulsion, Pergamon Press, New York.

[42] Hinshelwood, C. N. and Green, T. E. (1926) The interaction of nitric oxide and hydrogen and the molecular statis tics of termolecular gaseous reactions. J. Chem. Soc. ,730-739.

[43] Pannetier, G. and Souchay, P. (1967) Chemical Kinetics, Elsevier Publishing Company, New York.

[44] Kubota, N. and Sonobe, T. (1988) Combustion mechanism of azide polymer. Propellants Explos. Pyrotech. ,13,172-177.

[45] Miyazaki, T. and Kubota, N. (1992) Energetics of BAMO. Propellants Explos. Pyrotech. , 17,5-9.

[46] Kubota, N. (1995) Combustion of energetic azide polymers. J. Propul. Power,11(4), 677-682.

[47] Kubota, N. (2000) Propellant chemistry. J. Pyrotech. ,11,25-45.

第6章 双基推进剂的燃烧

6.1 NC-NG 推进剂的燃烧

6.1.1 燃速特性

自从发明双基推进剂(也称无烟火药)以来,许多研究者都在尝试改善和控制其燃烧性能。在20世纪初,就已建立了大多数双基推进剂都适用的燃速关系式,即 Vieille 定律(式(3.68))。Vieille 定律指出,燃速与压强的 n 次方成正比,n 即燃速压强指数。同时做了大量关于双基推进剂燃烧的实验和理论研究,提出了许多燃烧模型,这些模型较好地描述了燃烧波结构和燃速特征,一些模型在文献[1-6]中有介绍。燃烧模型最初是由 Crawford[7] 建立的,理论模型是由 Rice 和 Ginell[8]、Parr 和 Crawford[9] 提出的。这些模型描述了燃烧的基本过程和燃速测定的范围。Heller 和 Gordon[10] 首次进行了火焰结构的照相观测,之后 Kubota[11]、Eisenreich[12] 以及 Aoki 和 Kubota[13] 也做了一些工作。

在燃烧过程中,由硝基热分解放出的氧化剂与其他分解产物分子发生反应,放出热量。在验证这些详细过程中,研究者们试图了解上述反应过程是如何转化为双基推进剂燃烧的总特性(比如燃速对压强依赖性)。双基推进剂典型燃速曲线见图 6.1(燃速与压强)和图 6.2(燃速与爆热 H_{exp})。在 $\lg p$-$\lg u$ 曲线中,每个推进剂的燃速随着压强的增加而线性增加。尽管在相同的压强下,燃速随着推进剂能量密度(H_{exp})的增加而增大,但是在 3.47~4.95MJ·kg^{-1} 范围内,燃速压强指数 $n=0.64$,显然与 H_{exp} 无关。

6.1.2 燃烧波结构

双基推进剂的燃烧波结构如图 6.3 所示,由五个连续区域组成:Ⅰ预热区;Ⅱ固相反应区;Ⅲ嘶嘶区;Ⅳ暗区;Ⅴ火焰区[7,10,13-15]。

(1) 预热区:热量由燃烧表面传到预热区,产生热效应,但不发生化学变化。温度由推进剂内部初温 T_0 升高到凝聚相反应区的温度 T_u。

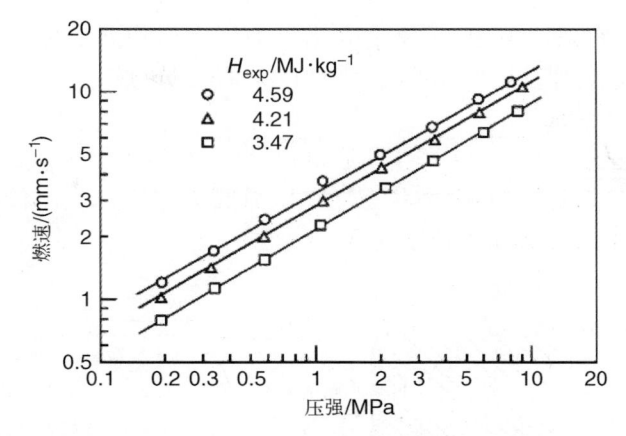

图 6.1　压强一定时 NC-NG 双基推进剂燃速随其能量密度增加
而增加,而当能量密度改变时压强指数不变

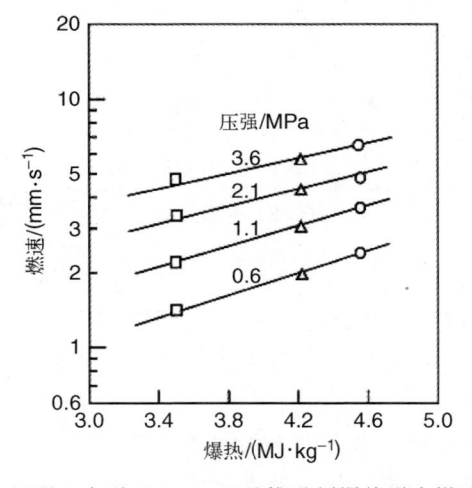

图 6.2　压强一定时 NC-NG 双基推进剂爆热增大燃速也增大

（2）固相反应区:这个区内主要发生热分解反应,产生二氧化氮和醛类物质。这类放热反应过程主要发生在固相和(或)燃烧表面处。在固相与燃烧表面间有一个固-气和(或)固-液-气的薄界面层。在界面层,含能的 NO_2 碎片可氧化醛类物质并放出热量。因此凝聚相区总反应表现为放热反应,凝聚相反应区很薄,其温度与燃烧表面温度 T_s 近似相同。

（3）嘶嘶区:主要的碎片如 NO_2、醛及其他 C—H—O 和 C—H(HC)物质反应生成 NO、CO、H_2O、H_2 和 C。该反应在气相反应初期迅速发生,紧靠着燃烧表面区域。

（4）暗区：在该区域中，主要是嘶嘶区的反应产物间发生氧化还原反应。NO、CO、H_2 和 C 碎片发生反应生成 N_2、CO_2 和 H_2O。这些反应很慢，只有在高温和高压下反应才能加快。

（5）火焰区：暗区反应在诱导期后迅速发生，产生火焰区。在火焰区，燃烧生成最终产物，并且达到热平衡状态。在压强低于 1MPa 时，不能产生火焰区，主要由于 NO 还原生成 N_2 的速度太慢。

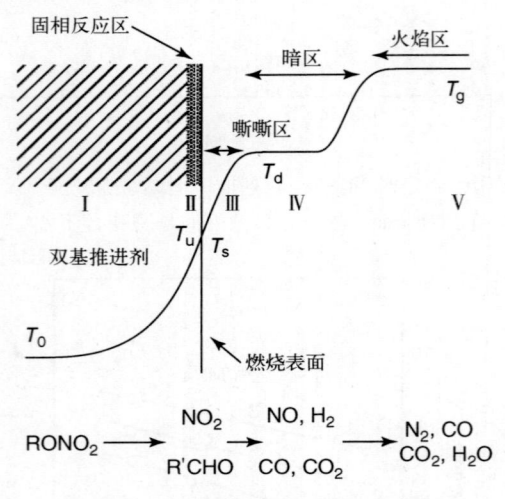

图 6.3 双基推进剂的燃烧波结构

固相反应区也称为"亚表面反应区"或"凝聚相反应区"。暗区反应是产生火焰的诱导区，因此，暗区又称产生发光火焰区的"预备区"。因为火焰区发光，所以也叫发光火焰区。

火焰结构的照相观测技术有助于理解双基推进剂的燃烧特性。图 6.4 是不同压强下双基推进剂的火焰照片。推进剂药条在充 N_2 的烟囱型燃烧室内燃烧。在燃烧表面和发光火焰区之间可清晰地观测到暗区，暗区长度 L_d 定义为：燃烧表面和发光火焰阵面之间的距离（嘶嘶区的长度 L_z 包括在 L_d 内，因为 $L_d \gg L_z$）。L_d 随着压强的增大而减小，即压强增大时发光火焰也越来越靠近燃烧表面。

	p/MPa	r/(mm·s^{-1})
（a）	1.0	2.2
（b）	2.0	3.1
（c）	3.0	4.0

双基推进剂的燃烧波热结构通过燃烧温度分布曲线获得。在固相反应区，温度由推进剂初温 T_0 迅速上升至固相反应温度 T_u，T_u 略低于燃烧表面温度 T_s。

温度继续上升,由 T_s 快速升到嘶嘶区温度 T_d,T_d 与暗区初温相当。在暗区温度上升较缓慢,暗区的厚度比固相反应区和嘶嘶区厚得多。在暗区到火焰区,温度又快速上升,并达到最高火焰温度 T_g(绝热火焰温度)。

双基推进剂的燃烧波可分为两个气相反应阶段:嘶嘶区和暗区。嘶嘶区的厚度依赖于燃烧表面所涉及气态物质的化学动力学,与燃烧表面的压强有关。随着压强的增加,嘶嘶区的厚度减少,结果产生一个递增的温度梯度。热量由气相传至凝聚相的速率随着压强的增大而加快。暗区的厚度(火焰远离距离)随着压强的增加而减小,导致发光火焰靠近燃烧表面(图 6.4)。嘶嘶区和暗区随着压强增大而减小的同时,燃速随着压强增大而增加[10,13]。

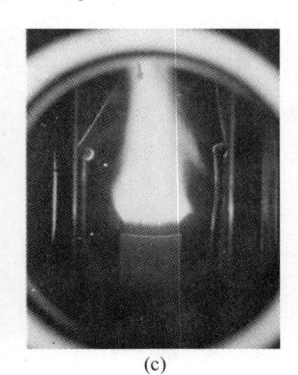

图 6.4 双基推进剂的典型火焰照片

对双基推进剂燃烧产物中多种气相组分进行分析[7,10],结果表明:在高压下,最终燃烧产物中仅存在痕量的 NO(1%),几乎所有 NO 均在发光火焰中消耗。在暗区,相对大量的 NO 在低压(30%)或高压(20%)下存在。NO 的氧化反应是暗区中的主要产热反应。

Sotter 对暗区中可能发生的化学反应进行了理论分析[16],其中包含 12 种化学物质,16 个可逆反应及 4 个不可逆反应。其中最重要的反应如下:

$$H+H_2O \longrightarrow H_2+OH$$
$$CO+OH \longrightarrow CO_2+H_2$$
$$2NO+H_2 \longrightarrow 2HNO$$
$$2HNO+H_2 \longrightarrow 2H_2O+N_2(快)$$

NO 参加的第三个化学反应为三分子反应。因此,总反应的级数有可能高于二级,通常假定预混气体的燃烧为二级反应。双基推进剂在燃烧过程中产生发光火焰是由于 NO 还原为 N_2 所释放的大量热量。因此,当该反应产热不足时火焰消失。

暗区中温度升高相对缓慢,因此,在大多数情况下温度梯度较嘶嘶区更平缓。然而,在距火焰反应开始处约为$50\mu m$,温度快速增加产生发光火焰。气体流速随着距离的增大而加快,而温度的升高会导致距离的增大。随着远离暗区,NO、CO和H_2的摩尔分数降低,而NO、CO_2和H_2O的摩尔分数增加。结果表明,暗区中的总反应放出大量热,且由于NO的还原反应,反应级数高于2。在暗区中,温度对于时间t的导数由式(6.1)进行经验表示[16]:

$$\frac{dT}{dt} = c\rho_g^{1.9}\exp\left(-\frac{E_g}{RT}\right) \tag{6.1}$$

式中:c为常数;ρ_g为密度;T为温度;E_g为活化能($100\sim150\text{kJ}\cdot\text{mol}^{-1}$)。

如果发光火焰的传播速度低于所产生气体的射流速度(在暗区边缘),没有火焰产生。如果气体的射流速度与燃速成正比,则与发光火焰无关。根据层流火焰速度理论,火焰速度S_L正比于$p^{(m/2)-1}$,其中m为化学反应的级数。另外,在暗区产生气体的逸出速度u_g正比于p^{n-1},n为燃速的压强指数。暗区长度由式(3.70)给出。根据经验式(6.1)及式(3.65)~式(3.70a)中的理论分析,暗区的温度梯度可表示为$\frac{dT}{dx}\propto\frac{\rho_g^{2.9}}{r}$,暗区长度$L_d\propto\rho^{n-2.9}$。结果表明,对于气相反应,由式(3.70)可求得化学反应的级数$m=n-d=2.9$。相对于传统预混火焰中的其他气相反应,暗区中的反应对压强更敏感。

6.1.2.1 气相反应区

将双基推进剂燃烧过程中可能涉及的反应步骤总结如下:

区域Ⅰ→区域Ⅱ:在燃烧表面和在表面下的反应。

$$R\text{—}ONO_2 \longrightarrow NO_2 + R'\text{—}CHO\text{ 碎片}$$
$$(NC、NG)\quad(HCHO、CH_3CHO、HCOOH\text{ 等})$$

虽然该分解反应为吸热反应,但是在燃烧表面或表面下的区域中,NO_2参与的分解过程总体为放热反应过程。

区域Ⅱ→区域Ⅲ:反应发生在表面区和嘶嘶区(气相中温度快速上升,在燃面处释放热量)。

$$NO_2 + R'\text{—}CHO\text{ 碎片} \longrightarrow NO + C\text{—}H\text{—}O\text{ 碎片}$$
$$(HCHO、CH_3CHO、HCOOH\text{ 等})(CO、CO_2、CH_4、H_2O、H_2\text{ 等})$$

例如:

$$NO_2 + HCHO \longrightarrow NO + H_2O + CO \quad Q = 180\text{kJ}\cdot\text{mol}^{-1}$$
$$2NO_2 + HCHO \longrightarrow 2NO + H_2O + CO_2 \quad Q = 407\text{kJ}\cdot\text{mol}^{-1}$$

不太可能的反应是:

$$NO_2 + HCHO \longrightarrow 1/2\,N_2 + H_2O + CO_2 \quad Q = 554\text{kJ}\cdot\text{mol}^{-1}$$

$$2NO+HCHO \longrightarrow N_2+H_2O+CO_2 \qquad Q=340kJ \cdot mol^{-1}$$

NO_2分子在该区域完全消耗。

区域Ⅲ→区域Ⅳ:暗区反应(包含 NO 的三级化学反应,然后是压强敏感反应)。

$$NO+C—H—O\text{ 碎片} \longrightarrow N_2+CO_2,CO,H_2O \text{ 等}$$
$$(CO、H_2、CH_4\text{等})$$

该反应大多发生于 1300K 以上。

区域Ⅳ→区域Ⅴ:发光火焰区的反应(陡峭的温度梯度与发光火焰前锋一致,产生最终的火焰和燃烧产物)。

$$NO+C—H—O\text{ 碎片} \longrightarrow N_2,CO_2,H_2O,CO \text{ 等}$$

例如:

$$NO+H_2 \longrightarrow 1/2N_2+H_2O \qquad Q=331kJ \cdot mol^{-1}$$
$$NO+CO \longrightarrow 1/2N_2+CO_2 \qquad Q=373kJ \cdot mol^{-1}$$

在该过程中不发生含有 NO_2 的反应。

6.1.2.2 嘶嘶区的一个简化反应模型

嘶嘶区是双基推进剂燃烧过程中的一个主要区域,它对于理解化学反应过程和该区域的热传递速度非常重要。为了评估嘶嘶区的反应速度及温度曲线,可应用 3.5.5 节中的简化反应速度模型进行描述[2]。

因为嘶嘶区的压强是恒定的,动量守恒式(3.91)很明确。此外,由于嘶嘶区的流动速率非常低,并且在能量守恒式(3.92)中沿着流动方向只发生化学焓的变化,因此,动能可忽略不计。在计算中,燃烧表面温度假定为常数,对燃料和氧化剂在燃烧表面的初始摩尔分数也可进行假定。在嘶嘶区,燃烧表面上产生的主要分解气体是 CH_2O 和 NO_2,它们相互反应生成 NO、H_2O、CO 和 CO_2。该反应包含许多可逆或不可逆的初级反应(式(3.96)),可简化为

$$5CH_2O+7NO_2 \longrightarrow 7NO+5H_2O+3CO+2CO_2$$

假设该反应为 CH_2O 和 NO_2 发生的一步正向反应,沿着流动方向在一维尺度内发生。燃烧表面($x=0$)的反应速率常数 k_f,Y_{CH_2O} 和 Y_{NO_2} 的摩尔比和温度 T_g 表述如下:

$$k_f = 6 \times 10^8 \exp\left(-\frac{8000}{RT}\right)$$
$$Y_{CH_2O} = 0.0138 mol \cdot g^{-1}$$
$$Y_{NO_2} = 0.0098 mol \cdot g^{-1}$$
$$T_s = 598K$$

使用下述燃烧数据:

$r=2.7\text{mm}\cdot\text{s}^{-1}, p=1.0\text{MPa}$

$r=4.1\text{mm}\cdot\text{s}^{-1}, p=2.0\text{MPa}$

$r=5.2\text{mm}\cdot\text{s}^{-1}, p=3.0\text{MPa}$

燃速与压强关系一般通过实验测量得到。在 1.0~3.0MPa 下, $5CH_2O+7NO_2$ 反应的绝热火焰温度约为 1690K。

燃烧表面上温度曲线的计算结果如图 6.5 所示。嘶嘶区中的温度从燃面温度 598K 增加至嘶嘶区结束温度 1690K。图 6.6 为嘶嘶区的温度梯度 dT/dx 随离燃面距离变化的关系曲线。随着压强的增加,dT/dx 快速增加,并且随着压强的增加,dT/dx 的最大值点靠近燃面。

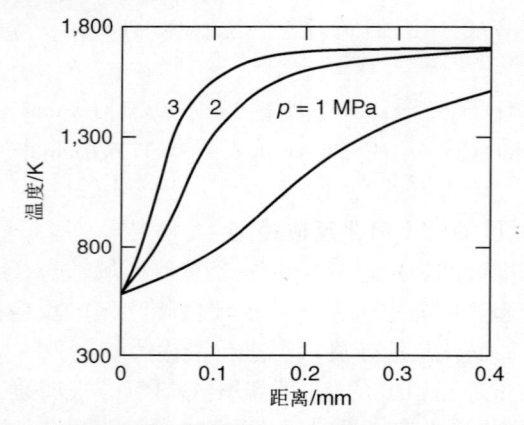

图 6.5 双基推进剂嘶嘶区温度分布表明压强增大时温度升高

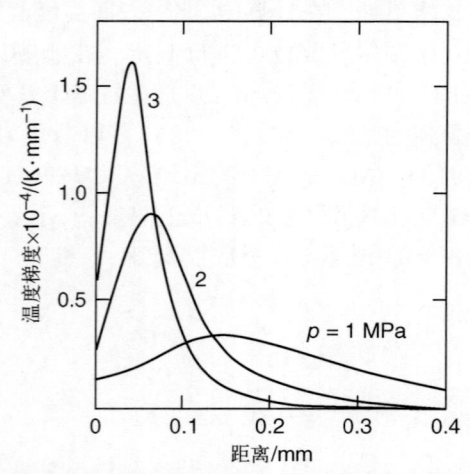

图 6.6 嘶嘶区温度梯度表明最大梯度值随压强增大而增大,且压强越大时最大梯度的位置越靠近燃面

如图 6.7 所示,压强恒定时流速随着离燃面距离的增大而加快。当压强增加时,增加了气体密度降低了流速,这可由质量守恒定律 $\rho_g u_g = \rho_p r$ 及燃速方程 $r = ap^n$ 证明。当方程 $\rho_g u_g = \rho_p ap^n$ 与状态方程 $\rho_g = RT/p$ 结合时,得到 $u_g \sim \rho_p n^{-1} \sim pn^{-1}$ 关系式。如图 6.7 所示,压强指数 $n<1$ 时表明流速 u_g 随着压强的增大而降低。

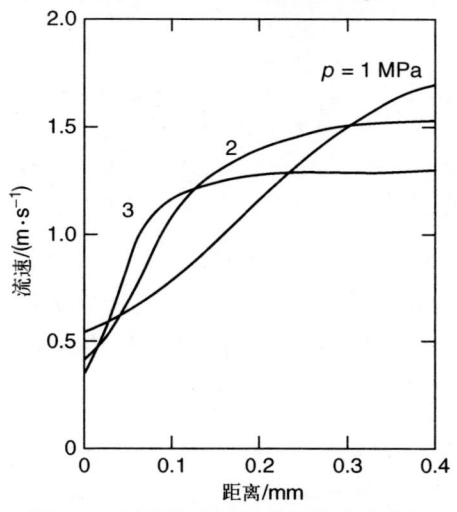

图 6.7 压强增大时反应气体流速降低

图 6.8 为 3MPa 下反应物和产物在嘶嘶区的浓度分布。随着离燃面距离的增

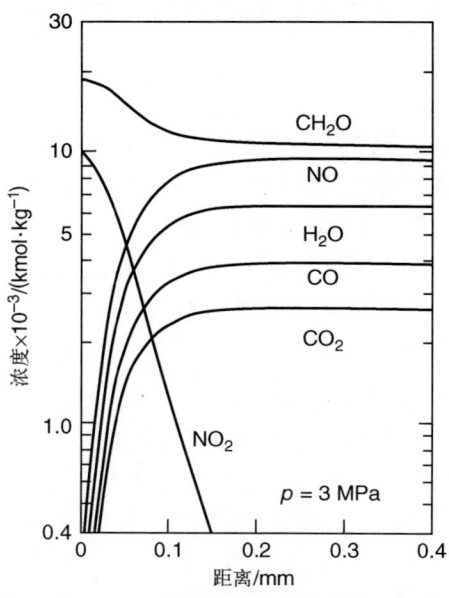

图 6.8 3.0MPa 下摩尔浓度沿气流方向的分布情况

大,反应物 CH_2O、NO_2 的浓度降低,产物 NO、N_2O、H_2O、CO 和 CO_2 的浓度增加。在距燃面约为 0.2mm 处,嘶嘶区的反应完成。

需指出,在嘶嘶区结束时,燃烧产物 NO 作为氧化剂,在暗区 CH_2O 和 CO 作为燃料。连续的反应过程形成两阶段反应区,即嘶嘶区和暗区。暗区反应完成产生发光火焰区,在发光火焰区形成最终的燃烧产物,并且温度达到最大值(图 6.3 和图 6.4)。虽然使用的反应模型非常简单,但可对发生在嘶嘶区的总的化学反应过程进行理解。通过使用近似参数,该模型也可用于评估暗区的反应过程。

6.1.3 燃速模型

6.1.3.1 由气相到凝聚相的热反馈模型

式(3.64)给出由气相反馈到凝聚相的热流,边界条件是无穷远处热流为 0。使用表 6.1 中的温度测量值[11],对式(3.47)中的指数项 $\exp(-x_g/\delta_g)=\exp(-\rho_p rc_g x_g/\lambda_g)$ 可采用下列参数进行估算,$c_g=1.55\text{kJ}\cdot\text{kg}^{-1}\cdot\text{K}$,$\rho_p=1.54\times10^3\text{kg}\cdot\text{m}^{-3}$,$\lambda_g=0.084\text{W}\cdot\text{m}^{-1}\cdot\text{K}$。

表 6.1 嘶嘶区火焰到燃面距离参数的实测值

p/MPa	0.12	0.8	2.0	10.0
$R\times10^{-3}$/(m·s^{-1})	0.46	1.58	8.21	10.5
$x_g\times10^{-6}$/m	200	170	120	80
$\delta_g\times10^{-6}$/m	76	22	4.3	3.3
x_g/δ_g	2.6	7.6	28	24

当压强大于 0.1MPa 时,指数项非常大,式(3.47)可表示为式(3.48)。

6.1.3.2 由简化的气相模型计算燃速

双基推进剂的燃速可根据式(3.59)进行计算,假设从气相到燃面的辐射可忽略不计。由于双基推进剂的燃速主要由嘶嘶区向燃面传递的热流控制,所以式(3.59)中的反应速度参数为描述嘶嘶区的物理化学参数。气相温度 T_g 是嘶嘶区结束时的温度,即暗区温度,可由式(3.60)得到。由于燃烧表面温度 T_s 依赖于推进剂的退移速度,所以应由双基推进剂的分解机理确定。以式(3.61)表示的 Arrhenius 型的热解规律,可用于确定燃速和燃烧表面温度之间的关系。

双基推进剂燃速和压强的计算实例如图 6.9 所示。该计算中使用的物理和化学参数见表 6.2。在 $\ln r$-$\ln p$ 关系图中,燃速随着压强的增大而线性增加,燃速压强指数由式(3.68)确定约为 0.85。根据式(3.73)可知,燃速的燃速温度敏感系数随着压强的增加而降低。燃烧表面温度随着压强的增加而增加。这些计算结果得到了燃速、压强指数、燃速温度敏感系数和燃烧表面温度的实验值的证实。尽管燃速模型非常简单，却为理解双基推进剂的燃烧机理提供了基础。

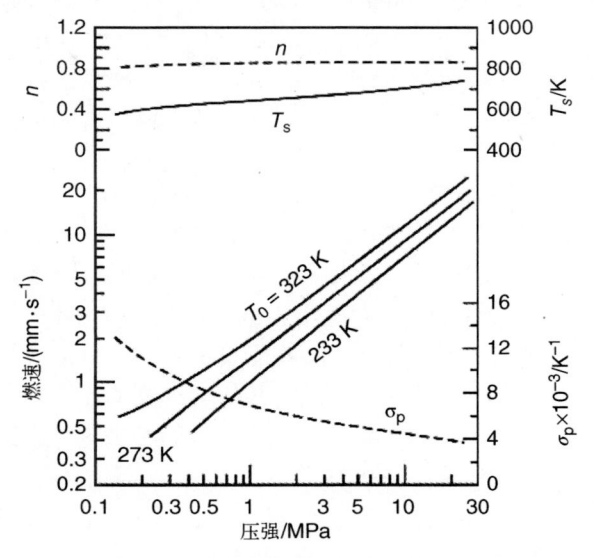

图6.9 某双基推进剂燃烧特性的理论计算结果

表6.2 某双基推进剂燃速模型中的物理化学参数

参数	数值	参数	数值
$c_g/(\text{kJ} \cdot \text{kg}^{-1} \cdot \text{K}^{-1})$	1.55	$Q_g/(\text{MJ} \cdot \text{kg}^{-1})$	1.40
$c_p/(\text{kJ} \cdot \text{kg}^{-1} \cdot \text{K}^{-1})$	1.55	$R_g/(\text{kJ} \cdot \text{kmol}^{-1} \cdot \text{K}^{-1})$	0.29
$\lambda_g/(\text{W} \cdot \text{m}^{-1} \cdot \text{K}^{-1})$	0.084	$Q_s/(\text{kJ} \cdot \text{kg}^{-1})$	340
$\sigma_p/(\text{kg} \cdot \text{m}^{-3})$	1540	$Z_s/(\text{m} \cdot \text{s}^{-1})$	5000
$E_g/(\text{MJ} \cdot \text{kmol}^{-1})$	71	$E_s/(\text{MJ} \cdot \text{kmol}^{-1})$	71
$\varepsilon_g^2 Z_g/(\text{m}^3 \cdot \text{kg}^{-1} \cdot \text{s}^{-1})$	2.3×10^{12}		

6.1.4 气相能量和燃速

双基推进剂单位质量的能量可以通过改变—NO_2的质量分数来改变，因此，可以通过如下三种方法来获得不同能量的推进剂[13]：①固定NC/NG的比例，调节增塑剂的用量；②改变NC/NG的比例；③改变NC中硝酸酯基的含量。表6.3是通过方法①得到的NC/NG推进剂的化学组成和特性。其中NC/NG的比为1.307，通过加入邻苯二甲酸二乙酯(DEP)来改变能量水平。当推进剂中NO_2的质量分数$\xi(NO_2)$为0.466到0.403，NO的质量分数$\xi(NO)$为0.304~0.263时，

绝热火焰温度 T_g 从 2760 降到 1880K。

表 6.3 推进剂组成(%(质量))和化学特性

NC	NG	DEP	2NDPA	$\xi(NO_2)$	$\xi(NO)$	T_g/K	H_{exp}/MJ·kg^{-1}
53.0	40.5	4.0	2.5	0.466	0.304	2760	4.36
51.3	39.3	7.0	2.4	0.542	0.295	2560	4.22
50.2	38.4	9.0	2.4	0.442	0.288	2420	3.95
48.0	36.7	13.0	2.3	0.422	0.275	2150	3.49
45.8	35.0	17.0	2.2	0.403	0.263	1880	2.98

图 6.10 表示燃速与 $\xi(NO_2)$ 的关系。在 $\ln r - \ln p$ 曲线中,燃速随着压强增大呈直线上升,燃速随 $\xi(NO_2)$ 的增大而增大。同时增塑剂 DEP 的加入对 r 的影响已得到证实,即在恒定压强下,燃速随着能量密度的降低而降低。除了设计的能量密度 $H_{exp} = 2.98$ MJ·kg^{-1} 的推进剂外,其他推进剂的压强指数不随增塑剂的改变而改变($n = 0.62$)。对于 $H_{exp} = 2.98$ MJ·kg^{-1} 的推进剂,在低压区(1.8MPa)$n = 0.45$,压强大于 1.8MPa 时 $n = 0.78$。

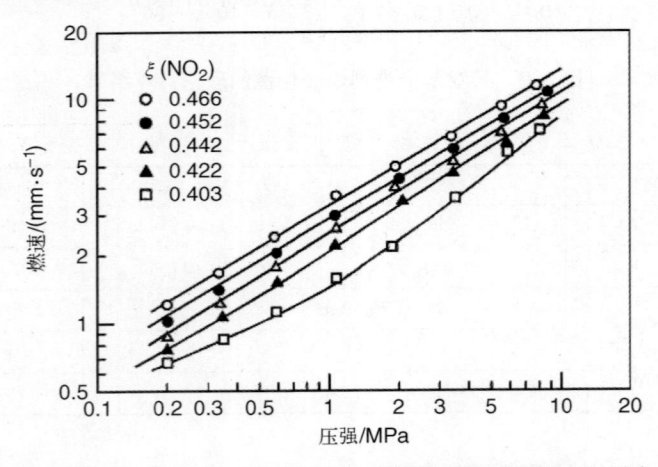

图 6.10 当 $\xi(NO_2)$ 一定时双基推进剂燃速随压强增大而增大

因为双基推进剂的能量密度与 $\xi(NO_2)$ 直接相关,因此,燃速也与 $\xi(NO_2)$ 有关(图 6.10)[13]。如图 6.11 是 $\ln r - \xi(NO_2)$ 关系曲线,燃速随 $\xi(NO_2)$ 的增加而线性增加。对于表 6.3 中所列的推进剂,综合图 6.10 和图 6.11 的结果,其燃速的表达式为

$$r = 0.62 \exp[10.0 \xi(NO_2)] p^{0.62} \tag{6.2}$$

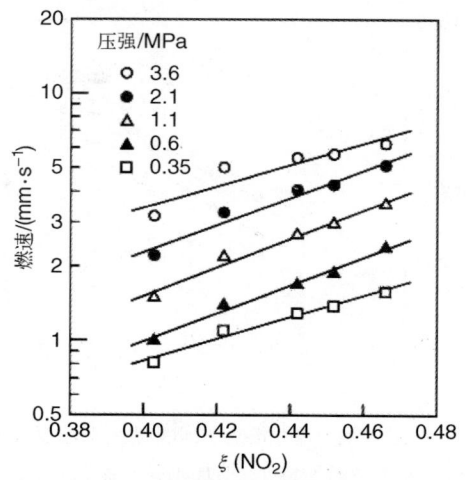

图 6.11 当压强一定时双基推进剂燃速随 $\xi(NO_2)$ 增大而增大

因为发光火焰区最后的气相反应起始于暗区反应,因此,反应时间由暗区的厚度 L_d 确定,即火焰离燃烧表面的距离。图 6.12 和图 6.13 是表 6.3 中推进剂的暗区厚度和温度随压强的变化结果。随着压强的增加,发光火焰区靠近燃烧表面,暗区厚度减小。不同推进剂的暗区长度和暗区压强指数差别不大。暗区压强指数 $d=n-m$ 测定值近似为 -2.0。对所有推进剂暗区总反应级数 $m \approx 2.6$。但是,当 $\xi(NO_2)$ 不变时,暗区温度随着压强的增加而升高;当压强一定时,暗区温度随着 $\xi(NO_2)$ 的增大而升高。

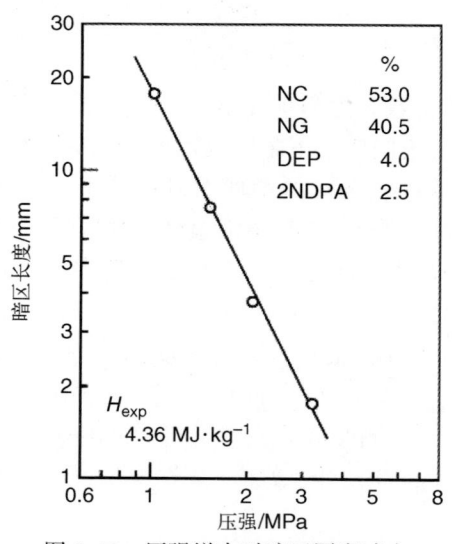

图 6.12 压强增大时暗区厚度减小

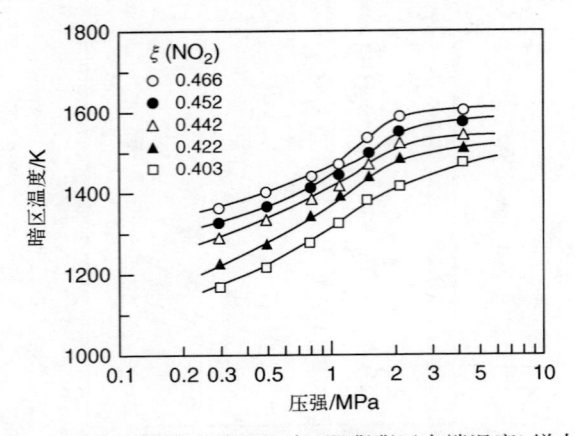

图 6.13 压强增大时暗区温度(即嘶嘶区末端温度)增大;
压强不变时 $\xi(NO_2)$ 增加则暗区温度增大

产生发光火焰的反应时间 τ_d 为

$$\tau_d = \frac{L_d}{u_d} \tag{6.3}$$

式中:L_d 为暗区厚度;u_d 为暗区反应气体流速。

由质量连续性方程得到暗区气流速度公式:

$$u_d = \left(\frac{\rho_p}{\rho_d}\right) \tag{6.4}$$

式中:ρ_d 为暗区密度。由式(1.5)、式(6.3)和式(6.4)可得

$$\tau_d = \frac{pL_d}{rR_d}T_d \tag{6.5}$$

式中:R_d 为暗区的气体常数。因为生成发光火焰的暗区反应取决于 NO 的反应,而非 NO_2 的反应,因此,不同压强下暗区反应时间与 $\xi(NO)$ 有关。如图 6.14 所示,在恒定压强下,τ_d 随着 $\xi(NO)$ 的增加而迅速减小;而在恒定 $\xi(NO)$ 下,τ_d 也随着压强的增加而减小。图 6.15 是暗区温度与暗区反应时间的关系,即在不同压强下 $\ln(1/\tau_d)$ 与 $1/T_d$ 呈线性关系。从曲线的斜率可以得出暗区反应的活化能为 (34 ± 2) kJ·mol^{-1}。

嘶嘶区的升温速率 $(dT/dt)_{f,s}$,指由嘶嘶区的放热反应的放热速率。如图 6.16 的 $\ln(dT/dt)_{f,s}$ 与 $\xi(NO_2)$ 曲线上,在 2.0MPa 下,$\ln(dT/dt)_{f,s}$ 随着 $\xi(NO_2)$ 的增大直线增加。嘶嘶区的反应时间 τ_f 可由式(6.5)获得,图 6.17 表明在 2.0MPa 下 $\ln\tau_f$ 随着 $\xi(NO_2)$ 的增加而线性减少,$\ln\tau_f$-$\xi(NO_2)$ 的关系可表示如下:

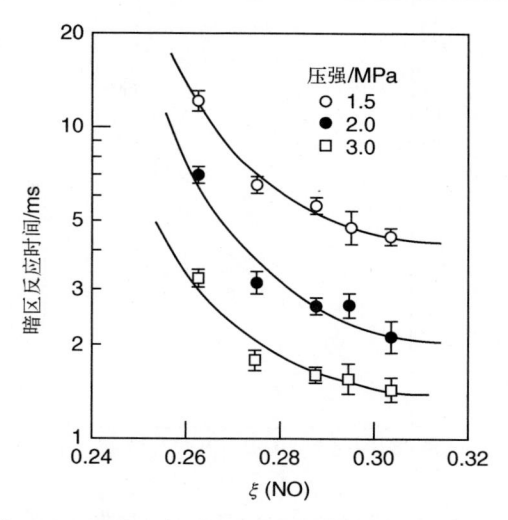

图 6.14 压强一定时 $\xi(\mathrm{NO})$ 增大暗区反应时间减少

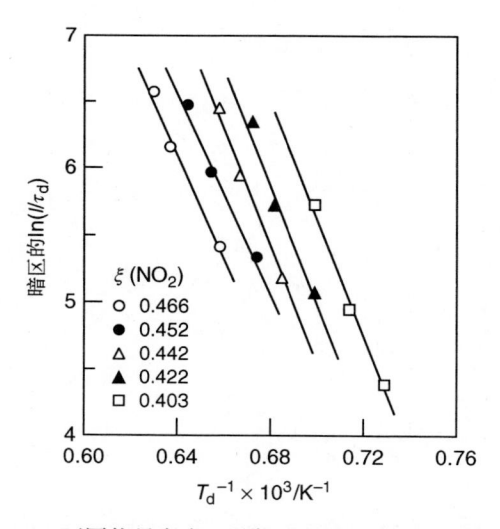

图 6.15 不同能量密度双基推进剂暗区的活化能测量值

$$\tau_\mathrm{f} = 2.36\exp[-22.0\xi(\mathrm{NO}_2)] \qquad (6.6)$$

由嘶嘶区温度可计算出从嘶嘶区反馈到燃烧表面的热量 $\left(\lambda_\mathrm{g}\dfrac{\mathrm{d}T}{\mathrm{d}x}\right)_\mathrm{f,s}$。图 6.18 是在 2.0MPa 下，$\left(\lambda_\mathrm{g}\dfrac{\mathrm{d}T}{\mathrm{d}x}\right)_\mathrm{f,s}$ （kW·m^{-2}）与 $\xi(\mathrm{NO}_2)$ 的关系：

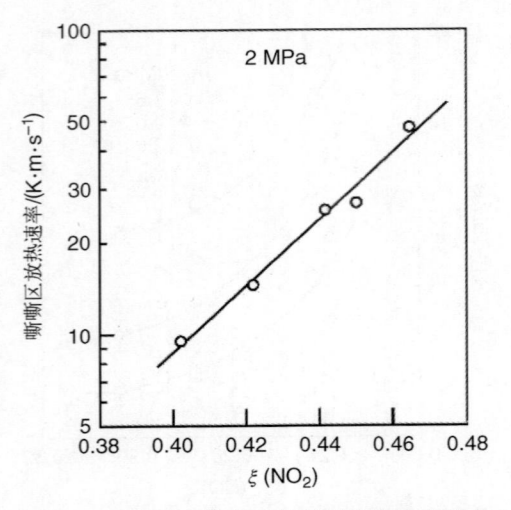

图 6.16 $\xi(\mathrm{NO_2})$增大时嘶嘶区放热速率增大

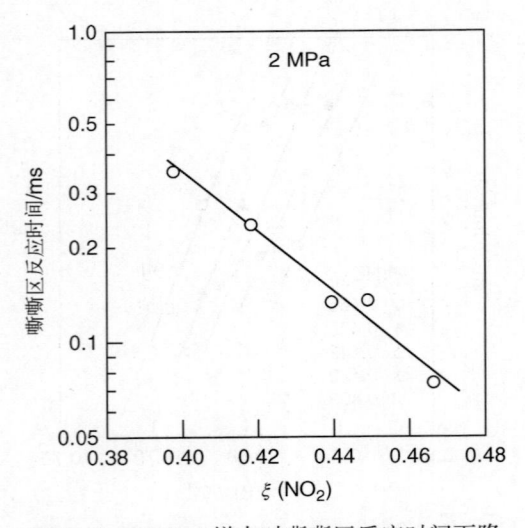

图 6.17 $\xi(\mathrm{NO_2})$增大时嘶嘶区反应时间下降

$$\left(\lambda_\mathrm{g}\frac{\mathrm{d}T}{\mathrm{d}x}\right)_{\mathrm{f,s}} = 4.83\exp[10.2\xi(\mathrm{NO_2})] \tag{6.7}$$

从气相向凝聚相反馈的热流随着 $\xi(\mathrm{NO_2})$ 的增加而增大,因此,燃速随双基推进剂能量密度的增大而提高(图 6.1 和图 6.2)。

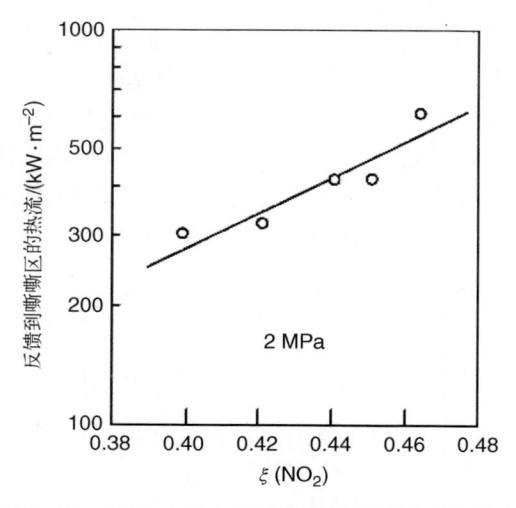

图 6.18 $\xi(NO_2)$ 增大时反馈到嘶嘶区的热流增大

6.1.5 燃速温度敏感系数

如图 6.19 所示,当双基推进剂的初温由 T_0 升高到 $T_0+\Delta T_0$ 时,燃烧波温度分布曲线发生变化。燃烧表面的温度由 T_s 增加到 $T_s+\Delta T_s$,随后气相区的温度同样增加,暗区温度由 T_g 增加至 $T_g+\Delta T_g$,最终火焰温度由 T_f 升高到 $T_f+\Delta T_f$。如果压强低于 1MPa,暗区上方不形成发光火焰,在低压下最终火焰温度是 T_g。从嘶嘶区反馈到燃烧表面的热流是在燃烧表面产生的,并决定燃速大小。采用了 3.5.4 节中介绍的方法分析了双基推进剂温度敏感性[2]。

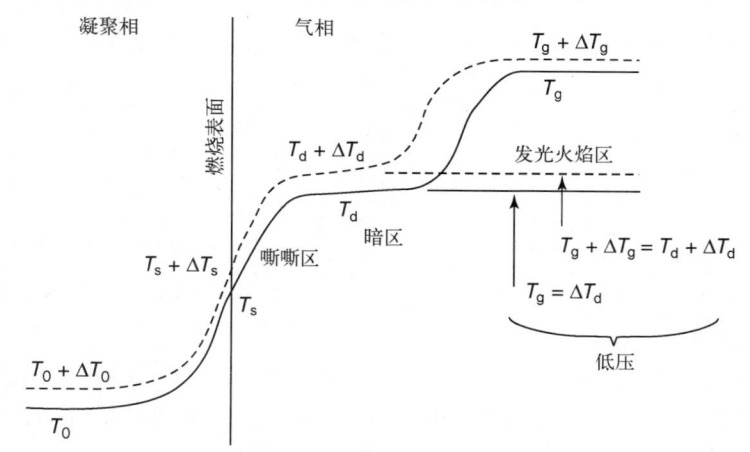

图 6.19 不同压强和初始温度条件下的双基推进剂的燃烧波结构

图 6.20 是两种类型推进剂(高能量推进剂和低能量推进剂)的燃速和燃速温度敏感系数,其化学组成见表 6.4[17]。DEP 为低能量物质,将 DEP 添加至高能量推进剂中,可得到低能量推进剂。两种推进剂的 $\ln r$-$\ln p$ 曲线近似为直线。高能和低能推进剂的压强指数分别为 0.58 和 0.87。当推进剂初温 T_0 由 243K 增加到 343K 时,两种推进剂的燃速都增加。在 2MPa 下高能量和低能量推进剂的燃速温度敏感系数 σ_p 分别为 0.0034K^{-1} 和 0.0062K^{-1}。

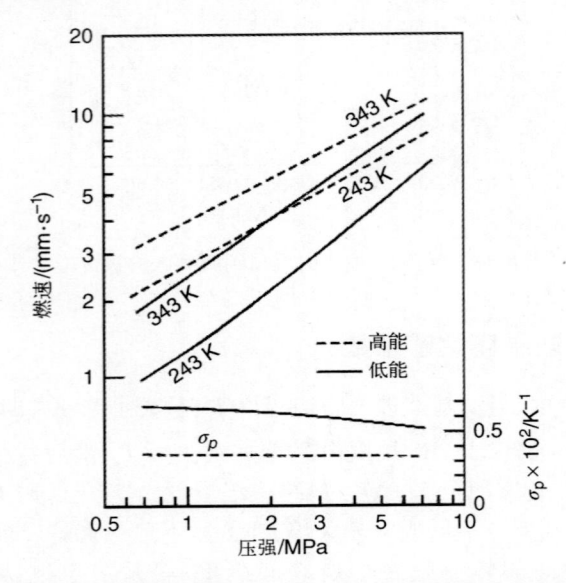

图 6.20 高能和低能双基推进剂的燃速和燃速温度敏感系数

表 6.4 高能和低能推进剂化学组成(%(质量))以及绝热火焰温度

推进剂	NC(12.2%N)	NG	DEP	T_f/K
高能	55.6	40.4	4.0	2720
低能	50.4	36.6	13.0	2110

对于两种推进剂,在恒定的 T_0 下,暗区温度 T_d 随着压强的增大而升高,当压强一定时,T_d 随着初温 T_0 的升高而升高。虽然燃烧表面温度 T_s 随着 T_0 的增加而增加,但两种推进剂在燃烧表面的反应热 Q_s 保持不变。而且两种推进剂的反应热大致相同。压强一定时,两种推进剂在嘶嘶区的温度梯度均随着 T_0 的升高而加快,高能推进剂比低能推进剂的温度梯度大了约 50%。高的温度梯度表明从

嘶嘶区反馈到燃烧表面的能量高,因此高能推进剂的燃速更快。高能和低能推进剂在嘶嘶区的活化能分别为 109kJ·mol^{-1} 和 193kJ·mol^{-1}。

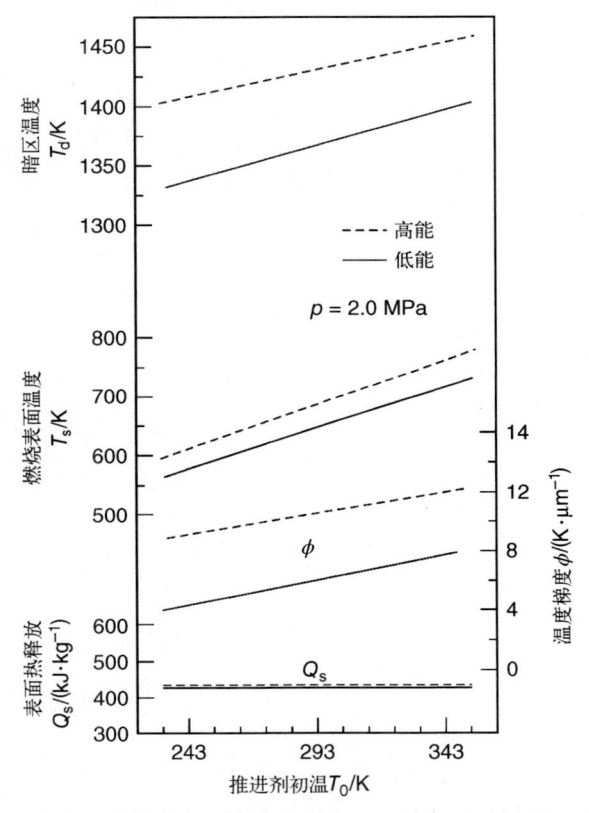

图 6.21 高能和低能双基推进剂在暗区温度、燃烧表面温度、
表面传热和嘶嘶区的温度梯度与推进剂初温的关系

将图 6.20 中的温度、嘶嘶区活化能、燃速代入式(3.86)、式(3.88)和式(3.80),结合气相区燃速温度敏感系数 Φ 和凝聚相的燃速温度敏感系数 Ψ,可得[17]

$$\sigma_p = \Phi + \Psi$$

高能推进剂 $3.7 = (2.1+1.6)\times 10^{-3}\text{K}^{-1}$

低能推进剂 $6.4 = (4.1+2.3)\times 10^{-3}\text{K}^{-1}$

燃速温度敏感系数由 60% 的 Φ 和 40% 的 Ψ 组成。与低能推进剂相比,高能推进剂具有较低的 σ_p,这是因为高能推进剂在嘶嘶区反应的活化能较低而温度较高。

6.2 NC-TMETN 推进剂的燃烧

6.2.1 燃速特性

图 6.22 是两种典型推进剂(NC-TMETN 推进剂和 NC-NG 推进剂)的燃速特性曲线。它们的化学组成(质量)和热化学特性见表 6.5。两种推进剂的能量密度相近。

在 0.1~10MPa 压强范围内,NC-NG 推进剂的燃速高于 NC-TMETN 推进剂。然而,两种推进剂的压强指数均为 $n=0.74$,两种推进剂的基本燃速特性相同[11]。

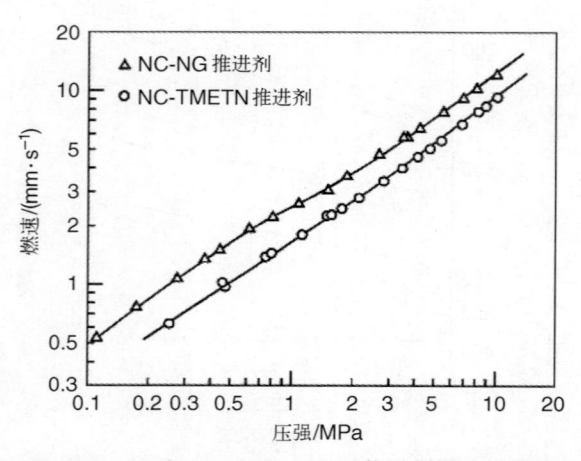

图 6.22 NC-NG 和 NC-TMETN 双基推进剂燃速与压强关系

表 6.5 NC-NG 推进剂和 NC-TMETN 推进剂化学组成及其热化学特性

组分	NC-NG/%(质量)	NC-TMETN/%(质量)
NC	39.6	53.8
NG	49.4	—
TMETN	—	39.1
DBP	10.0	—
TEGDN	—	7.0
DPA	1.0	—
EC	—	0.1
T_g/K	2690	2570

(续)

组分	NC-NG/%(质量)	NC-TMETN/%(质量)
M_s/(kg·kmol^{-1})	24.6	23.5
I_{sp}/s	242	240
燃 烧 产 物	摩 尔 分 数	摩 尔 分 数
CO	0.397	0.398
CO$_2$	0.124	0.104
H$_2$	0.115	0.143
H$_2$O	0.238	0.236
N$_2$	0.124	0.118
H	0.002	0.001

6.2.2 燃烧波结构

因为 TMETN 和丙三醇二硝酸酯(TEGDN)在室温下为液态硝酸酯,基本热化学特性与 NG 相似,所以 NC-NG 推进剂和 NC-TMETN 推进剂的燃速及压强指数也大致相等。NC-TMETN 和 NC-NG 推进剂的燃烧过程及燃烧波结构也基本相同。NC-TMETN 推进剂火焰结构包括两阶段反应区:嘶嘶区、暗区和火焰区(见图 6.3)。嘶嘶区中主要的氧化剂碎片为 NO$_2$,还原 NO$_2$ 放出的热量使嘶嘶区快速升温。暗区内 NO 的缓慢氧化反应使在离燃烧表面一定距离处产生火焰区。因此,燃速也取决于嘶嘶区反馈到燃烧表面的热流和燃烧表面产生的热流。NC-TMETN 推进剂的燃速温度敏感系数及在燃烧区的催化作用都与 NC-NG 推进剂相同[11]。

6.3 硝基-叠氮推进剂的燃烧

6.3.1 燃速特性

含 NC、NG 和聚叠氮缩水甘油醚(GAP)的硝基-叠氮推进剂的燃速特性如图 6.23 所示。为了比较,将含 NC、NG 和 DEP 推进剂的燃速曲线表示在图 6.24 中。两种推进剂的化学组成见表 6.6。用 12.5% 的 GAP 取代等量的 DEP,绝热火焰温度由 2560K 升高到 2960K,比冲由 237s 提高到 253s。

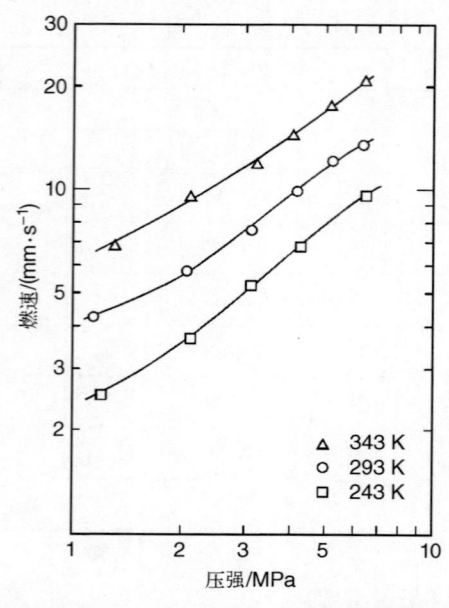

图 6.23　不同初温下 NC-NG-GAP 推进剂的燃速温度敏感系数较高

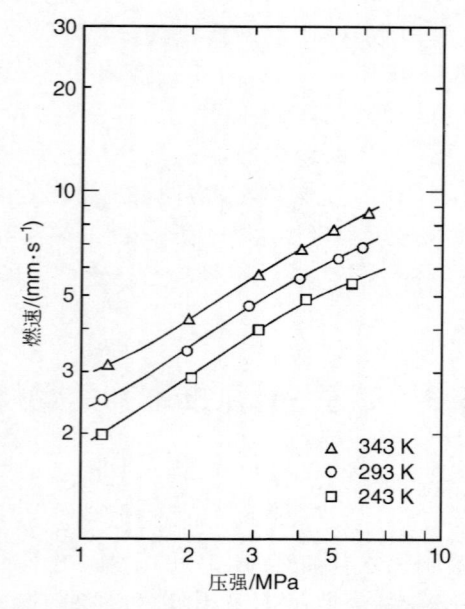

图 6.24　不同初温下 NC-NG-DEP 双基推进剂的燃速温度敏感系数较低

表 6.6 10MPa 下 NC-NG-DEP 推进剂和 NC-NG-GAP 推进剂的化学组成及其物化特性

成分	NC-NG-GAP/%(质量)	NC-NG-DEP/%(质量)
NC	50.0	50.0
NG	40.0	40.0
GAP	12.5	—
DEP	—	12.5
T_g/K	2960	2560
M_s/(kg·kmol^{-1})	25.0	24.0
I_{sp}/s	253	237
燃烧产物	摩尔分数	摩尔分数
CO	0.337	0.414
CO_2	0.134	0.110
H_2	0.091	0.134
H_2O	0.259	0.222
N_2	0.169	0.119

尽管两种推进剂含有相同的 NC 和 NG, 但是在 $T_0 = 293K$ 时, NC-NG-GAP 推进剂的燃速比 NC-NG-DEP 推进剂的燃速提高了 70%, 但是压强指数基本保持不变 ($n = 0.70$)。燃速温度敏感系数 (式 (3.73)) 明显增加, 从 0.0038K^{-1} 增加到 0.0083K^{-1}。

6.3.2 燃烧波结构

NC-NG-GAP 推进剂的燃烧波结构包括两个连续的反应阶段[18]。第一个气相反应阶段发生在燃烧表面, 在嘶嘶区温度快速上升。第二个反应阶段在暗区, 暗区把发光火焰和燃烧表面分开, 发光火焰在燃烧表面上方一定距离处。这种结构与 6.1.2 节中所描述的 NC-NG 双基推进剂相似。用 GAP 代替 DEP, 在 3MPa 下暗区温度从 1400K 上升到 1550K。尽管暗区反应时间缩短, 但由于暗区流速增加, 火焰与燃烧表面距离也增加。化学反应的总级数由 $d = n - m$ 确定, 对于 NC-NG-DEP 推进剂 $d = -1.7$、$m = 2.4$; 对 NC-NG-GAP 推进剂 $d = -1.7$、$m = 2.5$[18]。这表明用 GAP 代替 DEP 后, 在气相区 NO 还原生成 N_2 的化学反应机理不变。但是, 燃速和燃速温度敏感系数增加, 这表明燃速的控制过程改变了, 这是因为用 GAP 代替 DEP, 增加了燃烧表面的放热量 Q_s, 类似于 5.2.2 节中提到的 GAP 的高燃速和高温度敏感性[18]。

6.4 双基推进剂的催化

6.4.1 超速燃烧、平台燃烧和麦撒燃烧

在第二次世界大战中,偶然发现作为固体推进剂压伸工艺润滑剂使用的铅化合物,能大幅度地改善推进剂低压范围内的压强指数,并且能提高在此范围内的燃速。对此现象的研究表明,少量的各种铅化合物在低压区可引起推进剂燃速的增加,通过对该"超速燃烧"现象的进一步研究,发现了平台燃烧区和麦撒燃烧区。

很快研究者们认识到,在平台燃烧区和麦撒燃烧区能降低燃速温度敏感系数的这种平台推进剂,可以有效地降低火箭对环境温度的敏感度。为了解平台燃烧和麦撒燃烧机理,也已开展了许多工作,以优化火箭发动机的工作特性。

1948 年,ABL 首次报道了含催化剂的双基推进剂的超速燃烧、平台燃烧和麦撒燃烧的定义[19](图 6.25)。自此,学者们进行了大量的研究工作,许多金属化合物在研发超速、平台和麦撒推进剂中得到实际应用。一时间,发现了许多种化合物能提高推进剂的燃速,但是与铅化合物相比,其他化合物对燃速的提高效果不明显。而且,除了铅化合物外,其他金属化合物在火箭燃烧压强范围内不产生平台和麦撒燃烧。因此,研究集中于铅化合物,很快就发现了许多铅化合物在适当的加入量时都能产生平台燃烧[11]。

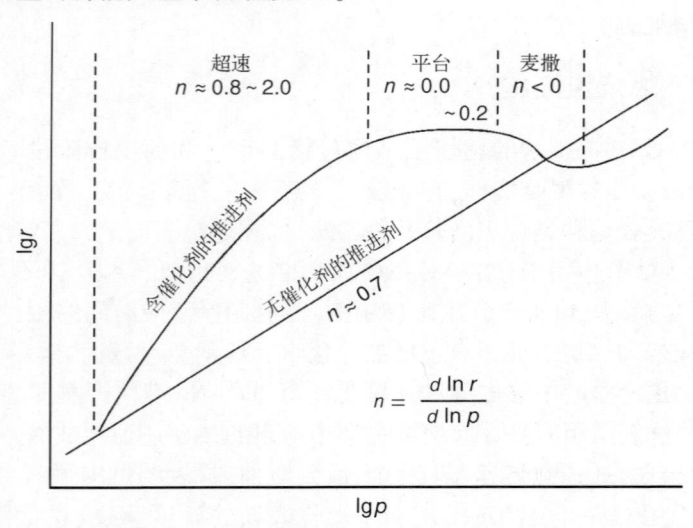

图 6.25 催化的双基推进剂超速、平台和麦撒燃烧的定义

通常用燃速压强指数来评价催化剂产生平台和麦撒燃烧的效果[19-23]。平台燃烧燃速压强指数近似为0，麦撒燃烧燃速压强指数为负值（见图6.25）。压强指数以及超速燃烧、平台燃烧和麦撒燃烧的范围与铅化合物的物理化学性质有关，如用量、平均粒度和化学结构。一些铅化合物如 $PbBr_2$、PbI_2 和 $PbCl_2$ 不能降低压强指数。脂肪族铅盐在低压范围内产生低燃速平台效应，芳香族铅盐在高压范围内产生高燃速平台燃烧[11]。

6.4.2 铅催化剂的效果

6.4.2.1 催化液相硝酸酯的燃速行为

为了解含催化剂的双基推进剂的燃烧机理，一些研究者对液态硝酸酯的燃速进行了实验测定。所用测试方法与传统固体推进剂药条的燃速测试非常类似。将液态酯置于管状容器，液体表面退移速度由光学法或由熔丝法测量，熔丝法也用于固体推进剂药条的测量。固体推进剂和液体推进剂药条燃速测量的唯一区别是，液相药条的燃速对容器直径的依赖性更大。

Steinberger 和 Carder[24,25]测量了组成为63%硝化甘油和37%二甘醇液体的燃速。压强在4.0~13.5MPa时，加入5%的含铅物到无添加剂的参比液体中，液体燃速增加，在6.8MPa下，加入含铅物质可使液体燃速提高70%。在双基推进剂中也存在这种现象。

Powling 和其同事[20]测量了硝酸乙酯、丁烷2,3-二醇二硝酸盐、乙二醇二硝酸盐和乙二醇二硝酸盐/三醋酸甘油酯混合物的燃速，并使用在液态硝酸酯中具有微溶解性的乙酰水杨酸铅作为催化剂。他们的实验结果表明，铅盐对所有样品均发生了催化，但是效果并不明显。而混合乙二醇二硝酸盐和3%乙酰水杨酸铅可显著提高燃速，在3.4MPa下，比乙二醇二硝酸盐的燃速增加了47%。综上所述，虽然和含铅的双基推进剂相比，效果还不理想，但在液态硝酸酯中加入含铅物质也可以产生超速燃烧。

6.4.2.2 铅化合物对气相反应的影响

已有许多研究表明，加入铅化合物会对硝酸酯的气相反应产生影响。Adams 和其同事们研究了硝酸乙酯的气相燃烧区[26]。加入质量分数0.1%~1.0%的四甲基铅可以降低硝酸乙酯的火焰温度（表6.7）。

研究结果表明，四甲基铅的加入降低了气相温度，进而抑制了 NO 到 N_2 的还原。此外，他们还研究了不同烷基金属中烷基自由基对火焰速度的影响。研究发现，烷基自由基不会影响火焰速度，产生这种抑制效果的原因是氧化铅在火焰反应过程中会发生高度分散。

表 6.7　0.1MPa 下硝酸乙酯和硝酸乙酯/四甲基铅(TML)
混合物的火焰温度和燃烧产物

混 合 物	火焰温度/k	NO	N_2	N_2O	H_2	CO	CO_2	CH_4
未加 TML	1470	28.9	3.7	2.5	7.0	30	2.5	25.4
加入 TML	1070~1170	47.5	<0.1	1.4	4.0	21.7	6.7	17.9

Ellis 等[27]研究了氧化铅对硝酸乙酯蒸气热分解的影响。他们指出,由于自由基淬灭,少量 PbO 颗粒提供的表面可减慢燃速。然而,铜表面的存在加速了硝酸乙酯的热分解,分解速度由 NO_2 分子参与的反应步骤来控制。Horare 和其同事们[28]在涂有薄层 PbO 的容器中,研究了氧化铅对碳氢化合物氧化的抑制作用。结果表明,PbO 对醛的氧化过程非常重要。在 PbO(作为抑制剂)抑制火焰冷却和低温点燃中也发现了类似结果[29]。

Hoare 对 PbO 表面的甲醛提出了如下机理[28]：

$$CH_2O + PbO \longrightarrow CO_2 + H_2 + Pb$$

在 600K 时,铅迅速发生二次氧化;当氧气存在时,氧化铅的表面不再发生变化。碳氢化合物燃烧时,甲醛为降解过程的中间产物,当 PbO 存在时可通过快速去除甲醛而抑制这种降解。

少量四乙基铅可作为汽油发动机的有效抗爆剂。这种抗爆效果是由于四乙基铅生成的铅或氧化铅可有效抑制气相反应[30,31]。铅化合物对碳氢化合物燃烧的抑制作用主要作用于气相区。

6.4.3　含催化剂的双基推进剂的燃烧

6.4.3.1　燃速特性

图 6.26 所示为一对典型的催化和非催化 NC-NG 双基推进剂的燃速曲线。非催化的双基推进剂配方为 NC 53%、NG 40% 和 DEP 7%,$\ln r$-$\ln p$ 随压强的升高而线性增大。在推进剂中加入 1.5% 的水杨酸铅(PbSa)、1.5% 的 2-乙基己酸铅(Pb_2EH) 和 0.2% 的炭黑,在低于 5MPa 下产生超速燃烧,燃速急剧增加;在 5~7MPa 范围内,燃速对压强不敏感(平台燃烧);在 7~11MPa 范围内,燃速随压强的升高而降低,产生麦撒燃烧;当压强大于 11MPa 时,燃速与不加催化剂的推进剂大致相等[11]。

图 6.27 比较了 NC-NG 和 NC-TMETN 推进剂的燃速。两种推进剂所加的催化剂的类型和质量相同,其化学成分见表 6.8。图 6.22 为不含催化剂的 NC-NG 和 NC-TMETN 推进剂的燃速。两种催化推进剂的能量密度大致相等。

第6章 双基推进剂的燃烧

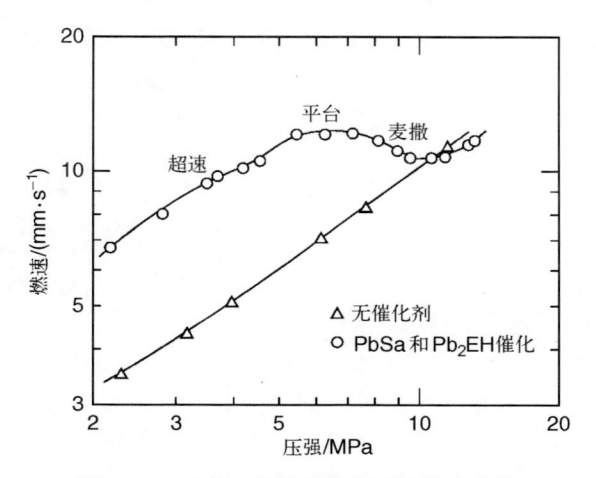

图6.26 平台双基推进剂典型的燃速曲线

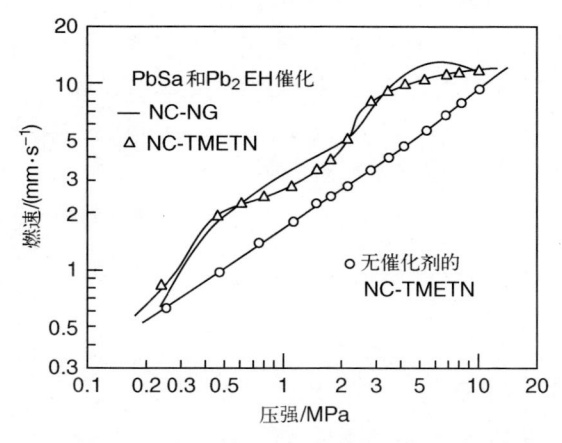

图6.27 催化的 NC-NG 和 NC-TMETN 双基推进剂的燃速曲线：
由于添加两种铅化合物，两种推进剂均出现双平台区

表6.8 NC-TMTEN 和 NC-NG 双基推进剂的化学组成(%(质量))

推进剂	NC	TMETN	TEGDN	NG	DEP	EC	PbSa	Pb$_2$EH
NC-TMETN	50.0	40.0	7.1	—	—	0.1	1.2	1.2
NC-NG	50.0	—	—	37.1	9.5	1.0	1.2	1.2

燃速曲线表现出一些相似的特征：在低压区，两种推进剂均未发生超速燃烧现象。当两种催化剂加到推进剂后，两种推进剂在相同压强范围内均出现了超速和平台燃烧现象。最大超速燃烧发生于0.5MPa附近，在4MPa下又产生了相

155

似的超速燃烧过程。当压强大于10MPa后,没有观察到超速燃烧现象,而且燃速与不加催化剂的推进剂相同。由于NC-NG和NC-TMETN推进剂化学结构及能量水平上的少量差别,两种推进剂的燃速-压强曲线不尽相同,但NC-NG和NC-TMETN推进剂的燃烧特性相似,且催化剂对这两种推进剂所产生的超速、平台和麦撒燃烧作用相同。

在超速燃烧和平台燃烧过程中,随着压强的增加,燃速温度敏感系数降低,最小燃速温度敏感系数常常出现在平台燃烧区末端,即麦撒燃烧区[11]。压强高于麦撒燃烧区时,燃速温度敏感系数急剧增大。进一步的实验观察表明,在一定的初温下,某些推进剂在麦撒燃烧区的燃速温度敏感系数为负值,但在超速燃烧阶段还未发现燃速温度敏感系数为负值的报道。

平台燃烧特性与催化剂的化学组成和催化剂的类型有关。芳香族铅盐和芳香族铜盐的催化效果见图6.28。加入1%的PbSa,可提高0.1~7MPa的燃速,并产生平台燃烧,且高于7MPa后产生麦撒燃烧。加入1%的CuSa,在3MPa以下可使燃速增大,而当压强大于6MPa时燃速降低。当1%的PbSa和1%的CuSa混合时,在0.7~6MPa发生超速燃烧,燃速增大,高于7MPa时产生平台和麦撒燃烧。PbSa和CuSa复合对燃速产生协同效应。PbSa和CuSa的百分含量增大时,燃速不再增加,显然增速效应达到上限。

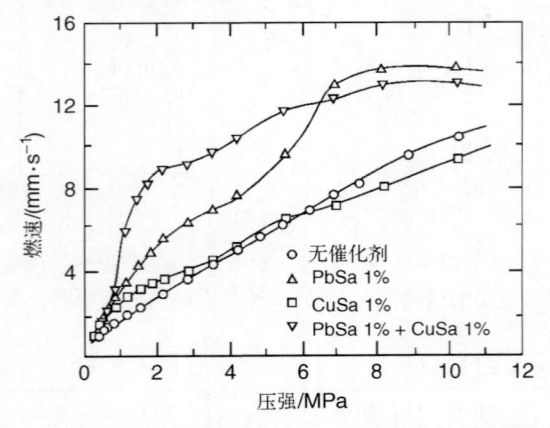

图6.28 加入不同类型的催化剂可产生不同的平台燃烧现象

加入金属铅粉和铜粉时,超速燃烧效果见图6.29。Pb粉较Cu粉具有更好的增速效果。铅粉和铜粉混合加入无催化剂的推进剂中,没有明显的燃速增加,即未观察到超速燃烧。当加入1%的PbO时,燃速增加约250%,出现了超速燃烧。

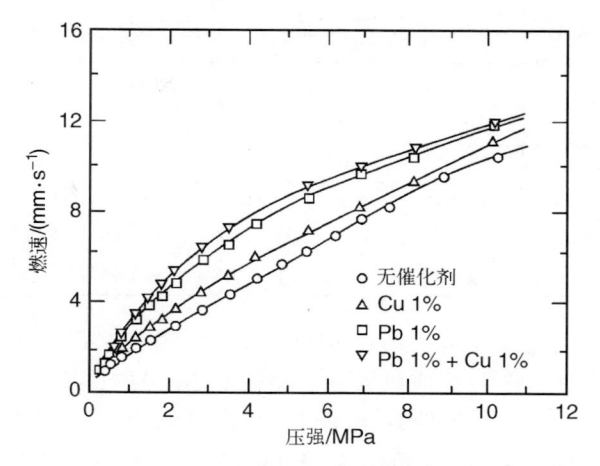

图 6.29 加入铅粉和铜粉后双基推进剂燃速增大

铅盐含量增大时推进剂的平台燃烧向低压方向移动,向平台推进剂中加入炭黑,也会产生类似效果。炭黑量大于 0.5% 时,平台斜率随着炭黑量的增大而增大,但是产生平台燃烧的压强降低;当炭黑量大于 1% 时,平台效应消失。粒径小的炭黑能明显提高燃速;当粒径大于 $0.1\mu m$ 时,几乎观察不到推进剂燃速的提高。Preckel 将水合氢氧化铝和乙炔黑加入平台推进剂中,观察到类似的平台燃烧效应[19]。但是氧化钛、氧化镁和研磨细的氧化铝粉在这方面没有效果。炭黑不是唯一增强超速燃烧的催化剂,还有其他的化合物如水杨酸铜也有类似作用。炭黑粒径在 $0.01\sim0.1\mu m$ 范围内能增强超速燃烧,增强效果随着炭黑比表面积的增加而增加。

Powling 和其同事们[20]研究了金属氧化物对燃速的影响,发现推进剂中加入 Fe_2O_3、Co_2O_3、CuO、ZnO、SnO_2 和 Al_2O_3 时,推进剂燃速随压强线性增加,即不产生平台和麦撒燃烧。PbO 是唯一产生超速燃烧、平台燃烧和麦撒燃烧的催化剂。在低压下由 PbO 增加的燃速较其他金属氧化物增加得快。在推进剂基础配方中加入 MgO 和 NiO,在整个实验压强范围内推进剂的燃速降低。Ni 粉在低压范围内使推进剂燃速降低,而在高压下范围内使推进剂燃速有所提高。

6.4.3.2 暗区的反应机理

铅催化剂的加入使得双基推进剂的燃速加快,在燃烧过程中最大放热发生在发光火焰区,相比于非催化推进剂,催化推进剂的燃烧火焰位于燃面上方更高的位置。推进剂的燃速更快,在相同的压强下具有更大的暗区宽度。在 $1.4\sim5.0MPa$,非催化推进剂的暗区指数 $d=-1.69$,催化推进剂的暗区指数介于 $-1.96\sim-2.27$。催化和非催化推进剂的化学组成见表 6.9。

表6.9 催化和非催化推进剂的化学组成(%(质量))

推进剂种类	基础配方					催化剂	
	NC	TMETN	TEGDN	EC	C	PbSa	CuSa
无催化剂	53.70	39.10	7.02	0.08	0.10	—	—
催化剂 L	52.69	38.33	6.88	0.08	0.10	0.98	0.98
催化剂 S	52.69	38.33	6.88	0.08	0.10	0.98	0.98

注：催化剂 L 是粒径分别为 10μm 的 PbSa 和 CuSa；催化剂 S 是粒径分别为 3μm 的 PbSa 和 CuSa

暗区的化学反应过程是一系列复杂的反应。参考式(3.70)表达的数学模型可以确定反应速度及总反应级数 m。将表6.10中的计算结果和其他研究者的数据绘制成图。对于非催化和催化推进剂的燃速压强指数 n 范围为 0.28~0.80，暗区指数 $d=n-m$ 范围为 -1.69 ~ -2.27，这些数据取决于推进剂的组成和压强范围。具有最低压强指数的推进剂具有最大的暗区指数，即暗区的压强依赖性大。在麦撒燃烧区，暗区宽度随压强的增加而迅速降低。然而，对于所有的推进剂(无论是否使用催化剂)，反应总级数 m 的计算值约为2.5。该结果表明添加催化剂后推进剂的暗区总反应速度与未添加催化剂的推进剂基本相同。

表6.10 暗区内由燃速压强指数确定的总反应级数 m 和暗区指数 d

推进剂种类	催化剂	压强范围/MPa	n	d	m	参考文献
NC/TMETN	无催化剂	1.5~6.0	0.80	-1.69	2.49	[11]
NC/TMETN	催化剂 L	1.5~6.0	0.45	-1.96	2.41	[11]
NC/TMETN	催化剂 S	1.5~6.0	0.28	-2.27	2.55	[11]
NC/NG	无催化剂	2.0~10.0	0.56	-1.95	2.51	[32]
NC/NG	无催化剂	1.1~3.5	0.60	-2.20	2.80	[10]
NC/NG	无催化剂	1.7~4.1	0.45	-2.00	2.45	[15]

为了理解麦撒燃烧的机理，需明确火焰区随着燃速的降低不会扩展，但是会移动到更靠近燃面的区域。这也表明，从发光火焰传递至燃面的热量并不重要，在燃烧表面或附近一定发生了抑制反应，即在产生麦撒燃烧的嘶嘶区一定发生了抑制反应。

6.4.3.3 嘶嘶区的反应机理

嘶嘶区的厚度(区域Ⅲ)取决于在燃面处产生气相物质的化学动力学，即取决于压强。厚度随着压强的增加而减小，引起温度梯度的增加。因此，从气相到凝聚相的热传导速率随着压强的增加而增加。在紧靠燃面的气相区，两种推进剂(催化和非催化)温度梯度对压强的依赖性 $(dT/dx)_{s,g}$ 相似。但是催化推进剂的温度梯度比非催化推进剂的温度梯度小。因此,对于催化推进剂,气相反馈到凝聚相的热流明显比非催化推进剂的高。催化剂加快了推进剂在嘶嘶区的反应,即发生了超速燃烧。这表明在超速燃烧区,即使发光火焰离燃面增大,在加入铅化合物后,仍然会增加从气相反馈到燃面的热流。

6.4.4 超速、平台和麦撒燃烧的燃烧模型

铅化合物直接影响燃面和紧靠燃面的凝聚相(在 0.1MPa 下,距离小于 100μm;在 0.2MPa 下,距离小于 20μm),铅化合物最终分解为细粒度的金属铅或氧化铅。铅催化剂和硝酸酯的分解产物(化学降解为 NO_2 和醛等)在表面层反应。催化剂改变了热分解路径,导致推进剂的燃面处产生更多的碳。尽管化学反应路径改变,但表面反应层的净放热没有明显变化。

重要的是,铅化合物的存在加剧了嘶嘶区的反应,嘶嘶区即靠近燃烧表面的气相区。在随后的暗区和发光火焰区中,反应速度的增加不明显。嘶嘶区反应速度的增加促使反馈到表面的热流增加(高达100%),产生超速燃烧。

因此,铅化合物具有增加碳含量和加快嘶嘶区反应速度的作用。大部分的有机分子分解后在表面上形成碳,而不是形成易于被氧化的醛,使得燃料/氧化剂(醛/NO_2)的比例降低。因此,NO_2 的比例增加,促使当量比接近化学计量比。醛/NO_2 混合物的上述转变导致反应速度的大幅增加。过多的碳在嘶嘶区的下游氧化。此外,燃烧表面形成的碳伸入嘶嘶区,增加了嘶嘶区的热导率 λ_g(式(3.59))。碳的热导率比嘶嘶区气相产物的热导率高 1000 倍。换句话说,在超速燃烧过程中,嘶嘶区热导率平均值的增加是因为形成了碳物质。这也表明,当在燃面上形成碳时,从嘶嘶区反馈到燃烧表面的热流显著增加。事实上,随着推进剂爆热的增加,铅化合物的超速燃烧效果降低[11]。这表明含 NG 少的推进剂或硝化度更低的 NC 推进剂,受铅化合物的影响更大。

虽然不能对超速燃烧进行完整的数学描述,但是基于化学计量变化的双路径表示法,可以进行简单的描述。催化和非催化推进剂的一般化学路径如图 6.30 所示。平衡比向化学计量比转变,引起嘶嘶区反应速度大幅增加,暗区温度也增加,从气相热反馈到燃面的热流增加。

式(3.59)给出了简化的燃速模型,仅可表示在燃面形成碳物质的压强范围内燃速的增加,即超速燃烧。

随着燃速的增加(由于增加压强或是添加铅化合物),凝聚相的热波厚度 δ_p(定义为 $\delta_p = (\lambda_p \rho_p / c_p r)$ 减少,表面反应区的初始催化时间 τ_p(定义为 $\tau_p = \delta_p / r$)减少。式中,ρ_p 为密度,c_p 为推进剂的比热。例如,在 0.1MPa 时,初始催化时间 $\tau_p = 0.2s$,在 2MPa 时初始催化时间 $\tau_p = 0.002s$。铅化合物(和高浓度 NO_2)使嘶

嘶嘶区反应物的含量随着燃速的增加而降低,因此,嘶嘶区的反应速度接近正常反应途径的反应速度,燃速的增加(即超速燃烧)随着压强的增加而减小。随着压强的增加,超速燃烧消失,燃速平台的斜率降低。

反应区	燃面	→	嘶嘶区	→	暗区	→	火焰区
非催化推进剂	常规反应路径	→	常规 NO_2+RCHO 气相反应	→	常规 NO、C、H、O 气相反应	→	常规火焰反应,生成 H_2O、CO、CO_2 等
催化推进剂	铅盐+硝酸酯	→	反应速率增大,[$RCHO/NO_2$]减少	→	温度升高增大燃速	→	常规火焰反应,生成 H_2O、CO、CO_2 等
	固体碳的形成	→	接近化学计量比	→	温度升高	→	温度升高

图 6.30 超速燃烧的反应途径

推进剂中加入的铅化合物分解为铅或是氧化铅,引起嘶嘶区的抑制反应,导致燃速的斜率为负(即麦撒燃烧)。嘶嘶区的反应速度随着压强的增加而增加,增加的反应速度补偿了抑制反应降低的速度。于是,平台/麦撒燃烧的燃速恢复到高压区的正常燃速。

实验结果表明,平台推进剂燃烧过程中发生各种不同的现象[11,13]。当铅催化剂加入到高能量双基推进剂中时,不产生超速燃烧。铅化合物对于低能量推进剂有很好的催化效果。另外,铅催化剂延缓醛的氧化反应。超速燃烧过程中,碳物质在燃烧表面形成,随着超速燃烧的消失,碳物质消失。以下的机理可以解释观测到的超速燃烧、平台燃烧和麦撒燃烧现象:催化剂最初作用在凝聚相而且在燃烧表面发生反应,随着反应的进行延续到气相区。碳物质的形成,使得燃料和氧化物的比例向化学计量比方向移动。通过改变化学计量比而加快气相反应速度。从嘶嘶区反馈到燃烧表面的热流增加,产生超速燃烧。而且,嘶嘶区产生大量的碳物质,使嘶嘶区产生的平均热导率增加,导热增加使燃速增加。随着燃速在高压区升高,碳物质消失,超速燃烧也消失,形成平台燃烧。铅化合物的负催化作用被认为是产生麦撒燃烧的原因。

为了了解铅化合物在产生平台燃烧现象中的作用,对各种无机和有机铅化合物进行了实验研究[23]。药条的燃烧测试结果表明,在 3~12MPa,金属铅(Pb)及氧化铅(PbO、PbO_2 和 Pb_3O_4)不仅会产生超速燃烧,而且会产生平台燃烧和麦撒燃烧。平台燃烧及麦撒燃烧的特性与颗粒尺寸及铅催化剂的浓度密切相关。由于铅催化剂为固体颗粒,催化发生在颗粒表面,当粒径降低时有效表面积增加。

实验结果表明,大多数的有效添加剂是有机铅化合物如 PbSt、PbSa 和 Pb_2-EH。通过将少量的水杨酸铜(CuSa)和(或)石墨/炭(小于 0.2%)与有机铅化合物复合,超速、平台和麦撒燃烧显著加强。所使用的这些铅化合物的粒径约为 10μm,碳颗粒的粒径约为 0.01μm。

另外,无机铅化合物如 $PbBr_2$、PbF_2、PbI_2 和 $PbCl_2$ 颗粒对平台燃烧产生的影响较小,即使添加 3% 的小尺寸颗粒(小于 10μm)到 NC-NG 推进剂中,燃速的压强指数也在 $n=0.35\sim0.60$。

6.4.5 以 LiF 为催化剂的双基推进剂

将 LiF 加入 NC-NG 或 NC-TMETN 双基推进剂中能产生超速燃烧。如图 6.31 所示,含 2.4%LiF 和 0.1%C 的上述推进剂,在 0.3~0.5MPa,推进剂燃速急剧增加。压强大于 0.5MPa 时,超速燃烧影响逐渐消失。非催化的推进剂(NC-NG 双基推进剂)组成是 55%NC、35%NG 和 10%DEP。在 0.5MPa 时,加入催化剂后,燃速最大增加量约为 230%。

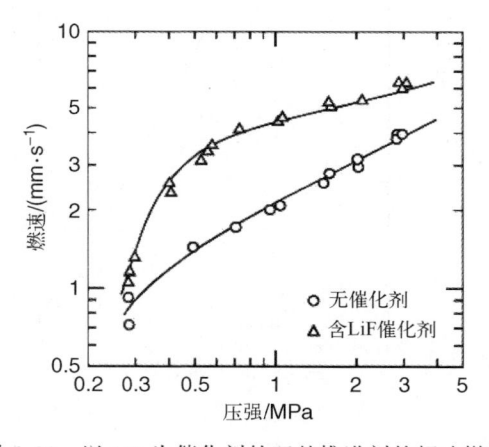

图 6.31　以 LiF 为催化剂的双基推进剂的超速燃烧

加入 LiF 后,推进剂的暗区长度增加,与 Pb 化合物催化的推进剂类似,如图 6.32 所示。表 6.11 所列为在 1.5MPa 和 3.0MPa 下,暗区长度和在暗区中发生反应产生发光火焰的时间。反应时间相对不变,加入 LiF 和 C 后,对暗区影响不大。

表 6.11　非催化和催化推进剂的暗区长度和反应时间

推进剂	p/MPa	r/(mm·s^{-1})	L_g/mm	T_b/K	τ_g/ms
不含催化剂	1.5	2.6	6.1	1100	8.7
	3.0	3.9	1.8	1100	3.0

（续）

推进剂	p/MPa	$r/(\text{mm}\cdot\text{s}^{-1})$	L_g/mm	T_b/K	τ_g/ms
含催化剂	1.5	4.9	9.1	1200	6.4
	3.0	5.9	2.7	1200	2.5

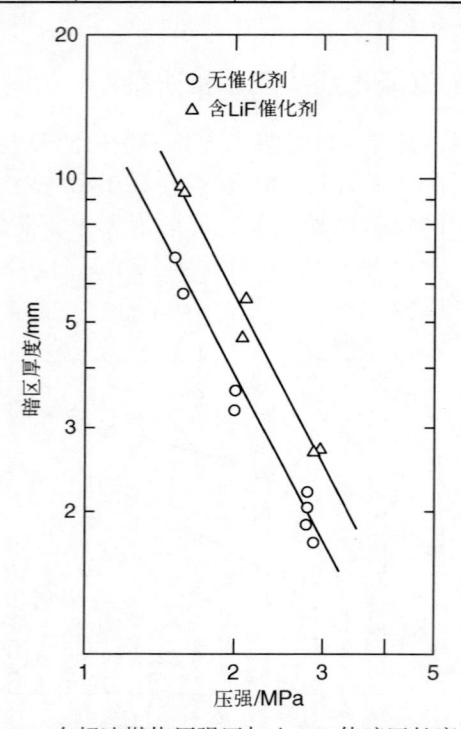

图 6.32 在超速燃烧压强区加入 LiF 使暗区长度增大

当加入 2.4% 的 LiF 和 0.1% C 时，在 0.7MPa 下燃烧表面上方嘶嘶区的温度梯度由 $1.9\text{K}\cdot\mu\text{m}^{-1}$ 增至 $2.5\text{K}\cdot\mu\text{m}^{-1}$。加入催化剂后，嘶嘶区的气相反应速度和嘶嘶区反馈到燃烧表面的热流都增加，而催化剂的加入对暗区影响很小。

LiF 催化的推进剂气相和燃烧表面结构都与铅化合物催化的推进剂相似，都能产生超速燃烧。当加入 LiF 出现超速燃烧时，在燃烧表面也能产生大量的碳物质。在高压范围内碳物质消失，超速燃烧几乎同时消失。LiF 对双基推进剂作用部位和机理与 Pb 化合物的作用相同。且 LiF 不含铅、更环保，LiF 已替代铅化合物作为双基推进剂的超速和平台燃烧催化剂。

6.4.6 以 Ni 为催化剂的双基推进剂

在与醛或者碳氢化合物气体反应过程中，金属 Ni 催化 NO 发生还原反应[33],双基推进剂暗区中的主要反应是 NO 还原是 N_2。向双基推进剂中加入少量 Ni 粉或有机 Ni 化合物,有利于增加暗区的反应速率。

图 6.33 展示了加入 Ni 粉后双基推进剂的燃速。双基推进剂的参比配方为 $\xi(NC)=0.44$、$\xi(NG)=0.43$、$\xi(DEP)=0.11$ 和 $\xi(EC)=0.02$。当加入 0.1%Ni 粉(粒径 2μm)时,燃速不发生变化[28],但是,明显改变了燃烧波结构,燃烧表面到发光火焰阵面的距离变短,见图 6.34。参比样在 1.5MPa 下,火焰距离为 8mm,随着压强的增加而快速缩短(到 4.0MPa 缩短为 1mm)。而当压强增大时,含 Ni 催化剂的推进剂火焰距离保持不变(0.3mm)。

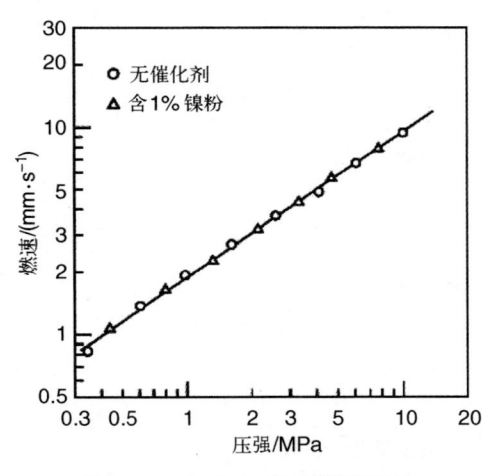

图 6.33 加入 Ni 粉后燃速不变

暗区温度随着压强的增加而增加,0.3MPa 时为 1300K,到 2MPa 时为 1500K。用 1%Ni 粉催化的推进剂,暗区温度大幅上升(0.3MPa 下超过 2500K),因为暗区被高温发光火焰区所占据。但是加入 Ni 粉后燃烧表面上方 0.2~0.3mm 以上,嘶嘶区的温度梯度不变,这表明从嘶嘶区反馈到燃烧表面的热流也不变。Ni 粉只作用于暗区反应,对嘶嘶区和凝聚相区无作用。因此,加 Ni 粉的推进剂燃速不变[33]。

铅化合物催化剂只对凝聚相区和嘶嘶区作用(6.4 节),对暗区无效,并能提高燃速。而 Ni 粉仅作用于暗区,对凝聚相区和嘶嘶区无作用,也不能提高燃速。当双基推进剂在低压下燃烧时(0.5MPa),不会产生发光火焰。然而,加入金属 Ni 或有机 Ni 化合物后,在相同压强下在燃烧表面出现发光火焰。Ni 催化剂的作用是加速 NO 与气态烃生成 N_2、H_2O、CO_2、CO 的暗区反应,但不会加速 NO_2 与醛生成 NO、H_2、CO 的嘶嘶区反应(见图 6.34)。

163

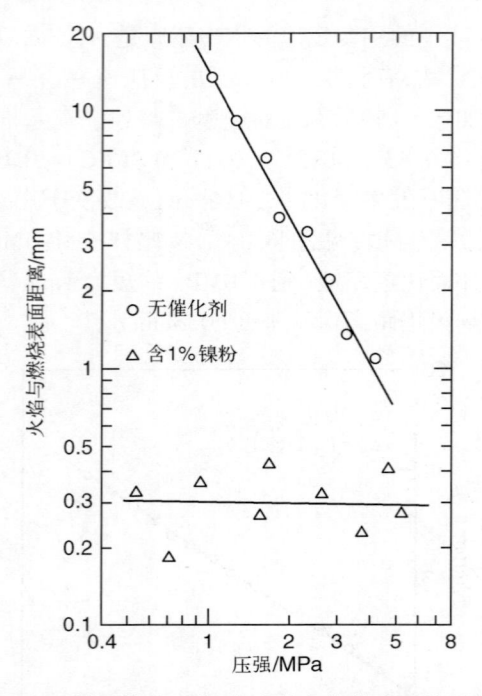

图 6.34 加入 Ni 粉后燃速不变,但火焰与燃烧表面的距离明显减小

6.4.7 超速和平台燃烧的抑制

图 6.35 所示为添加钾盐对推进剂的作用,推进剂的化学组成见表 6.12。在 KN-0 和 KS-0 推进剂中分别加入 3.2% 和 4.4% 的 PbSt。当 4.0% 的 KNO_3 颗粒加入 KN-0 推进剂,超速、平台和麦撒燃烧特性几乎被完全抑制。燃烧过程中观察到的表面结构表明,在 KN-0 推进剂燃面上形成的碳物质在 KH-4 推进剂超速燃烧压强范围内的燃面上已经观察不到。碳在燃面被 KNO_3 氧化,从气相到燃面的热反馈减少。由 PbSt 产生的超速燃烧效应降低到不含 PbSt 推进剂的正常燃烧水平。

表 6.12 KNO_3 和 K_2SO_4 催化的双基推进剂的化学组成

推进剂	$\xi(NC)$	$\xi(NG)$	$\xi(DSP)$	$\xi(EC)$	$\xi(PbSt)$	$\xi(Al)$	$\xi(KNO_3)$	$\xi(K_2SO_4)$
KN-0	0.466	0.369	0.104	0.029	0.032	—	—	—
KN-4	0.466	0.369	0.104	0.029	0.032	—	0.040	—
KS-0	0.468	0.381	0.073	—	0.044	0.025	—	—
KS-8	0.468	0.381	0.073	—	0.044	0.025	—	0.080

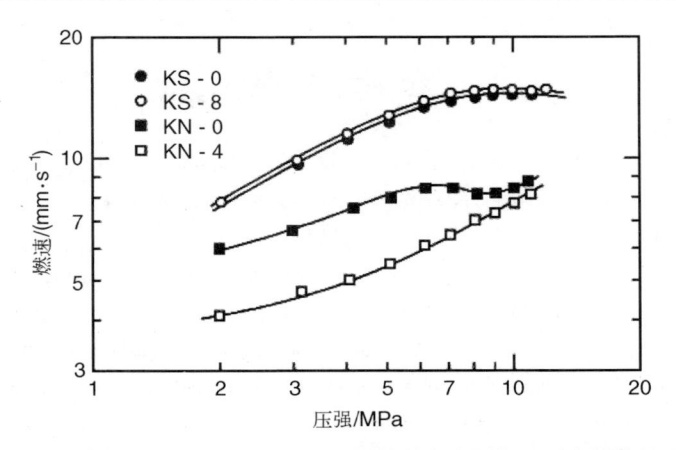

图 6.35 加入 KNO_3(而非 K_2SO_4)后可抑制超速燃烧和平台燃烧的形成

加入 4.4%PbSt 的 KS-0 推进剂,在低于 9MPa 的低压范围内表现出超速燃烧;在 9~12MPa 的高压范围内,表现出平台燃烧。在 KS-0 中添加 8.0%的 K_2SO_4 颗粒对超速和平台燃烧没有影响,KS-8 推进剂的燃速特性与 KS-0 相同。

作为双基推进剂添加剂,KNO_3 和 K_2SO_4 的差异见表 6.13。KNO_3 的熔点和分解温度远低于 K_2SO_4。当 KNO_3 颗粒加入到含催化剂的双基推进剂中,颗粒在 600K 的燃烧表面熔化,在燃面的嘶嘶区或燃面上方分解,KNO_3 热分解形成的氧化剂碎片与碳物质在燃面上方反应。事实上,碳物质在含催化剂的 KN-0 推进剂的燃面形成,而添加 KNO_3 的 KN-4 推进剂的燃面不形成碳物质。

表 6.13 KNO_3 和 K_2SO_4 的熔点及分解温度

项 目	KNO_3	K_2SO_4
熔点温度/K	606	1342
分解温度/K	673	1962

另外,K_2SO_4 粒子加入推进剂 KS-0 中,颗粒从燃烧表面喷射到嘶嘶区。因为 K_2SO_4 的熔点和分解温度较高,在燃面或燃面上方不发生熔化或分解反应。因此,K_2SO_4 粒子的加入对燃面或燃面上方没有明显影响。这表明 K_2SO_4 粒子在燃烧波中作为惰性粒子存在。当 K_2SO_4 粒子被添加到双基推进剂时,平台燃烧效果不变。

需指出,KNO_3 和 K_2SO_4 是消除发动机喷管产生发光火焰的有效添加剂,也是抑制枪口闪光火焰形成的有效添加剂。在枪管中产生的钾原子(由钾盐分解产生)可用作阻燃剂。

参 考 文 献

[1] Fifer,R. L. (1984) Chemistry of nitrate ester and nitramine propellants,in Fundamentals of Solid-Propellant Combustion,Progress in Astronautics and Aeronautics,vol. 90,Chapter 4 (eds K. K. Kuo and M. Summerfield),AIAA,New York.

[2] (a) Kubota,N. (1984) Survey of rocket propellants and their combustion characteristics,in Fundamentals of Solid-Propellant Combustion,Progress in Astronautics and Aeronautics,vol. 90,Chapter 1 (eds K. Kuo and M. Summerfield),AIAA,Washington,DC;(b) and also Kubota,N. (1990) Flame structure of modern solid propellants,in Nonsteady Burning and Combustion Stability of Solid Propellants,Progress in Astronautics and Aeronautics,vol. 43, Chapter 4 (eds L. De Luca,E. W. Price,and M. Summerfield),AIAA,Washington,DC.

[3] Lengelle,G. ,Bizot,A. ,Duterque,J. ,and Trubert,J. F. (1984) Steady-state burning of homogeneous propellants,in Fundamentals of Solid-Propellant Combustion,Progress in Astronautics and Aeronautics,Vol. 90,Chapter 7 (eds K. K. Kuo and M. Summerfield),AIAA, New York.

[4] Huggett,C. (1956) Combustion of Solid Propellants,Combustion Processes,High Speed Aerodynamics and Jet Propulsion Series,vol. 2,PrincetonUniversityPress,Princeton,NJ,pp. 514-574.

[5] Timnat,Y. M. (1987) Advanced Chemical Rocket Propulsion,Academic Press,New York.

[6] Lengelle,G. ,Duterque,J. ,and Trubert,J. F. (2000) Physico-chemical mechanisms of solid propellant combustion,in Solid Propellant Chemistry,Combustion,and Motor Interior Ballistics,Progressin Astronautics and Aeronautics,vol. 185,Chapter 2.2 (eds V. Yang,T. B. Brill,and W. -Z. Ren),AIAA,Virginia.

[7] Crawford,B. L. ,Huggett,C. ,and McBrady,J. J. (1950) The mechanism of the double-base propellants. J. Phys. Colloid Chem. ,54(6),854-862.

[8] Rice,O. K. and Ginell,R. (1950) Theory of burning of double-base rocket propellants. J. Phys. Colloid Chem. ,54(6),885-917.

[9] Parr,R. G. and Crawford,B. L. (1950) A physical theory of burning of double base rocket propellants. J. Phys. Colloid Chem. ,54(6),929-954.

[10] Heller,C. A. and Gordon,A. S. (1955) Structure of the gas-phase combustion region of a solid double-base propellant. J. Phys. Chem. ,59,773-777.

[11] Kubota,N. (1973) The Mechanism of Super-Rate Burning of Catalyzed Double-Base Propellants. AMS Report No. 1087,Aerospace and Mechanical Sciences,Princeton University, Princeton,NJ.

[12] Eisenreich,N. (1978) A photographic study of the combustion zones of burn ing double-base propellant strands. Propellants Explos. ,3,141-146.

[13] Aoki, I. and Kubota, N. (1982) Combustion wave structures of high – and low – energy double-base propellants. AIAA J. ,20(1), 100–105.

[14] Beckstead, M. W. (1980) Model for double – base propellant combustion. AIAA J., 18 (8), 980–985.

[15] Crawford, B. L., Huggett, C., and McBrady, J. J. (1944) Observations on the Burning of Double-Base Powders. The Combustion Institute, National Defense Research Committee Armor and Ordnance Report, No. A–268 (OSRD No. 3544), April 1944.

[16] Sotter, J. G. (1965) Chemical kinetics of the cordite explosion zone. 10th Symposium (International) on Combustion, The Combustion Institute, Pittsburgh, PA, 1965, pp. 1405–1411.

[17] Kubota, N., and Ishihara, A. (1984) Analysis of the temperature sensitivity of double-base propellants. 20th Symposium (International) on Combustion, The Combustion Institute, Pittsburgh, PA, 1984, pp. 2035–2041.

[18] Nakashita, G. and Kubota, N. (1991) Energetics of Nitro/Azide Propellants. Propellants Explos. Pyrotech., 16, 171–181.

[19] Preckel, R F. (1948) Ballistics of catalyst modified propellants. Bulletin of Fourth Meeting of the Army–Navy Solid Propellant Group, Armour Research Foundation, Illinois Institute of Technology, Chicago, IL, pp. 67–71.

[20] Hewkin, D. J., Hicks, J. A., Powling, J., and Watts, H. (1971) The combustion of nitric ester – based propellants: ballistic modification by lead compounds. Combust. Sci. Technol., 2, 307–327.

[21] Eisenreich, N. and Pfeil, A. (1978) The influence of copper and lead compounds on the thermal decomposition of nitro – cellulose in solid propellants. Thermochim. Acta, 27, 339–346.

[22] Kubota, N. (1979) Determination of plateau burning effect of catalyzed double-base propellant. 17th Symposium (International) on Combustion, The Combustion Institute, Pittsburgh, PA, 1979, pp. 1435–1441.

[23] (a) Kubota, N., Ohlemiller, T. J., Caveny, L. H., and Summerfield, M. (1974) Site and mode of action of platonizers in double-base propellants. AIAA J., 12(12), 1709–1714; (b) Kubota, N., Ohlemiller, T. J., Caveny, L. H., and Summerfield, M. (1973) The Mechanism of Super-Rate Burning of Catalyzed Double-Base Propellants, 15th Symposium (International) on Combustion, The Combustion Institute, Pittsburgh, PA, 1973, pp. 529–537.

[24] Steinberger, R. and Carder, K. E. (1954) Mechanism of burning of nitrate esters. Bulletin of the 10th Meeting of the JANAF Solid Propellant Center, Dayton, June 1954, pp. 173–187.

[25] Steinberger, R. and Carder, K. E. (1955) Mechanism of burning of nitrate esters. 5th Symposium (International) on Combustion, Reinhold, New York, 1955, pp. 205–211.

[26] Adams,G. K. ,Parker,W. G. ,and Wolfhard,H. G. (1953) Radical reaction of nitric oxide in flames. Discuss. Faraday Soc. ,14,97-103.

[27] Ellis,W. R. ,Smythe,B. M. ,and Theharne,E. D. (1955) The effect of lead oxide and copper surfaces on the thermal decomposition of ethyl nitrate vapor. 5th Symposium (International) on Combustion,Reinhold,New York,1955,pp. 641-647.

[28] Hoare,D. E. ,Walsh,A. D. ,and Li,T. M. (1971) The oxidation of tetramethyl lead and related reactions. 13th Symposium (International) on Combustion,1971,pp. 461-469.

[29] Bardwell,J. (1961) Inhibition of combustion reactions by inorganic lead compounds. Combust. Flame,5(1),71-75.

[30] Lewis,B. and von Elbe,G. (1961) Combustion Flames and Explosions of Gases,Academic Press,New York.

[31] Ashmore,P. G. (1963) Catalysis and Inhibition of Chemical Reactions,Butter worths,London.

[32] Heath,G. A. and Hirst,R. (1962) 8th Symposium (International) on Combustion,The Williams & Wilkins Co,Baltimore,MD,pp. 711-720.

[33] Kubota,N. (1978) Role of additives in combustion waves and effect on stable combustion limit of double-base propellants. Propellants Explos. ,3,163-168.

第 7 章　复合推进剂的燃烧

7.1　AP 复合推进剂

7.1.1　燃烧波结构

AP 是氧化剂晶体,广泛用于复合推进剂中。因为 AP 燃烧产物中含有大量的 HCl 会氧化和腐蚀身管内表面,因此,AP 复合推进剂不像双基推进剂那样可以用于枪炮发射药。AP 复合推进剂由细 AP 作为氧化剂,烃类聚合物作为燃料。烃类聚合物也作为细 AP 的黏合剂(BDRs),形成所需形状的推进剂。由于氧化剂气体(由 AP 粉末产生)和燃料气体(由黏合剂产生)在燃面有扩散过程,AP 复合推进剂的物理结构是高度异质的,燃烧波结构也是异质的。通常使用的烃类聚合物有端羟基聚丁二烯(HTPB)、端羧基聚丁二烯(CTPB)和端羟基聚醚(HTPE)。

7.1.1.1　AP 颗粒的预混火焰和扩散火焰

为使 AP 推进剂获得较宽的燃速范围,已经进行了大量的实验和理论研究来考察 AP 复合推进剂的燃烧及分解[1-13]。AP-HTPB 复合推进剂的燃烧模式是由燃烧表面的 AP 粒子和周围 HTPB 分解气体的扩散过程所控制的[1,2,4-10,12]。AP 粒子分解产生高氯酸 $HClO_4$,而 HTPB 分解产生碳氢碎片和氢气[9]。这些分解气体相互反应并在燃烧表面或上方放出热量。如图 7.1 所示,燃烧表面发生的吸热反应包括黏合剂的热解产生气体产物(燃料),以及 AP 的解离升华和(或)分解产生高氯酸和氨气。氨气和高氯酸分子发生放热反应,在 AP 粒子表面上方形成预混火焰。由于预混火焰的燃烧产物中包含过量的氧化剂碎片,这些与燃料黏合剂分解产生的燃料气体反应后形成扩散火焰。因此,AP 复合推进剂的燃烧过程包含了两步反应。

从燃烧表面反馈的传导热使凝聚相温度从推进剂初温 T_0 逐渐增至燃烧表面温度 T_s。接着,燃面上方的放热反应使气相中的温度升至最终燃烧温度 T_g。因为 AP 复合推进剂的物理结构是高度异质的,温度随时间也随位置发生波动。图 7.2 中的温度分布表示了平均时间分布曲线,这与双基推进剂的燃烧波结构形成明显对比(图 6.3)。因此,AP 复合推进剂的燃速在很大程度上依赖于 AP 的粒度[3,11]、AP 的质量分数和黏合剂的种类[3,12]。

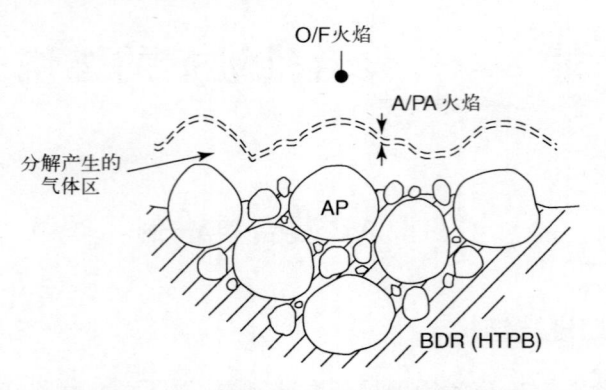

图 7.1 AP 颗粒和黏合剂燃烧过程示意图

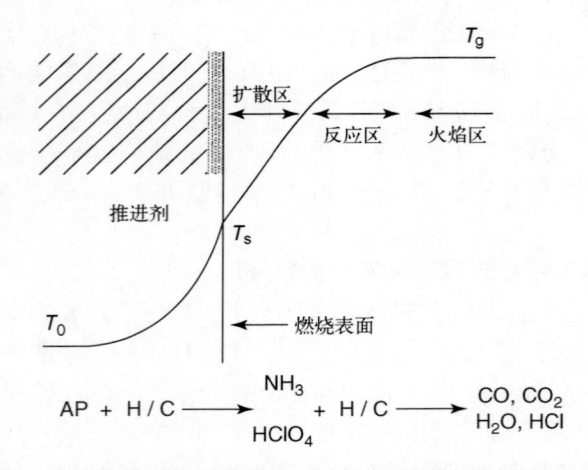

图 7.2 AP 复合推进剂的反应过程和燃烧波温度分布曲线

对低压下的气相进行照相观察,以明确 AP 复合推进剂的燃烧波结构。燃速低时低压下反应区的厚度增加。图 7.3 为三种 AP-HTPB 复合推进剂在低于 0.1MPa 的低压下的燃速-压强曲线[3]。推进剂的化学组成见表 7.1。在相同的压强下,$\xi(AP)=0.86$ 推进剂的燃速比 $\xi(AP)=0.80$ 推进剂的燃速高。然而,$\xi(AP)=0.86$ 和 $\xi(AP)=0.80$ 推进剂的燃速压强指数分别为 0.62 和 0.65,即 $\xi(AP)=0.86$ 的推进剂的燃速-压强关系可表示为 $r-p^{0.62}$,$\xi(AP)=0.80$ 的推进剂的燃速-压强关系可表示为 $r-p^{0.65}$。

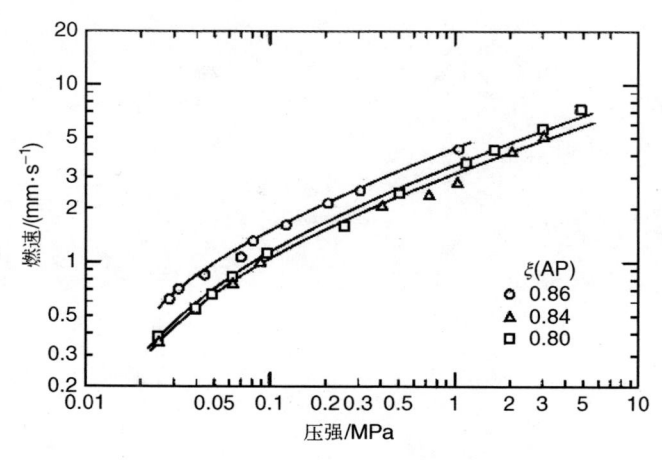

图 7.3　三种不同配方 AP-HTPB 复合推进剂低压下的燃速

表 7.1　三种不同配方 AP-HTPB 复合推进剂的化学组成及绝热火焰温度

推进剂	$\xi(AP)/\xi(HTPB)$	$\xi(AP_{(c)})$	$\xi(AP_{(f)})$	$\xi(HTPB)$	T_f/K
A	0.86/0.14	0.43	0.43	0.14	2680
B	0.84/0.16	0.42	0.42	0.16	2480
C	0.80/0.20	0.40	0.40	0.20	2310

HTPB: $C_{7.057}H_{10.647}O_{0.223}N_{0.063}$, $AP_{(c)}: d_0 = 200\mu m$; $AP_{(f)}: d_0 = 20\mu m$, T_f: 0.1MPa 下的绝热火焰温度

图 7.4 给出了 $\xi(AP)=0.86$ 的推进剂在 0.07MPa 和 0.1MPa 下的火焰照片,具体参数见表 7.1。如图 7.5 所示,在燃烧表面形成蓝色火焰,随着压强增大,蓝色火焰的厚度减小。蓝色火焰厚度(δ_g)与压强的关系可表示为 $\delta_g \text{-} p^{-0.60}$: 0.02MPa 为 0.5mm,0.1MPa 为 0.2mm。在蓝色火焰上可看到微红色火焰。另外,当 $\xi(AP)=0.80$ 的推进剂在 0.1MPa 燃烧时看不到蓝色和微红色火焰,火焰整个变为黄色,这是由黏合剂和 AP 粒子分解气体产生的富燃料扩散火焰造成的[8]。事实上,$\xi(AP)=0.86$ 的推进剂的火焰温度比 $\xi(AP)=0.80$ 的推进剂高。由于火焰照相采用相对较长的曝光时间(1/60s),因此蓝色火焰的厚度表示由 AP 粒子和黏合剂分解气体产生的众多扩散型火焰的时间平均值。

图 号	质量分数 AP	质量分数 HTPB	p/MPa	$r/(mm \cdot s^{-1})$
(a)	86%	14%	0.07	1.2
(b)	86%	14%	0.10	1.5
(c)	80%	20%	0.10	1.0

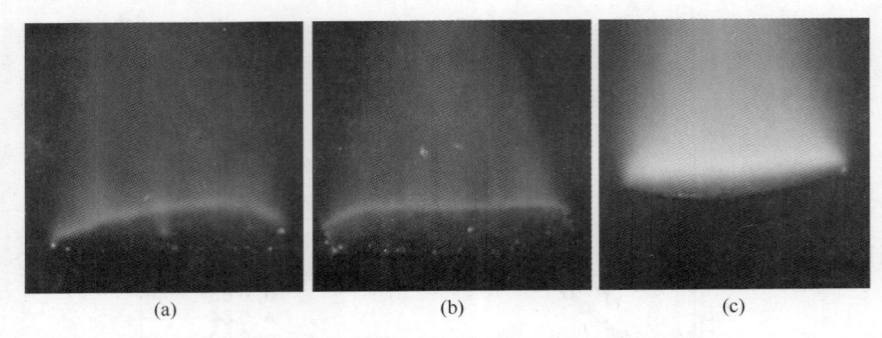

图 7.4　AP-HTPB 推进剂在低压下燃烧火焰照片

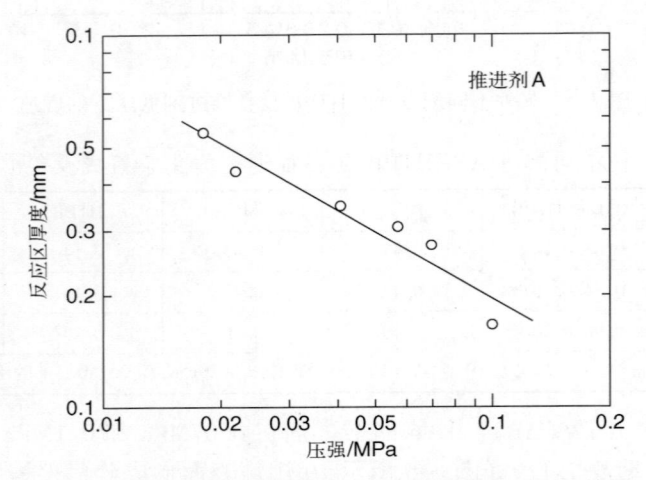

图 7.5　AP-HTPB 推进剂低压下反应区厚度与压强的关系

由 δ_g 确定总的化学反应级数。反应级数 m 与燃速压强指数 n 有关：

$$\delta_g \propto p^{n-m} = p^d \tag{7.1}$$

式中：d 为气相反应的压强指数。由图 7.5 确定 $d=-0.60$，由图 7.3 确定 $n=0.62$，故 $m=n-d=1.22$。反应的总级数与碳氢化物-空气燃烧反应基本一致。双基推进剂暗区反应的总级数约为 2.5。

从气相反馈到燃烧表面的热流依赖于气相中的温度梯度，因为温度梯度与气相反应区厚度成反比。因此，气相反应在蓝色火焰上端完成，热流 Λ_{III} 与 $1/\delta_g \approx p^{0.60}$ 成正比。燃速对压强的依赖关系（$r \approx p^{0.62}$）是由蓝色火焰中反应速率对压强的依赖引起的[8]。

7.1.1.2　颗粒扩散理论的燃速模型

AP 复合推进剂燃面的物理结构是高度异质的，包括 AP 粒子和聚合物黏合剂的分解。一些 AP 粒子从黏合剂表面出来，而另一些 AP 粒子被分解的黏合剂覆盖,故燃烧表面的形状随着时间和位置发生变化。AP 粒子产生的氨气/高氯酸(NH_3+HClO_4)火焰称为"A/PA 小火焰"。黏合剂分解产生的气体燃料扩散至 A/PA 小火焰,形成最终扩散火焰如图 7.1 所示。虽然燃面上方产生的扩散火焰的结构随着时间和位置不断变化,但是由扩散火焰平均时间可确定从气相反馈至燃面的热流。

由 Summerfield[6,9,11]等提出的颗粒扩散火焰(GDF)理论可用于确定 AP 复合推进剂的燃速。GDF 理论给出的燃速(r)随压强(p)变化的燃速方程如下:

$$\frac{1}{r}=\frac{a}{p}+\frac{b}{p^{1/3}} \quad (7.2)$$

式中:a 为化学反应时间参数;b 为扩散参数。GDF 模型给出的燃速 r 由两部分燃速组成:化学反应主导的燃速 r_{chem} 和扩散过程主导的燃速 r_{diff}:

$$\frac{1}{r}=\frac{1}{r_{chem}}+\frac{1}{r_{diff}} \quad (7.3)$$

假设反应速度为 Arrehnius 型表达式,则可得到化学反应时间参数 a;通过假设 A/PA 小火焰和燃料气体间的扩散过程可得到扩散参数 b。由于扩散过程依赖于分解的氧化剂和燃料气体,因此可由 AP 的平均粒径及 AP/黏合剂的混合比例确定参数 b。

上述燃速方程可表示为

$$\frac{p}{r}=a+bp^{2/3} \quad (7.4)$$

式中:a、b 为常数;$p^{2/3}$ 与 p/r 成直线关系。多种类型 AP 复合推进剂的燃速数据绘制于 $p^{2/3}$-p/r 图上,大多数成直线型,体现了 GDF 理论的适用性。

然而,当使用易于在表面熔化的黏合剂时,GDF 理论不再适用,$p^{2/3}$-p/r 曲线不成直线。在燃烧表面,黏合剂的熔融层覆盖分解的 AP 颗粒,扩散火焰的形成过程不适用于 GDF 理论。此外,当黏合剂的混合比增加超过 25%时,碳物质形成且燃烧表面变得异质化,这时燃烧表面上形成的扩散火焰不能再能用 GDF 理论表达。

7.1.1.3 富氧型 AP 推进剂的燃烧波结构

如果 AP-HTPB 复合推进剂的 BDR 浓度低于化学计量比,燃速将随着 $\xi(BDR)$ 的增大而加快如图 7.6 所示[8]。组成为 $\xi(BDR)= 0.08$ 的推进剂燃速如图 7.7 所示。与黏合剂混合的 AP 由三种粒径级配:60%的大尺寸(平均粒径 400μm)AP,20%的中尺寸(平均粒径 200μm)AP 和 20%的小尺寸(平均粒径 10μm)AP 颗粒。燃速表示如下:

$$r=4.30p^{0.66} \quad (7.5)$$

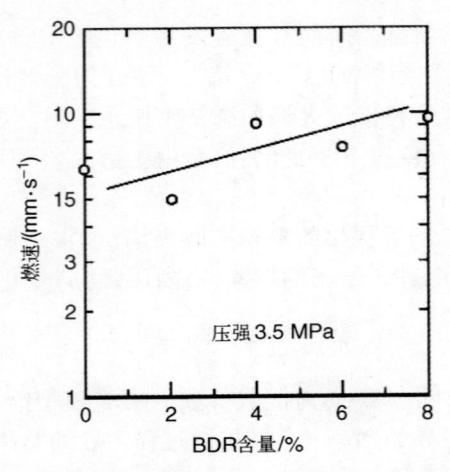

图 7.6 不同 BDR 含量的富氧型 AP-HTPB 推进剂在 3.5MPa 下的燃速

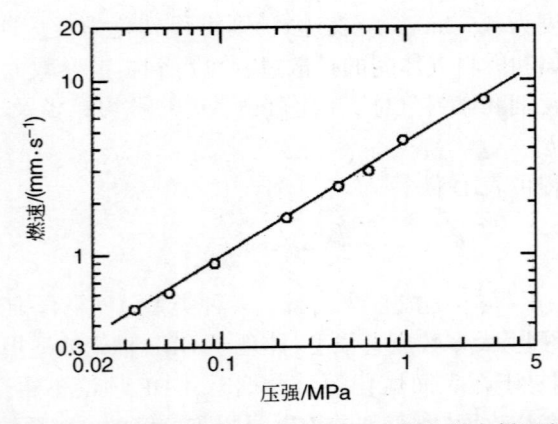

图 7.7 ξ(HTPB)=0.08 的富氧型 AP-HTPB 推进剂在低压段的燃速

图 7.8 为 0.0355MPa 和 0.0863MPa 下推进剂燃烧波的温度(k)-燃烧时间(s)曲线。在两个压强下,温度在凝聚相平稳增加,而在气相中具有较大的波动。然而,在 0.0862MPa 下温度升高速率明显高于在 0.0355MPa 下升高的速率。

图 7.9 为由温度曲线测量数据,在简化模型的基础上分析燃烧波的热转移过程。燃烧波可分为三个区:凝聚相热传导区、紧靠燃面的气相准备区(Ⅰ)和放热反应区(Ⅱ)。燃面温度 T_s 和气相反应的起始温度 T_f(在区域Ⅰ和Ⅱ之间发生)与压强的关系如图 7.10 所示。

第7章 复合推进剂的燃烧

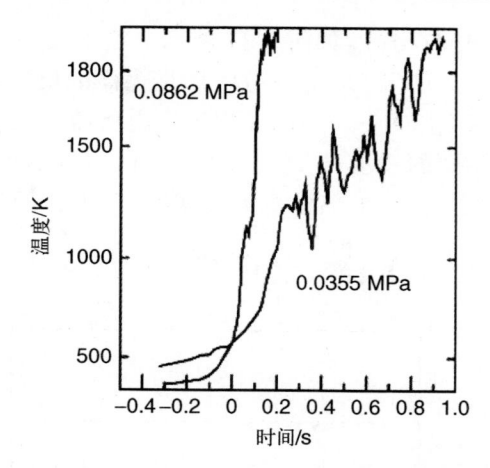

图 7.8 0.0862MPa 和 0.0355MPa 下的燃烧波温度-时间曲线

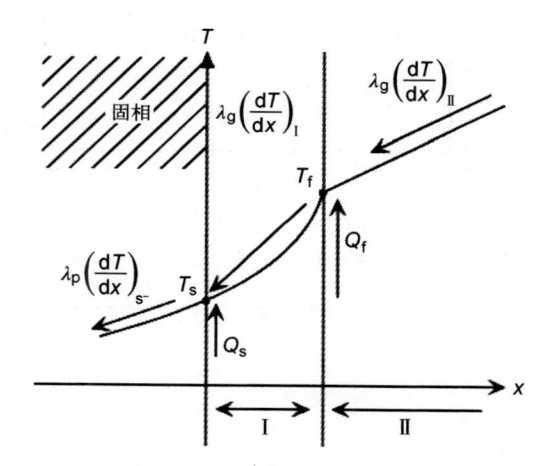

图 7.9 富氧型 AP-HTPB 推进剂在低于 0.1MPa 的低压条件下气相和凝聚相中的热流及反应热

燃面(即凝聚相和区域 I 之间的界面)的热平衡为

$$\lambda_p \left(\frac{dT}{dx}\right)_{s-} = \lambda_g \left(\frac{dT}{dx}\right)_{s+} + \rho_p r Q_s \tag{7.6}$$

$$\lambda_g \left(\frac{dT}{dx}\right)_{I,II} = \lambda_g \left(\frac{dT}{dx}\right)_{II+} + \rho_g r Q_f \tag{7.7}$$

式中:λ 为热导率;ρ 为密度;Q 为反应热。下角标的含义:g 为气相;p 为固相;s 为燃面;s⁻ 为固相中的燃面;s⁺ 为气相中的燃面;f 为区域 I 和区域 II 之间的界面。由于区域太薄难以准确测量,故假定 $(dT/dx)_{s+} = (dT/dx)_{I,II} = (dT/dx)_I$。

175

温度梯度$(dT/dx)_I$和$(dT/dx)_{II}$如图 7.11 所示。基于式(7.6)和式(7.7)给出的 r、T_s、T_f、$(dT/dx)_I$、$(dT/dx)_{II}$、Q_s 和 Q_f，燃烧表面的反应热 Q_s 为负值，Q_s 为 AP 和 HTPB 分解及 $NH_4ClO_4 \longrightarrow NH_3 + HClO_4$ 反应所需的热量。发生于区域 I 和 II 之间气相反应界面的反应热 Q_f 是正值，可认为是 $NH_3 + HClO_4 \longrightarrow NO + 3/2H_2O + HCl + 3/4O_2$ 反应放出的热量。从区域 II 反馈到 I 的热量可表示为

$$\lambda_g \left(\frac{dT}{dx}\right)_{II} = 1.71 \times 10^4 p^{0.67} \tag{7.8}$$

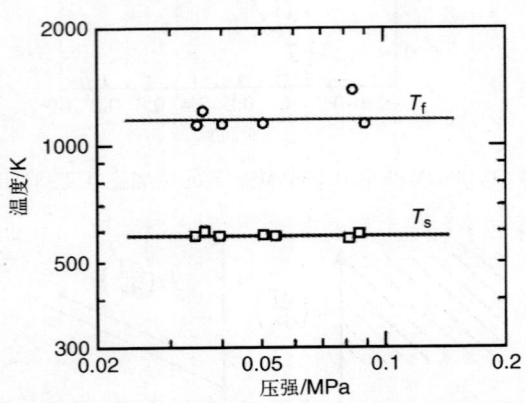

图 7.10 富氧型 AP-HTPB 推进剂在低于 0.09MPa 下燃面温度(T_s)和 A/PA 火焰温度(T_f)与压强的关系

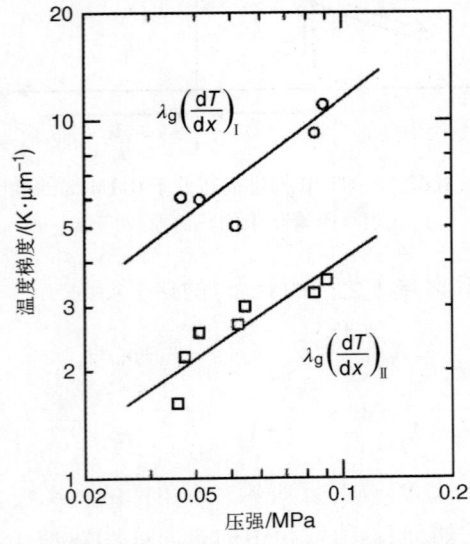

图 7.11 在低于 0.1MPa 低压段 I 区和 II 区的热流与压强的关系

基于图 7.10~图 7.12 中的数据可知,由式(7.8)定义的热流变化是燃速变化的主要原因(图 7.7)。

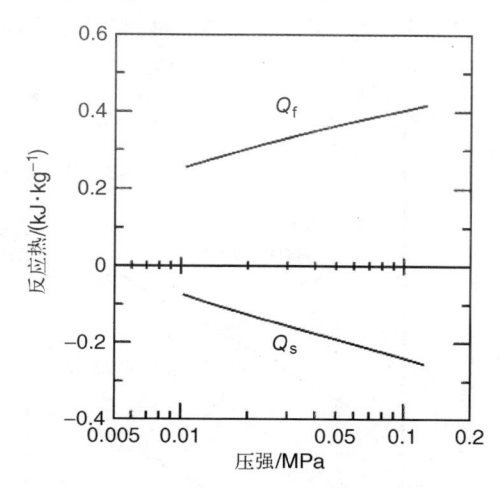

图 7.12 燃面处反应热(Q_s)和Ⅰ区Ⅱ区界面间的气相反应热(Q_f)

7.1.2 燃速特性

7.1.2.1 AP 粒度的影响

图 7.13 为 AP 粒度对燃速的影响,推进剂组成为 $\xi(AP)=0.80$ 及 $\xi(HTPB)=0.20$。AP 采用两种粒度:所用的大粒度 AP 的平均粒径分别为 350μm 和 200μm,混合比为 4:3;所用的小粒度 AP 的平均粒径分别为 15μm 和 3μm,混合比为 4:3。实验表明,含小粒度 AP 推进剂的燃速是含大粒度 AP 推进剂燃速的 2 倍多。含大粒度 AP 推进剂的压强指数为 0.47,含小粒度 AP 推进剂的压强指数为 0.59。

图 7.14 所示的是只含一种粒度 AP 的复合推进剂中粒度大小对燃速的影响规律[3]。燃速随着 AP 粒度 d_0 的减小而增大。然而,粒度对燃速的影响随压强增大而递减。这些富燃型推进剂中 AP 的质量分数 $\xi(AP)=0.65$,由图 7.14 可看出,AP 粒度大小对燃速会产生较大的影响。

7.1.2.2 黏合剂的影响

AP 复合推进剂的燃速不仅与 AP 粒度有关,而且与作为燃料组分的黏合剂有关。具有不同物理化学性质的多种黏合剂在 4.2 节中进行了介绍。比冲也取决于黏合剂的类型及质量分数 $\xi(BDR)$。PB、PU 和 PA 分别作为黏合剂时,$\xi(BDR)$ 对 I_{sp} 的影响见图 7.15。结果表明,PU 作为黏合剂含量较高时 I_{sp} 值相对较高,这主要是由于 PU 为富氧型,而 PA 或 PB 为贫氧型。图 7.16 为 ξ(HTPB)对 AP-HTPB 推进剂燃速的影响。在 1MPa 下,燃速随着 ξ(HTPB)的降低而增加。当 ξ(HTPB)由 0.20 降至 0.14 时,绝热火焰温度由 2300K 升高到 2700K。

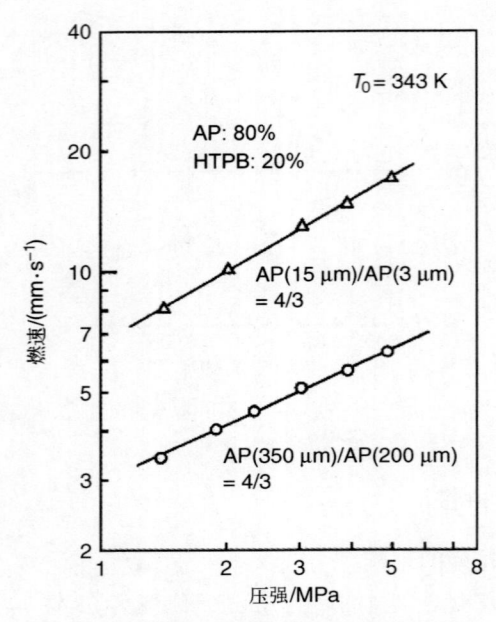

图 7.13 AP 粒度(两种粒径级配)对燃速的影响

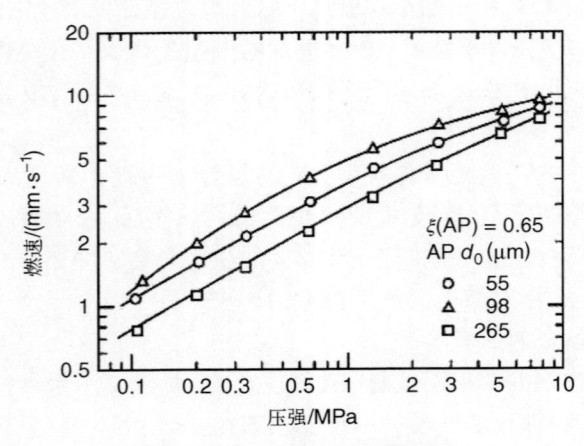

图 7.14 AP 粒度对燃速的影响

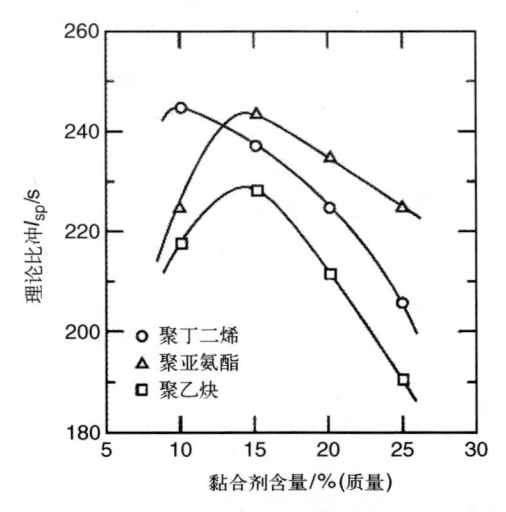

图 7.15 黏合剂含量 $\xi(\mathrm{BDR})$ 对理论比冲 I_{sp} 的影响

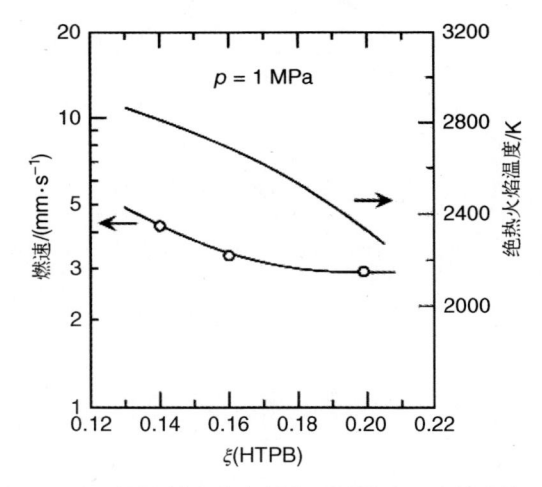

图 7.16 AP-HTPB 推进剂中黏合剂含量对燃速和绝热火焰温度的影响

AP 复合推进剂的配方可选用多种类型的黏合剂,如 HTPB 和 HTPE。黏合剂在燃烧表面吸热分解或放热分解。因此,AP 复合推进剂的燃速取决于所用黏合剂的热化学特性。图 7.17 和图 7.18 是添加不同黏合剂(HTPB、HTPE、端羟基聚烯烃(HTPO)、端羟基聚乙炔(HTPA)和聚硫橡胶)的 AP 复合推进剂的 $\ln r$-$\ln p$ 关系曲线图。AP 复合推进剂组成为 $\xi(\mathrm{AP})=0.80$、$\xi(\mathrm{BDR})=0.20$,采用平均粒径分别为 $200\mu\mathrm{m}$ 和 $20\mu\mathrm{m}$ 的两种 AP 级配使用,$\xi(\mathrm{AP}_{200\mu\mathrm{m}})=0.56$,$\xi(\mathrm{AP}_{20\mu\mathrm{m}})=0.24$。燃速大小与所使用的黏合剂密切相关,当采用 HTPA 或 PS

作为黏合剂时,在低压区内(低于1MPa)燃速较高。用HTPA黏合剂取代HTPO后推进剂的燃速可提高1倍。所有推进剂的燃速压强指数均在0.3~0.5。当压强超过3MPa时,HTPE推进剂的燃速对温度不敏感,出现平台区;在8MPa时,压强对燃速呈负作用,出现麦撒燃烧;大于8MPa时,燃烧被中止。HTPO作为黏合剂也会出现类似的燃烧特性。因此,黏合剂对燃速及高压区的压强指数都会产生影响。

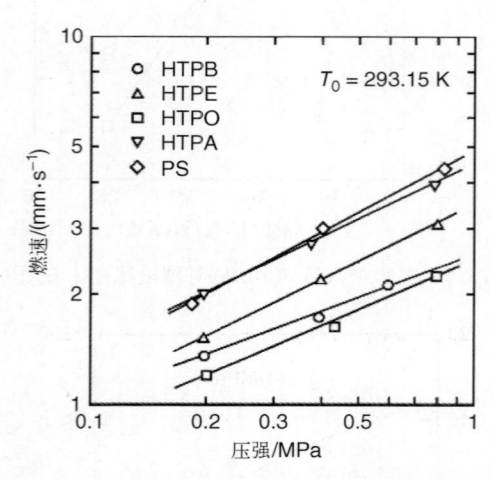

图 7.17 低压下含不同黏合剂推进剂的燃速

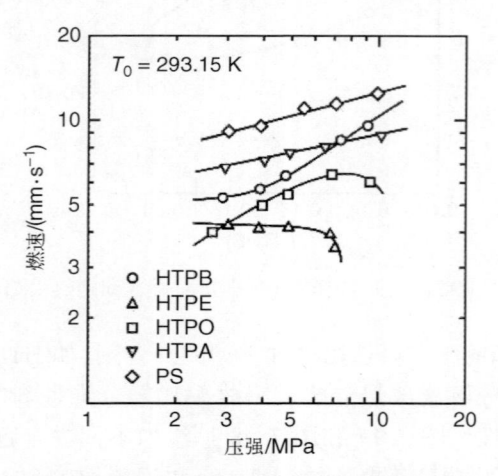

图 7.18 高压下含不同黏合剂推进剂的燃速

7.1.2.3 燃速温度敏感系数

图 7.19 所示为 AP-HTPB 复合推进剂在 243K 和 343K 的燃速。这些推进

剂的化学组成见表7.2。在1.5~5MPa范围内,由ln$r$-ln$p$关系图可知,推进剂的燃速随压强增大而增大。压强一定时,燃速还随初始温度的增大而增大[13]。AP粒度减小燃速增大、燃速温度敏感系数降低,即燃速温度敏感系数随燃速增加而降低。

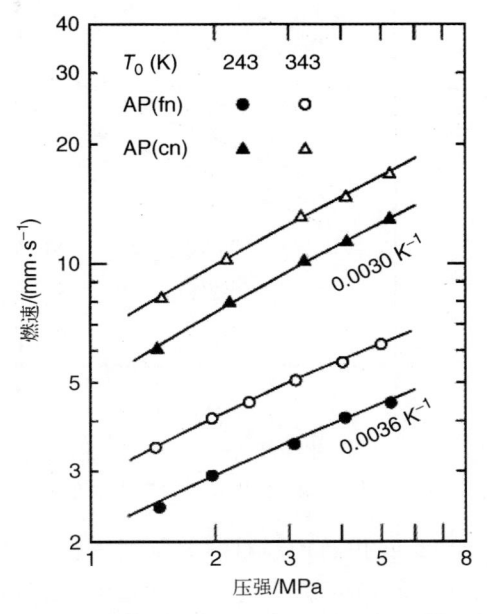

图7.19 含粗粒度和细粒度AP的AP-HTPB复合推进剂的燃速及燃速温度敏感系数

表7.2 AP复合推进剂化学组成(%(质量))

推进剂	黏合剂HTPB	AP粒度/μm				催化剂BEFP
		400	200	20	3	
AP(fn)	20	—	—	40	40	—
AP(cn)	20	40	40	—	—	—
AP(fc)	20	—	—	40	40	1.0
AP(cc)	20	40	40	—	—	1.0

图7.20表明了添加的燃速催化剂对燃速的影响,添加的催化剂为BEFP。加入1.0% BEEP后两个推进剂的燃速均显著增加。相对于粗粒度AP推进剂,BEFP对细粒度AP推进剂的燃速影响更大。含有1.0% BEFF的细粒度AP推进剂的温度敏感性比有1.0% BEFP粗粒度AP推进剂的要低。

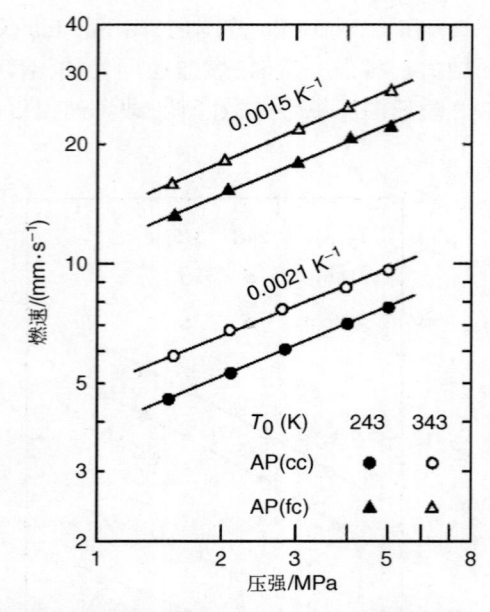

图 7.20　含有细粒度和粗粒度 AP 和 BEEP 催化剂的 AP-HTPB
复合推进剂的燃速及燃速温度敏感系数

图 7.21 所示为 AP 粒度和催化剂对燃速温度敏感系数及燃速关系的影响规律[13],通过添加细 AP 或添加 BEFP 来增加燃速时,会降低燃速温度敏感系

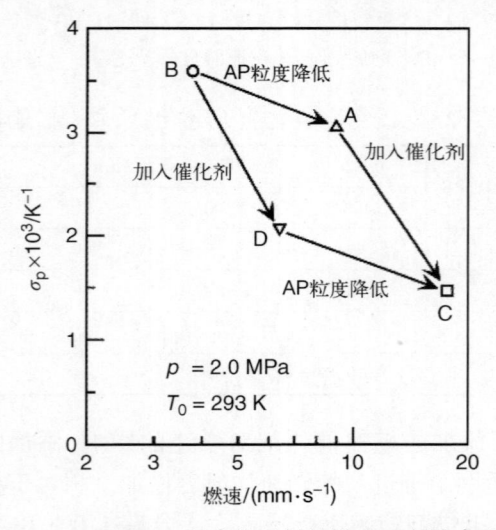

图 7.21　AP-HTPB 复合推进剂的燃速温度敏感系数

数。燃速温度敏感系数分析(图 7.22)表明,凝聚相的燃速温度敏感系数 Ψ(式(3.80))高于气相的燃速温度敏感系数 Φ(式(3.79))。此外,当推进剂被催化后,Φ 变得很小。AP-HTPB 推进剂的温度敏感性在很大程度上依赖于凝聚相中的反应过程。

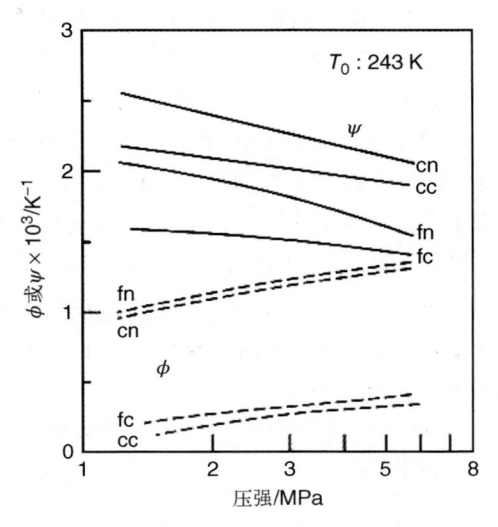

图 7.22 AP 复合推进剂气相和凝聚相的燃速温度敏感系数

7.1.3 催化的 AP 复合推进剂

推进剂的燃速是火箭发动机设计的重要参数。如 7.1.2 节中所述,AP 复合推进剂的燃速可通过改变 AP 的粒度来调节。AP 与聚合物黏合剂气相分解产物的扩散混合过程,决定了从气相反馈到凝聚相燃面的热流[6,9]。该过程是确定燃速的关键,且燃速可通过改变 AP 的粒度来改变。

从气相反馈到燃面的热流可通过气相中的化学反应速度确定。通过添加催化剂可改变气相中的反应速度。催化剂作用于凝聚相分解反应或气相分解产物。催化剂可分为正催化剂(增加燃速)和负催化剂(降低燃速)两种。铁氧化物或有机铁化合物为正催化剂,而 LiF、$CaCO_3$ 和 $SrCO_3$ 为负催化剂。

7.1.3.1 正催化剂

加入可增加 AP 分解速率的正催化剂后,AP 复合推进剂的燃速增加。催化剂的作用是加速分解反应和(或)加速 AP 粒子与催化剂的气相反应[14]。由于催化剂在 AP 粒子表面发挥作用,所以一定浓度催化剂的总表面积是提升催化效率的一个重要因素。虽然非常细的铁氧化物常用于提高 AP 复合推进剂的燃速,但在分解过程中可生成铁氧化物的有机铁化合物更为有效。典型的铁化合物是氧化铁(Fe_2O_3 和 Fe_3O_4)、水合氧化铁[FeO(OH)]、n-丁基二茂铁(nBF)、二-n-丁基二茂铁(DnBF)、BEFP 和醋酸铁。有机铁化合物也可以与聚合物(如聚丁二烯和聚酯)化学结合。

如图 7.20 所示,加入 1% 的 BEFP 后 AP 复合推进剂的燃速增加 2 倍以上。当催化剂含量小于 3% 时,燃速增加的程度与催化剂的量成正比。而催化剂的催化效果达到饱和时的量为 5%(质量)。图 7.23 给出了添加或不添加正催化剂 Fe_2O_3 的 AP-HTPB 复合推进剂(组成为 80%AP 和 20%HTPB)的燃速。不添加 Fe_2O_3 时,在 ln$r$-ln$p$ 曲线中,燃速线性增加。加入 Fe_2O_3 后,在恒定压强下燃速增加,但燃速压强指数保持不变。ξ(AP) 和压强不变时,燃速随着距离 d_0 的减少而增大。例如,在 5MPa 和 $\xi(Fe_2O_3)=0.016$ 下,添加 Fe_2O_3 粒度为 $d_0=0.30\mu m$ 时燃速由 $6.2mm\cdot s^{-1}$ 增至 $10.3mm\cdot s^{-1}$,而添加 Fe_2O_3 粒度为 $d_0=0.16\mu m$ 时燃速由 $6.2mm\cdot s^{-1}$ 增至 $16.5mm\cdot s^{-1}$。Fe_2O_3 的表面积对催化效果至关重要。Fe_2O_3 加入后压强指数不变,Fe_2O_3 催化可使气相反应速率增加,而对凝聚相反应没有影响。

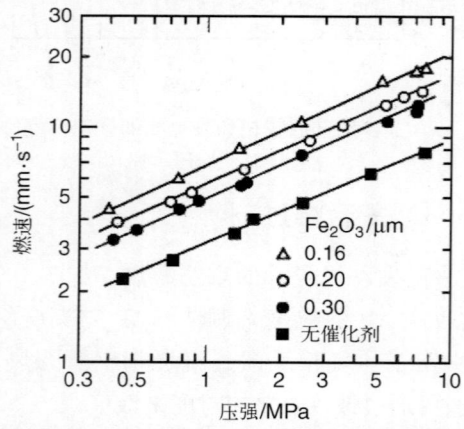

图 7.23 不同粒径正催化剂(Fe_2O_3)对燃速和燃速压强指数的影响

铜氧化物和 $CuCrO_4$ 可提高 AP 复合推进剂的燃速,但推进剂的热稳定性会降低,且会发生自点火现象。有机硼化合物如正丁基碳硼烷(n-BC),异丁基碳硼烷(i-BC)和正己基碳硼烷(n-HC)也是非常有效的催化剂。在 7MPa 下,添加 13% 的 n-HC 可使 AP-HTPB 推进剂的燃速从 1mm/s 增加到 9mm/s(图 7.24)。而压强指数在 2~10MPa 范围内基本不变,因为加入推进剂中 n-HC 的量是 13%(质量),因此,n-HC 中的硼原子在燃烧中可看作燃料组分。n-HC 热分解所形成的硼原子可被 AP 分解的碎片氧化并在燃烧表面放出热量,从而使热流增加,热流增加又会加快燃烧表面处 AP 粒子和黏合剂的热分解。

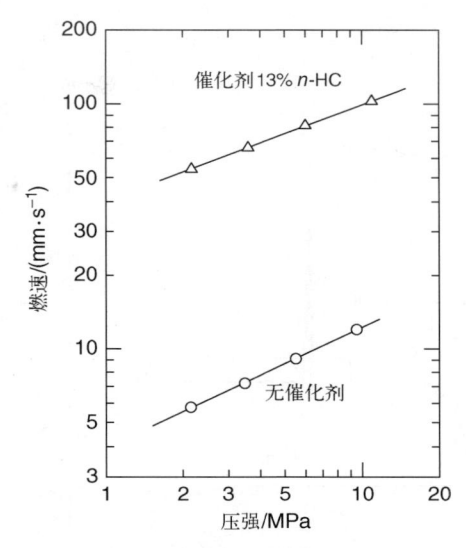

图 7.24 用 n-HC 作催化剂的 AP 复合推进剂的
燃速急剧上升但压强指数保持不变

当有机铁或有机硼化物加入后，AP 复合推进剂的摩擦感度显著增加。AP 复合推进剂的点火与摩擦感度和推进剂燃速有关[14]。因此，一些有效催化剂，如 n-HC、二茂铁和铜氧化物等对机械摩擦非常敏感，含有这些催化剂的推进剂在制备过程中很容易着火。

7.1.3.2 负催化剂 LiF

（1）AP 和 LiF 的反应：如图 7.25 所示，添加 10% 的 LiF 可极大地改变 AP 颗粒的热分解过程。不添加 LiF 的 AP 约在 570K 开始热分解，在 667K 时质量损失为 50%，这个过程对应一个放热峰。TG 曲线由两个质量损失阶段构成。第一个阶段对应于 635K 处的第一个放热分解反应，第二个阶段对应 DTA 实验中 723~786K 高温范围内的第二个放热分解反应[15]。

当将 10% 的 LiF 加入到 AP 中，在 516K 处可观察到一个吸热峰。但是，725K 处的放热峰会降到 635K。在 520~532K 范围内出现了吸热反应。在较高的温度范围（720~790K）观察到了另一个放热峰。

高氯酸锂（$LiClO_4$：LP）热分解过程中观察到了位于 525K 的吸热峰，这是由 $LiClO_4$ 从固相到液相发生相变引起的吸热反应。当温度升高时，熔化的 $LiClO_4$ 在 680K 开始分解，并且在 720~790K 质量快速损失，这一分解过程与含 10%LiF 的 AP 的分解过程相似。

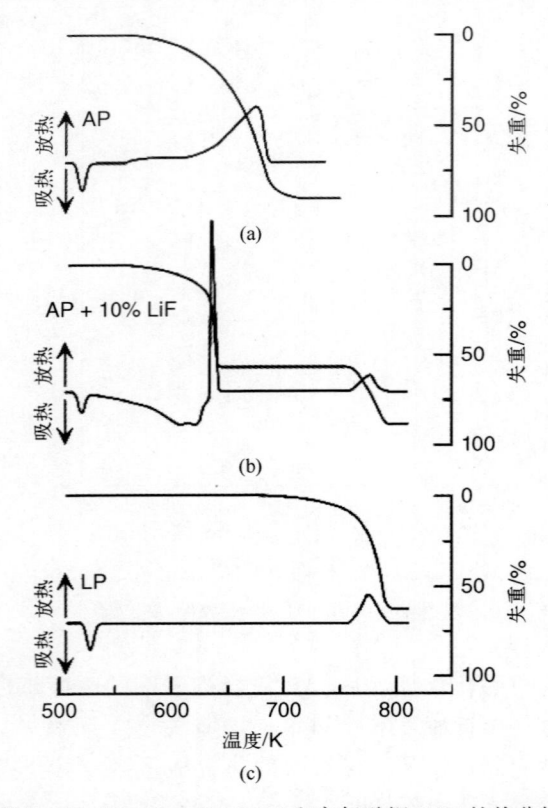

图 7.25　AP、AP+LiF(10%)和高氯酸锂(LP)的热分解

含 10% LiF 的 AP 的第一阶段分解质量损失为 56.7%，第二阶段为 28.5%。790K 以上残渣质量百分数为 14.8%，如图 7.26 所示，两个阶段的分解过程可描述如下[15]。

初始吸热反应：

$1.0 NH_4ClO_{4(s)} + 0.503LiF_{(s)} \longrightarrow 0.497NH_4ClO_{4(l)} + 0.503NH_4F_{(g)} + 0.503LiClO_{4(l)}$

第一阶段分解：

$\longrightarrow 0.497NH_{3(g)} + 0.497HClO_{4(g)} + 0.503LiClO_{4(l)}$

第二阶段分解：

$\longrightarrow 1.06O_{2(g)} + 0.503LiCl_{(s)}$

反应式中，下角标 s、l 和 g 分别为固相、液相和气相。

AP 分解过程在很大程度上受添加的 LiF 的影响。在 630K 的快速分解和气化反应之后，留下液态的剩余物。这一剩余物与 640~720K 间观察到的物质一样。当温度进一步升高时，液态剩余物在 750K 又开始分解并在 790K 产生固体剩余物,经化学分析确定该剩余物为 LiCl。

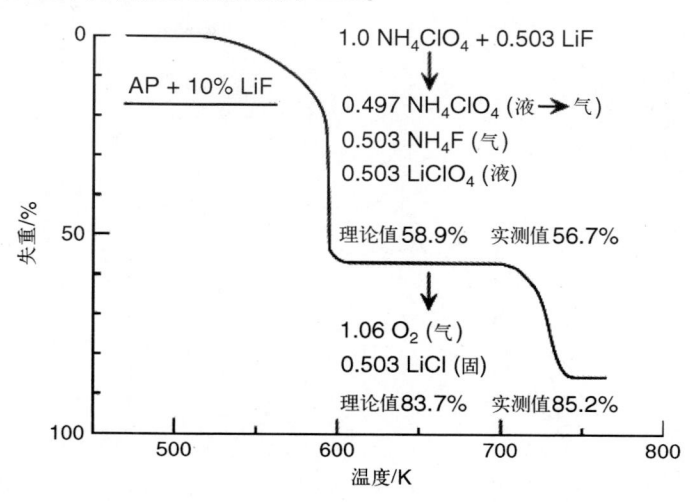

图 7.26 由热重分析测得的 AP+10% LiF 的两阶段分解过程

(2) 含和不含 LiF 时的燃烧波结构:含和不含 LiF 时的 AP 复合推进剂的燃速特性见图 7.27。不含 LiF 时,AP 复合推进剂的燃速随压强的增大而增大。但含 LiF 时,在恒压下燃速随着 LiF 含量的增加而降低。在给定压强下,进一步提高 LiF 的含量最终导致推进剂熄灭[15]。因此,有人认为 LiF 不仅有降低推进剂燃速而且也有抑制推进剂在较低压强下稳定燃烧的作用。

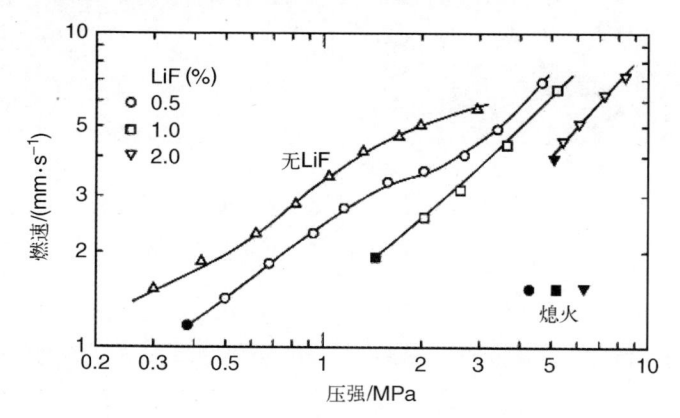

图 7.27 含 LiF 催化剂的 AP 复合推进剂燃速随 LiF
含量增加燃速降低,熄火压强升高

对非催化和含 0.5% LiF 催化剂的 AP 复合推进剂而言,紧靠燃烧表面上方的温度梯度是燃速的函数,见图 7.28。含 0.5% LiF 时,从气相反馈到燃面的热流保持相对不变。由于添加 0.5% LiF 而导致燃速降低主要原因是 AP 粒子在凝聚相的反应发生了改变。如图 7.29 所示,在压强快速下降的燃烧过程中,当两种推进剂都熄火时,在含 0.5%LiF 推进剂的熄火表面观察不到 AP 粒子。在压强降低的燃烧过程中,所有的 AP 粒子都在燃烧表面分解,只在熄火表面残留了 LiCl 粒子,这与 DTA 和 TG 实验结果相符[15]。

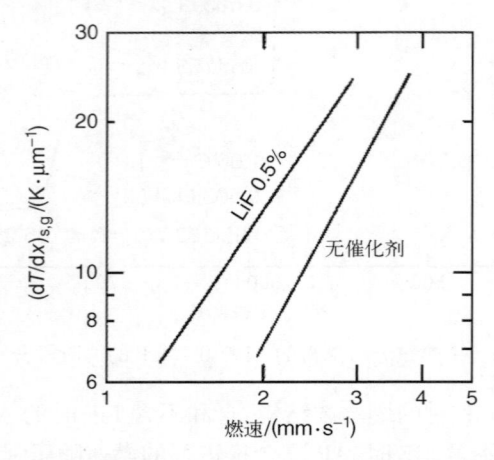

图 7.28　非催化和含 0.5%LiF 的 AP 复合推进剂紧靠燃面上方的气相中的温度梯度

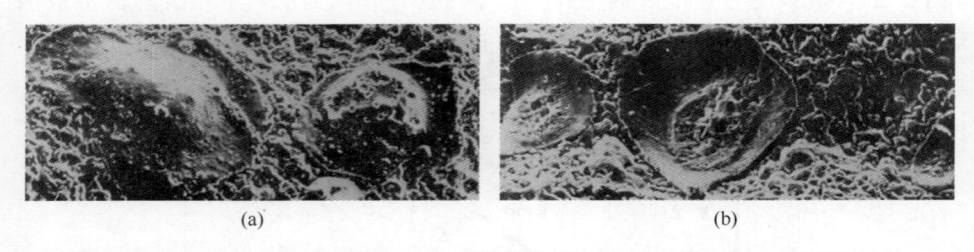

图 7.29　压强从 2MPa 下降到 0.1MPa 时获得的不含 LiF(a)和含 0.5%LiF(b)的 AP 复合推进剂熄火燃烧表面的扫描电镜图(每张照片宽 0.6mm)

7.1.3.3　SrCO$_3$ 负催化剂

(1) 燃速特性:与 LiF 类似,SrCO$_3$ 作为负催化剂降低了 AP 复合推进剂的燃速。如图 7.30 所示,在高压范围内,加入 SrCO$_3$ 使燃速降低。压强为 1.8MPa 时,在组成为 $\xi(AP)=0.88$ 和 $\xi(HTPB)=0.12$ 的推进剂中加入 2.0% 的 SrCO$_3$ 后,燃速由 7.5mm·s^{-1} 降低到 4.4mm·s^{-1},降低约 44%。添加 SrCO$_3$ 后,虽然在 0.3MPa 附近的低压范围内燃速基本不变,但是燃速压强指数降低(343K 时压强指数由 0.70 降至 0.50,243K 时压强指数由 0.70 降至 0.55)。在 1.0MPa 下,加入 2.0% 的 $SrCO_3$ 后燃速温度敏感系数由 $2.61×10^{-3} K^{-1}$ 降到 $1.33×10^{-3} K^{-1}$ [16,17]。

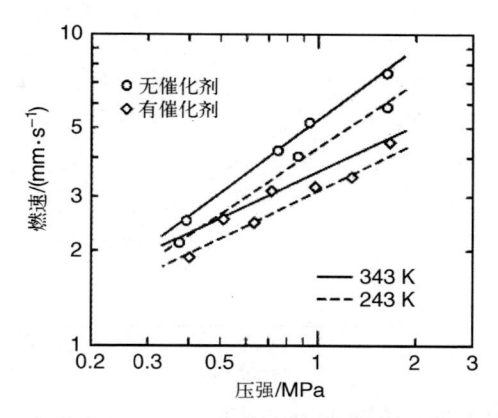

图 7.30　负催化剂 $SrCO_3$ 对 AP-HTPB 复合推进剂燃速的影响

（2）燃烧波结构：使用微型热电偶技术研究了 AP 复合推进剂（含或不含 $SrCO_3$）的燃烧波结构。结果表明，在 0.3~1.5MPa 范围内，燃烧表面温度由 700K 升高到 970K，并且反应热增大约 40%。然而，添加催化剂不会改变气相中的反应速度。加入 $SrCO_3$ 后，反馈到 AP 推进剂凝聚相的热流降低，因此加入 $SrCO_3$ 使燃速降低。结果还表明，$SrCO_3$ 主要作用于 AP 颗粒在燃面处的分解过程，而对气相反应没有影响。

（3）AP 与 $SrCO_3$ 的反应：DTA 和 TG 用于 AP 与 $SrCO_3$ 混合物热分解过程的表征。如图 7.31 所示，AP 颗粒气化的活化能为 $220 kJ \cdot mol^{-1}$，而加入 2.0% 的 $SrCO_3$ 后该值降低为 $101 kJ \cdot mol^{-1}$。图 7.32 所示为 2mol AP 和 1mol $SrCO_3$ 混合物的 TG 分析结果。与 AP+LiF 体系（图 7.26）类似，分解过程为两阶段反应。混合物在 630K 开始气化，生成 CO_2、NH_3、H_2O 和液态 $Sr(ClO_4)_2$。液态 $Sr(ClO_4)_2$ 在 710K 开始分解，生成 O_2 和固态 $SrCl_2$，并在 740K 完成反应。反应过程可描述如下。

① 第一阶段分解：
$$2NH_4ClO_4 + SrCO_3 \longrightarrow CO_{2(g)} + 2NH_{3(g)} + H_2O_{(g)} + Sr(ClO_4)_{2(l)}$$

② 第二阶段分解：
$$Sr(ClO_4)_{2(l)} \longrightarrow 4O_{2(g)} + SrCl_{2(s)}$$

虽然 $SrCO_3$ 在 AP 推进剂中的详细反应机理尚未明确，但是热分析结果表明：$SrCO_3$ 的反应更可能发生于凝聚相而非气相，通过添加 $SrCO_3$ 可显著改变 AP 粒子的分解过程。

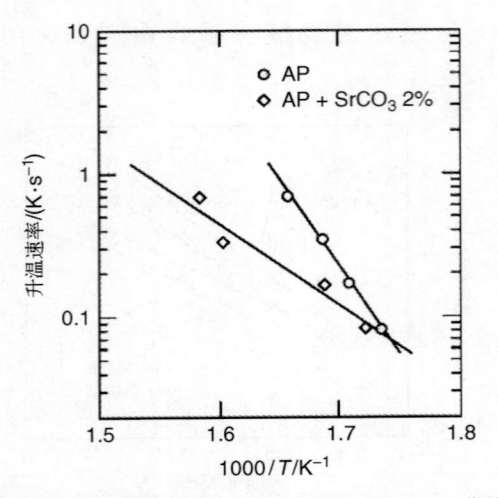

图 7.31　AP 和 AP/SrCO₃的热分解 Arrhenius 曲线

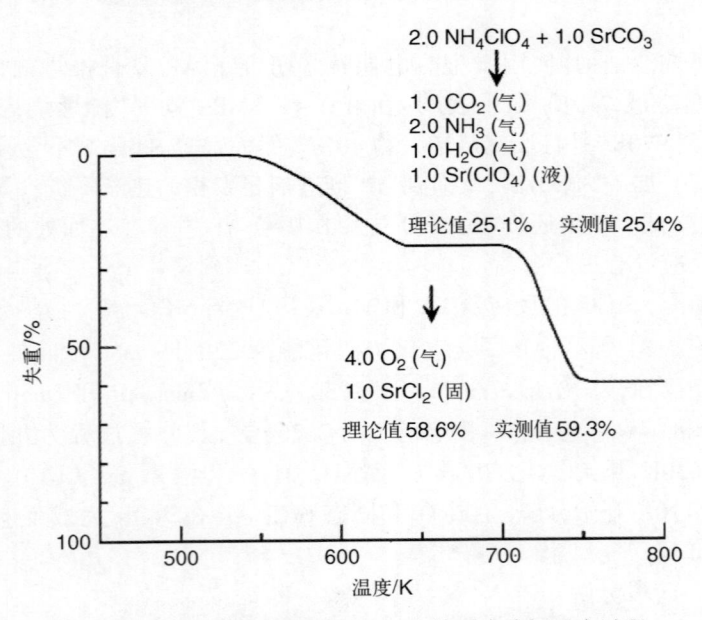

图 7.32　采用 TG 测得的 AP/SrCO₃的两步分解反应过程

7.2　硝胺复合推进剂

硝胺(如 HMX 和 RDX)是一类高能量密度材料,可产生高温气体产物。

190

硝胺颗粒与聚合物材料混合后可制成硝胺复合推进剂。硝胺颗粒在推进剂的表面分解和气化。硝胺粒子产生的热量部分用于分解其周围的聚合物材料。该分解过程是吸热过程,添加聚合物材料会降低推进剂的平均燃烧温度。硝胺是化学计量平衡材料,不会产生多余的氧化剂碎片。相应地,聚合物分解产生的气态燃料碎片,既不作为硝胺复合推进剂燃烧过程中的燃料组分,也不作为氧化剂组分。气态燃料碎片的作用是增加气体产物的体积以及增加硝胺复合推进剂的比冲。

7.2.1 燃速特性

7.2.1.1 硝胺粒度的影响

通过硝胺颗粒(如 RDX 或 HMX)和聚氨酯(PU)黏合剂混合,可制成硝胺复合推进剂[1,18-24]。对于 HMX 和 RDX 两种复合推进剂,燃速与压强的关系曲线($\ln r$-$\ln p$)均呈线性关系。硝胺含量相同时($\xi(\mathrm{RDX})=\xi(\mathrm{HMX})=0.80$),RDX 推进剂的燃速大于 HMX 推进剂,在相同的压强下,HMX 和 RDX 推进剂的燃速压强指数分别为 0.64 和 0.55[19]。当 $\xi(\mathrm{RDX})$ 和 $\xi(\mathrm{HMX})$ 由 0.80 增加到 0.85 时,两种推进剂的燃速均增加,并且 RDX 推进剂的压强指数从 0.55 增加到 0.60。对这两种推进剂来说,RDX 或 HMX 的粒度对燃速影响不大。例如,RDX 和 HMX 采用大小两种粒度级配使用时,$\xi(\mathrm{RDX}_{120\mu m}):\xi(\mathrm{RDX}_{2\mu m})$ 比值为 7:3 或 3:7 时燃速变化不大,$\xi(\mathrm{HMX}_{225\mu m}):\xi(\mathrm{HMX}_{20\mu m})$ 比值为 7:3 或 3:7 时燃速变化也不明显。

7.2.1.2 黏合剂的影响

四种类型的黏合剂(HTPS、HTPE、HTPA 和 HTPB)对 HMX 复合推进剂燃速的影响见图 7.33。这些黏合剂的物理化学特性见表 4.3。每个推进剂由 80% 的 HMX 和 20% 的黏合剂组成。配方中采用 $220\mu m$ 和 $20\mu m$ 两种粒径 HMX,其中大粒径 HMX 占 HMX 总量的 70%,小粒径 HMX 占 30%。在四种类型的黏合剂中,HTPS 的含氧量最高,HTPB 最低[21]。HTPS、HTPE、HTPA 和 HTPB 的绝热火焰温度分别为 1940K、1910K、2040K 和 1800K。

四种复合推进剂的燃速与压强关系曲线($\ln r$-$\ln p$)均呈线性关系,压强指数范围为 0.62~0.73。除了 HTPB 推进剂以外,燃速高低的排序与绝热火焰温度的排序一致,而 HTPB 具有最高的燃速和最低的绝热火焰温度。对于 RDX-HTPA 和 RDX-HTPS 推进剂来说,其燃速温度敏感系数(式(3.73))值分别为 0.0022K^{-1} 和 0.0039K^{-1}[21]。

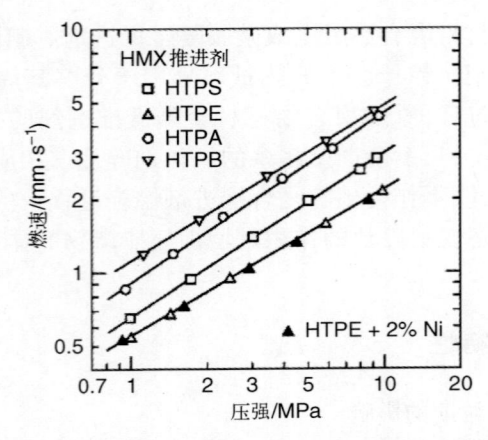

图 7.33　由 HTPS、HTPE、HTPA 和 HTPB 黏合剂
组成的 HMX 复合推进剂的燃速

7.2.2　燃烧波结构

因为硝胺复合推进剂的物理结构是异质的,其燃烧波结构可认为与 AP 推进剂一样是异质的。然而,AP 推进剂和 RDX 推进剂的不同之处是很明显的,如图 7.34 所示。AP 推进剂在燃烧表面上方产生的发光火焰几乎贴近燃烧表面,而对于 RDX 推进剂来说,发光的火焰距燃面有一定距离。燃面与发光火焰间的不明亮区类似于双基推进剂的暗区[19]。

然而,由 HTPB 黏合剂构成的 RDX 推进剂的燃面被碳碎片覆盖,气相是异质的。紧贴着碳碎片和燃烧表面处产生了发光火焰。碳碎片的生成归因于在 HTPB 黏合剂中氧含量低(3.6%),然而在 HTPS、HTPE 和 HTPA 黏合剂中,氧含量高,大于 25%(表 4.3)。

序　号	质 量 分 数			p/MPa	r/(mm·s^{-1})
	AP	RDX	PU		
(a)	0.80		0.20	2.0	5.3
(b)	0.00	0.80	0.20	2.0	1.1

与 AP 复合推进剂相比,RDX 复合推进剂的燃烧波结构是均质的,且在气相和凝聚相中的温度增高相对平缓。在接近燃面的暗区中(即燃烧表面和其上方)温度急剧上升,燃烧表面处的温度梯度高。暗区中的温度缓慢升高。然而,在发光火焰前缘,温度再次急剧升高。由硝胺和碳氢聚合物组成的 RDX 及 HMX 复合推进剂的燃烧波结构与由硝酸酯组成的双基推进剂非常类似[19]。

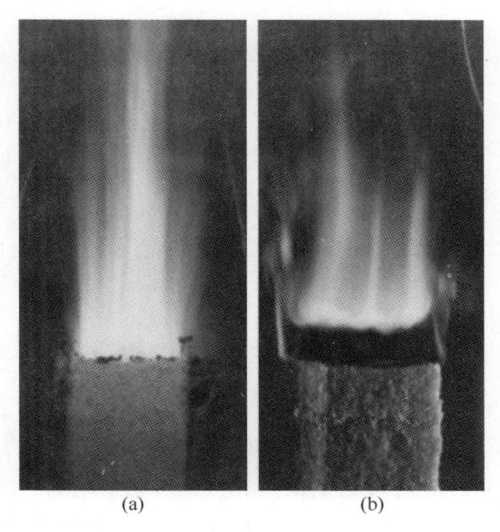

图 7.34 AP 复合推进剂(a)和 RDX 复合推进剂(b)的火焰照片表明，
RDX 复合推进剂发光火焰前缘与燃面有一定距离

火焰与燃面的距离 L_d(式(3.70))随着压强的升高而降低，对 RDX 和 HMX 推进剂而言，该区的压强指数为 $-1.9 \sim -2.3$。暗区中反应的总级数为 $m = 2.5 \sim 2.8$，约等于双基推进剂暗区反应的总级数($m = 2.5$)，这表明硝胺复合推进剂中的反应途径与双基推进剂的接近。

在初始分解阶段，RDX 和 HMX 的分解产物中含有相当高浓度的 NO_2。在燃烧表面发生 NO_2 与 RDX 其他分解碎片的放热反应。黏合剂产生的分解气体扩散到放热反应中，进而燃烧表面的温度急剧升高。NO_2 还原生成 NO，NO 再次进行放热反应产生发光的火焰区。由于涉及 NO 的反应比较慢且对压强有很高的依赖性，因此发光火焰位于离燃面较远的位置。

然而，当压强升高时，发光火焰的前端迅速靠近燃面。正如在双基推进剂反应过程那样，此反应是 NO 还原成 N_2 的反应所引起的。

RDX 和 HMX 是化学计量平衡的物质，在燃烧产物中没有多余的氧化剂碎片。与 AP 复合推进剂相反，硝胺粒子周围的黏合剂不作为其可氧化的燃料组分。图 7.35 为 RDX-PU 推进剂燃烧前和熄灭后的微观照片。由熄灭燃烧表面上可清楚地区分出均匀分散在表面的重结晶的 RDX。RDX 与黏合剂熔化并相互扩散，当燃烧时，在燃烧表面生成含能的混合物[19]。这种含能混合物起着均质推进剂的作用，非常像一个双基推进剂。从此含能混合物中喷射出的分解气体生成均质的气相结构，并产生连续的反应区：暗区和发光火焰区。

图 7.35 对 2MPa 快速降压获得的 RDX 复合推进剂燃烧前
(a)和熄火后(b)表面的扫描电镜照片

如 6.4.6 节中所述,金属镍可催化 NO 和碳氢气体之间的反应。如在双基推进剂中那样,镍粉在硝胺复合推进剂的气相反应中发挥作用。尽管在 HMX-HTPE 推进剂中添加金属镍粉(直径 0.1μm,2.0%),燃速仍保持不变(图 7.33)。然而,当混入镍粉后,燃面和发光火焰之间的暗区完全消失了,发光火焰靠近燃面。在燃烧表面,NO_2 还原生成的 NO 分子与 HTPE 黏合剂分解生成的碳氢气体发生反应,此反应被添加的镍粉催化而加速。然而,从气相反馈到燃面的热流保持不变,这是由于 NO 还原反应的加速并不影响 NO_2 在燃烧表面的还原,这与双基推进剂嘶嘶区中 NO_2 的还原情况类似。

7.2.3 HMX-GAP 推进剂

7.2.3.1 推进剂的物理化学特性

HMX 燃烧时并未生成多余的氧化剂碎片,但却生成高温燃烧产物。如图 5.3 所示,即使火焰温度很高,HMX 的燃速也非常低。另外,GAP 的火焰温度很低,燃速却非常高,如图 5.17 所示。HMX 微粒与 GAP 混合形成 HMX-GAP 推进剂,这种推进剂的燃速特性不同于双基推进剂和 AP 复合推进剂。

HMX 含量分别为 40%、60% 和 80% 的推进剂的物理化学特性见表 7.3。因为 HMX 的能量密度高于 GAP,因此 HMX-GAP 的推进剂的绝热火焰温度随 $\xi(HMX)$ 的增加而增加。

表 7.3 HMX-GAP 复合推进剂的物理化学特性

$\xi(HMX)$	0.4	0.6	0.8
5MPa 下的火焰温度 T_f/K	1628	1836	574
相对分子质量 $M_g/(kg \cdot kmol^{-1})$	19.2	18.9	21.1
密度 $\rho_p/(kg \cdot m^{-3})$	1460	1581	1770

7.2.3.2 燃速和燃烧波结构

由图 7.36 可看出 $\xi(HMX)=0.8$ 的 GAP-HMX 推进剂的燃速随压强升高而增大。如图 7.37 所示,随着 $\xi(HMX)$ 的增大,压强指数升高,燃速温度敏感系数降低。GAP 黏合剂的火焰温度(1890K)低于 HMX 的火焰温度(表 4.6 和表 4.8),但 GAP 黏合剂的燃速(图 5.17)却高于 HMX 的燃速(图 5.3)。图 7.38 为不同压强下 GAP-HMX 推进剂燃速与 $\xi(HMX)$ 的关系。当 $\xi(HMX)<0.6$ 时,燃速随 $\xi(HMX)$ 的增加而降低,当 $\xi(HMX)>0.6$ 时,燃速随 $\xi(HMX)$ 的增加而升高。

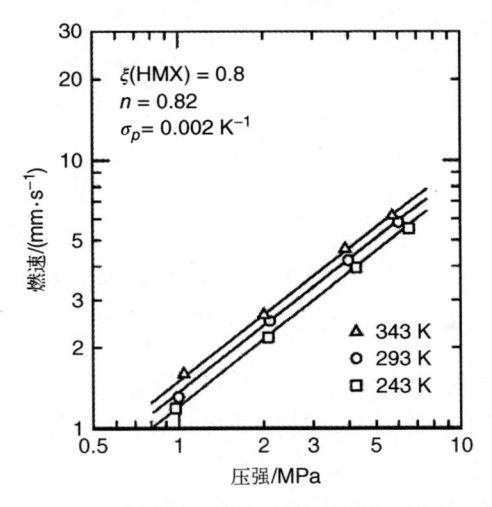

图 7.36 HMX 复合推进剂的燃速和燃速温度敏感系数

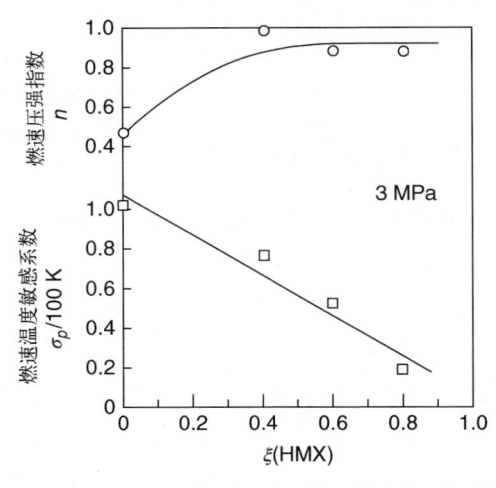

图 7.37 HMX 复合推进剂的压强指数和燃速温度敏感系数与 $\xi(HMX)$ 的关系

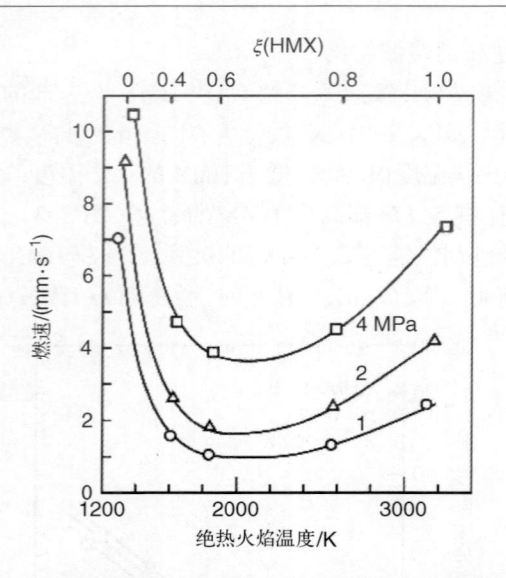

图 7.38　HMX 复合推进剂燃速与绝热火焰温度或 ξHMX 的关系，
表明在 ξHMX=0.6 时，燃速存在最小值

HMX-GAP 推进剂的气相反应出现在两个反应区，为两阶段的反应[25]：第一阶段反应区，在燃面和燃面上方温度急剧升高；第二阶段反应区，在离燃面一定距离处，温度再次急剧上升。在第一阶段和第二阶段之间的准备区内温度升高非常缓慢。第二阶段反应区，产生了发光的火焰。在 $\ln L_g$-$\ln p$ 关系图中(图 7.39)，ξ(HMX)=0.8 的推进剂的火焰前缘到燃面的距离 L_g 随压强升高而线性减小(无催化剂的推进剂)。

第二阶段反应区(准备区)总的反应速率 ω_g 由式(5.5)确定。计算结果表明，在 $\ln\omega_g$-$\ln p$ 曲线中，燃速随着压强的增加而线性增加。燃速由式(3.68)确定，ϕ 和 φ 可由式(3.74)和式(3.75)得到。如式(3.73)所述，随 ϕ 增大或 φ 降低，燃速增大。在 0.5MPa 下，在燃面处的燃烧表面温度和温度梯度约为 695K 和 2.3×10^6K·m^{-1}。从气相反馈到燃面的热流为 190kW·m^{-2}。在计算 ϕ 和 Q_s 中，使用的物理参数值为：$\lambda_g=8.4\times10^{-5}$ kW·mK^{-1}，$\rho_p=1770$kg·m^{-3}，$c_p=1.30$kJ·kg^{-1}·K^{-1}。将 $T_0=293$K，$T_s=695$K 和 $\phi=2.3\times10^6$K·m^{-1}代入式(3.74)和式(3.75)中，ξ(HMX)=0.8 时的推进剂 $Q_s=369$kJ·kg^{-1}。结果表明，ϕ 和 Q_s 在 GAP-HMX 复合推进剂燃速确定中发挥着重要的作用[22]。

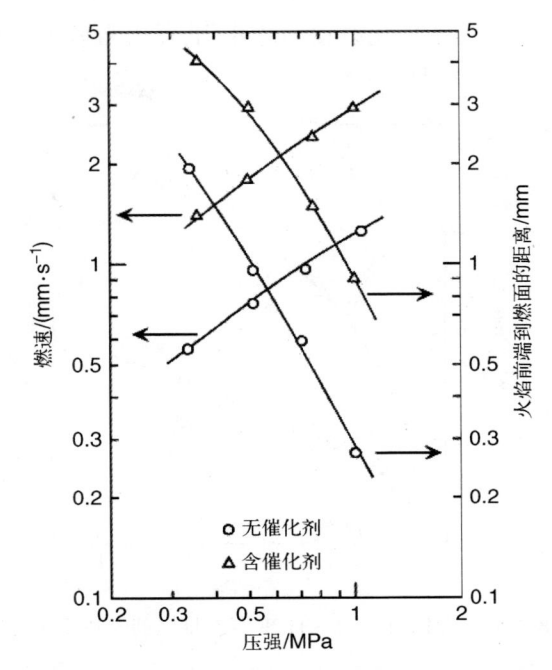

图 7.39 催化和非催化 GAP-HMX 复合推进剂的燃速和火焰前缘到燃面的距离

7.2.4 催化的硝胺复合推进剂

铅化合物可有效增加双基推进剂的燃速(超速燃烧)。将铅化合物加入到有硝胺颗粒和聚合物黏合剂组成的复合推进剂中,也观察到了类似的超速燃烧效应。尽管硝胺的化学结构和特性与硝酸酯不同,但通过使用相同的铅盐化合物也获得了超速燃烧效应。

7.2.4.1 HMX 复合推进剂的超速燃烧

HMX-HTPE 和 HMX-HTPS 推进剂的超速燃烧见图 7.40 和图 7.41。非催化的 HMX-HTPE 和 HMX-HTPS 推进剂的基本化学组成及物理化学特性同图 7.33 中所示。将 2.4%PbSt 和 0.4%C 组成的复合催化剂加入到每一个非催化推进剂中。在 HMX 惰性聚合物推进剂中观察到的超速燃烧特性与双基推进剂的超速燃烧相似。

为了区分 PbSt 和 C 在超速燃烧中的不同作用,分别测定了含 2.4%PbSt 和含 0.4%C 的推进剂的燃速(图 7.42)。对于两种推进剂来说,燃速均增加极少。然而,当 1.2%PbSt 和 0.2%C 混合在一起,加入推进剂中又出现了超速燃烧[26]。当两种添加剂含量均加倍时,超速燃烧的程度也增加了。PbSt 起到了超速燃烧催化剂的作用,而 C 起到了催化改良剂的作用,需要将两种添加剂混合在一起使用才能获得一个较显著的超速燃烧。

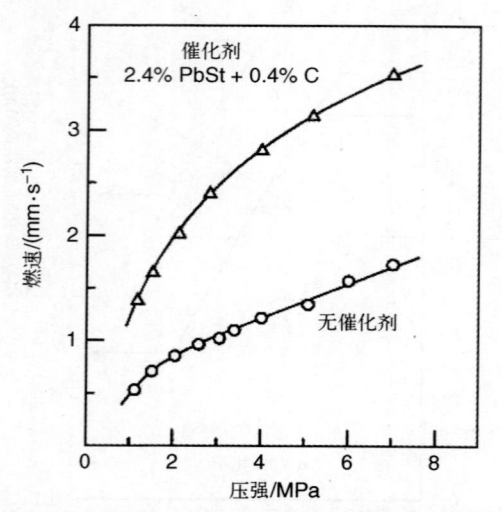

图 7.40 催化的 HMX-HTPE 复合推进剂的超速燃烧

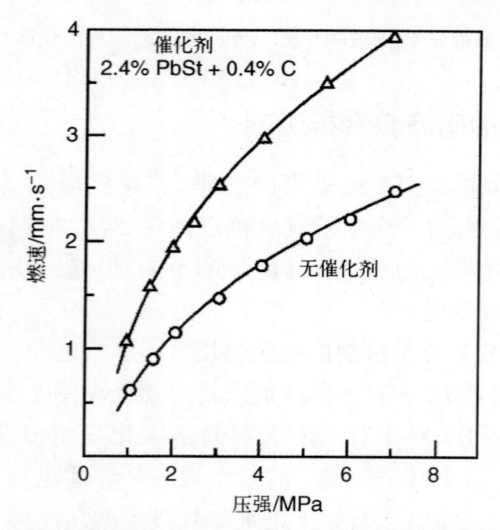

图 7.41 催化的 HMX-HTPS 复合推进剂的超速燃烧

尽管 HTPE 和 HTPS 的物理化学特性不同,但表现出的超速燃烧效应相似。然而,超速燃烧效应的程度依赖于所使用黏合剂的种类。虽然两种推进剂物理结构是异质的,但两种推进剂的燃烧波结构正如双基推进剂那样却是均质的,在燃面上方产生了发光的火焰。

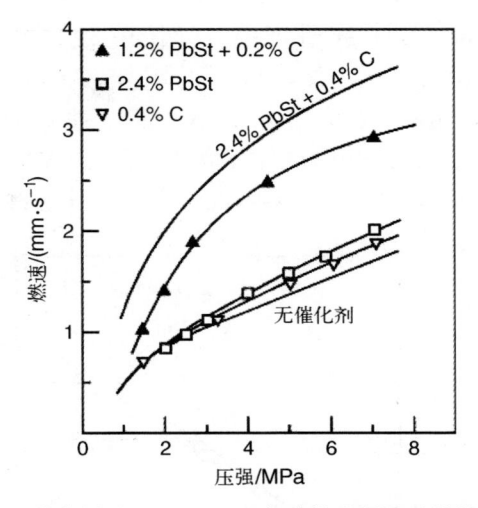

图 7.42 催化剂对 HMX-HTPE 复合推进剂超速燃烧的影响

7.2.4.2　HMX-GAP 推进剂的超速燃烧

HMX-GAP 复合推进剂典型的超速燃烧如图 7.43 所示,铅催化剂是柠檬酸铅(LC:PbCi),$Pb_3(C_6H_5O_7)_2 \cdot xH_2O$ 和炭黑(CB)的混合物。含催化剂的 HMX-GAP 推进剂的组成为 $\xi(GAP)=0.194$、$\xi(HMX)=0.780$、$\xi(LC)=0.020$ 和 $\xi(C)=0.006$。用 12%的六亚甲基二异氰酸酯(HMDI)固化和用 3.2%的三羟甲基丙烷(TMP)交联的 GAP 构成 GAP 黏合剂。配方中采用 2μm 和 20μm 两种粒径 HMX,均为 β 晶型,其中小粒径 HMX 占 HMX 总量的 70%,大粒径 HMX 占 30%。

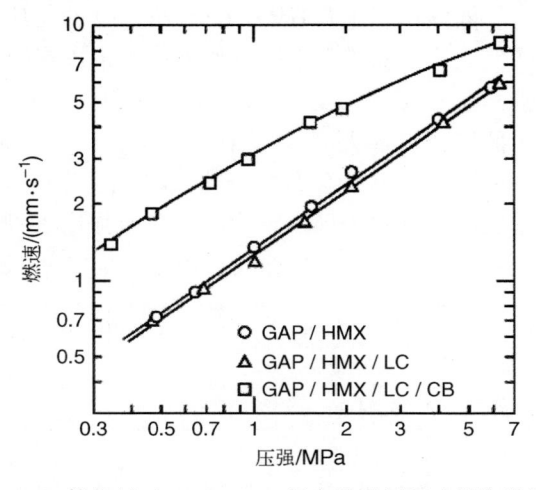

图 7.43 催化剂对 HMX-GAP 复合推进剂超速燃烧的影响

LC 和 CB 在 HMX-GAP 推进剂中共同使用时才能出现超速燃烧[25]。图 7.44 给出了在 GAP 黏合剂中加入 LC 或(和)CB 的燃速结果。可以看出,添加 LC 或(和)CB 对燃速没有影响。而且,这些催化剂与 HMX 混合在一起并压成药柱时,其对燃速也没有影响。这些实验事实表明 HMX-GAP 推进剂的超速燃烧仅在 HMX、GAP、铅化合物和碳四者混合在一起时才能出现。

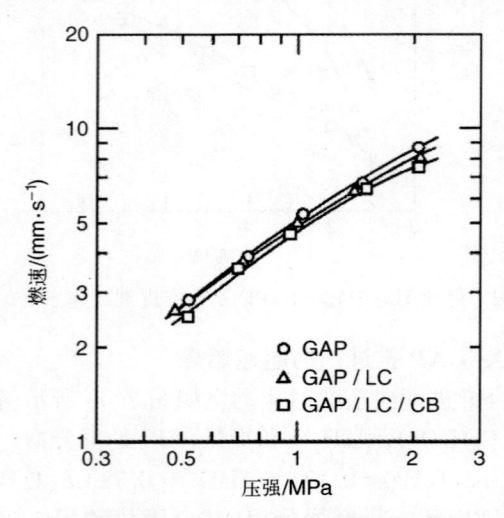

图 7.44 催化剂对 GAP 预聚物燃速的影响研究表明,
添加柠檬酸铅或炭黑,燃速不升高

图 7.45 为一组非催化和催化的 HMX-GAP 推进剂的火焰照片。在 0.5MPa 时,非催化推进剂的发光火焰前缘几乎贴近燃面。当推进剂被催化后,在相同压强下发光火焰与燃面有一定距离。因为从气相反馈的热流和在燃面的反应放热均增加,因此气相中的流速也增大[26]。于是,产生发光火焰的反应距离也相应增大。显然,从明亮火焰前端反馈至燃面的热流对燃速影响甚微。与催化的双基推进剂相同,在超速燃烧过程中形成碳物质。当压强增大到 1.5MPa 时,发光火焰前端被吹到下游,大量炭颗粒从燃面喷射出来。

序 号	质量分数			p/MPa	r/(mm·s^{-1})
	HMX	GAP	催化剂		
(a)	0.80	0.20	0	0.5	0.8
(b)	0.80	0.20	0.03	0.5	1.9
(c)	0.80	0.20	0.03	1.5	4.1

(a)　　　　　　　　(b)　　　　　　　　(c)

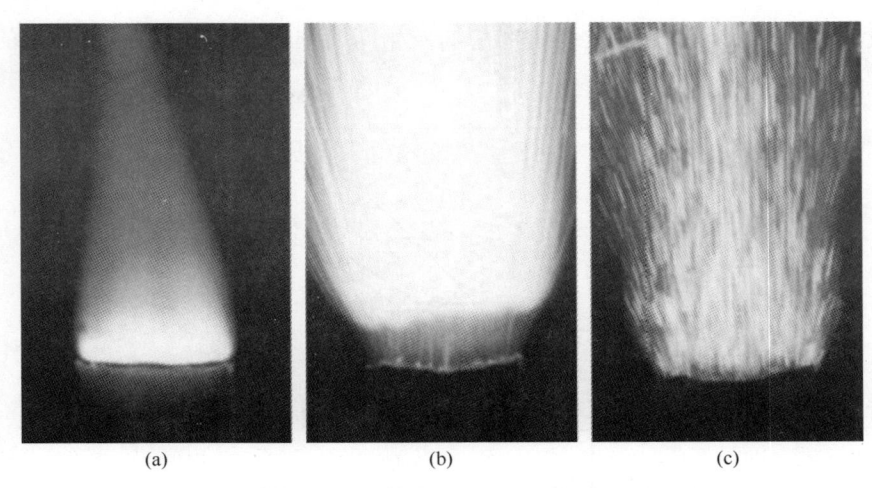

图 7.45　催化和非催化的 HMX-GAP 复合推进剂火焰照片

7.2.4.3　LiF 作为超速燃烧的催化剂

为了避免使用铅化合物对环境的破坏,LiF 被用作硝胺复合推进剂超速燃烧的催化剂[27,28]。添加或不添加 LiF 的 HMX 复合推进剂化学组成见表 7.4。非催化 HMX 推进剂用作参考,以评估超速燃烧的效果。采用 β 晶型两种不同粒度大小的 HMX 级配。HTPE 用作黏合剂,用异佛尔酮二异氰酸酯固化—OH 基团。HTPE 黏合剂的化学特性见表 7.5。

表 7.4　HMX 复合推进剂的常规配方

组　分	HMX	HTPE	LiF	C
无催化剂	0.80	0.20	—	—
催化剂	0.80	0.20	0.01	—
催化剂	0.80	0.20	0.01	0.01

表 7.5　HTPE 黏合剂的化学性质

化学式	$C_{5.194}H_{9.840}O_{1.608}N_{0.149}$
氧含量	25.7%(质量)
生成热	$-302MJ \cdot kmol^{-1}$(298K)

图 7.46 所示为催化的 HMX 推进剂的燃速压强曲线,其燃速大幅增加,即超速燃烧。然而,单独使用 LiF 或 C 对燃速几乎没有影响。仅当 LiF 和 C 组合用在 HMX 推进剂中才出现超速燃烧现象。这表明 LiF 作为一种催化剂,只在与少量 C 共同使用时,才能产生超速燃烧的 HMX 推进剂,C(炭黑)被认为起到了催

催化剂作用。在硝基聚合物推进剂中加入相同的催化剂时,也观察到类似的超速燃烧效应。

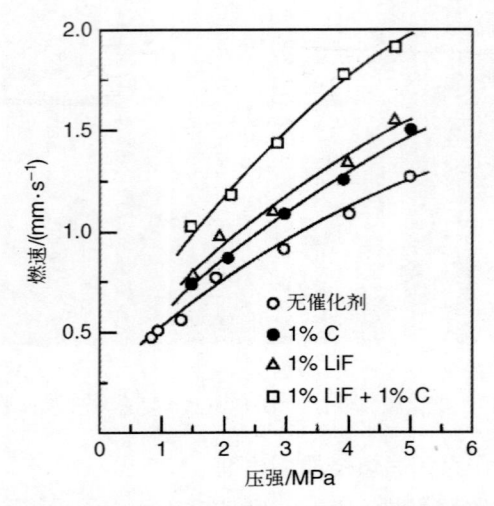

图 7.46 催化和非催化的 HMX 复合推进剂的燃速

HMX 复合推进剂由 HMX 晶粒和聚合物组成,故其物理结构是异质的。另外,硝基聚合物推进剂由硝酸酯的混合物构成(如 NC 和 NG),其物理结构是均质的。此外,HMX 推进剂的特点是含有—N—NO$_2$ 基团,而硝基聚合物推进剂的特点是含有—N—NO$_2$ 基团。

在 5~100MPa 范围下,硝基聚合物推进剂的超速燃烧效应随着压强的增大而消失,并且燃速压强指数降低[6-9],这种燃速模型称为平台燃烧。与硝基聚合物推进剂一样,LiF 和 C 催化的 HMX 推进剂也表现出平台燃烧效应。

7.2.4.4 LiF 对燃烧波的催化行为

添加 LiF 和 C 催化剂后,HMX 推进剂的燃烧波结构与硝基聚合物推进剂的类似:在低压下,发光火焰位于燃面上方一定距离处,并且随着压强的增加,发光火焰靠近燃面。在一定压强下,当推进剂中加入催化剂后,发光火焰距燃面的距离增加。无论推进剂是否含催化剂,发光火焰距燃面的距离均随着压强的增大而减小。

只有用 LiF 和 C 共同催化时,HMX 推进剂的燃面才被碳物质覆盖,其表面结构与铅化合物和 C 催化的 HMX 推进剂类似。这表明,燃烧模型和 LiF 的作用与铅化合物催化的硝胺推进剂一样,产生超速燃烧和平台燃烧。

HMX 复合推进剂的燃烧波包含连续的反应区:凝聚相反应区、第一阶段反应区、第二阶段反应区和发光火焰区。HMX 推进剂的燃烧波结构和温度分布如

图 7.47 所示。在凝聚相区域,HMX 颗粒与聚合物黏合剂 HTPE 熔化混合,形成覆盖推进剂燃面的含能液相混合物。在第一阶段反应区,NO_2 和燃料碎片之间发生快速的放热反应,使得靠近燃面气相区的温度增加。在第二阶段反应区,第一阶段反应区产生的 NO 和 NO_2 与燃料碎片发生缓慢反应,故该区温度缓慢上升。在发光火焰区,NO、NO_2 和残余燃料碎片间发生气相反应,生成最终产物 N_2、H_2O、CO 和 $C_{(s)}$,温度达到最大值。明亮火焰区的发光主要由炭黑引起,这个反应过程以及气相结构与硝基聚合物推进剂的燃烧过程非常相似。

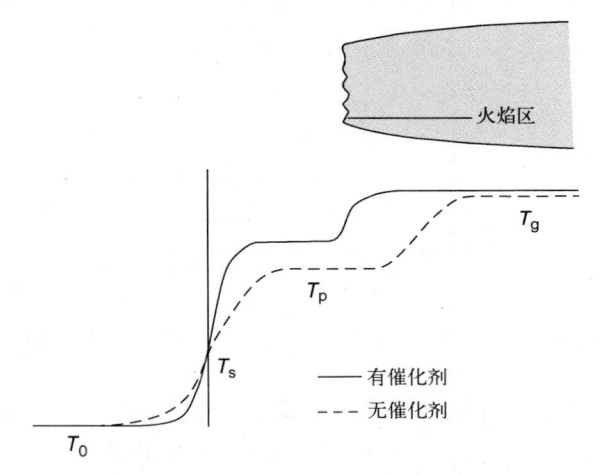

图 7.47 催化和非催化的 HMX 复合推进剂的燃烧波结构

第二阶段反应区的宽度,即火焰远离燃面的距离 L_g 随着压强的增加而减小($L_g = ap^d$),其中,L_g 为第二反应区的宽度,p 为压强,d 为准备区的压强指数,a 为常数。在 1MPa 时第一阶段反应区的长度约为 0.1mm。催化 HMX 推进剂的压强指数 $d = -2.0$,添加 LiF 和 C 后该值未发生变化。式(3.64)给出气相区的反应速度 ω_g。假设在整个第二阶段反应区反应速度恒定,由气-固界面的质量守恒方程 $\omega_g \sim p^{n-d} \sim p^k$ 可得到气相反应区中总的有效反应速度 ω_g,式中 k 为准备区的反应级数。图 7.48 为反应速率与压强的关系图。准备区的反应总级数由斜率 $k = n - d$ 得到,无论是否添加 LiF 还是 C,HMX 推进剂的级数均为 2.6。

这表明,气相中的基本反应机理是 NO 还原为 N_2,添加催化剂不会改变该过程。但是,添加 LiF 和 C 后,紧靠燃面的气相区温度梯度显著增加。这种现象与铅化合物和 C 催化的硝基聚合物推进剂的嘶嘶区类似。从气相反馈到燃面的热流增加,使催化的 HMX 复合推进剂的燃速增加。

虽然硝胺复合推进剂的超速燃烧机理尚未明确,但是催化剂(铅化合物或 LiF 与 C 的混合物)的初始催化作用发生在凝聚相,并且会使气相反应速度增

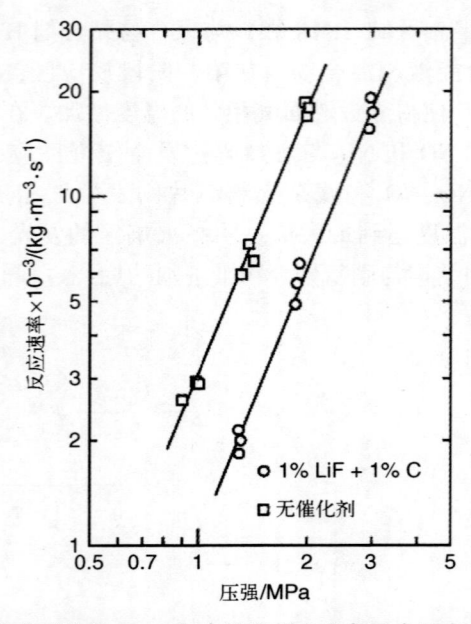

图 7.48 催化和非催化的 HMX 复合推进剂在准备区中具有不同的反应速率

加。反应速度的增加会使从气相反馈到燃面的热流增加,进而引起硝胺复合推进剂的燃速增加。此外,当用 LiF(铅化合物)与 C 共同催化硝胺复合推进剂时,会形成碳物质。由于这些碳物质的热扩散高于气相中的反应性气体,因此,由气相反馈到燃面的热流可通过碳物质而增加。这两种作用共同作用,使得硝基聚合物推进剂和硝胺复合推进剂产生超速燃烧现象。

7.3 AP-硝胺复合推进剂

7.3.1 热性能

由于火箭推进剂主要由氧化剂和燃料组成,因此其比冲主要由这些组分的化学计量比决定。硝胺(如 RDX 和 HMX)是高能材料,无需加入氧化剂和燃料来提高比冲。AP 复合推进剂由 AP 颗粒和聚合物黏合剂组成,混合比例尽可能接近化学计量比。如图 4.14 所示,当推进剂组成为 $\xi(AP)=0.89$、$\xi(HTPB)=0.11$ 时,比冲 I_{sp} 达到最大值。

使用硝胺部分替代 AP 复合推进剂中的 AP 制备 AP-硝胺复合推进剂,该类推进剂为贫氧推进剂,氧化剂相对不足导致比冲降低。随着硝胺质量分数的增

第7章 复合推进剂的燃烧

加,绝热火焰温度降低。图 7.49 给出了 AP-RDX 复合推进剂的 I_{sp}、T_f 的理论值与 $\xi(RDX)$ 的关系。推进剂组成为 $\xi(HTPB)=0.13$,燃烧室压强为 7.0MPa,最理想膨胀到 0.1MPa 时,随着 $\xi(RDX)$ 的增加,I_{sp} 和 T_f 均减小。燃烧产物的相对分子质量也随着 $\xi(RDX)$ 的增加而减小,这是由于 RDX 分解会产生 H_2。而这类推进剂显然没有多余的氧化剂碎片可氧化 H_2。

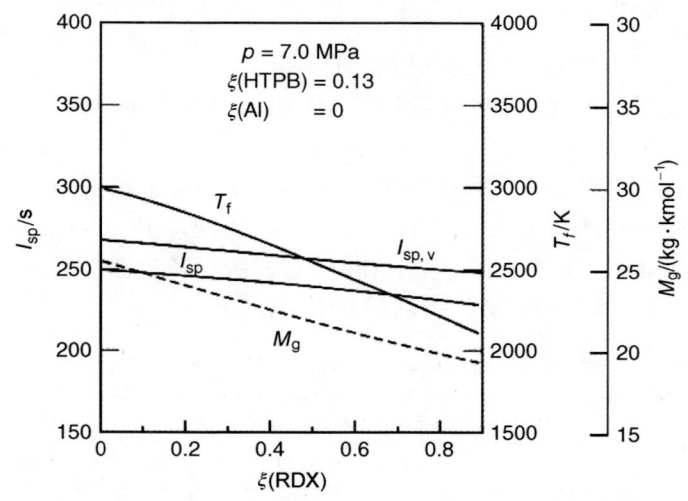

图 7.49 $\xi(AP+RDX)=0.87$ 的 AP-RDX 复合推进剂的理论性能

与 AP 复合推进剂相似,添加铝粉至 AP-硝胺复合推进剂会使比冲增加。图 7.50 为 $\xi(Al)=0.15$ 的 AP-RDX 复合推进剂的理论 I_{sp} 和 T_f 与 $\xi(RDX)$ 的关

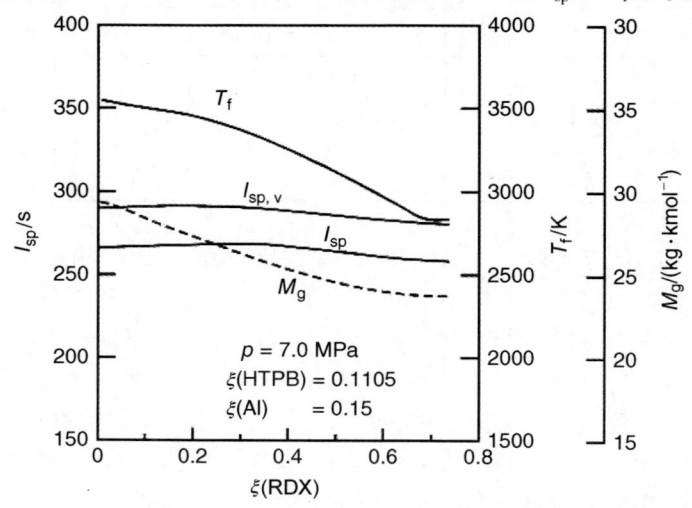

图 7.50 $\xi(AP+RDX)=0.3957$ 的 AP-RDX 复合推进剂的理论性能

系图。推进剂 ξ(HTPB) = 0.1105 时，燃烧室压强为 7MPa，最理想膨胀到 0.1MPa 时。虽然 T_f 随着 ξ(RDX) 的增加而减少 (图 7.50)，但在 ξ(RDX) < 0.40 的范围内，I_{sp} 随着 ξ(RDX) 的增加而增加；组成为 ξ(RDX) = 0.40 时 I_{sp} 最大；在 ξ(RDX) > 0.40 范围内，I_{sp} 随着 ξ(RDX) 的增加而减小。

7.3.2 燃速

7.3.2.1 AP/RDX 混合比和粒径的影响

AP-RDX 复合推进剂的燃速依赖于 AP、RDX 和燃料的物理化学特性，如颗粒尺寸、混合比和黏合剂的类型。燃速测定的结果发表于文献[29]中。以多种 AP 和 RDX 颗粒的组合（表 7.6）制备 AP-RDX 复合推进剂。RDX 和 AP 均采用大小两种粒度级配使用，大粒度 RDX 记为 RDX-L，小粒度 RDX 记为 RDX-S，大粒度 AP 记为 AP-L，小粒度 AP 记为 AP-S，它们的粒径分别表示为 d_R、d_r、d_A 和 d_a。HTPB 黏合剂用于所有的推进剂配方中（表 7.6）。

表 7.6 AP-RDX 复合推进剂的化学组成

推 进 剂	Rr			Ra			Ar			Aa		
	73	55	37	73	55	37	73	55	37	73	55	37
HTPB	20	20	20	20	20	20	20	20	20	20	20	20
RDX-L	56	40	24	56	40	24	—	—	—	—	—	—
RDX-S	24	40	56	—	—	—	24	40	56	—	—	—
AP-L	—	—	—	—	—	—	56	40	24	56	24	24
AP-S	—	—	—	24	40	24	—	—	—	24	40	56
d_L/d_S	7/3	5/5	3/7	7/3	5/5	3/7	7/3	5/5	3/7	7/3	5/5	3/7
	$d_R = 140\mu m$			$d_r = 5\mu m$			$d_A = 200\mu m$			$d_r = 20\mu m$		

如图 7.51~图 7.54 所示，AP 和 RDX 粒度及配比会影响推进剂的燃速。AP 复合推进剂 Aa-37、Aa-55 和 Aa-73 的燃速（图 7.51）比 RDX 复合推进剂 Rr-37、Rr-55 和 Rr-73 的燃速高（图 7.52）。含小粒度 AP (d_a) 的 Ra 推进剂的燃速（图 7.53）比含小粒度 RDX (d_r) 的 Ar 推进剂的高（图 7.54）。添加小粒度 AP 可增加燃速，改变 Ra 推进剂中的 d_R/d_a 比例，燃速的压强指数 n 保持不变（$n = 0.38$）。在 4MPa 下不同粒度 AP 和 RDX 颗粒的混合比例对燃速的影响见图 7.55。AP-RDX 和 AP-HMX 复合推进剂燃速特性类似[29]。

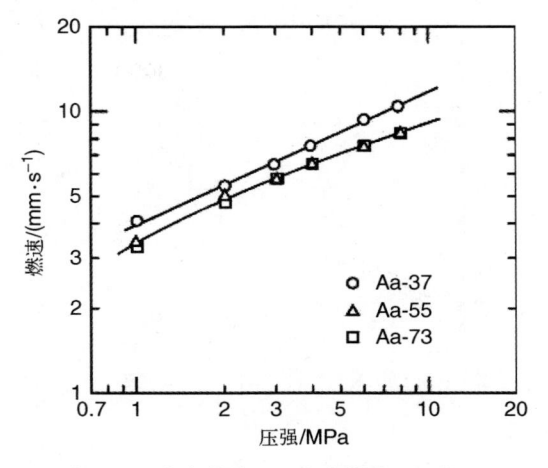

图 7.51 含大粒度 AP 和小粒度 AP 的 AP
复合推进剂的燃速特性

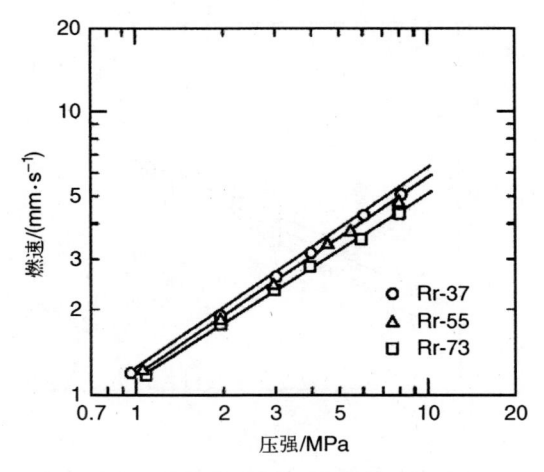

图 7.52 含大粒度 RDX 和小粒度 RDX 的
RDX 复合推进剂的燃速特性

7.3.2.2 黏合剂的影响

当用 HTPE 取代 AP-RDX 复合推进剂中的 HTPB 黏合剂后,燃速特性显著改变[29]。如图 7.56 所示,由 AP 和 HTPE 组成的 Aa-55(HTPE)推进剂的燃速表现出平台燃烧特性,在 1~10MPa 范围内,压强指数 n 的变化范围为 0.3~-0.2。平台效应由 HTPE 引起,HTPE 在推进剂的燃面熔化并形成熔化层。在燃面处部分 AP 颗粒被熔化层覆盖,使得由气相反馈到燃面的热流减少,燃烧速

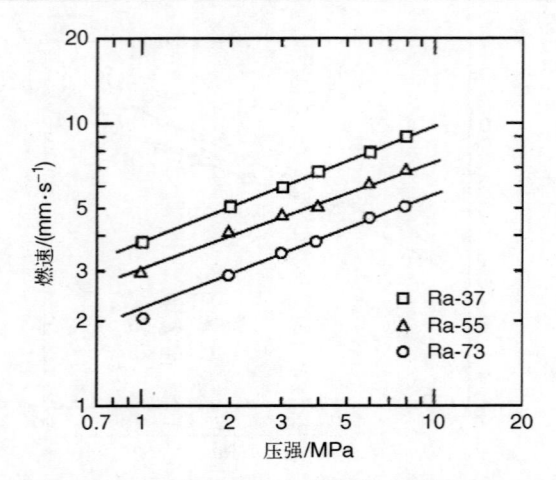

图 7.53 含大粒度 RDX 和小粒度 AP 的 AP-RDX
复合推进剂的燃速特性

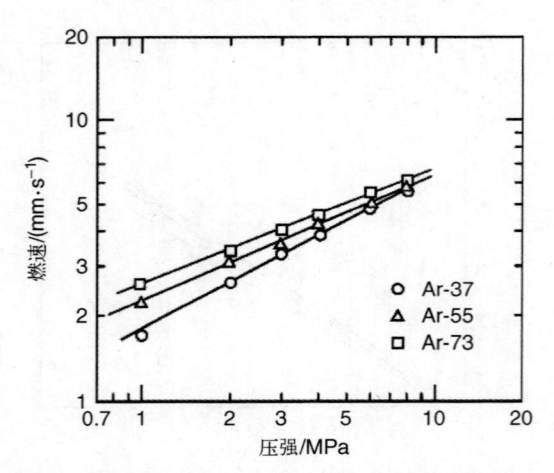

图 7.54 含大粒度 AP 和小粒度 RDX 的 AP-RDX
复合推进剂的燃速特性

率降低。燃烧在高于 15MPa 的高压区中止。当使用易于熔化的其他燃料时,出现类似的平台燃烧和间歇燃烧。典型的燃料有用多元醇固化的端二异氰酸酯聚酯(Estane/Polyol)、用二异氰酸酯固化的多元醇(Polyol/TDI)和用亚胺固化且含增塑剂的聚异丁烯(PIB/MAPO)[9]。

如图 7.57 所示,以 HTPE 作为黏合剂的 RDX 复合推进剂(Rr-55)的压强指数较高($n=0.85$)。低于 10MPa 时由于 RDX 复合推进剂的燃速低于 AP 复合推进剂的燃速,故 HTPB 黏合剂在 RDX 燃面具有足够的时间熔化和分解(通过

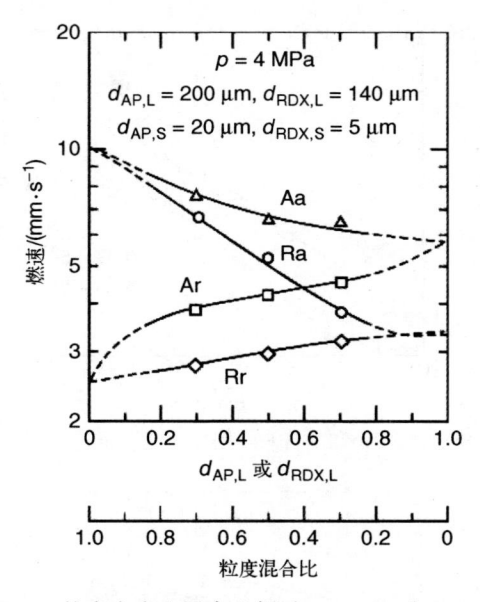

图 7.55 粒度大小和混合比例对 AP、RDX 和 AP-RDX 复合推进剂燃速特性的影响规律

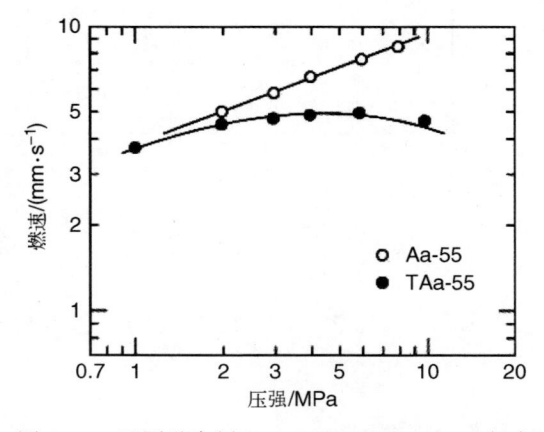

图 7.56 不同黏合剂(HTPB 和 HTPE)对 AP 复合推进剂燃速特性的影响规律

在表面气化)。因此,突出燃面的 RDX 颗粒会发生放热气化反应。随着 RDX 复合推进剂中 AP 颗粒浓度的增加,燃速增加且压强指数降低。图 7.58 为 HTPE 作为黏合剂的 AP、AP-RDX 和 RDX 复合推进剂的燃速。粗 AP(RDX)和细 AP(RDX)颗粒在推进剂中混合使用,对促进平台燃烧的出现具有显著效果。

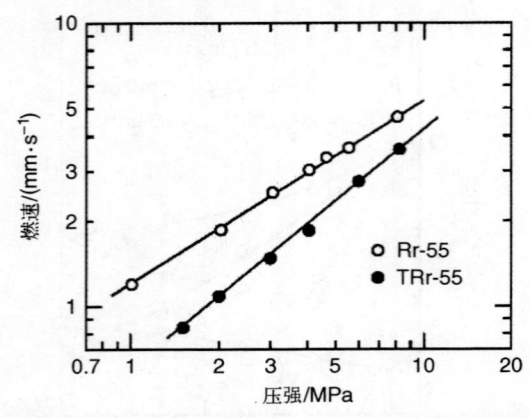

图 7.57 不同黏合剂(HTPB 和 HTPE)对 RDX 复合推进剂燃速特性的影响规律

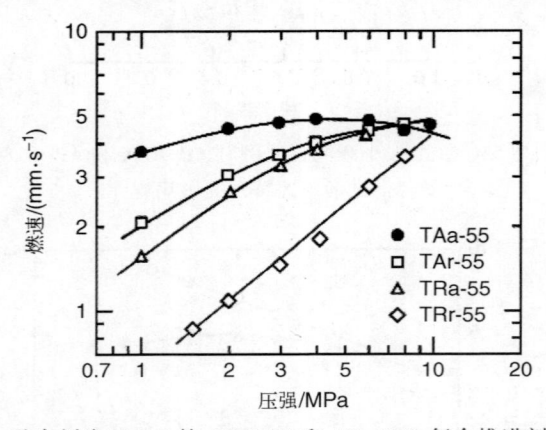

图 7.58 黏合剂为 HTPE 的 AP、RDX 和 AP-RDX 复合推进剂燃速特性

7.4 TAGN-GAP 复合推进剂

7.4.1 物化特性

如图 5.3 所示,虽然 TAGN 的火焰温度较低,但它的燃速非常高。当 TAGN 与聚合物混合后,可观察到一个独特的燃速。与 AP 复合推进剂不同,TAGN 复合推进剂是富燃料的且火焰温度较低。然而,由于氢的含量比较高,由 TAGN 和 GAP 组成的复合推进剂的能量密度相对高一些[30]。如表 7.7 所列,TAGN 质量分数为 $\xi(TAGN) = 0.20$ 的 GAP 推进剂的能量密度约等于 HMX 质量分数 $\xi(HMX) = 0.20$ 的 GAP 推进剂。TAGN-GAP 和 HMX-GAP 推进剂的物理化学

特性见表 7.7。TAGN-GAP 和 HMX-GAP 两种复合推进剂的热力学潜能 Θ(定义为 T_g/M_g)基本相同。

表 7.7　TAGN-GAP 和 HMX-GAP 推进剂的物理化学特性

ξ(TAGN) 或 ξ(HMX)	TAGN-GAP ξ_{TAGN}(0.2)	HMX-GAP ξ_{HMX}(0.2)
5MPa 的火焰温度 T_f/K	1380	1480
分子质量 M_g/(kg·kmol^{-1})	19.5	19.8
密度 ρ_p/(kg·m^{-3})	1320	1400
Θ/(kmol·K·kg^{-1})	70.8	74.7

7.4.2　燃速和燃烧波结构

ξ(TAGN)=0.20 的推进剂的燃速见图 7.59,压强指数为 0.95,燃速温度敏感系数为 0.010K^{-1}。当 TAGN 和 GAP 混合在一起时,燃速比单独 GAP 组分共聚物(图 5.17)和 TAGN 的燃速(图 5.3)要低。然而,当 TAGN 的质量分数增加时,在低压范围内燃速增加、压强指数降低(图 7.60)。

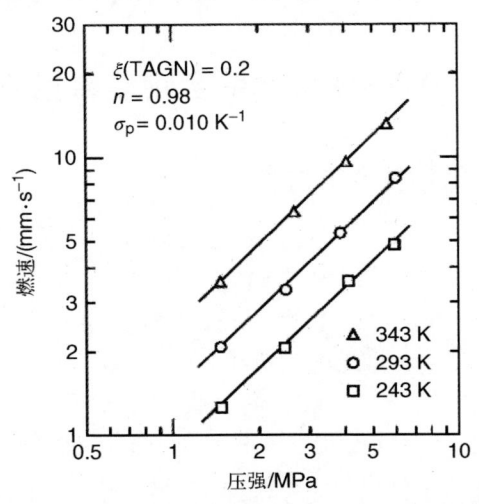

图 7.59　ξ(TAGN)=0.2 的复合推进剂的燃速和燃速温度敏感系数

由于 TAGN 粒子和 GAP 的分解,TAGN-GAP 推进剂燃面是异质的。当 ξ(TAGN)较低(低于 0.3)时,燃烧波与 GAP 预聚物相似;当 ξ(TAGN)(高于 0.7)较高时,发光火焰位于离燃面上方一定距离处,与图 5.4 中所示的 TGAN 火焰的情形类似。因为 TAGN 和 GAP 在燃面产生的热流很大,故 TAGN-GAP 推进剂的燃速是由燃面处的放热速率所控制的。

图 7.60 $\xi(TAGN)=0.6$ 复合推进剂的燃速和燃速温度敏感系数

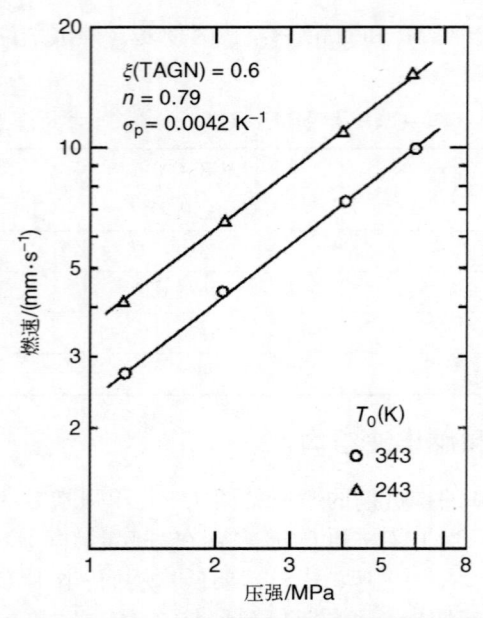

7.5 AN-叠氮化聚合物复合推进剂

7.5.1 AN-GAP 复合推进剂

与硝胺复合推进剂和 TAGN 复合推进剂类似，AN 复合推进剂也可生成无卤素的燃烧产物，因此，也称为无烟推进剂。然而，其弹道性能不如其他复合推进剂：燃速太低且压强指数太高，以致不满足制备火箭推进剂的需要。此外，AN 颗粒的相转变使得 AN 复合推进剂的机械特性随温度改变。

AN 复合推进剂由 AN 和 PU 黏合剂组成，$\xi(AN)$ 范围为 0.7~0.8。该复合推进剂已被广泛研究，在无烟火箭推进剂中利用了它的许多弹道特性[31]。因为这些推进剂由不含氯的组分组成，理论上认为火箭喷嘴的排气是无烟的。然而，对先进的火箭推进剂应用来说其比冲太低。而且 AN 粒子的相转变降低了推进剂药柱的力学性能，湿度还影响其生产能力。由于 AN 晶型的影响，AN 和黏合剂捏合工艺也受到限制。为了获得无烟燃烧产物，可采用压制工艺制备 $\xi(AN) \geqslant 0.85$ 的小尺寸 AN 推进剂药柱，这类推进剂药柱一般用作气体发生剂。

AN 推进剂的燃速非常有限，在 7MPa 下燃速介于 $0.8 \sim 10 \text{mm} \cdot \text{s}^{-1}$ 范围内。燃速与 AN 的粒度无关，因为在燃面处 AN 颗粒熔化并与熔化的 PU 黏合剂混合[31]。燃面处产生的分解气体性质上是预混的,并在燃面形成预混类型的发光火焰。与双基推进剂一样,发光火焰位于燃面上方一定距离处。相反,AP推进剂在燃面上方或紧靠燃面处产生扩散型的发光火焰。

AN复合推进剂需要燃烧催化剂来促进其完全燃烧。常用的催化剂如铬化合物:氧化铬(Cr_2O_3)、重铬酸铵($[(NH_4)_2Cr_2O_7]$)和铜铬复合物($CuCr_2O_4$)。C作为燃烧催化剂的改良剂也需要加入。作为AN的一种相稳定剂NiO也可以改变燃速。$\xi(AN)=0.80$时,非催化剂的推进剂压强指数约为0.8,通过添加催化剂可使压强指数降至0.5~0.6。

如果AN复合推进剂燃烧产物中允许含少量卤素分子,可在AN推进剂中加入AP颗粒形成AN-AP复合推进剂。虽然AP颗粒增加了燃烧产物中HCl的浓度,但是弹道性能也得到了很大的提升。在无催化剂时,AP加入到AN-PU推进剂中会提高燃速,降低压强指数。通过用相同含量的AP取代30%的AN,在10MPa下,比冲也从225s升高到235s。然而,生成的HCl使推进剂的无烟特性消失,这些推进剂被划归为少烟推进剂。

AN与GAP混合制备AN-GAP复合推进剂,用GAP取代PB或PU可提高比冲约10s,见图4.16。由于GAP放热分解的特性,燃速也会增加。由于GAP发生自燃,AN颗粒的燃烧可由GAP在推进剂燃面的放热分解反应来支持。如图7.61所示,添加AN颗粒后,燃速大幅降低。加入30%AN颗粒到GAP中,低

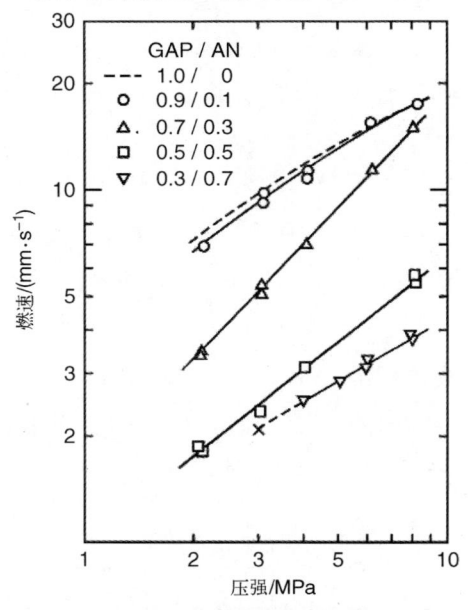

图7.61 AN-GAP复合推进剂的燃速特性

压区的燃速降低,压强指数增加(0.55~1.05)。在8MPa下,添加70%AN到GAP中其燃速由18mm·s^{-1}降低为3.7mm·s^{-1},在3MPa下燃烧中止。图7.62为AN-GAP复合推进剂燃速和绝热火焰温度的关系图。当添加AN的质量分数范围为10%~50%时,火焰温度范围1350~1410K。然而,当加入70%的AN后,虽然火焰温度由1400K增加到1950K,但燃速降低。

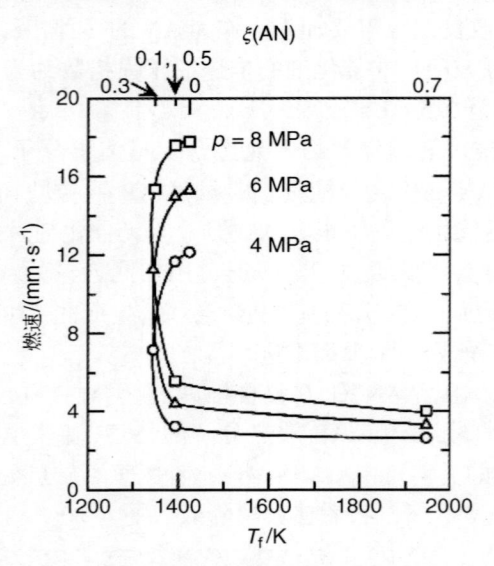

图7.62 AN-GAP复合推进剂绝热火焰温度与燃速的关系,
表明加入AN后尽管火焰温度增大,燃速仍减小

7.5.2 AN-(BAMO-AMMO)-HMX复合推进剂

图7.63为添加或不添加$(NH_4)_2Cr_2O_7$和亚铬酸铜$(CuCr_2O_4)$的AN-(BAMO-AMMO)-HMX复合推进剂的$\ln r$-$\ln p$关系图[32]。这些推进剂的化学组成见表7.8。

表7.8 AN-(BAMO-AMMO)-HMX复合推进剂的化学组成

推进剂	ξ(AN)	ξ(BAMO-AMMO)	ξ(HMX)	$\xi((NH_4)_2Cr_2O_7)$	$\xi(CuCr_2O_4)$
A	0.60	0.25	0.15	—	—
B	0.60	0.25	0.15	0.02	—
C	0.60	0.25	0.15	—	0.02
D	0.60	0.25	0.15	0.02	0.02

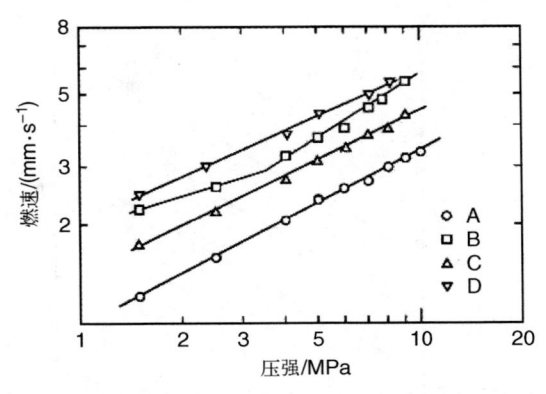

图 7.63 催化剂对 AN-(BAMO-AMMO)-HMX 复合推进剂燃速的影响规律

添加这些催化剂使推进剂的燃速明显升高。添加 1% 的 $(NH_4)_2Cr_2O_7$ 和 1% 的 $CuCr_2O_4$ 后，燃速提升了近 1 倍。但是添加催化剂不会改变压强指数。当两种催化剂共同使用时，它们影响 AP 的分解过程，可有效提高燃速。但是这两种催化剂催化的位置和方式不同，因此，当两种催化剂一起使用时，催化效果提升了不止 1 倍。

7.6 AP-GAP 复合推进剂

GAP 可自持燃烧生成高温燃烧产物，同时产生大量的燃料碎片。将 AP 与 GAP 混合后可制备 AP-GAP 复合推进剂。与 AP-HTPB 复合推进剂类似，通过氧化剂气体和燃料碎片在气相中的混合，AP-GAP 复合推进剂燃烧产生扩散火焰。如图 7.64 所示，在不同初始温度下(243K、293K 和 343K)，组成为 $\xi(AP) = 0.2$ 的 GAP 的燃速随压强线性增加($\ln r - \ln p$)，压强指数由 0.44 增加至 0.62，燃速温度敏感系数由 $0.0100K^{-1}$ 降低为 $0.0078K^{-1}$。换言之，在低压区（低于 5MPa），加入 20%AP 使 GAP 的燃速降低。

图 7.65 为 $r - \xi(AP)$ 和（图 5.17）$T_f - \xi(AP)$ 的关系图。尽管添加 10% AP 后推进剂燃速降低，但是压强低于 1MPa 时，燃速随着 ξ_{AP} 的增加而增加。但是，压强大于 5MPa 时，燃速随着 $\xi(AP)$ 的增加而降低，火焰温度随着 $\xi(AP)$ 的增加而增加。然而，当 $\xi(AP)$ 低于 0.6 时效果不明显。如图 4.15 所示，在 10MPa 下 $\xi(AP) = 0.75$ 的 I_{sp} 大于 260s，火焰温度为 3000K。

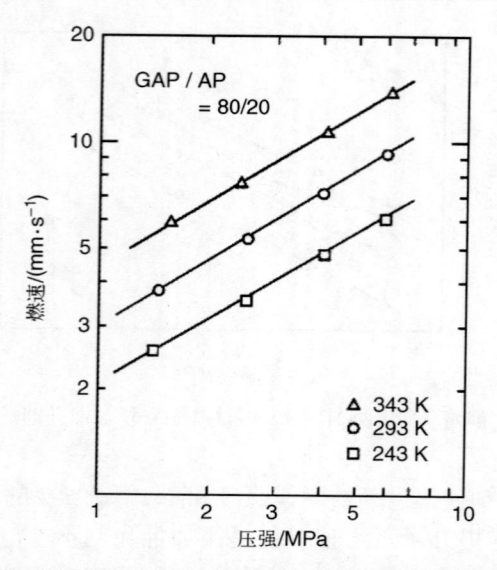

图 7.64 $\xi(\text{AP}) = 0.20$ 时 AP-GAP 复合推进剂的燃速特性

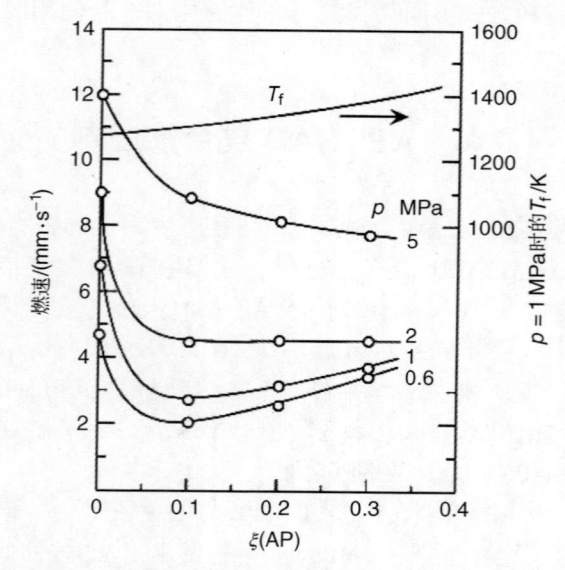

图 7.65 AP-GAP 复合推进剂中燃速和绝热火焰温度与 ξ_{AP} 的关系

7.7 ADN、HNF 和 HNIW 复合推进剂

ADN、HNF 和 HNIW 作为单元推进剂及复合推进剂用氧化剂,对其弹道性

第7章 复合推进剂的燃烧

能已进行了广泛的研究[32-39]。既然 ADN、HNF 和 HNIW 的燃烧产物中有过量的氧,它们就可以作为复合推进剂的氧化剂晶体。ADN 和 HNIW 的压强指数为 0.7[38],与 HMX 和 RDX 压制药条燃烧时的压强指数相同,HNF 的压强指数为 0.85~0.95[39],高于其他含能氧化剂晶体。

当这些氧化剂与黏合剂(如 HTPB、硝基聚合物和 GAP)混合时,燃速随 ADN 或 HNF 质量分数的升高而降低[34]。ADN 复合推进剂的燃速温度敏感系数在低压范围较高(在 1MPa 为 $0.005K^{-1}$),但随压强升高又会降低(在 10MPa 下为 $0.0023K^{-1}$)[37]。在 1~10MPa 下 HNF 复合推进剂的燃速温度敏感系数约为 $0.0018K^{-1}$ [38]。加入黏合剂后 ADN 和 HNF 复合推进剂的燃面被所用的黏合剂 PU 的熔化层所覆盖,两种推进剂的发光火焰位于燃面上方一定距离[35],与 HMX 复合推进剂类似[24]。

当 HNF 或 ADN 与含 Al 的 GAP 共聚物混合在一起时,分别形成了 HNF-GAP 或 ADN-GAP 复合推进剂。理论上可以获得比 Al-AP-HTPB 复合推进剂更高的比冲值[36]。然而,ADN、HNIW 和 HNF 复合推进剂的弹道性能,如压强指数、燃速温度敏感系数、燃烧不稳定和力学特性,都需要大幅度改进。

如图 7.66 所示,由 HNIW 和 BAMO-NIMO 黏合剂组成的推进剂的燃速高于 HMX 和 BAMO-NIMO 推进剂[32]。ξ(BAMO-NIMO)= 0.40 的 BAMO/NIMO-HNIW 推进剂在 3MPa 下燃速为 $7.3mm \cdot s^{-1}$,在 10MPa 下燃速为 $17mm \cdot s^{-1}$,压强指数为 0.75。燃速对 HNIW 的粒度依赖较小。图 7.66 为 AP 或 HMX 与

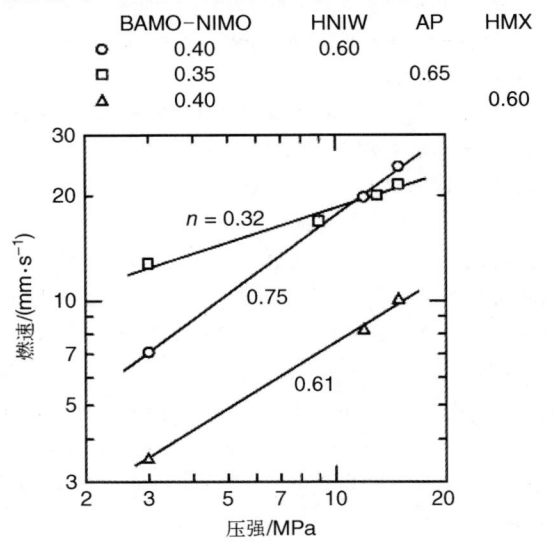

图 7.66 以 BAMO-NIMO 为黏合剂的含 HNIW、AP、HMX 的复合推进剂的燃速特性

BAMO-NIMO 黏合剂组成的推进剂的燃速结果。HMX 与 BAMO-NIMO 组合后,燃速较低且压强指数为 0.61。AP 与 BAMO-NIMO 组合后,燃速较高且压强指数为 0.32,与传统 AP-HTPB 复合推进剂的燃速特性相似。

参 考 文 献

[1] Lengelle, G., Duterque, J., and Trubert, J. F. (2000) in Physico-Chemical Mechanisms of Solid Propellant Combustion, Progress in Astronautics and Aeronautics, vol. 185 Chapter 2.2 (eds V. Yang, T. B. Brill, and W. -Z. Ren), AIAA, Washington, DC.

[2] Ramohalli, K. N. R. (1984) Steady-state burning of composite propellants, in Fundamentals of Solid-Propellant Combustion, Progress in Astronautics and Aeronautics, vol. 90, Chapter 8 (eds K. K. Kuo and M. Summerfield), AIAA, New York.

[3] Kubota, N. (1992) Temperature sensitivity of solid propellants and affecting factors: experimental results, in Non-steady Burning and Combustion Stability of Solid Propellants, Progress in Astronautics and Aeronautics, vol. 143, Chapter 4 (eds L. De Luca, E. W. Price, and M. Summerfield), AIAA, Washing ton, DC.

[4] Beckstead, M. W., Derr, R. L., and Price, C. F. (1970) Model of composite solid-propellant combustion based on multiple flames. AIAA J., 8(12), 2200-2207.

[5] Hermance, C. E. (1966) A model of composite propellant combustion including surface heterogeneity and heat generation. AIAA J., 4(9), 1629-1637.

[6] Summerfield, M., Sutherland, G. S., Webb, W. J., Taback, H. J., and Hall, K. P. (1960) ARS Progress in Astronautics and Rocketry, vol. 1, Solid Propellant Rocket Research Academic Press, New York, pp. 141-182.

[7] Boggs, T. L., Derr, R. L., and Beckstead, M. W. (1970) Surface structure of ammonium perchlorate composite propellants. AIAA J., 8(2), 370-372.

[8] Kuwahara, T. and Kubota, N. (1986) Low pressure burning of ammonium perchlorate composite propellants. Combust. Sci. Technol., 47, 81-91.

[9] Steinz, J. A., Stang, P. L., and Summerfield, M. (1969) The Burning Mechanism of Ammonium Perchlorate Based Composite Solid Propellants. AMS Report No 830, Aerospace and Mechanical Sciences, Princeton University, Princeton, NJ.

[10] Price, E. W., Handley, J. C., Panyam, R. R., Sigman, R. K., and Ghosh, A. (1963) Combustion of ammonium perchlorate polymer sandwiches. Combust. Flame, 7(7).

[11] Bastress, E. K. (1961) Modification of the burning rates of ammonium perchlorate solid propellants by particle size control. PhD thesis. Department of Aeronautical Engineering, Princeton University.

[12] Kubota, N., Kuwahara, T., Miyazaki, S., Uchiyama, K., and Hirata, N. (1986) Combustion wave structure of ammonium perchlorate composite propellants. J. Propul. Power, 2(4),

296-300.

[13] Kubota, N. and Miyazaki, S. (1987) Temperature sensitivity of burning rate of ammonium perchlorate propellants. Propellants Explos. Pyrotech., 12, 183-187.

[14] Bazaki, H. and Kubota, N. (1991) Friction sensitivity mechanism of ammonium perchlorate composite propellants. Propellants Explos. Pyrotech., 16, 43-47.

[15] Kubota, N. and Hirata, N. (1984) Inhibition reaction of LiF on the combustion of ammonium perchlorate propellants. 20th Symposium(International) on Combustion, The Combustion Institute, Pittsburgh, PA, pp. 2051-2056.

[16] Bazaki, H. 2005 Negative Catalyst Action of $SrCO_3$ on AP Composite Propellants. In-House Research Report 2005, Asahi Kasei Chemicals.

[17] Miyata, K. and Kubota, N. (1990) Inhibition reaction of $SrCO_3$ on the burning rate of ammonium perchlorate propellants. Propellants Explos. Pyrotech., 15, 127-131.

[18] Beckstead, M. W. and McCarty, K. P. (1982) Modeling calculations for HMX composite propellants. AIAA J., 20(1), 106-115.

[19] Kubota, N. (1981) Combustion mechanisms of nitramine composite propellants. 18th Symposium (International) on Combustion, The Combustion Institute, Pittsburgh, PA, pp. 187-194.

[20] Cohen, N. S. and Price, C. F. (1975) Combustion of nitramine propellants. AIAA J., 12 (10), 25-42.

[21] Kubota, N. (1982) Physicochemical processes of HMX propellant combustion. 19th Symposium (International) on Combustion, The Combustion Institute, Pittsburgh, PA, pp. 777-785.

[22] Beckstead, M. W. (2000) Overview of combustion mechanisms and flame structures for advanced solid propellants, in, Progress in Astronautics and Aeronautics, vol. 185, Chapter 2.1 (eds V. Yang, T. B. Brill, and W. -Z. Ren), AIAA, Washington, DC.

[23] Klager, K. and Zimmerman, G. A. (1992) Steady burning rate and affecting factors: experimental results, in Nonsteady Burning and Combustion Stability of Solid Propellants, Progress in Astronautics and Aeronautics, vol. 143, Chapter 3(eds L. De Luca, E. W. Price, and M. Summerfield), AIAA, Washington, DC.

[24] Kubota, N., Sonobe, T., Yamamoto, A., and Shimizu, H. (1990) Burning rate characteristics of GAP propellants. J. Propul. Power, 6(6), 686-689.

[25] Kubota, N. and Sonobe, T. (1990) Burning rate catalysis of azide/nitramine propellants. 23rd Symposium(International) on Combustion, The Combustion Institute, Pittsburgh, PA, pp. 1331-1337.

[26] Kubota, N. and Hirata, N. (1986) Super-rate burning of catalyzed HMX propellants. 21st Symposium(International) on Combustion, The Combustion Institute, Pittsburgh, PA, pp. 1943-1951.

[27] Kubota, N. 1985 Nitramine propellants for rockets and guns. Japanese Patent 60,177,452, Aug. 12,1985.

[28] Shibamoto, H. and Kubota, N. 2002 Super-rate burning of LiF-catalyzed HMX pyrolants. 29th International Pyrotechnics Seminar, Westminster, CO, July 14-19, 2002, pp. 147-155.

[29] Kubota, N., Takizuka, M., and Fukuda, T. (1981) Combustion of nitramine composite propellants, AIAA/SAE/ASME 17th Joint Propulsion Conference, Colorado Springs, CO, July 27-29, AIAA-81-1582.

[30] Kubota, N., Hirata, N., and Sakamoto, S. (1986) Combustion mechanism of TAGN. 21st Symposium (International) on Combustion, The Combustion Institute, Pittsburgh, PA, pp. 1925-1931.

[31] Hirata, N. (1969) Daicel Chemical Industries, private communication.

[32] Takishita, Y. and Shibamoto, H. (1999) Hosoya Pyrotechnics Co., private communication.

[33] Chan, M. L., Jr. Reed, R., and Ciaramitaro, D. A. (2000) Advances in solid propellant formulations, in Solid Propellant Chemistry, Combustion, and Motor Interior Ballistics, Progress in Astronautics and Aeronautics, vol. 185, Chapter 1.7 (eds V. Yang, T. B. Brill, and W. -Z. Ren), AIAA, Reston, VA.

[34] Takishita, Y. and Shibamoto, H. (1999) In-House Report, Hosoya Pyrotechnics Co., Tokyo (unpublished).

[35] Price, E. W., Chakravarthy, S. R., Freeman, J. M., and Sigman, R. K. (1998) Combustion of Propellants with Ammonium Dinitramide, AIAA-98-3387, AIAA, Reston, VA.

[36] Korobeinichev, O. P., Kuibida, L. V., and Paletsky, A. A. (1998) Development and Application of Molecular Mass Spectrometry to the Study of ADN Combustion Chemistry, AIAA-98-0445, AIAA, Reston, VA.

[37] Gadiot, G. M. H. J. L., Mul, J. M., Meulenbrugge, J. J., Korting, P. A. O. G., Schnorhk, A. J., and Schoyer, H. F. R. (1992) New solid propellants based on energetic binders and HNF, IAF-92-0633. 43rd Congress of the International Astronautical Federation, Paris, France.

[38] Atwood, A. I., Boggs, T. L., Curran, P. O., Parr, T. P., and Hanson-Parr, D. M. (1999) Burn rate of solid propellant ingredients, part 1: pressure and initial temperature effects, and part 2: determination of burning rate temperature sensitivity. J. Propul. Power, 15(6), 740-752.

[39] Louwers, J., Gadiot, G. M. H. J. L., Breqster, M. Q., Son, S. F., Parr, T., and Hanson-Parr, D. (1999) Steady-state hydrazinium nitroformate (HNF) combustion modeling. J. Propul. Power, 15(6), 772-777.

第 8 章 CMDB 推进剂的燃烧

8.1 CMDB 推进剂的特性

由于硝化棉(NC)和硝化甘油(NG)能量有限,双基推进剂具有的能量也十分有限。加入 AP 或硝胺粒子(如 HMX、RDX)可提高燃烧温度和比冲。目前已对含有 AP、RDX 或 HMX 的复合改性双基(CMDB)推进剂的燃烧特性已进行了广泛的实验研究,也建立了一些模型来描述这些推进剂的燃速。

AP-CMDB 推进剂的燃烧模型与硝胺改性双基推进剂不同,与 AP 复合推进剂类似,为扩散火焰模型。而硝胺-CMDB 推进剂的燃烧模型适用于双基推进剂燃烧模型,即预混火焰模型。加入双基推进剂中的 AP 粒子为双基推进剂母体提供了氧化剂。尽管 HMX 和 RDX 是化学计量比平衡物质,并产生高温燃烧气体,但与 AP 粒子相比,硝胺粒子没有多余的氧化剂碎片生成,硝胺粒子仅向母体提供热量。因此,硝胺-CMDB 推进剂的燃烧波结构和燃速特性与 AP-CMDB 推进剂不同。

8.2 AP-CMDB 推进剂

8.2.1 火焰结构和燃烧模型

在双基推进剂母体中添加 AP 颗粒,燃面处每个 AP 粒子形成了小的发光火焰束并扩散到母体的暗区中。当加入双基母体中的 AP 粒子数目增多时,火焰束的数目也增加,同时暗区被发光火焰所取代。

当加入大粒度球形 AP($d_0=3$mm)后,在暗区也形成了大尺寸火焰束。近距离观察燃面处的 AP 粒子发现,在每个 AP 粒子上方都形成了低亮度的透明蓝色火焰,此火焰是由 AP 生成的富氧化剂的火焰,在低压下 AP 复合推进剂燃烧时也可看到。蓝色火焰发生在离 AP 粒子较短距离处,其温度高达 1300K。围绕着蓝色火焰形成了明亮黄色的火焰流,此黄色火焰是 AP 粒子和双基母体的分解气体扩散而产生的。因为母体分解的气体是富燃料的,且暗区的温度约为

1500K,AP 和母体分解产物之间的扩散按相同比率朝化学计量平衡比方向移动,导致反应速率和火焰温度升高。AP-CMDB 推进剂的火焰结构见图 8.1。

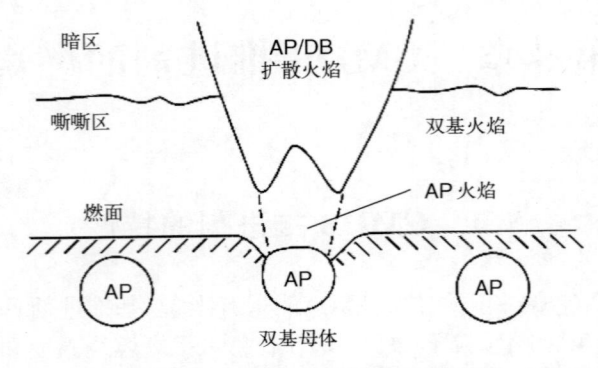

图 8.1 AP-CDMB 推进剂的火焰结构

AP 质量分数增加后,母体的暗区几乎完全消失且发光的火焰逼近燃面(图 8.2(a))。为了对比,RDX-CMDB 推进剂的火焰结构也列在图 8.2(b)中。因为 RDX 晶体粒子是化学计量平衡的,在燃面处没有扩散火焰束。RDX 粒子分解气体与母体的分解气体扩散和混合并形成一个反应性的均质气体,因而在燃面上反应形成预混火焰。与双基推进剂类似,对于 RDX-CMDB 和 HMX-CMDB 推进剂而言,发光火焰与燃面有一定距离。

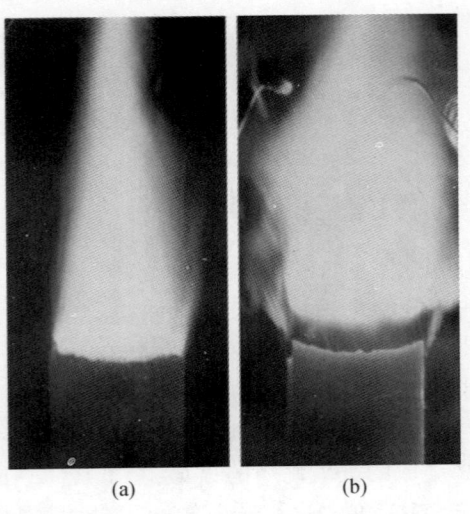

图 8.2 AP-CMDB 推进剂的火焰照片(a)和 RDX-CMDB 推进剂的火焰照片(b)表明 RDX-CMDB 推进剂发光火焰阵面与燃面有一定距离

序 号	质量分数 AP	质量分数 RDX	质量分数 DB母体	p/MPa	r/mm·s^{-1}
(a)	0.30	—	0.70	2.0	9.0
(b)	—	0.30	0.70	2.0	2.2

8.2.2 燃速模型

实验观察发现,双基推进剂母体中的 AP 粒子在燃面上燃烧,尺寸减小。因此,粒子表面的退移速度与瞬时直径相关。AP 颗粒的平均燃烧速度与压强的关系如图 8.3 所示。燃速由公式 $r_{AP}=k_1 p^{0.45}$ 表示,式中:k_1 与压强无关,r_{AP} 为 AP 的燃速,p 为压强。燃速和 AP 粒径 d_0 之间的关系根据 $r_{AP}=k_2 d_0^{0.15}$ 确定,式中的 k_2 与双基母体的燃速无关。根据上面两个表达式,加入双基推进剂的球形 AP 粒子的燃速可表达成 AP 初始尺寸和压强的函数:

$$r_{AP}=k\frac{p^{0.45}}{d_0^{0.15}} \tag{8.1}$$

式中:k 为实验测定的常数,$k=0.38$。该公式与 Barrere 和 Nadaud 获得的表达式相似,采用它们的表达式获得了气态燃料环境中球形 AP 的燃速。

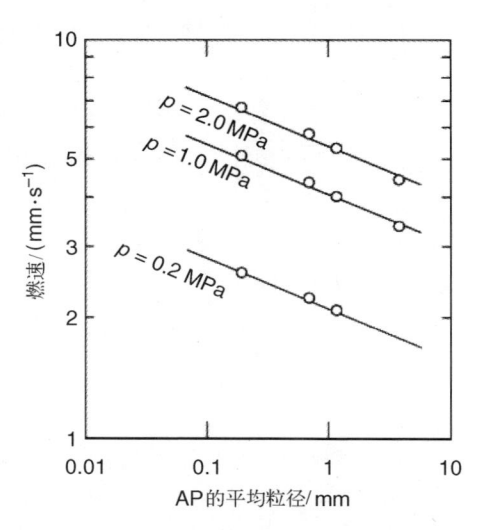

图 8.3 双基母体中 AP 粒子的燃速

为了推导出 AP 粒子燃速的简化表达式,假设在燃面退移速率最快处的每个 AP 粒子周围存在一个有效厚度区 η,它与 AP 粒子尺寸无关。假设有效区的

燃速与双基母体中 AP 的燃速相同,有效厚度区的经验式可表达为

$$\frac{\pi}{6}w(d_0+2\eta)^3 = \xi \qquad (8.2)$$

$$w = \frac{6\rho_{DB}}{\pi d_0^3 \left(\dfrac{\rho_{AP}}{\phi_{AP}}+\rho_{DB}-\rho_{AP}\right)} \qquad (8.3)$$

式中:ξ 为与双基母体中 AP 粒子燃速相同的 AP-CMDB 推进剂的体积分数;w 为推进剂单位体积中 AP 粒子数;ϕ 为质量分数;下脚标 AP、DB 分别表示 AP 粒子和 DB 母体。

当 AP 粒子过量时,临界混合物约是 30% 的 18μm AP 粒子与 DB 母体的混合物。因此,当 $\eta = 5\mu m$ 时,假设 ξ 恒定,由式(8.2)和式(8.3)可推导出有效厚度。

当 AP-CMDB 推进剂燃烧区高度异质时(物理和化学),假设 DB 母体燃面处两个不同区域退移速率不同:①离 AP 粒子较远处燃面的热反馈仅来自气相的 DB 火焰;②邻近 AP 粒子处受 AP/DB 扩散火焰热反馈的影响。当 AP 粒子和 DB 母体间的界面退移速率区域开始重叠时,粘结 AP 粒子的母体被侵蚀,一些燃烧的 AP 粒子喷射到气相中,这些 AP 粒子称为"过剩 AP 颗粒"。

假设区域①的退移速率与式(3.57)~式(3.60)表示的退移速率相同,气相反应速度不变,整个嘶嘶区的反应级数为 2,且发光火焰离燃面足够远,不影响燃速的条件下,可获得燃速公式。退移速率也可用一阶 Arrhenius 类型反应速率来表示,见式(3.61)。

假设区域②的 AP 粒子有近似相同的退移速率,AP-CMDB 推进剂的燃速 r_A 由两种不同退移速率的总和所决定,即

$$r_A = \frac{1}{\dfrac{\xi}{r_{AP}}+\dfrac{1-\xi}{r_{DB}}} \qquad (8.4)$$

文献[1]给出了物理常数和反应动力学的假定值。燃速随压强增大而增大,也随 AP 粒子浓度升高和尺寸减小而增大。图 8.4 为 AP-CMDB 推进剂燃速的试验值和计算值,DB 母体燃面温度的计算值由 1MPa 下的 621K 上升到 8MPa 下的 673K,燃速温度敏感系数随着压强增大而降低(在 8MPa 下,σ_p = 0.0056/K)。

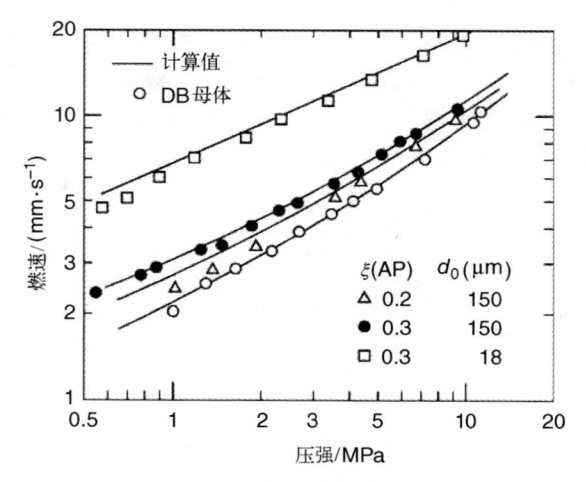

图 8.4　AP-CMDB 推进剂燃速的实验值和计算值

8.3　硝胺-CMDB 推进剂

8.3.1　火焰结构和燃烧模式

在硝胺-CMDB 推进剂燃面处硝胺粒子和母体(双基推进剂)的分解气体相互扩散混合形成相对均质的气体。双基推进剂的主要组分是硝酸酯(如 NC、NG),双基推进剂的能量密度可表示成单位质量推进剂中—O—NO_2 化学键的数目。O—NO_2 断裂可产生 NO_2、醛和 C—H—O 碎片。NO_2 作为氧化剂与醛反应,剩余 C—H—O 作为燃料组分,这个反应放热量很高,双基推进剂的燃速由这一反应过程控制。因此,双基推进剂的燃速与 $\xi(NO_2)$ 有关。

HMX 的化学结构式为 $(CH_2)_4(N-NO_2)_4$,RDX 的化学结构式为 $(CH_2)_3(N-NO_2)_3$。N—NO_2 键的分解碎片形成氮氧化物(NO_2 和 NO)和氧化物自由基,氮氧化物作为氧化剂组分,而剩余的 C—H—O 作为燃料组分,氧化剂和燃料组分在气相中反应产生高温燃烧产物。因为单位质量硝胺中含有的 NO_2 比双基推进剂高,故硝胺添加量增加可加速整个气相反应。由于 NC、NG 和安定剂混合物的塑化特性决定了双基推进剂的均质的物理结构,尽管加入硝胺晶体粒子使硝胺-CMDB 推进剂的物理结构变为异质,但因为 HMX 粒子和双基母体产生的分解气体在燃面上方扩散并混合在一起,且在距燃面上方一定距离处反应产生发光的火焰,所以气相结构是均质的。如图 8.2 所示,HMX-CMDB 和 RDX-CMDB 推进剂的气相结构类似。RDX-CMDB 推进剂的燃烧波结构如图 8.5 所示,与双基推进剂相同,发光火焰从表面伸出,在燃面和发光火焰之间产生一个预备区,随着压强增加,火焰与燃面间距离减小,在靠近燃面处形成放热反应区,温度快速增加,与双基推进剂的嘶嘶区类似。图 8.6 所示为不同压强下 RDX-CMDB 推进剂的燃烧波温度曲线。

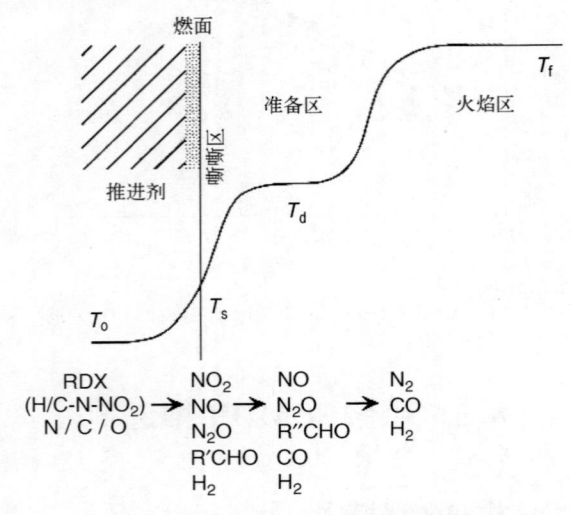

图 8.5 RDX-CMDB 推进剂的燃烧波结构

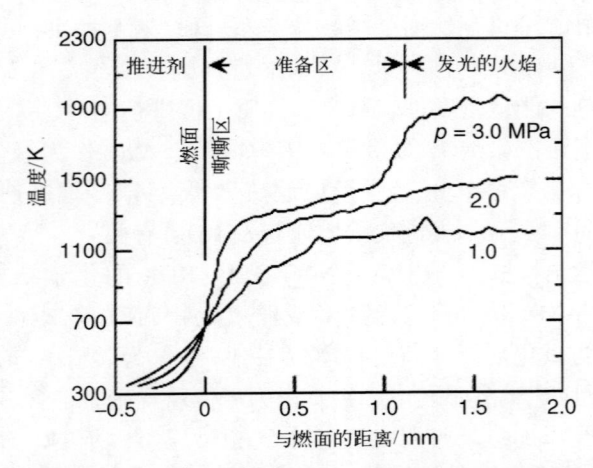

图 8.6 不同压强下 RDX-CMDB 推进剂燃烧波结构中的温度分布

图 8.7 所示为热平衡条件下,HMX-CMDB 推进剂的爆热和绝热火焰温度与 $\xi(NO_2)$ 的关系。绝热火焰温度 T_g 和爆热随着 $\xi(NO_2)$ 的增大而增大,即 $\xi(NO_2)$ 随 $\xi(HMX)$ 增大而增大。双基母体的质量分数为 $\xi(NC) = 0.25$、$\xi(NG)$

= 0.65、$\xi(\mathrm{DEP}) = 0.10$。硝化棉含氮量为 12.2%,母体中 NO_2 的质量分数 $\xi(NO_2)$ 为 0.496,爆热为 $4.76 \mathrm{MJ \cdot kg^{-1}}$。

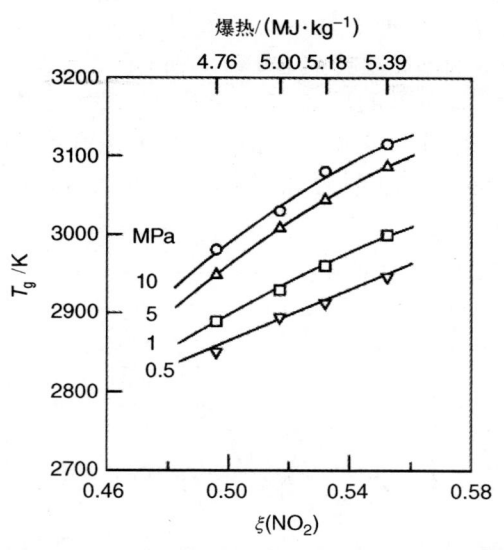

图 8.7　HMX-CMDB 推进剂的绝热温度与 $\xi(NO_2)$ 和爆热的关系

图 8.8 所示为 1MPa 下 $\xi(NO_2)$ 和燃烧产物摩尔分数的关系。尽管 CO、H_2O 和 CO_2 的摩尔分数随 $\xi(NO_2)$ 的增加而降低,但 N_2 的摩尔分数随 $\xi(NO_2)$ 的增加而增加。在 HMX 质量分数 $\xi(\mathrm{HMX}) = 0.000 \sim 0.444$ 范围内,H_2 的摩尔分数保持相对不变。

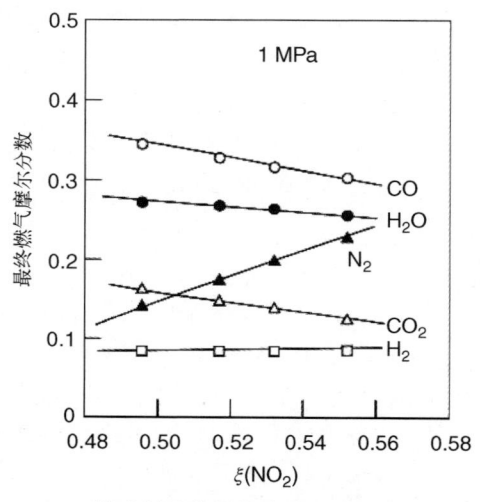

图 8.8　HMX-CMDB 推进剂最终燃烧产物的摩尔分数与 $\xi(NO_2)$ 的关系

8.3.2 燃速特性

恒压条件下,随着推进剂能量密度的增加,双基推进剂的燃速也增加。相反,HMX-CMDB 推进剂的燃速随 ξ(HMX)增加而降低,见图8.9,这表明在恒压条件下,HMX-CMDB 推进剂的燃速随推进剂的能量密度增加而降低。实验中所用的 HMX 为 β 晶型,平均直径为 20μm。AP-CMDB 推进剂的燃速随 ξ(AP)增加而升高,且高度依赖添加的 AP 粒子的尺寸,但 HMX-CMDB 推进剂的燃速与 HMX 的粒度大小无关。

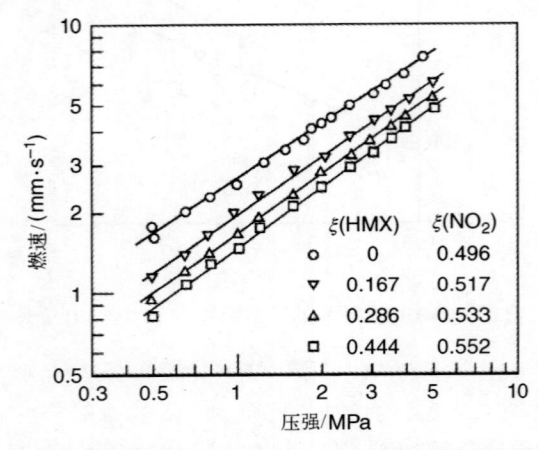

图8.9 含不同质量分数 HMX 的 HMX-CMDB 推进剂的燃速

图 8.10 所示为含不同质量分数 HMX 的推进剂的燃速和压强的关系。在恒压条件下,随 ξ(NO$_2$)升高,ξ(NO$_2$)-ln$r$ 曲线图中,燃速线性降低。燃速可表示为

$$r = c \cdot \exp[a\xi(NO_2)]p^n \tag{8.5}$$

式中:r 为燃速;a 为常数;p 为压强;n 为压强指数;而在给定推进剂初始温度 T_0 时,c 为常数。在 T_0 = 293K 时,由式(8.5)得出燃速的参数是 $a = -5.62$、$c = 38.3$mm·s^{-1}、$n = 0.70$。

因为气相中的燃速依赖于反应性气体的摩尔分数,添加 HMX 后双基推进剂的气相基本的反应路径相对不变。另外,在一定压强下,双基推进剂的燃速随 ξ(NO$_2$)增大而增加(见第6章)。HMX-CMDB 推进剂的气相结构与图6.3 的双基推进剂类似。发光火焰位于燃面上方,且随压强升高火焰前端与燃面间的距离减小。压强一定时,随着 ξ(HMX)的增加,火焰前端与燃面间的距离(暗区宽度)减小。即使在 HMX 晶体颗粒与双基推进剂混合后,双基推进剂气相的均质特性仍保持不变。

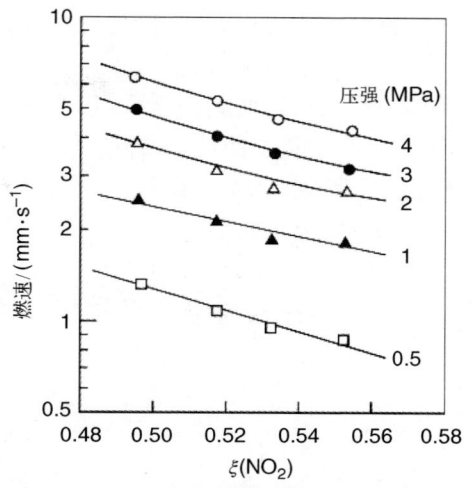

图 8.10　HMX-CMDB 推进剂的燃速与 $\xi(NO_2)$ 的关系

8.3.3　热波结构

如图 6.3 所示，当 HMX-CMDB 推进剂稳态燃烧时，凝聚相中的温度以指数形式从初始温度 T_0 升至燃面温度 T_s。在燃面上方温度急剧升高并达到暗区温度 T_d。燃面上方一定距离处温度保持相对不变，但在气相的下游温度进一步升高。虽然 HMX-CMDB 推进剂是异质的，但其气相热结构显然与双基推进剂的均质结构相似。

图 8.11 所示为不同压强下暗区温度 T_d 与绝热火焰温度 T_g 间的关系。T_d 随

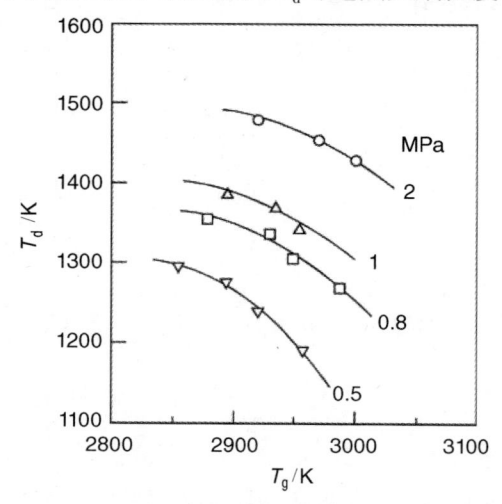

图 8.11　不同压强下暗区温度与绝热火焰温度的关系

着 T_g 的升高而降低，HMX 的加入降低了 T_d。另外，当 $\xi(NO_2)$ 为一常量时，随压强升高 T_d 稍有升高，见图 8.12。燃速与 T_d 关系如图 8.13 中 $\ln r - T_d$ 曲线所示的直线，当 $\xi(NO_2)$ 为常量时，燃速随 T_d 增大而增大，即燃速随压强升高而升高。图 8.14 所示为燃速与绝热火焰温度 T_g 的关系，燃速随 T_g 增大而降低，这说明燃速随 HMX-CMDB 推进剂能量密度的升高而降低。

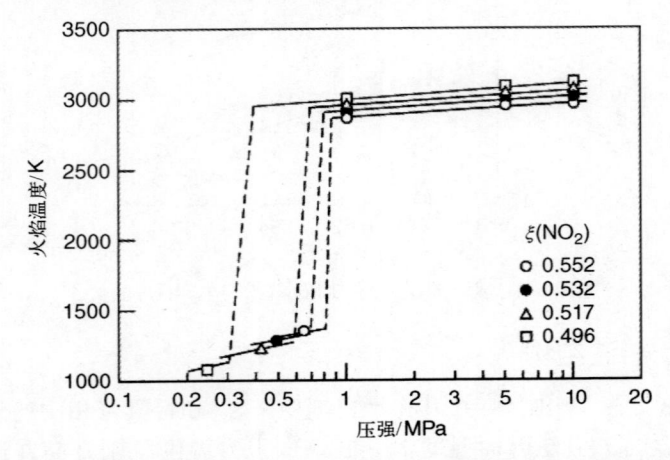

图 8.12 不同 NO_2 含量 HMX-CMDB 推进剂气相温度分布与压强的关系

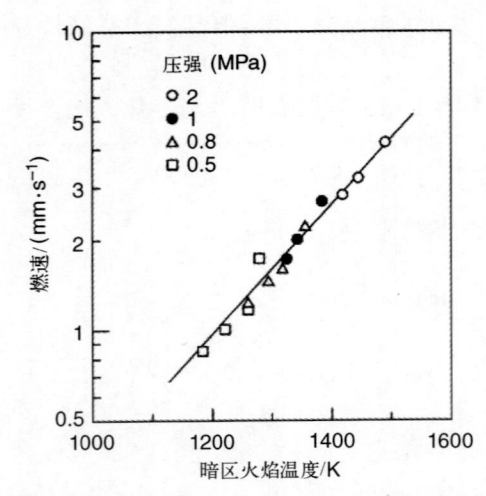

图 8.13 不同压强下 HMX-CMDB 推进剂燃速与暗区温度关系

与双基推进剂类似，HMX-CMDB 推进剂的燃速可通过从气相反馈到固相的热流和在燃面产生的热流来测定。如图 8.15 所示，HMX-CMDB 推进剂嘶嘶区的温度梯度为：$\phi_f = (dT/dx)_f$，式中，T 为温度，x 为距离，下角标 f 表示燃面上

第 8 章 CMDB 推进剂的燃烧

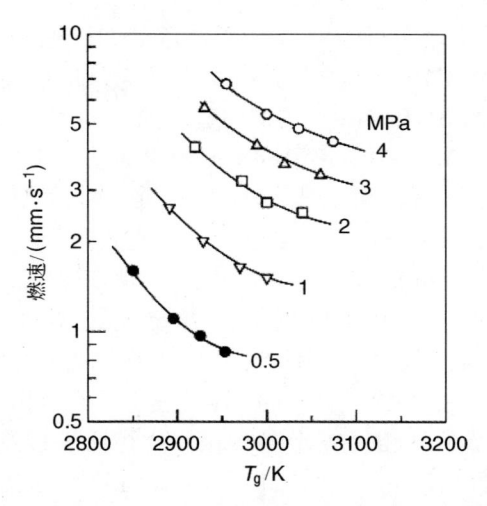

图 8.14 不同压强下 HMX-CMDB 推进剂的绝热火焰温度-燃速
曲线表明:绝热火焰温度升高时燃速降低

方的嘶嘶区。在 $\ln\phi_f$-T_d 曲线中,当 T_d 的增加时,ϕ_f 线性增加,从嘶嘶区反馈到燃面的热流是决定燃速的主要因素。事实上,ϕ_f 和 T_d 的关系与图 8.15 给出的燃速和 T_d 的关系类似。

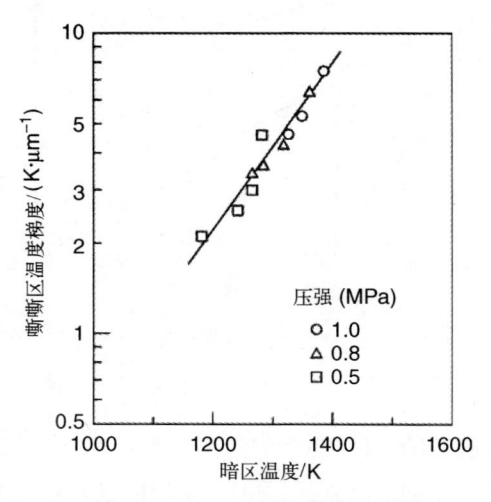

图 8.15 不同压强下 HMX-CMDB 推进剂嘶嘶区的温度梯度与暗区温度的关系
曲线表明:暗区温度升高时从暗区反馈到燃烧表面的热流增大

如图 8.11 可知,在压强一定的条件下,尽管火焰温度 T_g 随 $\xi(NO_2)$ 增加而升高,但暗区温度 T_d 仍降低,ϕ_f 也随 $\xi(NO_2)$ 增加而降低,因此,燃速随 $\xi(NO_2)$

231

增加而降低,即压强恒定时,HMX-CMDB 推进剂的燃速随 $\xi(\text{HMX})$ 增加而降低。在不考虑母体和 HMX 分解气体的扩散及化学反应的情况下,HMX-CMDB 推进剂的燃速特性与 AP-CMDB 推进剂明显不同。

综上所述,在 $\xi(\text{HMX})<0.5$ 时,HMX-CMDB 推进剂的燃速随 $\xi(\text{HMX})$ 的增大而降低。然而,如图 8.16 所示,当 $\xi(\text{HMX})>0.5$ 时,燃速随 $\xi(\text{HMX})$ 的增大而增大($T_0=243\text{K}$)。图 8.16 示出了纯 HMX 燃速数据,虚线为拟合数据。与双基推进剂相同,即使 $\xi(\text{HMX})$ 增大并超过 0.5,气相结构仍是均质的。虽然基于实验数据不能对 HMX-CMDB 推进剂的燃烧波结构进行详细分析,但在 $\xi(\text{HMX})<0.5$ 范围内,燃速随 $\xi(\text{HMX})$ 的增大而降低,这是由嘶嘶区反应速度降低引起的。而在 $\xi(\text{HMX})>0.5$ 范围内,燃速增大是因为燃面上增加了反应热。此外,纯 HMX 的气相反应速度低,因此,相比于传统双基推进剂,从气相到燃面的热反馈也低。此外,纯 HMX 燃烧表面的反应热比传统双基推进剂的高。

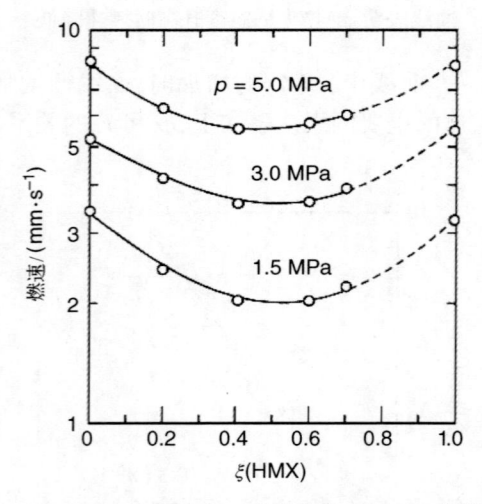

图 8.16 $T_0=243\text{K}$, $\xi(\text{HMX})<0.5$ 时燃速随 $\xi(\text{HMX})$ 的增加而降低, $\xi(\text{HMX})>0.5$ 时燃速随 $\xi(\text{HMX})$ 的增加而增大

HMX-CMDB 推进剂的燃速温度敏感系数 σ_p 与 $\xi(\text{HMX})$ 的关系见图 8.17。虽然双基推进剂(作为母体)的 σ_p 随着压强的升高而降低,但是当 $\xi(\text{HMX})$ 一定时,HMX-CMDB 推进剂的 σ_p 值也保持恒定。而当 $\xi(\text{HMX})$ 增加时,σ_p 降低,紧靠燃面上方的温度缓慢增加至暗区反应温度。如图 8.18 所示,压强恒定时,嘶嘶区的温度梯度 $(dT/dx)_f$ 随着 $\xi(\text{HMX})$ 的增大而减小。在燃速数据(图 8.16)和嘶嘶区的温度梯度数据(图 8.17)的基础上,可根据 $\xi(\text{HMX})$ 确定

气相参数 Φ 和凝聚相参数 Ψ。结果表明,在一定压强下,ψ 随着 ξ(HMX)的增大而减小。凝聚相的燃速温度敏感系数 Ψ(由方程式(3.80)定义)可由根据式(3.78)σ_p 和 Φ 确定。如图 8.19 所示,在恒定压强下,σ_p 随着 ξ(HMX)的增大而减小。关系式 $\sigma_p = \Phi + \Psi$ 表明 HMX-CMDB 推进剂的 σ_p 包含 70% 的 Ψ 和 30% 的 Φ,这表明燃速温度敏感系数更依赖于气相中的反应,而非凝聚相中的反应。

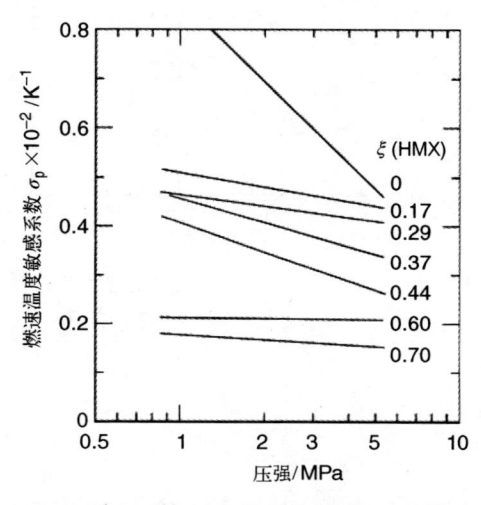

图 8.17 HMX-CMDB 推进剂的燃速温度敏感系数与压强的关系

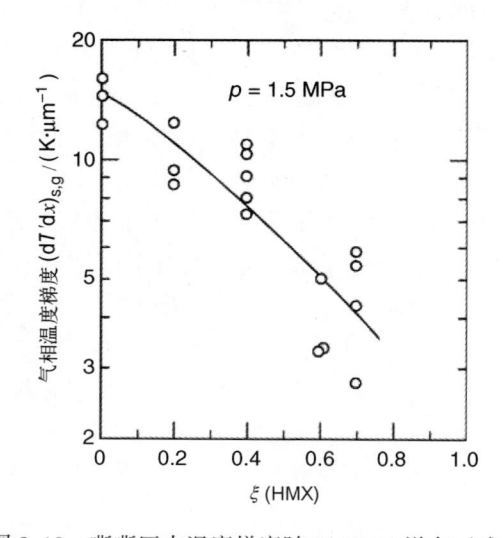

图 8.18 嘶嘶区中温度梯度随 ξ(HMX)增大而减小

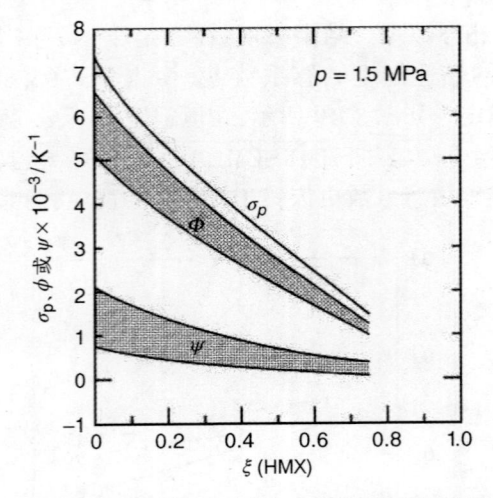

图 8.19 当 $\xi(\mathrm{HMX})$ 增大时燃速温度敏感系数降低,而 Φ（气相）比 Ψ（凝聚相）对 σ_p 的影响更大

8.3.4 燃速模型

尽管 HMX-CMDB 推进剂的凝聚相是高度异质的,但是其气相结构相对均匀,这是因为双基推进剂(作为母体)中的 HMX 粒子在燃面熔化并扩散到双基推进剂中,在燃面上方形成均匀的气相混合物。假设 HMX-CMDB 推进剂与双基推进剂燃烧方式相似,且可用式(8.12)表达燃速,添加 HMX 粒子对双基推进剂燃速的影响可通过改进的燃速方程 $r = \alpha_\mathrm{s} \Phi/\psi$ 描述,加入 HMX 对 HMX-CMDB 推进剂燃速的影响取决于两个参数:一个是嘶嘶区的气相反应参数 Φ,另一个是燃面的凝聚相反应参数 ψ。

随着 $\xi(\mathrm{HMX})$ 的增加,燃面变得高度异质,T_s 值难以确定,因此燃面反应热 Q_s 难以确定。由 HMX 粒子分解释放的热量相对于所用的双基母体的分解是独立的。HMX-CMDB 推进剂燃面处释放的总热量为

$$Q_\mathrm{s,CMDB} = \xi(\mathrm{HMX})Q_\mathrm{s,HMX} + [1-\xi(\mathrm{HMX})Q_\mathrm{s,DB}] \tag{8.6}$$

式中:$Q_\mathrm{s,CMDB}$、$Q_\mathrm{s,HMX}$ 和 $Q_\mathrm{s,DB}$ 分别为单位质量 HMX-CMDB 推进剂、HMX 粒子和母体在燃面释放的热量。

式(8.6)表明,HMX-CMDB 推进剂释放的总热量是 HMX 粒子和母体释放热量的和。

观察燃面和气相可知,HMX 颗粒在 CMDB 推进剂的燃面或嘶嘶区不活泼,嘶嘶区的温度曲线并不受 HMX 粒子的影响。因此,在 $\xi(\mathrm{HMX}) < 0.5$ 的范围

内,HMX-CMDB 推进剂的气相反应与 DB 母体相同,且遵循燃速模型。虽然 HMX 在燃面的放热量并不明确,但是 HMX-CMDB 在燃面的总放热量可由式(8.6)确定。因此,HMX-CMDB 推进剂的燃速可通过式(3.59)~式(3.61)获得。

如图 8.20 所示,根据压强和 HMX 浓度计算得到的 HMX-CMDB 推进剂的燃速与实验数据一致,物理常数和反应动力学的假设值参照文献[1],假设 Q_s = 210kJ·kg^{-1}。燃速随着压强升高而加快,并且随着 HMX 浓度的增加而降低。当 HMX 浓度为 30% 时,计算得到表面温度由 598K(1MPa)变化为 658K(8MPa),并且在 8MPa 下 σ_p = 0.0048K^{-1}。如图 8.20 所示,计算值与实测结果基本一致。因为 HMX 粒径对燃速影响较小,因此,燃速模型中未考虑粒径。

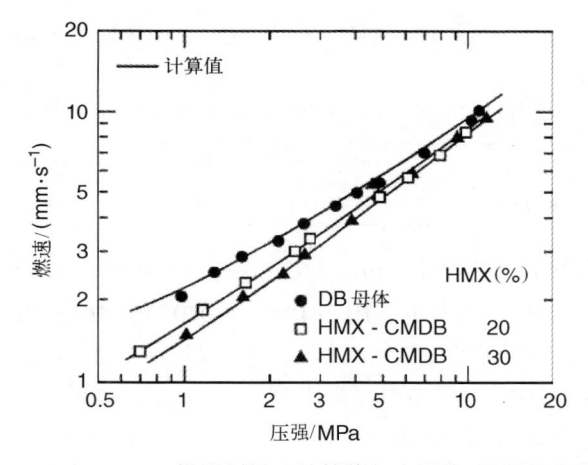

图 8.20 HMX-CMDB 推进剂燃速计算值与实测值,结果均表明 HMX 含量增大时燃速降低(所用 HMX 平均粒度为 200μm)

8.4 催化 HMX-CMDB 推进剂的平台燃烧

8.4.1 燃速特性

与双基推进剂相类似,当用少量的铅化物催化后,CMDB 推进剂可产生超速燃烧和平台燃烧现象。图 8.21 所示为 NC-NG 和 HMX 组成的推进剂的平台燃烧现象,催化推进剂的化学组成见表 8.1。

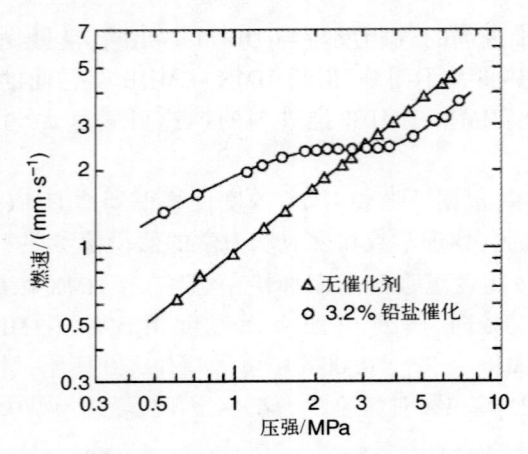

图 8.21 加入 3.2%铅盐后 HMX-CMDB 推进剂在 1.6~3.6MPa 范围内出现平台燃烧

表 8.1 超速燃烧和平台燃烧推进剂的配方

ξ(NC)	ξ(NG)	ξ(HMX)	ξ(DEP)	ξ(SOA)	ξ(PbSt)
0.42	0.18	0.22	0.08	0.068	0.032

非催化推进剂的燃速(不含 PbSt)在 $\ln r$-$\ln p$ 图中为一条直线,在 0.6~7MPa 下压强指数 n 为 0.85。当推进剂用 ξ(PbSt)= 0.032 催化后,在低压范围(低于 1.6MPa)内观察到超速燃烧,并且在该区的燃速较未添加催化剂的推进剂有明显提升。在 1.9~3.6MPa 范围内可观察到 2.4mm·s^{-1}宽的燃烧平台,在该平台燃烧区之后的压强范围内,燃速和压强指数再一次随着压强增大而升高。

8.4.2 燃烧波结构

8.4.2.1 火焰与燃面间距离

如图 8.21 所示,从催化和非催化推进剂的火焰结构获得的数据相似,但是两个推进剂的火焰与燃面间距离(暗区厚度)不同(图 8.22)。两个推进剂的暗区宽度均随压强的增大减小,与式(5.4)相符。在 1.2~5MPa 下非催化推进剂暗区压强指数 $d=-1.8$。另外,在低于 1.6MPa 的超速区,催化推进剂的压强指数 $d=-2.0$,在 1.6~3.6MPa 内平台区为 $d=-2.6$。

两个推进剂(催化或非催化)的暗区总反应级数均为 2.6。不论在超速区($n=0.5$ 及 $d=-2.0$)还是在平台区($n=0.0$ 及 $d=-2.6$),催化推进剂的值保持不变。这表明添加催化剂不会改变暗区的反应机理,即 NO 还原为 N_2。需要指出的是,虽然在平台区的燃速保持不变,但是催化推进剂药条的暗区宽度较大,

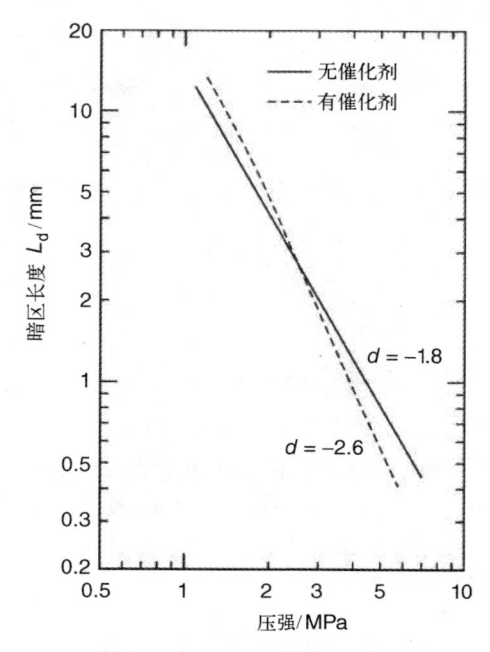

图 8.22　压强逐渐增大时,与非平台燃烧的推进剂相比,平台燃烧
推进剂在平台燃烧区的发光火焰底部更靠近燃面

并且与非催化推进剂相比,当压强增大时,火焰靠近燃面的速度更快。发光火焰反应发生在离燃面较远的区域,以致于不能观察到平台燃烧。因此,与正常燃烧的情况一样,从发光火焰传递的热流不是产生平台燃烧的原因。

8.4.2.2　催化活性

对于催化推进剂,嘶嘶区结束时(即暗区开始时)的温度约为 1400K,比非催化推进剂的高。如图 8.23 所示,两个推进剂的嘶嘶区温度梯度 ϕ_f 有很大差异。对非催化推进剂而言,$\ln\phi_{f,n} - \ln p$ 图表示了斜率随着压强的增大而线性增加。而催化推进剂的温度梯度形貌与非催化推进剂显著不同,在超速燃烧区,添加催化剂后,$\phi_{f,n}$ 提升 2 倍以上。在平台燃烧区,燃速为常数,$\phi_{f,n}$ 与压强无关。非催化推进剂的温度梯度可表示为 $\phi_{f,n} = b_n p^{0.85}$,催化推进剂的温度梯度可表示为 $\phi_{f,n} = b_c p^{0.0}$,下角标 n 和 c 分别表示非催化和催化推进剂,两个推进剂的压强指数与燃速压强指数 n 基本相同。换句话说,燃速与从嘶嘶区反馈到燃面的热流密切相关。

燃速催化活性定义为

$$r = \frac{r_c - r_n}{r_n} \tag{8.7}$$

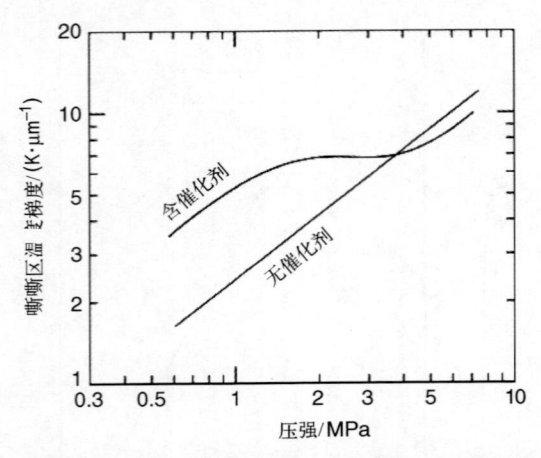

图 8.23 含催化剂的推进剂超速燃烧时嘶嘶区温度梯度急剧增大,平台燃烧时则保持不变

嘶嘶区的催化活性定义为

$$\eta_f = \frac{\tau_{f,n} - \tau_{f,c}}{\tau_{f,n}} \tag{8.8}$$

式中:τ_f 为嘶嘶区的反应时间。假设 $\phi_f = (T_d - T_s)/L_f$,其中 L_f 是嘶嘶区宽度,可得

$$\eta_f = 1 - \frac{\phi_{f,n} r_n}{\phi_{f,c} r_c} \tag{8.9}$$

暗区的催化活性可进行类似定义:

$$\eta_d = \frac{\tau_{d,n} - \tau_{d,c}}{\tau_{d,n}} \tag{8.10}$$

或

$$\eta_d = 1 - \frac{r_n L_{d,c}}{r_c L_{d,n}} \tag{8.11}$$

式中:τ_d 为暗区反应时间。

平台燃烧时嘶嘶区催化活性急剧降低,含催化剂的推进剂在平台燃烧时的某个压强后燃速小于不含催化剂的推进剂,此时正催化剂变为负催化剂,在嘶嘶区或暗区中的催化作用 $\eta_{f,c}$ 和 $\eta_{d,c}$ 分别小于 $\eta_{f,n}$ 和 $\eta_{d,n}$。如图 8.24 所示,η_f 的行为相当于 η_r。在超速燃烧区,两个催化剂的催化活性均为正值;在平台区,催化活性随着压强的增大而降低,压强大于 3MPa 后,催化活性变为负值。这表明,在嘶嘶区催化剂为正催化剂,在低于 3MPa 下增加燃速,压强大于 3MPa 时催化剂为负催化剂,降低燃速。另外,在所有的区域中 $\eta_d \approx 0$(超速、平台和麦撒燃烧),表明催化剂在暗区不起作用,对燃速不产生影响。

第8章 CMDB 推进剂的燃烧

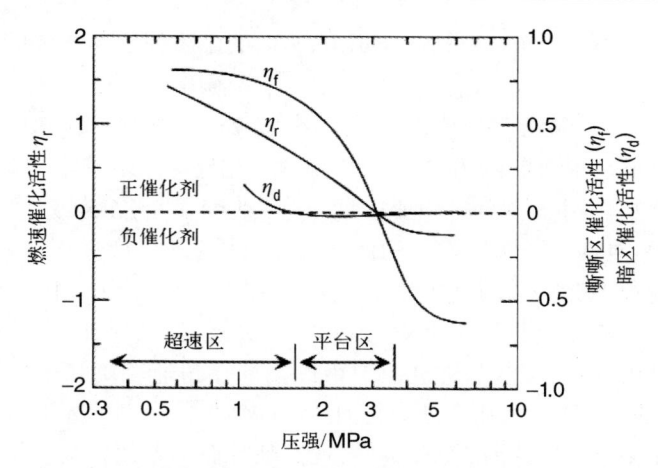

图 8.24 燃速催化活性、嘶嘶区催化活性和暗区催化活性与压强的关系

燃烧过程中观察到的催化剂对燃速和火焰的影响表明，HMX-CMDB 推进剂超速燃烧现象与双基推进剂相同，这表明铅催化剂作用于 HMX 产生超速燃烧。

8.4.2.3 燃烧表面的热传导

根据式(3.49)，嘶嘶区的温度梯度(ϕ_f)可通过燃面热平衡得到：

$$\phi_f = \frac{r\psi}{\alpha_s} \tag{8.12}$$

在一定的燃烧速度下，温度梯度随着燃面放热量增加而增加。由于嘶嘶区的温度梯度和燃烧表面的温度是确定的，燃面处释放的热量可通过式(8.12)计算。该结果表明，催化及非催化推进剂之间无明显差异。与铅化物催化的双基推进剂类似，催化剂不会改变平台燃烧放热，催化的 HMX-CMDB 推进剂超速燃烧和平台燃烧的燃面上或是燃面下放热均不发生变化。

根据式(8.12)，嘶嘶区的温度梯度可表示为

$$\phi_f = \frac{\omega_f Q_f}{\rho_p c_f r} \tag{8.13}$$

因为在平台区，催化推进剂的 ϕ_f 和 r 与压强无关，Q_f 近似为常数，因此 ω_f 也与压强无关，与通常的双分子气相反应差异较大。参考式(3.33)，气相中的反应速度 ω_g 与压强的关系为

$$\omega_g = p^k Z_g \exp\left(-\frac{E_g}{RT}\right) \tag{8.14}$$

式中：p 为压强；E_g 为活化能；Z_g 为指前因子；k 为化学反应的级数。

将式(8.14)代入式(8.13),$\omega_g = \omega_f$,嘶嘶区的温度梯度与压强的关系为

$$\phi_f \propto p^{k-n} \tag{8.15}$$

对于平台燃烧,嘶嘶区反应的有效总级数 $k=0$,而对于超速燃烧 $k \approx 1.4$。未催化推进剂的反应级数约为 1.7,与传统的气相反应级数基本相等。

铅化物最初作用在燃面层和亚表面层[1],改变了推进剂的分解过程,形成碳物质。因此,改变了嘶嘶区的气相产物,进而改变了反应过程,这种改变提升了超速燃烧过程中嘶嘶区的反应速度。然而,铅的一些抑制作用与压强无关,这种反应发生于嘶嘶区以保证平台燃烧过程中 ϕ_f 恒定。抑制作用是由于铅氧化物在燃面的高度分散,与双基推进剂中铅催化剂在超速燃烧和平台燃烧中的作用相同(见 6.4.2 节)。双基推进剂与 HMX-CMDB 推进剂的超速区和平台区几乎相同,用 RDX 粒子取代 HMX 粒子后,观察到类似的超速燃烧和平台燃烧。双基推进剂是具有—O—NO_2 键的硝酸酯,而 HMX 和 RDX 是具有—N—NO_2 键的硝胺。NO_2 被认为是影响硝酸酯和硝胺燃速的主要氧化剂分子。这表明,在硝酸酯和硝胺的热分解初期(即嘶嘶区)产生 NO_2,之后铅化物与气相 NO_2 发生作用。

参 考 文 献

[1] Kubota, N. and Masamoto, T. (1976) Flame structures and burning rate characteristics of CMDB propellants. 16th Symposium (International) on Combustion, The Combustion Institute, Pittsburgh, PA, 1976, pp. 1201-1209.

[2] Kubota, N. (1999) Energetics of HMXbased composite-modified double-base propellant combustion. J. Propul. Power, 15(6), 759-762.

[3] Swaminathan, V. and Soosai, M. (1979) On the burning rate characteristics of CMDB propellants. Propellants Explos. ,4,107-111.

[4] Yano, Y. and Kubota, N. (1985) Combustion of HMX-CMDB propellants(Ⅰ). Propellants Explos. Pyrotech. ,10,192-196.

[5] Yano, Y. and Kubota, N. (1986) Combustion of HMX-CMDB propellants(Ⅱ). Propellants Explos. Pyrotech. ,11,1-5.

[6] Kubota, N. and Okuhara, H. (1989) Burning rate temperature sensitivity of HMX propellants. J. Propul. Power,5(4),406-410.

[7] Aoki, I. (1998) Burning rate characteristics of double-base and CMDB propellants. PhD thesis, Department of Aeronautics, University of Tokyo, Tokyo.

[8] Singh, H. (2002) in Advances in Composite-Modified Double-Base Propellants(eds M. Varma and A. K. Chatterjee), Tata McGraw-Hill Publishing Co. ,Ltd,pp. 107-132.

[9] Aoki, I. and Kubota, N. (2002) in Combustion Wave Structure of HMX-CMDB Propellants (eds M. Varma and A. K. Chatterjee), Tata McGraw-Hill Publishing Co., Ltd, pp. 133-143.

[10] Barrere, N. and Nadaud, L. (1965) 10th Symposium (International) on Combustion, The Combustion Institute, Pittsburgh, PA, 1965, pp. 1381-1389.

[11] Boggs, T. L. (1984) The thermal behavior of cyclotrimethylenetrinitramine (RDX) and cyclo-tetramethylenetetran itramine (HMX), in Fundamentals of Solid - Propellant Combustion, Progress in Astronautics and Aeronautics, vol. 90, Chapter 3 (eds K. K. Kuo and M. Summerfield), AIAA, New York.

[12] Kubota, N. (1979) Determination of plateau burning effect of catalyzed double-base propellant. 17th Symposium (International) on Combustion, The Combustion Institute, Pittsburgh, PA, 1979, pp. 1435-1441.

[13] Kubota, N. (1973) The Mechanism of Super-Rate Burning of Catalyzed Double-Base Propellants, Combustion of ammonium perchlorate sphere in a flowing gaseous fuel, The Combustion Institute, AMS Report No. 1087, Aerospace and Mechanical Sciences, Princeton University, Princeton, NJ.

第 9 章 炸药的燃烧

9.1 爆轰特性

9.1.1 爆速和压强

相对于气体的爆轰,高能固体材料构成炸药的爆轰过程包含凝聚相到液相和凝聚相到气相的转变,包含气相中的氧化剂和燃料的热分解及扩散过程。因此,根据炸药的物理化学性质(如氧化剂和燃料的化学结构及粒径)可确定爆轰过程的具体细节。爆轰过程不是热力学平衡过程,炸药爆轰波的反应区厚度太薄,无法确定其详细结构。因此,炸药的爆轰过程是通过气相爆轰现象的细节来表征的。

描述凝聚相爆轰特性的基本方程与 3.2 节和 3.3 节中描述气相材料的基本相同。Rankine-Hugoniot 方程用于确定爆速和气体材料的压强。正如 3.2.3 节所讨论的,Hugoniot 曲线的导数与 J 点等熵线的导数相等,因此式(3.13)变为

$$\left[\frac{\partial p}{\partial \left(\frac{1}{\rho}\right)}\right]_H = \left[\frac{\partial p}{\partial \left(\frac{1}{\rho}\right)}\right]_s = \frac{p_2 - p_1}{\frac{1}{\rho_2} - \frac{1}{\rho_1}} \tag{9.1}$$

式(1.14)取对数可得到等熵变换的比热容比:

$$\gamma = -\left[\frac{\partial \ln p}{\partial \ln\left(\frac{1}{\rho}\right)}\right]_s = \frac{1 - \frac{p_1}{p_2}}{\frac{\rho_2}{\rho_1} - 1} \tag{9.2}$$

由式(3.12)和式(9.2)可得到 C-J 点的压强为

$$p_J = \frac{\rho_1 u_D^2 + p_1}{\gamma + 1} \tag{9.3}$$

因为爆轰波条件下,p_J 比 p_1 大得多,式(9.3)简化为

$$p_J = \frac{\rho_1 u_D^2}{\gamma + 1} \tag{9.4}$$

由式(9.2)和式(9.4)也可得到 C-J 点的特征值：

$$\rho_J = \frac{\gamma+1}{\gamma}\rho_1 \tag{9.5}$$

$$u_p = \frac{1}{\gamma+1}u_D \tag{9.6}$$

由式(1.28)测得静态爆轰实验时高能炸药的比热容比 γ 为 2.85。因此，式(9.4)~式(9.6)可简化为

$$p_J = 0.26\rho_1 u_D^2 \tag{9.7}$$

$$\rho_J = 1.35\rho_1 \tag{9.8}$$

$$u_p = 0.26u_D \tag{9.9}$$

在 C-J 点的理论爆速和压强的表达式很简单，表 9.1 列出了以 RDX 和 TNT 为基的炸药（Cp-B 表示 B 炸药）爆速的实测值与计算值，爆速由式(9.7)计算得到。

表 9.1　C-J 点的爆速和压强

爆速和压强	RDX	TNT	Cp-B	Cp-B	Cyclotol(RDX+TNT)
$p/(kg \cdot m^{-3})$	1767	1637	1670	1713	1743
$u_D/(m \cdot s^{-1})$	8639	6942	7868	8081	8252
p_J/GPa(实验值)	33.79	18.91	27.2	29.22	31.25
p_J/GPa(式(9.7)计算值)	34.5	20.7	27.2	29.0	31.2

9.1.2　CHNO 炸药爆速的估算

现已提出了估算 C、H、N 和 O 原子组成的炸药爆速的半经验方法[5]。摩尔爆热 ΔH_{ef} 定义为

$$\Delta H_D = \Delta H_{Df} - \Delta H_{ef} \tag{9.10}$$

式中：ΔH_{Df} 为爆轰产物的生成焓；ΔH_{ef} 为炸药的生成焓。爆轰温度定义为

$$T_D = \frac{298.15\sum_{i} c_{p,i} - \Delta H_D}{\sum_{i} c_{p,i}} \tag{9.11}$$

式中：$c_{p,i}$ 为第 i 个爆轰产物的热容，可由 JANAF 的热化学数据得到[5]。炸药的参数 T_D 和 n 的假设值见表 9.2。

基于表 9.2 中多种类型炸药的实验数据，建立了爆速方程：

$$u_D = 0.314(nT_D)^{\frac{1}{2}}\rho_0 + 1.95 \tag{9.12}$$

式中：n 为单位质量炸药气体产物的摩尔数；ρ_0 为炸药的装填密度。在 u_D-$(nT_D)^{1/2}\rho_0$ 关系曲线中，爆速线性增加，这些实验数据由式(9.12)可得到较好的验证，如表 9.2 所列。因此，该简化方程可预测含 C、H、N 和 O 元素的炸药的爆速。

表 9.2　CHNO 炸药的假设反应产物及反应参数

炸药名称	假设反应产物	T_D/K	n
NQ	$CO+2N_2+H_2O+H_2$	2716	0.0481
PA	$6CO+1.5N_2+H_2O+0.5H_2$	2469	0.0393
DATB	$6CO+2.5N_2+2.5H_2$	1962	0.0453
Tetryl	$7CO+2.5N_2+1.5H_2+H_2O$	3126	0.0418
TNT	$C(s)+6CO+1.5N_2+2.5H_2$	2122	0.0441
NG	$3CO_2+1.5N_2+2.5H_2O+0.25O_2$	4254	0.0319
NM	$CO+0.5N_2+0.5H_2+H_2O$	2553	0.0492
PETN	$3CO_2+2CO+2N_2+4H_2O$	3808	0.0348
RDX	$3CO+3N_2+3H_2O$	3750	0.0405
DATB:1,3-二氨基-2,4,6-三硝基苯；NG:硝化甘油			

9.1.3　炸药爆轰状态方程

气体爆轰产生压强的数量级为 10MPa，式(1.5)为理想气体的状态方程，该方程也可用于计算爆轰特性。然而，由固体炸药爆轰产生压强的数量级为 40GPa，由于爆轰产物分子间的相互作用，理想气体的状态方程不再适用。用于气相物质的 Rankine-Hugoniot 方程也用于炸药，但不是状态方程式(1.5)。

现提出了几种类型的状态方程，可用于表示爆轰产物。基于范德华方程的状态方程表示为

$$p(v-b)=RT \tag{9.13}$$

该式是高压气体的简单表达式，其中 b 是分子有效体积。Kistiakowsky 和 Wilson 方程表示为

$$pv=nRT[1+x\exp(x)] \tag{9.14}$$

式(9.14)通常用于爆轰计算，其中 $x=K/vT^{1/2}$，K 是可调常数[2,3,7,8]。将式(9.13)或式(9.14)代入 Rankine-Hugoniot 方程(式(3.9)~式(3.12))，炸药的爆轰速率和压强可根据理论化学特性计算。

9.2 密度和爆速

9.2.1 含能爆炸性材料

表9.3列出了各种炸药实测的爆速和密度,数据来源于文献[2,3],在C-J点的爆速由式(9.7)计算得到。随着密度增加,爆速和爆热都增加。硝酸铵(AN)是一种富氧物质,与其他含能材料相比,其绝热火焰温度较低,因此,其爆速以及在C-J点的爆压也较低,但是AN中添加其他燃料后,爆速增加。另外,当HMX和RDX中添加燃料后爆速降低,这是因为HMX和RDX是化学计量平衡的物质,添加燃料后,降低了绝热火焰温度,因此爆速降低。

表9.3 含能材料在CJ点的爆速、爆轰密度和计算的爆压

	$\rho_1/(\mathrm{kg} \cdot \mathrm{m}^{-3})$	$u_D/(\mathrm{m} \cdot \mathrm{s}^{-1})$	$u_p/(\mathrm{m} \cdot \mathrm{s}^{-1})$	p/GPa
苦味酸铵	1720	7150	1860	22.9
二偶氮二硝基酚	1630	7000	1820	17.3
二乙二醇	1380	6600	1720	15.6
NG	1591	7600	1980	20.7
乙二醇二硝酸酯	1480	7300	1900	20.5
NQ	1710	8200	2130	29.9
硝基异丁基甘油三硝酸酯(NIBQTN)	1680	7600	1980	25.2
NM	1138	6290	1640	11.7
硝酸肼	1640	8690	2260	32.2
HMX	1900	9100	2370	40.9
RDX	1818	8750	2280	36.2
PETN	1760	8400	2180	32.3
TNT	1654	6900	1790	20.5
二硝基苯甲酸醚	1610	6800	1770	19.4
三硝基苯(TNB)	1760	7300	1900	24.4
2,4,6-三硝基氯苯(TNChloroB)	1797	7200	1880	24.2
硝酸甲酯	1217	6300	1640	12.6
Tetryl	1730	7570	1970	25.8
苦味酸	1767	7350	1910	24.8

（续）

	$\rho_1/(\mathrm{kg\cdot m^{-3}})$	$u_D/(\mathrm{m\cdot s^{-1}})$	$u_p/(\mathrm{m\cdot s^{-1}})$	p/GPa
AN	1720	2700	700	3.3
叠氮化铅	4600	5300	1380	33.6

9.2.2 工业炸药

虽然爆速是工业炸药的重要性能指标，但安全和成本也是需要考虑的重要因素。硝化甘油作为工业炸药的主要成分，用来制定各种类型的炸药，以获得高爆速。然而，硝化甘油在配方中对机械冲击高度敏感，这为开发更安全、更方便的工业炸药提出了要求。

AN 具有吸湿性极易溶于水（$NH_4NO_3 \rightleftharpoons NH_4^{+} + NO_3^{-}$），常用作化肥，因此 AN 常被认为是一种安全的材料，且价格便宜。另外，AN 的分解产物为富氧化剂碎片，可与燃料组分混合时作为氧化剂。当 AN 与聚合物材料（如聚醚或聚氨酯）混合时，形成 AN 复合火箭推进剂，这是一种不易引爆的推进剂，但当这种推进剂受到高强度冲击时，可能会被引爆。需指出的是，爆轰的传播仅发生在一个相对较高的爆震强度之后。否则，AN 推进剂的燃烧非常缓慢，会呈现慢燃现象。与 AN 推进剂相比，AN 炸药组成相对简单，AN 和油或 AN 和水混合即可制得。

9.2.2.1 ANFO 炸药

由 AN 和轻质油做成的低强度炸药常用作矿山和工程爆破，这一类炸药称为 ANFO 炸药，通常由 94% 的 AN 和 6% 的轻质油组成。ANFO 炸药密度为 800～900kg·m^{-3}，用于 ANFO 炸药的 AN 颗粒是多孔或球状结构，由于体积密度和火焰温度较低，爆速为 2500～3500m·s^{-1}。这类炸药感度较低，使用时相对安全。

9.2.2.2 浆状和乳化炸药

AN 和水混合形成的低强度炸药称为浆状或乳化炸药。由于 AN 和水的混合物不易起爆，因此，可以将硝酸酯（如甲胺硝酸酯、乙二醇硝酸盐或乙胺硝酸盐）与铝粉混合，作为浆状炸药的敏化剂，以确保起爆后发生爆轰。

如表 9.4 所列，乳化炸药的主要化学成分与浆状炸药的基本一样。用玻璃或塑料制成大量中空微球，取代浆状炸药的敏化剂，用于制备乳化炸药，以便在起爆后得到连续的爆轰传播。当爆轰在炸药内传播时，由于微球的破裂而产生绝热压缩，燃料油或蜡也用作燃料组分。浆状和乳化炸药的典型化学组分和爆轰特性见表 9.4 和表 9.5。

表 9.4　浆状炸药和乳化炸药的化学组分(%(质量))

浆状炸药		乳化炸药	
硝酸铵	45.0	硝酸铵	76.0
水	10.0	水	10.0
硝酸钠	10.0	燃料油或石蜡	3.0
硝酸甲胺	30.0	中空玻璃微球	5.0
铝粉	2.0	安定剂	6.0
安定剂	3.0		

表 9.5　浆状炸药和乳化炸药的爆轰特性

特　　性	浆状炸药	乳化炸药
密度/(kg·m^{-3})	1150~1350	1050~1230
爆速/(m·s^{-1})	5300~6000	5000~6500
258K 时的爆轰完全性	100%	100%

9.2.3　军用炸药

军用炸药与工业炸药不同。军用炸药不仅要求具有毁伤性的热力学功率,而且要求具有一些其他特性。根据钝感弹药(IM)的要求,需对炸药进行各种实验如慢速烤燃、快速烤燃、子弹撞击以及殉爆等。飞行器上战斗部的气动力加热现象也是设计战斗部时需要考虑的一个重要因素。

9.2.3.1　TNT 基炸药

TNT 是一种重要的含能材料,它不仅可以用在工业上而且可以用作军事爆破装药。因为 TNT 不腐蚀金属,因此,可以直接浇注到战斗部的金属壳体中。为了得到高的爆炸性能,TNT 常与其他材料混合,如 AN、特屈儿、太安(PETN)、Al 粉以及硝胺颗粒等。TNT 与 AN 混合炸药称为 Amatol 炸药,TNT 与 AN 的质量比在 0.5/0.5~0.2/0.8 之间,先将 TNT 与 AN 混合物熔化,然后浇注。TNT 与 Al 粉混合称为 Tritonal,质量比为 TNT/Al=0.8/0.2。TNT 与 HMX 混合炸药称为奥克托尔炸药,TNT 与 HMX 的质量比范围从 0.3/0.7~0.25/0.75,混合炸药在密度为 1800kg·m^{-3}时,爆速为 8600m·s^{-1}。

TNT 和 RDX 混合再加少量的蜡,经压制得到的炸药称为 A 炸药,爆速约为 8100m·s^{-1}。TNT、RDX 与少量的蜡一起浇注成型的炸药称为 B 炸药,其质量比 TNT/RDX=0.4/0.6,外加 0.1%的蜡,密度在 1600~1750kg·m^{-3},爆速约为 8000m·s^{-1}。TNT 的熔点为 353.8K,对于用作超声速或高超声速飞行(>5Ma)

的战斗部装药其熔点太低,由于空气动力加热会引起装药的变形。

9.2.3.2 塑料粘接炸药

塑料粘接炸药(PBX)通常用作枪炮和火箭弹的战斗部装药。爆压 p_J 是尤为重要的一个特性参数。因为爆速 u_D 较易测得,而且精准度高于 p_J,因而用爆速替代式(9.7)的爆压作为性能评估标准。表 9.6 所列为 HMX-PBX 和 RDX-PBX 在 C-J 点的 u_D、ρ 值和爆压计算值。

表 9.6 HMX-PBX 和 RDX-PBX 在 C-J 点的密度、爆速和爆压

分类	配方	质量配比	$\rho/(kg \cdot m^{-3})$	$u_D/(m \cdot s^{-1})$	p/GPa
HMX-PBX 炸药	HMX/尼龙	0.95/0.05	1800	8670	3.59
	HMX/尼龙	0.86/0.14	1730	8390	3.23
	HMX/聚苯乙烯	0.82/0.81	1670	7980	2.82
	HMX/HTPB	0.82/0.81	1640	8080	2.84
	HMX/GAP	0.82/0.81	1670	8010	2.84
	HMX/Al/聚苯乙烯	0.59/0.23/0.18	1800	7510	2.69
RDX-PBX 炸药	RDX/HTPB	0.86/0.14	1650	8120	2.89
	RDX/Al/HTPB	0.71/0.17/0.12	1750	7700	2.75

GAP:聚叠氮缩水甘油醚;HTPB:端羟基聚丁二烯。

如表 9.6 所列,PBX 炸药的爆轰速度与它的密度紧密相关,同时,添加 HMX 或 RDX 能增加炸药密度。将尼龙粉与 HMX 粒子混合压成需求的形状,制成了高密度的 HMX-PBX。需注意的是,炸药制作过程中对加压和机械撞击很敏感。

尽管含铝 PBX 炸药的密度较高,但实测爆速低于无铝 PBX 炸药,这是因为 HMX 或 RDX 是化学计量比平衡的物质,没有多余的氧来氧化铝粉。铝粉是被 HMX 或 RDX 的燃烧产物 CO 氧化的,而且铝粉的氧化反应时间比 HMX 或 RDX 的氧化反应时间长。在爆轰波中铝粉不反应,但在 C-J 点下游进行反应,见图 3.5。因此,加入铝粉后,尽管 PBX 密度增加了,但是爆速不增加。当含铝 PBX 炸药用在水中爆破时,高压下铝与水反应产生氢气,于是在水中产生气泡,气泡在水中会产生额外压力和冲击波。

9.3 临界直径

在炸药内传播的爆速 u_D 随着装药直径的减小而降低。例如,当爆轰波传播

第9章 炸药的燃烧

到直径为 45mm 的圆柱形 PBX 炸药时,爆轰速度为 7000m·s^{-1}。然而,当直径降低为 20mm 时,爆轰速度降低为 6700m·s^{-1}。当直径低于爆轰临界直径 d_c 后,不会发生爆炸。一些典型炸药的临界直径和爆轰速度见表 9.7。d_c 随着 u_D 的降低而增加,换言之,d_c 随着炸药能量的增加而减小。随着爆炸强度降低,爆速和爆压降低,装药表面爆轰能量的损失随着爆轰波厚度的增加而增大。此外,d_c 取决于炸药装药壳体的类型,硬材料壳体装药的 d_c 小于软材料壳体装药。硬材料壳体装药的能量损失低于软材料壳体装药。

表 9.7 一些炸药的临界直径

炸药名称	临界直径 d_c/mm	爆速 u_D/(m·s^{-1})
TNT	8~10	6900
苦味酸	6	7350
RDX	1~1.5	8750
PETN	1~1.5	8400
AN	100	2700

9.4 爆轰现象的应用

9.4.1 爆轰波的形成

一般来说,炸药是由引爆物作为点起爆源引爆。如图 9.1 所示,点起爆源形成的爆炸波以球面波的方式传播到炸药。

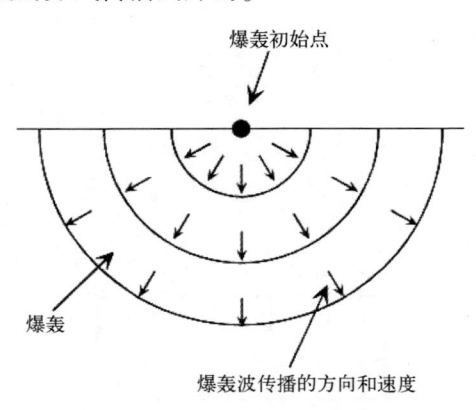

图 9.1 由一点开始传播的爆轰波

炸药透镜可产生平面爆轰波。如图9.2所示,炸药透镜由两个锥状的炸药装药段组成,一个内锥体和一个外锥体被装配在一起。导爆管置于内部锥状炸药爆轰的顶部中心位置,之后引爆内部锥状炸药,爆轰波同时沿着内锥体和外锥体传播。下式给出了外锥体的爆轰速度 D_A:

$$D_A = D_B \cos \frac{\theta}{2} \qquad (9.15)$$

式中:D_B 为内锥体的爆速;θ 为内锥体和外锥体炸药的锥角。在外锥炸药中爆轰波沿着锥底在一维方向上传播。炸药的相对爆速必定为 $D_B > D_A$。

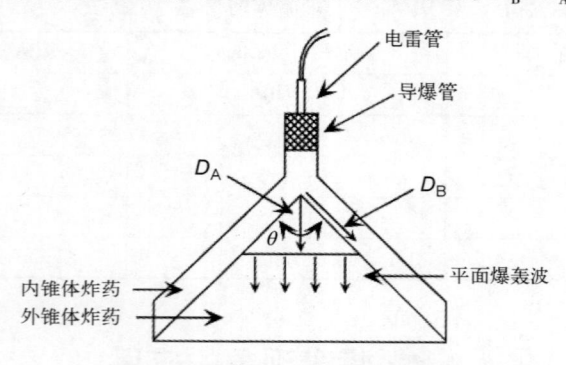

图 9.2 炸药透镜产生平面爆轰波

如果外锥体炸药底部形成的爆轰波的速度不足以满足应用需求,可将圆柱形的高爆炸药附在外锥体炸药底部(图9.3)。高爆炸药的爆轰速度高于外锥体炸药。外锥体炸药的爆轰波引爆高爆炸药,使平面爆轰波增强。

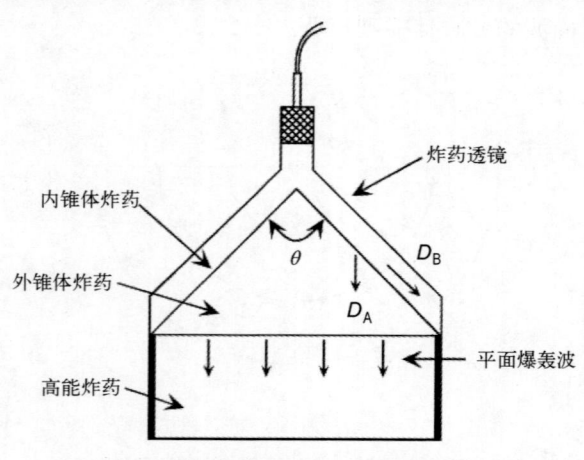

图 9.3 炸药透镜产生猛烈的一维爆轰波

9.4.2 聚能效应

实际应用中(战斗部装药、炸弹、工业开矿或民用工程等)需要将炸药存放在各种类型的容器中,炸药的性能不仅取决于其化学成分和质量,而且与其物理形状有关。当爆炸发生在装药中的某一个点时,爆轰波成球形向各个方向传播;如果爆炸发生在装药末端的某一个点,爆炸波在装药中呈半球状传播。当离爆炸发生点的距离增加时,装药中爆轰波的强度或爆轰在大气中产生的冲击波强度快速减弱。

当爆炸装药的末端存在一个空心空间时,在装药前端形成的爆轰波会在炸药中传播,当它遇到空心的空间时就会变形。这种变形会在中空的空间产生高温高压,形成集中冲击波,在合适边界形状下传播到空间中。这种爆轰现象称为聚能效应,可用来刺穿厚金属板。当中空表面布上薄金属板后,变形的爆轰波在空心的中心线上形成熔化的金属射流,这种含有金属衬里的爆炸性空心空间装药称为聚能装药。

图 9.4 所示为用于获得高能射流的聚能装药的内部结构,聚能装药的主要成分是炸药、雷管、铜的锥形衬套和装填炸药的壳体。当雷管被电启爆时,就形

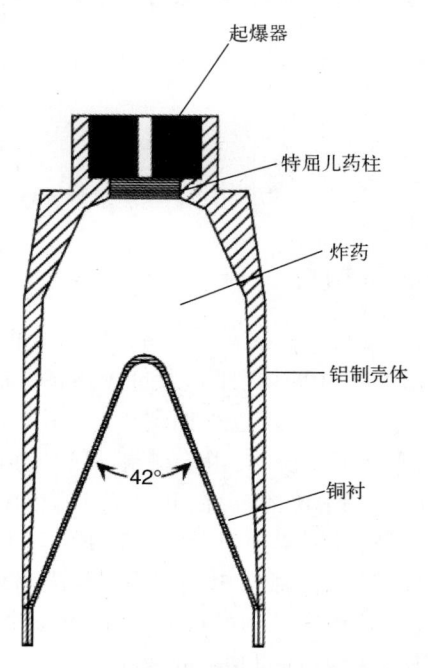

图 9.4 聚能装药的结构

成了一个爆炸波,向内衬方向传播。当爆炸波到达衬筒顶端时,衬管形成一个熔化的射流,在锥轴上有很高的动能。

衬板形状、衬板材料和锥体角度是形成射流的重要参数。特屈儿药柱常用作主炸药的起爆药,铜衬板锥角42°,外表面经过精密加工,熔化的铜衬板形成一定形状射流沿着锥体中心线喷射。为了获得有效的射流强度,炸药装药的最短长度是直径的4倍。为了获得最有效的动能,炸药装药末端到目标的距离应为锥体外直径的1~3倍,有效的锥角介于30°~40°之间。锥形衬板为高能金属材料。熔融射流的形成过程如图9.5所示。

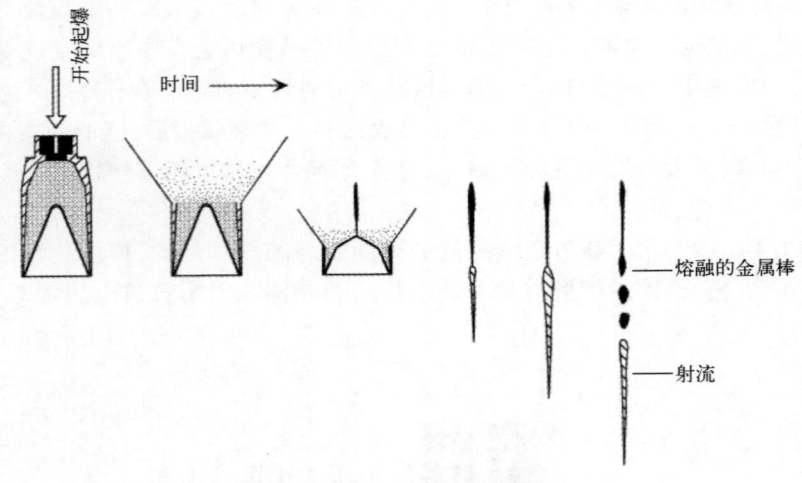

图9.5 熔融射流的形成过程

9.4.3 Hopkinnson 效应

当冲击波由固体的一端(A)传播到另一端(B)时,冲击波减弱之后在固体中施加一个压缩力,冲击波在B处反射,成为向A传播的膨胀波,之后对减弱的膨胀波施加膨胀力,从B中返回。该过程如图9.6所示。

当压缩波传播到岩石或混凝土时,由于材料的抗压强度较高而不会被破坏。然而,当膨胀波在相同的材料中传播时,在B处周围受到损害,这是因为岩石和混凝土是低抗拉强度的材料。图9.7为钢筋混凝土的正面和背面照片。炸药在A点爆炸,冲击波向墙内传播,传播至B处反射,并成为向A方向移动的膨胀波。尽管发生爆炸时A的正面未受到严重损伤,但B处背面的很大一部分被膨胀波破坏并分离,这种现象称为Hopkinnson效应。

第 9 章　炸药的燃烧

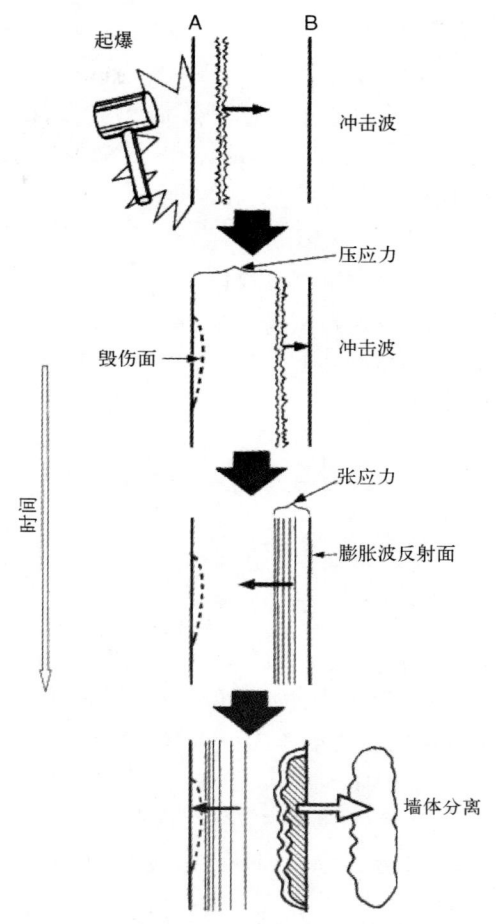

图 9.6　冲击波的传播和实心墙内产生反射膨胀波示意图

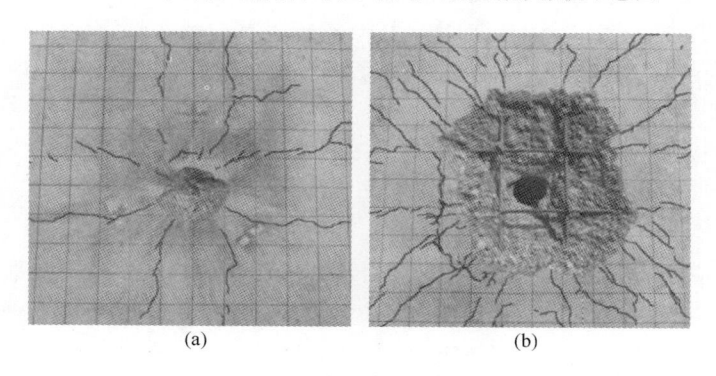

图 9.7　Hopkinnson 效应照片
（a）被冲击波损毁的墙的前面；(b) 被冲击波损毁的墙的后面。

9.4.4 水下爆炸

当炸药在水中被引爆时,冲击波在水中传播产生气泡。炸药的化学能转换为冲击波能和气泡能。膨胀波增加气泡的体积,压缩波以振动的方式减小气泡体积。气泡的最大尺寸为

$$r_{max} = \frac{3}{2} \frac{t_b}{2.24} \sqrt{\frac{2}{3} \frac{p_0}{\rho_w}} \tag{9.16}$$

式中:r_{max}为气泡的最大半径(m);p_0为水的静态压强(N·m^{-2});t_b为气泡周期(s);ρ_w为水的密度(kg·m^{-3})。

气泡能E_b由下式给出:

$$E_b = \frac{4}{3}\pi r_{max}^3 p_0 = \frac{68.4 p_0^{\frac{5}{2}} t_b^3}{m_e} \tag{9.17}$$

冲击波能E_s由下式给出:

$$E_S = 4\pi r^2 \int_0^{t_s} p u_p dt = \frac{4\pi r^2}{\rho_w a_w m_e} \int_0^{t_s} p^2 dt \tag{9.18}$$

式中:r为爆炸中心的距离;p为在r处的压强;u_p为粒子速率;a_w为声音在水中的传播速度;m_e为炸药装药质量;t_s为冲击波的持续时间。

以硝酸铵和硝酸肼组成的乳化炸药在水下爆炸试验结果显示,冲击波能达0.85MJ·kg^{-1},气泡能达2.0MJ·kg^{-1}。在炸药中加入Al粉,增加了水下炸药的冲击波能。Al粉与气泡中H_2O分子的氧化反应产生大量H_2和热量:

$$2Al + 3H_2O \longrightarrow Al_2O_3 + 3H_2 + 949 kJ \cdot mol^{-1}$$

Al粉与H_2O反应使温度增加,此外产生的H_2使气泡中气体的摩尔数增加,气泡中的压强也增加,因此,气泡能和冲击波能增加。Al粉的氧化与气相反应物不同,反应发生在每个Al粉的表面,形成覆盖颗粒表面的氧化铝层,氧化层阻止了内部颗粒的氧化,Al粉的燃烧效率随着粒度的降低而增加。使用纳米Al粉可同时增加冲击波能和气泡能。

参 考 文 献

[1] Zeldovich, I. B. and Kompaneets, A. S. (1960) Theory of Detonation, Academic Press, New York.

[2] Strehlow, R. A. (1968) Fundamentals of Combustion, International Textbook, New York.

[3] Fickett, W. and Davis, W. C. (1979) Detonation, University of California Press.

[4] US Army Material Command (1972) Engineering Design Handbook, Principles of Explosive

Behavior, AMPC 706-180, Gerard Arthus, Washington, DC.
[5] JANAF(1960-1970) Thermochemical Tables, Dow Chemical Co., Midland, MI.
[6] Keshavard, M. H. and Pouretedal, H. R. (2005) Predicting the detonation velocity of CHNO explosives by a simple method. Propellants Explos. Pyrotech., 30, 105-108.
[7] Mader, C. L. (1963) Detonation Properties of Condensed Explosives Computed Using the Becker-Kistiakowsky-Wilson Equation of State. Report LA-2900, Los Alamos Scientific Laboratory, Los Alamos, N M.
[8] Mader, C. L. (1998) Numerical Modeling of Explosives and Propellants, CRC Press, Boca Raton, FL.
[9] Meyer, R. (1977) Explosives, Verlag Chemie, Weinheim.
[10] (1999) Energetic Materials Handbook, Japan Explosives Society, Kyoritsu Shuppan, Tokyo.
[11] (1993) Explosives Journal, No. 27, NOF Corporation, Tokyo.
[12] Allison, R. E. and Vitali, R. (1962) An Application of the Jet Formation Theory to a 105 mm Shaped Charge, NOF Corporation(company7s report), BRL Report No. 1165.
[13] Hagiya, H., Morishita, M., Ando, T., Tanaka, H., and Matsuo, H. (2003) Evaluation of explosive damage of concrete wall by numerical simulation. Sci. Technol. Energetic Mater., Jpn. Explos. Soc., 64(5), 192-200.
[14] Cole, R. H. (1948) Underwater Explosion, Dover Publications, Inc., New York.
[15] Roth, J. (1983) Underwater Explosives, Encyclopedia of Explosives and Related Items, vol. 10, US Army Research and Development Command, Dover, NJ, pp. U38-U81.
[16] Kato, Y., Takahashi, K., Torii, A., Kurokawa, K., and Hattori, K. (1999) Underwater explosion of aluminized emulsion explosives, energetic materials. 30th International Annual Conference of ICT, 1999.

第 10 章 含能烟火剂的组成

10.1 推进剂、炸药和烟火剂的区别

含能材料通过燃烧释放出化学能,通过剧烈燃烧或爆炸生成高温产物。剧烈燃烧和爆炸间差别明显:剧烈燃烧的燃烧波是亚声速,而爆轰以超声速传播。推进剂、炸药和烟火剂等含能材料由氧化剂和燃料组成,其反应产生高温燃烧产物。火箭用推进剂通过燃烧在喷管处产生高喷射速度,炮用发射药通过剧烈燃烧产生高压强,炸药通过爆炸产生爆轰波。

另外,烟火剂需要具备多重特性,有些在爆燃条件下缓慢燃烧,有些在爆炸条件下快速燃烧。如表 10.1 所列,含能材料分成了三大类,即推进剂、炸药和烟火剂,且每类用途不同。

表 10.1 推进剂、炸药和烟火剂的区别

含能材料	反应现象	用 途
推进剂	爆燃	火箭、枪炮、烟花
炸药	爆炸	战斗部、炸弹、地雷、水雷、爆破
烟火剂	爆燃	气体发生器、点火器、烟花爆竹、导火索
	爆炸	起爆装置、雷管、底火、导爆管

虽然爆炸与剧烈燃烧的物理化学过程明显不同,但从含能材料的物理化学性能本质上无法区分这两种现象[1-10]。一般来说,当含能材料慢慢加热和点燃时,大部分会发生剧烈燃烧而非爆炸。当强热流或强机械冲击作用于含能材料时,大部分会发生爆炸,这一临界条件依赖于含能材料的物理化学性质。当含能材料尺寸较小时爆炸传播失败,发生剧烈燃烧转爆轰或爆轰转剧烈燃烧的瞬态燃烧。

10.1.1 烟火剂的热力学能量

虽然烟火剂与推进剂和炸药类似,用来产生高温燃烧产物,但烟火剂既不产

生推进力也不产生破坏力,烟火剂通过剧烈燃烧或爆炸产生高温燃烧产物,点燃火箭发动机中的推进剂、引发炸药爆炸或产生烟雾和火焰。金属材料常用作烟火药的主要成分,获得高温的固态金属氧化物,由于金属颗粒燃烧热量高导致燃烧温度明显升高。然而,虽然金属氧化物颗粒的存在增加了燃烧产物的相对分子质量,但由燃烧产物产生的机械力并不随金属粒子的存在而增加。

当烟火剂在封闭燃烧室中燃烧形成气相和凝聚相产物时,燃烧室中压强随分子数增加和温度升高而增加。燃烧室中的压强可通过状态方程表示:

$$pV_0 = m\left(\frac{R}{M_g}\right)T_g \tag{10.1}$$

式中:p 为压强;V_0 为燃烧室体积;m 为烟火剂相对分子质量;R 为通用气体常数;M_g 为摩尔质量;T_g 为燃烧温度。然而,式(10.1)仅当燃烧产物完全是气相时才能用。燃气密度 ρ_g 可定义为

$$\rho_g = \frac{m}{V_0} \tag{10.2}$$

当 $n = m/M_g$ 时,状态方程可由燃烧产物摩尔数 n 表达如下:

$$pV_0 = nRT_g \tag{10.3}$$

当烟火剂由金属颗粒和氧化剂构成时,燃烧产物由气体分子和金属氧化物组成。由于金属氧化物是以凝聚相粒子形式存在,状态方程式(10.1)不再能有效地估算燃烧室中的压强。根据式(10.1),金属化含能材料燃烧产生的压强可表示为

$$p(V_0 - V_s) = (m - m_s)\frac{R}{M_g}T_g \tag{10.4}$$

式中:V_s 为凝聚相粒子的总体积;m_s 为凝聚相粒子的总质量。凝聚相粒子密度 ρ_s 可表示为

$$\rho_s = \frac{m_s}{V_s} \tag{10.5}$$

金属化烟火剂燃烧产生的压强有时低于非金属化含能材料燃烧产生的压强。

10.1.2 热动力学性质

有些烟火剂燃烧可产生无烟产物,该烟火剂由铝粉和氧化铁粉组成,燃烧产物产生氧化铝和金属铁,其反应可表示为

$$2Al + Fe_2O_3 \longrightarrow Al_2O_3 + 2Fe$$

上述反应是典型的铝热反应,反应中并无烟雾生成,氧化铝以团聚固体的形

式产生,而铁是以熔融态的液体形式出现。虽然反应时温度很高,但反应前后压强并未发生改变,即式(10.4)中 $m=m_s$。式(10.1)不再适用于这类烟火剂的燃烧。然而,在充有空气或惰性气体的密闭燃烧室中,压强随温度增加而增大。

假设参数 Θ 定义如下:

$$\Theta = \frac{T_g}{M_g} \tag{10.6}$$

Θ 代表含能材料的热力学能量状态。将式(10.6)代入状态方程式(10.1),得

$$pV_0 = mR\Theta \tag{10.7}$$

可以看出,密闭燃烧室中的压强随 Θ 增加而增大,只要反应产物分子量降低,即使燃烧温度较低时也会如此。换句话说,Θ 表示了烟火剂燃烧的作用,并可通过热力学能量 Θ 定义式(10.6)简单估算。

由于金属颗粒燃烧热值较高,燃烧产生金属氧化物的分子质量较高,金属烟火剂燃烧温度也较高。金属烟火剂的 Θ 值并非总是大于火箭和炮用火药。为了提高火箭推进剂比冲,需要提高 Θ 值,而不仅是提高燃烧温度 T_g。提高燃烧产物的 T_g、降低 M_g 都是提高推进剂比冲的必要途径。

另外,当烟火剂作为高氯酸铵(AP)复合推进剂的点火药时,只需要高温的凝聚相产物,不需要考虑燃气和压强的产生。在不考虑分子质量 M_g 的情况下,金属颗粒作为燃料可获得较高的燃烧温度 T_g。当 Al、Mg、Ti 和 Zr 等金属颗粒被氧化时,形成高温金属氧化物。然而,由于形成了金属氧化物,反应产物的分子质量 M_g 增大。因此,即使烟火剂的 T_g 值较高时,Θ 值也不一定增大。

10.2 烟火剂的能量

10.2.1 反应物和产物

当材料加热到一定温度时,材料中原子间的化学键断裂,发生热分解反应。通过多步分解反应产生的分子和原子又形成了不同的分子。例如,反应过程可以表示为

$$\sum R \to \sum P_1 \to \sum P_2 \to \sum P_n \to \sum P$$

式中:R 为作为反应物的原材料;P_1、P_2、P_n 为中间产物;P 为反应终态产物。当反应物由两种或多种混合物组成时,反应过程需要经历许多的步骤才能达到产

品的稳定状态。换句话说,反应物中的每种组分分解或结合形成中间态分子产物,这也涉及物理分离空间中的扩散混合过程。

虽然中间产物分子的结构式与反应物不同,且每一步都发生放热或吸热反应,但每一步反应的初始反应能量保持不变,因此,初始反应物与最终反应产物的能量是等效的。因此,如 2.2 节所描述的,可用式(2.14)表示能量守恒,确定最终反应产物和绝热火焰温度。

因为烟火剂是多种化学物质的混合物,如晶体颗粒、金属颗粒、金属氧化物颗粒和/或高分子材料,在确定烟火剂的特性时,各组分的理化性质起着重要作用,如熔点、分解温度、相变或晶型转变点,换言之,燃烧波达不到热力学平衡条件,燃烧不完全。

10.2.2 热量和产物的生成

如果能够在燃烧实验后收集燃烧产物,则可以根据反应物和产物之间的能量守恒关系确定燃烧温度。例如,当铁和高氯酸钾(KP)发生放热反应,反应产物及反应热 $Q(r)$ 可参照热化学表确定(NASA SP-273),这种情况下,铁(质量分数 0.84 = 0.929mol)和 KP(质量分数 0.16 = 0.071mol)的反应可表示为

$$0.929 \text{Fe} + 0.071 \text{KClO}_4 \longrightarrow n_{\text{KCl}} \text{KCl} + n_{\text{FeO}} \text{FeO} + n_{\text{Fe}} \text{Fe}$$

式中:n_{KCl}、n_{FeO}、n_{Fe} 分别为 KCl、FeO 和 Fe 的化学当量。每个化学当量由反应物和产物之间的元素守恒和质量守恒确定。0.84 的铁和 0.16 的 KClO$_4$ 的质量分数,分别相当于 0.929mol 和 0.071mol。

表 10.2 所列为产物的摩尔分数、反应物和产物的生成焓的计算结果。表 10.3 可看出产物的焓 $Q(h)$ 与温度、反应物和产物生成热 $Q(r)$ 有关。基于化学反应的能量守恒定律,如式(2.15)~式(2.17),可用 $Q(h)-Q(r)=0$ 确定绝热火焰温度,0.929 Fe + 0.071 KClO$_4$ 反应的温度为 1845K。

表 10.2 反应物和产物的组成和生成焓

		质量分数	摩尔分数	$\Delta H_f/(\text{kJ} \cdot \text{mol}^{-1})$
反应物	Fe	0.84	0.929	0
	KClO$_4$	0.16	0.071	-430.3
生成物	KCl	0.086	0.071	-436.7
	FeO	0.332	0.285	-272.0
	Fe	0.582	0.643	0

表 10.3 各温度下的反应焓和反应热

T/K	H_T-H_0/(kJ·mol^{-1}) KCl	H_T-H_0/(kJ·mol^{-1}) FeO	H_T-H_0/(kJ·mol^{-1}) Fe	$Q(h)$/(kJ·mol^{-1})	$Q(h)-Q(r)$/(kJ·mol^{-1})
298.15	0.000	0.000	0.000	0.000	−78
300	0.068	0.092	0.046	0.061	−78
400	3.749	5.187	2.674	3.467	−75
500	7.471	10.449	5.527	7.069	−71
600	11.278	15.865	8.613	10.867	−67
700	14.983	21.418	11.939	14.860	−63
800	18.761	27.093	15.553	19.073	−59
900	22.552	32.872	19.582	23.584	−54
1000	26.353	38.756	24.329	28.588	−49
1100	30.164	44.955	29.972	33.516	−44
1200	33.984	50.802	35.062	39.474	−39
1300	37.813	56.956	38.505	43.718	−34
1400	41.651	63.194	42.033	48.041	−30
1500	45.496	69.502	45.643	52.437	−26
1600	49.351	75.837	49.338	56.907	−21
1700	53.213	82.305	54.066	62.056	−16
1800	57.083	88.798	58.263	66.888	−11
1844	58.789	91.680	74.063	77.999	−0.04
1845	58.828	91.746	74.109	78.050	0.00
1846	58.867	91.811	74.155	78.101	0.06
1900	60.961	95.349	76.641	80.859	3
2000	64.847	101.955	81.243	85.981	8

10.3 元素能量

10.3.1 元素的理化性质

图 10.1 列出了元素周期表中部分内容，标明了一些可作为烟火剂燃料的固态元素。例如，镁(Mg)由氧化剂碎片通过燃烧氧化产生氧化镁，这一反应伴随着高热量和辐射放出，反应速率、热释放和光发射过程取决于镁的各种物理化学

特性,如颗粒大小、所使用的氧化剂类型和混合比。燃料、氧化剂混合物的能量与燃料元素和氧化剂有关。

1	2	3	4	5	6	7	8	9	10	11	12	13	14	15	16	17	18
H																	He
Li	Be											B	C	N	O	F	Ne
Na	Mg											Al	Si	P	S	Cl	Ar
K	Ca	Sc	Ti	V	Cr	Mn	Fe	Co	Ni	Cu	Zn	Ga	Ge	As	Se	Br	Kr
Rb	Sr	Y	Zr	Nb	Mo	Tc	Ru	Rh	Pd	Ag	Cd	In	Sn	Sb	Te	I	Xe

图 10.1 周期表中可用于烟火剂的元素

燃料元素和氧化剂之间的反应能量是由元素的外层电子轨道状态和氧化剂决定的。燃料元素可分为金属和非金属两大类,作为燃料成分的典型金属有 Li、Mg、Al、Ti 和 Zr,作为燃料的典型非金属有 B、C 和 Si。其他一些用于烟火剂的金属元素,如 Ba、W、和 Pt 并没有在图 10.1 中列出。表 10.4 列出了固态元素及其氧化产物的物理化学性质。

表 10.4 用于烟火剂的元素及其氧化产物的理化性质

元素	n_a	m_a	o_{eo}	T_{mp}	T_{bp}	ρ_p	氧化产物
Li	3	6.941	$2s^1$	453.7	1620	534	Li_2O,LiF,$LiOH$,Li_2CO_3,LiH
Be	4	9.012	$2s^2$	1551	3243	1848	BeO,BeF_2,BeH_2,$BeCO_3$
Na	11	22.990	$3s^1$	371.0	1156	971	NaO,Na_2O,NaF,Na_2CO_3
Mg	12	24.305	$3s^2$	922.0	1363	1738	MgO,MgF_2,$MgCO_3$,$Mg(OH)_2$
Al	13	26.982	$3s^23p^1$	933.5	2740	2698	Al_2O_3,AlF_3,$Al(OH)_3$
K	19	39.098	$4s^1$	336.8	1047	862	K_2O,K_2O_2,KO_2,KF,KOH
Ca	20	40.078	$4s^2$	1112	1757	1550	CaO,CaO_2,CaF_2,$Ca(OH)_2$
Ti	22	47.880	$3d^24s^2$	1998	3560	4540	TiO,Ti_2O_3,TiO_2,TiF_2,TiF_3
Cr	24	51.996	$3d^54s^1$	2130	2945	7190	CrO,Cr_2O_3,CrO_2,CrF_2,CrF_4
Mn	25	54.938	$3d^54s^2$	1517	2235	6430	MnO,Mn_2O_3,MnO_2,MnF_3
Fe	26	55.847	$3d^64s^2$	1808	3023	7874	FeO,Fe_2O_3,Fe_3O_4,FeF_2,FeF_3
Co	27	58.933	$3d^74s^2$	1768	3134	8900	CoO,Co_3O_4,$Co(OH)_2$,$Co_2(CO)_3$
Ni	28	58.690	$3d^84s^2$	1726	3005	8902	NiO,Ni_2O_3,NiO_2,NiF_2
Cu	29	63.546	$3d^{10}4s^1$	1357	2840	8960	Cu_2O,CuO,$CuCO_3$,$Cu(OH)_2$
Zn	30	65.390	$3d^{10}4s^2$	692.7	1180	7133	ZnO,ZnF_2,$Zn(OH)_2$
Sr	38	87.620	$5s^2$	1042	1657	2540	SrO,SrO_2,SrF_2,$Sr(OH)_2$

(续)

元素	n_a	m_a	o_{eo}	T_{mp}	T_{bp}	ρ_p	氧化产物
Zr	40	91.224	$4d^25s^2$	2125	4650	6506	ZrO_2,ZrF_4,$ZrCl_2$,$ZrCl_4$
B	5	10.810	$2s^22p^1$	2573	3931	2340	B_2O_3,BF_3,B_2H_6,H_3BO_3
C	6	12.011	$2s^22p^2$	3820	5100	2260	CO,CO_2,CF_4,H_2CO_3
Si	14	28.086	$3s^23p^2$	1683	2628	2329	SiO_2,SiF_2,SiF_4,SiC
P	15	30.974	$3s^23p^3$	317.3	553	1820	P_4O_6,P_4O_{10},PF_3,H_3PO_4
S	16	32.066	$3s^23p^4$	386.0	445	2070	S_2F_2,SF_2,SO_2,SF_4,SO_3

注：n_a为原子序数；m_a为原子质量，$kg \cdot kmol^{-1}$；o_{eo}为外层电子轨道；T_{mp}为熔点，K；T_{bp}为沸点，K；ρ_p为密度，$kg \cdot m^{-3}$。

10.3.2 元素的燃烧热

由于元素和氧化剂的生成热均为0，故元素的燃烧热（包括反应氧化剂的质量）等于产物生成熔值，表10.5列出了作为烟火剂燃料的典型元素，在标准状况下（298.15K）与氟气或氧气发生反应的燃烧热。

表10.5 用于烟火剂的元素和其燃烧产物的燃烧热（生成焓）（NASA sp-273）

元素	燃烧产物	298.15K时相态	$M_m/(kJ \cdot mol^{-1})$	生成焓 $kJ \cdot mol^{-1}$	生成焓 $MJ \cdot kg^{-1}$
Li	LiF	s	25.939	-616.9	-23.78
Li	LiF	g	25.939	-340.9	-13.14
Li	Li_2O	s	29.881	-598.7	-20.04
Li	Li_2O	g	29.881	-166.9	-5.59
Be	BeF_2	s	47.009	-1027	-21.84
Be	BeF_2	g	47.009	-796.0	-16.93
Be	BeO	s	25.012	-608.4	-24.32
B	BF_3	g	67.806	-1137	-16.76
B	B_2O_3	s	69.620	-1272	-18.27
B	B_2O_3	g	69.620	-836.0	-12.00
C	CF_2	g	50.008	-182.0	-3.64
C	CF_4	g	88.005	-933.2	-10.60
C	CO	g	28.010	-110.5	-3.95
C	CO_2	g	44.010	-393.5	-8.94

第10章 含能烟火剂的组成

(续)

元素	燃烧产物	298.15K 时相态	$M_m/(kJ \cdot mol^{-1})$	生成焓 kJ·mol^{-1}	生成焓 MJ·kg^{-1}
Na	NaF	s	41.988	−575.4	−13.70
	NaF	g	41.988	−290.5	−6.92
	Na$_2$O	s	61.979	−418.0	−6.74
Mg	MgF$_2$	s	62.302	−1124	−18.05
	MgF$_2$	g	62.302	−726.8	−11.67
	MgO	s	40.304	−601.2	−14.92
Al	AlF$_3$	s	83.977	−1510	−17.99
	AlF$_3$	g	83.977	−1209	−14.40
	Al$_2$O$_3$	s	101.961	−1676	−16.44
Si	SiF$_4$	g	104.079	−1615	−15.52
	SiO$_2$	s	60.084	−910.9	−15.16
	SiO$_2$	s(晶体)	60.084	−908.3	−15.12
P	PF$_3$	g	87.969	−958.4	−10.90
	P$_4$O$_6$	g	219.891	−2214	−10.07
S	SF$_4$	g	108.060	−763.2	−7.06
	SO$_2$	g	64.065	−296.8	−4.63
K	KF	s	58.097	−568.6	−9.79
	KF	g	58.097	−326.8	−5.63
	K$_2$O	s	94.196	−361.5	−3.84
Ca	CaF$_2$	s	78.075	−1226	−15.70
	CaF$_2$	g	78.075	−784.5	−10.05
	CaO	s	56.077	−635.1	−11.33
	CaO	g	56.077	43.9	0.78
Ti	TiF$_2$	g	85.877	−688.3	−8.02
	TiF$_3$	s	104.875	−1436	−13.69
	TiF$_3$	g	104.875	−1189	−11.33
	TiO	s	63.879	−542.7	−8.50
	TiO	g	63.879	54.4	0.85
	Ti$_2$O$_3$	s	143.758	−1521	−10.58

（续）

元素	燃烧产物	298.15K时相态	M_m/(kJ·mol^{-1})	生成焓 kJ·mol^{-1}	生成焓 MJ·kg^{-1}
Cr	CrF$_2$	s	89.993	−778.2	−8.65
Cr	CrF$_3$	s	108.991	−1173	−10.76
Cr	CrO	g	67.995	188.3	2.77
Cr	Cr$_2$O$_3$	s	151.990	−1140	−7.50
Mn	MnF$_2$	s	92.935	−849.4	−9.14
Mn	MnF$_2$	g	92.935	−531.4	−5.72
Mn	MnF$_3$	s	111.933	−1071	−9.57
Mn	MnF$_3$	s	70.937	−385.2	−5.43
Mn	Mn$_2$O$_3$	s	157.874	−959.0	−6.07
Fe	FeF$_2$	s	93.844	−705.8	−7.52
Fe	FeF$_2$	g	93.844	−389.5	−4.15
Fe	FeF$_3$	s	112.842	−1042	−9.23
Fe	FeF$_3$	g	112.842	−820.9	−7.28
Fe	FeO	s	71.846	−272.0	−3.79
Fe	FeO	g	71.846	251.0	3.49
Fe	Fe$_2$O$_3$	s	159.692	−820.9	−5.16
Co	CoF$_2$	s	96.930	−671.5	−6.93
Co	CoF$_2$	g	96.930	−356.5	−3.68
Co	CoF$_3$	s	115.928	−790.4	−6.82
Co	CoO	s	74.933	−237.9	−3.18
Co	Co$_3$O$_4$	s	240.797	−910.0	−3.78
Ni	NiF$_2$	s	96.687	−657.7	−6.80
Ni	NiF$_2$	g	96.687	−335.6	−3.47
Ni	NiO	s	74.689	−239.7	−3.21
Ni	NiO	g	74.689	309.6	4.15
Cu	CuF	s	82.544	−280.3	−3.40
Cu	CuF	g	82.544	−12.6	−0.15
Cu	CuF$_2$	s	101.543	−538.9	−5.31
Cu	CuF$_2$	g	101.543	−266.9	−2.63
Cu	CuO	s	79.545	−156.0	−1.96

第10章 含能烟火剂的组成

(续)

元素	燃烧产物	298.15K时相态	M_m/(kJ·mol^{-1})	生成焓 kJ·mol^{-1}	生成焓 MJ·kg^{-1}
Cu	CuO	g	79.545	306.2	3.85
Cu	Cu$_2$O	s	143.091	-170.7	-1.19
Zn	ZnF$_2$	s	103.387	-764.4	-7.39
Zn	ZnF$_2$	g	103.387	-494.5	-4.78
Zn	ZnO	s	81.389	-350.5	-4.31
Sr	SrF$_2$	s	125.617	-1217	-9.69
Sr	SrO	s	103.619	-592.0	-5.71
Zr	ZrF$_2$	s	129.221	-962.3	-7.45
Zr	ZrF$_2$	s	129.221	-558.1	-4.32
Zr	ZrF$_4$	s	167.218	-1911	-11.43
Zr	ZrF$_4$	g	167.218	-1674	-10.01
Zr	ZrO	s	107.223	58.6	0.55
Zr	ZrO$_2$	s	123.223	-1098	-8.91
Zr	ZrO$_2$	g	123.223	-286.2	-2.32

注:s 为固相,g 为气相,且均为 298.15K 时的相态;M_m 为摩尔分子质量,kg·kmol^{-1}

根据表 10.5 的数据,图 10.2 和图 10.3 分别按原子序数列出了一些元素与氧气和氟气的燃烧热。随着原子序数的增加,几个与氧和氟反应的燃烧热峰值

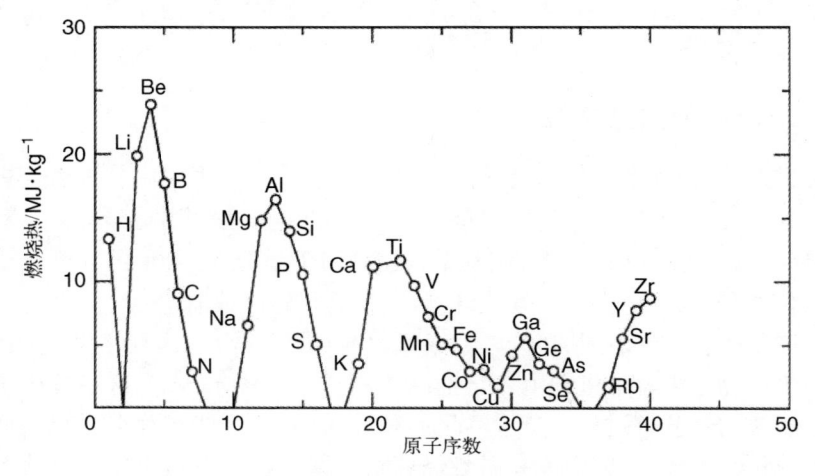

图 10.2 氧气氧化元素的燃烧热随原子序数的变化

出现周期性变化。与氧气反应燃烧热值($MJ \cdot kg^{-1}$)最高的是 Be，其次是 Li、B、Al、Mg、Si 和 Ti。当氟气作为氧化剂时，燃烧热值最高($MJ \cdot kg^{-1}$)的是 Li，随后是 Al、Mg、B、Ca 和 Si。

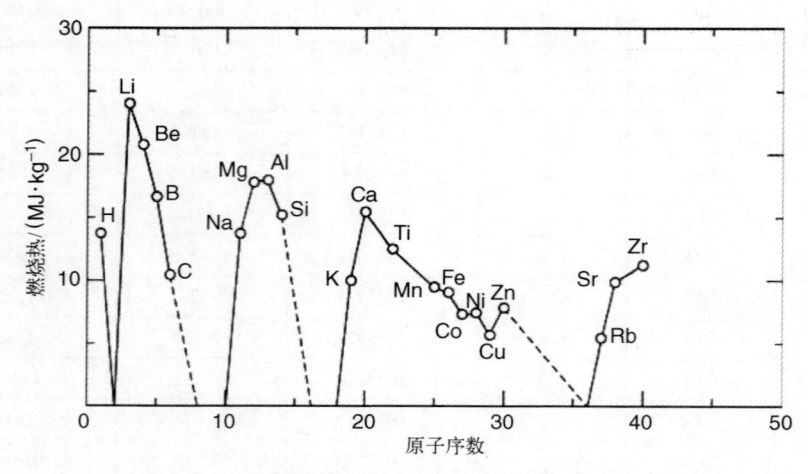

图 10.3 氟气作氧化元素的燃烧热随原子序数的变化

在有限体积反应器中，元素的密度也是获得高燃烧热的一个重要参数。体积燃烧热值($kJ \cdot m^{-3}$)与质量燃烧热值($kJ \cdot kg^{-1}$)相比有差异。例如，当用氧气氧化时，锆的体积热值是燃料元素中最高的，钛的体积热值次之。

10.4 化学物质选择标准

10.4.1 烟火剂特性

推进剂、炸药和烟火剂等的含能材料具有独特的理化性质。火箭推进剂的工作压强为 $0.1 \sim 20MPa$，燃烧时间 $1 \sim 10^3 s$；枪炮发射药的工作压强为 $10 \sim 500MPa$，燃烧时间 $0.01 \sim 0.1s$，硝基聚合物可用于制造火药，是因为其分子结构含有氧化性和可燃性组分，如硝化纤维素(NC)和硝化甘油(NG)。

当硝基聚合物燃烧时，热分解形成氧化剂和燃料碎片，这些碎片反应产生了高温燃烧产物。复合推进剂由氧化剂晶体组成，如 AP 或 AN，这些高分子碳氢燃料在燃烧的热分解过程中产生氧化剂和燃料碎片，这些碎片在燃烧表面相互扩散形成预混气体，反应生成高温燃烧产物。聚合碳氢燃料也用作氧化剂晶体颗粒的黏合剂。

炸药燃烧产生的压强可达 10^3 MPa,燃烧时间短至 0.01s。因此,燃烧现象包含伴随冲激波的爆轰。因此,用作炸药的化学物质是能够传播爆炸的高能量密度材料,主要为 TWT、HMX、RDX、CC-20 等,它们的绝热火焰温度高于 3000K、密度大于 1600kg·m^{-3},这些晶体材料与聚合碳氢化合物黏合剂混合形成塑料粘结炸药,与在推进剂中不同之处在于它们,用来形成橡胶状、刚性炸药颗粒的聚合碳烃黏合剂,并非用作燃料组分。铵油炸药(ANFO)或浆状炸药是爆轰炸药,可用在弹头、炸弹、工业爆破和采矿中。

烟火剂用于火工装置及器件中,它们的燃烧温度和燃烧速率范围较宽,燃烧时金属颗粒发生氧化反应,无烟雾生成。火箭推进剂的点火器工作时需要产生高温颗粒。由太安(PETN)组成的导爆索用于传递超声速爆轰波。一般来说,含能材料要求采用无毒的化学原料来制备,然而,在某些情况下可形成有毒的燃烧产物。虽然有些重金属无毒,但它们的氧化物有时有毒。因此,在烟火药配方中必须考虑相关的反应产物。

10.4.2 烟火剂的理化性质

用于烟火剂的化学品理化特性的选择标准可概括如下。
- 燃烧产物
  - 火焰温度
  - 气体的体积(气体、非气体、气体与固体颗粒或与液体的混合物)
  - 火焰的性质(颜色和亮度)
  - 烟的性质(有烟或无烟)
  - 环境友好
  - 无毒
- 点火能力
  - 被火焰或热粒子点燃
- 密度
- 熔化温度
- 分解温度
- 相变引起的体积变化
- 物理稳定性
  - 机械强度和延伸率
  - 冲击感度
  - 摩擦感度
  - 静电火花感度

- 化学稳定性
  - 抗老化
  - 与其他材料的相容性
- 燃速特性
  - 燃速
  - 压强敏感性
  - 温度敏感性

烟火剂由氧化剂和燃料组成，其燃烧特性高度依赖这些组分的组合。当质量分数为 0.8 的 HMX 与质量分数为 0.2 的烃类聚合物（HCP）形成混合物时，绝热火焰温度从 3200K 降低到 2600K。HMX 作为高能材料却不能作为氧化物氧化 HCP，由于 HMX 燃烧形成富燃产物降低了绝热温度。虽然 AP 不是高能材料，但当质量分数为 0.8 的 AP 和质量分数为 0.2 的 HCP 形成混合物时，绝热火焰温度可从 1420K 增加到 3000K，这是因为 AP 可对 HCP 提供氧化性组分，AP 和 HCP 的混合物形成了化学计量平衡的烟火剂。类似于 AP、KP、高氯酸硝酰（NP）、硝酸钾（KN）、AN 和硝仿肼（HNF）作为氧化剂产生低温氧化性气体产物，当这些氧化剂与金属颗粒或烃类聚合物等富燃料组分混合时，燃烧温度急剧增加。

当富燃的烟火剂在空气中燃烧时，氧分子从空气扩散到烟火剂的初始燃烧产物中，燃烧产物在空气中进一步燃烧产生热量、光和（或）烟。火箭冲压发动机燃烧过程是个典型的例子：气体发生器中产生的富含燃料产物与吸入的被冲击波压缩的空气混合，在燃烧室中完全燃烧。

通常，任何含能化学材料以爆燃或爆震的方式燃烧，燃烧方式取决于化学性质或点火起始过程。HMX 和 RDX 等高能硝胺被加热，会发生爆燃，在 1MPa 的燃速约 $1mm·s^{-1}$。然而，这些硝胺炸药由引燃物点燃产生冲击波，爆震燃烧时燃速超过 $7000mm·s^{-1}$。燃烧波传播特性是由 Chapman-Jouguet 关系确定，该关系在文献[1-5]中有描述。

金属颗粒和氧化剂晶体组成烟火剂，如 $BKNO_3$ 和 $Zr-NH_4ClO_4$，在空气中燃烧，周围的空气向燃烧过程提供额外的氧气，氧气扩散到烟火剂燃烧区，燃烧方式发生改变。

扩散过程对于烟花和燃烧弹用烟火剂的设计是一个重要的过程。燃烧产物的温度和排放取决于空气中的燃烧过程。烟火剂的点火能力和燃烧时间取决于金属颗粒与氧化剂晶体颗粒的结合能力，这些混合物的混合比、颗粒大小和体积密度也是烟火剂设计的重要因素。

10.4.3 烟火剂配方

各类烟火剂均由不同类型的氧化剂和燃料组成。某些配方对机械冲击很敏感，而其他配方则可能易被电荷引爆或点燃。表2.3列出了典型的易燃易爆含能材料。硝基聚合物烟火剂、复合烟火剂和黑火药不会发生爆震燃烧现象。由金属颗粒和氧化剂晶体组成的烟火剂，如 Mg-Tf、$BKNO_3$ 和 $Zr-NH_4ClO_4$，均可发生爆燃并作为点火药使用。另外，TNT、HMX、RDX、铵油炸药、浆状炸药可发生爆炸，用于弹头和炸弹，太安组成的烟火剂也易爆炸并用于导爆索。表3.2列出了爆燃和爆炸燃烧的典型特征。

可用于含能材料中典型的氧化剂有 KNO_3、$KClO_4$ 和 NH_4ClO_4，它们均可产生气态氧化碎片。燃料组分是金属颗粒，如 Li、B、Na、Mg、Ti、Al、或 Zr，也可能是聚合的碳烃材料。这些氧化剂和燃料组分的混合物形成了含能烟火剂。金属氧化产生很高的热量，比碳氢材料氧化燃烧温度高。

燃气发生器使用两种烟火剂：①含能聚合物；②氧化剂颗粒和惰性聚合物。含能聚合物有硝基聚合物、含硝基的碳氢化合物、叠氮聚合物、含叠氮基的碳氢化合物。NC 和 NG 的胶体混合物是一种典型的硝基聚合物，聚叠氮缩水甘油醚（GAP）是一种典型的叠氮聚合物，当热分解时两者均产生 CO_2、H_2O、N_2 和 CO 等气态产物。氧化剂颗粒和惰性聚合物形成的混合物，燃烧过程包括氧化剂热分解产生的氧化性碎片和惰性聚合物产生的燃料碎片等气态产物相互扩散。当氧化剂中不含金属原子时，例如 NH_4ClO_4 和 NH_4NO_3，燃烧产物中则不会形成固体颗粒。然而，当氧化剂中含有金属原子，如 KNO_3、$KClO_3$、$KClO_4$、$NaClO_3$ 和 $NaClO_4$，燃烧产物中则会形成金属氧化物颗粒。聚丁二烯、聚酯和聚醚均可用作惰性聚合物。

烟火剂由富燃料混合物组成，形成的富燃料产物和绝热火焰温度相对较低。然而，当富燃料混合物在空气中燃烧时，空气中的氧分子会氧化产物中的燃料成分。烟火剂在非均相反应条件下燃烧，包括气相、凝聚相和（或）液相。燃料和氧化剂组分之间的扩散过程依赖于热化学性质和组分的粒径。因此，烟火剂燃烧波中产生热量的反应和生成产物的反应在时间与空间上不同步。烟火剂燃烧波中热量是从高温反应区向未反应低温区传递。

虽然烟火剂通过氧化反应产生热量，但发光火焰或明亮的粒子并不总是由这些反应产生。铁颗粒和空气之间反应产生热量，反应速率可快可慢，这取决于颗粒的粒径及空气在粒子中的扩散过程，大颗粒铁粒子在空气中氧化不产生火焰。烟火剂能产生发光火焰、烟和热且明亮的颗粒，可作为点火器和气体发生器使用。镁在空气或在 NH_4ClO_4、NH_4NO_3 或 KNO_3 等氧化剂中燃烧会产生非常明亮的火焰,磷在空气中或与氧化剂燃烧生成烟,铝或镁在空气中燃烧也会产生白烟。不同金属燃烧会产生不同颜色的火焰。

烟火剂分为七类:
(1) 含能聚合物;
(2) 惰性聚合物+氧化剂;
(3) 含能聚合物+含能晶体颗粒;
(4) 金属颗粒+氧化聚合物;
(5) 金属颗粒+氧化剂;
(6) 金属颗粒+金属氧化物颗粒;
(7) 含能粒子。

可根据实际需要选择不同的烟火剂。无气燃烧可避免封闭燃烧室中压强增大。一些金属和金属氧化物颗粒或金属和氧化剂的组合,可选作无气烟火剂的化学成分。另外,HCP 燃烧可获得低分子质量的燃烧产物,如 H_2O、CO、CO_2 和 H_2,故 HCP 燃烧可产生高压。表 10.6 所列为用于配制多种类型烟火剂的化学成分。

表 10.6 用于配制七种烟火剂的化学组分

1. 含能聚合物
a. 硝化纤维素(NC)
b. 聚叠氮缩水甘油醚(GAP)
c. 双叠氮甲基环丁烷(BAMO)
d. 3-偶氮甲基-3-甲基环氧烷(AMMO)
e. BAMO-NIMO
f. NC/NG
2. 惰性聚合物+氧化剂
a. 惰性聚合物:
i. 端羟基聚丁二烯(HTPB)
ii. 端羧基聚丁二烯(CTPB)
iii. 端羟基聚氨酯(HTPU)
iv. 端羟基聚醚(HTPE)
v. 端羟基聚酯(HTPS)
vi. 端羟基聚乙炔(HTPA)
vii. 聚硫橡胶(PS)

第 10 章　含能烟火剂的组成

(续)

b. 氧化剂:
i. NH_4ClO_4、NH_4NO_3、KNO_3、$KClO_4$
ii. 硝仿肼(HNF)
3. 含能聚合物+含能晶体粒子
a. 含能聚合物:
i. NC、GAP、BAMO、BAMO-NIMO、NC-NG
b. 含能氧化剂:
i. 环四亚甲基四硝胺(HMX)
ii. 环三亚甲基三硝基胺(RDX)
iii. 六硝基六氮杂异伍兹烷(HNIW)
iv. 二硝酰胺铵(ADN)
4. 金属颗粒氧化聚合物
a. 金属粒子:
i. Mg、B、Zr、Al
b. 氧化聚合物:
i. 聚四氟乙烯(TF)
ii. 偏氟乙烯-六氟乙烯聚合物(Vt)
5. 金属颗粒+氧化剂
a. 金属粒子:
i. B、Mg、Al、Ti、Zr
b. 氧化剂:
i. $KClO_4$、NH_4ClO_4、$KClO_3$、KNO_3、$NaNO_3$、NH_4NO_3、HNF
6. 金属颗粒
a. 金属粒子:
i. B、Al、Mg、Ti、Zr、Ni、W
b. 金属氧化物粒子:
i. Fe_2O_3、CuO、BaO_2、PbO_2、Pb_3O_4、CoO、$BaCrO_4$、$PbCrO_4$、$CaCrO_4$、MnO_2
7. 高能粒子
a. 爆炸性粒子:
i. HMX、RDX、HNS、DATB、TATB、TNT、HNIW、DDNP
b. 金属叠氮粒子:
i. PbN_3、NaN_3、AgN_3

10.5 氧化剂组分

在烟火剂中使用的氧化剂通常是氧原子质量比较高的材料。氧化剂的化学性能是由它与燃料组分的结合决定的。金属氧化物作为氧化剂与燃料组分反应,这些反应在没有气体产生的情况下,放热明显。以金属氧化物作氧化剂的烟火剂广泛应用于火工品中。含有氟原子的材料可以作氧化剂,SF_6是一个典型的含有氟原子的氧化剂。烟火剂中所用氧化剂物理化学特性的选择标准可概括如下:

[OB]　　　　　　氧平衡
$\xi(O)$　　　　　　氧原子质量分数
ΔH_f　　　　　　生成焓
ρ　　　　　　密度
T_{mp}　　　　　　熔点
T_d　　　　　　分解温度
T_{bp}　　　　　　沸点

表 10.7 列出了作为氧化剂晶体材料的物理化学性质。钾和钠与硝酸盐或高氯酸盐结合形成稳定的氧化剂晶体,它们燃烧生成金属氧化物。另外,铵离子与硝酸盐或高氯酸盐形成稳定的 NH_4NO_3 和 NH_4ClO_4 氧化剂晶体,而无金属原子,这些氧化剂分解时不会产生固体产物。如 10.1.1 节讨论的,对于火箭和火炮所用火药中的氧化剂,燃烧产物的分子质量必须尽可能低。

表 10.7　氧化剂晶体的物化性质

氧化物	$\xi(O)$	$\Delta H_f/(kJ \cdot mol^{-1})$	$\rho/(kg \cdot m^{-3})$	T_{mp}/K	T_d/K
NH_4ClO_4	0.545	−296.0	1950	—	543
NH_4NO_3	0.5996	−366.5	1725	343	480
$N_2H_5C(NO_2)_3$	0.525	−53.8	1860	—	—
$NH_4N(NO_2)_2$	0.516	−151.0	1720	—	—
KNO_3	0.4747	−494.6	2109	606	673
$KClO_4$	0.461	−431.8	2530	798	803
$KClO_3$	0.462	—	2340	640	—
$LiClO_4$	0.601	−382.2	2420	520	755
$NaClO_4$	0.522	−384.2	2530	750	—
$Mg(ClO_4)_2$	0.754	−590.5	2210	520	520

(续)

氧化物	$\xi(O)$	$\Delta H_f/(\text{kJ}\cdot\text{mol}^{-1})$	$\rho/(\text{kg}\cdot\text{m}^{-3})$	T_{mp}/K	T_d/K
$Ca(ClO_4)_2$	0.535	−747.8	2650	540	540
$Ba(NO_3)_2$	0.3673	−995.6	3240	869	—
$Ba(ClO_3)_2$	0.3156	—	3180	687	—
$Ba(ClO_4)_2$	0.380	−809.8	3200	557	700
$Sr(NO_3)_2$	0.4536	−233.25	2986	918	—
$Sr(ClO_4)_2$	0.446	−772.8	—	—	—

虽然使用 KN 和 KP 等金属氧化剂有利于产生热量和高温燃烧产物,但燃烧产物的分子质量很高,在推进剂中使用这些氧化剂时会降低比冲。点火器和烟雾发生器用烟火剂通常选用能产生高温的烟火剂,因此,金属氧化剂适用于配制各种类型的烟火剂。

虽然 AP 和 KP 的化学潜能比其他氧化剂高,但燃烧产物中有氯化氢,氯化氢与空气中的水蒸气结合会生成盐酸。氧化剂的化学潜能取决于与之结合形成烟火剂的燃料组分。在配制烟火剂时,应考虑氧化剂的下列理化性质,以适应特定用途的需求。

10.5.1 含金属的氧化剂

10.5.1.1 硝酸钾

众所周知,硝酸钾(KNO_3)是黑火药中的氧化剂成分,氧的质量分数是 0.4747。硝酸钾不吸湿,对于机械撞击和摩擦相对安全。差热分析(DTA)和热重分析(TG)实验结果表明,在 403K 和 612K 处有两个吸热峰,且不存在气化反应,在 403K 处的第一个吸热峰是晶体结构从三角型向正交型转变,在 612K 处的吸热峰是 KNO_3 的熔点,熔化热为 $11.8\text{kJ}\cdot\text{mol}^{-1}$,气化约从 720K 开始在约 970K 结束,吸热反应如下:

$$2KNO_3 \longrightarrow 2KNO_2 + O_2$$
$$2KNO_2 \longrightarrow K_2O + 2NO + \frac{1}{2}O_2$$

在 970K 以上的高温区无固体残渣残留。

10.5.1.2 高氯酸钾

高氯酸钾($KClO_4$)是一种用作氧化剂的白色晶体材料。由于 KP 不吸湿,氧的质量分数为 0.46,它可与多种燃料组分混合形成含能烟火剂,其熔点为 798K,与其他氧化剂相比,熔点较高。KP 在 803K 时热分解生成氧,反应式如下:

$$KClO_4 \longrightarrow KCl + 2O_2$$

因此，KP 作为强氧化剂与燃料组分燃烧时产生白色的 KCl 烟微粒。

10.5.1.3 氯酸钾

氯酸钾（$KClO_3$）是一种无色晶体材料，熔点为 640K，稍高于熔化温度，分解生成氧分子，反应式如下：

$$KClO_3 \longrightarrow KCl + 3/2O_2$$

氯酸钾用作氯酸盐炸药、引火物和火柴头的氧化剂。氯酸钾和燃料组成的混合物相对容易引爆。

10.5.1.4 硝酸钡

硝酸钡（$Ba(NO_3)_2$）是一种无色晶体材料，熔点为 865K，低温区分解产生 $Ba(NO_2)_2$ 和 O_2，高温区分解生成 BaO、NO 和 NO_2。反应式如下：

$$Ba(NO_3)_2 \longrightarrow Ba(NO_2)_2 + O_2$$
$$Ba(NO_2)_2 \longrightarrow BaO + NO + NO_2$$

当硝酸钡与燃料成分混合时，气体产物 O_2、NO 和 NO_2 都可作为氧化剂用，分解过程是吸热的，无燃料组分时硝酸钡不能单独燃烧。

10.5.1.5 氯酸钡

氯酸钡（$Ba(ClO_3)_2$）是一种单斜晶体结构的无色固体，其热分解温度高于其熔点 687K，并按如下式分解：

$$Ba(ClO_3)_2 \longrightarrow BaCl_2 + 3O_2$$

当氯酸钡与燃料组分一起燃烧时，氧起氧化剂作用，燃烧时伴有明亮的绿色火焰。

10.5.1.6 硝酸锶

硝酸锶（$Sr(NO_3)_2$）是一种的高密度材料，熔点为 843K，低温区起始热分解生成 $Sr(NO_2)_2$，高温区分解生成 SrO，按下式分解：

$$Sr(NO_3)_2 \longrightarrow Sr(NO_2)_2 + O_2$$
$$Sr(NO_2)_2 \longrightarrow SrO + NO_2 + NO$$

当存在燃料组分时，气相产物 NO_2 和 NO 也起氧化剂作用。当硝酸锶与燃料组分一起燃烧时，形成红色的火焰。

10.5.1.7 硝酸钠

硝酸钠（$NaNO_3$）是一种呈三角形晶体结构的无色固体，熔点为 581K，热分解起始于 653K，生成 $NaNO_2$，然后在高温区分解为 NaO。氧气和氮气是按如下热分解形成：

$$NaNO_3 \longrightarrow NaNO_2 + \frac{1}{2}O_2$$

$$NaNO_2 \longrightarrow NaO + \frac{1}{2}O_2 + \frac{1}{2}N_2$$

当燃料组分存在时,氧气作为氧化剂,产生高温燃烧产物。

10.5.2 金属氧化物

金属氧化物可用作烟火剂的氧化剂。如果生成的金属氧化物的化学电势低于起始氧化物,则金属氧化物可以氧化金属。金属粒子在封闭体系中被金属氧化物氧化时,不会形成气态反应产物,反应物和产物均为固体,压强增加量很小。

典型的金属氧化物有 MnO_2、Fe_2O_3、CoO、CuO、ZnO 和 Pb_3O_4。当 Fe_2O_3 粉和 Al 粉的混合物被点燃时,自持放热反应会按下式发生。

$$Fe_2O_3 + 2Al \longrightarrow 2Fe + Al_2O_3$$

该反应用于从氧化铁中得到铁,Fe_2O_3 是铝的氧化剂,该反应放热但无气体产生,压强保持不变。

当 Fe_2O_3 粉和 Zr 粉的混合物被点燃时,Fe_2O_3 可作为 Zr 的氧化剂,类似于 Al 的氧化作用。该反应是放热反应,无气体产生,可用下式表示:

$$Fe_2O_3 + 3/2Zr \longrightarrow 2Fe + 3/2ZrO_2$$

由于只有当混合物加热到 1500K 以上时,才会发生 Fe_2O_3 与 Zr 或 Al 的氧化反应,所以常温下这些混合物是安全的。Pb_3O_4 可作为 Zr 和 B 的氧化剂,按下式反应:

$$Pb_3O_4 + 2Zr \longrightarrow 3Pb + 2ZrO_2$$
$$Pb_3O_4 + 8/3B \longrightarrow 3Pb + 4/3B_2O_3$$

10.5.3 金属硫化物

当 FeS_2 粉和 Li 粉的混合物被点燃时,会发生自持放热反应,并按下式反应:

$$FeS_2 + 2Li \longrightarrow FeS + Li_2S$$

这一反应与 Fe_2O_3 粉和 Li 粉的反应相似。由于这是一种不产生气体的放热反应,所以在恒压的封闭系统中会产生大量的热。

10.5.4 氟化合物

虽然含有氟原子的材料可用作氧化剂,但在环境温度下大多数的氟化合物呈气态或液态,因此,不能用作烟火剂中的氧化剂。然而,一些固体氟化物能用作含能烟火剂的氧化剂组分。

聚四氟乙烯(Polytetrafluoroene,Tf)是一种由—C_2F_4—分子结构组成的聚合氟化合物[11],含有氟的聚集分数为 0.75。Tf 不溶于水,球状的特征质量是 3550~

4200kg·m^{-3}。Tf 在 600K 处融化,在 623K 以上热分解生成氟化氢(HF)。Tf 在空气中的自动点火温度在 800~940K 之间。Tf 与金属混合时起氧化剂的作用,反应产物中生成固体碳。Tf 的商业名称是 Teflo[11]。

偏二氟乙烯六氟丙烷聚合物(Vt)类似于 Tf,也是一种高分子氟化物,其分子结构由 $C_5H_{3.5}F_{6.5}$ 单元组成。当与金属混合时,Vt 作为氧化剂使用。由于氟原子质量分数较低,Vt 的化学潜能低于 Tf。杜邦公司称 Vt 的商业名称为"氟橡胶"[12]。

Vt 不溶于水,其球状物的特征质量为 1770~1860kg·m^{-3},其闪点高于 477K。当 Vt 加热到高于 590K 时,生成的 HF 和聚合物会突然燃烧。当 Vt 在空气中点燃时,会生成 HF、碳酰氟、一氧化碳和低分子质量的氟碳化合物。

10.6 燃料组分

燃料组分的选择及与氧化剂组分的混合配比也是各种烟火剂应用开发的一个重要问题。金属颗粒作为燃料组分用于开发小尺寸的烟火剂装药,用于点火器、闪光剂和烟花中。硼和碳这种非金属粒子也用来制造含能的烟火剂。高分子材料通常用作燃料组件,用于制造规模相对较大的烟火剂装药,如气体发生器和富燃料推进剂。

10.6.1 金属燃料

金属是以细粒子的形式作为烟火剂的含能燃料组分。大多数金属粒子与氧化剂组分混合,如晶体颗粒或含氟聚合物。有些金属与气相氧化剂碎片反应,而另一些金属则与熔融氧化剂碎片反应。如表 10.5 所列,当作为氧化剂时 Li、Be、Na、Mg、Al、Ti、Fe、Cu 和 Zr 是典型可产生高温的金属。由于氧化发生在每个金属颗粒的表面,因此,颗粒的总表面积是影响燃烧速率的主要因素。

Li 是一种银色软金属,是所有金属元素中最轻的。Li 被空气中的氮气氧化生成 Li_3N,虽然锂的熔点是 453.7K,但其沸点很高约 1620K。当 Li 在空气中燃烧时,产生深紫的火焰,其标准电位为 3.5V,用于电池时可形成较高的电流。

Be 是一种灰色、较碎的金属,Be 在空气中燃烧生成 BeO 或 Be_3N_2,释放出很高的燃烧热,但 Be 及其化合物毒性均较高。

Na 是一种银色软金属,密度仅高于 Li 和 K。Na 与水反应剧烈并放热,反应如下:

$$Na + H_2O \longrightarrow NaOH + \frac{1}{2}H_2$$

第10章 含能烟火剂的组成

当加热超过熔点371K时，Na在空气中燃烧，按下式进行：

$$2Na + O_2 \longrightarrow Na_2O_2$$

当Na与O_2在高温高压下反应时，Na_2O_2会分解形成Na_2O。当Na加热时会形成明亮的黄色发光火焰，会在588.997nm和589.593nm处发射特征D线。

Mg是一种银色、轻柔的金属，是镁合金的主要组成部分，用于制造飞机和车辆。Mg在空气中燃烧产生明亮的白光，因此，镁颗粒被用作烟火剂的一种成分。Mg与氮气反应生成Mg_3N_2，反应式如下：

$$3Mg + N_2 \longrightarrow Mg_3N_2$$

它还与F_2、Cl_2和Br_2反应，分别产生MgF_2、$MgCl_2$和$MgBr_2$，这些反应都是放热的。Mg也能被二氧化碳氧化放热生成MgO和碳，反应式如下：

$$2Mg + CO_2 \longrightarrow 2MgO + C$$

Al是一种银色、轻、软的金属，是铝合金中的主要组分，类似于镁合金可用于建造飞机和车辆。Al是容易燃烧的金属，因此，Al颗粒被用作烟火剂的主要燃料组分。Al粒子与AP粒子和高分子材料混合形成固体推进剂及水下炸药。众所周知，铝粉和氧化铁之间的反应是一个产生高温、不产生气体的反应，反应式如下：

$$2Al + Fe_2O_3 \longrightarrow Al_2O_3 + 2Fe$$

反应中氧化铁作为氧化剂，铝作为燃料，该反应具有很高的放热性，可用于工程中对铁结构的焊接。

Ti是钛合金的主要成分，用作飞机和火箭的耐热轻金属。虽然钛也被用作抗酸金属，但当温度超过1500K时，它会在空气中燃烧。$TiCl_4$是一种可用来在空气中形成彩色烟雾的液体。

Fe是目前应用极广泛的金属。虽然Fe在空气非常缓慢地氧化形成氧化铁，但是随着温度的升高，反应速率急剧增加。Fe粉在各种应用中是用来产生热量的，包括烟花。

Cu是一种亮棕色的金属。当铜粉或金属丝在高温下加热时，可观察到会发出特征蓝光。因此，铜粒子通常用作空中烟花外壳中的一个组分。

Zr是一种银色的高密度金属（6505kg·m^{-3}）。用氧化锆还原得到的非晶态Zr粉的颜色为黑色。与其他金属粒子相比，Zr粒子容易被静电点燃。Zr粉末在空气中燃烧速度很快，当温度升高到1500K以上时，会产生明显的热量，并发出明亮的光。火箭推进剂用的点火器是由Zr粉和氧化剂晶体混合而成，高温的ZrO_2颗粒分散在火药表面进行热点点火。

10.6.2 非金属固体燃料

如表10.5所列，可用于烟火剂的非金属燃料成分有B、C、Si、P和S。与金属颗粒相似,非金属颗粒在表面被氧化。氧化剂碎片在颗粒表面的扩散过程和氧化碎片的去除过程是燃烧速率控制步骤。

10.6.2.1 硼

B 是一种黑灰色非金属,有仅次于金刚石的硬度结构,化学性质稳定难于氧化。硼存在晶态和非晶态两种结构,他们的物理化学性质完全不同。晶体硼的密度为 2340kg·m^{-3},熔点为 2573K,沸点为 3931K。硼颗粒在氧气气氛中加热至 1500K 时燃烧生成 B_2O_3,在氮气中 2000K 以上燃烧生成 BN。硼生成 B_2O_3 的生成焓为 18.27kJ·kg^{-1},反应体积燃烧热为 42.7MJ·m^{-3},是所有元素中最高的。因此,硼颗粒可作为固体冲压发动机燃料和管状火箭的燃料,但硼颗粒的燃烧较困难,因为燃烧表面形成的氧化层阻止了粒子内部的持续氧化。氧化硼的沸点为 2133K。

硼是烟火剂中的重要成分,硼和硝酸钾的混合物可用作火箭发动机点火装置的烟火剂。B 和 KNO_3 的化学当量混合物的反应式如下:

$$10B + 6KNO_3 \longrightarrow 5B_2O_3 + 3K_2O + 3N_2$$

然而,与气相反应不同的是,硼粒子表面被氧化,使得燃烧后仍然存在一些未反应的硼。B 和 Al 的不同之处为,产生氧化硼所需的氧气(O_2)量为 2.22kg[O_2]/kg[B],而生产氧化铝所需的量仅为 0.89kg[O_2]/kg[Al]。由于燃烧硼颗粒所需的氧气量约为燃烧铝颗粒所需的 2.5 倍,所以硼颗粒更适于作为冲压发动机中的燃料组分借助来自大气的空气燃烧,而不是作为火箭推进剂成分。

10.6.2.2 碳

碳是一种独特的、可用于多种用途的烟火剂材料。碳有几结构形式,即金刚石、石墨、富勒烯(C_{60})和非晶态碳。金刚石结构的单胞包含所有四个外轨道电子的共价键的三维四面体排列,因此,金刚石是一种单晶材料,其密度为 3513kg·m^{-3} 在碳同素异形体中最高,其熔点为 3820K,金刚石的硬度是所有材料中最高的。石墨结构的单胞包含一个由三个外轨道电子共价键组成的二维六边形排列,石墨的气化温度为 5100K,密度为 2260kg·m^{-3}。由于金刚石的密度比非晶态碳或石墨的密度高,所以工业用的非常细的金刚石颗粒也被用作烟火剂的燃料组分。

富勒烯由球形 C_{60} 结构单元组成,球体表面有五角形碳原子和六角形碳原子排列,C_{60} 的密度高于石墨。此外根据不同需要还制备了分子尺度的碳粒子,如碳纳米管和纳米角等新型功能材料。

无定形碳包括碳原子的各种组合。木炭是一种典型的非晶态碳,是黑火药和火箭推进剂弹道改良剂的主要组成部分,木炭含有大量的微孔,结构内的总

表面积为 $1\sim3m^2 \cdot mg^{-1}$,在各种化学反应中这种大的比表面积起着重要的催化表面的作用,因此含碳的黑火药的燃烧速度非常快。

10.6.2.3 硅

硅形成类似 HCP 的硅聚合物。硅的反应热和密度均高于碳,点火温度也高于碳。

10.6.2.4 硫

晶体硫(S)有多种类型。硫是黑火药的主要氧化剂组分。金属与硫反应形成不同类型的硫化物,如 FeS、FeS_2、ZnS、CdS 和 Li_2S。

10.6.3 聚合物燃料

用于烟火剂的聚合物燃料可分为两类:活性聚合物和惰性聚合物。典型的活性聚合物是硝基聚合物,由含有碳氢化合物和氧化剂结构组成的硝酸酯,以及含有叠氮化学键的叠氮聚合物。碳氢聚合物是惰性聚合物,如聚丁二烯和聚氨酯。当活性和惰性聚合物与氧化剂晶体混合时,就形成了聚合的烟火剂。

10.6.3.1 硝基聚合物

NC 是一种由碳氢化合物与—O、—NO_2 键组成的硝基聚合物。这一碳氢结构作为燃料组分,—O—NO_2 键起氧化剂的作用。由于 NC 的物理结构有类似天然纤维状的结构,它吸收液态 NG 会形成糊化的含能材料。虽然 NC 是一种富燃的材料,但加入 NG 后,其含有高摩尔分数的—O—NO_2 键,形成了一种化学计量平衡的含能材料,由此产生的糊化的 NC-NG 称为双基推进剂,用于火箭和火炮。通过改变 NC 与 NG 的配比,或者添加化学稳定剂或燃速催化剂,可以改变这些材料的燃烧温度、燃速、压强敏感度、燃速温度敏感系数等物理化学性质以及力学性能,从而研制出用作燃气发生器或无烟点火装置的烟火剂。三羟甲基乙烷三硝酸酯(TMETN)和二缩三乙二醇二硝酸酯(TEGDN)是与 NG 类似的含有—O—NO_2 键的硝酸酯。NC-TMETN 或 NC-TEGDN 的混合物形成聚合烟火剂。

10.6.3.2 聚合的叠氮化物

叠氮聚合物分子结构中含有—N_3 键,自行燃烧产生热和氮气。含能的叠氮聚合物在没有氧原子氧化反应的情况下能快速燃烧。GAP、双叠氮甲基氧烷(BAMO)和 3-叠氮甲基-3-甲基氧烷(AMMO)都是典型的含能叠氮聚合物,这些单体与其他高分子材料进行适当的交联和共聚,可以获得较优的性能,如黏度、机械强度和伸长率以及燃速温度敏感系数。4.2.4 节描述了 GAP 和 GAP 共聚物的物理化学性质。

10.6.3.3 碳氢聚合物

在烟火剂配方中,碳氢聚合物不仅作为燃料组分,而且还作为氧化剂和金属粉的黏合剂,类似于复合推进剂和塑料粘结炸药。碳氢聚合物有多种类型,它们的分子结构决定了物理化学性质。聚合物的黏度、分子质量和功能特性等主要参数决定了烟火剂的力学性能。通常,设计的烟火剂需要高温下有高的机械强度和低温下有高的机械延伸率。碳氢聚合物的化学性质决定了烟火剂的力学特性,典型的碳氢聚合物有端羟基聚丁二烯(HTPB)、端羧基聚丁二烯(CTPB)、端羟基聚醚(HTPE)、端羟基聚酯(HTPS)和端羟基聚乙炔(HTPA)。在4.2.3节中对不同类型碳氢聚合物的物理化学性质做了说明。

10.7 金属叠氮化物

叠氮化合物是一种带有—N_3键的含能材料,其分解时产生热量和氮气。典型的金属叠氮化物有叠氮化铅($Pb(N_3)_2$)、叠氮化钠(NaN_3)和叠氮化银(AgN_3)。叠氮化铅易受摩擦、机械冲击或火花的影响而引爆,用于各类烟火剂点火,也作为起爆帽中的烟火剂引爆炸药,其点火温度为600K,爆速为5000m·s^{-1},生成热为1.63MJ·kg^{-1},密度为4800kg^{-3}。叠氮化银的物理化学性质与叠氮化铅的相似,但它对光很敏感,其点火温度为540K,密度为5100kg·m^{-3}。

叠氮化钠不如叠氮化铅或叠氮化银对摩擦或机械冲击敏感。由于叠氮化钠与金属氧化物反应生成氮气,叠氮化钠和金属氧化物的混合物被用作燃气发生器中的烟火剂,但叠氮化钠与铜、银反应生成相应的叠氮化合物,均为可起爆的烟火剂。

参 考 文 献

[1] Mayer, R. (1977) Explosives, Verlag Chemie, Weinheim.
[2] Sarner, S. F. (1966) Propellant Chemistry, Reinhold Publishing Co., New York.
[3] Japan Explosives Society (1999) Energetic Materials Handbook, Kyoritsu Shuppan, Tokyo.
[4] Kosanke, K. L. and Kosanke, B. J. (2004) Pyrotechnic Ignition and Propagation: A Review, Pyrotechnic Chemistry, Chapter 4, Journal of Pyrotechnics, Inc., White water, CO.
[5] Kosanke, K. L. and Kosanke, B. J. (2004) Control of Pyrotechnic Burn Rate, Chapter 5, Journal of Pyrotechnics, Inc., Whitewater, CO.
[6] Urbanski, T. (1967) Black Powder Chem istry and Technology of Explosives, vol. 3, Pergamon Press, New York.

[7] Merzhonov, A. G. and Abramov, V. G. (1981) Thermal explosion of explosives and propellants, a review. Propellants Explos. ,6,130-148.
[8] Comkling, J. A. (1985) Chemistry of Pyrotechnics, MarcelDekker, Inc.
[9] Kubota, N. (2004) Propellant Chemistry, Pyrotechnic Chemistry, Chapter 11, Journal of Pyrotechnics, Inc. , Whitewater, CO.
[10] Propellant Committee(2005) Propellant Handbook, Japan Explosives Society, Tokyo.
[11] Algoflon F5(1982) Material Safety Data Sheet, Ausimont USA, Inc.
[12] Viton Free Flow(1980) Material Safety Data Sheet, VIT027, Du Pont Company.

第 11 章 烟火剂的燃烧传播

11.1 燃烧波的理化结构

11.1.1 热分解和放热过程

对于推进剂和烟火剂的燃速特性已开展了大量的实验研究[1-14]。用燃烧弹测量含能材料的反应热时,测量值不仅取决于化学成分,而且取决于弹内的燃烧方法。此外,燃烧速率取决于氧化剂和燃料组分的混合比以及氧化剂颗粒的尺寸。通常,加入少量催化剂有增加或降低含能材料燃速的作用[1]。

烟火剂反应产生的热量取决于多种物化参数,如燃料和氧化剂的化学性质、混合比例以及其物理形状和尺寸。金属颗粒是烟火剂中的常用燃料组分,当金属颗粒被气态氧化剂碎片氧化时,在颗粒表面形成一层氧化物。如果氧化层的熔点高于金属颗粒的熔点,则金属氧化层阻止氧化剂碎片进一步氧化,致使氧化反应不完全;如果氧化层的熔点低于金属颗粒的熔点,则氧化层很容易被去除,氧化反应可以持续进行。

由聚合物材料和氧化剂组成的烟火剂可产生分子质量相对较低的气体产物,如同推进剂一样。聚合物材料分解生成气体燃料碎片,这些碎片与由氧化剂颗粒分解产生的气体氧化剂碎片反应,每个氧化剂粒子上形成扩散小火焰束,并在烟火剂表面远处形成最终燃烧产物。

当金属氧化物颗粒作氧化剂、金属颗粒作燃料组分时,由于金属氧化物粒子的熔点和气化温度都很高,所以只有当金属颗粒熔化并且与周围金属氧化物颗粒有足够的接触表面时才发生氧化反应。由于金属和金属氧化物之间的反应不生成气体,所以密闭燃烧室中的压强不会增加。

烟火剂可用以下几种方式点燃:电加热、激光加热、热气对流加热和热材料传导加热。点燃后烟火剂点火表面产生的热量被传导到块状的烟火剂内,这种热量可以提高烟火剂内部的温度,加热的表面区发生熔化和(或)气化,并发生反应产生最终的燃烧产物,这一连续的物理化学过程一直持续到烟火剂烧完。

11.1.2 均质烟火剂

均质烟火剂由分子结构中含氧化剂和燃料碎片的均质材料组成。当均质烟火剂加热到分解温度以上时,便形成反应的氧化剂和燃料碎片,它们共同反应产生高温燃烧产物。硝基纤维素(NC)是由碳氢化合物碎片和—O—NO$_2$氧化剂碎片组成的均质烟火剂,NC通过分子结构中的—O—NO$_2$键断裂生成的NO$_2$作为氧化剂组分,生成的醛作为燃料组分。通常,NC与硝化甘油(NG)和三羟甲基乙烷三硝酸酯(TMETN)等液态硝酸酯混合,形成糊化均匀的烟火剂,类似于双基推进剂,NO$_2$分子与碳氢类碎片反应生成热和燃烧产物,第6章描述了这类烟火剂的燃速特性和燃烧波结构。

叠氮缩水甘油醚(GAP)和双叠氮甲基氧乙烷(BAMO),也是由碳氢化合物碎片和叠氮键—N$_3$组成的均质烟火剂。当叠氮聚合物被加热时,—N$_3$键断裂释放热量,而不是氧化放热[15,16],剩余的碳氢化合物碎片热分解并产生气相产物,第5章描述了叠氮聚合物的燃速特性和燃烧波结构。

11.1.3 非均质烟火剂

含能晶体如高氯酸铵(AP)、高氯酸钾(KP)、硝酸钾(KN)和硝酸铵(AN)等是配制非均相烟火剂的典型氧化剂。当这些氧化剂晶体与端羟基聚丁二烯(HTPB)或端羟基聚氨酯(HTPU)等碳氢类聚合物混合时,就形成了非均相的烟火剂。当这些烟火剂被加热时,氧化剂晶体和聚合物会发生热化学变化,导致在烟火剂受热表面处分别产生氧化剂和燃料碎片,这些碎片是通过物理和化学变化产生的,如熔化、升华、分解或气化作用,通过扩散相互作用最终产生高温燃烧产物。

如第7章所述,由AP粒子和HTPB组成的非均质烟火剂相当于火箭发动机用的AP复合推进剂,AP复合推进剂的燃烧温度、燃烧速率、压强敏感性、温度敏感性等物理化学性质及其力学性能随AP颗粒尺寸和AP颗粒与HTPB的混合比例的变化而变化。含铝的AP复合烟火剂是AP复合推进剂的常用引燃剂,加入10%铝可使燃烧温度提高约15%,但在燃烧室停留时间很短时(小于50ms时)铝颗粒燃烧不完全,特别是铝颗粒直径大于10μm时该现象尤为明显,在含铝和AP的烟火剂燃烧表面及表面上方熔融铝颗粒会发生团聚。

晶体和其他固体粒子的混合物(包括金属粒子)广泛用于点火装置的含能组分。硼是点火器中一种常见的非金属燃料组分,当烟火剂中含KN和B$_2$O$_3$时,燃烧产物中存在高温固体颗粒,由于生成的氧化物固体和(或)液体颗粒或

(不含)气体产物,烟火剂的物理结构和燃烧波结构都是非均质的。

11.1.4 点火器用烟火剂

点火器用来为可燃的含能材料提供充足点火热能。当热量传到材料表面时,表面温度从起始温度提高到点火温度,用于烟火剂点火的点火器通常是由电加热的细铂丝启动的,当能量物质的一个小区域被电线加热时,它就会被点燃并产生热量和(或)冲击波,这种热和(或)激波传播到点火器的主装药中。如要产生爆轰,点火器不仅需要提供热量,而且要提供机械冲击,这有助于起始冲击传播到易爆的材料中。激波的能量转化为热能,引发易爆材料的气化和化学反应,这个连续的过程构成了起爆点火。如果热和(或)机械冲击能不足,那么易爆材料就会在没有爆轰的情况下燃烧,而爆轰点火失效。燃烧以爆燃波的形式传到易爆材料中。在某些情况下,爆燃波变成爆轰波,即燃烧转爆轰(DDT)。另一种情况下,一旦爆轰波传播到易爆材料中,它就会变成爆燃波,即爆轰转爆燃(DTD)。

固体火箭发动机点火用的点火器有两种:①体积较大的燃烧产物;②高温燃烧产物。当压强降至5MPa以下时,由硝酸酯(如硝化棉和硝化甘油)组成的硝基聚合物推进剂燃烧不稳定。为了保持火箭发动机燃烧室内稳定燃烧,点火剂建立的压强必须大于5MPa,这类推进剂所用的点火剂是黑火药,可产生体积较大的燃烧产物。另外,由硝酸铵或高氯酸铵与高分子材料组成的复合推进剂,用金属化的含能材料作为点火器的烟火剂,金属化的含能材料燃烧产生的金属氧化物形成分散的热粒子作用于推进剂表面点火。

当金属化的含能材料作为推进剂点火器在火箭燃烧室中燃烧时,上述金属氧化物作为热凝聚相粒子几乎不会增加压强。然而,燃烧室中推进剂颗粒表面被热颗粒点燃,并建立了稳定的燃烧压强。表11.1列出了用作点火器的典型金属化烟火剂。

表 11.1 可用作点火器的金属化烟火剂的化学组成

组 分	质 量 比	金属氧化物	T_g/K
BNO$_3$	40∶60	B$_2$O$_3$	3000
Mg-Tf	30∶70	MfF$_2$	3700
Al-AP-PB	15∶70∶15	Al$_2$O$_3$	3100
B-AP-PB	10∶75∶15	B$_2$O$_3$	2200

注:Tf 为聚四氟乙烯;PB 为端羟基聚丁二烯;T_g 为燃烧温度。

11.2 金属颗粒的燃烧

金属颗粒是烟火剂燃料的主要成分，它们的氧化和燃烧过程很大程度上取决于其物理化学性质，如金属的种类、粒度、表面结构等，另一个重要参数是与金属颗粒反应的氧化剂的类型。金属粒子与气相氧化剂的反应过程可描述为：气相氧化剂分子受点火能冲击加热粒子的表面，颗粒表面温度升高，热量渗透到粒子中，当温度高到足以使表面先熔化，然后气化时，氧分子就会与熔融表面及其上方的金属原子发生反应，这种反应是放热反应，释放的热量也提供给粒子，燃烧产物，即金属氧化物，从粒子中扩散出来，反应中所需的氧化剂分子不断地从周围环境中获取。

金属氧化和燃烧最重要的过程是颗粒表面金属氧化物的形成过程。一些未反应金属颗粒周围被氧化物层包裹，而在其他情况下，形成细的独立的金属氧化物从金属颗粒的表面排出。金属氧化物的固体壳层一旦形成，氧化剂碎片(或分子)便不可能再与金属进行作用，氧化过程因此中断，发生不完全燃烧。另外，当金属氧化物从表面脱落时，氧化剂碎片继续与底层未反应的金属表面反应。

11.2.1 氧化和燃烧过程

11.2.1.1 铝颗粒

当铝颗粒被气态氧化剂氧化时，它会被一层固体 Al_2O_3 包覆，由于氧化层覆盖了整个颗粒表面，因此，氧化剂分子不能再与下表面未反应的铝作用，氧化反应和燃烧不能持续发生，导致铝颗粒燃烧不完全。然而，如果 Al_2O_3 层下未反应的铝利用 Al_2O_3 层传递的热量熔化并蒸发，该层就会因熔融铝的蒸气压而破裂，熔融和(或)蒸发的铝随后通过破坏 Al_2O_3 层挤出，铝颗粒烧完后即生成了许多 Al_2O_3 空壳。

11.2.1.2 镁颗粒

镁容易蒸发和点燃(甚至低于熔点)，在空气中产生明亮的火焰。镁与热水反应放热，生成 $Mg(OH)_2$ 和 H_2。镁在很宽的氧化剂浓度范围内均可燃烧，当 Mg 颗粒与 MnO_2 颗粒混合时，会形成 Mg-MnO_2 烟火剂，在加热时会发生放热反应，反应按如下进行：

$$MnO_2 + 2Mg \longrightarrow 2MgO + Mn$$

如果反应是绝热反应，则形成熔融的金属锰。

将镁颗粒掺入含氟的聚合物中，如聚四氟乙烯或偏二乙烯基六异丙基聚合物,可产生含能的烟火剂,镁颗粒被从这些聚合物中放出的氟分子氧化,生成高温氟化镁。

11.2.1.3 硼颗粒

硼粒子在空气中燃烧时其燃烧效率极低,氧化硼表面层包覆颗粒,阻止了氧分子与下面未氧化的硼连续反应。因此,减小颗粒尺寸可增大燃烧效率。虽然晶态硼是极惰性的,但非晶态硼可在氧气中燃烧,并可与硫在 900K 发生反应。硼与 KNO_3 的氧化反应是极高效的反应,并形成高温氧化硼。非晶态硼粒子和 KNO_3 粒子以 75:25 的比例混合后可快速燃烧,释放出明亮的绿色火焰产生高温的 BO_2,这样的混合物很容易被黑火药的火焰点燃。

11.2.1.4 锆颗粒

空气中的锆颗粒对静电点火很敏感,感度随着颗粒尺寸的减小而增大。当 Zr 粒子在空气中受热时,其表面与氧发生反应,该反应非常剧烈,并生成高温氧化锆,从粒子中发出大量明亮的光束,该反应过程可表达为

$$Zr+O_2 \longrightarrow ZrO_2$$

锆在空气中的点火温度较低,介于 450~470K 之间。

11.3 黑 火 药

11.3.1 物化性能

黑火药是历史上最古老的炸药,可以追溯到 8 世纪,它的化学成分是硝酸钾、硫和碳,混合比随使用目的可适当变化,其范围如下:$\xi(KNO_3)$ 为 0.58~0.79,$\xi(S)$ 为 0.07~0.20,$\xi(C)$ 为 0.10~0.20。颗粒直径小于 0.1mm 的黑火药,用于作烟花和引信破壳;直径在 0.4~1.2mm 的用于作发射球形烟花弹;直径在 3~7mm 的用于作工业炸药。由于黑火药对机械撞击、摩擦和静电火花敏感,所以盛装黑火药的容器应为黄铜或铝合金材质,而不能采用钢铁材质。当有 Cl、Ca 或 Mg 杂质存在时,会形成 $CaCl_2$ 或 $MgCl_2$,KN 的热性能降低。同样,也应避免受 NaCl 的污染。

11.3.2 反应过程和燃速

黑火药因为孔隙率很大,燃烧速度非常快,存在爆燃波而不是爆轰波,爆燃波穿透孔隙并点燃内表面。因此,黑火药的质量燃速与所用木炭的种类相关。木炭由木材制成,其孔隙率取决于木材的种类。

黑火药的线性燃速不好表征,因为其难于测量,并与所采用的点火方式有

关。与推进剂不同,多孔的黑火药必须填充使用,其燃烧表面不平,燃烧的火焰呈三维展开。质量燃速取决于所用的 KNO_3、S 和 C 的孔隙率及粒度。黑火药易吸湿,对燃烧速率影响明显。

11.4 Li-SF$_6$ 烟火剂

11.4.1 锂的反应

锂是一种轻金属,当被氧、氟、氯和硫氧化时会产生热量。从元素周期表中可以清楚地看出,锂与钠、镁和铝相类似,这点也可以从图 10.2 和图 10.3 所示的燃烧热中看出。当锂被氟氧化时,生成的热量是所有金属中最高的,反应方程可表示为

$$2Li+F_2 \longrightarrow 2LiF$$

起始液相反应产物 LiF 在约 500K 以下为团聚态固体。

当锂被硫氧化时,放热反应可以表示为

$$2Li+S \longrightarrow Li_2S$$

与 LiF 类似,初始的液态 Li_2S 在约 500K 以下为团聚态固体。

11.4.2 SF$_6$ 的化学特性

虽然氟分子(F_2)是一种与氧分子相类似的氧化剂,但 F_2 在室温下是一种气体,不适合用作含能材料。1 个硫分子和 6 个氟分子组合,形成一个气态的 SF_6 分子。由于 SF_6 的临界气化温度为 327K,因此,在密闭容器内加压时,SF_6 很容易变成液体。锂粉与 SF_6 间的化学反应产生明显的热,并按如下反应进行:

$$8Li+SF_6 \longrightarrow 6LiF+Li_2S$$

Li 和 SF_6 混合物在反应器中的燃速约为每秒几毫米量级,当产生的热量从反应器转移后,LiF 和 Li_2S 等反应产物发生液相团聚,这个反应过程是无气体反应,所以反应器内的压强保持不变,由 Li-SF_6 烟火剂组成的封闭反应器可作为无气的发热装置。

11.5 含 Zr 烟火剂

由于锆的燃烧热和密度比镁、铝和钛等其他金属燃料高[3-5],因此,锆可用作烟火剂的含能燃料。锆不仅与气态氧化剂反应,而且与金属氧化物如 $BaCrO_4$ 和 Fe_2O_3 也反应。锆与金属氧化物之间的反应不产生气体产物而产生热量,不

增加密闭室中压强。因此,锆和金属氧化物颗粒制成的烟火剂可用作热电池的热源。

虽然氧化锆颗粒很容易被气体氧化剂和 KNO_3、$KClO_4$ 等氧化剂晶体点燃,但只有在 2000K 以上的高温区才能引发锆-金属氧化物混合物的点火。因此,锆-金属氧化物烟火剂需要两阶段的点火系统。

11.5.1 与 $BaCrO_4$ 的反应性

Zr 粒子与 $BaCrO_4$ 粒子反应剧烈,类似于 Zr 粒子在空气中的燃烧。然而,Zr 和 $BaCrO_4$ 的混合物对摩擦或机械冲击相对钝感。差热分析和热重分析结果表明,他们在 542K 时发生放热反应,并伴有较小的质量损失,最大放热峰在 623K 处,随着温度的进一步升高,放热速率逐渐降低。由于发生的是表面反应,观察到的特征高度依赖于 Zr 粒子的尺寸,在 623K 处观察到的放热峰值随 Zr 颗粒尺寸减小而增大。混合物的燃烧反应可以表示为

$$Zr+BaCrO_4 \longrightarrow ZrO_2+BaO_2+Cr$$

当反应器绝热时,生成的金属铬和 BaO_2 呈熔化状态。

11.5.2 与 Fe_2O_3 的反应性

当温度高于 2000K 时,Zr 粉与 Fe_2O_3 粉反应按如下方程进行:

$$3Zr+2Fe_2O_3 \longrightarrow 3ZrO_2+4Fe$$

这种反应放热量高,与 Al 和 Fe_2O_3 发生的铝热反应类似:

$$2Al+Fe_2O_3 \longrightarrow Al_2O_3+2Fe$$

该反应需要较高热量输入才可引发,由于 Zr 粒子与 $KClO_4$ 粒子在约 650K 的较低温度下发生反应,即在 $KClO_4$ 熔化后,所以会在 Zr 和 Fe_2O_3 粒子的混合物中加入少量的 $KClO_4$ 粒子。Zr 和 $KClO_4$ 粒子的放热反应按照下式进行:

$$2Zr+KClO_4 \longrightarrow 2ZrO_2+KCl$$

11.6 Mg-Tf 烟火剂

11.6.1 热化学性质与能量性

Mg 与 F_2 氧化产生的热为 $16.8MJ \cdot kg^{-1}$,高于 Mg 与 O_2 氧化产生的热,也高于 Mg 氧化所产生的热量。镁与 Tf 的燃烧是镁与氟快速氧化的典型例子[6-12],Tf 由—C_2F_4—分子结构组成,其中氟的质量分数为的 $\xi(F)=0.75$。由于 Mg 和

第 11 章 烟火剂的燃烧传播

Tf 都是固体材料,所以反应过程复杂,伴随着固相到液相和气相的相转变。图 11.1 和图 11.2 所示分别为绝热火焰温度 T_f 和燃烧产物摩尔分数与 Mg 质量分数 $\xi(\mathrm{Mg})$ 间的关系。在 $\xi(\mathrm{Mg})=0.33$ 处可获得最大 T_f,最大 T_f 处的主要燃烧产物是 $C_{(s)}$ 和 $MgF_{2(g)}$。随 $\xi(\mathrm{Mg})$ 值增大,$\xi(C_{(s)})$ 和 $\xi(MgF_{2(l)})$ 质量分数降低,而 $\xi(Mg_{(g)})$ 和 $\xi(MgF_{2(l)})$ 增加。当 $\xi(\mathrm{Mg})$ 值进一步增大到 0.66 时,$\xi(\mathrm{Mg})$ 和 $\xi(MgF_{2(l)})$ 开始下降。

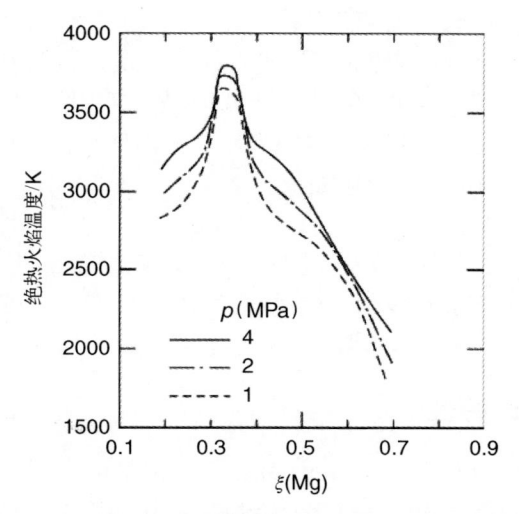

图 11.1 Mg-Tf 烟火剂的绝热火焰温度与 $\xi(\mathrm{Mg})$ 的关系

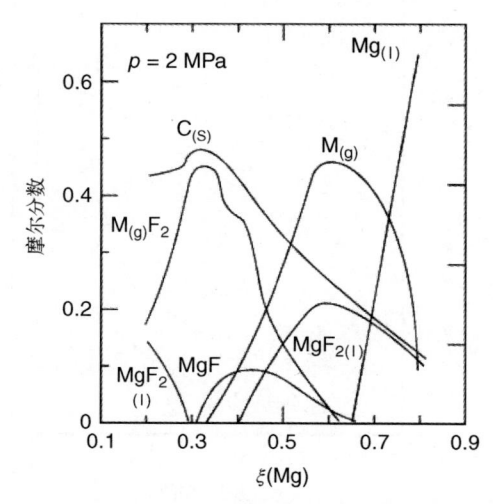

图 11.2 Mg-Tf 烟火剂的燃烧产物与 $\xi(\mathrm{Mg})$ 的关系

11.6.2 Mg 和 Tf 的反应性

采用 TG 和 DTA 对 Tf 粒子在 0.1MPa 氩气气氛、升温速率 0.167K·s^{-1} 下测试,结果表明,Tf 的热分解起始于 750K 左右,在 900K 左右结束[6,7],900K 以上全部分解。当 Mg 颗粒与 Tf 颗粒混合时,在 750~800K 之间放热反应伴随气化发生,该放热反应是 Mg 颗粒和 Tf 粒子的气相分解产物间进行的,923K 处观察到的吸热峰归因于 Mg 粒子的熔化热。

在 893K 以上仍有残余物未分解,残余物的质量分数为 0.656,而在烟火剂中镁的质量分数为 $\xi(Mg)=0.60$,这说明残渣是由 Tf 热分解产生的氟氧化 Mg 产生的。X 射线分析表明,TG 实验中 893K 以上的残渣由 Mg 和 MgF$_2$ 组成。因此,Mg-Tf 热解产物间的氧化反应如下

$$Mg + F_2 \longrightarrow MgF_2$$

1mol Mg(24.31g) 与 1mol 氟气(38.00g)反应生成 1mol 氟化镁(62.31g)。由于每个 Mg 颗粒的表面均发生氧化反应,所以颗粒表面包裹有一层 MgF$_2$ 的氧化层,经计算,该 MgF$_2$ 表面层的厚度为 0.19μm[6]。

11.6.3 燃速特性

粒径 $d_{Mg}=22\mu m$ 和 $d_{Tf}=25\mu m$ 的 Mg-Tf 烟火剂的燃速与 $\xi(Mg)$ 的关系如图 11.3 所示。表 11.2 列出了试样的化学成分,用以研究 $\xi(Mg)/\xi(Tf)$ 组分比

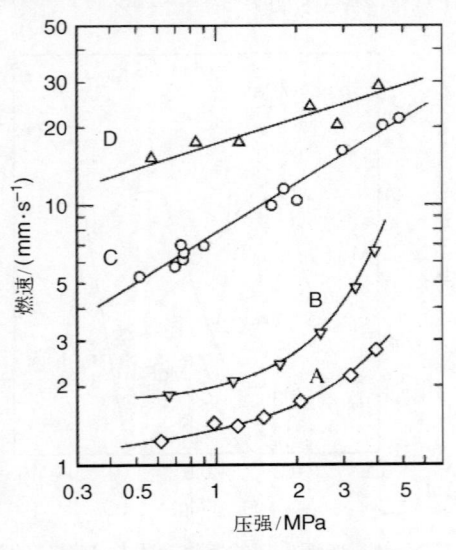

图 11.3 Mg-Tf 烟火剂的燃速特性

和 d_{Mg}/d_{Tf} 粒度比的影响,其中 d_{Mg} 和 d_{Tf} 分别是 Mg 和 Tf 颗粒的平均直径。在恒压条件下,从 $\xi(Mg)=0.3$ 增加到 $\xi(Mg)=0.7$ 时燃速增大。在 0.5~5MPa 压强范围内,$\xi(Mg)$ 较高时压强指数 n 相对恒定,当 $\xi(Mg)=0.7$ 和 $\xi(Mg)=0.6$ 时,压强指数分别为 0.30 和 0.60。1MPa 下当 $\xi(Mg)$ 从 0.4 降到 0.3 时,燃速受压强影响较小,但当压强超过 1MPa 时,压强指数迅速增大[6,7]。

表 11.2 Mg-Tf 烟火剂的化学成分

烟 火 剂	$\xi(Mg)/\xi(Tf)$	d_{Mg}/d_{Tf}	$\xi(Vt)$
A	0.30/0.70	22/25	0.03
B	0.40/0.60	22/25	0.03
C	0.60/0.40	22/25	0.03
D	0.70/0.30	22/25	0.03
E	0.60/0.40	200/25	0.03
F	0.60/0.40	200/450	0.03
G	0.60/0.40	22/450	0.03

图 11.4 中绘制了不同压强下燃速与 Tf 的关系。$\xi(Mg)<0.3$ 且压强恒定时,燃速随着 Tf 的增加而增大。$\xi(Mg)>0.3$ 时,燃速随着 Tf 的降低而增大;当 Mg 量大于化学计量比时,燃速随着能量密度的增加而减小。通常情况下,双基和复合等固体推进剂的燃速随着能量密度的增加而增大,这是 Mg-Tf 型烟火剂与常规推进剂燃速特性的明显差异。

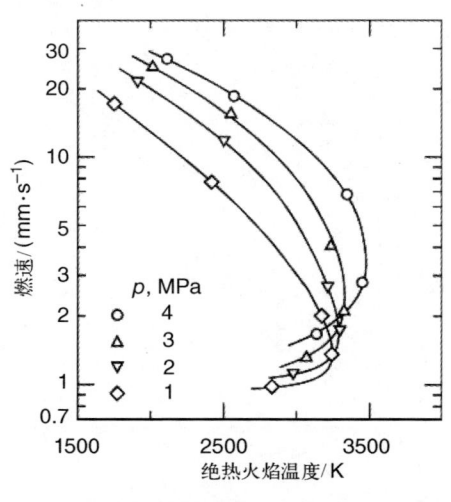

图 11.4 Mg-Tf 烟火剂的燃速特性与绝热火焰温度间的关系

图 11.5 为 Mg 和 Tf 的粒度对燃速的影响,所列数据采用的 Mg-Tf 烟火剂比例均为 $\xi(\mathrm{Mg})/\xi(\mathrm{Tf}) = 0.60/0.40$。随着 Mg 粒度减小,燃速增大。此外,燃速大小不仅取决于 d_{Mg},而且取决于 d_{Tf},Tf 颗粒较大($d_{\mathrm{Tf}} = 450\mu\mathrm{m}$)的烟火剂的燃速高于 Tf 颗粒较小($d_{\mathrm{Tf}} = 25\mu\mathrm{m}$)的烟火剂的燃速。

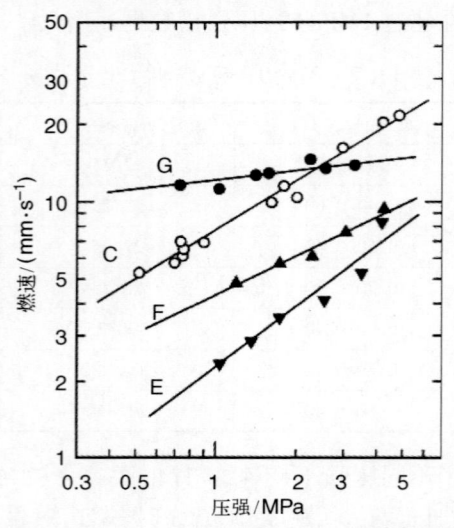

图 11.5 $\xi(\mathrm{Mg})/\xi(\mathrm{Tf}) = 0.60/0.40$ 的 Mg-Tf 烟火剂的燃速特性

Mg-Tf 烟火剂的燃速与 Mg 和 Tf 的颗粒大小密切相关。压强低于 2MPa 时,含小粒径 Mg 和大粒径 Tf 颗粒的 $\xi(\mathrm{Mg}) = 0.60$ 的烟火剂的燃速较高。图 11.6 为

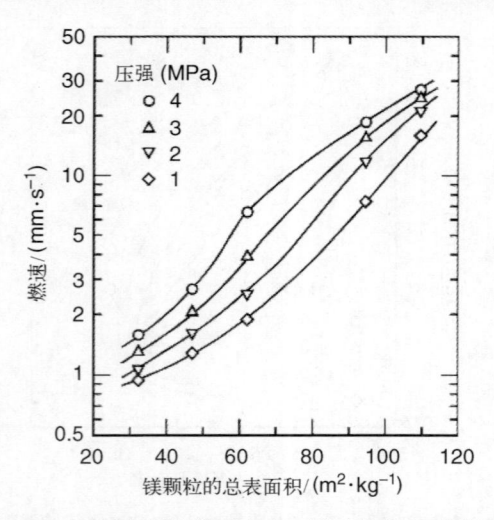

图 11.6 Mg-Tf 烟火剂的燃速与 Mg 颗粒的总表面积间的关系

镁颗粒的总表面积与燃速之间的关系,由图可知燃速随表面积的增加而增加,换言之,在 Mg 含量一定时减小 Mg 颗粒尺寸,或在 Mg 颗粒尺寸一定时增加 Mg 用量,均可提高燃速[6,7]。

11.6.4 燃烧波结构

含 $\xi(Mg) = 0.30$ 的 Mg-Tf 烟火剂的温度,随着样品燃烧表面退移由初始值上升到气相温度。在热传导作用下,温度以指数方式从初始值升高至燃烧表面温度,燃面上方的气相温度迅速升高。由于烟火剂是由 Mg 和 Tf 的分散颗粒组成,燃烧表面非常不均匀,所以燃烧表面温度的数据是分散的。但燃烧表面温度明显超过了 Mg 的熔点(923K)和 Tf 的分解温度(800~900K)。因此,加入烟火剂中的镁颗粒被认为是在燃烧表面和其上方进行熔化。在压强恒定条件下,随着 $\xi(Mg)$ 的增加,燃烧表面温度呈下降趋势。

Mg 颗粒在燃烧表面熔化,部分被 Tf 颗粒热分解产生的氟气氧化,同时,Tf 粒子完全分解,产生氟和其他气体碎片。在 Tf 粒子分解过程中,一些 Mg 颗粒在燃烧表面上熔化并形成团聚体,而另一些则被喷到气相中,在气相中被氟迅速氧化。Mg 颗粒的氧化发生在其表面的熔融层。

参照 3.5 节,Mg-Tf 型烟火剂的燃烧模型可以表达为式(3.73)~式(3.76)。如果假定为均质凝聚相,则燃烧表面的热平衡为

$$r = \alpha_s \frac{\phi}{\varphi} \tag{3.73}$$

燃烧表面气相温度梯度 φ 取决于氧化剂和燃料组分的扩散混合及这些组分的反应速率等物理化学参数。由于 Mg-Tf 烟火剂燃烧表面上方气相温度升高迅速,测试用热电偶连接点尺寸又过大,因此,无法精确测量 φ。假设 Mg 粒子熔化和 Tf 粒子气化分解均在 Mg-Tf 烟火剂的燃烧表面处完成,则燃烧表面处的反应热可表示为

$$Q_s = Q_{s,Mg} + (1 - \xi_{Mg}) Q_{s,Tf} \tag{11.1}$$

式中:$Q_{s,Mg}$ 为 Mg 的熔化热;$Q_{s,Tf}$ 为 Tf 的分解热。将 $Q_{s,Mg} = -379 \text{kJ} \cdot \text{kg}^{-1}$ 和 $Q_{s,Tf} = -6578 \text{kJ} \cdot \text{kg}^{-1}$ 代入式(11.1),可确定 Mg-Tf 烟火剂的 Q_s 与 $\xi(Mg)$ 间的关系。

将燃烧表面温度数据和 Q_s 数据[6]代入式(3.73),可确定凝聚相参数。从气相反馈的热流参数为

$$q_{g,s} = \lambda_g \phi = \rho_p c_p \psi r \tag{11.2}$$

式中:$\rho_p = 1.80 \times 10^3 \text{kg} \cdot \text{m}^{-3}$;$c_p = 10.5 \text{kJ} \cdot \text{kg}^{-1} \cdot \text{K}^{-1}$。结果表明,$q_{g,s}$ 随 $\xi(Mg)$ 的增加而增加,燃速强烈依赖于气相到燃烧表面的热反馈。换言之,燃烧表面上方

的热生成率,随加入烟火剂单位质量中 Mg 颗粒的总燃烧表面积增加而增加[6,7]。

因此,Mg-Tf 烟火剂燃烧表面及其上方的热生成率与 Mg 颗粒的表面积和 $\xi(Mg)$ 有关,当 Mg 粒度较大时,可被氟氧化的 Mg 颗粒的比表面积很小,这是因为在燃烧表面上方每个 Mg 颗粒只一层薄的表面层参与反应。相应地,随着 Mg 颗粒尺寸减小和(或)$\xi(Mg)$的增加,Mg-Tf 烟火剂从气相到燃烧表面的传热速率增大,从而提高了 Mg-Tf 烟火剂的燃速。

11.7 B-KNO$_3$型烟火剂

11.7.1 热化学性能和能量性能

硼可被 KNO$_3$、KClO$_4$ 和 NH$_4$ClO$_4$ 等氧化剂氧化。KNO$_3$通常用于获得高热量和高燃速,如图 11.7 所示,B-KNO$_3$型烟火剂的绝热火焰温度随 B 的含量而变化,在含 $\xi(B)=0.22$ 时火焰的最高温度为 3070K。如图 11.8 所示,在 0.1MPa 下燃烧的主要产物是 KBO$_2$、N$_2$O 和 BN。硼的粒度是决定反应速率的主要因素。硼粒子的氧化发生在表面,使其表面包覆一层熔融的 B$_2$O$_3$,该熔融层阻止 KNO$_3$ 颗粒分解产生的氧化剂碎片 NO$_2$ 到达底层未反应的硼,硼颗粒的内部部分保持未氧化状态。因此,使用粒度较小的硼粉可提高燃烧效率。

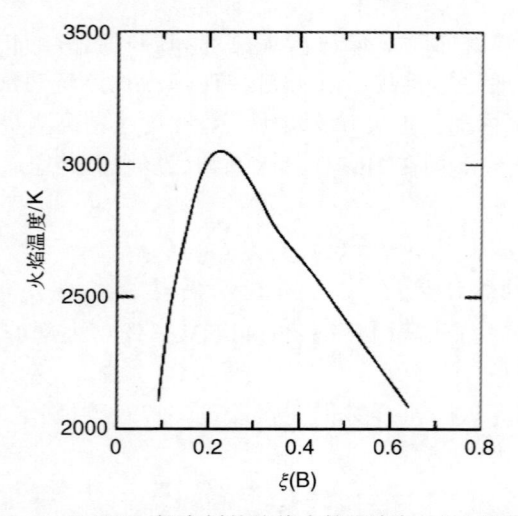

图 11.7 B-KNO$_3$烟火剂的绝热火焰温度与 $\xi(B)$ 的关系

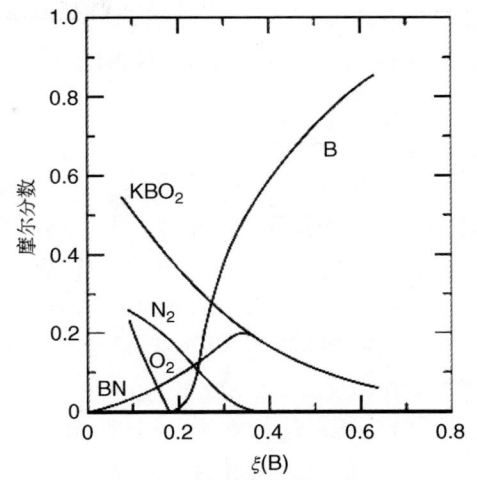

图 11.8　B-KNO$_3$ 烟火剂的燃烧产物与 $\xi(B)$ 的关系

11.7.2　燃速特性

B-KNO$_3$ 型烟火剂的燃烧速率不仅取决于 $\xi(B)$，还取决于 θ_B。虽然 $\xi(B)=0.22$ 时理论火焰温度达最大值，但混合物中硼粉相对过量时，才可得到最大烧速。硼颗粒的总表面积是获得较高燃烧温度并获得较高燃速的重要因素。如图 11.9 所示，0.1MPa 以下低压区的燃速行为与高压区相比有一定的差异。当使用 $\xi(B)=0.6$ 或 $\xi(B)=0.8$ 时，含粒径为 5μm 硼粉的 B-KNO$_3$ 烟火剂出现平台燃烧现象，这是由于烟火剂中 KNO$_3$ 含量较低，导致硼颗粒的燃烧不完全而引起的，其中多数硼粒子仍未发生反应。

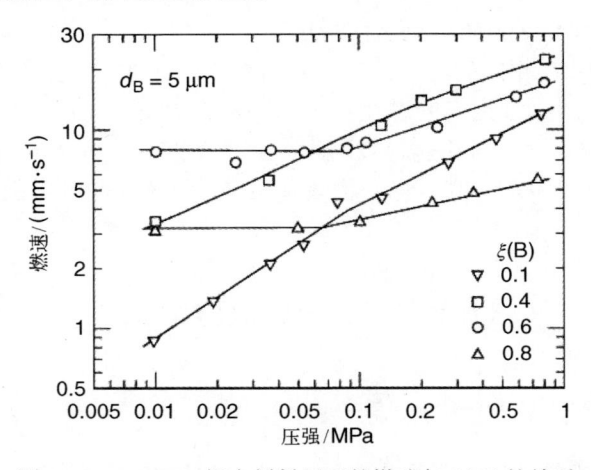

图 11.9　B-KNO$_3$ 烟火剂低压区的燃速与 $\xi(B)$ 的关系

11.8 Ti-KNO$_3$ 和 Zr-KNO$_3$ 烟火剂

11.8.1 氧化过程

将钛颗粒与 KNO$_3$ 粒子混合后，制成 Ti-KNO$_3$ 烟火剂。由 $\xi(\text{Ti}) = 0.50$ 组成的 Ti-KNO$_3$ 烟火剂的热分解在 403K 和 612K 处有两个吸热峰，第一个峰对应于晶体转变，第二个峰对应于 KNO$_3$ 的熔融。Ti 颗粒的存在对 KNO$_3$ 粒子的气化和热分解过程没有影响，Ti 颗粒与熔融的 KNO$_3$ 之间没有化学反应发生。当温度升高到 970K 时，发生气化放热反应，在 1200K 左右结束，该反应过程是由 KNO$_3$ 的气态分解产物氧化 Ti 颗粒，通过这一氧化过程，Ti-KNO$_3$ 烟火剂产生热量。

加热 Zr 颗粒和 KNO$_3$ 颗粒的混合物，同样会发生上述提及的 KNO$_3$ 的两个吸热过程：在 403K 的转晶和 612K 的熔化，在 630~750K 之间的放热反应是熔融的 KNO$_3$ 氧化 Zr 颗粒，放热反应中不发生气化。Zr 粒子和 KNO$_3$ 的氧化过程与 Ti 颗粒和 KNO$_3$ 的氧化过程有本质上的不同，Ti 颗粒氧化发生在气相，Zr 粒子氧化发生在熔融 KNO$_3$ 的液相中。Ti-KNO$_3$ 型烟火剂放热反应活化能为 200kJ·mol^{-1}，Zr-KNO$_3$ 型烟火剂的为 105kJ·mol^{-1}，因此 Zr 颗粒比 Ti 颗粒更容易被 KNO$_3$ 氧化，这两种活化能与这些颗粒的质量分数无关。

11.8.2 燃速特性

由 $\xi(\text{Ti}) = 0.33$ 组成的 Ti-KNO$_3$ 烟火剂的燃速与压强有关，在 0.2~1.0MPa 之间的燃速压强指数约为 0.8，在 0.2MPa 下的燃速为 1.0mm·s^{-1}，1.0MPa 下的燃速为 4.0mm·s^{-1}。而由 $\xi(\text{Zr}) = 0.33$ 组成的 Zr-KNO$_3$ 型烟火剂的燃速对压强的依赖较小，在相同的压强范围内压强指数为 0.0，燃速为 50mm·s^{-1}。在 1.0MPa 下，Zr-KNO$_3$ 烟火剂的燃速是 Ti-KNO$_3$ 烟火剂的 10 倍以上，这一差异可归因于上述两种不同的氧化过程：Zr 颗粒在凝聚相中被熔融的 KNO$_3$ 的氧化，Ti 粒子在气相中被 KNO$_3$ 气相分解产物氧化。正如人们通常所预计的，液相反应不如气相反应对压强敏感。

11.9 金属-GAP 烟火剂

11.9.1 火焰温度和燃烧产物

虽然 GAP 燃烧产物中不产生氧化剂碎片，但金属颗粒和 GAP 的混合物形成了金属-GAP烟火剂,他们的热分解和燃烧速率取决于所用金属的种类。常见金属如 Al、Mg、B、Ti、Zr 等均可与 GAP 形成金属-GAP 烟火剂。GAP 分解后产生大量 N_2、H_2 和 CO,它们分别与金属颗粒反应生成金属氮化物、氢化物和氧化物,这些反应高度放热,并产生高温液体和(或)固体颗粒。不含金属时 GAP 的火焰温度约为 1400K,加入金属后火焰温度随 $\xi(M)$ 的增加而升高。表 11.3 列出了金属-GAP 烟火剂的最高火焰温度。

表 11.3 金属-GAP 的最高火焰温度

金 属	Al	Mg	Zr	B	Ti
$\xi(M)$	0.4	0.2	0.5	0.2	0.3
T_f/K	2752	2102	2566	2725	2004

当 $\xi(B)=0.2$ 时 B-GAP 烟火剂的火焰温度最高,此时生成 BN。当 $\xi(Al)=0.4$ 时 Al-GAP 烟火剂的火焰温度最高,此时生成 AlN。$\xi(Al)>0.4$ 时,Al 与 GAP 分解生成的 N_2 反应生成 AlN,随着 $\xi(Al)$ 增加,H_2 的摩尔分数减小。在 $\xi(Mg)$ 在 $0.1\sim0.3$ 范围时,Mg-GAP 烟火剂的火焰温度为 2100K,增大 $\xi(Mg)$ 会降低火焰温度。当 $\xi(Mg)>0.4$ 时,不产生 CO。Mg 与 CO 的反应表示为

$$Mg+CO \longrightarrow MgO+C$$

当 Ti-GAP 烟火剂中 $\xi(Ti)<0.2$ 时,在低温区发生 Ti 与 N_2 反应。另外,当 $\xi(Ti)>0.2$ 时,在高温区发生 Ti 与 C 的反应。Ti 与 N_2 和 C 的反应可表示为

$$2Ti+N_2 \longrightarrow 2TiN$$
$$Ti+C \longrightarrow TiC$$

TiN 的最大摩尔分数约在 $\xi(Ti)=0.2$ 处,此时最大火焰温度也有所升高。Ti 和 C 的反应发生在 $\xi(Ti)>0.2$ 的区域,TiC 的摩尔分数随着 $\xi(Ti)$ 的增加而增加。研究表明,$\xi(Zr)>0.5$ 时,Zr 与 N_2 反应产生 ZrN。

11.9.2 热分解过程

热化学实验结果表明,GAP 仅在 526K 左右发生放热反应,在其他温度下不发生明显的放热或明热反应。当 Mg 或 Ti 颗粒加入 GAP 中形成 Mg-GAP 或 Ti-GAP 烟火剂时,可以观察到两个放热反应:第一个是上述 GAP 的放热分解对于 Mg-GAP 烟火剂第二次反应发生在 916K,对于 Ti-GAP 烟火剂第二次反应发生在 945K。在第一个放热反应的温度下,Mg 或 Ti 颗粒与 GAP 之间不会发生反应。Mg 和 Ti 颗粒与 GAP 间分别会由相应第二个放热反应产生的热量点燃。

11.9.3 燃速特性

$\xi(Ti)=0.2$ 的 Ti-GAP 烟火剂可在惰性气氛(氩气)中燃烧,在 5MPa 以下无可见光,而 $\xi(Mg)=0.2$ 的 Mg-GAP 烟火剂燃烧产生的火焰中有明亮的发射亮线,这是从 Mg-GAP 烟火剂燃烧表面喷出的 Mg 颗粒氧化产生的。由于 GAP 的燃烧温度高到足以点燃 Mg 颗粒,所以每个 Mg 颗粒与 GAP 产生的 N_2 的氧化过程发生在烟火剂的燃烧表面及其上方。

另外,Ti 颗粒的着火温度高于 Mg 颗粒,在 5MPa 以下的气相中 Ti 颗粒未被点燃,当压强增加到 5MPa 以上时,$\xi(Ti)=0.2$ 的 Ti-GAP 烟火剂被点燃,产生发光的火焰,燃烧产生的固体残留物保留烟火剂样品的原始形状。在 3MPa 下 GAP 的燃速为 $9mm \cdot s^{-1}$,当 $\xi(Ti)=0.2$ 时燃速降低到 $7.5mm \cdot s^{-1}$,加入 $\xi(Mg)=0.2$ 时降低到 $5.0mm \cdot s^{-1}$。GAP 的绝热火焰温度低于金属-GAP 烟火剂,但 GAP 的燃速高于 Mg-GAP 或 Ti-GAP。GAP 的燃速压强指数 n 为 0.36,Mg-GAP 的为 0.32,Ti-GAP 的为 0.58。

X 射线分析结果表明,Mg-GAP 烟火剂形成的燃烧产物是 MgN,与 GAP 分解出的氮气发生的反应如下:

$$2Mg+N_2 \longrightarrow 2MgN$$

残渣中未见 MgO,表明该化合物中不发生 Mg 与 CO 的反应。另外,在 Ti-GAP 烟火剂残渣中未发现 TiN,意味着 Ti 和 N_2 之间没有反应发生。Ti 颗粒与 GAP 反应生成的碳按下式发生放热反应:

$$Ti+C \longrightarrow TiC$$

因此,Ti-GAP 烟火剂的燃烧温度最高达到 2000K。

11.10　Ti-C 烟火剂

11.10.1　Ti-C 的热化学性质

由 Ti 和 C 组成的烟火剂生成 TiC 的反应按下式进行:

$$Ti+C \longrightarrow TiC+184.1kJ \cdot mol^{-1}$$

该反应放热量很高,不产生气体产物,在化学计量比混合时,绝热火焰温度为 3460K。但是,这种反应只在 2000K 以上的高温下发生,为了启动该燃烧反应,需要较高的点火热量。

结果表明,T_f 随着 $\xi(Ti)$ 的增加而增大,在 $\xi(Ti)=0.8$ 处达到最大值。由于 Ti-C 烟火剂是一种非均质混合物,其反应速率与 $\xi(Ti)$ 以及 Ti 和 C 的颗粒尺寸密切相关。

11.10.2　Tf 与 Ti-C 烟火剂间的反应活性

Ti 和 C 混合物的点火温度高于其他烟火剂。将少量 Tf 加入到 Ti-C 烟火剂中，Ti 与 Tf 之间的放热反应，使点火温度明显降低。由于 Tf 的化学结构由—C_2F_4—组成，氧化剂 F_2 是由 Tf 按下式热分解而形成：

$$—C_2F_4— \longrightarrow F_2 + C_{(s)}$$

Ti 粒子与 F_2 按下式反应：

$$2Ti + 3F_2 \longrightarrow 2TiF_3 \text{ 和 } Ti + 2F_2 \longrightarrow TiF_4$$

这些过程伴随着放热，类似于 Tf 和 Mg 的反应，即 Mg 颗粒被氧化形成 MgF_2。据报道，只有当混合物加热到 2000K 以上时，Ti 与 C 之间才会发生放热反应。由于 Ti 与 Tf 的反应在较低的温度下（约 830K）发生，在 Ti-C 烟火剂中剩余的 Ti 在此反应产生的热量的帮助下，很容易与 C 发生反应。

11.10.3　燃速特性

由 $\xi(Ti)$ 为 0.6~0.8 组成的 Ti-C 烟火剂，在燃速对数与压强对数曲线上其燃速呈线性增长。这些烟火剂由 Ti 颗粒（20μm）、C 颗粒（0.5μm）和 Tf（5μm）组成，外加少量 Vt（Viton 一种氟橡胶 $C_5H_{3.5}F_{6.5}$）作为 Ti 和 C 颗粒的黏合剂[5]。含 Ti 的烟火剂 $\xi(Ti) = 0.6$ 时 $n = 0.45$，$\xi(Ti) = 0.8$ 时 $n = 0.40$。当压强为 0.1MPa 时，烟火剂的燃速随着 $\xi(Ti)$ 的增加而增加，但 $\xi(Ti) = 0.4$ 时烟火剂的燃速很低，当 $\xi(Ti) = 0.2$ 时的烟火剂被点燃后不能自持燃烧。当压强小于 1.0MPa 时，自持燃烧极限为 $\xi(Ti) = 0.3$。燃速也取决于烟火剂中所用 Ti 的粒度，在 0.1MPa 下，含 20μm Ti 颗粒的烟火剂的燃速高于含 50μm Ti 颗粒的烟火剂的燃速。

由于 Ti 的反应发生在每个颗粒的表面，所以 Ti 和 C 颗粒的反应取决于加入到烟火剂中的 Ti 颗粒的总表面积 β_{Ti}。燃速 r 与 β_{Ti} 的关系表明，在恒压条件下，r 随着 β_{Ti} 的增加而增大。当使用的 Ti 颗粒尺寸相同时，0.1MPa 下的燃速随着 β_{Ti} 的增加而增大。此外，β_{Ti} 相同时，使用大尺寸的 Ti 颗粒时燃速较高。

11.11　NaN_3 烟火剂

11.11.1　NaN_3 烟火剂的热化学性质

叠氮化钠（NaN_3）分解产生高温氮气。当金属氧化物颗粒与 NaN_3 粒子混合时,生成氮气的同时生成了氧化钠,并产生热量。由 NaN_3 和金属氧化物组成的烟火剂称为 NaN_3 烟火剂,可用作氮气发生器[15]。NaN_3 烟火剂的产气过程和与 NaN_3 混合的气化物有关。要获得性能优良的 NaN_3 烟火剂,就必须了解氧化物在 NaN_3 气化过程中的作用。表 11.4 列出了可与 NaN_3 混合的典型金属氧化物。

表 11.4 可与 NaN_3 混合构成 NaN_3 烟火剂的金属氧化物

氧 化 物	化 学 式
含铁氧化物	$\alpha\text{-}Fe_2O_3, \gamma\text{-}Fe_2O_3, Co\text{-}\gamma\text{-}Fe_2O_3, FeOOH$
含钴氧化物	CoO, Co_3O_4
氧化铜	CuO
氧化锰	MnO_2
氧化铝	Al_2O_3
氧化硼	B_2O_3
氧化钾	K_2O
二氧化钛	TiO_2

11.11.2 NaN_3 烟火剂配方

为了增大能量、提高燃速,NaN_3 烟火剂中可添加的各种材料如表 11.5 所列。如硝酸钠($NaNO_3$)和硝酸锶($Sr(NO_3)_2$)这些硝酸盐,由于氧平衡高($NaNO_3$ 为 47.1%,$Sr(NO_3)_2$ 为 37.8%),是很有用的氧化剂,这些硝酸盐可以氧化 NaN_3 中释放出来的钠原子并产生热量。石墨、硅晶丝或金属纤维也被用以提高 NaN_3 烟火剂的力学性能,这些材料通过使用喷射机、球磨机或锁紧混合器粉碎得尽可能细,并均匀地分散于烟火剂中。将混合物压制成条状样品进行燃速测试。NaN_3 烟火剂中 $\xi(NaN_3)$ 在 0.58~0.75 范围内,其余部分由氧化物和其他添加剂组成。

表 11.5 构成 NaN_3 烟火剂的典型化学材料

硝酸钠	$NaNO_3$
硝酸锶	$Sr(NO_3)_2$
石墨	C
晶须	SiC, Si_3N_4
纤维	Al, Zr

11.11.3 燃速特性

由 NaN_3 和 CoO 组成的烟火剂在 $\xi(CoO)=0.30$ 时的燃速为 $19mm \cdot s^{-1}$,当 $\xi(CoO)>0.30$ 时,随着 CoO 含量增加燃速迅速下降,当 $\xi(CoO)=0.40$ 时,燃速为 $12mm \cdot s^{-1}$。当加入 $\xi(NaNO_3)=0.02$ 时,在 $\xi(CoO)<0.30$ 的范围内燃速增加,当 $\xi(CoO)=0.27$ 时达到最大值 $22mm \cdot s^{-1}$。由 NaN_3、Co_3O_4 和 $NaNO_3$ 组成的烟火剂在 $\xi(Co_3O_4)=0.35$ 处的燃速为 $20mm \cdot s^{-1}$,当 $\xi(Co_3O_4)>0.35$ 时随着 Co_3O_4 的增加燃速迅速下降,在 $\xi(Co_3O_4)=0.40$ 处为 $15mm \cdot s^{-1}$。当加入 $\xi(NaNO_3)=0.02$ 时,在 $\xi(Co_3O_4)<0.34$ 的范围内燃速增加,在 $\xi(Co_3O_4)=0.30$ 处达到最大值 $25mm \cdot s^{-1}$。表 11.6 列出了金属氧化物对 NaN_3 烟火剂燃速的影响。

表 11.6　7MPa 下各类 NaN_3 烟火剂的燃速

$r/(mm \cdot s^{-1})$	$\xi(NaN_3)$	$\xi(Fe_2O_3)$	$\xi(MnO_2)$	$\xi(CuO)$	$\xi(NaNO_3)$	$\xi(Al_2O_3+B_2O_3)$	$\xi(C)$
43	0.60	0.26	—	—	0.14	—	—
50	0.61	—	—	0.39	—	—	—
52	0.62	—	—	0.30	—	0.08	—
42	0.62	—	0.30	—	—	0.08	—
39	0.62	0.10	0.20	—	—	0.08	—
26	0.58	0.22	—	0.15	—	—	0.05

11.11.4 燃烧残渣分析

含有 Fe_2O_3 和 $NaNO_3$ 的 NaN_3 烟火剂中,当 $\xi(NaNO_3)=0.10$ 时,残留物的质量分数为 0.65,当加入 $\xi(NaNO_3)=0.12$ 时,残留物的质量分数会明显降低至 0.15。此外,当添加纳米 $NaNO_3$ 且 $\xi(n-NaNO_3)=0.14$ 时,只有少量的残余物存在,质量分数约为 0.02。

当 $NaNO_3$ 较少时,存在大量的残留物(质量分数为 0.95~1.0)。燃烧过程中 $\xi(NaNO_3)>0.10$ 时,会在 NaN_3 烟火剂的燃烧表面形成非常微小的碎片,这种碎裂过程减少了燃烧后残渣的量。

11.12　GAP-AN 烟火剂

11.12.1　热化学特性

通常,由高分子材料和颗粒组成的烟火剂燃烧时无烟产生,他们的燃速很低,燃速压强指数很高。然而,当 $\xi(AN)$ 降低时会生成黑烟,在燃烧表面形成碳质层,这些碳质层是由烟火剂母体中高分子材料分解不完全形成的。AN 晶体与 GAP 混合,就形成了 GAP-AN 烟火剂,由于 GAP 本身就可燃烧,其用于作 AN 粒子母体时完全分解,并与由 AN 颗粒产生的氧化剂气体一起燃烧。

10MPa 下,含铝的 GAP-AN 烟火剂的燃烧产物为 H_2O、H_2、N_2、CO、CO_2 和 Al_2O_3。随着 $\xi(Al)$ 量的增加,Al_2O_3 的质量分数线性增加,而 H_2O 的质量分数线性降低。这是由以下总反应引起的:

$$2Al+3H_2O \longrightarrow Al_2O_3+3H_2$$

11.12.2 燃速特性

恒压条件下,随着 $\xi(AN)$ 的增加燃速减小,特别是在 $\xi(AN)$ 为 0.3~0.5 范围内尤为明显。AN 的加入对燃速压强指数 n 的影响较大:当 $\xi(AN)=0.0$ 时 $n=0.70$,当 $\xi(AN)=0.3$ 时 $n=1.05$,当 $\xi(AN)=0.5$ 时 $n=0.78$。T_f 在 1410~1570K 的相对较小的范围内,燃速急剧下降。然而,当 T_f 从 1570K 增加到 2060K 时,燃速保持相对不变。通常,燃速随着传统烟火剂和推进剂单位质量的能量增加而增加[16]。

11.12.3 燃烧波结构和传热

AN 粒子与 GAP-AN 烟火剂共同作用在燃烧表面形成熔融层,并分解成氧化剂碎片。由 GAP 分解产生的富燃料气体与在燃烧表面和燃烧表面上方的氧化剂碎片相互扩散,产生预混火焰。

AP 粒子添加到 GAP-AN 烟火剂中,燃烧表面上形成了许多发光的火焰束,这些火焰束是由 AP 颗粒分解产生的富氧化性气体和 GAP 分解产生的富可燃性气体之间扩散混合产生的。因此,由于非均匀性扩散火焰束的存在,导致了气相温度曲线不规则地升高。

当 Al 颗粒加入到 GAP-AN 烟火剂时,在燃烧表面形成 Al 的聚集碎片。当 Al 颗粒与 GAP、AN 和 AP 混合形成烟火剂时,气相中会形成大量的火焰流。Al 颗粒可被 AP 颗粒分解的气体产物氧化,通过加入 AP 粒子,Al 颗粒的燃烧效率得到了明显改善[16]。

11.13 硝胺烟火剂

11.13.1 物理化学性质

HMX 和 RDX 可产生约 3000K 的高温燃烧产物,如果假设高温下的燃烧产

物是 H_2O、N_2 和 CO(而不是 CO_2),那么这两种硝胺都可被视为化学计量平衡的物质,不会形成过量的氧化剂或燃料碎片。当 HMX 或 RDX 颗粒与聚合碳氢化合物混合时,形成硝胺烟火剂。每个硝胺粒子被聚合物包围,因此,其物理结构是不均匀的,类似于 AP 复合烟火剂。

11.13.2 燃烧波结构

当用端羟基聚醚(HTPE)、端羟基聚酯(HTPS)或端羟基聚乙炔(HTPA)制备硝胺烟火剂时,他们都具有较高的氧含量,硝胺颗粒和聚合物熔体混合在一起,形成一种含能液体材料,分解后在烟火剂的燃烧表面处产生预混火焰。因此,火焰结构看起来是均匀的,类似于一种硝基聚合物烟火剂。另外,当用丁羟(HTPB)制备硝胺烟火剂时,燃烧表面形成碳质物质,使得火焰结构变得不均匀。由于丁羟是一种不熔化的聚合物,所以燃烧表面不存在硝胺颗粒和丁羟分解碎片的混合。硝胺颗粒和丁羟的气体分解产物仅在燃烧表面上方相互扩散。

由于硝胺烟火剂是一种富燃的材料,因此,火焰温度随着碳氢类聚合物含量的增加而降低。聚合物起到冷却剂的作用,并在硝胺粒子放热作用下产生热分解碎片。聚合物的主要分解产物是 H_2、HCHO、CH_4 和 $C_{(s)}$。当 AP 颗粒掺入硝胺烟火剂时,形成 AP 硝胺复合烟火剂,AP 颗粒产生过量的氧化剂碎片氧化周围的聚合物燃料碎片,因此,在硝胺烟火剂中加入 AP 颗粒会形成化学计量平衡的产物,燃烧温度也随之升高。

由 $\xi(HMX)=0.70$、$\xi(AP)=0.10$ 和 $\xi(HPPB)=0.20$ 组成的烟火剂,在 10MPa 下燃烧的绝热火焰温度为 3200K,可用作高比冲和少烟的火箭推进剂。在 10MPa 条件下,HMX 的绝热火焰温度为 3400K,由 $\xi(HMX)=0.80$ 和 $\xi(HPPB)=0.20$ 组成的烟火剂在此压强下的燃速为 $3mm \cdot s^{-1}$。

硝胺烟火剂的燃速与所用硝胺的粒径无关,这是因为硝胺粒子融化并与周围的熔融聚合物混合。另外,每个 AP 粒子在燃烧表面及其上方与聚合物的气体分解产物形成一个扩散火焰束。从气相到燃烧表面的热反馈取决于这些火焰束的尺寸。与 AP 烟火剂类似,AP-硝胺烟火剂的燃速随着 AP 颗粒尺寸减小而增大。

11.14 B-AP 烟火剂

11.14.1 热化学特性

硼是一种独特的非金属物质,当它在空气中燃烧或与氧化剂燃烧时,会产生大量热量。硼的密度为 $2.33×10^3 kg·m^{-3}$,铝的密度为 $2.69×10^3 kg·m^{-3}$,氧化硼的生成焓为 $18.27MJ·kg^{-1}$,氧化铝的生成焓为 $16.44MJ·kg^{-1}$。硼粒子与 KNO_3 和 NH_4ClO_4 等氧化剂混合形成的 B 基烟火剂,可用于气体发生器和点火器[17]。硼粉粒可与典型高能聚合物 GAP 燃烧。因此,硼粉和 GAP 的混合物构成了一种炮射导弹和固体冲压发动机燃气发生器用的聚合烟火剂[17]。

硼和 AP 粒子混合形成了含能的 B-AP 烟火剂。加入少量聚合物材料作为硼和 AP 颗粒的黏合剂,选端羧基聚丁二烯(CTPB)作为黏合剂,用环氧树脂进行固化。图 11.10 所示为绝热火焰温度 T_f 与硼粉质量分数 $\xi(B)$ 的关系,B-AP 烟火剂的基体由 $\xi(AP)=0.79$ 和 $\xi(CTPB)=0.21$ 组成。

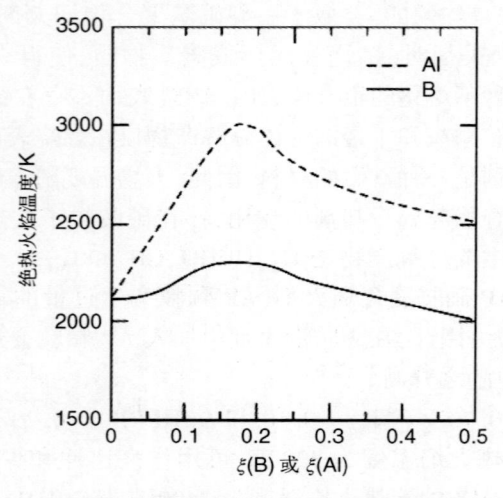

图 11.10 绝热温度与 $\xi(B)$ 和 $\xi(Al)$ 的关系

配方中不含 B 或 Al 时绝热火焰温度 T_f 为 2220K。$\xi(B)<0.05$ 时,T_f 保持相对不变,但在 $\xi(B)=0.15$ 处则上升到最大值 2260K。另外,当 Al 与 AP 混合时,在 $\xi(Al)=0.18$ 下 T_f 达到最大值 3000K。因此,B-AP 烟火剂的最大火焰温度比 Al-AP 烟火剂的低约 740K[17]。

11.14.2 燃速特性

用 CTPB 制成的 B-AP 烟火剂与传统的 AP-CTPB 复合推进剂一样,都是采用环氧树脂固化。大粒径 AP(直径 200μm)与小粒径 AP(直径 20μm)的混合比为 0.3:0.7。硼的质量分数为 0.010、0.050、0.075 或 0.150,所用硼粉的粒径分别为 0.5μm、2μm、7μm 或 9μm。

图 11.11 所示为上述 B-AP 烟火剂燃速随压强变化关系,在 $\ln(r)-\ln(p)$ 的

关系中,燃速可看作随压强增加而线性增加。恒压条件下,燃速随 $\xi(B)$ 增加和硼粉粒径减小而增大,所测的每种烟火剂的燃速压强指数 n 均为 0.5,当所添加的硼粉粒径发生变化时,n 仍然保持不变。

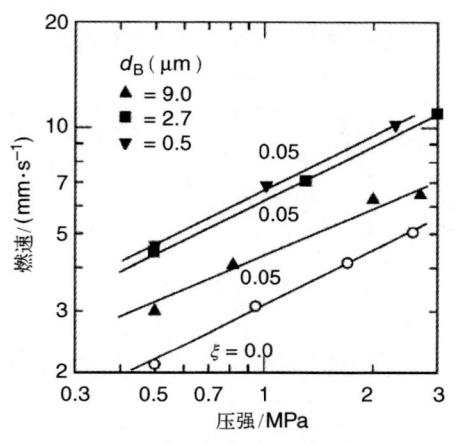

图 11.11　不同压强下 $\xi(B)$ 对燃速的影响

图 11.12 比较了 B-AP 和 Al-AP 烟火剂的燃速与压强关系。与 B-AP 烟火剂相似,Al-AP 烟火剂的燃速随 $\xi(Al)$ 增加和所用 Al 粉粒径减小而增大。在 $\ln(r)$-$\ln(p)$ 图中,虽然燃速呈线性增加,但 n 仍保持在 0.5 不变,加入铝粉也是如此。当 $\xi(B)$ 和 $\xi(Al)$ 相同时,含硼烟火剂的燃速高于含铝烟火剂[17]。

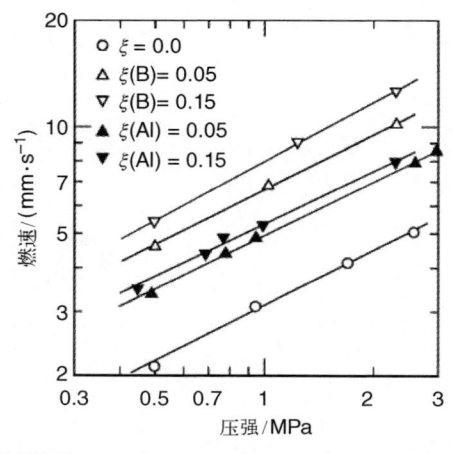

图 11.12　不同压强下 $\xi(B)$ 和 $\xi(Al)$ 对 B-AP 和 Al-AP 烟火剂燃速的影响

图 11.13 所示的 1MPa 下含 B 和不含 B 的 AP 烟火剂燃烧波的温度分布表明,B 颗粒的加入明显增加了燃烧表面上方的温度梯度,从气相反馈到推进剂的

热流增加,从而提高了燃速,反应热也随着 B 粒子的质量分数增加而增加(图 11.14)。结果表明,B 颗粒在气相中起着燃料的作用,在燃烧表面上方发生氧化反应。

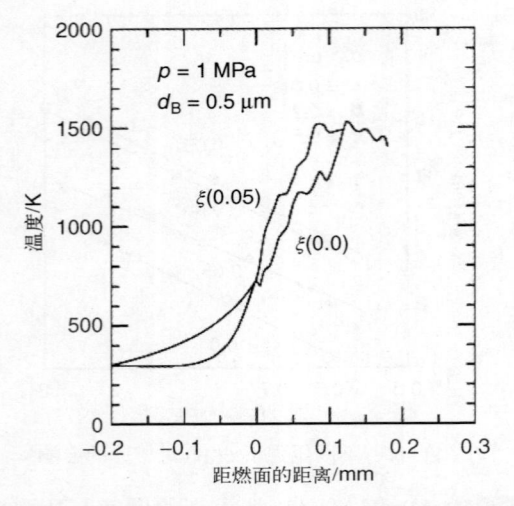

图 11.13 含硼和不含硼的 AP 烟火剂的燃烧波温度分布

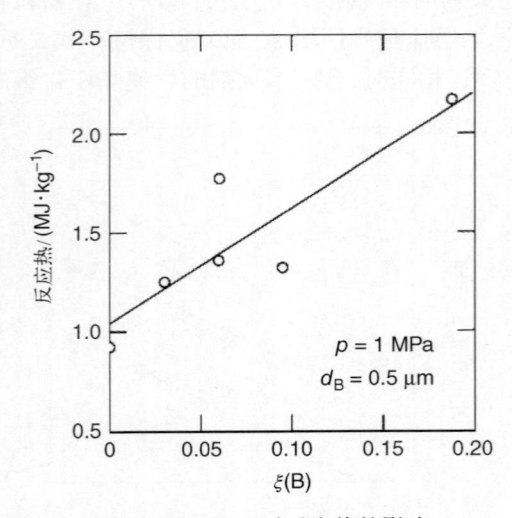

图 11.14 $\xi(B)$ 对反应热的影响

11.14.3 燃速分析

图 11.15 中表示了按 $\varepsilon_B = (r_B - r_0)/r_0$ 计算的燃速增大程度,其中 r_0 是无添加

剂的燃速，r_B 是含硼粉（$d_B = 0.5\mu m$）烟火剂的燃速，虽然 r_B 随着 $\xi(B)$ 的增加而增加，但对压强的依赖性较小。由于硼颗粒在燃烧波中的氧化发生在燃烧表面或气相中，颗粒的比表面积是影响氧化速率的一个重要参数。硼颗粒的氧化从表面开始，渗透到表面氧化层下的颗粒中。如图 11.16 所示，随单位质量烟火剂中硼粒子的总表面积增加 r_B 增大。结果表明，硼颗粒氧化产生的热量发生在燃烧表面上方的气相中，从气相反馈至燃烧表面的热量增加。因此，可通过添加硼粉来提高燃速。

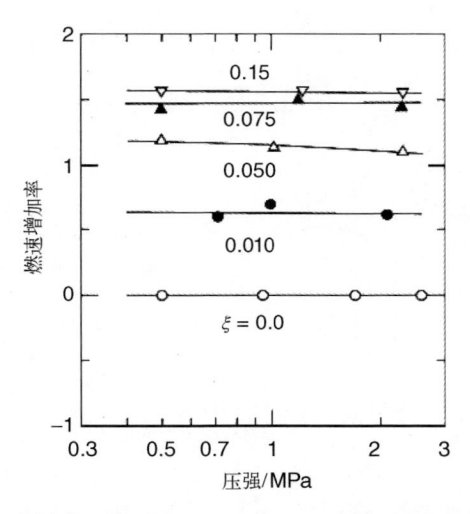

图 11.15 含不同硼粉质量分数的 B-AP 烟火剂的燃速增加率与压强关系

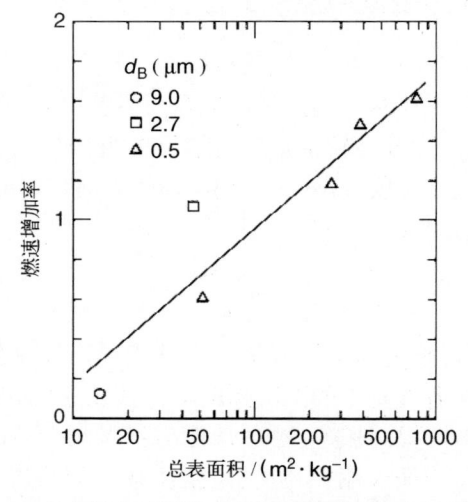

图 11.16 B-AP 烟火剂中不同粒度硼粉的燃速增加率与总表面积的关系

图 11.17 所示为 B-AP 和 Al-AP 烟火剂的燃速增加率 ε_B 与绝热火焰温度间的关系。将铝颗粒加入到 AP-CTPB 烟火剂基体组分中可增加 ε_B，但当绝热火焰温度高于 2500K 时，这种附加作用趋于饱和。相反，在相同的基体组分中加入硼粒子，即使绝热火焰温度保持不变，也可以有效地提高 ε_B。结果表明，从距离燃烧表面较远的最终反应区传递回来的热量，对含硼烟火剂燃速的影响不明显[17]。

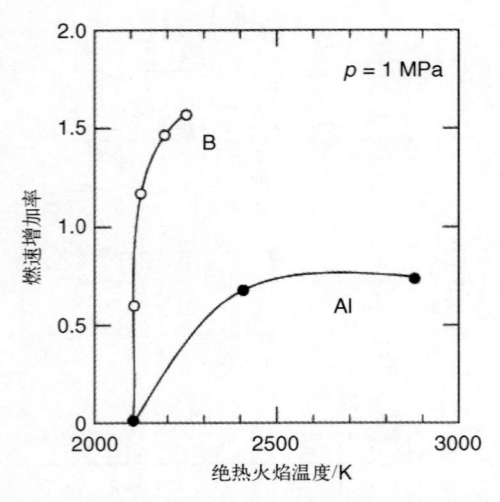

图 11.17　B-AP 和 Al-AP 烟火剂燃速与绝热火焰温度关系

11.14.4　硼在燃烧波中燃烧的位置和方式

如图 11.13 所示，当加入硼粉时，气相温度迅速升高，这是由于含硼烟火剂的燃速比不含硼的高，虽然两种烟火剂燃烧表面温度均为 700K，但当硼加入时，燃烧表面上方气相的温度升高较快。实验结果表明，硼在燃烧表面上方 0.1mm 范围内被氧化，随着气相温度升高，从气相向燃烧表面传递的热流量增加。

根据燃烧表面的热平衡，燃速为

$$r = \frac{\alpha_s \phi}{\Psi} \tag{3.73}$$

硼颗粒在烟火剂燃烧表面下方凝聚相中处于热惰性，硼颗粒氧化发生在燃烧表面的上方，这意味着气相中的温度梯度增大，燃烧速率也随之增大。

因此，加入硼颗粒可提高燃速，对于含硼与不含硼颗粒的烟火剂，热流量随压强增大而增加，但是当加入硼颗粒后，恒定压强下的热流量也增加。$\xi(B)$ 一定时，热流量随着硼粉粒径 dB 的减小而增大；dB 一定时，热流量随着 $\xi(B)$ 的增大而增大。由于硼颗粒的氧化是从表面开始的,所以硼颗粒的表面积在决定反应速率方面起着主导作用。事实上,如图 11.16 所示,在单位体积烟火剂中,硼粉的总表面积与燃速相关。

11.15 烟火剂的摩擦感度

11.15.1 摩擦能的定义

烟火剂的摩擦感度是避免意外自燃的一个重要参数。当烟火剂颗粒之间或烟火剂颗粒与金属零件之间发生机械摩擦时,就会产生热量,这种热有助于提高摩擦表面的温度,当表面温度迅速升高至使颗粒表面气化时,两个摩擦表面间会形成气相组分,由于气相物质的温度很高,所以会发生放热反应,从而发生着火。从施加机械力引起摩擦加热到点火的过程,决定了烟火剂的摩擦感度[1]。

作用于烟火剂的机械摩擦力被转换成热能,但这种热能的评价较难,因为实际产生的能量取决于表面粗糙度、硬度和材料的性质(均匀材料或复合材料),因此,摩擦感度用提供给烟火剂的机械能来评价。与摩擦感度类似,冲击感度是由一个落锤的撞击作用来评估安全水平的,由下落质量传递到烟火剂表面的机械冲击转化为热能,由于机械冲击产生的热能难于估算,因而假设落锤的势能等于热能。

11.15.2 有机铁离子和硼化合物的作用

图 11.18 为含 AP 颗粒和催化剂的混合物的摩擦感度实验结果[1]。AP 的粒径分别为 200μm(33%)、35μm(33%)和 5μm(34%)三种混合组成,卡托辛($C_{27}H_{32}Fe_2$)和二茂铁($C_{10}H_{10}Fe$)是分子结构中含铁原子的液态有机物,碳硼烷是一种含硼原子的液态化合物[1],正己基碳硼烷的物理化学性质见表 11.7,这些催化剂均可用于提高含 AP 烟火剂的燃速。

表 11.7 正己基碳硼烷的理化性质

结构式	$B_{10}H_{10}C_2HC_6H_{13}$
密度	$0.9\times10^3 kg \cdot m^{-3}$(293K)
沸点	400K(压强 0.1~0.2mmHg)
颜色状态	无色液体
稳定性	500K 下稳定

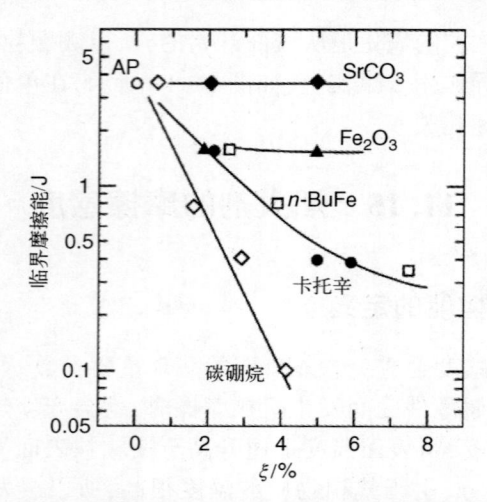

图 11.18 AP-液体有机铁和 AP-碳硼烷催化剂混合物的
临界摩擦能随着催化剂的质量分数增加而降低

根据日本安全试验标准 JISK 4810，使用 BAM 摩擦装置评估摩擦感度，传递给混合材料的摩擦能由摩擦板的运动距离和附加质量的乘积量确定。临界摩擦能 $E_{f,c}$ 是提供给混合物点火所必需的最小能量。如图 11.18 所示，随着催化剂质量分数增加，AP+催化剂混合物的 $E_{f,c}$ 下降，反应感度升高。随着碳硼烷质量分数增加，AP 与碳硼烷混合物的 $E_{f,c}$ 呈线性降低[1]。

图 11.19 所示为混合物的 $E_{f,c}$ 与点火温度之间的关系，点火温度为恒温密闭室中 4s 点火延迟时间时的点火温度。随着催化剂质量分数增加，点火温度和 $E_{f,c}$ 同时降低。随着催化剂中金属原子含量增加，$E_{f,c}$ 也降低。只要两种混合物中含有相同的铁原子，AP 与卡托辛混合物的 $E_{f,c}$ 和 AP 与二茂铁混合物的 $E_{f,c}$ 相当。当混合物中所含原子数相同时，硼原子对 $E_{f,c}$ 的影响比铁原子的低。

采用固体催化剂颗粒的 $E_{f,c}$ 特性与采用液态有机铁催化剂的有所不同，如图 11.18 所示，临界摩擦能与催化剂 $SrCO_3$ 和 Fe_2O_3 的质量分数无关，Fe_2O_3 与液态有机物卡托辛和二茂铁相类似有降低 $E_{f,c}$ 的作用，当 Fe_2O_3 的质量分数 $\xi(Fe_2O_3)$ 由 0.03 增加到 0.05 时，AP 与 Fe_2O_3 混合物的 $E_{f,c}$ 却基本保持不变。如图 11.20 所示，当添加 5%的卡托辛催化剂时，作参比的 AP 烟火剂的燃速显著增加。然而，在参比 AP 烟火剂中加入 5%的碳硼烷时，虽然 AP-碳硼烷混合物的临界摩擦能有所降低，但对燃速的影响很小。用作参比的 AP 烟火剂的组成为 $\xi(AP) = 0.87$（三种粒度级配：200μm（33%）、35μm（33%）和 5μm（34%））和 $\xi(HTPB) = 0.13$。

第 11 章 烟火剂的燃烧传播

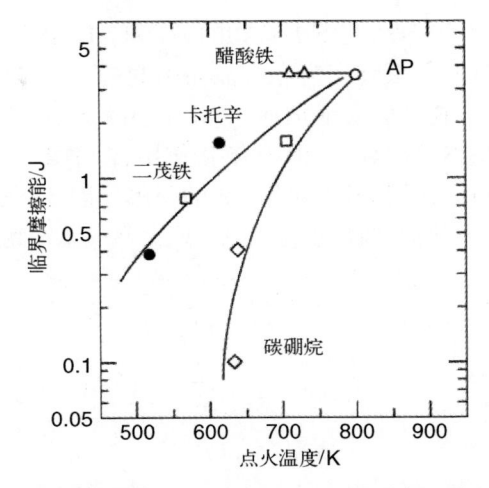

图 11.19 含有机铁和硼催化剂的临界点火温度降低时临界摩擦能降低

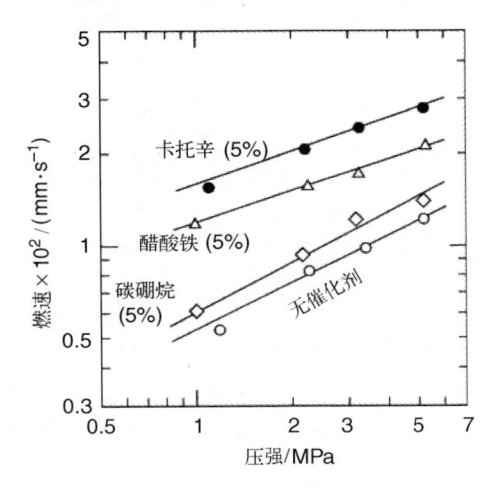

图 11.20 催化剂对 AP 烟火剂燃速的影响

图 11.20 所示为一种非催化的 AP 烟火剂的燃速以及含三种 5%催化剂的燃速。与醋酸铁和碳硼烷相比,卡托辛是提高燃烧速最有效的催化剂,在 1MPa 条件下,燃速由 5mm·s^{-1} 提高到 15mm·s^{-1},提高了 3 倍,压强指数由 0.51 降至了 0.35,在低压区卡托辛的作用最大,其作用随压强增加而减小。与卡托辛相类似,醋酸铁也有提高燃速的效果,这种效果在低压区最为明显。而添加 5%碳硼烷的作用很小,压强指数保持不变。然而,如图 7.24 所示,当添加 10%的碳硼烷时,AP 烟火剂的燃烧速增加了约 9 倍,燃速的增加是由于从碳硼烷中释放出来的硼原子的氧化反应作用导致。

图 11.21 所示为 AP 和催化剂混合物的 TG 和 DTA 测试结果。513K 处出现的吸热峰是 AP 从斜方晶系转变为立方晶系引起的，在 573～720K 范围内发生两段放热分解，加入卡托辛极大地加速了 AP 的分解，AP 转晶前出现的放热峰伴随着质量损失。虽然碳硼烷对 AP 有敏化作用，但不影响 AP 的分解过程，碳硼烷在气相中起燃料的作用，但不催化 AP 的分解。因此，气相反应速率的提高降低了临界摩擦能，因此，摩擦点火是由 AP 烟火剂气态产物点火引发的[1]。

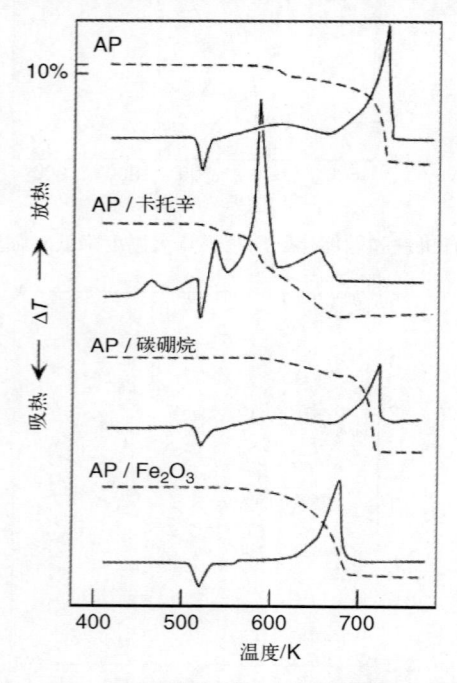

图 11.21　AP 和催化剂混合物的热分解过程

参 考 文 献

[1] Bazaki, H. and Kubota, N. (1991) Friction sensitivity of ammonium perchlorate composite propellants. Propellants Explos. Pyrotech. ,16,43-47.

[2] Chapman, D. (2004) Sensitiveness of Pyrotechnic Compositions, Pyrotechnic Chemistry, Chapter 17, Journal of Pyrotechnics, Inc. ,Fort Collins, CO.

[3] Ilyin, A. , Gromov, A. , An, V. , Faubert, F. , de Izarra, C. , Espagnacq, A. , and Brunet, L. (2002) Characterization of aluminum powders：I. Parameters of reactivity of aluminum powders. Propellants Explos. Pyrotech. ,27,361-364.

[4] Fedotova, T. D., Glotov, O. G., and Zarko, V. E. (2000) Chemical analysis of aluminum as a propellant ingredient and determination of aluminum and aluminum nitride in condensed combustion products. Propellants Explos. Pyrotech., 25, 325–332.

[5] Takizuka, M., Onda, T., Kuwahara, T., and Kubota, N. (1998) Thermal Decomposition Characteristics of Ti/C/Tf Pyrolants, AIAA Paper 98–3826.

[6] Kubota, N. and Serizawa, C. (1987) Combustion of magnesium/polytetrafluoroethylene. J. Propul. Power, 3(4), 303–307.

[7] Kubota, N. and Serizawa, C. (1987) Combustion process of Mg/Tf pyrotechnics. Propellants Explos. Pyrotech., 12, 145–148.

[8] Peretz, A. (1982) Investigation of Pyrotechnic MTV Compositions for Rocket Motor Igniters. AIAA Paper 82–1189.

[9] Kuwahara, T., Matsuo, S., and Shinozaki, N. (1997) Combustion and sensitivity characteristics of Mg/Tf pyrolants. Propellants Explos. Pyrotech., 22, 198–202.

[10] Kuwahara, T., and Ochiai, T. (1992) Burning rate of Mg/Tf pyrolants. 18th International Pyrotechnics Seminar, Colorado, 1992, pp. 539–549.

[11] Koch, E.-C. (2002) Metal-fluorocarbon pyrolants III: development and application of Magnesium/Teflon/Viton(MTV). Propellants Explos. Pyrotech., 27, 262–266.

[12] Koch, E.-C. (2002) Metal-fluorocarbon pyrolants IV: thermochemical and combustion behavior of Magnesium/Teflon/Viton(MTV). Propellants Explos. Pyrotech., 27, 340–351.

[13] Engelen, K., Lefebvre, M. H., and Hubin, A. (2002) Properties of a gas-generating composition related to the particle size of the oxidizer. Propellants Explos. Pyrotech., 27, 290–299.

[14] Kubota, N. and Aoki, I. (1999) Characterization of heat release process of energetic materials. 30th International Annual Conference of the ICT, Karlsruhe, Germany, 1999.

[15] Kubota, N. and Sonobe, T. (1988) Combustion mechanism of azide polymer. Propellants Explos. Pyrotech., 13, 172–177.

[16] Kubota, N., Sonobe, T., Yamamoto, A., and Shimizu, H. (1990) Burning rate characteristics of GAP propellants. J. Propul. Power, 6(6), 686–689.

[17] Kuwahara, T. and Kubota, N. (1989) Role of boron in burning rate augmentation of AP composite propellants. Propellants Explos. Pyrotech., 14, 43–46.

第 12 章 燃烧产物的辐射特性

12.1 发光原理

12.1.1 发光特性

固体材料在加热过程中,其颜色会发生不断变化,如受热的炭颗粒,其颜色从最初的颜色逐渐变为红色,之后变为黄色,最后变为白色。常见的金属,如铁、铜和铝等,受热时其颜色也有类似的变化,但金属发生气化并产生金属原子后,由金属原子发出的光与金属最初的颜色明显不同。材料受热所发出的光是一种电磁辐射。由于该辐射形式是以波的方式传播,因此其辐射能不仅取决于辐射数量,而且还取决于辐射波的波长。燃烧产物的发光形式根据其发光波长可分为几个区,其波长范围可由紫外区到红外区,如表 12.1 所列。

表 12.1 可见光区及其波长范围

波长/nm							
紫外区	可见光区						红外区
<390	390~425	425~445	500~575	575~585	585~620	620~750	>750
	紫色	蓝色	绿色	黄色	橙红色	红色	

人眼可识别的光波波长范围仅在可见光区,并且人眼对不同波长可见光的敏感性还与可见光的波长有关。可见光的颜色与其波长相对应,最短的可见光波长是 390nm 处的紫光区,而波长最长的可见光波长是 750nm 处的红光区。人眼对光的敏感性与光的强度无关。人眼对波长为 580nm 的黄光最敏感,高于或低于这个波长,人眼对其敏感性都会降低。

当原子或分子的温度升高时,其会处于激发态[1-3]。当由激发态返回基态时会辐射出相应的能量,且对于不同的原子或分子其辐射波长也不同。激发态原子会产生线性光谱而激发态分子会产生带状光谱。由固体颗粒产生的辐射波包含各种不同波长,如铝、镁或锆粒子在空气中燃烧时会产生明亮的光。这些金属粒子在熔化和气化后产生激发态的金属原子、自由基、离子和(或)氧化物粒子。在这一过程中会产生不同类型的光谱,如线性光谱、带状光谱和连续光谱,同时自由基或离子再结合后也会辐射出连续波长的波。

12.1.2 黑体辐射

黑体辐射是指黑色的固体材料所放射出来的辐射,这种黑色固体材料即黑体,它能吸收和发射所有波长辐射。黑体所放射出的辐射是一连续谱,这种谱的强度取决于黑体的温度和辐射的波长。虽然黑体是一种理想物体,但如果某一真实的固体也可吸收和发射所有波长的辐射,则也可称其为黑体。黑体在波长为 λ 处的辐射强度 $I_{\lambda B}$ 可用 Planck 辐射定律表示[1]:

$$I_{\lambda B} = 2Ac_1\lambda^{-5}\exp\left(\frac{-c_2}{\lambda T}\right)d\lambda \tag{12.1}$$

式中:c_1、c_2 为常数,其值分别为 5.88×10^{-11} W·mm^{-2} 和 14.38mm·K;$I_{\lambda B}$ 为单位面积的黑体在单位时间、单位立体角内和单位波长间隔内所辐射出的能量;T 为温度(K);A 为黑体的表面积(mm^2)。实际材料所发射和吸收的辐射强度通常低于理想黑体,其在波长为 λ 处的辐射强度为

$$I_\lambda = \varepsilon_\lambda I_{\lambda B} \tag{12.2}$$

式中:I_λ 为实际材料在波长为 λ 处的辐射强度;ε_λ 为辐射率。由于实际材料的辐射强度低于理想黑体的辐射强度,因此,实际材料在任何波长处的 ε_λ 均小于 1。

从黑体辐射定律(式(12.1))可知,在整个辐射波长范围内,随着温度的增加,黑体的辐射强度也增加。在波长一定时,其辐射强度存在一最大值,并且该最大值随着温度的改变而改变。最大辐射强度所对应的波长可用 Wien 位移定律表示:

$$\lambda_m T = 2.58 \text{mm} \cdot \text{K} \tag{12.3}$$

式中:λ_m 为最大辐射强度所对应的波长;T 为黑体的温度。黑体表面单位面积所辐射的辐射能 W 可由 Stefan-Boltzmann 定律表示[1]:

$$W = \sigma T^4 \tag{12.4}$$

式中:σ 为 Stefan-Boltzmann 常数,5.67×10^{-8} W·m^{-2}·K^{-4}。

12.1.3 气体的辐射和吸收

高温气体可向外辐射产生光,光的波长范围可从紫外、可见到红外。高温气体所辐射产生的光,有的可经人眼直接分辨出,有的可通过光学或电磁仪器分辨出。可见光的波长范围很窄,为 0.35~0.75μm;紫外线的波长范围为 1nm~0.35μm;红外线的波长范围为 0.75μm~1mm。气体原子和气体分子所辐射的

光有其特征波长,即谱线和谱带。如钠原子发黄光,其特征谱线波长为588.979nm 和 589.593 nm,即双 D 线,其主要源于钠原子中电子的 2s 轨道到 2p 轨道跃迁[1]。

红外光区可分为三个区:近红外、中红外和远红外,见表 12.2。近红外的波长小于 2.5μm,中红外的波长在 2.5~25μm 之间,远红外的波长大于 25μm。波长在 3~30μm 的红外辐射是由分子的振动引起的,而波长大于 30μm 的红外辐射则是由分子的转动引起的。

表 12.2 红外辐射区及其相应波长范围

波长	0.35μm	0.75μm	3μm	5μm	14μm
	可见光	红外线			
			近红外	中红外	远红外

大气中的气体分子可吸收红外、可见和紫外范围内的辐射。环境中的水蒸气分子可通过分子振动而吸收 1.8μm、2.7μm 和 6.3μm 的辐射,经分子转动而吸收 10~100μm 的辐射。CO 分子通过分子振动可吸收 2.3μm 和 4.5μm 的辐射,同时 CO_2 分子也可通过分子振动而吸收 2.8μm、4.3μm 和 15 μm 的辐射[1]。

大气环境对光的吸收具有波长选择性。由于大气中有大量的凝聚相粒子,如水雾、沙粒和细有机材料等。这些细颗粒可吸收或反射光,其能量传导性能主要受其粒子自身的物理化学性能影响。大气中对红外辐射吸收效应最大的主要是大气中的 H_2O、CO_2 和 O_3。波长范围在 2~2.5μm、3~5μm 和 8~12μm 的红外光光谱段即所谓的"大气窗口"。表 12.3 中列出了太阳辐射中能透过大气而辐射到地球表面的"大气窗口"光谱段的辐射能。

表 12.3 地球表面辐射能

波长范围/nm	辐射能/(W·m^{-2})
1.8~2.5	24
3.0~4.3	10
4.4~5.2	1.6
7.6~13	1.0

红外辐射特性取决于辐射体的本身性质和辐射体的温度。例如,喷气式战斗机的喷管处可辐射波长在 2μm 和 3~5μm 范围的强红外辐射,尾流气体的强红外辐射波长在 4~5μm,而机身的红外辐射波长则在 3~5μm 和 8~12μm。用于上文提到的"大气窗口"内的红外传感器主要是一些不同的半导体材料,如对

2.5μm 波长敏感的 PbS，对 3~5μm 波长敏感 InSb，以及对 3~5μm 和 10μm 敏感的 HgCdTe。

12.2 火焰的光辐射

12.2.1 气体火焰的辐射

高温气体火焰分子中电子能量的改变使其可同时辐射出可见光和紫外线[1-3]。这一能量改变在光谱上表现为不同的光谱谱段，而能量的改变主要是由分子的振动和转动引起的。通常，碳氢燃料与空气的混合物燃烧时可产生 CO_2、H_2O、CO、N_2、O_2，自由基以及一些离子。这些分子、自由基及离子均可相应产生各自独特的辐射。火焰中的羟基（OH）自由基产生的辐射为带状光谱，其光谱波长主要集中在 306.4nm 处的紫外区。CH、HCO 和 NH 自由基的辐射光谱主要在可见和近紫外区。但除含 OH 自由基的气体火焰外，其他气体火焰并不能同时在可见和紫外区产生吸收或发射光谱[1]。

12.2.2 高温粒子的连续辐射

当含金属的烟火药剂燃烧时，火焰中会产生金属和金属氧化物粒子。由于高温粒子以及大量原子和自由电子的产生，这类烟火剂的燃烧产物可产生连续波长的辐射。这些辐射会辐射能量，而且辐射光的波长会随着颗粒温度的改变而改变[3-10]。高温粒子辐射的发射率和吸收率也取决于粒子的温度。高温粒子的辐射能可由式（12.2）得到。

12.2.3 有色光发射体

当气体火焰中含有少量的碱金属、碱土金属或其他盐时，火焰反应更容易在较低的温度下进行[3-5]，从而使自由金属原子受激发而跃迁到激发态并由激发态回到其基态，从而产生发射光谱。单金属原子由于其能级跃迁可产生线状光谱。人眼可见的从红色到蓝色的有色光辐射取决于原子种类，具体见表 12.4[3-6]。

表 12.4 金属燃烧的颜色

金 属	颜 色
Li	红色
Rb	暗红色
Sr	深红色
Ca	橙红色

(续)

金 属	颜 色
Na	黄色
Ti	黄绿色
Ba	绿黄色
Mo	绿黄色
Cu	蓝绿色
Ga	蓝色
As	淡蓝色
Sb	淡蓝色
Sn	淡蓝色
Pb	淡蓝色
In	靛蓝色
Cs	绿紫色
K	淡紫色
Mg	白色
Al	白色

通常,作为烟火剂组分,可产生不同颜色的有色发光剂,其主要是金属化合物而非金属粒子。金属粒子燃烧时会发生团聚而形成液体金属液滴,火焰中的自由金属原子仅在金属液滴表面产生。同时,金属化合物的分解温度也比金属粒子和自由金属原子低。表 12.5 列出了一些用于获得不同颜色的典型金属盐类有色发光剂。

表 12.5 可用于产生不同颜色的化合物

可产生红光	锶类化合物	$Sr(NO_3)_2$、Sr_2O_4、$SrCO_3$
	钙类化合物	$CaCO_3$、$CaSO_4$
可产生黄光	钠类化合物	$Na_2C_2O_4$、Na_2CO_3、$NaHCO_3$、$NaCl$
可产生绿光	钡类化合物	$Ba(NO_3)_2$、$BaCO_3$、BaC_2O_4
可产生蓝光	铜类化合物	$CuHAsO_3$、$CuSO_4$、$CuCO_3$、$Cu(OH)_2$

12.3 发 烟 剂

12.3.1 物理烟与化学烟

金属类烟火剂的主要应用即通过化学反应产生烟雾云或烟幕[3-6]。烟是由许多凝聚相颗粒组成的,其在大气中可保持至少数秒。由烟自身产生的辐射很少,主要由于其温度较低。因此,在黑暗环境下人眼很难观察到烟。一些烟的应用如下:

(1) 娱乐活动中的烟火表演,包括白天的烟火表演活动;

(2) 武器伪装隐蔽,如战场的坦克与车辆的伪装隐蔽;

(3) 武器用诱饵弹。

通常,用于白天表演的烟火剂主要是不同种类的颜料和油的化学试剂。尽管这些颜料和油不属于通过燃烧反应产生各种色彩的金属类烟火剂,但这些物质却主要靠金属烟火剂的燃烧或分解产生的气体而分散在空气中。典型例子如:用于产生蓝色的靛蓝,产生红色的罗丹明和产生黄色的金胺槐黄。颜料可与氯酸钾($KClO_3$)和硫(S)或蔗糖混合以保证其可产生低温气体,以用于颜料在空气中的分散以及产生几千米到几百千米范围内的烟雾分布。该混合物中,S的燃烧反应为

$$2KClO_3 + 3S \longrightarrow 2KCl + 3SO_2$$

由 $KClO_3$ 和 S 反应产生的气体温度很低,可阻止颜料在空气中发生燃烧。通常在该类烟火剂中还加入质量分数约 0.2 的 $NaHCO_3$ 作为冷却剂以阻止颜料与空气反应产生燃烧火焰。

12.3.2 白烟发烟剂

沸腾的水会产生白色的气流。与天空中的云类似,空气中凝聚的水蒸气也呈现白色。当空气中含有成核材料时湿空气可发生凝结产生白色的雾。但当背景比前景亮时,凝聚的水蒸气和雾会呈现出黑色。

当磷在氧气中燃烧时可生成氧化磷(P_4O_{10}),之后 P_4O_{10} 立即吸收空气中的水蒸气而形成磷酸($OP(OH)_3$),从而形成白色的雾或烟。C_2Cl_6、Zn 和 ZnO 的混合物反应后可产生氯化锌($ZnCl_2$),其反应式:

$$2C_2Cl_6 + 3Zn + 3ZnO \longrightarrow 6ZnCl_2 + 3CO + C$$

生成的细分散 $ZnCl_2$ 粒子吸收湿空气中的水分可形成白色的雾。

高氯酸铵(NH_4ClO_4,AP)与可作为燃料的碳氢聚合物黏合剂(BDR)的混合物可形成 AP 型的烟火剂,该烟火剂在湿空气条件下燃烧时可形成白色的烟。其中,聚合物的作用是作为 AP 粒子的黏合剂以形成橡胶类的材料。当 AP 型的烟火剂燃烧时,AP 粒子作为氧化剂氧化碳氢聚合物的反应为

$$NH_4ClO_4 + 碳氢聚合物 \longrightarrow N_2 + H_2O + CO_2 + HCl$$

当 AP 型烟火剂中 AP 的组分含量 $\xi(AP)$ 为 0.86,聚合物黏合剂(BDR)的组分含量 $\xi(BDR)$ 为 0.14 时,其燃烧反应表现为气相反应。燃烧产物中 HCl 的

质量分数约为0.3。众所周知，HCl分子可与空气中的水分子结合形成白烟，正是由于这种原因，因此AP型烟火剂常用作湿空气环境下的白色发烟剂。

当在AP型烟火剂中引入细铝粉颗粒时，其燃烧后会形成Al_2O_3颗粒。这些分散在空气中的氧化铝颗粒即使在干燥的空气中也可形成白烟。通常为保证AP型烟火剂可完全燃烧，其铝粉含量约为20%。尽管过量的铝粉也可与空气中的氧气发生燃烧反应，但过量的铝粉会降低含铝粉的AP型烟火剂的燃烧温度，因此会导致铝粉的不完全燃烧而形成团聚的熔融铝颗粒，而这些熔融铝颗粒很难在空气中进一步发生氧化。

12.3.3 黑烟发烟剂

黑烟灰主要是由于含碳物质发生不完全燃烧而形成的。当油在容器中燃烧时即可形成黑烟灰，该烟灰主要是细的碳颗粒，其颗粒尺寸取决于油的化学结构和热分解过程。固体碳氢类材料发生热分解时也可产生黑烟灰。当蒽（$C_{14}H_{10}$）或萘（$C_{10}H_8$）与$KClO_4$在富氧条件下发生燃烧反应时，可产生由黑烟灰组成的黑烟。黑烟灰在有充足的氧气和足够的点火能条件下很容易进一步发生燃烧反应。六氯乙烷（C_2Cl_6）和镁粉反应可生成氯化镁（$MgCl_2$）和固态碳物质，其反应为

$$3Mg + C_2Cl_6 \longrightarrow 3MgCl_2 + 2C_{(s)}$$

反应产生的固态碳即黑烟灰，其分散在空气中不发生进一步燃烧反应时即形成黑烟。可产生黑烟的类似混合物有$Al-ZnO-C_2Cl_6$、$Al-TiO_2-C_2Cl_6$和$Mn-ZnO-C_2Cl_6$，其反应分别为

$$2Al + 3ZnO + C_2Cl_6 \longrightarrow Al_2O_3 + 3ZnCl_2 + 2C(s) \quad +2.71 kJ \cdot kg^{-1}$$
$$4Al + 3TiO_2 + 2C_2Cl_6 \longrightarrow 3TiCl_4 + 2Al_2O_3 + 4C(s) \quad +2.51 kJ \cdot kg^{-1}$$
$$3Mn + 3ZnO + C_2Cl_6 \longrightarrow 3ZnCl_2 + 3MnO + 2C(s) \quad +1.53 kJ \cdot kg^{-1}$$

12.4 无烟烟火剂

12.4.1 硝基聚合物烟火剂

硝基聚合物的物理混合物即通常所说的无烟火药，其常用于火箭推进剂和发射药中。硝基聚合物中所含的—O—NO_2化学键部分在燃烧反应中主要作为氧化剂组分而剩余部分则作为燃烧剂组分，其主要燃烧产物为CO_2、H_2O、N_2和CO，此外还可产生少量的自由基，如OH、H和CH等。这些燃烧产物基本都是气体产物，因此该类烟火剂燃烧时基本无烟。

许多不同类型的硝酸酯可用以形成无烟硝基聚合物,如硝化纤维素(NC)常与硝化甘油(NG)、三羟甲基乙烷三硝酸酯(TMETN)、三乙二醇二硝酸酯(TEGDN)或二乙二醇二硝酸酯(DEGDN)混合形成胶状混合物,该胶状混合物即可用作无烟硝基聚合物烟火剂。该烟火剂的燃速特性随着少量铅化合物含量的改变而改变,该铅化合物即燃速催化剂,其主要用于提高燃速,降低压强指数,以形成超速燃烧和平台燃烧效应。硝基聚合物也可用于无烟火箭推进剂和燃气发生器中。

尽管硝基聚合物类烟火剂是一类无烟的烟火剂,但在低压(约小于 3MPa)燃烧时,其很容易发生不完全燃烧,进而产生大量的黑烟。例如,由硝化棉和硝化甘油组成的双基推进剂在低压下燃烧时即不是无烟推进剂。硝基聚合物烟火剂的燃烧波结构主要包含几个连续的反应区:表面反应区、嘶嘶区、暗区和发光火焰区,因此,在气相区中可观察到一条两级的温度分布曲线。在嘶嘶区,主要发生 NO_2 反应生成 NO 的反应并放热,而 NO_2 则主要来源于燃烧表面的分解反应。在暗区,由 NO_2 反应生成 NO 的反应较嘶嘶区慢。在发光火焰区,NO 进一步反应生成 N_2,其燃烧温度也达到烟火剂体系温度的最大值。

由于含 NO 的反应是三分子反应,由 NO 与气体燃料物质的氧化反应在低压条件下进行的非常慢,反应仅在温度达到 1000K 以上时才能发生,因此,在低压区,硝基聚合物类烟火剂主要反应为无火焰的燃烧反应。

有研究表明,在低压条件下,在含 NO 的无火焰燃烧反应中添加少量的金属镍或有机镍化合物可明显加速该反应。镍起到催化剂的作用,以促进硝基聚合物类烟火剂的暗区反应。硝基聚合物类烟火剂的无火焰燃烧反应在添加某些催化剂的条件下可形成发光的燃烧火焰,如可使气相火焰温度在 0.1MPa 时,由约 1300K 的无火焰燃烧温度急增至高于 2500K 的发光火焰温度。

12.4.2 硝酸铵类烟火剂

AN 是一种在热分解过程中可产生富氧气体产物的晶体氧化剂,其热分解反应为

$$NH_4NO_3 \longrightarrow N_2 + 2H_2O + \frac{1}{2}O_2$$

当 AN 与聚合物材料混合时,由 AN 分解产生的氧化性气体可与聚合物材料分解产生的碳氢组分发生反应。其主要燃烧产物为 CO_2 和 H_2O。由于硝基聚合物分解产生的 NO_2 与 AN 分解产物间的反应非常慢,而且还会破坏 AN 类烟火剂的物理结构,因此,硝基聚合物并不作为 AN 类烟火剂的燃料组分使用。相反,结构中含高质量分数氧的聚合物却常用作 AN 类烟火剂的燃料组分,如端羟

基聚醚(HTPE)即是一种 AN 类烟火剂中常用的燃料组分。

端羟基聚丁二烯(HTPB)由于其分子中的氧含量较少,因此,其并不适合作为作 AN 类烟火剂的燃料组分。当使用 HTPB 作为 AN 类烟火剂的燃料组分时,其燃烧不完全,并在燃烧表面和燃烧表面上方形成大量的含碳类物质。

在 10MPa 下,AN 类烟火剂的燃速在 $1\sim3\text{mm}\cdot\text{s}^{-1}$ 范围内,其燃速远低于与 AP 类烟火剂的燃速。为改善 AN 类烟火剂的燃烧性能,常在该类烟火剂中添加氧化铬(Cr_2O_3)和重铬酸铵($(NH_4)_2Cr_2O_7$),以用于催化 AN 的热分解,从而改善燃烧性能。不含该类催化剂时,AN 类烟火剂的燃烧过程非常不稳定。

表 12.6 列出了一种 AN 类烟火剂的物理化学性能及燃烧性能,其中,AN 的组分含量 $\xi(\text{AN})$ 为 0.83,HTPB 的组分含量 $\xi(\text{HTPB})$ 为 0.15,同时还添加了重铬酸铵以作为燃速催化剂。在 1MPa 和 10MPa 下,该 AN 类烟火剂的燃速分别为 $0.8\text{mm}\cdot\text{s}^{-1}$ 和 $2.0\text{mm}\cdot\text{s}^{-1}$。其 1~10MPa 范围内的燃速压强指数为 0.4。

表 12.6 AN 类烟火药(质量分数)的物理化学性能

氧 化 剂	燃 料	催 化 剂
AN	HTPE	$(NH_4)_2Cr_2O_7$
0.83	0.15	0.02
密度/(kg·m^{-3})		1570
燃温/K		1500
压强指数		0.4

由于 AN 类烟火剂的燃温与其他烟火剂的燃温相比非常低,因此,将其用作火箭推进剂使用时,比冲也很低。但可将其用于控制不同类型机械的燃气发生器中,这主要由于 AN 类烟火剂具有低燃温和低燃速特性。

12.5 烟火剂的烟特性

目前,常用于火箭发动机点火药的组分主要有三种,分别为含镍催化剂的 NC/NG 硝基聚合物类烟火剂、不含镍催化剂的 NC/NG 硝基聚合物类烟火剂和 B-KNO_3 类烟火剂。这三种烟火剂的烟性能已有相应的测试结果。虽然硝基聚合物类烟火剂基本上无烟,但在压强低于 4MPa 的低压条件下燃烧时,由于会发生不完全燃烧,因此会产生大量的黑烟。金属镍或有机金属镍化合物是一类对硝基聚合物类烟火剂(NP)燃烧性能有良好催化作用的燃烧催化剂。添加镍催化剂和不添加镍催化剂对 NP 烟雾性能减小的对比影响也有相应的研究。B-KNO_3(BK)点火药也作为参比进行了研究。这三种烟火剂的化学组分见表 12.7。

第12章 燃烧产物的辐射特性

表12.7 用于评价烟性能的烟火药组分(质量分数)

烟火药剂	NC	NG	DEP	Ni	B	KNO$_3$	HTPS
NP	0.518	0.385	0.097	—	—	—	—
NP-Ni	0.513	0.381	0.096	0.01	—	—	—
BK	—	—	—	—	0.236	0.708	0.056

注:NC为硝化纤维素;NG为硝化甘油;DEP为邻苯二甲酸二乙酯;B为硼;KNO$_3$为硝酸钾;HTPS为端羟基聚酯;Ni为镍(粒径0.1μm)。

在NP烟火剂中,镍粉的质量分数为0.01,粒径为0.1μm。分别将添加镍粉和不添加镍粉的NP烟火剂压制成直径1mm、长1mm的小药粒。BK烟火药则压制成直径3mm、长3mm的小药粒。

图12.1所示为NP和BK烟火药的绝热火焰温度T_f和气体比容v_c的理论计算结果。T_f和v_c是表征增加推进剂点火表面热流和建立火箭发动机燃烧室压强的重要参数。结果表明,在低压条件下(低于2MPa),NP烟火剂的T_f高于BK烟火剂,同时NP烟火剂的v_c也远高于BK烟火剂。NP-Ni烟火剂的T_f和v_c理论计算结果近似等于不含镍的NP烟火剂。

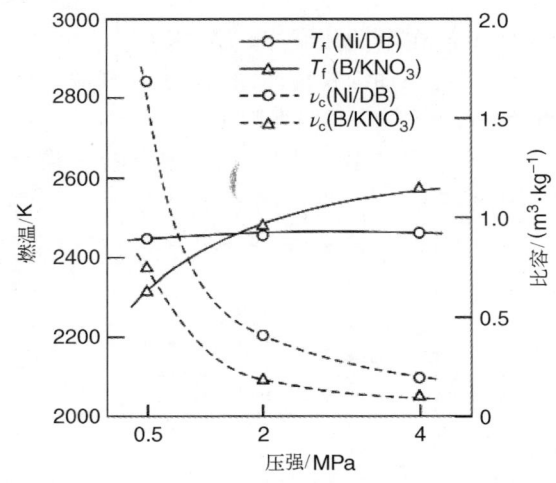

图12.1 NP和BK烟火药的绝热火焰温度和气体比容

烟火剂的燃速也是设计点火器装药的重要参数。图12.2所列为三种不同类型烟火药装药的燃速测试结果。从图12.2可以看出,无论NP烟火剂是否含镍催化剂,在0.4MPa时,BK烟火剂的燃速比NP烟火剂的燃速都高近10倍,而在4MPa时高近4倍。从图中很明显可以看出,NP烟火剂中添加镍粉后,其燃速保持不变。BK烟火剂在0.5~3MPa范围内的压强指数为0.33,而NP和NP-Ni烟火剂的压强指数由1MPa时的0.87降至4MPa时的0.45。

323

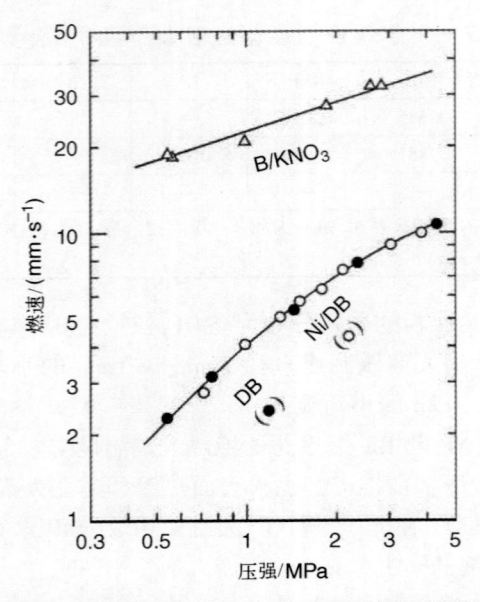

图 12.2　BK 和 NP 烟火药的燃速特性(表明 NP 烟火药中添加镍粉对其燃速特性无影响)

图 12.3 所示为烟火剂在不同压强下的爆热 H_{exp} 结果。从图 12.3 可以看出,在低于 2MPa 的低压区,添加镍粉可增加 NP 烟火剂的爆热。NP-Ni 烟火剂的爆热随着压强的变化逐渐减小,近似为理论值的 97%。这一结果表明,NP 烟火剂的爆热较低主要由于在约 4MPa 时其容易产生不完全燃烧。NP-Ni 烟火剂爆热的增加主要是由于镍粉对气相反应的催化作用,从而使燃烧温度增加。同

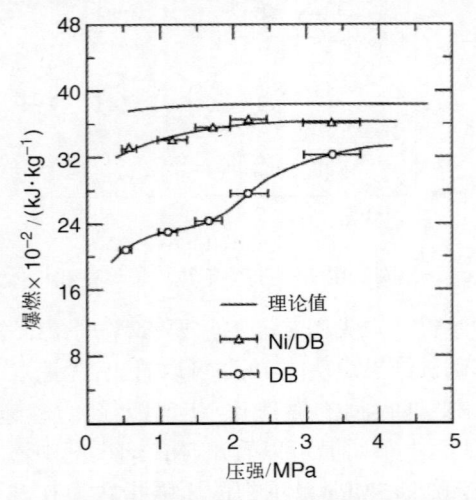

图 12.3　在低压区 NP 烟火药中添加镍粉其爆热显著增加

时在 NP 烟火剂中添加镍粉也会使 NP 烟火剂在低压区燃烧时,其暗区中 NO 和 N_2 的气相还原反应速率增加。

点火器的烟雾性能和点火性能采用微型发动机法进行评价。点火延迟时间和压强增加速率采用固定在发动机燃烧室上的压力传感器进行测试。图 12.4 是发动机烟雾和火焰测试装置的示意图。采用将可见光和二氧化碳激光光源透

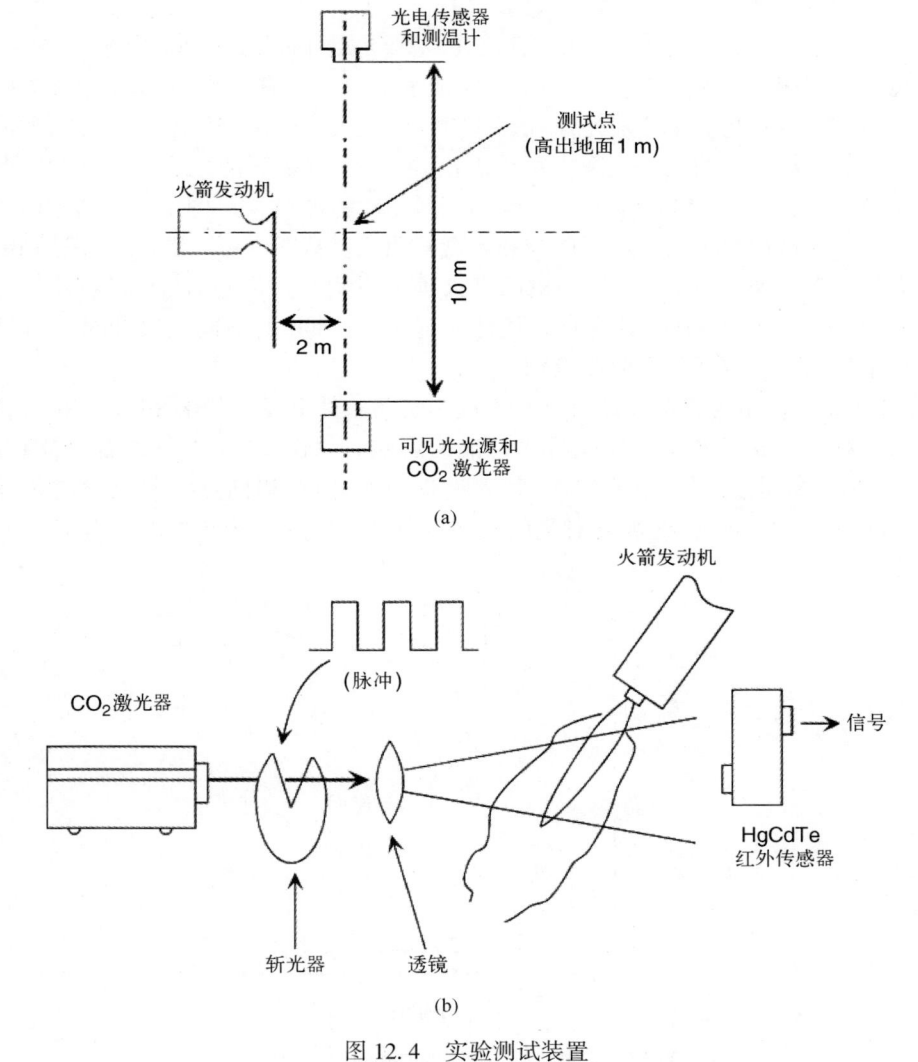

图 12.4 实验测试装置
（a）光探测器:光电传感器和测温计;（b）光探测器:HgCdTe 红外传感器。

过发动机喷管口处的排气羽烟场的方法测试发动机燃烧产物的性质。光探测器（光电传感器）和激光探测器（高温计）固定在可见光光源和二氧化碳激光光源的对面，用来接收并记录两种光线的变化状况[7]。

微型发动机用的推进剂是一种传统的双基推进剂，其主要组分为 NC、NG 和 DEP。推进剂装药为端燃药，直径 20mm、长度 110mm。选用合适的喷管喉部面积以获得约 5MPa 的稳定燃烧室压强。点火器由点火管、助燃药和主点火药组成。烟雾浓度和主点火药装药质量有关。

当采用前面提到的 NP 烟火药作为主点火药装药时，推进剂点火失败，不能燃烧。而使用 NP-Ni 烟火药时，NC-NG 推进剂可点火并达到所需的燃烧室压强。图 12.5 和图 12.6 分别为含 BK 和 NP-Ni 点火药的微型发动机装药点火过程的光衰减和压强曲线。从图中可以看出，NP-Ni 点火器的光衰减低于 BK 点火器光衰减，这表明 NP-Ni 装药产生的烟较 BK 的烟略少。图 12.7 和图 12.8 所示分别为推进剂装药的压强曲线和光衰减曲线。从图中可以看出，当采用 BK 点火药和 NP-Ni 点火药时，发动机的点火延迟时间和建压过程无明显不同，但当采用 NP-Ni 点火药时，其光衰减性能明显降低。同时，不同点火药对于可见光和激光的吸收数据也无明显差别。

图 12.9 所示为火箭发动机在有推进剂装药条件下，不同 BK 和 NP-Ni 点火药质量对其生成烟雾而造成光吸收性能的影响。从图 12.9 中可以看出，随着 BK 和 NP-Ni 点火药质量的增加，其光吸收增加，但在相同点火药质量的条件下，NP-Ni 点火药产生的烟雾对光的吸收远低于 BK 点火药产生的烟雾对光的吸收。

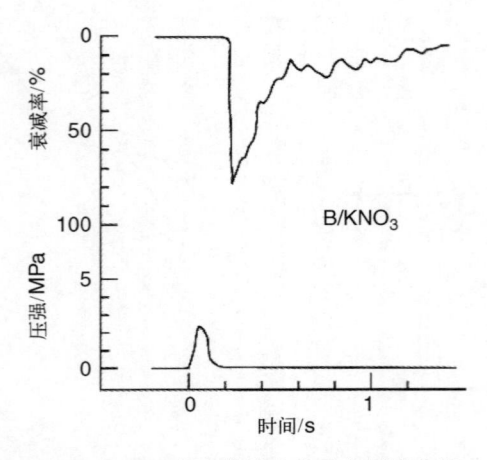

图 12.5　BK 点火药的光衰减和压强曲线

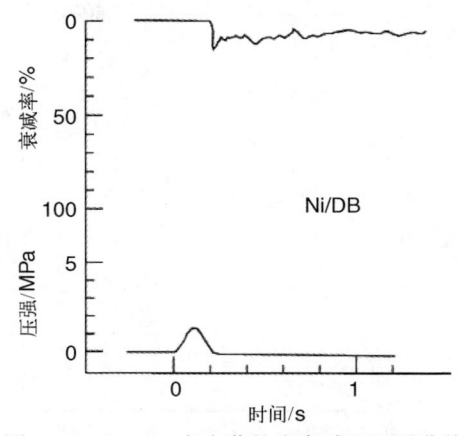

图 12.6　NP-Ni 点火药的光衰减和压强曲线

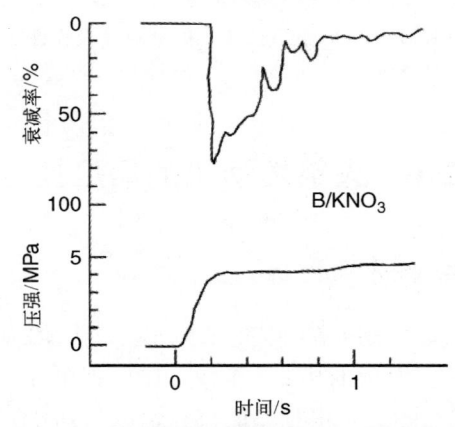

图 12.7　含 BK 点火药的微型发动机装药点火过程的光衰减和压强曲线

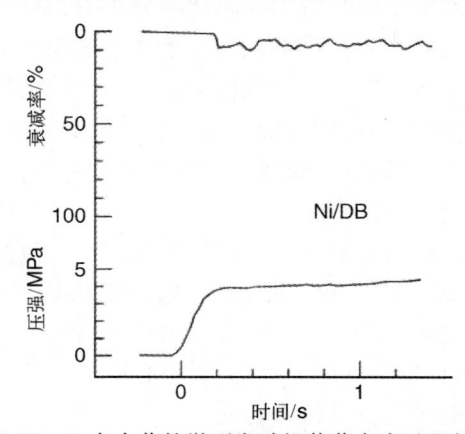

图 12.8　NP-Ni 含 NP-Ni 点火药的微型发动机装药点火过程的光衰减和压强曲线

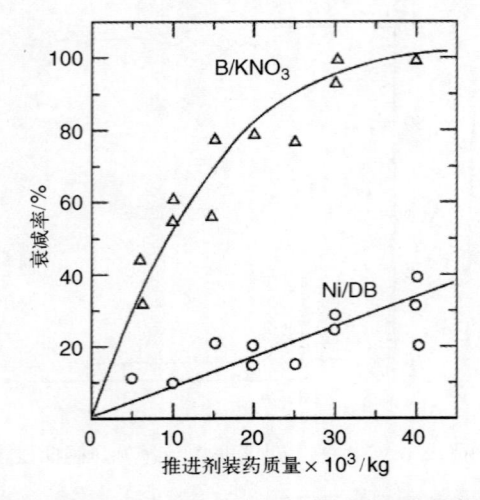

图 12.9　BK 和 NP-Ni 点火药产生的烟对光吸收性能的影响，
其表明 NP-Ni 点火药产生的烟较 BK 点火药的少

12.6　火箭发动机的烟焰性能

12.6.1　无烟与微烟

由于 NC 是一种富燃的硝酸酯，因此，对于含大量 NC 的硝基聚合物类推进剂，其燃烧产物中会产生大量的黑烟。此外，在压强低于 3MPa 的低压范围内时，硝基聚合物推进剂在燃烧时很难保证充分燃烧，会形成大量固体碳颗粒的黑烟。这一不完全燃烧现象主要是由于在燃烧波分布中，NO 与乙醛和 CO 的反应速率较慢，因此，硝基聚合物类推进剂在低压条件下燃烧时不再是所说的无烟推进剂。当硝基聚合物中各燃料组分和氧化物组分的比例满足其所需的化学计量比时，其由火箭发动机喷管排除的燃烧产物会形成无烟的排气羽流，即其可见光辐射非常低。但是，当硝基聚合物推进剂是富燃混合物时，其排气羽流会呈现微黄色。这种微黄色是由于燃烧室中产生的碳颗粒在离开喷管后发生二次燃烧形成的。排气羽流中的碳颗粒主要与环境扩散到羽流中的空气发生燃烧反应。由喷管排出的燃烧产物流与空气发生混合并形成扩散火焰。通过这些后燃作用，燃烧产物进一步发生完全燃烧而在排气羽流中形成含 CO_2、H_2O 和 N_2 的气流。因此，在发动机飞行过程中会形成无烟的飞行轨迹。图 12.10(a) 是一种典型的含硝基聚合物推进剂装药的发动机飞行轨迹。

第 12 章 燃烧产物的辐射特性

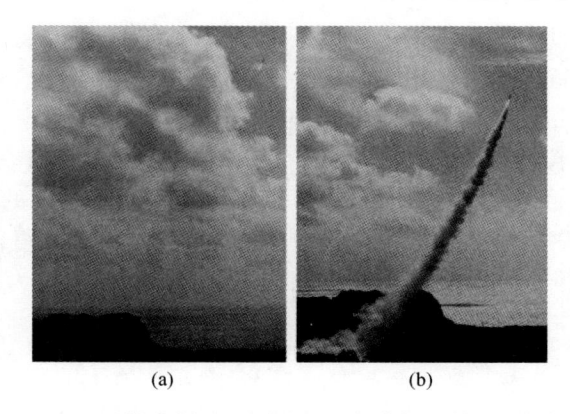

(a)   (b)

图 12.10 含 NC-NG 双基推进剂(a)和含铝 AP 复合推进剂(b)装药的火箭飞行轨迹

当火箭发动中的推进剂是含 AP 和碳氢类聚合物组成的复合推进剂时,其推进剂的主要燃烧产物有 HCl、CO_2、H_2O 和 N_2,同时还有少量的自由基生成,如 OH、H 和 C。这些燃烧产物本身是无烟的,且形成的碳颗粒也很少,几乎不可见。排气羽流会产生弱的可见光辐射,但由于 AP 复合推进剂是一种按化学计量比混合的混合物,因此,不会发生后燃效应,通常也不会形成常见的扩散火焰。

HCl 分子在与空气中的水分子结合后会形成肉眼可见的白雾,其中 HCl 分子起到晶核的作用,其分子周围是大量的水分子,进而形成白雾状、可见的大液滴。当 AP 复合推进剂燃烧产物经发动机喷管排出进入大气环境中后,在环境湿度达到约 40% 以上时,其发动机轨迹有明显的白烟尾迹。此外,如果环境温度低于 0°C(低于 273K),即使环境中的相对湿度低于 40%,燃烧产物中的水分子也会与燃烧产物中的 HCl 结合而产生白色的雾。因此,由 AP 复合推进剂燃烧产生的大量白雾不仅与环境的湿度有关,而且与环境的压强和温度有关。通常,在 AP 复合推进剂中添加铝粉燃料可增加推进剂的比冲。这些铝颗粒与氧化性组分反应生成氧化铝的反应为

$$2Al+\frac{3}{2}O_2 \longrightarrow Al_2O_3 \text{ 和 } 2Al+3H_2O \rightarrow Al_2O_3+3H_2$$

这些氧化反应过程主要发生在液相和(或)固相铝粒子的表面。大量的铝粒子团聚形成直径在 0.1~1mm 范围内的大粒径 Al_2O_3 粒子。当这些 Al_2O_3 粒子经喷管排出进而分散到大气中时,在发动机飞行轨迹的尾迹处会形成浓密的白烟。通常,在高能 AP 复合推进剂中,铝粉的质量分数在 0.10~0.18 范围内,尾迹的白烟主要来源于空气中分散的 Al_2O_3 颗粒。

不含铝粉的 AP 复合固体推进剂常称为微烟推进剂,主要用于战术导弹以有效隐蔽其发射位置和飞行轨迹。在环境相对湿度小于约 40% 时,也无可见的

烟生成。但由于此时燃烧室中无固体粒子出现,因此发动机很容易发生高频不稳定燃烧。这些固体粒子的出现可吸收发动机的振动能,因此,对于微烟推进剂仍然需要添加质量分数为 0.01~0.05 的金属颗粒。这些金属颗粒和(或)他们的金属氧化物颗粒可产生薄的尾迹烟。该尾迹烟包括由 HCl 分子与潮湿环境中的水蒸气凝结形成的白雾。图 12.11 所示为两种同时发射的火箭弹,一种是有烟的含铝粉 AP 复合推进剂,另一种是微烟不含铝粉的 AP 复合推进剂。从图 12.11 可以看出,与含铝的有烟推进剂相比,在环境相对湿度为 47%时,微烟推进剂产生的烟非常少。

图 12.11　含铝 AP 复合推进剂和不含铝的 AP 复合推进剂的尾迹

12.6.2　发动机羽流的抑制

当发动机燃烧室中推进剂的燃烧产物经发动机喷管排出进入大气环境后,燃烧产物会产生后燃效应[11-13]。由于喷管排出的燃烧产物是富燃的,主要含 CO、H_2、C(s)和(或)熔融的金属粒子。这些气体和颗粒产物与环境中的空气接触后自发点火燃烧,形成后燃火焰,即羽流。后燃火焰可产生不同的问题,如红外辐射、发光以及火焰边缘处分子的电离等。后燃效应主要受推进剂能量及空气中的气动混合过程影响[11]。

火箭发动机喷管主要是由收敛段和扩张段组成。在收敛段部分,燃气流速由燃烧室内的亚声速逐渐增加到喷管喉部的声速,再经扩张段后燃气流速又由声速逐渐增加到超声速,在喷管的出口处燃气的流速达到最大值。燃烧室的温度和压强沿着喷管中燃气流的方向逐渐降低,在喷管的出口位置达到最小值。喷管中燃烧产物的温度随着喷管膨胀比的变化而变化,喷管的膨胀比即喷管的出口截面积(A_e)与喷管喉部的截面积(A_t)之比($\varepsilon = A_e/A_t$)。通常采用两种类型的喷管流动假设,来确定沿流动方向的燃烧产物的化学组分,这两种假设分别为

第12章 燃烧产物的辐射特性

平衡流假设和冻结流假设。在平衡流假设条件下,喷管中燃气的化学组分随着压强和温度的改变而改变。而在冻结流假设的条件下,喷管中的燃气无化学反应发生,因此,燃气在喷管中流动,其化学组分保持不变,同时在绝热膨胀条件下其燃烧产物温度会逐渐降低。

图12.2是火箭发动机喷管下游产生的发动机羽流结构示意图。羽流主要由一次火焰和二次火焰组成[11]。一次火焰主要是由火箭发动机排出的燃气产生,其并未受外部环境的影响。一次火焰主要由燃气压强与环境压强相互作用而形成的斜激波和稀疏波组成。一次火焰结构取决于喷管的膨胀比,其具体描述见附录C。从上述描述可知在一次火焰中并未发生燃气与周围环境空气的扩散混合作用。二次火焰是由喷管排出的燃气与外部环境中的空气发生扩散混合形成的。二次火焰的大小不仅取决于喷管排气气流的二次燃烧,而且取决于喷管的膨胀比。

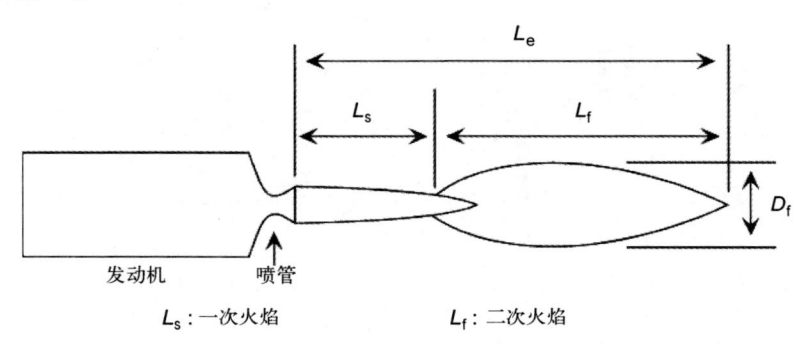

L_s:一次火焰　　　　　L_f:二次火焰

图 12.12　发动机羽流的定义

为研究发动机羽流的抑制方法,制备了两种由 NG、NC、DEP、乙基中定剂(EC)和燃速改良剂(BM)组成的双基推进剂,其编号分别为:Prop. L 和 Prop. H。由于 Prop. H 中 NG 的含量高于 Prop. L 中 NG 的含量,因而单位质量的 Prop. H 所含的能量高于 Prop. L 的单位质量能量。Prop. L 和 Prop. H 的化学组成和其在 8.0MPa 下的绝热火焰温度 T_g 如下:

推进剂	NG	NC	DEP	EC	BM	T_{gt}/K
Prop. L	0.369	0.466	0.104	0.029	0.032	2000
Prop. H	0.650	0.250	0.100	2960	—	—

图 12.13 所示为 Prop. L 和 Prop. H 在喷管出口处的排气温度 T_g 和排气速度 u_g 随喷管膨胀比的变化曲线。从图 12.13 可以看出,Prop. L 和 Prop. H 的 T_{gL} 和 T_{gH} 随着膨胀比的增加而降低,而 u_{gL} 和 u_{gH} 则随着膨胀比 ε 的增加而增加,这里

331

的 L 和 H 分别代表 Prop. L 和 Prop. H。图 12.14 和图 12.15 分别是 Prop. L 和 Prop. H 在发动机喷管出口处的燃气组分随喷管膨胀比变化的影响。从图 12.14 和图 12.15 可以看出，Prop. L 和 Prop. H 的排气组分中主要的可燃气体混合物均为 CO 和 H_2。在 Prop. L 和 Prop. H 的燃烧产物中，Prop. L 产生的 CO 和 H_2 的摩尔分数高于 Prop. H 产生的 CO 和 H_2 的摩尔分数，这是由于 Prop. L 是一种富燃的推进剂，而 Prop. H 是一种贫燃的推进剂，因此，Prop. L 燃烧后可产生更多的可燃烧产物。值得注意的是，Prop. H 的燃气温度高于 Prop. L 的燃气温度，见图 12.13。

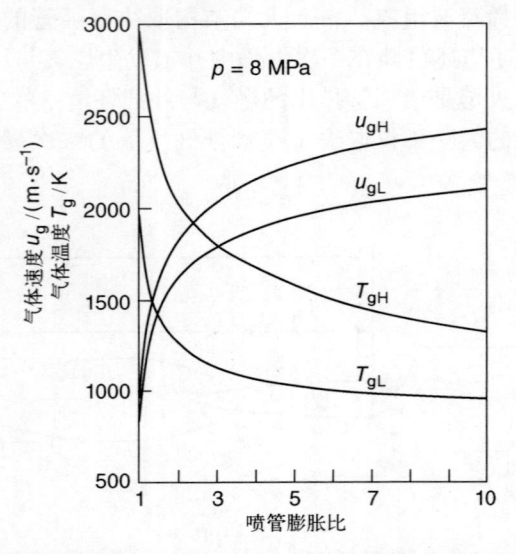

图 12.13 喷管膨胀比对 Prop. L 和 Prop. H 的排气温度 T_g 和排气速度 u_g 的影响

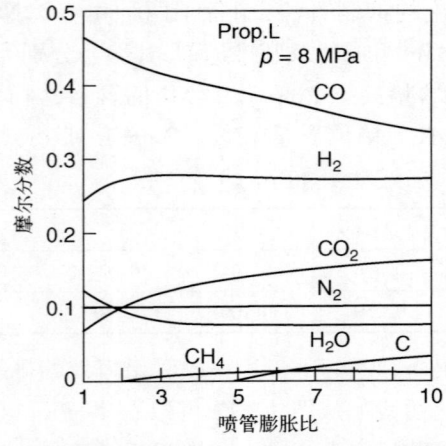

图 12.14 喷管膨胀比对 Prop. L 燃烧产物摩尔分数的影响

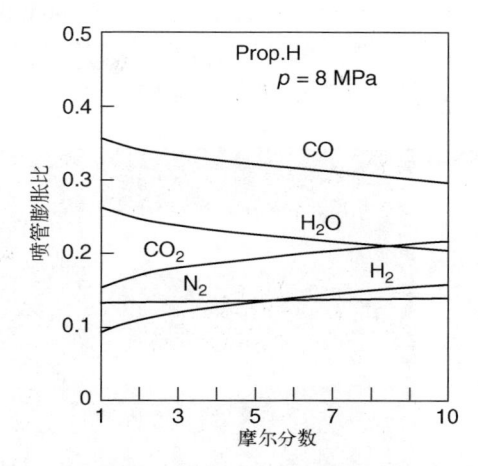

图 12.15　喷管膨胀比对 Prop. H 燃烧产物摩尔分数的影响

12.6.2.1　化学反应抑制剂的影响

碳氢燃料与空气相互扩散而很容易发生自点火,钾盐可用于抑制该自点火的产生,因此,可作为一种反应抑制剂。有研究报道,钾盐可抑制硝基聚合物类推进剂燃烧火焰的化学反应。在 Prop. L 和 Prop. H 推进剂中均匀混入两种钾盐,分别为硝酸钾(KNO_3)和硫酸钾(K_2SO_4)。通过改变钾盐的浓度以研究钾盐对推进剂羽流的抑制效应。

图 12.16 是一组含不同含量 KNO_3 的 Prop. L 推进剂的火焰照片。在图 12.16 中,从上往下的照片分别代表 KNO_3 的浓度分别为 0.68%、0.85%、1.03% 和 1.14%。每次试验时发动机的燃烧室压强为 8.0MPa,喷管膨胀比为 1.0。喷管无扩张段,只有收敛段,这意味着燃气经喷管喉部后直接排出到大气中而不经过扩张段,因此在燃气出口的喷管喉部位置的排气速度 u_{ge} 为声速。所使用的喷管喉部直径 D_t 为 8.0mm。虽然钾盐对燃气一次火焰的抑制作用很小,但对二次火焰却有很好的抑制作用。添加 1.14% 的 KNO_3 时几乎可完全抑制燃气的二次火焰。

图 12.17 和图 12.18 所示为 KNO_3 和 K_2SO_4 的浓度对图 12.12 所定义的 L_s 和 L_e 的影响。从图中可以看出,当 KNO_3 的含量大于 1.1%,K_2SO_4 的含量大于 0.8%,即对应含 KNO_3 推进剂的钾盐含量为 0.43%,含 K_2SO_4 推进剂的钾盐含量为 0.36% 时,燃烧火焰无后燃效应产生。

12.6.2.2　喷管膨胀的影响

图 12.19 是一组不含火焰抑制剂的 Prop. L 推进剂的后燃火焰照片。从

图12.19可以看出,在燃烧室压强为8.0MPa,D_t为8.0mm时,改变喷管的膨胀比可明显改变发光火焰的物理形貌。与图12.13类似,喷管出口处燃烧产物的温度T_{ge}随着喷管出口处燃气流速u_{ge}的增加而增加。

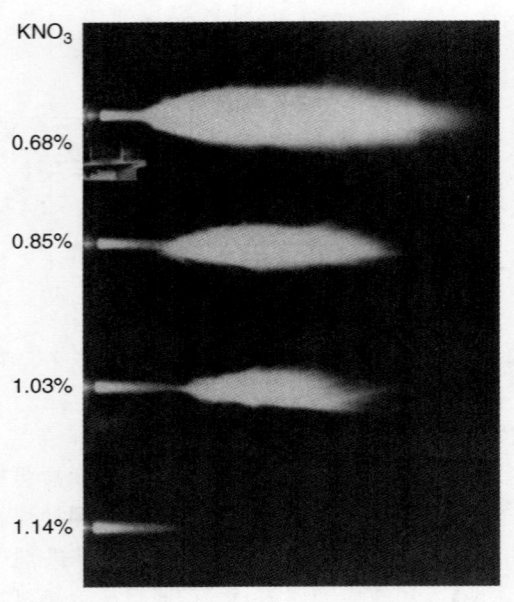

图12.16 发动机羽流火焰照片,表明增加KNO_3的含量可减小二次火焰的大小

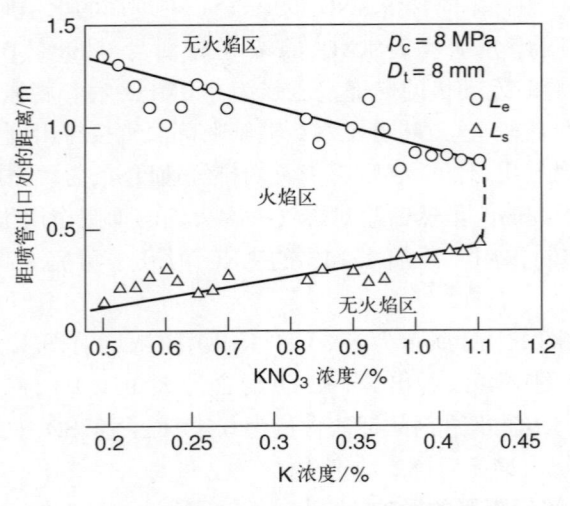

图12.17 KNO_3含量对后燃区域大小的影响

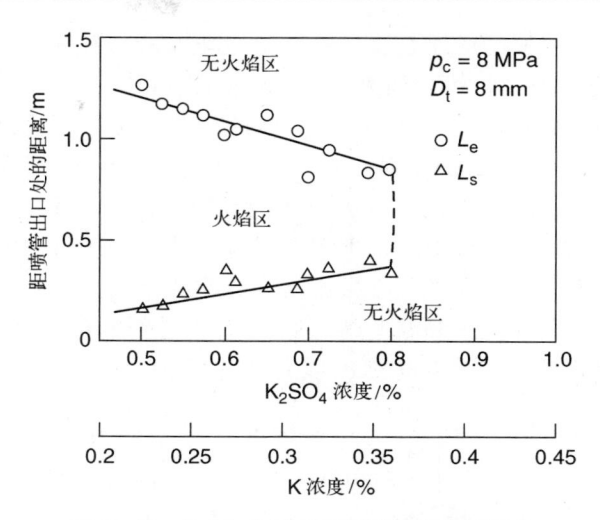

图 12.18 K$_2$SO$_4$ 含量对后燃区域大小的影响

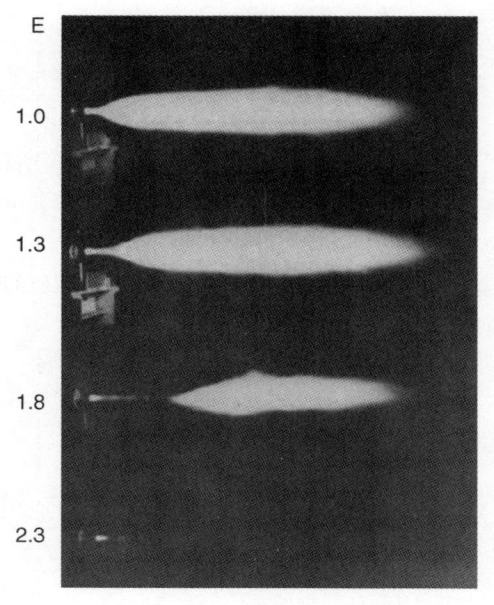

图 12.19 Prop.L 推进剂的发动机羽流火焰照片，
表明增加喷管膨胀比可减小二次火焰的大小

图 12.20 所示为 Prop.L 推进剂燃烧时，喷管膨胀比 ε 对发光火焰区尺寸的影响结果。图 12.12 所定义的距离 L_s 和 L_e 作为 ε 的函数，火焰区由 L_s 和 L_e 两条线所包围。在喷管膨胀比 ε 为 1.0 时，为该火焰区 L_s 的最大值和 L_e 的最小

值,且随着喷管膨胀比的增加 L_s 逐渐减小,L_e 逐渐增加。在喷管膨胀比 ε 大于 2 的区域,火焰完全消失。然而当 Prop. H 推进剂在相同条件下(燃烧室压强为 8.0MPa,D_t 为 8.0mm)燃烧时,与 Prop. L 推进剂的火焰区相比,Prop. H 推进剂的火焰区明显增大(图 12.21),甚至在喷管膨胀比 ε 大于 5 时,其发光火焰区仍然存在,而 Prop. L 推进剂的火焰区在喷管膨胀比 ε 大于 2 时即消失。从图 12.13 也可以看出,Prop. H 推进剂在喷管膨胀比 ε 为 5 时的排气火焰温度为 1550K,而 Prop. L 推进剂在喷管膨胀比 ε 为 2 时的排气火焰温度为 1250K。由于 Prop. H 推进剂的排气火焰温度高于 Prop. L 推进剂的排气火焰温度,因此消除 Prop. H 推进剂的发光火焰也较 Prop. L 推进剂更困难。

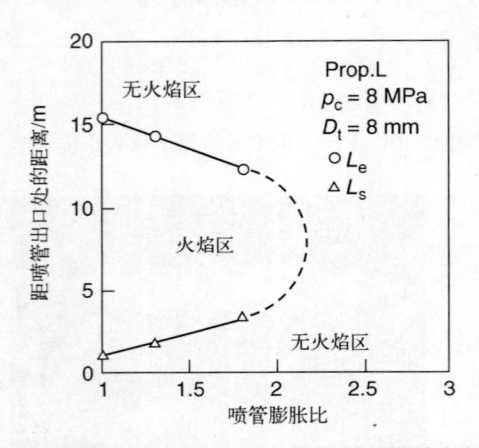

图 12.20 喷管膨胀比对 Prop. L 推进剂后燃效应的影响

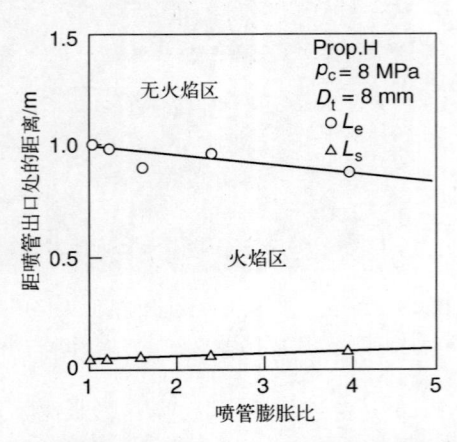

图 12.21 喷管膨胀比对 Prop. H 推进剂后燃效应的影响

如图 C.6 所示，离开喷管口处的超声速气流是由斜激波和稀疏波组成的，在该气流处的气体温度产生周期性增加和降低，从而在沿气流流动的方向上形成了一系列规则的菱形结构。发动机排气与喷管周围环境空气的扩散过程是影响二次火焰点火和抑制二次火焰现象的重要影响因素之一。

12.7 减少 AP 推进剂燃烧产物中的 HCl

12.7.1 减少 HCl 的背景

AP 是复合固体推进剂中最重要的一种氧化剂，而且 AP 复合固体推进剂也较其他推进剂有更优异的弹道性能，如燃速、压强指数和燃速温度敏感系数等。此外，由于含 AP 的烟火剂与其他烟火剂相比具有发热量大、燃速高等优点，因此 AP 也常作为燃气发生器、点火器和信号弹等用烟火剂的氧化剂。与高氯酸的碱金属盐(如 $KClO_4$ 和 $NaClO_4$)不同，AP 的优点在于其可全部转化为气态反应产物，因此，由碳氢聚合物和晶体 AP 组成的推进剂，在燃烧时可产生仅含气体组分而不含凝聚相粒子的燃烧产物，其总的反应式为

$$NH_4ClO_4 + 碳氢类聚合物 \longrightarrow N_2、CO_2、CO、H_2O、HCl$$

因此，AP 是一种非常有应用价值的无烟推进剂和无烟气体发生剂用氧化剂。然而，由于 AP 复合推进剂的燃烧产物中含有大量的 HCl，当发动机喷管排出的 HCl 与潮湿的空气接触时会产生大量的白烟。这主要是由于 HCl 分子扩散到空气中并于空气中的 H_2O 分子发生碰撞，进而产生酸雾并最终产生可见的白烟。最典型的例子是使用 AP 复合固体推进剂的火箭发动机。实验研究发现，当环境的相对湿度超过约 40% 时即可产生白烟。因此，不含任何金属粉的 AP 复合固体推进剂是一种微烟推进剂。另外，当 AP 复合推进剂中含有铝粉时，不论空气湿度是否超过 40%，都可观察到发动机排气产生的白色的尾迹。因此，含铝 AP 复合固体推进剂是一种有烟推进剂。

例如，美国的航天飞机在发射时会使用两个大型的固体助推火箭发动机。该助推发动机用推进剂的组分如下：

化学组分	质量分数	
AP	0.70	氧化剂
聚丁二烯丙烯腈(PBAN)	0.14	氧化剂和燃料
铝粉	0.16	燃料

因此可以看出，两个助推发动机在发射时会产生大量的气体和固体燃烧产

物,包括直接排入大气中的 HCl。当排出的 HCl 气体扩散到周围的空气中时,HCl 会发生凝结而产生 HCl 的酸雾,如果该酸雾在空气中的含量足够多,则会在空气中形成大的酸性 HCl 液滴并最终形成酸雨。表 12.8 所列为在空气湿度满足所需条件时产生的 HCl 气体以及后续产生的酸雨面积的计算结果。尽管产生的 HCl 量非常大,但由于航天飞机一般是从佛罗里达半岛发射的,因此,航天飞机发射时产生的尾气都主要散入大西洋中,对美国本土的污染很少。

表 12.8 航天飞机助推器产生的酸雾

两个助推器的推进剂质量	500t/助推器×2 = 1000×10³ kg
两个助推器所用推进剂中 HCl 的质量分数	0.217
燃烧产物中 HCl 的总质量	1000×10³×0.217 = 217×10³ kg
盐酸	0.372%的水溶液 = 538×10³ kg = 493m³

与其他晶体氧化剂相比,AP 由于含氧量高、使用处理安全、价格便宜,因此,是一种非常有价值的氧化剂,目前也很难找到一种新的不产生 HCl 气体的氧化剂以取代 AP。为消除推进剂燃烧产物中的 HCl,人们也在尝试使用各种不同类型的推进剂。

12.7.2 通过形成金属氯化物减少 HCL

高温的 HCl 分子趋向于与金属粒子反应。虽然 AP 复合推进剂中通常会加入铝粉,但当 AP 复合推进剂中含有 Na 化合物颗粒或镁粉颗粒时,会在推进剂的燃烧产物中产生氯化钠或氯化镁。Cl 原子或 Cl_2 分子是通过 AP 的分解反应产生的,其与 H_2O 分子反应会生成 HCl 分子,之后 HCl 会与含 Na 原子或 Mg 原子化合物的分解产物反应生成金属氯化物。

当在 AP 复合固体推进剂中加入 $NaNO_3$ 时,推进剂燃烧产物中的 HCl 浓度会由于下述反应而降低:

$$NH_4ClO_4 + NaNO_3 \longrightarrow NH_4NO_3 + NaClO_4 \longrightarrow NaCl$$
$$\longrightarrow Na_2O + HCl \longrightarrow NaCl$$

从上述反应可以看出,当在 AP 推进剂中加入 $NaNO_3$ 时,燃烧产物中 HCl 分子的含量会减少。这类推进剂称为消去型推进剂。图 12.22 所示为不同硝酸钠含量($\xi(NaNO_3)$)对这种消去型推进剂热平衡性能计算结果的影响。从图 12.22 可以看出,AP 推进剂不含 $NaNO_3$ 时,其 AP 和 HTPB 的质量分数分别为 0.85 和 0.15,当加入 $NaNO_3$ 后,HCl 会转变为 NaCl,而 NaCl 是一种对环境无影响的材料。

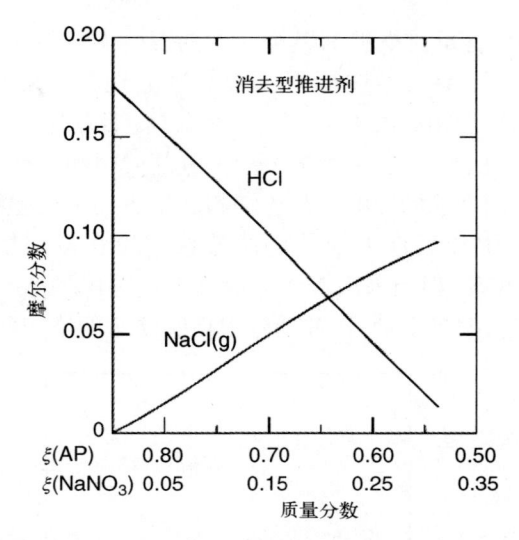

图 12.22　NaNO₃ 含量随消去型 AP 推进剂燃烧产物中 HCl 和 NaCl 的摩尔分数的影响

当在 AP 复合推进剂中加入镁粉时,其燃烧产物中 HCl 分子可发生反应:

$$NH_4ClO_4 + Mg \longrightarrow MgO + MgCl_2 + HCl \longrightarrow MgO + H_2O \longrightarrow$$

$$Mg(OH)_2 \longrightarrow Mg(OH)_2 + 2HCl \longrightarrow MgCl_2$$

同时产生氯化镁。因此,在含 AP 的推进剂中加入镁粉时,可降低燃烧产物中的 HCl 含量。这类含镁粉的推进剂称为中和型推进剂。图 12.23 所示为中和

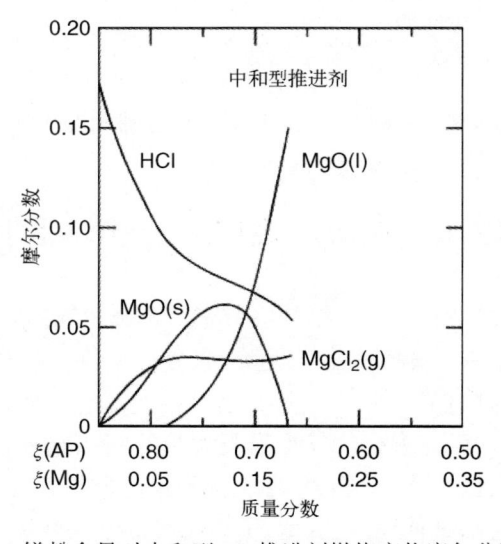

图 12.23　镁粉含量对中和型 AP 推进剂燃烧产物摩尔分数的影响

型 AP 推进剂中镁粉含量对推进剂燃烧产物的影响。从图 12.23 可以看出，AP 推进剂不含镁粉时，其 AP 和 HTPB 的质量分数分别为 0.85 和 0.15，当加入镁粉后，AP 推进剂燃烧产物中的 HCl 转化为氯化镁，而氯化镁是一种稳定并且对环境友好的物质。图 12.24 所示为消去型推进剂或中和型推进剂中 $NaNO_3$ 或镁粉含量对推进剂比冲性能的影响。由于镁粉在推进剂中还起到类似于铝粉的燃烧剂的作用，因此，中和型推进剂的比冲随着镁粉含量的增加而增加。虽然 $NaNO_3$ 也是一种氧化剂，但当采用 $NaNO_3$ 取代推进剂中的 AP 时，推进剂比冲并不会增加。对于消去型推进剂，比冲随着 $NaNO_3$ 含量的增加而降低。

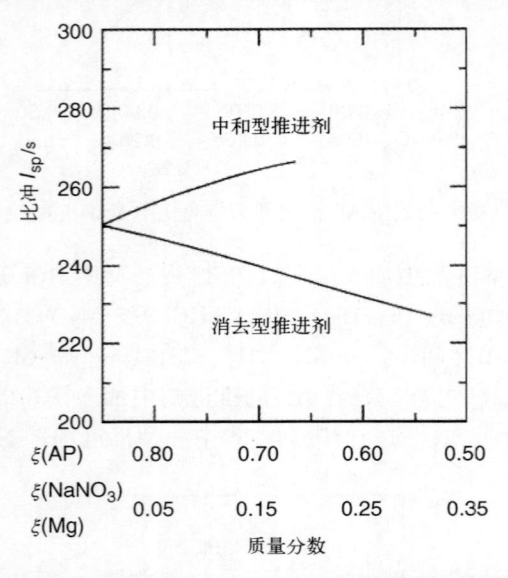

图 12.24 消去型推进剂或中和型推进剂中 $NaNO_3$ 或镁粉含量对推进剂比冲性能的影响

12.8 降低燃烧产物的红外辐射

推进剂气态燃烧产物产生的红外辐射主要来源于气体燃烧产物中高温 CO_2 分子和高温 H_2O 分子。当硝基聚合物或 AP 复合推进剂燃烧时，会形成大量的高温 CO_2 分子和高温 H_2O 分子。当这些推进剂在富燃条件下燃烧时，会发生不完全燃烧产生大量的碳氢化合物碎片以及大量的固态碳颗粒，而不是大量的高温 CO_2 分子和高温 H_2O 分子。这些大量的碳氢化合物碎片和固体颗粒会产生连续的光谱辐射，包括红外辐射，因此，不可能降低这些燃烧产物的红外辐射。

图 12.25 所示为 AP-HTPB 复合推进剂和 RDX-HTPB 复合推进剂的燃烧

产物结果。从图 12.25 可以看出，AP 含量为 0.85 的 AP 复合推进剂燃烧时会产生大量的 H_2O、HCl 和 CO_2，而 H_2O、HCl 和 CO_2 分子都可产生红外辐射。对于 RDX 含量为 0.85 的 RDX-HTPB 复合推进剂，其燃烧时燃烧产物中无 CO_2 和固态碳产生，相反却产生大量的 CO、H_2 和 N_2 分子。尽管在含量为 0.85 时也会产生 CO 分子，但由 CO 分子产生的红外辐射远小于由 H_2O 分子和 CO_2 分子产生的红外辐射。

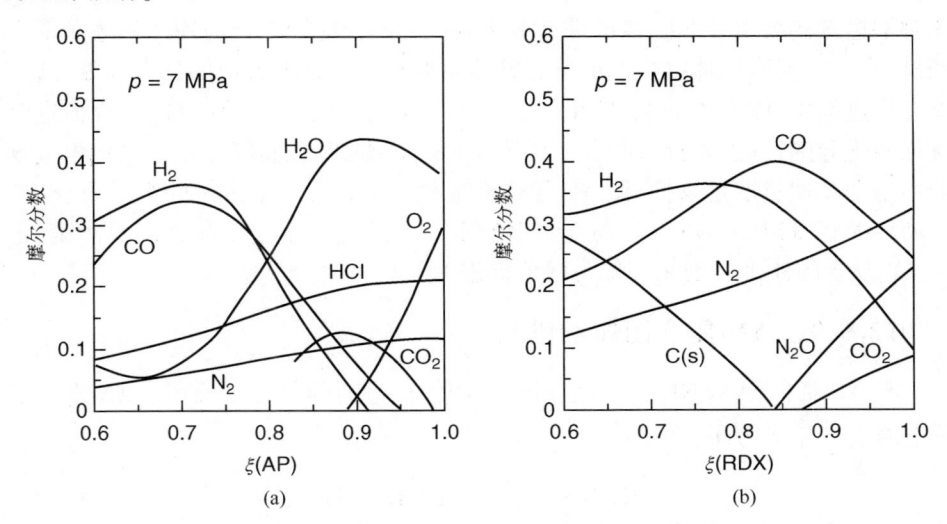

图 12.25　AP-HTPB 复合推进剂(a)和 RDX-HTPB 复合推进剂(b)燃烧产物的摩尔分数

12.9　绿色推进剂

绿色推进剂是一种环境友好型或环境可接受的火箭发动机用推进剂。作为一种环境友好型推进剂，其通常具有以下特征：

（1）推进剂燃烧时不会产生有毒或有害气体，如 HCl、Cl_2、NO、NO_2 和 CO。

（2）推进剂组分中不含有毒或有害材料，如作为燃烧催化剂的金属铅、氧化铅、有机铅盐、重金属化合物以及碳氢化合物粒子。

（3）推进剂组分中不含对冲击或摩擦敏感的材料，如作为炸药组分的三硝基甲苯(TNT)、二硝基重氮酚(DDNP)和金属叠氮化物等。

火箭推进用的推进剂一般需要具有以下性质：

（1）高比冲，即高燃温和低燃气分子量。

（2）燃速范围宽，即燃速压强指数 n 和燃速温度敏感系数 σ_p 低。

（3）易点火。

(4) 机械强度高,即在高低温条件下,拉伸和压缩性能好。
(5) 物理感度低,即冲击、摩擦和静电感度低。
(6) 在高低温和湿度条件下的抗老化性能好。
(7) 制备加工感度低,即机械摩擦和冲击感度低。

推进剂主要是由氧化剂和燃料组成的,其氧化剂含量约为70%或更多,因此,氧化剂在推进剂配方中扮演着重要的角色。由于AP复合推进剂可满足上述对推进剂的要求,因此,该推进剂由于其优异的性能而广泛应用于固体火箭发动机中。AP复合固体推进剂的优异性能主要得益于AP的物理化学性能,通过改变推进剂中AP颗粒的粒度可获得不同燃速范围的推进剂。AP复合推进剂有许多优异的性能,如推进剂装药的力学性能足够高、在实际使用范围内推进剂的冲击和摩擦感度足够低,但AP复合推进剂燃烧时会产生大量的HCl气体,从发动机喷管排出的HCl气体与空气中的水蒸气结合会产生盐酸并形成酸雨,这是AP复合固体推进剂无法称为绿色推进剂的唯一原因。

12.9.1 AN复合固体推进剂

与AP类似,AN(NH_4NO_3)也可作为固体推进剂的氧化剂使用。AN发生热分解时会产生氧分子:

$$NH_4NO_3 \longrightarrow N_2 + 2H_2O + \frac{1}{2}O_2$$

由于AN燃烧时产生的燃烧产物为无毒无害的N_2、H_2O和O_2,因此,当AN与HCP(如聚醚和聚酯)混合产生的AN-HCP复合固体推进剂燃烧时,其理论燃烧产物也是无毒无害的CO_2、H_2O和N_2。但AN-HCP复合推进剂在不含氧化铬或氧化铜催化剂时很难燃烧,而这些燃速催化剂是有害的,因此,AN-HCP复合推进剂不能归类为绿色推进剂。

当采用叠氮聚合物(AZP)作为黏合剂、AN作为氧化剂混合时可得到AN-AZP复合推进剂。AZPs复合推进剂中含含能AZPs,如聚叠氮缩水甘油醚(GAP)、双叠氮甲基氧杂环丁烷(BAMO)、3-叠氮甲基-3-甲基氧杂环丁烷(AMMO)或他们的混合物。AZPs本身可燃烧,其主要燃烧产物为$C_{(s)}$、H_2、CO和N_2,具体可参见4.2.4节。当在AZPs中混入AN后,AZPs燃烧产物中的$C_{(s)}$、H_2和CO可与AN颗粒的分解产物反应生成CO_2和H_2O。由于AZP自身可自持燃烧,因此,AZP的燃烧可辅助AN的分解。当选用GAP作为一种AZP黏合剂时,推进剂的比冲I_{sp}随着AN含量的增加而增加,见图4.16。AN-GAP复合推进剂的燃速随着AN含量的增加而降低(图7.16),这主要由于AN含量增加时,GAP的含量即减少。从上述可以看出,AN-GAP推进剂是一种实际应用的绿色推进剂。

12.9.2 ADN 和 HNF 复合固体推进剂

二硝酰胺铵(ADN)是一种富氧的氧化剂材料,其分解时可产生额外的氧分子。ADN 的氧平衡 OB 为+25.8%(表 2.6),其主要燃烧产物为 N_2、O_2、H_2O 和 H_2。类似于 12.9.1 节描述的 AN,ADN 与 HCP 混合可形成 ADN-HCP 复合推进剂。虽然由于 AP 复合推进剂的 OB 高于 ADN-HCP 复合推进剂,为+34.0%,使得 ADN-HCP 复合推进剂的 I_{sp} 低于 AP 复合推进剂,但 ADN-HCP 复合推进剂的燃烧产物中没有 HCl 和其他有害气体,因此,ADN-HCP 复合推进剂也属于绿色推进剂范畴。

与 AN-GAP 推进剂类似,ADN 对 GAP 分解产生的可燃组分可起到助燃的作用。从图 4.19 也可看出,ADN-GAP 复合推进剂在 ADN 含量为 0.84 时其 I_{sp} 最高,为 270s。由于 ADN-GAP 推进剂的燃烧产物也是无毒无害,且其推进剂性能也满足绿色推进剂的要求,因此其也是一种绿色推进剂。

HNF 的物理化学性能类似于 ADN,具体可见本书 4.6.3 节和 4.6.4 节。从图 4.20 和图 4.21 也可以看出,HNF-GAP 复合推进剂具有高 I_{sp} 和高 T_f 的特点。与 ADN-GAP 复合推进剂类似,HNF-GAP 复合推进剂也是一种绿色推进剂。由于 ADN 和 HNF 的熔点分别为 365K 和 390K,因此,在与 GAP 形成推进剂的制备混合和固化过程中应严格控制其工艺温度。此外,由于 ADN 非常容易吸湿,因此,含 ADN 的推进剂在制备过程中还应严格控制环境的湿度。

12.9.3 硝胺复合固体推进剂

六硝基六氮杂异伍兹烷(HNIW)、高熔点炸药(HMX)和 RDX 是一类含能硝胺化合物,其 OB 在 -10.9~-21.6 之间。当这些硝胺化合物燃烧时,其燃烧产物的绝热火焰温度可达 3600~3300K。当这些硝胺化合物与 HCP 混合时可形成硝胺复合固体推进剂。从图 4.17 可以看出,HMX-GAP 推进剂的 I_{sp} 和绝热火焰温度 T_f 均低于 AP 复合固体推进剂。这主要由于 HMX 的 OB 低,即使 HMX 的 T_f 高于 AP 的 T_f。如果减少 HCP 的含量则可增加推进剂的 I_{sp},但这样会增加推进剂的冲击波感度和摩擦感度,其感度可达到塑料粘结炸药的感度。因此,采用这类硝胺化合物形成的推进剂并不能满足绿色推进剂的要求。硝胺复合固体推进剂的典型燃烧特性可参见图 7.66。

12.9.4 TAGN-GAP 复合固体推进剂

与其他含能材料如 HMX 和 RDX 相比,三氨基硝酸胍($CH_9N_7O_3$,TAGN)是一种性能独特的含能材料。TAGN 的氮含量为 58.68%，而 HMX（$(NNO_2)_4(CH_2)_4$）的氮含量为 37.83%。TAGN 分子中的氧化性基团（HNO_3）通过离子键的形式与 TAGN 分子中的可燃组分相连接，而在 HMX 中，其氧化性基团（NO_2）是通过共价键的形式与 HMX 分子中的可燃组分相连接。TAGN 的 OB 为 -33.5%，而 HMX 的 OB 为 -21.6%。从图 5.3 也可看出，虽然 TAGN 的绝热火焰温度低于 HMX 的绝热火焰温度，仅为 980K，但其燃速几乎是 HMX 的 2 倍。

当 TAGN 与 HCP 黏合剂混合时可形成 TAGN 复合固体推进剂。由于 TAGN 是一种富燃物质，因此，TAGN 复合固体推进剂推进剂的比冲 I_{sp} 远低于 AP 复合推进剂的比冲。GAP 是一种含能材料，常用作含能黏合剂。如 4.6.5 节所述，TAGN 与 GAP 混合形成的 TAGN-GAP 复合固体推进剂具有相对高的比冲，在 TAGN 和 GAP 含量分别为 0.8 和 0.2 时其比冲为 225s，主要燃烧产物为 H_2 和 N_2。且由于 TAGN 和 GAP 的燃速均高于其他含能材料，因此，TAGN-GAP 复合推进剂是一种绿色推进剂。

12.9.5　NP 推进剂

NP 推进剂是一种由硝基聚合物和硝酸酯（如 NG 和 NC）构成的推进剂。由于 NP 推进剂的主要燃烧产物为 CO_2、H_2O 和 N_2，而该类燃烧产物是相对清洁对环境无污染的物质，因此 NP 推进剂是一种绿色推进剂。然而在推进剂中 NG 含量较高（约>50%），其摩擦感度和冲击波感度也很高，这使推进剂可形成类似高能炸药的爆轰。此外，NP 推进剂所含 NC 组分中—O—NO_2 键的断裂使得其分解过程会产生 NO_2，即老化效应。由于这一缺点，实际上含 NG 和 NC 组分的 NP 推进剂并不能称为绿色推进剂，但是当在 NP 推进剂中加入少量的 2-硝基二苯胺（2NDPA）后，NP 推进剂分解过程中由于—O—NO_2 键断裂产生的 NO_2 分子则可与 2NDPA 反应，从而消除分解产生的 NO_2，即 2NDPA 可起到防老剂的作用。当 NP 推进剂中加入的 2NDPA 消耗完后，NP 推进剂的力学性能会下降，也即无法满足使用要求而成为待销毁的推进剂。

由于 NG 是一种感度非常高的含能材料，因此，在 NG-NC 推进剂的制备过程中需要加入 DEP 以作为降感剂，但是 DEP 加入后会降低 NG-NC 推进剂的能量性能和燃烧温度。当采用 TMETN 取代推进剂中的 NG 时，推进剂的感度可明显降低。然而由于 TMETN 的能量低于 NG 的能量，因此 TMETN-NC 推进剂的能量也低于 NG-NC 推进剂的能量，但当采用 TEGDN 取代 TMETN-NC 推进剂中的 DEP 时，TMETN-NC-TEGDN 推进剂的能量可高于 NG-NC 推进剂的能量，而且 TMETN-NC-TEGDN 推进剂的燃速也可通过添加非铅的 LiF 催化剂而获得超速燃烧和平台燃烧效应（具体见第 6 章），因此，TMETN-TEGDN-NC 推进剂是一种绿色推进剂。

参 考 文 献

[1] Gaydon, A. G. and Wolfhard, H. G. (1970) Flames: Their Structure, Radiation and Temperature, 3rd edn(revised) edn, Chapman & Hall, London.

[2] Sturman, B. (2004) An Introduction to Chemical Thermodynamics, Pyrotechnic Chemistry, Chapter 3, Journal of Pyrotechnics, Inc., Whitewater, CO.

[3] Kosanke, K. L. and Kosanke, B. J. (2004) The Chemistry of Colored Flame, Pyrotechnic Chemistry, Chapter 9, Journal of Pyrotechnics, Inc., Whitewater, CO.

[4] Hosoya, M. and Hosoya, F. (1999) Science of Fireworks, Thokai University Press, Tokyo.

[5] Shimizu, T. (2004) Chemical Components of Fireworks Compositions, Pyrotechnic Chemistry, Chapter 2, Journalof Pyrotechnics, Inc., Whitewater, CO.

[6] Japan Explosives Society(1999) Energetic Materials Handbook, Kyoritsu Shuppan, Tokyo.

[7] Koch, E. -C. and Dochnahl, A. (2000) IR emission behavior of Magnesium/Teflon/Viton (MTV) compositions. Propellants Explos. Pyrotech., 25, 37-40.

[8] Koch, E. -C. (2001) Review on pyrotechnic aerial in frared decoys. Propellants Explos. Pyrotech., 26, 3-11.

[9] Gillard, P. and Roux, M. (2002) Study of the radiation emitted during the combustion of pyrotechnic charges. Part I: non-stationary measurement of the temperature by means of a two-color pyrometer. Propellants Explos. Pyrotech., 27, 72-79.

[10] Taylor, M. J. (2003) Spectral acquisition and calibration techniques for the measurement of radiative flux incident upon propellant. Propellants Explos. Pyrotech., 28, 18.

[11] Iwao, I., Kubota, N., Aoki, I., Furutani, T., and Muramatsu, M. (1981) Inhibition of Afterburning of Solid Propellant Rocket, Explosion and Explosives, vol. 42, No. 6, Industrial Explosives Society Japan, pp. 366-372 or Translation by Heimerl, J. M., Klingenberg, G., and Seiler, F. (1986) T 3/86, Ernst Mach-Institut Abteilung für Ballistik, Fraunhofer-Gesellschaft, Weil-am-Rhein.

[12] Gillard, P., de Izarra, C., and Roux, M. (2002) Study of the radiation emitted during the combustion of pyrotechnic charges. Part II: characterization by fast visualization and spectroscopic measure ments. Propellants Explos. Pyrotech., 27, 80-87.

[13] Blanc, A., Deimling, L., and Eisenreich, N. (2002) UV-and IR-signatures of rocket plumes. Propellants Explos. Pyrotech., 27, 185-189.

第 13 章　火药与烟火药的瞬态燃烧

13.1　点火瞬态过程

含能材料(如火药和烟火药)的点火起始过程主要来源于由热传导、热对流和(或)热辐射向燃烧表面传递的热量[1-3]。提供给含能材料的热传导热主要来源于分散在点火表面的高温凝聚相颗粒。例如,由硼粉和硝酸钾组成的点火器燃烧时会产生大量温度超过 3000K 的氧化硼粒子。由高温氧化物粒子向含能材料表面传导的热量可使含能材料的温度升高。之后发生放热的气化反应,从而从含能材料的表面释放出易进一步发生化学反应的反应性气体,这些反应性气体随后形成高温燃烧产物,点火过程完成。

当由点火器产生的高温气体产物流过含能材料表面时,对流热传递产生同时表面温度升高。与热传导方式一样,热对流传热也会使含能材料发生放热反应并放出易进一步发生化学反应的反应性气体。当一个辐射光源向含能材料表面辐射热量时,含能材料的表面温度也会升高并在表面处发生放热的气化反应生成反应性气体,反应性气体产生后点火完成。点火延迟的出现不仅受热传递过程的影响,而且受含能材料各种物理化学变化过程的影响。

13.1.1　对流与热传导点火

当高温气流流过含能材料表面时,对流热传递发生,含能材料表面温度升高。当温度达到含能材料的分解温度时,气化反应发生,该气化过程既有吸热反应也有放热反应。热量既向含能材料表面传导也向含能材料内部传导,同时温度也相应增加。在离开燃烧表面处的气相分解产物进一步发生反应并放出热,放出的热一部分又反馈到含能材料的分解表面处。当反馈的热量足以在含能材料表面处维持自分解时,含能材料的点火过程确立。该点火过程引起的含能材料凝集相温度升高的示意图如图 13.1 所示。

由于初始分解过程主要依赖于高温气流产生的热流,因此点火过程主要受不同气流参数的影响,如气流温度、气流流速、压强以及气流的物理化学性能等。由高温气流向含能材料表面传导的热流 q 可表示为

第13章 火药与烟火药的瞬态燃烧

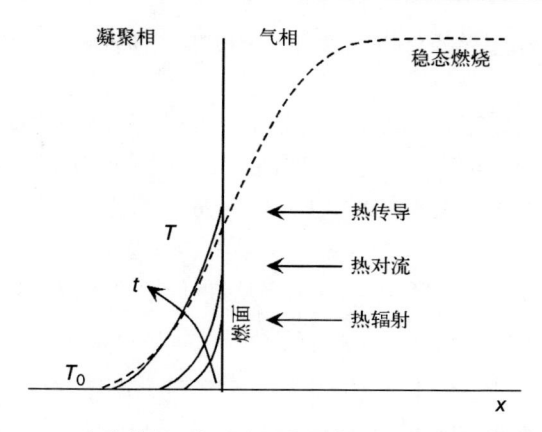

图 13.1 由热传导、热对流和热辐射引起的点火瞬间过程

$$q = h_g(T_g - T_s) \quad (13.1)$$

式中:h_g 为热传递系数;T_g 为平行于燃面处的气流温度;T_s 为含能材料的表面温度。热传递系数与许多不同参数有关,如气流速度 u_g、气流通道的尺寸大小、气体的性质、含能材料表面的粗糙度等。以无量纲参数定义的热传递系数为

$$Nu = cRe^m Pr^n \quad (13.2)$$

式中:Nu 为努赛尔数;Re 为雷诺数;Pr 为普朗特数;c、m、n 为常数。当气流处于平整的含能材料表面上时,其 Nu、Re 和 Pr 可表示为

$$Nu = \frac{h_{gx} x}{k_g} \quad (13.2a)$$

$$Re = \frac{\rho_g u_g x}{\mu_g} \quad (13.2b)$$

$$Pr = \frac{c_g \mu_g}{\lambda_g} \quad (13.2c)$$

式中:c_g 为比热;μ_g 为黏度;λ_g 为气流的热导率。当气流处于平整的表面上时,Nu 可表示为

$$Nu = 0.322 Pr^{1/3} Re^{1/2} \quad (13.3)$$

式中:x 为离开平整表面边缘处的距离;h_{gx} 为离开平整表面边缘 x 处的气流向表面处的热导率。在圆孔条件下,有

$$Nu = 0.395 Pr^{1/3} Re^{3/4} \quad (13.4)$$

式中:$Nu = h_g d / \lambda_g$;$Re = u_g \rho_g d / \mu_g$;$d$ 为圆孔的内径。结合式(13.2)的三个传热方

程,由适当的初始和边界条件以及含能材料的固相热传导方程可获得气相向固相传导的热流。

图 13.2 所示为基于式(13.1)和式(13.2b)计算得到的横向主气流向平整表面传导的热流随横向气流流速的变化曲线。计算时所使用的参数值为:c_g = 1.55kJ·kg^{-1}·K^{-1}、λ_g = 8.4×10^{-4} kJ·s^{-1}·m^{-1}·K^{-1}、μ_g = 4.5×10^{-5} kg·s^{-1}·m^{-1}、ρ_g = 2.25kg·m^{-3}、M_g = 24.6kg·kmol^{-1}、p = 2MPa。主气流的温度 T_g = 2630K,平整表面的表面温度 T_s = 600K。从图 13.2 可以看出,随着横向气流流速的增加热传导的热流增加。

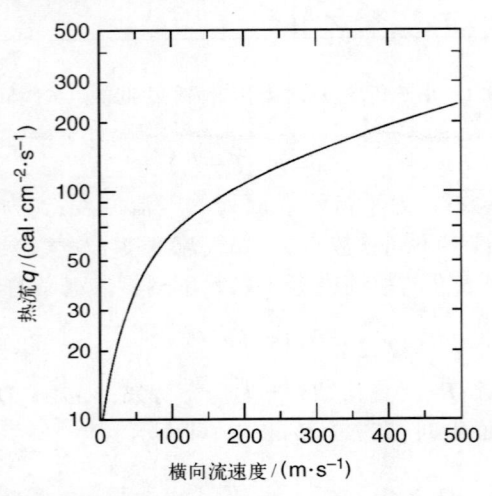

图 13.2　传导到平整表面边界层处的热流($\ln q$)与气流流速(u_g)的关系

13.1.2　辐射点火

当给含能材料提供高强辐射能时,含能材料表面可吸收辐射的热量,温度同时也升高。如果含能材料是半透明的,则部分辐射能可传到推进剂的内部并被推进剂所吸收。当表面的温度达到推进剂的分解温度时,会在推进剂的表面上通过放热或吸热的分解反应释放出易反应的气体物质[1-3]。但在气相中继续发生化学反应时,其温度随反应的进行而升高,同时,热传导使得燃烧表面下的温度也同时升高。当降低外部热源产生的辐射热能时,该反应可继续发生,则形成含能材料的点火过程。

图 13.3 所示为双基推进剂在不同辐射强度下的点火范围。随着入射辐射热流强度 I_f 的增加,需要达到点火条件的热辐射时间 τ_{ig} 缩短。随着炭黑的加入,推进剂变得不透明,在 I_f 一定的条件下,τ_{ig} 变短,或在 τ_{ig} 一定的条件下,I_f 变

小。推进剂内部对热辐射的吸收度降低,大部分的热辐射能在推进剂的点火表面处被吸收。

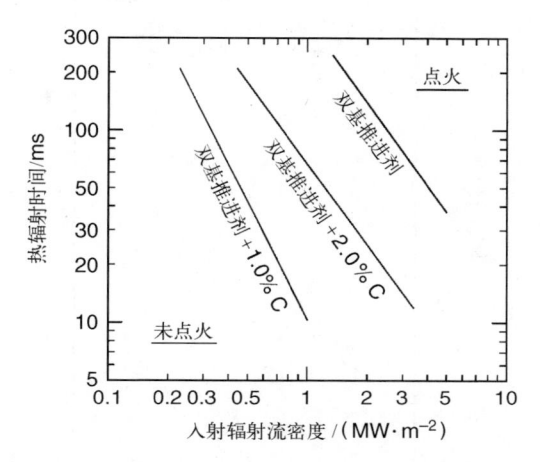

图 13.3　含炭黑和不含炭黑的双基推进剂的点火阈值

基于燃烧表面下传导热的简单分析可知推进剂的点火时间为[2]

$$\tau_{ig} = \frac{\alpha_p \pi}{4} \left[\frac{\rho_p c_p (T_g - T_0)}{I_f} \right]^2 \tag{13.5}$$

总的入射辐射强度为

$$E_f = I_f \tau_{ig} = \left(\frac{\pi}{4} \right) \lambda_p \rho_p c_p \frac{(T_g - T_0)^2}{I_f} \tag{13.6}$$

从图 13.3 可以看出,双基推进剂的 $\ln\tau_{ig}$ 与 $-2\ln I_f$ 呈线性关系,即 τ_{ig} 与 I_f^{-2} 成正比。

辐射热点火的点火过程不仅与推进剂的化学组分类型有关,还与燃速催化剂有关。氧化铁和无机铁化合物在 AP 复合推进剂中可有效提高推进剂的燃速,具体描述见 7.1.3.1 节。燃速催化剂主要对推进剂燃烧表面处和燃烧表面上的 NH_3-HClO_4 单元推进剂火焰反应有较强的催化作用。同样,由于点火过程也包括形成单元推进剂火焰的过程,因此,燃速催化剂在 AP 复合推进剂的点火过程中起着重要的作用。如图 13.4 所示,在 AP 复合推进剂中添加 1.0% 的卡托辛可使推进剂的点火时间缩短约 1/3[3]。卡托辛的结构式中含有两个铁原子,如图 13.5 所示。在 0.013atm(1atm=101kPa)的低压条件和入射热流一定的条件下,推进剂的点火时间随着压强的增加而缩短。

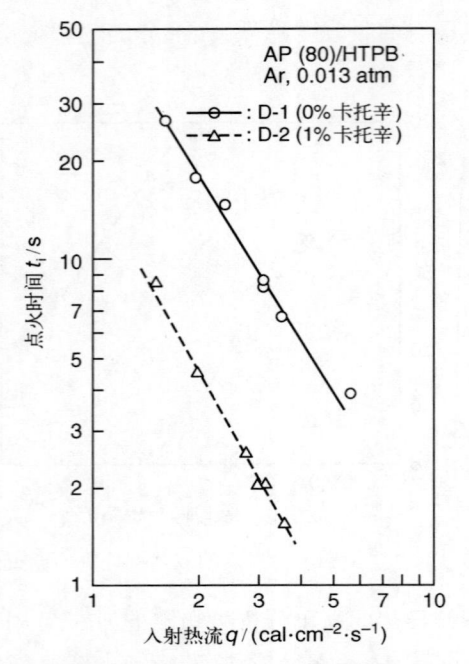

图 13.4　在辐射热点火条件下，AP-HTPB 推进剂中卡托辛的含量对点火时间的影响[3]（1cal=4.16J）

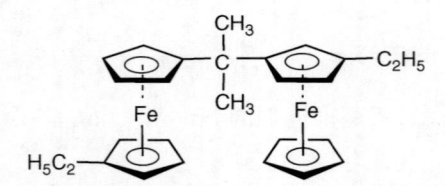

图 13.5　AP 复合推进剂燃速催化剂卡托辛的结构式[3]

13.2　燃烧点火

13.2.1　点火过程描述

点火是在含能材料表面发生燃料与氧化剂相反应的过程，该过程可产生推进剂达到稳态燃烧所需要的热。首先通过外部点火器产生的热使得推进剂的表面温度升高，当含能材料表面或表面下的温度达到其分解温度时，在含能材料热的表面上方和表面处即发生分解反应而产生易起反应的氧化剂组分和燃料组分,这些容易发生反应的组分随即发生反应产生热和高温反应产物。

假设沿燃烧方向 x 处,氧化剂(O)组分与燃料(F)组分反应生成的产物(P),其反应式为

$$a\text{O} + \text{F} \longrightarrow b\text{P}$$

式中:a、b 为化学反应计量比。在气相中物质的质量方程为

$$\left(\frac{\partial Y_\text{O}}{\partial t}\right) + u_\text{g}\left(\frac{\partial Y_\text{O}}{\partial x}\right) = D\left(\frac{\partial^2 Y_\text{O}}{\partial x^2}\right) - aY_\text{O}Y_\text{F}Z_\text{g}\exp\left(-\frac{E_\text{g}}{RT}\right) \tag{13.7}$$

$$\left(\frac{\partial Y_\text{F}}{\partial t}\right) + u_\text{g}\left(\frac{\partial Y_\text{F}}{\partial x}\right) = D\left(\frac{\partial^2 Y_\text{F}}{\partial x^2}\right) - Y_\text{O}Y_\text{F}Z_\text{g}\exp\left(-\frac{E_\text{g}}{RT}\right) \tag{13.8}$$

式中:x 为沿反应方向上的距离;t 为时间;Y_O、Y_F 分别为氧化剂和燃料组分的浓度;u_g 为反应气流的流速;E_g 为气相活化能;R 为通用气体常数;Z_g 为指前因子;D 为氧化剂和燃料间的扩散系数。

反应气体的能量方程为

$$\frac{\partial T}{\partial t} + u_\text{g}\frac{\partial T}{\partial x} = \lambda_\text{g}\frac{\partial^2 T}{\partial x^2} + \left(\frac{Q_\text{g}}{\rho_\text{g}c_\text{g}}\right)Y_\text{O}Y_\text{F}Z_\text{g}\exp\left(-\frac{E_\text{g}}{RT}\right) \tag{13.9}$$

式中:ρ 为密度;c 为比热;Q 为反应热;下标 g 表示气相。

固相的能量方程为

$$\frac{\partial T}{\partial t} + u_\text{p}\frac{\partial T}{\partial x} = \frac{\lambda_\text{g}}{\rho_\text{p}c_\text{p}}\frac{\partial^2 T}{\partial x^2} + \frac{Q_\text{p}}{c_\text{p}}Z_\text{p}\exp\left(-\frac{E_\text{g}}{RT}\right) + \frac{1}{\rho_\text{p}c_\text{p}}\frac{\partial I}{\partial x} \tag{13.10}$$

式中:u_p 为凝聚相消耗速率;I 为固相的辐射吸收强度;下标 p 表示凝聚相。表面处的热分解速率可采用 Arrhenius 定律表示,即其消耗速率可表示为

$$u_\text{p} = Z_\text{s}\exp\left(-\frac{E_\text{s}}{RT_\text{s}}\right) \tag{13.11}$$

式中:下标 s 表示燃面退移面。式(13.11)表示推进剂燃面退移速率随着燃面温度(T_s)的增加而增加。

当在常压条件下产生点火过程时,动量方程为

$$p = 常数 \tag{13.12}$$

质量连续方程为

$$\rho_\text{p}u_\text{p} = \rho_\text{g}u_\text{g} \tag{13.13}$$

式(13.7)~式(13.13)用以评估含能材料在适当的初始和边界条件下的点火过程。通常,对于点火过程,其热方面的初始和边界条件为

$$T(x,0) = T_0$$

$$T(-\infty,t) = T_0$$

$$T(0^-,t) = T(0^+,t)$$

$$\lambda_g \left(\frac{\partial T}{\partial x}\right)_{0^+,t} = \lambda_p \left(\frac{\partial T}{\partial x}\right)_{0^-,t}$$

浓度方面的初始和边界条件为

$$Y_O(x,0) = Y_O(+\infty,t) = Y_O^\infty$$

$$Y_F(x,0) = Y_F(+\infty,t) = 0$$

$$(\rho_p u_p Y_O)_{0^-} = \left[\rho_g u_g Y_O - \rho_g D\left(\frac{\partial Y_O}{\partial x}\right)\right]_{0^+}$$

$$(\rho_p u_p Y_F)_{0^-} = \left[\rho_g u_g Y_F - \rho_g D\left(\frac{\partial Y_F}{\partial x}\right)\right]_{0^+}$$

式中:0^+表示退移燃面处的气相;0^-表示退移燃面处的凝聚相。

在远离燃面的固相区,由于无化学反应发生,同时也无辐射能经燃面传入,因此,式(13.10)中的第二项和第三项可忽略,故式(13.10)可表示为

$$\left(\frac{\partial T}{\partial t}\right) + u_p\left(\frac{\partial T}{\partial x}\right) = \left(\frac{\lambda_p}{\rho_p c_p}\right)\left(\frac{\partial^2 T}{\partial x^2}\right) \tag{13.14}$$

其边界条件为

$$T(x,0) = T_0 \tag{13.15}$$

$$\frac{\partial T}{\partial x} \to 0 : x \to -\infty \tag{13.16}$$

13.2.2 点火过程

由于点火这一物理化学过程随着提供给含能材料点火表面的点火能的变化而变化,因此,点火过程中的初始条件也随之改变。典型的辐射点火过程可表示为

$$0 \leqslant t < t_v : \lambda_p \left(\frac{\partial T}{\partial x}\right)_{0^-} = I(t) \tag{13.17}$$

$$t_v \leqslant t < t_g : \lambda_p \left(\frac{\partial T}{\partial x}\right)_{0^-} = I(t) + \rho_p u_p Q_p \tag{13.18}$$

$$t_g \leqslant t < t_f : \lambda_p \left(\frac{\partial T}{\partial x}\right)_{0^-} = I(t) + \rho_p u_p Q_p + \lambda_g \left(\frac{\partial T}{\partial x}\right)_{0^+} \tag{13.19}$$

$$t_f \leqslant t < t_{ss} : \lambda_p \left(\frac{\partial T}{\partial x}\right)_{0^-} = \rho_p u_p Q_p + \lambda_g \left(\frac{\partial T}{\partial x}\right)_{0^+} \tag{13.20}$$

$$t_{ss} \leqslant t : \lambda_p \left(\frac{\partial T}{\partial x}\right)_{0^-} = I(t) + \rho_p u_p Q_p + \lambda_g \left(\frac{\partial T}{\partial x}\right)_{0^+} \tag{13.21}$$

第13章 火药与烟火药的瞬态燃烧

式中:t_v为表面处的初始热分解时间;t_g为表面处的初始气化时间;t_f为辐射停止时间;T_v、T_g、T_f分别为t_v、t_g和t_f时的表面温度。在$t_f \leqslant t < t_{ss}$时,点火完成,在无外部提供热能的条件下可发生燃烧,表面温度达到T_s,燃速和退移速率在t_{ss}时达到稳定值。图13.6是由式(13.17)~式(13.21)所表示的点火过程的示意图。

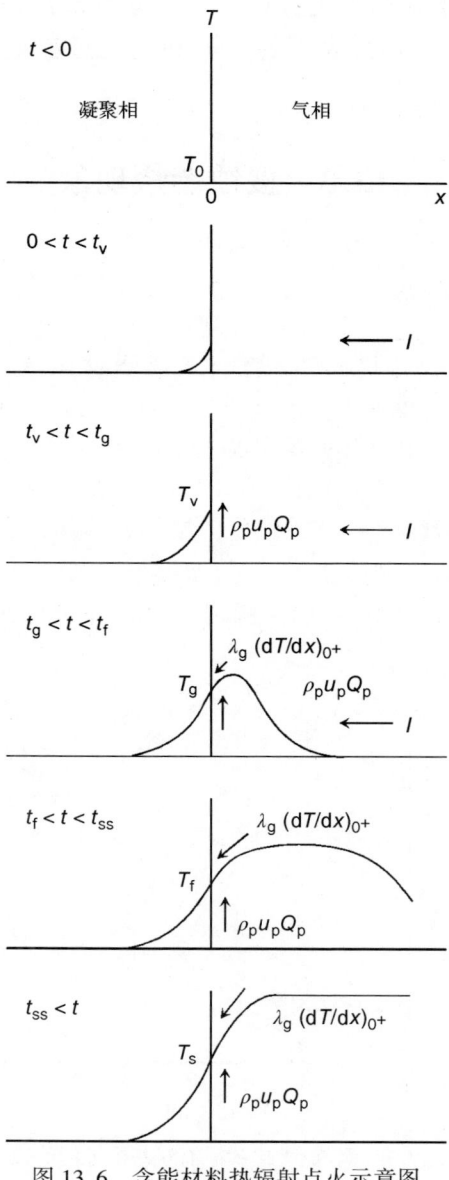

图13.6 含能材料热辐射点火示意图

实际点火过程中，由于点火器含有不同类型的金属燃料和晶体氧化剂，因此是非常复杂的非均相反应过程。金属粉被气体氧化性组分氧化生成高温的氧化物颗粒，这些高温氧化物粒子分散到推进剂表面后，通过固-固热传递的方式为推进剂的点火提供热量，这种点火方式称为热点点火，这一点火过程并不能用上述的点火方程表示。复合推进剂或烟火药等含能材料的燃烧表面是非均相的，表面的分解和气化过程也是随时间和空间变化的。

13.3 侵蚀燃烧现象

13.3.1 速度阈值

当含能材料在有高温横向气流条件下燃烧时，则易发生侵蚀燃烧[4,5]。图 13.7 为高能、参比和低能双基推进剂在无横向气流条件下的燃速结果[4]，这三种推进剂的化学组分和绝热火焰温度 T_f 如表 13.1 所列。图 13.8 所示为横向气流速度对三种不同推进剂侵蚀比 r/r_0 的影响结果，从图 13.8 可以看出，三种推进剂的侵蚀比 r/r_0 随着横向气流速度的增加而增加，且每种推进剂都存在一个速度阈值，如低能推进剂约 70 m·s^{-1}，参比推进剂约 100 m·s^{-1}，高能推进剂约 200 m·s^{-1}。低能推进剂在横向气流速度为 300 m·s^{-1}时的侵蚀比约为 2.4，马赫数约为 0.3。

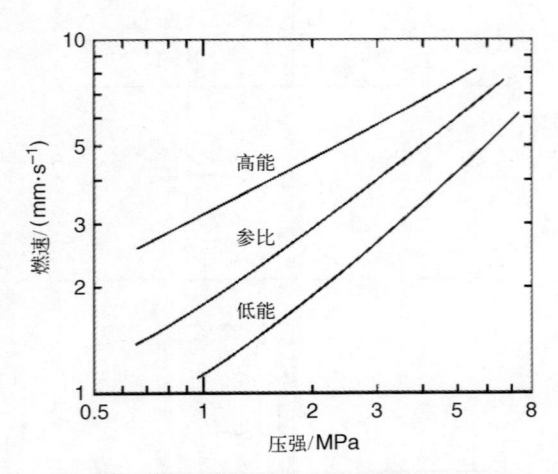

图 13.7 高能、参比和低能双基推进剂的燃速

表 13.1 高能、参比和低能推进剂的组分含量及绝热火焰温度

推 进 剂	$\xi(NC)$	$\xi(NG)$	$\xi(DEP)$	T_f/K
高能	0.556	0.404	0.040	2720
参比	0.504	0.366	0.130	2110
低能	0.475	0.345	0.180	1780

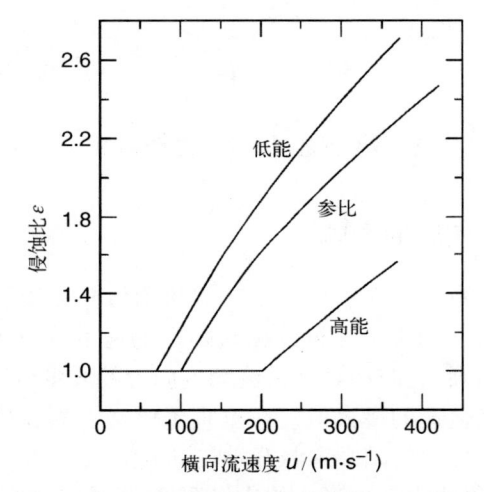

图 13.8 高能、参比和低能双基推进剂的侵蚀比和速度阈值，表明低能推进剂对对流热流最敏感

图 13.9 是双基推进剂在有侵蚀燃烧条件下的流场结构示意图。火焰内部的燃烧是一个湍流燃烧过程，并会形成湍流边界层。高温区的发光火焰离开燃烧表面和嘶嘶区，嘶嘶区略高于推进剂的燃烧表面，是决定推进剂燃速的一个重要区域。当流速较低时，嘶嘶区位于速度非常低的黏滞亚层中，因此，嘶嘶区此时不受横向气流速度的影响，推进剂燃速保持不变。然而当横向流速度增加时，湍流强度增加，使得发光火焰区更接近燃面，暗区减小，热反馈增加，燃速也相应增加。

在常压条件下，与低能推进剂相比，高能推进剂由于燃速高，因此，其燃面处喷出的可燃气体速度也很高。此外，高能推进剂的嘶嘶区厚度较小，温度梯度较大，因此燃速对横向气流不敏感[5]，图 13.8 中的速度阈值与该过程有关。

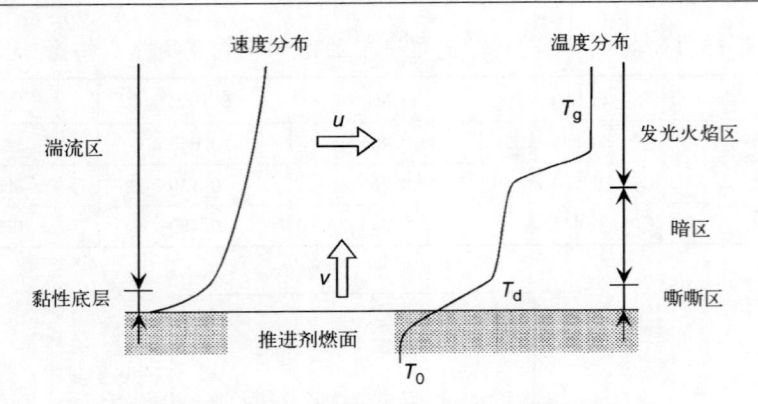

图 13.9 双基推进剂火焰结构的侵蚀燃烧效应

13.3.2 横向气流的影响

将推进剂试片的点火表面放在一个一端封闭另一端敞开的矩形管中,燃烧产生的气体由敞开的一端流出。虽然在封闭端的速度为 0,但在沿矩形管的流动方向上燃气的流速会增加,而且在沿流动方向上的质量流速也会增加,并在矩形管敞开端处达到其流速的最大值。在垂直于燃烧表面 x 处,由推进剂试片燃烧表面产生的燃烧气体由封闭端向敞开端流动并进入主气流的横向流中。当采用双基推进剂时,在燃烧表面上形成的边界层处,由推进剂试片燃烧产生的燃气温度和流速分布从矩形管的封闭端到敞开端处逐渐增加。

由横向气流向燃面处的热传递主要通过边界层进行,由于横向气流会增加推进剂的燃速,因此热传递的热流会增加,这一燃烧现象称为侵蚀燃烧。燃速也受边界层流动参数的影响,故侵蚀燃速的燃速可由边界层的横向气流参数表示。然而,侵蚀燃烧只有在横向气流速度达到一定值时才会发生,这一值称为速度阈值,低于这一阈值,横向气流对燃速无影响。此外,侵蚀燃烧还受其他各种参数的影响,如烟火剂类型、压强、横向气流温度等,这是由于侵蚀燃烧现象与接近燃烧表面处的推进剂火焰结构密切相关。

掌握侵蚀燃烧机理对优化火箭发动机、火炮和不同类型烟火药的推力-压强设计非常重要。由于侵蚀燃烧主要发生在高速、高温条件下,因此很难通过实验获得其燃烧过程的影响因素。

13.3.3 通过边界层的热流

虽然推进剂在恒压下的燃速可用式(3.68)表示,但当推进剂燃烧过程中有横向流时,式(3.68)并不适用,由横向气流向推进剂燃面传导的热流会增加推进剂的燃速,通常情况下,从气流向气流通道壁面传导的热流可用式(13.1)表示。当无垂直与主气流方向的气流干挠时的热流可以用式(13.2)~式(13.4)来表示,但当推进剂燃烧过程中有横向流时,这些公式也同样不适用。在环形孔中沿气流通道方向的热传递系数可通过经验式表示[4]:

$$h_0 = 0.0288 c_g \mu_g^{0.2} Pr^{-0.667} \frac{kG^{0.8}}{L^{0.2}} \quad (13.22)$$

式中:G 为环形孔处的质量流热流;k 为经验常数;L 为流体流动边缘的距离。热传递系数可通过流体的物理和流体性能进行校正:

$$St = 0.0288 Re^{-0.2} Pr^{0.667} \quad (13.23a)$$

式中:St 为斯坦顿数;雷诺数是基于离平板边缘的距离。这些数可通过边界层中流体的物理性能定义:

$$St = \frac{h_0}{\rho_g u_g c_g} \quad (13.23b)$$

大量的实验研究发现,横向流的热传递系数可表示为

$$h = h_0 \exp\left(-\frac{\beta \rho_p r}{G}\right) \quad (13.24)$$

式中:β 为从燃烧表面放出气体的参数,由实验确定。实验研究证实,Pr 是横向流气体物理性质的函数,同时 Re 也是气体动力学黏度和流速的函数。热流是 u_g、T_w、T_g 和燃烧气体产物物理性能的函数。

假设由横向流引起的燃速 r_e 增加是由通过边界层的热流引起的,则含能材料总的燃速 r 可表示为

$$r = r_0 + r_e \quad (13.25)$$

式中:r_0 为无横向流时的燃速。因此可得到含横向流的燃速公式,即侵蚀燃烧的燃速公式:

$$r = ap^n + kh_0 \exp\left(-\frac{\beta \rho_p r}{G}\right) \quad (13.26a)$$

$$= ap^n + (0.0288 c_g \mu_g^{0.2} Pr^{-0.667}) \left(\frac{kG^{0.8}}{L^{0.2}}\right) \exp\left(-\frac{\beta \rho_p r}{G}\right) \quad (13.26b)$$

$$= ap^n + \alpha \left(\frac{G^{0.8}}{L^{0.2}}\right) \exp\left(-\frac{\beta \rho_p r}{G}\right) \quad (13.26c)$$

式中:k 为常数,主要取决于平行与燃面的气流与从燃面处喷出的气流间的相互作用。参数 α 为

$$\alpha = 0.0288 c_g \mu_g^{0.2} Pr^{-0.667} k \quad (13.27)$$

这个含横向流的燃速公式主要基于实验测试数据获得,该公式称为 Lenoir-Robilard 公式[4]。

13.3.4　Lenoir-Robilard 参数的确定

图 13.10 所示为硝基聚合物推进剂的典型侵蚀燃烧燃速结果,该硝基聚合物推进剂中 NC、NG 和 DEP 的含量分别为 50.4%、36.6% 和 13.0%,从图 13.10 中可以看出,当 u 超过 $100\mathrm{m\cdot s^{-1}}$ 时,推进剂燃速随着主气流速度 u_g 或质量速度 G 的增大而增大。当流速小于 $100\mathrm{m\cdot s^{-1}}$ 时,燃速保持不变。实验数据所采用的参数值分别为:$\alpha = 0.8 \times 10^{-4} \mathrm{m^{2.8} \cdot kg^{-0.8} \cdot s^{-0.2}}$、$\beta = 270$,离前端的距离 $L = 80\mathrm{mm}$。图 13.11 为放气气流参数与横向流流速的关系图,参数 $\beta = 270$、$\rho_p = 1.57 \times 10^3 \mathrm{kg \cdot m^{-3}}$。在燃速一定的条件下,放出气体气流参数随着横向流流速的增大而增大,同时在横向流流速一定的条件下,放气气流参数随燃速的增大而减小。

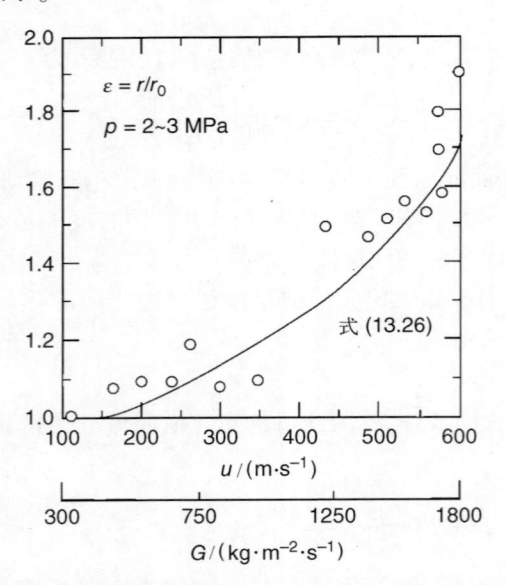

图 13.10　侵蚀燃烧模型计算得到的侵蚀比和实验测得的侵蚀比随气流速度和质量流速度的变化

当高于燃面处的横向流的动量小于垂直于燃面的燃烧气体流动量时,由横向流向燃面传导的热流保持不变。当横向流速度低于某一值时,无侵蚀燃烧发生,此时的横向流速度值称为发生侵蚀燃烧的横向流速度阈值,通常恒压下该阈值随着不含横向流的燃速值的增大而增大。

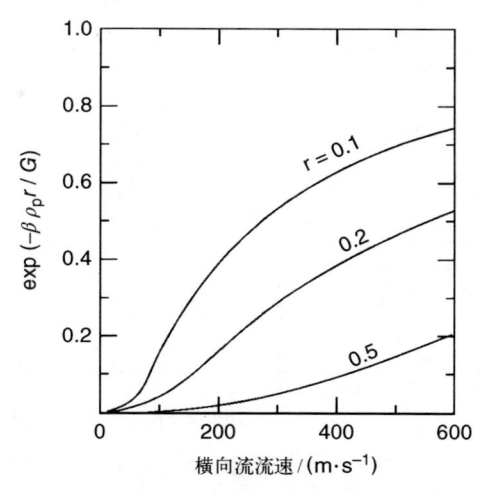

图 13.11　放气气流参数的计算值与横向流流速的关系

虽然侵蚀燃烧主要取决于横向流的流速，但推进剂的物理结构也对侵蚀燃烧的燃速有很大的影响。当推进剂所含的黏合剂在发生热分解前很容易熔化时，其压强指数会降低，即在无横向流出现时很容易产生平台燃烧效应。聚氨酯（PU）是一种典型的易熔化的黏合剂，图 13.12 所示为 AP 和 PU 含量分别为 80% 和 20%，在无横向流出现时推进剂的燃速测试结果，从图 13.12 可以看出，在 3~7MPa 范围内出现了平台燃烧现象。当 AP-PU 推进剂在 3.3MPa 下燃烧，并伴有横向流存在时，其燃速随着横向流速度的增加而减小，并在横向流速度约为 370m·s^{-1} 时达到最小值，如图 13.13 所示，燃速由无横向流出现时的 7.4m·s^{-1} 减小到横向流速度约为 370m·s^{-1} 时的 5.7m·s^{-1}，即燃速降低了 23%。这种侵蚀燃烧效应称为负侵蚀燃烧，在平台双基推进剂或高氯酸铵-端羟基聚丁二烯（AP-HTPB）复合推进剂中从未出现过。进一步提高横向流的流速，即横向流的流速大于 370m·s^{-1} 时，推进剂的燃速又开始增加，类似于常见推进剂的侵蚀燃烧过程。如图 13.2 所示，由主横向流向燃面传导的热流随着燃烧表面处高温气流流速的增加而增加。通过终止燃烧研究发现，在有横向流存在的条件下，燃烧表面处推进剂中黏合剂发生部分熔化，形成黏合剂的熔融层，该熔融层的存在，使得推进燃烧过程中由气相向凝聚相的热流反馈降低，因此，阻止了推进剂中 AP 颗粒的分解。当横向流的速度超过 170m·s^{-1} 时，作为边界的亚表面薄层会对燃面产生切应力的作用，使得黏合剂的熔融层发生剥离，此时燃面处的热反馈增加，侵蚀燃烧产生。

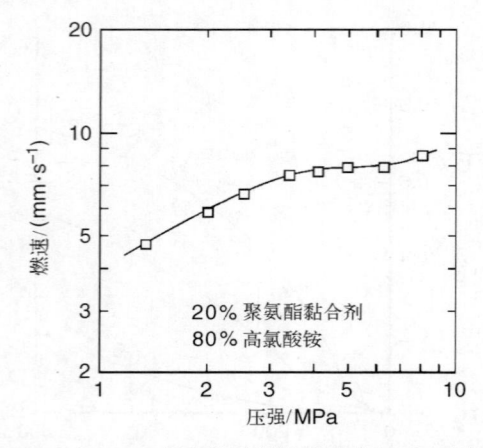

图 13.12　AP-PU 复合推进剂的燃速特性(平台燃烧)

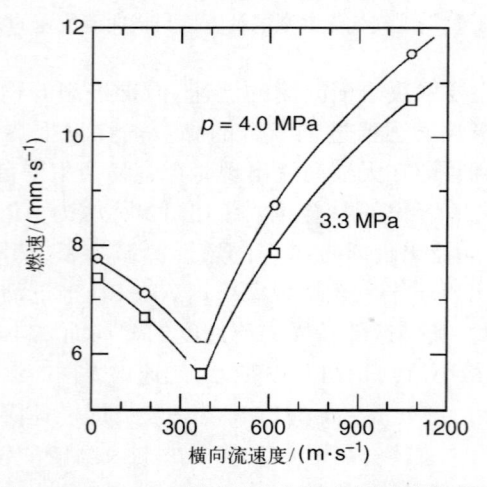

图 13.13　AP-PU 复合推进剂的负侵蚀燃烧现象

13.4　不稳定燃烧

13.4.1　T^* 不稳定燃烧

当推进剂的燃烧产物达到热平衡状态时,燃烧温度可由理论计算得到,具体见第 2 章。但通常发动机实际工作过程中,推进剂的燃烧过程很难实现完全燃烧,所以燃烧火焰温度总会低于理论的绝热火焰温度[6]。如果假设火箭发动机在工作压强为 p_c 时的火焰温度为 T^*,则 T^* 可表示为[6]

$$T^* = bp_c^{2m} \tag{13.28}$$

式中:m 为火焰温度的压强指数;b 为某一压强范围内的常数。火箭发动机在稳态工作条件下的质量平衡方程为

$$\rho_p r A_b = \frac{\zeta A_t p_c}{T^{*1/2}} \tag{13.29}$$

式中:ζ 为燃气参数,可表示为

$$\zeta = \sqrt{\frac{\gamma}{R_g}} \left(\frac{2}{\gamma+1}\right)^{\frac{\gamma+1}{2(\gamma-1)}} \tag{13.30}$$

式(13.29)可参见14.1.3节。联合式(3.68)和式(13.29)的推进剂燃速公式可知,推进剂可稳定燃烧的条件为[5]

$$n+m<1 \tag{13.31}$$

这个临界条件即 T^* 不稳定燃烧。当火焰温度受压强影响时,$n<1$ 不足以使推进剂达到稳定燃烧的条件[1]。

一般说来,对于大多数推进剂,其高压区的 m 值接近于 0,但对于硝基聚合物推进剂,如氮基和双基推进剂,在压强低于 5MPa 时,其 T_f 随着压强的降低而降低。由于直接测定推进剂的 m 非常困难,而推进剂的爆热 H_{exp} 又与压强有关,因此在计算火焰温度 T^* 时常采用爆热值。假定火焰温度 T^* 与燃烧产物平均比热 c_p 的关系为

$$T^* = \frac{H_{exp}}{c_p} + T_0 \tag{13.32}$$

式中:T_0 为推进剂的初始温度。

为验证推进剂的 T^* 燃烧不稳定性,对由 NC/NG 组成的含 1% 镍粉催化剂和不含催化剂的双基推进剂进行了火箭发动机的燃烧性能测试,推进剂的详细配方可参见 6.46 节,其燃速测试结果见图 6.29。添加镍粉对推进剂的燃速无影响,两种推进剂的燃速压强指数均为 0.7。

当压强小于 4MPa 时,不含催化剂的 NC-NG 推进剂的爆热随压强的降低而迅速减小(图 13.14),而含催化剂的 NC-NG 推进剂即使压强低于 2MPa,爆热也基本保持不变。

将测试得到的 H_{exp} 数据代入式(13.32)和式(13.28)即可得到 m 值。结果表明,不含催化剂的 NC-NG 推进剂的 m 值在 0.6MPa 时约为 0.35,且 m 值随着压强的增加而逐渐降低,在压强大于或等于 5MPa 时,其值为 0。含催化剂的 NC-NG 推进剂的 m 值在相同的测试压强范围内近似为 0。将 m 值和 n 值代入式(13.35)可得到不含催化剂的 NC-NG 推进剂,其

$$p<1.2\text{MPa 时}, m+n>1$$

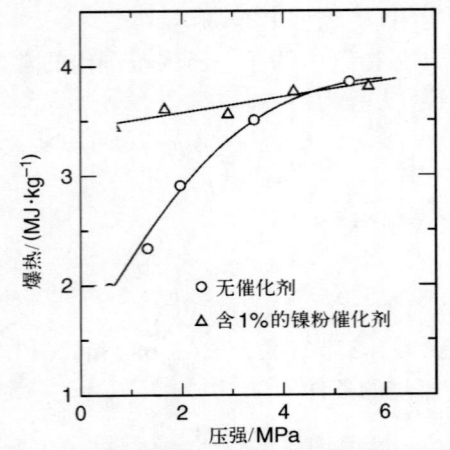

图 13.14 添加镍粉对双基推进剂爆热的影响

$p>1.2\text{MPa}$ 时,$m+n<1$

而含催化剂的 NC-NG 推进剂在整个压强范围内,其 $m+n<1$。

火箭发动机的燃烧性能测试结果表明,在压强小于 1.7MPa 后,不含催化剂的推进剂燃烧过程出现间歇式燃烧的不稳定燃烧现象,但对于含镍催化剂的 NC-NG 推进剂,在压强小于 5MPa 后仍可保持稳定燃烧,具体如图 13.15 所示。推进剂的火焰温度随着压强的降低而降低,趋向于呈现 T^* 不稳定燃烧效应。

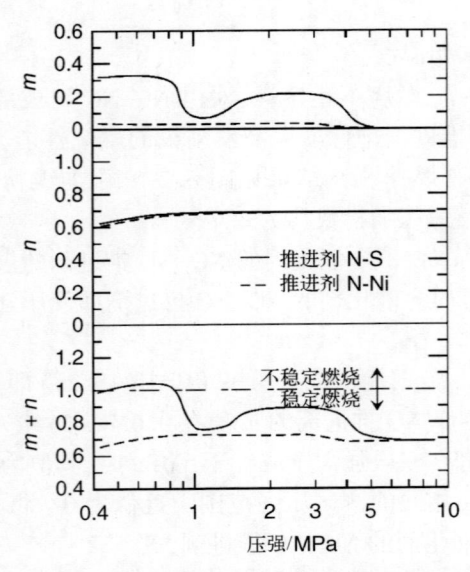

图 13.15 基于 $m+n$ 稳定燃烧条件预估的 T^* 不稳定燃烧

13.4.2 L^* 不稳定燃烧

火箭发动机的低频振动主要受推进剂燃速压强指数和燃烧室自由体积的影响[7,8]。当 NC、NG、DEP 和平台催化剂 PbSa 的含量分别为 51.0%、35.5%、12.0%、1.5%的推进剂在靶线法燃烧器中燃烧时，根据其在不同压强范围内的燃速特性可将其分为 4 个区，如图 13.16 所示。压强高于 3.7MPa 的 Ⅰ 区其压强指数为 0.44，压强在 3.7~2.1MPa 的 Ⅱ 区其压强指数为 1.1，压强在 2.1~1.1MPa 的 Ⅲ 区其压强指数为 0.77，在压强小于 1.1MPa 的 Ⅳ 区其压强指数为 1.4。

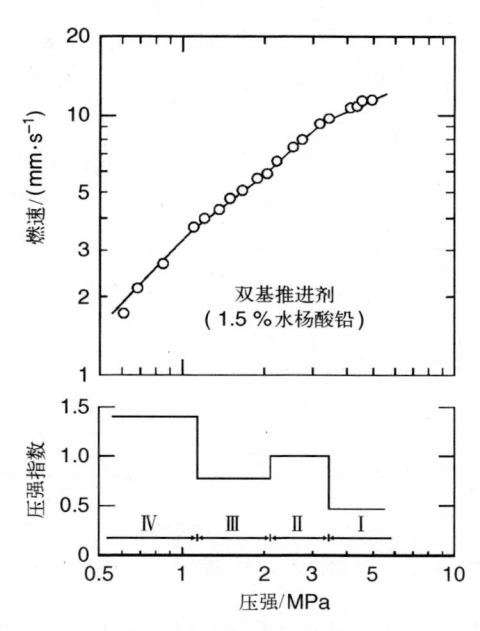

图 13.16 含铅催化剂的双基推进剂的燃速和燃速压强指数

当火箭发动机中的推进剂装药为端燃药时，在推进剂燃烧过程中其 L^* 的变化范围在 4~20m 之间。图 13.17 所示为典型发动机工作时的压强-时间曲线。在压强高于 3.7MPa 的 Ⅰ 区，其燃速如预期的一样，非常稳定。在 Ⅱ 区，由于其压强指数近似为 1，因此在 L^* 较短时会出现频率范围在 6~8Hz 的正弦振荡[8]，最大振幅约是时间平均压强的 20%，之后随着 L^* 的增加该振荡燃烧效应逐渐减弱。在压强范围为 1.1~2.1MPa 的 Ⅲ 区，其压强指数为 0.77，燃烧稳定，无压强振荡。在 Ⅳ 区，由于推进剂的燃速压强指数为 1.4，因此由喷管喷出的燃气的质量速率总高于燃烧室中燃气的生成速率，故不可能形成稳定燃烧。图 13.18 是形成稳定燃烧、振荡燃烧和不稳定燃烧的范围图。

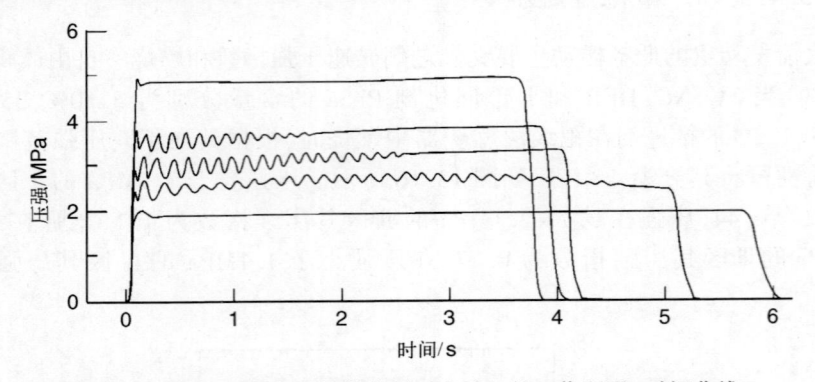

图 13.17　推进剂中含铅催化剂时发动机的工作压强-时间曲线

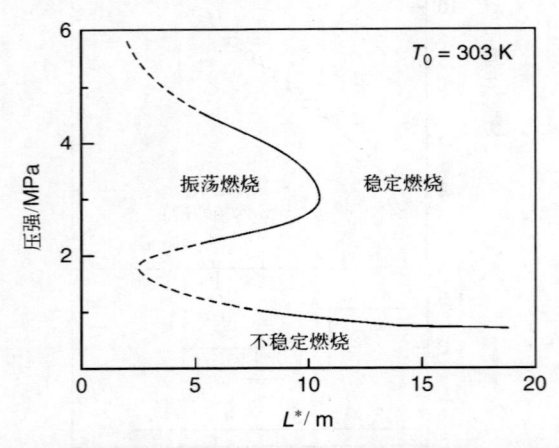

图 13.18　铅催化双基推进剂的稳定燃烧、振荡燃烧和不稳定燃烧范围

假定燃烧室中的燃气为理想气体,与推进剂相比,可忽略气体的密度,则火箭发动机工作过程的质量平衡方程为

$$\tau_{ch}\frac{dp}{dt}+p-\left(\frac{\rho_p K_n}{c_D}\right)r=0 \tag{13.33}$$

式中:τ_{ch} 为燃烧室时间常数,$\tau_{ch}=L^*/c_D R_g T_f$。假设产生的压强振荡的振幅为正弦曲线形式,则

$$p(t)=p_c+\phi e^{\alpha t}\cos\omega t \tag{13.34}$$

式中:α 为指数增长系数;ϕ 为压强振荡的振幅;ω 为频率。在振荡非常慢时,振荡周期($2\pi/\omega$)远高于推进剂热波动的特征时间 τ_{ch},因此,推进剂在次振荡燃烧过程中可采用线性燃速规律,即 $r=ap^n$。假设推进剂燃烧时有一个相对于压强

振荡的诱导时间 τ，则其瞬态燃速可表示为

$$r(t) = a[p(t+\tau)]^n = a[p_c + \phi e^{\alpha t}\cos\omega(t+\tau)]^n \qquad (13.35)$$

一般说来，压强振荡的振荡远小于其平均压强，即 $\phi/p_c \ll 1$，因此燃速可表示为

$$r(t) = ap_c^n + anp_c^{n-1}\phi e^{\alpha(t+\tau)}\cos\omega(t+\tau) \qquad (13.36)$$

将式(13.34)和式(13.36)代入式(13.33)可得

$$\cos\omega\tau = \frac{1+\alpha\tau_{ch}}{n} \qquad (13.37a)$$

$$\sin\omega\tau = \frac{\omega\tau_{ch}}{n} \qquad (13.37b)$$

联立式(13.37a)和式(13.37b)，可得到 α 和 ω 的表达式为

$$(1+\alpha\tau_{ch})^2 + (\omega\tau_{ch})^2 = n^2 \qquad (13.38)$$

当推进剂的燃速压强指数小于1，即压强指数减小时，其燃烧过程由不稳定燃烧转变为稳定燃烧。当推进剂的压强指数大于1，即压强指数增大时，可能会出现振荡燃烧。当燃速压强指数非常接近于1，α 近似为0时，ω 可由式(13.37b)确定：

$$\omega \approx \frac{(n^2-1)^{1/2}}{\tau_{ch}} \qquad (13.39)$$

虽然在 τ_{ch} 和 p_c 给定的条件下无法由式(13.39)唯一确定 α 和 ω 的关系，但从式(13.37a)可知，α 和 ω 存在式(13.40)的关系，即

$$\alpha \leq \frac{n-1}{\tau_{ch}} \qquad (13.40)$$

这表明，在给定的压强 p_c 条件下，α 随着 τ_{ch} 的增加而减小。换句话说，增加 L^* 可减小推进剂的振荡燃烧，即 $L^* = (c_D R_g T_f)\tau_{ch} = V_c/A_t$。

在区域Ⅱ时，观测到的推进剂振荡燃烧现象与预期的结果相一致。由式(13.38)可知，α 在区域Ⅱ时的值在 $1\mathrm{s}^{-1}$ 或更小的数量级范围。例如，在 p_c 为 3.5MPa，τ_{ch} 为 $0.01\mathrm{s}(L^* \approx 4\mathrm{m})$ 时，计算的 ω 值为 46rad·s^{-1}，而且由式(1.37b)近似得到的 $\omega\tau_{ch}/n$ 项在振荡区的数量级为 0.1rad，与 τ_{ch} 的数量级相同。

13.4.3 声不稳定燃烧

13.4.3.1 不稳定燃烧特性

当含能材料在有喷管的燃烧室中燃烧时，可能产生振荡燃烧。研究发现，该振荡频率变化范围较宽，从低于10Hz的低频振荡到高于10kHz的高频振荡，其振荡频率不仅依赖于含能材料的物理化学性能，而且取决于含能材料的尺寸和

形状。目前已有大量有关发动机不稳定燃烧的理论和实验研究,相应的不稳定燃烧特性的实验测试方法也已得到发展和证实[7]。然而,由于不稳定燃烧涉及推进剂燃烧的燃烧波和声波的复杂相互作用,因此,目前对不稳定燃烧特性的机理研究还不够深入。

当火箭发动机中推进剂装药采用内燃方式燃烧而产生不稳定燃烧时,推进剂的燃烧会随着时间的变化而变化,同时发动机的压强也会随着时间的变化而变化,压强-时间曲线在宏观上表现为在某一频率的振荡。当推进剂的燃速振荡模式与发动机的压强振荡模式不一致时,推进剂的不稳定燃烧效应趋向于减弱,相反,当推进剂的燃速振荡模式与发动机的压强振荡模式一致时,会将发动机的压强振荡模式放大。

火箭发动机中推进剂装药采用内燃方式燃烧而产生不稳定燃烧的模式有很多[7],声波从发动机的前端传到发动机的后端的振动模式称为纵向模式,部分沿推进剂径向方向传播的振动模式称为径向模式,而部分沿前切线方向传播的振动模式称为切向模式。在发动机中,振荡燃烧开始与沿推进剂燃烧表面传播的声波相耦合。在压强耦合的振荡燃烧条件下,发动机的燃烧室腔起到了建立声压波的声振荡器的作用。在某些情况下,当振荡气流平行于燃烧表面时,易出现速度耦合的振荡燃烧现象,由于振荡气流会增加气流向燃烧表面的热传递速率,即类似于推进剂的局部侵蚀燃烧现象,因此,这种速度耦合的振荡燃烧会增加推进剂装药的局部燃速。当有压力耦合振荡或速度耦合振荡时,发动机燃烧室的平均压强会增加到燃烧室设计压强的 2 倍多。但如果推进剂燃烧时不与声振荡发生耦合,则无振荡燃烧出现,推进剂的燃速满足 Vieille 公式 ($r = ap^n$),即推进剂的燃速是发动机燃烧室静态压强的函数。

如果假设振荡是简单的正弦振荡,其振荡频率可表示为

$$\nu = \frac{a}{\lambda} = \frac{na}{2x} \tag{13.41}$$

式中:λ 为波长;a 为声速;n 为波数;x 为波的一端到另一端的距离。燃烧室的压强 $p(r,t)$ 取决于位置 r 和时间 t。假设发动机燃烧室的压强可表示为

$$p(r,t) = p_c + \delta_p \tag{13.42}$$

式中:p_c 为一段时间内的平均压强;p 为由于声压波在燃烧室中传播而引起的随位置和时间变化的压强。

13.4.3.2 燃烧不稳定性测试

图 13.19 是测定推进剂响应函数的 T 形燃烧器的结构和原理示意图。两块推进剂放置在 T 形燃烧器的两端,燃烧室的压强通过充氮气加压到所需的压

强,T形燃烧器中燃烧时的声振荡模式仅取决于燃烧器中的声速以及两块推进剂试样燃烧表面间的距离。当推进剂试样点火后,压力波在两块试样表面间由一端传播到另一端。当T形燃烧器的长度一定时,其压力响应函数也一定,且推进剂对振荡频率非常敏感[7]。响应函数由压强的放大程度决定。

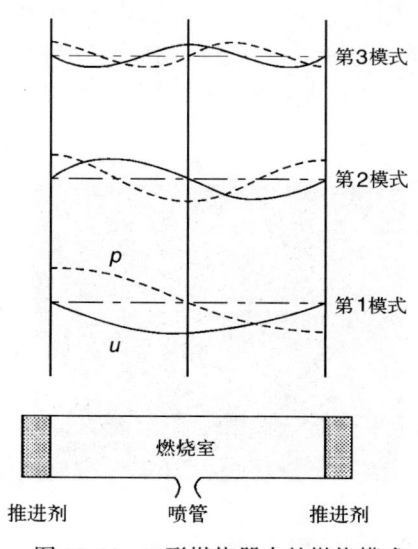

图 13.19　T形燃烧器中的燃烧模式

火箭发动机中推进剂燃烧时伴随的高频压强振荡是对火箭发动机正常运行最有害的一种现象之一。大量的理论和实验研究表明,声共振的频率范围主要集中在100Hz~1kHz的中频和1~30kHz的高频。不稳定振荡燃烧性能取决于不同的物理化学参数,如燃速特性、力学性能、推进剂能量密度以及推进剂的物理形状和尺寸等[9, 10]。

一般说来,当内燃推进剂装药药柱长度相对较长(>2m)时,会产生由发动机头部向喷管方向的纵向振荡。当部分内燃推进剂装药药柱长度相对较短(0.2m)时,会产生切向振荡或部分垂直于内表面的径向振荡。为评估不同推进剂燃速对压强振荡的敏感性,测试了不同实验用推进剂装药燃烧时的压强响应函数(即燃速对燃烧压强的敏感性)。

为了获得平稳压强时间曲线,不稳定燃烧性能测试中的推进剂装药一般为内燃六角星型装药或端燃加内孔燃烧的管状药,点火器置于发动机的头部,收敛-扩张喷管置于发动机的尾部。发动机燃烧时的压强采用两种类型的压强传感器,均安装在发动机的头部,其中一种是直流(DC)型压强传感器,主要为电阻应变片放大器;另一种是交流(AC)型的压强传感器,主要为压电放大器。数据采集采用触发扫描双束示波器,该示波器可同时记录压强变化的直流和交流电信号。采用带通滤波器对记录的交流压强数据进行分析,进而可获得不稳定燃烧过程中的功率谱密度[8,9]。

图 13.20 上图所示为六角星型 RDX-AP 复合固体推进剂装药在 9MPa 下燃烧时的直流和交流压强曲线,可以看出推进剂在点火后突然发生不稳定燃烧,随后由于抛掉喷管的快速泄压造成压强突降,这种快速泄压方式可使发动机中的推进剂熄火。图 13.20 下图为推进剂在点火前和降压熄火后的燃烧截面图。

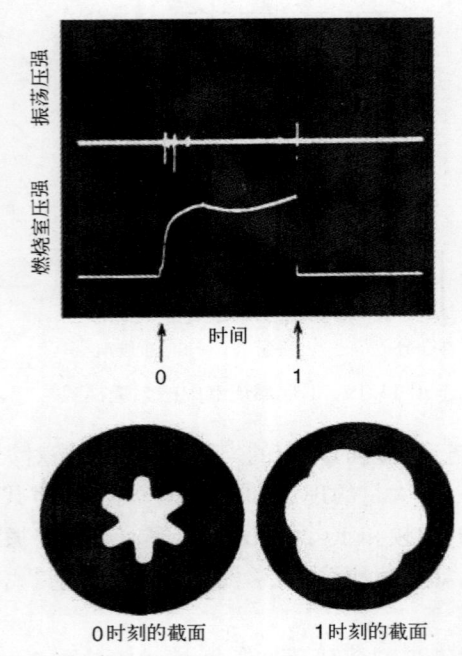

图 13.20　六角星型装药的不稳定燃烧性能,上图为直流和交流压强曲线,
下图为推进剂在点火前和降压熄火后的燃烧截面图

图 13.21 所示为一组火箭发动机产生稳定燃烧和不稳定燃烧时的典型压强-时间曲线。研究已证实,燃烧室中的固体粒子可吸收燃气振荡的动能,因此可抑制不稳定燃烧。实验所用的 RDX-AP 复合推进剂中,120μm RDX、20μm AP 和 HTPB 的含量分别为 43%、43% 和 14%,部分推进剂含 0.5%~2.0% 的 5μm 的铝粉或 5μm 的锆粉。图 13.22 所示为推进剂的燃速测试结果,由图可知,铝粉或锆粉的加入并未改变推进剂的燃速及燃速压强指数,推进剂的燃速压强指数均

为 0.46[10]。为保证推进剂的压强曲线平稳,推进剂装药为管状药,采用端燃加内孔燃烧的方式。从图 13.21(a)可以看出,不含铝粉的推进剂装药燃烧时会伴随有高频压强振荡,经过一端时间后,振荡燃烧压强回到正常压强范围,之后推进剂继续保持稳定燃烧直至推进剂燃烧完全。从图 13.21(b)可以看出,含铝粉的推进剂装药在点火后并未出现振荡燃烧现象,压强-时间曲线与预期的结果相一致。

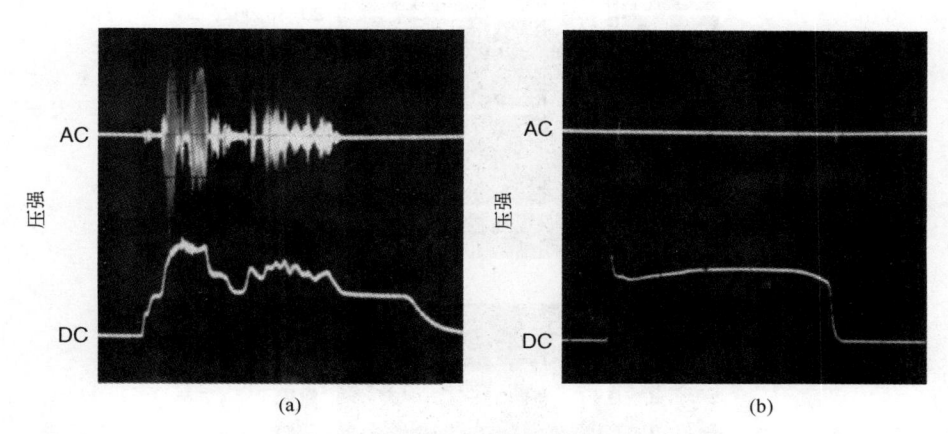

图 13.21 火箭发动机产生不稳定燃烧(a)和稳定燃烧(b)时的典型压强-时间曲线

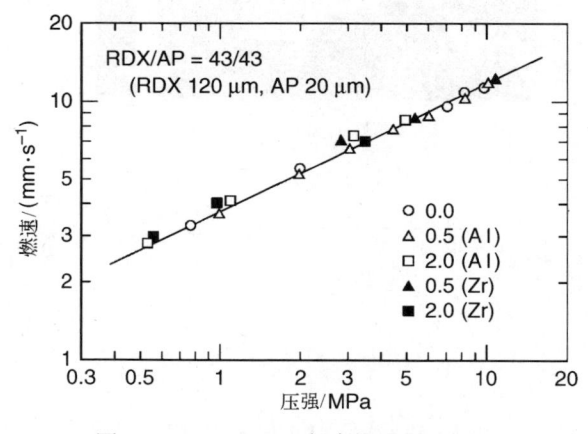

图 13.22 RDX-AP 复合推进剂的燃速

图 13.23 所示为另一个含 0.40%铝粉的 RDX-AP 复合推进剂发生不稳定燃烧的例子,实验所选用的压强为 4.5MPa,直流压强曲线结果表明,推进剂在点火后的 0.31s 开始出现不稳定燃烧现象,该不稳定燃烧过程一直持续到 0.67s,

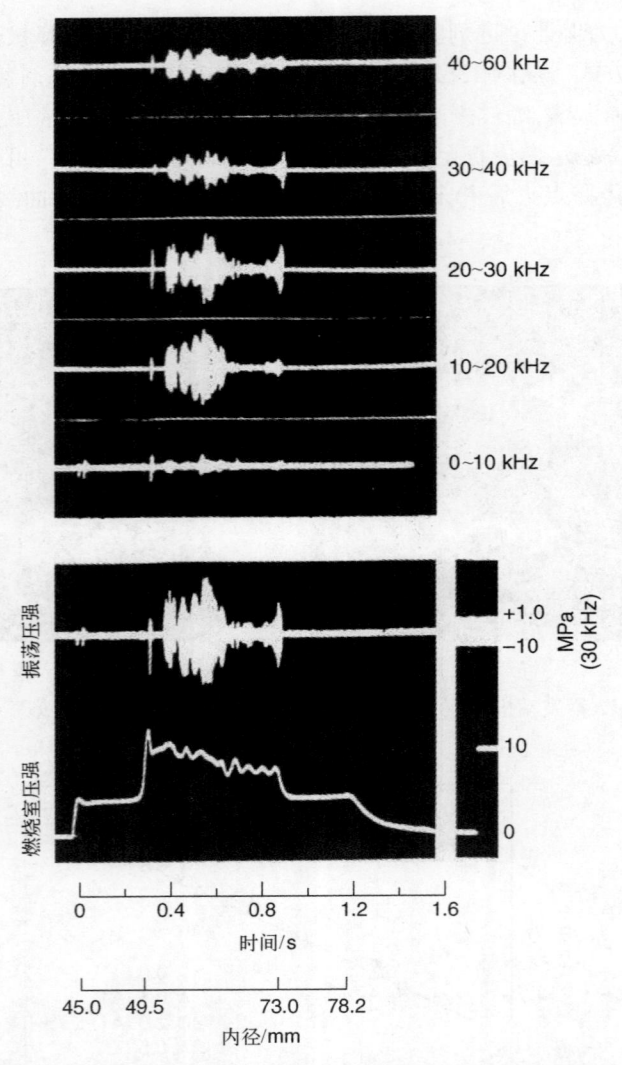

图 13.23　含 0.40% 铝粉的 RDX-AP 复合推进剂发生不稳定燃烧时的
直流压强和交流压强曲线

之后压强不稳定突然终止,回到 4.5MPa 设计压强。仔细检查带通滤波器上的异常压强变化后发现,管状药的激励频率在 10~30kHz 之间,交流压强信号在低于 10kHz 和高于 30kHz 的频率范围内均未出现(图 13.23)。图 13.24 是测试得到的不稳定燃烧的频率范围图。计算表明,火箭发动机中驻波的频率是推进剂内孔直径的函数,计算时假设声速为 1000m·s^{-1}、$L = 0.25$m,最佳激励频率为

25kHz,18kHz 和 32kHz 次之。图 13.25 所示为实验观测到的声频率与计算得到的声频率的对比结果,可看出一级径向振荡模式的频率可看作主频率,其他可能还包括二级和三级切向振荡模式,在 0.31~0.67s 之间的直流压强增加主要是由速度耦合振荡燃烧引起的,这种速度耦合振荡燃烧容易在沿部分燃面位置诱导产生侵蚀燃烧效应。在 20~30kHz 的最大直流压强值为 3.67MPa[9,10]。

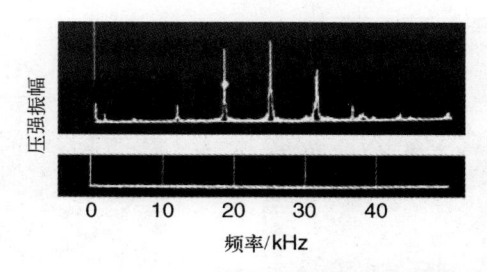

图 13.24　图 13.24 中出现的振荡燃烧的频率范围

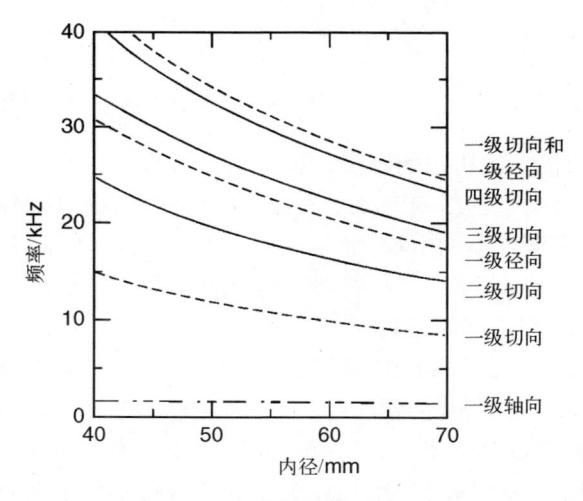

图 13.25　图 13.24 中燃烧测试时的声振荡模式

将含铝粉的推进剂沿发动机轴向装在前端且将不含铝粉的推进剂装在尾端时,发动机在点火后约 0.3s 开始出现不稳定燃烧,如图 13.26(a)所示。如果发动机由于不稳定燃烧而出现压强高于安全值,则采用快速降压的方式来终止推进剂继续燃烧。这种装药出现的不稳定燃烧现象类似于不含铝粉的推进剂装药燃烧时出现的不稳定燃烧现象,当改变两种推进剂的装药顺序,即含铝粉的推进剂置于发动机的前端,不含铝粉的推进剂置于后端时,未出现不稳定燃烧现象,可得到正常的稳定燃烧压强,直至两种推进剂全部烧完,如图 13.26(b)所示。这些结果表明,这种类型的不稳定燃烧现象可通过燃烧室内自由体积中的铝粉

(可能是 Al_2O_3)进行抑制。当发动机中的前后推进剂均不含铝粉时,在推进剂燃烧过程中无固体粒子进入燃烧室内的自由体积中,而当推进剂装药周围的自由体积中无铝颗粒时,燃烧过程中则会出现不稳定燃烧现象。同样,即使装药后端采用含铝推进剂,燃烧时可产生铝颗粒但其前端推进剂状药中不含铝粉,则推进剂燃烧过程中也会出现不稳定燃烧现象。

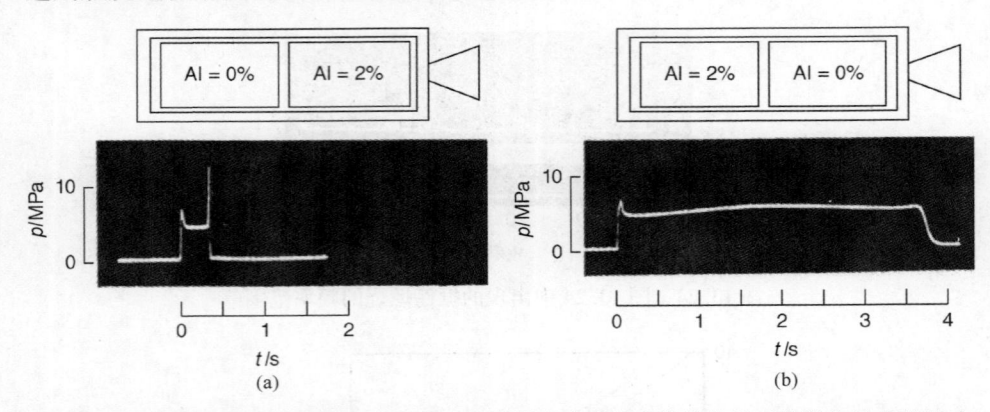

图 13.26　不含铝粉和含铝粉的 RDX-AP 推进剂在发动机中装填位置对其燃烧性能的影响

研究证实,火箭发动机中的压强驻波可通过燃烧室内自由体积中的固体粒子来抑制。压强波阻尼的影响取决于固体粒子的浓度,同时固体粒子尺寸大小的选取主要受压强波性能的影响,如压强波的振荡频率、大小以及燃气的性质。图 13.27 所示为铝粉的质量分数对推进剂燃烧性能的影响结果,可看出推进剂中含有铝粉可抑制推进剂的不稳定燃烧效应。当推进剂中加入 0.47% 的铝粉时,推进剂在点火后约 0.3s 时出现强的压强峰,而随后压强恢复到正常设计压力值;当推进剂中加入 0.5% 的铝粉时,推进剂在整个燃烧时间范围内压强都很平稳,无不稳定燃烧现象出现。研究表明,抑制不稳定燃烧所需铝粉的最低含量在 0.47%~0.50% 之间。图 13.28 所示为金属粉含量随压强变化时出现的稳定和不稳定燃烧区结果。可以看出,添加 0.5% 的铝粉或锆粉可抑制 RDX-AP 复合推进剂的不稳定燃烧,但是该实验结果并不具有普适性,并不能推广到抑制其他推进的不稳定燃烧中。燃烧不稳定的抑制受不同物理化学特性的影响,如推进剂的化学组分、推进剂装药的形状和尺寸、推进剂中固体颗粒的大小和浓度、推进剂燃速以及推进剂的力学性能。

13.4.3.3　不稳定燃烧抑制模型

如果式(13.42)表示的压强振荡波是一种正弦波,则在燃烧室某一固定位置处的压力变化可表示为

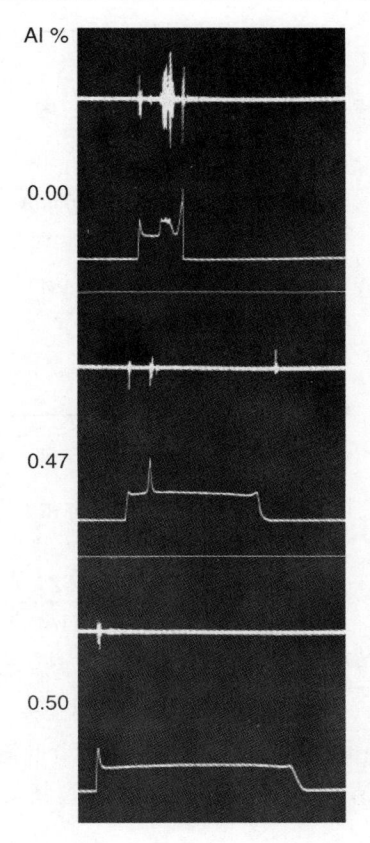

图 13.27　增加铝粉含量可抑制推进剂的不稳定燃烧(燃烧室设计平均压强为 4.5MPa)

$$\delta_p = p_0 \exp(\alpha + i\omega)t \tag{13.43}$$

式中:α 为增长常数;ω 为振动的角频率。真实的 α 可表示为

$$\alpha = \alpha_g + \alpha_d \tag{13.44}$$

式中:α_g 为不稳定驱动常数;α_d 为阻尼常数。值得注意的是,α_d 取决于不同的物理化学参数,如燃烧和喷管的几何尺寸、推进剂弹性和燃烧产物黏性。然而,由于观察到的管状药的燃烧不稳定现象常伴有横向振荡模式,这里的阻尼效应与颗粒的阻尼效应相比非常小。如果假设主要的阻尼效应是由气相中的颗粒造成的声衰减引起的[2],当 $\alpha_g + \alpha_p = 0$ 时即可产生不稳定燃烧现象,这里的 p 表示颗粒阻尼常数,则出现不稳定燃烧的条件可定义为 $\alpha_g = -\alpha_p$。

根据 Horton 和 McGie 的理论假设[11],颗粒阻尼系数为

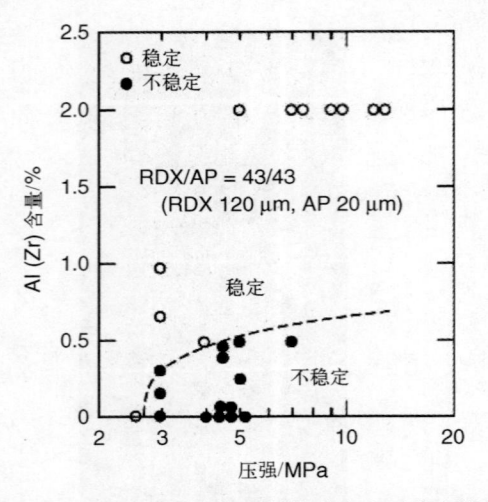

图 13.28　RDX-AP 复合推进剂的稳定和不稳定燃烧区

$$-\alpha_p = \sum_D 3\pi n_D R\nu(1+Z)\left\{\frac{16Z^4}{16Z^4 + 72\delta Z^3 + 81\delta^2(1+2Z+2Z^2)}\right\} \quad (13.45)$$

式中：n_D 为直径为 D 时单位体积内的颗粒数；ν 为燃气的动力学黏度；δ 为燃气与颗粒物的密度比；Z 为 $(\omega R^2/2\nu)^{1/2}$；R 为颗粒半径[12]。在颗粒大小一定的条件下，颗粒的阻尼因子随着频率的增加而增加。当推进剂中选用的颗粒大小和数量为密度一致的优化结果时，其阻尼因子可得到其最大值。

13.5　加速度场中的燃烧

13.5.1　燃速增大效应

当存在沿燃烧方向上的加速度场时，含金属粒子的火药或烟火药的燃烧方式与无加速度场存在时会有所改变，因此其燃速也相应会发生改变[13-15]。由于过载力作用主要体现在金属颗粒的质量方面，因此颗粒尺寸是决定加速度场对燃速特性影响的重要参数。一般说来，铝粉、镁粉等金属粉在推进剂中燃烧时会在燃烧表面发生熔化和团聚，高氯酸铵、高氯酸钾等氧化剂颗粒发生热分解时会产生氧化性气体，熔融的金属粒子与其周围的氧化性气体反应生成金属氧化物颗粒。当推进剂在沿燃烧表面方向上存在加速度作用力时，熔融颗粒的生成过程与无加速度作用力存在时会有所不同，热传递过程也因加速度力的存在而改变，因此推进剂的燃速也相应改变。

当含铝推进剂在沿燃面退移方向的加速度场存在的条件下燃烧时,加速度作用力主要对燃烧表面的熔融铝颗粒或生成的氧化物颗粒起作用。由于加速度作用力对固体或凝聚相粒子的影响作用较气相燃烧产物的影响作用更大,因此,当推进剂中含有铝粉时,铝粉在燃烧过程中由于加速度的作用会留在燃烧表面,并发生聚集形成团聚的熔融态铝粒子。

当采用内孔燃烧的推进剂装药在燃烧室旋转条件下燃烧时,离心加速度将会作用在推进剂装药和燃烧产物上,当燃烧产物中有固体粒子时,离心加速度也会对这些固体粒子燃烧产物起作用,这些气体和固体燃烧产物经燃烧室尾部的喷管排出。由于离心加速度的作用,金属颗粒的燃烧过程也会发生改变,因此,推进剂装药的燃速也会发生改变[13-15]。

内孔燃烧时的气体燃烧产物沿装药内孔燃面向发动机喷管处流动,燃气排出喷管后则不再受离心加速度的作用。当燃气在装药内孔中受到离心加速度的作用时,会在内孔的径向方向形成压强梯度,因此其燃速也会由于径向压强梯度形成的压强增加而增加。但如果推进剂的燃烧产物全部为气体,则离心加速对推进剂的燃速无影响。固体粒子在径向方向受到的加速度力可表示为

$$F_r = mr\omega^2 \tag{13.46}$$

式中:m 为每个固体粒子的质量;r 为旋转燃烧室中心到推进剂燃烧表面的距离;ω 为旋转燃烧室转速。由于燃烧室中气体燃烧产物的密度远低于固体粒子的密度,因此,气体燃烧产物会沿推进剂内部的燃面流动,经旋转燃烧室尾部的喷管流出燃烧室。但如果 F_r 值大于指向燃烧室旋转中心径向方向的压力,则固体粒子会保持在推进剂装药的内表面上,并在推进剂燃烧表面处和固体粒子与燃面接触的表面处产生压力。

13.5.2 铝粉的影响

当烟火药中加入铝粉时,在离心力的作用下会在燃烧表面处发生熔融铝的团聚[13-15],这种团聚现象的产生主要是由于熔融铝粒子的密度远大于气体燃烧产物的密度。随着推进装药的不断燃烧,熔融团聚的粒子逐渐增大,由于团聚的熔融铝粒子温度非常高,因此,由熔融铝粒子向推进剂燃烧表面处的热传递会增加,即推进剂的局部燃速会增加,从而在推进剂的燃烧表面上形成大量的凹点,如图 13.29 所示[14]。

当 AP、CTPB 和 Al 含量分别为 76.8%、15% 和 8.2% 的六角星型点火药装药在旋转燃烧室中燃烧时,由于铝粒子或氧化铝粒子在星角表面上聚集,因此会在

图13.29 六角星型含铝高氯酸铵-端羧基聚丁二烯(AP-CTPB)推进剂装药的熄火燃烧表面,在星角处形成许多凹点[14]

推进剂装药的星角表面上形成大量的凹点。在此配方中所用的铝粉的粒径为48μm,燃烧室的压强为4MPa,离心加速度为$60g$[15]。当管状药在旋转条件下燃烧时,会在推进剂的整个表面上形成大量的凹点。非常值得注意的是,当这些凹形的燃烧表面形成时,会增加推进剂的燃面,进而会使燃烧室的压强进一步增加。

13.6 含金属丝推进剂的燃烧

13.6.1 热传递过程

在推进剂燃烧过程中,由气相向凝聚相的热反馈对推进剂燃速的影响非常大。由于增加燃烧室压强会增加气相反应速率,进而会增加气相向凝聚相的热反馈,因此增加燃烧室压强可增加推进剂的燃速。当在推进剂中埋入沿燃烧方向的金属丝时,热即可通过金属丝的热传导向凝聚相传递热量[16,17],如图13.30所示。由于金属的热传导和热扩散性能远大于气体的热传导和热扩散性能,因此,热量通过金属丝的热传导速率会远高于通过气相的热传导速率,故通过伸出燃面处的金属丝可增加气相向燃烧表面的热反馈,因此,在金属丝周围的推进剂温度会增加,进而形成推进剂的局部点火。因此,金属丝周围的燃速会高于其他位置的推进剂的燃速。由于 NC-NG 双基推进剂相对较透明,容易观察到金属丝周围形成的锥形燃面,因此在实验中选取 NC-NG 双基推进剂药条。由于推进剂中埋入的银丝会增加燃烧时的热反馈从而使推进剂的燃面增加,因此推进剂的燃速介于端燃和内燃装药之间。

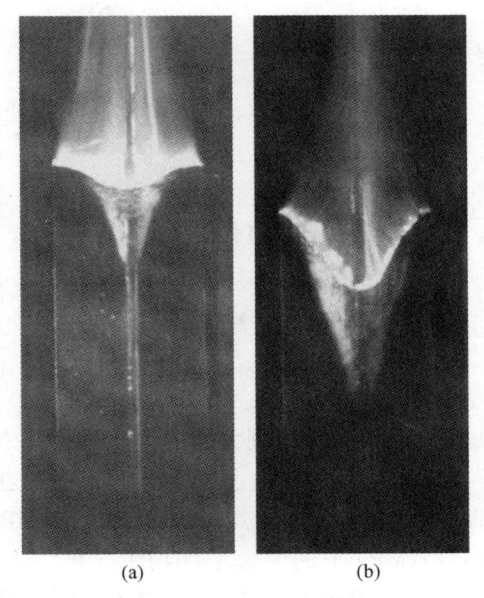

第13章 火药与烟火药的瞬态燃烧

图 13.30 含金属丝推进剂的燃烧照片,在银丝(直径 0.8mm)周围会形成锥形燃面
(a)点火后 0.8s;(b)点火后 1.2s。

在推进剂燃烧过程中,推进剂的燃烧表面会吸收一部分气相反应产生的热,同时由于凝聚相的热传导作用,在推进剂燃面下方的凝聚相也会吸收一部分热。换句话说,燃烧表面下未发生燃烧的推进剂温度的升高主要是由推进剂的热传导引起的。当在推进剂中沿燃烧方向埋入金属丝时,由气相产生的热会通过突出的金属丝进行传导,热由高温区的金属丝突出端向燃面下金属丝的低温端传导,由于热在金属丝中会沿着金属丝的轴向(x)和径向(r)方向传导,因此,金属丝中的温度分布可表示为

$$\left(\frac{r_w}{\alpha_w}\right)\frac{\partial T}{\partial x}=\frac{\partial^2 T}{\partial x^2}+\frac{\partial^2 T}{\partial r^2}+\left(\frac{1}{r}\right)\frac{\partial T}{\partial r} \qquad (13.47)$$

式中:r_w 为沿金属丝方向的燃速;T 为温度;α_w 为金属丝的热扩散系数。对于推进剂的稳态燃烧过程,r_w 为常数,沿金属丝方向的温度分布也为常数。式(13.47)可在气相和凝聚相的界面处($x=0$)分开考虑。对于在凝聚相($x \leqslant 0$)中的金属丝,热是由金属丝向推进剂传导;对于在气相($x>0$)中的金属丝,热是由气相向金属丝传导。在气相和凝聚相的界面处,金属丝和推进剂之间的热传导必须指定合适的值,以作为式(13.47)的边界条件。在任何条件下,可由 $\lambda_w/c_w\rho_w$ 确定的热扩散系数 α_w 都对确定金属丝向推进剂的传热速率非常重要,其中 c_w 为比热;ρ_w 为金属丝的密度。

13.6.2 燃速增大效应

当含金属丝的推进剂药条从上端点燃烧,其燃烧表面会形成一个以金属丝为对称轴的锥形结构。垂直于锥形表面的燃速仍然保持不变,而沿金属丝方向的燃速逐渐增加。锥形燃面沿金属丝方向的锥角在开始处最大,随着燃烧的进行其锥角逐渐减小。采用细银丝可获得较大的燃面变化速率。银丝、铜丝和铁丝的燃面变化速率不同也反映出金属的热扩散系数不同。由燃面变化速率可得到银、铜和铁的热扩散系数分别为:$1.65×10^{-4} m^2 \cdot s^{-1}$、$1.30×10^{-4} m^2 \cdot s^{-1}$ 和 $0.18×10^{-4} m^2 \cdot s^{-1}$,这与 Caveny 和 Glick 的实验结果[16]相一致。

图 13.31 所示为分别含银(Ag)丝、钨(W)丝和镍(Ni)丝的三种不同含金属丝推进剂的燃速测试结果,该推进剂为双基推进剂,其 NC、NG、DEP 和 EC 的含量分别为 44%、43%、11% 和 20%。不含金属丝的推进剂燃速为 r_0,添加银丝可使 1MPa 下的燃速增加约 4 倍,添加钨丝可使 1MPa 下的燃速增加约 2.5 倍,而添加镍丝可使 1MPa 下的燃速增加约 1.5 倍。不含金属丝的推进剂的压强指数为 0.60,添加银丝的压强指数为 0.51,添加钨丝的压强指数为 0.55,添加镍丝的压强指数为 0.51。因此可以看出,金属丝对推进剂燃速压强指数的影响不明显,而金属丝的热扩散系数越高,沿金属丝方向的燃速 r_w 也越高[17]。

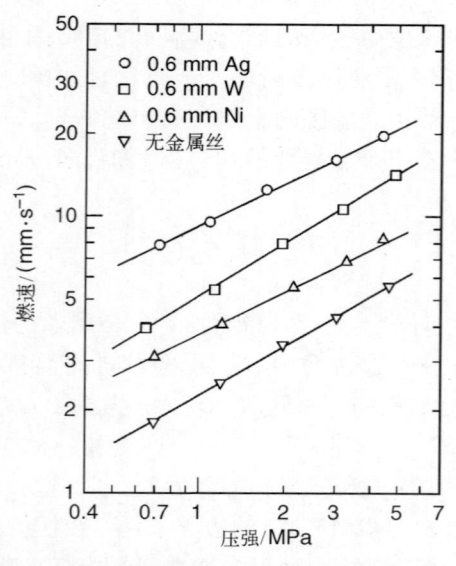

图 13.31 不同金属丝材料种类对推进剂沿金属丝方向上燃速的影响

金属丝的热传导性能还取决于金属丝的直径,即由高温气体向伸出燃面处的金属丝的热传导速率主要取决于金属丝的直径。金属丝越细,其热容越低,也更容易从高温燃气中获得热量。同理,金属丝越细,由金属丝向燃烧表面下的推进剂的热损失速率越低。图 13.32 所示为 4MPa 下,含银丝推进剂中银丝直径对推进剂 r_w/r_0 变化的影响。从图 13.32 可以看出,银丝的直径存在一最佳值 d_c,约为 0.3mm,此时的 r_w/r_0 值最大。当银丝直径大于其最佳直径时,r_w/r_0 随着银丝直径的减小而增加。当银丝非常细,直径为 5μm 或 50μm 时,沿银丝方向无锥形燃面产生。

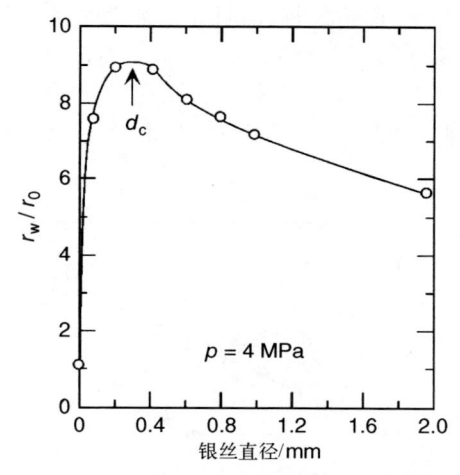

图 13.32 银丝直径对沿银丝方向的燃速的影响,表明
在银丝直径约为 0.3 mm 时,推进剂的燃速最高

银丝周围推进剂的温度从初始温度 T_0 均匀增加到最终的气相温度。硝基聚合物推进剂的燃面处温度约为 570K,含银丝的硝基聚合物推进剂的温度在低于燃面约 10mm 位置开始增加,而不含银丝的硝基聚合物推进剂的温度仅在低于燃面约 1mm 位置才开始增加。埋入的银丝对径向方向传热的影响扩大到银丝周围 70~100μm 的范围[17]。当银丝的直径由 0.6mm 增加到 1.0mm 时,燃面处推进剂中银丝内的温度梯度也随之增加。这表明,金属丝越细,由金属丝传导到推进剂内部的热流深度也越深,金属丝周围的推进剂温度也相对更高。值得注意的是,燃面处推进剂中银丝内的温度梯度明显低于推进剂燃烧表面处的温度梯度。

当在硝基聚合物推进剂中加入 10% 的 AP(200μm),即形成高氯酸铵-复合改性双基推进剂(AP-CMDB)时,由于 AP 分解时产生的大量氧化性气体组分和硝基聚合物分解时产生的大量可燃性组分的扩散混合作用,会在燃烧表面上形成许多扩散火焰[17],因此,添加 AP 后推进剂的发光火焰区也更接近燃烧表面,平均火焰温度也由 2270K 升高到 2550K。然而,AP-CMDB 推进剂中嘶嘶区的结构基本保持不变,从嘶嘶区向燃面处的热反馈也保持不变。

因此,添加 AP 颗粒几乎未改变推进剂的燃速,见图 13.33。表 13.2 列出了含 AP 和不含 AP 推进剂的化学组分。由于燃烧表面处的热反馈几乎保持不变,因此 AP 粒子在燃面处的热分解几乎对推进剂燃速无任何影响。但是,AP 分解产生的气体产物会在高于燃面的位置处发生反应并形成扩散火焰,因此,暗区的气相火焰温度会增加。当在双基推进剂(NP-A-00)和 AP-CMDB 推进剂(NP-A-20)中埋入直径 0.8mm 的银丝时,两种推进剂燃速的增大程度明显不同,如图 13.33 所示。伸进暗区的银丝被高温扩散火焰所加热,因此,即使 AP-CMDB 推进剂的平均燃速保持不变,沿银丝方向的燃速依然增加。当在 AP-CMDB 推进剂(NP-A-20)中埋入不同直径的银丝时,其燃速增大程度无明显变化,见图 13.34。

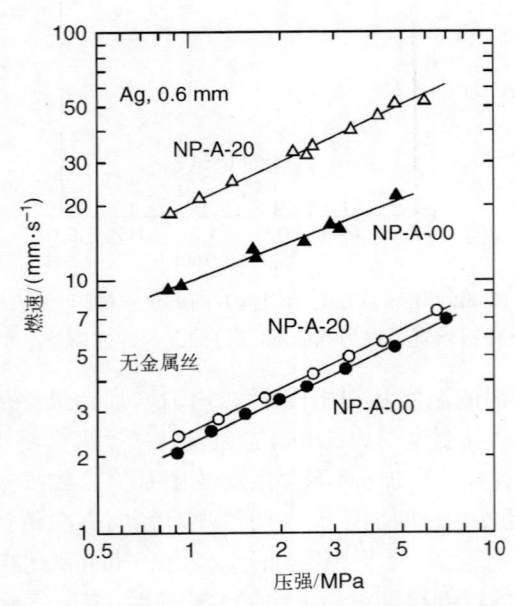

图 13.33 NC-NG 双基推进剂和 AP-CMDB 推进剂沿银丝方向的燃速增大

表 13.2 含 AP 和不含 AP 推进剂的化学组成

推进剂	ξ(NC)	ξ(NG)	ξ(DEP)	ξ(EC)	ξ(AP)
NP-A-00	44.0	43.0	11.0	2.0	—
NP-A-20	35.2	34.4	8.8	1.6	20.0

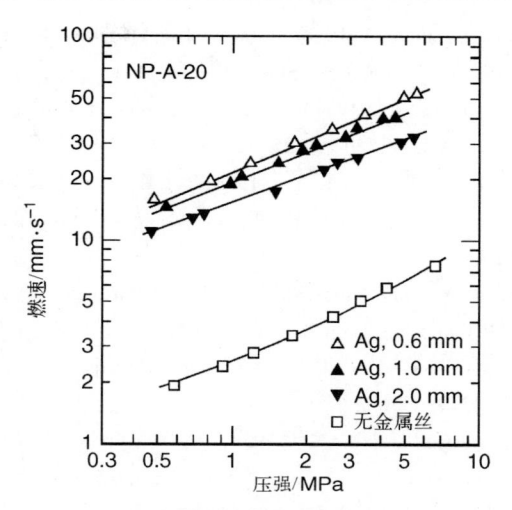

第 13 章 火药与烟火药的瞬态燃烧

图 13.34　银丝直径对提高 AP-CMDB 推进剂燃速影响

在推进剂浇铸过程中加入短切的细金属丝或细金属片,也可获得更高的燃速。虽然这些细金属丝或细金属片由于加工时的混合作用而在推进剂中呈随机方向排列,但这也同样会增加推进剂装药的热扩散系数,由气相经细金属丝或细金属片会向燃面下的推进剂传导更多的热,因此其燃速会增加。

参 考 文 献

[1] Kubota, N. (1995) Rocket Combustion, Nikkan Kogyo Press, Tokyo.

[2] Hermance, C. E. (1984) Solid Propellant Ignition Theories and Experiments, Fundamentals of Solid-Propellant Combustion, Progress in Astronautics and Aeronautics, Vol. 90, Chapter 5, AIAA (eds K. K. Kuo and M. Summerfield), New York, pp. 239–304.

[3] Harayama, M. (1984) Ignition mechanisms of composite propellants by radiation. PhD thesis. University of Tokyo.

[4] Razdan, M. K., and Kuo, K. K. (1984) Erosive burning of solid propellants, Fundamentals of Solid-Propellant Combustion, Progress in Astronautics and Aeronautics, Vol. 90, Chapter 10, AIAA (eds K. K. Kuo and M. Summerfield), New York, pp. 515–598.

[5] Ishihara, A. and Kubota, N. (1986) Erosive burning mechanism of double base propellants. 21st Symposium (International) on Combustion, The Combustion Institute, Pittsburgh, PA, pp. 1975–1981.

[6] Kubota, N. (1978) Role of additives in combustion waves and effect on stable combustion limit of double-base propellants, Propellants Explos., 3, 163–168.

[7] Price, E. W. (1984) Experimental observations of combustion instability, Fundamentals of

Solid-Propellant Combustion, Vol. 90, Chapter 13, Progress in Astronautics and Aeronautics, AIAA (eds K. K. Kuo and M. Summerfield), New York, pp. 733-790.

[8] Kubota, N., and Kimura, J. (1977) Oscillatory burning of high pressure exponent double-base propellants. AIAA J., 15(1), 126-127.

[9] Kubota, N., Kuwahara, T., Yano, Y., Takizuka, M., and Fukuda, T. (1981) Unstable Combustion of Nitramine/Ammonium Perchlorate Composite Propellants, AIAA-81-1523, AIAA, New York.

[10] Kubota, N., Yano, Y., and Kuwahara, T. (1982) Particulate Damping of Acoustic Instability in RDX/AP Composite Propellant Combustion, AIAA-82-1223, AIAA, New York.

[11] Horton, M. D., and McGie, M. R. (1963) Particulate damping of oscillatory combustion. AIAA J., 1(6), 1319-1326.

[12] Epstein, P. A. and Carhart, R. R. (1953) The absorption of sound in suspensions and emulsions, I: water fog in air, J. Acoust. Soc. Am., 25(3), 553-565.

[13] Niioka, T. and Mitani, T. (1974) Independent region of acceleration in solid propellant combustion. AIAA J., 12(12), 1759-1761.

[14] Niioka, T., Mitani, T., and Ishii, S. (1975) Observation of the combustion surface by extinction tests of spinning solid propellant rocket motors. Proceedings of the 11th International Symposium on Space Technology and Science, Tokyo, Japan, pp. 77-82.

[15] Niioka, T. and Mitani, T. (1977) An analytical model of solid propellant combustion in an acceleration field. Combust. Sci. Technol., 15, 107-114.

[16] Caveny, L. H. and Glick, R. L. (1967) The influence of embedded metal fibers on solid propellant burning rate. J. Spacecraft Rockets, 4(1), 79-85.

[17] Kubota, N., Ichida, M., and Fujisawa, T. (1982) Combustion processes of propellants with embedded metal wires. AIAA J., 20(1), 116-121.

第 14 章 火箭推力调节

14.1 固体火箭发动机中的燃烧现象

14.1.1 推力和燃烧时间

火箭推进剂在火箭发动机中常用于产生高温高压的燃烧产物。火箭发动机设计基本准则是获得满足要求的压强-时间曲线,进而得到所需的推力-时间曲线。图 14.1 是两种常见的固体火箭发动机装药燃烧形式:内孔燃烧和端面燃烧。内孔燃烧可使发动机在较短的时间内得到较大的推力,端面燃烧则能使发动机在推力输出稳定的前提下工作较长时间,内孔燃烧和端面燃烧相结合可以有效调节火箭发动机的推力和燃烧时间,但是由于推进剂燃烧性能的限制,最终调节效果并不具备连续性,如图 14.2 所示,在火箭发动机推力-时间曲线中存在一个"不可能区域"。

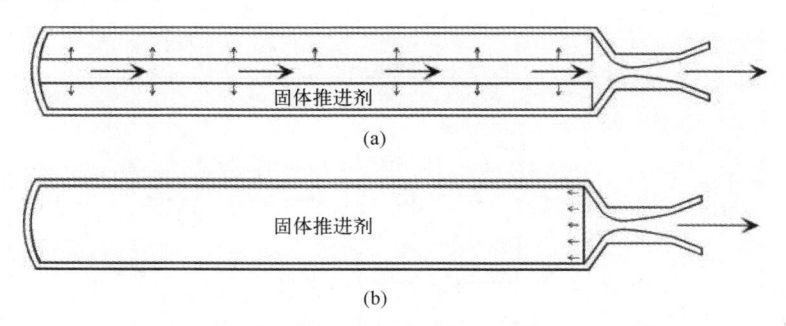

图 14.1 固体推进剂在不同种火箭发动机中的燃烧方式
(a) 内孔燃烧火箭发动机;(b) 端面燃烧火箭发动机。

推进剂的燃烧速度是设计优化火箭发动机工作中最基本、最重要的性能参数,燃烧室中推进剂药柱的燃烧表面形状对发动机的性能也会产生重要影响。内孔燃烧药柱和内孔/端面燃烧相结合的药柱燃烧时质量燃速较大,端面燃烧药柱的质量燃速较小。如本书 13.6 节所述,可通过在药柱中嵌入金属丝的方法改

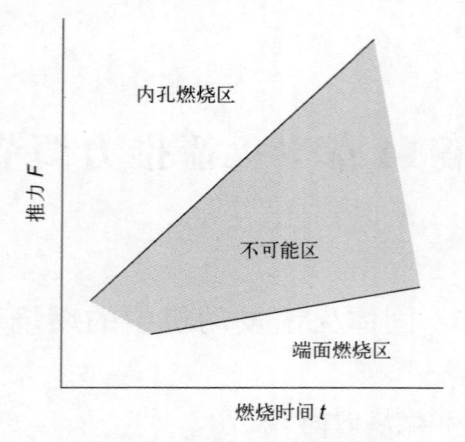

图 14.2　火箭发动机中的燃烧区域

变内孔燃烧装药和端面燃烧装药燃烧时的燃烧表面形状,图 14.3 中示出了三条火箭发动机的压强-时间曲线,分别是外表面/内孔燃烧药柱、端面燃烧药柱和嵌金属丝药柱燃烧药柱的压强-时间曲线。固体推进剂为 AP-HTPB 复合推进剂,在装药内部嵌入 3 条直径为 1.2mm 的银丝,含银丝推进剂药柱燃烧的压强-时间曲线位于外表面/内孔燃烧推进剂药柱和端面燃烧推进剂药柱之间,因此,在推进剂药柱中嵌入银丝后,图 14.2 中所示的"不可能区域"转变为"可能区域"。

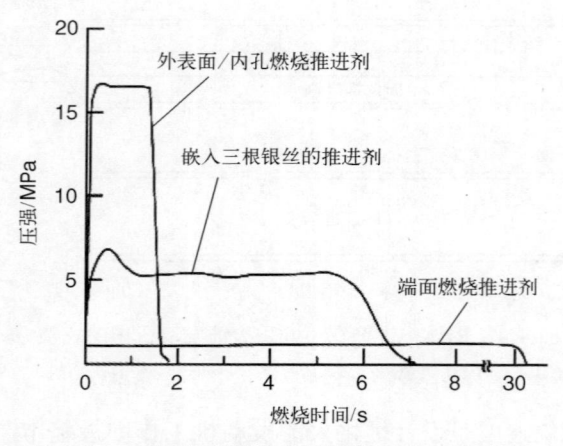

图 14.3　不同推进剂药柱燃烧的压强-时间曲线

推进剂的燃速与其所处环境压强有关,压强还可改变燃烧室中质量生成率和从喷管处质量排出率之间的平衡[1-4]。此外,其他一些因素改变质量平衡关系的同时也会影响推进剂燃速,图14.4所示为一个火箭发动机从点火建压到燃烧结束压强衰减的全过程中所有的典型燃烧现象。

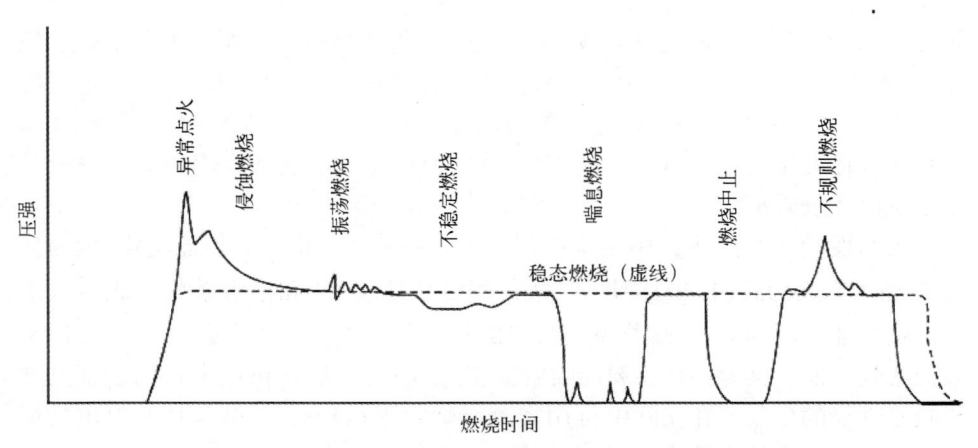

图14.4 在火箭发动机中从点火到燃烧结束的各种燃烧现象

当推进剂药柱点燃后,经对流、传导和辐射将热量输送到推进剂未发生燃烧的部分。当热流量较大时,推进剂药柱将产生过量的燃烧气体产物,导致压强骤增,即出现异常点火。图14.1所示的内孔燃烧药柱点火后沿气流流动方向上的气流速度增高,从燃烧气流向药柱表面传递的热量增大,导致垂直于气流方向上的燃速剧烈增大。内孔燃烧药柱的内孔截面面积增加后,侵蚀燃烧现象有所减弱。

14.1.2 火箭发动机的燃烧效率

固体推进剂燃烧时的各种物理化学变化过程对火箭发动机的燃烧性能有重要影响,因为火箭发动机的体积有限,所以固体推进剂的燃烧反应往往在一个有限的空间内进行,反应过程中生成的用于推进所需的高温高压燃烧产物在燃烧室中只能停留很短的时间,因此燃烧反应通常不能正常完成。加入其他含能材料(如硝胺、叠氮黏合剂等)可提升火箭发动机的燃烧性能,但使氧化剂和燃料充分反应的时间增长。

在推进剂和烟火药中添加金属粉可提高燃烧温度、增大比冲,其中铝粉应用最为广泛。燃烧过程中铝颗粒从高温气体中吸收热量后熔化,同时还会与其他氧化性微粒充分混合,使燃烧反应进行完全。若铝粉颗粒在燃烧室中存在的时间很短,则铝粉不易被完全氧化,因此,火箭发动机的实际燃烧效率低于理论效率。

众所周知,AP-HTPB 复合推进剂燃烧时产生大量高温燃烧产物,在 AP-HTPB 推进剂中加入其他含能材料会提高燃烧温度并(或)增大燃烧气体产物的体积,从而使燃烧性能得到改善。但在实际中,一些含硝胺炸药、铝粉推进剂燃烧性能的实测值小于理论值,这是由于硝胺炸药和铝粉等添加剂燃烧不完全所致,这些添加剂的反应过程往往较为复杂,包括热分解、熔化、升华、扩散过程等各种不同的物理化学变化,推进剂组分的气相热分解产物易与 AP 分解产生的氧化性气体发生氧化还原反应,所以在 AP-HTPB 推进剂加入铝粉会降低火箭发动机的燃烧效率。

火箭发动机的比冲 I_{sp} 值由推进剂燃烧效率和发动机喷管性能决定,因为比冲 I_{sp} 还可定义为式(1.79)的形式,故可用特征速度 C^* 和推力系数 c_F 表示火箭发动机性能。因为 C^* 与燃烧室内反应的物理化学参量有关,所以 C^* 也可用来表征燃烧性能。推力系数主要与喷管膨胀过程有关,故 c_F 可用来作为表征发动机喷管性能的参数。在实际中可用实测燃烧室平衡压强 p_c 和推力 F 得出特征速度和推力系数的实验表达式:

$$C^*_{exp} = \frac{p_c A_t}{\dot{m}_g} \tag{14.1}$$

$$c_{F\exp} = \frac{F}{A_t p_c} \tag{14.2}$$

式中:C^*_{exp} 为实测特征速度;$c_{F\exp}$ 为实测推力系数;A_t 为喷喉面积;$\dot{m}_g$ 为燃烧室中燃气质量生成率。因为燃烧室中固体推进剂总质量 M_p 和燃烧时间 t_b 已知,$\dot{m}_g$ 为燃气生成速度,可理解为燃气生成的质量对时间的一阶导数,$\dot{m}_g = M_p/t_b$。这些参数均可通过高精度实验测得。

图 14.5 和图 14.6 分别给出了含铝的 AP-RDX-HTPB 推进剂理论特征速度和实测特征速度、理论推力系数和实测推力系数与铝粉含量 $\xi(Al)$ 之间的关系。该推进剂的基础配方为 $\xi(AP+Al) = 0.73$,$\xi(HTPB) = 0.12$,$\xi(RDX) = 0.15$。采用两种不同粒径 AP 级配,平均粒径 400μm 的 AP 占所用 AP 总质量的 40%,平均粒径 20μm 的 AP 占所用 AP 总质量的 60%;所用 RDX 的平均粒径为 120μm;铝粉平均粒径 20μm。燃烧室平衡压强为 7MPa,喷管膨胀比 $\varepsilon=6$。

铝粉含量 $\xi(Al)<0.20$ 时,理论特征速度 c^*_{th} 随铝粉含量增加而增大;铝粉含量 $\xi_{(Al)}>0.20$ 时,c^*_{th} 随铝粉含量增加而减小。理论推力系数 c_{Fth} 则随铝粉含量增大而线性增大。从已有的实验上看,特征速度和推力系数的实测值均小于理论值。铝粉含量增大时,实测特征速度 c^*_{th} 先增大,在 $\xi(Al) = 0.10$ 时达到最大值,随后减小。铝粉含量 $\xi(Al)>0.10$ 时 c^*_{th} 减小,表明铝粉的燃烧效率随铝粉含

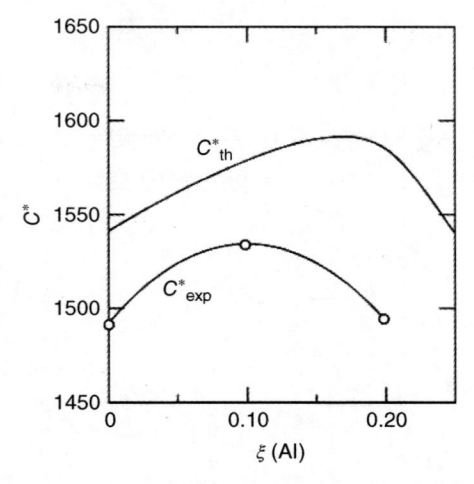

图 14.5 含铝的 AP-RDX-HTPB 推进剂理论特征速度和实测特征
速度与铝粉含量的关系

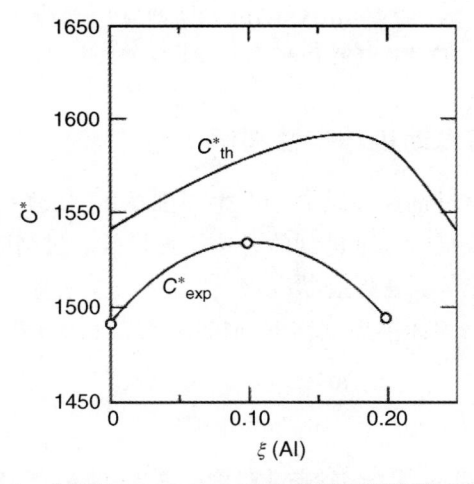

图 14.6 含铝的 AP-RDX-HTPB 推进剂理论推力系数和
实测推力系数与铝粉含量的关系

量增大而降低,这是由于在燃烧过程中燃烧表面的小颗粒铝粉积聚成较大颗粒,不易被完全氧化所致。比冲的定义式为 $I_{sp}=c_F c^*/g$。图 14.7 所示为理论比冲 $I_{sp,th}$、实测比冲 $I_{sp,exp}$ 和比冲效率 $\eta=I_{sp,exp}/I_{sp,th}$ 与推进剂中 AP 和铝粉含量之间的关系,由图中可看出比冲效率 η 随着铝粉含量的增加而降低,这是因为铝粉的不完全燃烧和喷管处产生凝聚相/气相两相流所致。

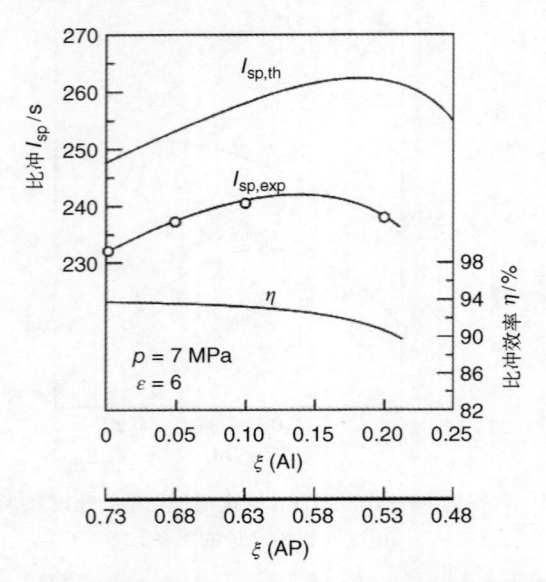

图 14.7　含铝的 AP-RDX-HTPB 推进剂理论比冲和实测比冲与
推进剂中 AP 和铝粉含量的关系

14.1.3　火箭发动机稳定性判据

火箭发动机中推进剂药柱燃烧会产生压强振荡,压强振荡强度非常大时可能导致发动机爆炸或损毁。推进剂的燃速压强指数 n 过高时可能出现低频压强振荡、喘振、燃烧中止等异常燃烧状况[4]。

如图 14.8 所示,固体推进剂在发动机中燃烧时,燃烧室中的燃气质量生成率 $\dot{m}_g$ 可表示为

$$\dot{m}_g = \rho_p A_b r \tag{14.3}$$

式中:A_b 为燃面;ρ_p 为固体推进剂的密度。喷管处燃气质量排出率 $\dot{m}_d$ 可表示为

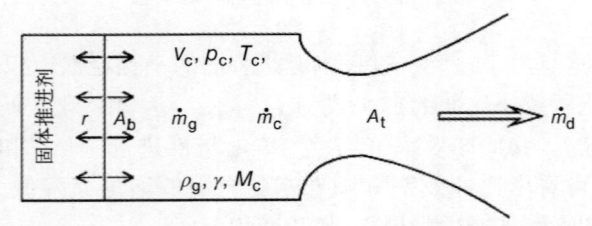

图 14.8　火箭发动机中的燃烧性能参数

$$\dot{m}_d = c_D A_t p_c \tag{14.4}$$

式中:A_t 为喷喉面积;c_D 为喷管排出系数;p_c 为燃烧室压强。燃烧室质量积聚速率 $\dot{m}_c$ 为

$$\dot{m}_c = \frac{d(\rho_g V_c)}{dt} \tag{14.5}$$

式中:V_c 为燃烧室自由容积;ρ_g 为燃烧室中燃气的密度;t 为时间。火箭发动机中质量平衡可表示为

$$\dot{m}_g = \dot{m}_c + \dot{m}_d \tag{14.6}$$

假设 V_c 和 T_c 为常数,火箭发动机瞬时压强下的燃速按照式(3.68)表示,则式(14.6)可表示为[4]

$$\left(\frac{L^*}{R_g T_c}\right) \frac{dp_c}{dt} - K_n \rho_p a p_c^n + c_D p_c = 0 \tag{14.7}$$

式中:$L^* = V_c/A_t$;$K_n = A_b/A_t$;R_g 为燃烧生成气体的气态常数,对式(14.7)积分可得发动机中瞬时压强大小的表达式:

$$p_c(t) = \left\{\left(p_i^{1-n} - \frac{a\rho_p K_n}{c_D}\right) \exp\left[\frac{(n-1)R_g T_c c_D}{L^*}\right] t + \frac{a\rho_p K_n}{c_D}\right\}^{\frac{1}{1-n}} \tag{14.8}$$

式中:p_i 为火箭发动机的初始压强。当 $t \to \infty$ 时最终压强为

$n > 1$:$p_i < p_{eq} \quad p_c \to 0$
$\quad\quad\quad p_i < p_{eq} \quad p_c \to \infty$
$n = 1$:$p_c \to p_i$
$n < 1$:$p_c \to p_{eq}$

式中:p_{eq} 为平衡压强,忽略式(14.6)与时间有关项后计算得出。质量平衡可表示为

$$\rho_p A_b r = c_D A_t p_c \tag{14.9}$$

将式(3.68)代入式(14.9)得到稳态条件下燃烧室压强为

$$p_{eq} = p_c \left(\frac{a\rho_p}{c_D} \cdot \frac{A_b}{A_t}\right)^{\frac{1}{1-n}} \tag{14.10}$$

由图 14.9 可看出,$\dot{m}_g$-p 曲线和 $\dot{m}_d$-p 曲线的交点对应的压强即为燃烧室压强,说明稳定燃烧的条件为

$$\frac{d(c_D A_t p)}{dp} > \frac{d(\rho_p A_b a p^n)}{dp} \tag{14.11}$$

当 $p = p_c$ 时,将式(14.9)代入式(14.11)中得到发动机稳定工作的判据为

$$n < 1 \tag{14.12}$$

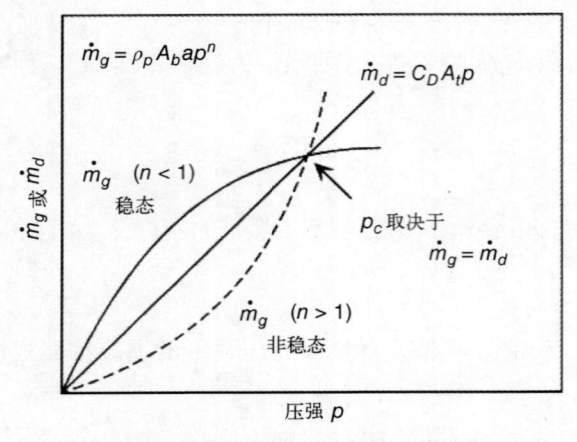

图 14.9　火箭发动机中的质量平衡原理和稳定燃烧点

由式(14.8)可定义燃烧室中特征时间 τ_c：

$$\tau_c = \frac{L^*}{(n-1)R_g T_c c_D} \tag{14.13}$$

若火箭发动机在 τ 时间内压强发生变化，则当 $\tau > \tau_c$ 时的压强瞬变过程为稳态燃烧，$\tau < \tau_c$ 的过程为非稳态燃烧。

14.1.4　火箭发动机中压强温度敏感系数

固体推进剂初始温度的变化会引起燃速的改变，导致火箭发动机中压强 p_c 也发生变化。因此，引入燃烧室压强温度敏感系数 π_k，其定义方式与固体推进剂燃速温度敏感系数类似，具体如下：

$$\pi_k = \frac{1}{p} \cdot \frac{p_1 - p_0}{T_1 - T_0}, \quad K_n \text{一定} \tag{14.14}$$

式中：p_1、p_0 分别为燃烧室为温度 T_1 和 T_0 时的压强；p 为 p_1 和 p_0 的平均值[1]。压强温度敏感系数的单位为 K^{-1}。因为面喉比 K_n 定义为固体推进剂燃面与喷喉面积之比，即 $K_n = A_b/A_t$，K_n 为常数，说明火箭发动机的结构尺寸不变。将式(14.14)写为微分形式：

$$\pi_k = \frac{\left(\frac{\partial p}{\partial T_0}\right)_{K_n}}{p} = \left(\frac{\partial \ln p}{\partial T_0}\right)_{K_n} \tag{14.15}$$

将式(14.8)代入式(14.15)得

$$\pi_k = \frac{1}{1-n} \frac{1}{a}\left(\frac{\partial a}{\partial T_0}\right)_p = \frac{\sigma_p}{1-n} \tag{14.16}$$

图 14.10 列出了初始温度 T_0 每增加 100K 时压强增加量 Δp_c 随燃速压强指数 n 变化而变化的计算曲线,由图中可知固体推进剂的燃速温度敏感系数 σ_p 和(或)燃速压强指数 n 较大时压强增加量 Δp_c 也越大[1,3,4]。

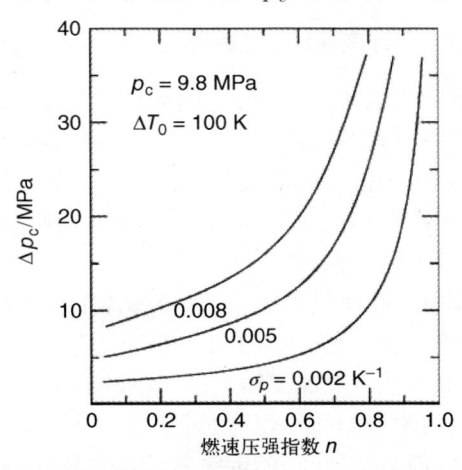

图 14.10　不同燃速温度敏感系数的火箭发动机中压强增加量与燃速压强指数的关系

降低固体推进剂燃速温度敏感系数 σ_p 可增加其在固体火箭发动机中的燃烧稳定性,改善弹道性能。图 14.11 所示为某火箭发动机工作时压强与燃烧时间的关系曲线,其中所用固体推进剂燃速压强指数 n 为 0.5,燃速温度敏感系数 σ_p 为 $0.0030K^{-1}$。当固体推进剂的初温 T_0 为 233K 时,燃烧室内压强较低,约为 9.5MPa。当初温 T_0 增大到 333K 时,燃烧室压强增至 16MPa,燃烧时间则由 20s 降至 13s。在火箭发动机中 n 和(或)σ_p 增大时压强增量也明显增大。由式(1.67)可知当压强和燃烧时间改变时,火箭的推力也将发生变化。

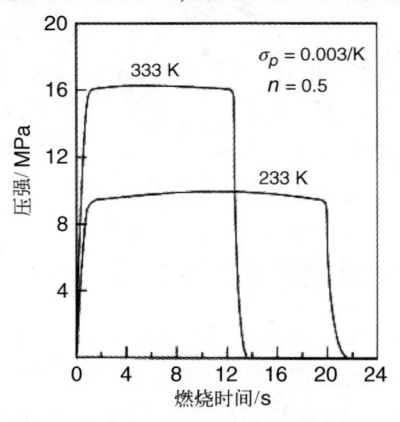

图 14.11　某火箭发动机的燃速温度敏感系数

14.2 双推力火箭发动机

14.2.1 双推力火箭发动机的原理

火箭、导弹用双推力火箭发动机可产生两级推力：助推级推力和续航级推力。助推级用于将弹体从零初速加速至某一稳定飞行速度，续航级用于使弹体保持一定的巡航速度稳定飞行。一般而言，要在一个弹体上实现两种不同推力需要配备两个独立的火箭发动机系统，即一个助推发动机和一个续航发动机，助推发动机工作完毕后可由弹体抛离。

从火箭、导弹总体设计的角度考虑，在一个弹体上串联两个发动机并非最优选择。双推力发动机可形成二级变推力动力系统，用于火箭、导弹全程飞行，单推进剂双推力装药的助推级一般需要增大推进剂装药的燃烧面积以增大质量燃速，在续航级减小推进剂燃烧的面积以降低质量燃速。双推力火箭发动机一般采用两种不同燃速推进剂组合装药，助推级装药燃速较快，有助于获得较大的初速度，用于发射助推阶段飞行，续航级装药燃速较低，用于为飞行提供持续稳定的动力。图14.12是几种典型双推力发动机装药药形的横截面图[5]。

图 14.12　几种典型双推力发动机装药药形

14.2.2 单推进剂双推力火箭发动机

能实现双推力方案的药柱种类很多，最常见的是用两种不同形状及不同燃面的药柱组合。增大助推级装药和续航级装药的燃面比可提高双推力发动机的推力比。由式(1.69)和式(14.10)可得火箭发动机的推力为

第14章 火箭推力调节

$$F = c_p A_t p_c = c_F A_t \left(\frac{a\rho_p}{c_D} K_n \right)^{\frac{1}{1-n}} \quad (14.17)$$

式中：K_n 为面喉比。因为燃烧时喷喉面积不变，所以推进剂装药的燃面积决定了发动机推力值。

图 14.13 所示为一种常见的单推进剂双推力发动机装药药形，其助推级燃面与续航级燃面面积比为 2.18，图 14.14 所示为其燃烧时燃面面积与燃烧肉厚之间的关系曲线，以此图为例，燃烧肉厚 3mm 以内称为助推级，燃烧肉厚 6~20mm 称为续航级，燃烧肉厚 3~6mm 的过程称为压强推力瞬变过程，燃烧肉厚 20~22mm 时固体推进剂装药仅剩一小部分，该阶段称为燃烧中止段[5]。

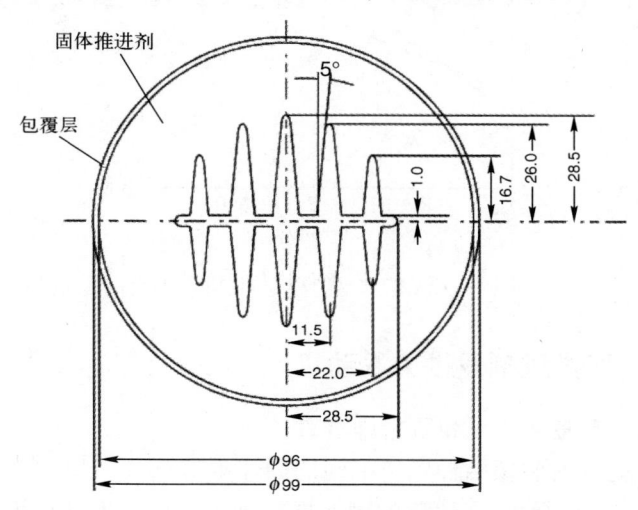

图 14.13 某种单推进剂双推力装药的横截面

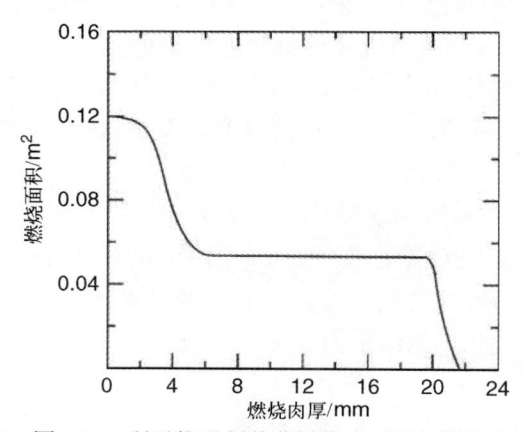

图 14.14 图 14.13 所示推进剂装药燃烧表面积与燃烧肉厚的关系

该固体推进剂组成为 $\xi(\mathrm{AN})=0.84, \xi(\mathrm{PU})=0.16$，其中 AN 为氧化剂，PU 为燃料。燃速、面喉比与压强的关系如图 14.15 所示，燃速压强指数 n 为 0.73。发动机试验表明，0~1.0s 助推段的平均压强为 11.0MPa，2.5~17.2s 续航段的平均压强为 1.7MPa，助推级与续航级的压强比为 6.47。固体推进剂装药的形状受机械强度和延伸特性的限制，一般单推进剂药柱的最大压强比不大于 7。

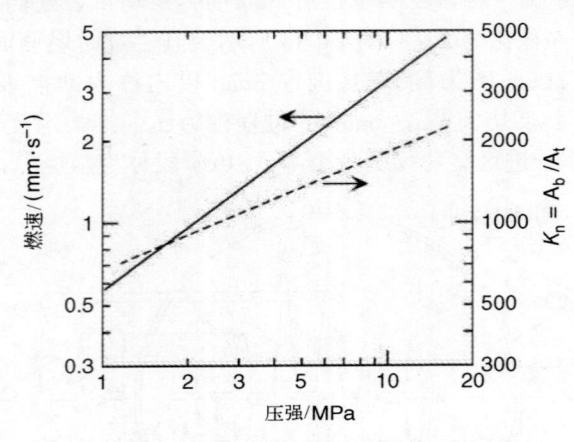

图 14.15　燃速、面喉比与压强的关系

14.2.3　双推进剂双推力发动机

14.2.3.1　质量生成率和质量排出率

在燃烧室内同时装填两种燃速不同的固体推进剂装药后，会产生两种不同的推力，如图 14.16 所示，高燃速的固体推进剂 1 燃烧产生助推级推力，低燃速的固体推进剂 2 燃烧产生续航级推力。在助推级装药燃烧结束后有一个压强突降的过程，紧接着续航级装药继续燃烧。在燃烧的第一阶段（助推级），高燃速和低燃速固体推进剂装药同时在压强较高的条件下燃烧，在第二阶段（续航级）时只有低燃速装药在低压下燃烧，这类双推力发动机可获得更高的推力比（助推级推力与续航级推力之比）[5]。

用 $\dot{m}_{\mathrm{gB}}$ 表示助推级质量生成率，用 $\dot{m}_{\mathrm{gS}}$ 表示续航级质量生成率，它们是描述这种双推力发动机性能所必备的参数。$\dot{m}_{\mathrm{gB}}$ 决定助推级燃烧室的压强 p_{B}，与固体推进剂 1 和固体推进剂 2 的燃速有关。$\dot{m}_{\mathrm{gS}}$ 决定续航级燃烧室的压强 p_{S}，与固体推进剂 2 的燃速有关。助推级推力 F_{B} 和续航级推力 F_{S} 可表示为

$$F_{\mathrm{B}} = I_{\mathrm{spB}} \dot{m}_{\mathrm{gB}} g \qquad (14.18)$$

$$F_{\mathrm{S}} = I_{\mathrm{spS}} \dot{m}_{\mathrm{gS}} g \qquad (14.19)$$

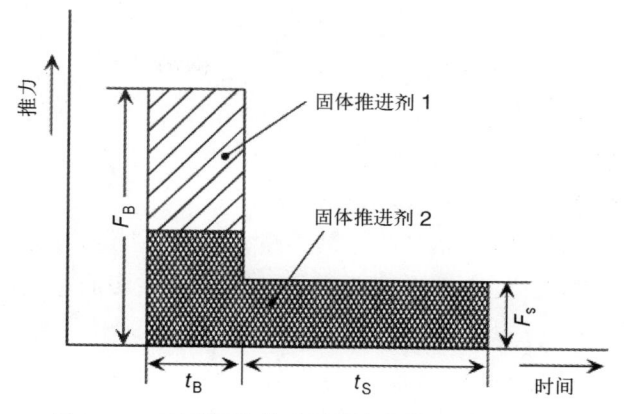

图 14.16 两种固体推进剂组合装药产生的双推力

式中：I_{spB} 为助推级比冲；I_{spS} 为续航级比冲；g 为重力加速度。比冲的单位是 s，它与固体推进剂化学性质和喷管膨胀比有关。固体推进剂 1 和固体推进剂 2 同时燃烧产生助推级推力 F_B，其比冲 I_{spB} 由在 p_B 压强下固体推进剂 1 和固体推进剂 2 的燃气质量生成率的平均值 $\dot{m}_{gB}$ 决定。表 14.1 列出了双推进剂双推力发动机的设计参数。

表 14.1 计算 F_B 和 F_S 所需的固体推进剂药柱设计参数

参　数	助　推　级	续　航　级
推力	F_B	F_S
燃烧室压强/MPa	p_B	p_S
比冲	I_{spB}	I_{spS}
固体推进剂	1 : 2	2
燃速/(mm·s^{-1})	$r_1 : r_2$	r_2
压强指数	$n_1 : n_2$	n_2
燃速常数	$k_1 : k_2$	k_2
密度/(kg·m^{-3})	$\rho_1 : \rho_2$	ρ_2
燃面/m^2	$A_1 : A_2$	A_2
燃烧时间/s	t_B	t_S
燃烧肉厚/m	$L_1 : L_2$	L_2

14.2.3.2 设计参数的确定

固体推进剂 1 和固体推进剂 2 的燃速可表示为

$$\text{固体推进剂 1}: r_1 = k_1 p^{n_1} \tag{14.20}$$

$$\text{固体推进剂 2}: r_2 = k_2 p^{n_2} \tag{14.21}$$

质量生成率可表示为

固体推进剂 1：
$$\dot{m}_{g1} = \rho_1 A_1 r_1 = \rho_1 A_1 k_1 p^{n_1} \tag{14.22}$$

固体推进剂 2：
$$\dot{m}_{g2} = \rho_2 A_2 r_2 = \rho_2 A_2 k_2 p^{n_2} \tag{14.23}$$

助推级固体推进剂 1 和固体推进剂 2 在 p_B 压强下同时燃烧，续航级固体推进剂 2 在压强 p_S 下燃烧，助推级质量生成率 $\dot{m}_{gB}$ 和续航级质量生成率 $\dot{m}_{gS}$ 可由下式给出[5]。

助推级：
$$\dot{m}_{gB} = \dot{m}_{g1} + \dot{m}_{g2} = \rho_1 A_1 k_1 p_B^{n_1} + \rho_2 A_2 k_2 p_B^{n_2} \tag{14.24}$$

续航级：
$$\dot{m}_{gS} = \dot{m}_{g2} = \rho_2 A_2 k_2 p_S^{n_2} \tag{14.25}$$

助推级和续航级的质量排出率 $\dot{m}_{dB}$ 和 $\dot{m}_{dS}$ 分别为

助推级：
$$\dot{m}_{dB} = c_{DB} A_t p_B \tag{14.26}$$

续航级：
$$\dot{m}_{dS} = c_{DS} A_t p_S \tag{14.27}$$

式中：A_t 为喷喉面积；c_{DB}、c_{DS} 分别为助推级和续航级的喷管排出系数。由图 14.9 可知，在稳态燃烧过程中质量生成率和质量排出率必须相等，因此可得

在助推级：
$$\rho_1 A_1 k_1 p_B^{n_1} + \rho_2 A_2 k_2 p_B^{n_2} = c_{DB} A_t p_B \tag{14.28}$$

在续航级：
$$\rho_2 A_2 k_2 p_S^{n_2} = c_{DS} A_t p_S \tag{14.29}$$

由式(14.28)可得喷喉面积 A_t：

$$A_t = \frac{\rho_1 A_1 k_1 p_B^{n_1-1} + \rho_2 A_2 k_2 p_B^{n_2-1}}{c_{DB}} \tag{14.30}$$

喷管排出系数可由式(1.61)计算，由式(14.29)可得固体推进剂 2 的燃面：

$$A_S = \frac{c_{DS} A_t}{k_2 \rho_2 p_S^{n_2}} \tag{14.31}$$

由式(14.10)可求得续航级燃烧室平衡压强：

$$p_S = \left(\frac{\rho_2 k_2 K_{n2}}{c_{DS}} \right)^{\frac{1}{1-n_2}} \tag{14.32}$$

式中：K_n 取 $K_{n2} = A_S / A_t$。由式(14.28)可算得助推级燃烧室压强 p_B。固体推进剂药柱几何形状由实际所需的压强-时间曲线所决定，表 14.2 列出了计算助推级和续航级喷管排出系数所需的物理化学参数，助推级推力 F_B 和续航级推力 F_S 可由式(14.18)和式(14.19)计算得出。图 14.17 所示为一种典型双推进剂双推力发动机的压强-燃烧时间关系曲线，助推级和续航级的压强比约为 6，这在单推进剂装药中很难实现。

表 14.2　固体推进剂 1 和固体推进剂 2 的主要参数

固体推进剂	1	2
燃烧温度/K	T_{g1}	T_{g2}
气体常数/(J·kg^{-1}·K^{-1})	R_{g1}	R_{g2}
比热容比	γ_1	γ_2
喷管排出系数/s^{-1}	c_{DB}	c_{DS}

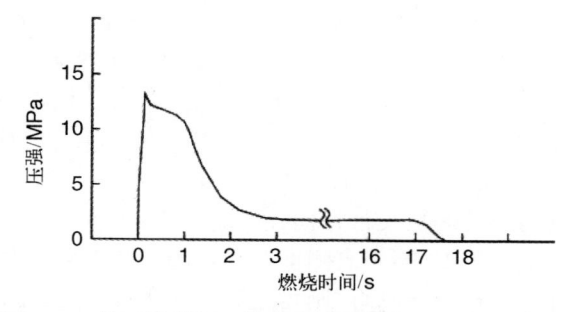

图 14.17　某双推进剂双推力发动机燃烧的压强-时间曲线

有时由助推级向续航级燃烧过渡时产生的压强突降现象会使固体推进剂 2 熄火，燃烧中止。图 14.18 是固体推进剂 2 在压强突降速率 $dp/dt = 10^4 \mathrm{MPa \cdot s^{-1}}$ 下中止燃烧后的横截面照片，中止燃烧发生在助推级燃烧完成后的 1s，固体推进剂 1 采用 NC-NG 体系的双基推进剂，固体推进剂 2 采用含 AN 的复合推进剂。当含 AP 的复合推进剂用于续航级装药时，在压强突降速率 $dp/dt = 10^4 \mathrm{MPa \cdot s^{-1}}$ 下并未发生中止燃烧现象，但该配方中加入 LiF 或 $SrCO_3$ 负催化剂后则发生中止燃烧现象。由图 7.27 可知，加入负催化剂可降低压强爆燃极限。有关双推进剂双推力发动机的设计及燃烧试验结果详见文献[5]。

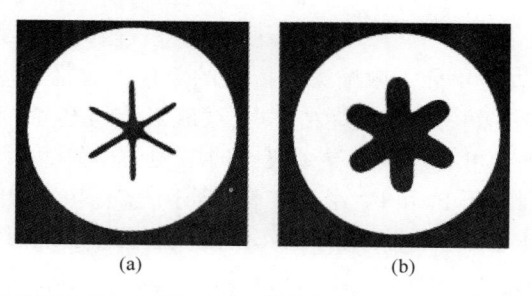

图 14.18　固体推进剂 2 燃烧前(a)和燃烧中止后(b)的横截面照片比较

14.2.4　推力调节器

火箭发动机推力可由 $F=c_F A_t p_c$ 计算,式中 F 为推力,p_c 为燃烧室压强,c_F 为推力系数。当燃烧室压强理想扩张至大气压强时,c_F 由燃烧产物的比热容比通过式(1.72)计算,因此,推力由 A_t 和 p_c 决定,调整喷喉面积就可调节压强大小。例如,若喷喉面积由 A_{t1} 降至 A_{t2},压强则由 p_{c1} 升至 p_{c2},质量排出率由 $\dot{m}_{d1}$ 降至 $\dot{m}_{d2}$,推力由 $F_1=c_{d1}A_{t1}p_{c1}$ 升至 $F_2=c_{d2}A_{t2}p_{c2}$。

飞机上飞行员座椅下方的弹射器使用的微型火箭就是一种推力调节器,每一个推力调节器受陀螺仪传感器信号的控制,可产生与其他外界因素无关的可调推力以保持座椅水平。推力调节器还可用于侧推发动机调整导弹飞行的方向,侧推发动机通过产生与导弹飞行方向成一定夹角力矩的方法对导弹飞行姿态做出调整,其作用与飞机的垂直尾翼或水平尾翼类似。导弹只有在大气中飞行时才能通过尾翼的摆动调整飞行方向,在太空或超高空时只能采用侧推发动机进行飞行姿态调整。例如,当装有侧推发动机的导弹上侧推发动机工作时,若燃气喷射方向与导弹飞行方向垂直,则可通过调节侧推发动机的推力控制产生的力矩,调整导弹偏离原飞行轨迹的方向。控制侧推发动机上改变喷喉面积的机械装置可精确调整喷喉面积,继而改变推力。

14.3　脉冲火箭发动机

14.3.1　脉冲火箭发动机的设计原理

陆基发射的火箭和导弹中的发动机在总飞行时长的前半段或前 1/3 段时间内工作,在后面的时段内处于"空载"飞行状态。火箭发动机内推进剂装药燃烧中止时导弹的飞行速度达到最大值,因此,应该尽可能地增大中止燃烧时的飞行速度来增大导弹的射程。导弹飞行时所受到的空气阻力与其飞行速度的平方成正比,所以飞行速度也不能无限增大。传统的双推力火箭发动机工作分为助推级和续航级,在助推级装药 P_B 燃烧结束后,续航级装药 P_S 继续燃烧。

脉冲火箭发动机可有效减小导弹飞行时的阻力,增大射程。双脉冲发动机有两组固体推进剂装药 P_B 和 P_S,装药 P_B 装填于燃烧室 C_B 中,装药 P_S 装填于燃烧室 C_S 中,与双推力发动机类似,P_B 用作助推级装药,P_S 用作续航级装药。和其他火箭发动机不同,脉冲火箭发动机的两个燃烧室首尾相连但并不相通,端口中间被隔开,燃气通过 C_B 尾端附近的喷管排出。助推级点火器 I_B 置于 C_B 内,用于点燃助推级装药 P_B;续航级点火器 I_S 置于 C_S 内,用于点燃续航级装药 P_S。当装

药 P_B 点火燃烧后燃烧室 C_B 内压强增大,燃气通过 C_B 旁边的喷管喷出,产生推力 F_B,F_B 即为第一级脉冲推力使导弹加速飞行。由于两种装药分置于两个燃烧室中并相互隔离,故助推级装药 P_B 燃烧时续航级装药 P_S 并未被点燃。当助推级装药烧完后,燃烧室 C_B 内压强降至大气压附近,第一级脉冲推力中止,此时导弹自由飞行,由于存在空气阻力,飞行速度逐渐减小。

续航级装药 P_S 点火工作后,燃烧室 C_S 的压强增大,当压强增至一定程度时,因为与燃烧室 C_B 存在压强差,两个燃烧室连接处的隔板打开,装药 P_S 的燃气扩散至燃烧室 C_B 内,由 C_B 尾端的喷管喷出获得续航级推力 F_S,使导弹产生第二级加速度加速飞行。当装药 P_S 燃烧完毕后,导弹按照一定初速的抛物线弹道轨迹继续飞行。

14.3.2 脉冲发动机的有效射程分析

图 14.19 和图 14.20 所示分别为双推力发动机和双脉冲发动机导弹的飞行速度、高度与飞行距离相对关系的典型计算结果。为了获得最佳的弹道性能,应优化设计双脉冲发动机导弹助推级装药 P_B 燃烧的中止时刻与续航级装药 P_S 点火时刻间的时间间隔 Δt_p。在双推力发动机中助推级装药 P_B 燃烧中止后,续航级发动机装药 P_S 立即点火燃烧,即 $\Delta t_p = 0.0\text{s}$。在双脉冲发动机中 Δt_p 是非常重要的参数,计算从地面发射的双推力发动机和双脉冲发动机导弹的飞行弹道时,常用到以下几个经验数据:

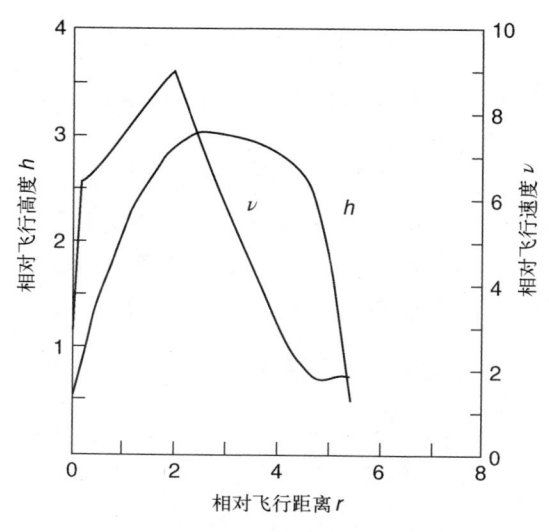

图 14.19 双推力发动机导弹弹道的计算结果

$$\frac{F_\text{S}}{F_\text{B}} = 0.17, \frac{t_\text{S}}{t_\text{B}} = 3.0, \frac{A_\text{w}}{A_\text{d}} = 12, \theta_0 = 30^0, h_0 = 0.0 \text{km}$$

式中:F_B为助推级推力;F_S为续航级推力;t_B为助推级装药燃烧时间;t_S为续航级装药燃烧时间;A_w为有效翼面积;A_d为弹体横截面积;θ为发射初始角度;h_0为发射时的海拔高度。导弹的空气阻力系数是飞行速度和攻角的函数,由风洞试验测得,在计算中假定两类导弹的形状、大小和质量完全相同。

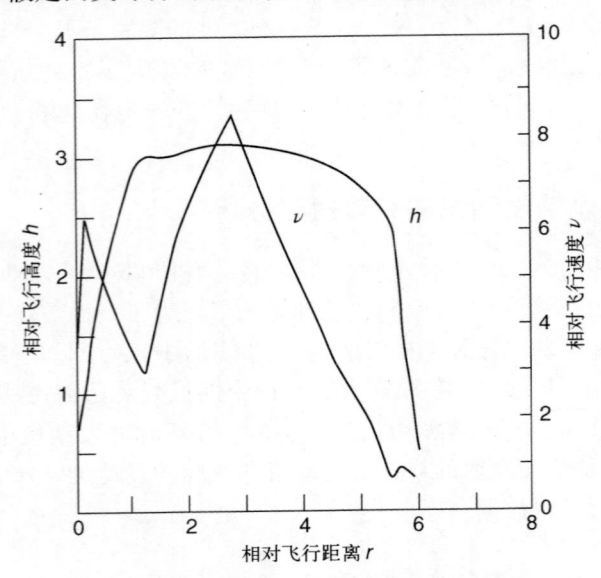

图 14.20 双脉冲发动机导弹弹道的计算结果

图 14.19 和图 14.20 分别是双推力发动机导弹和双脉冲发动机导弹的飞行高度和攻角的优化计算结果,从图 14.19 中可知双推力发动机两级装药正常燃烧,$\Delta t_\text{p} = 0.0 \text{s}$;从图 14.20 中可知双脉冲发动机工作正常,$\Delta t_\text{p}/t_\text{p} = 5.0 \text{s}$。

对比图 14.19 和图 14.20 发现使用脉冲发动机可使导弹的有效射程增加 14%。飞行弹道主要由 F_S/F_B、t_S/t_B 和 A_w/A_d 等参数决定,当这些参数给定时,$\Delta t_\text{p}/t_\text{B}$ 是计算最优化飞行弹道曲线主要参数。

14.3.3 双脉冲发动机的试验研究

助推级装药 P_B 的配方为 $\xi(\text{AP}) = 0.70, \xi(\text{HTPB}) = 0.14, \xi(\text{Al}) = 0.16$;续航级装药 P_S 的配方为 $\xi(\text{AP}) = 0.67, \xi(\text{HTPB}) = 0.16, \xi(\text{Al}) = 0.17$。装药直径为 118mm,六星角内孔星形药柱。药柱侧面及两端用 EPDM 包覆。助推级装药药柱长 600mm,续航级装药药柱长 300mm。助推级装药 P_B 中止燃烧和续航级装药

P_S 点火燃烧间的时间间隔 Δt_p 预设为 9.5s。

图 14.21 所示为典型的双脉冲发动机工作的压强-时间曲线。由图中可知,助推级装药 P_B 点火燃烧后的 8.5s 内,燃烧室压强迅速升至 8.5MPa,燃烧结束后 9.5s 续航级装药 P_S 点火燃烧,燃烧时间约 2.5s。根据式(1.69)可将试验得到的压强-时间曲线换算为推力-时间曲线。

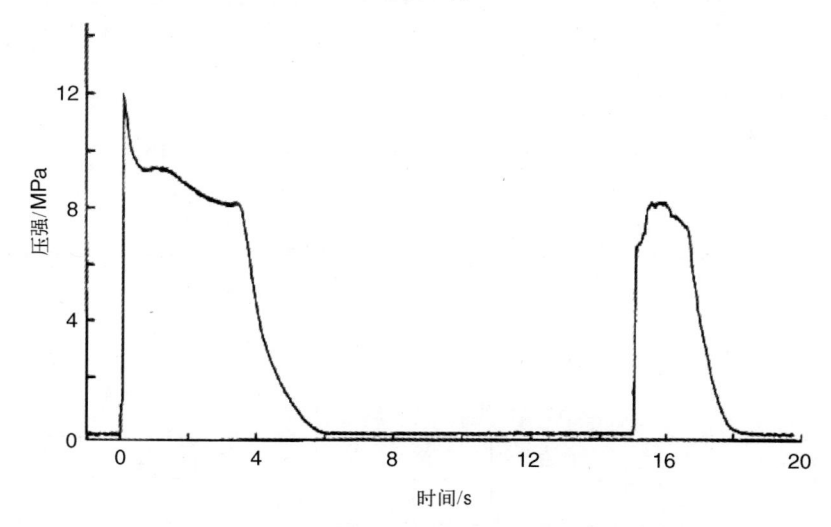

图 14.21 双脉冲火箭发动机工作的压强-时间曲线

14.4 火箭发动机中的侵蚀燃烧

14.4.1 头部压强

固体推进剂药柱从内孔开始燃烧时,燃气会沿着燃烧表面流动,如图 14.1 所示。由于燃面退移方向垂直于气流方向,在药柱内孔的气体流动增加了热流向燃面的传输速度,导致燃速增加,该现象称为侵蚀燃烧。

图 14.22 所示为火箭发动机试验得到的典型的压强-时间关系曲线[6],由图可知,当长径比 L/D 逐步增大时,燃烧室头部压强也逐步增大。所用装药直径 114mm,七星内孔星形药柱,固体推进剂采用 AP-Al-CMDB 复合改性双基推进剂,具体配方为 $\xi(NC)=0.25$、$\xi(NG)=0.31$、$\xi(TA)=0.08$、$\xi(AP)=0.27$、$\xi(Al)=0.09$。内孔燃烧燃面 A_{b0} 与喷喉面积 A_t 之比记为 K_{n0},$K_{n0}=A_{b0}/A_t$,初始内孔面积 A_{p0} 与喷喉面积之比记为 J_0,$J_0=A_{p0}/A_t$,发动机中实测的 K_{n0} 和 J_0 数值如表 14.3 所列。

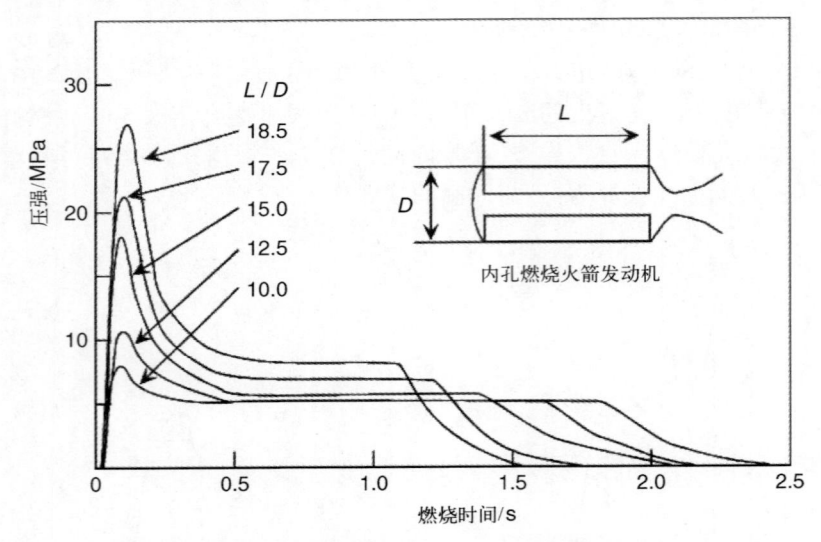

图 14.22 某火箭发动机 L/D 与侵蚀燃烧效应

表 14.3 侵蚀燃烧测试发动机的参数

L/D	10	12.5	15	16	17.5	18.5
K_{n0}	154	154	154	154	189	195
J_0	1.00	1.24	1.49	1.59	1.42	1.45

由图 14.22 可知，侵蚀燃烧只发生于燃烧的初始阶段，约在点火后 0.5s 燃烧恢复正常，压强降至发动机的设计压强 p_{eq}。例如，装药长径比 L/D 为 16 时，发动机设计压强 p_{eq}=5MPa，点火后初始压强可迅速升至设计压强的 3.5 倍，随后压强快速下降并趋于 p_{eq} 处并逐渐保持平衡，固体推进剂稳定燃烧。

由于固体推进剂药柱的初始内孔面积 A_{p0} 很小，且在喷喉处气流速度达到声速，故燃气流速变大。此外，若 K_n 恒定不变，A_b、A_t 和 L/D 同时增大，由式(1.49)质量守恒定律可知，固体推进剂药柱内孔面积不变时燃气流速随喷喉面积 A_t 增大而增大。因此，来自气流的热量增加，侵蚀燃烧比增大。但当药柱内孔面积增大时，流速增大，侵蚀燃烧现象逐渐消失。

14.4.2 侵蚀燃烧现象的确定

式(13.26)给出了 Lenoir 和 Robillard 的计算内燃火箭发动机压强、推力与时间关系的半经验公式。发动机最大压强 p_m 为与药柱长径比 L/D 相对应的发动机的头部压强。燃烧室内固体推进剂燃烧后燃气聚集，燃烧室压强升高，推进剂药柱的燃速随压强变化而变化,可用 Vieille 规律近似表示,即 $r=ap^n$。燃烧产生的热量通过燃气流动沿垂直于燃面退移方向传递,距头部 x 处的质量生成率为 $\Delta A_{b,x} r_x \rho_p$,式中 $\Delta A_{b,x}$ 为 x 处长度为 Δx 的一小块药柱的燃面,r_x 为 x 处的燃速。通过以下流场迭代计算程序,可得到固体推进剂药柱内孔中的燃速、压强和流速。

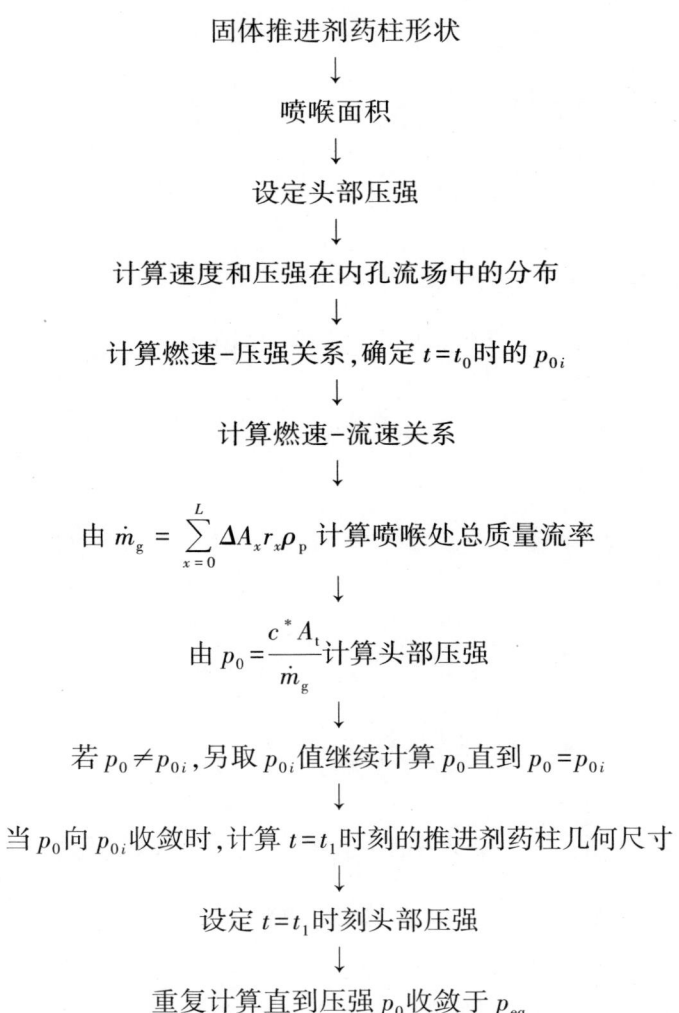

固体推进剂药柱形状
↓
喷喉面积
↓
设定头部压强
↓
计算速度和压强在内孔流场中的分布
↓
计算燃速-压强关系,确定 $t=t_0$ 时的 p_{0i}
↓
计算燃速-流速关系
↓
由 $\dot{m}_g = \sum_{x=0}^{L} \Delta A_x r_x \rho_p$ 计算喷喉处总质量流率
↓
由 $p_0 = \dfrac{c^* A_t}{\dot{m}_g}$ 计算头部压强
↓
若 $p_0 \neq p_{0i}$,另取 p_{0i} 值继续计算 p_0 直到 $p_0 = p_{0i}$
↓
当 p_0 向 p_{0i} 收敛时,计算 $t=t_1$ 时刻的推进剂药柱几何尺寸
↓
设定 $t=t_1$ 时刻头部压强
↓
重复计算直到压强 p_0 收敛于 p_{eq}

图 14.23 所示为与图 14.22 中发动机相同试验条件下峰值压强与 L/D 关系的计算值。发动机初始压强测试已经验证了应用 Lenoir-Robillard 经验公式计算峰值压强的可靠性,无侵蚀燃烧时 p_m 的计算值明显低于实测值。图 14.24 所示为侵蚀比 $\varepsilon = r/r_0$ 与内孔中心单位横截面积质量流速 G 的关系曲线,由图可

知,长径比 L/D 一定时侵蚀比随着内孔中气流马赫数的增大而增大。

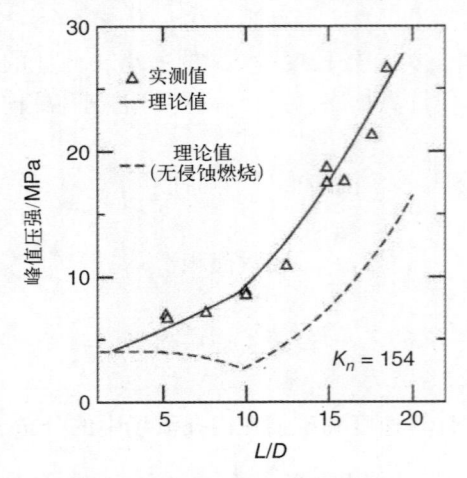

图 14.23 侵蚀燃烧的峰值压强

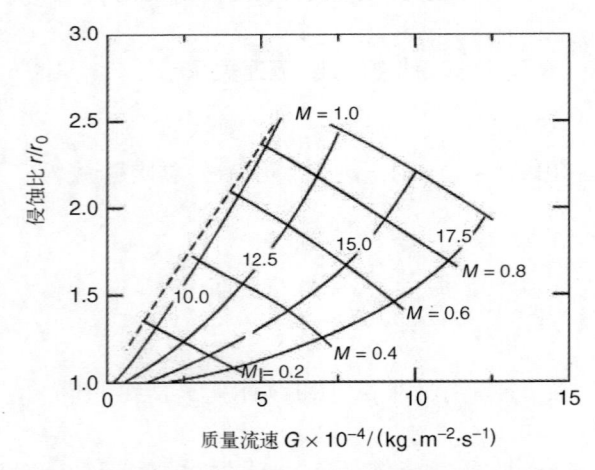

图 14.24 侵蚀比与单位横截面积质量流速的关系曲线

为了进一步研究火箭发动机中的侵蚀燃烧现象,定义 ε^* 为总侵蚀比,具体如下:

$$\varepsilon^* = \frac{\dot{w}_e}{\dot{w}_t} = \frac{1-\dot{w}_p}{\dot{w}_t} \qquad (14.33)$$

式中:$\dot{w}_t$ 为流出喷管的质量排出率;$\dot{w}_e$ 为侵蚀燃烧的质量燃速;$\dot{w}_p$ 为正常燃烧的质量燃速,$\dot{w}_p$ 可由下式计算:

$$\dot{w}_\mathrm{p} = \rho p \sum_i r_i \Delta A_{\mathrm{b},i} \tag{14.34}$$

式中：r_i 为内孔中 i 处的局部燃速；$\Delta A_{\mathrm{b},i}$ 为 i 处的燃面。内孔中 i 处的局部燃速与局部压强的关系为

$$r_i = a p_i^n \tag{14.35}$$

由式(1.60)和式(1.69)可算得总质量流速：

$$\dot{w}_\mathrm{t} = \left(\frac{c_\mathrm{D}}{c_\mathrm{F}}\right) F \tag{14.36}$$

式中：c_D 为喷管排出系数，由燃气的物理性质决定；c_F 由喷管膨胀比和燃烧室尾端的压强决定；ε^* 由实测的 $\dot{w}_\mathrm{p}$ 和 $\dot{w}_\mathrm{t}$ 计算得出。图 14.25 所示为 ε^* 与 L/D 的关系曲线，由图可知，气体流动效应导致的侵蚀燃烧质量燃速 $\dot{w}_\mathrm{e}$ 为装药总质量燃速 $\dot{w}_\mathrm{t}$ 的 20%~25%，其余的质量流动效应由燃烧压强决定[6]。

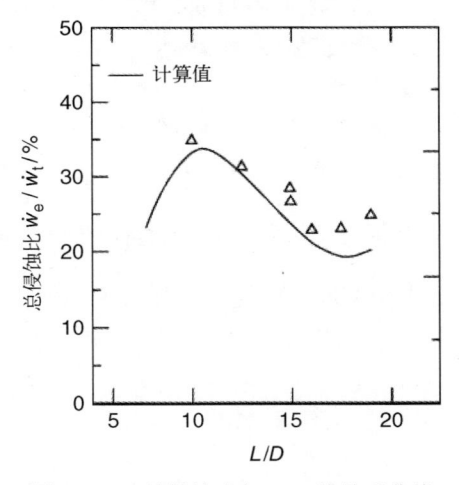

图 14.25 总侵蚀比与 L/D 的关系曲线

14.5 无喷管火箭发动机

14.5.1 无喷管火箭发动机的原理

火箭发动机喷管由收敛段和扩张段组成，上述两段连接的部分称为喉部。在收敛段沿气流方向温度和压强降低，气流从亚声速提高到正常声速通过喉部，在扩张段继续提高到超声速，此时沿气流方向的温度和压强继续降低。气体在喷管中流动过程视为等熵过程。

固体推进剂在火箭发动机内部燃烧时燃气沿推进剂装药内孔方向流动,若将火箭发动机的喷管卸下,则装药孔内压强与大气压强相等,同时发动机尾部的燃气速度也不会达到声速,因此,固体推进剂燃烧也不会产生推力。但当固体推进剂的质量燃速非常大时,发动机尾部壅塞的燃气不能及时排出导致局部压强增大,气流速度就有可能达到声速,从而获得推力。

推力 F 可由下式计算:

$$F = c_F A_t p_c \tag{1.69}$$

式中:p_c 为燃烧室压强;A_t 为喷喉面积;c_F 为推力系数。燃烧室压强为

$$p_c = b K_n^m \tag{14.37}$$

式中:K_n 为面喉比;b、m 为与固体推进剂物理化学性质有关的常数。将式(14.37)代入式(1.69)得

$$F = c_F A_t b K_n^m \tag{14.38}$$

式(14.38)为无喷管火箭发动机推力表达式,由式中可知,随着固体推进剂装药燃烧表面退移,喷口面积增大,K_n 减小、A_t 增大,燃气在发动机尾部的壅塞情况随时发生改变。因此,无喷管火箭发动机产生的推力由内孔燃烧质量生成率和内孔尾部的质量排气率之间的相互关系决定[7-9]。

14.5.2 无喷管火箭发动机中的流动特性

本节讨论内燃装药火箭发动机内孔中的燃气流动特性。假设固体推进剂药柱从首端到尾端的内孔横截面积保持不变,即药柱沿气流方向呈一维分布[7-9]。内孔尾端的质量排出率为

$$\dot{m}_d = \rho_g u_g A_p \tag{14.39}$$

式中:ρ_g 为燃气密度;u_g 为气体流速;A_p 为内孔截面积。内孔中质量生成率为[7-9]

$$\dot{m}_g = \rho_p \int_0^e r(x) S(x) \mathrm{d}x \tag{14.40}$$

式中:ρ_p 为固体推进剂密度;r 为固体推进剂线性燃速;S 为孔内燃面;x 为某点沿流动方向距装药首端的距离;e 为装药长度。该定积分的起点为装药首端($x=0$ 处),终点为装药尾端($x=e$ 处),因质量生成率与质量排出率相等,所以稳态燃烧下的质量平衡可表示为

$$\dot{m}_g = \dot{m}_d \tag{14.41}$$

内孔中动量变化为

$$p_0 A_p = p A_p + \dot{m}_d u_g \tag{14.42}$$

式中:p_0 为内孔首端的压强(式中 $u_g = 0$)。能量方程可写为

$$h_0 = \frac{h + u_g^2}{2} \tag{14.43}$$

式中: h 为焓; h_0 为内孔首端的焓。因内孔首端 $u_g = 0$，故 p_0 和 h_0 分别为驻点压强和驻点焓。焓可由下式表示:

$$h = c_p T \text{ 和 } h_0 = c_p T_0 \tag{14.44}$$

式中: T 为温度; T_0 为驻点温度，与燃气的绝热火焰温度相等; c_p 为等压热容。

流体中的马赫数 Ma 定义为

$$Ma = \frac{u_g}{a} = \frac{u_g}{\sqrt{\gamma R_g T}} \tag{14.45}$$

式中: a 为声速; γ 为比热容比; R_g 为燃气的气体常数。将式(14.39)和式(14.45)代入式(14.42)，得

$$p = \frac{p_0}{1 + \gamma Ma^2} \tag{14.46}$$

将式(14.44)和式(14.45)代入式(14.43)得到内孔温度与马赫数的关系表达式:

$$T = \frac{T_0}{1 + \frac{\gamma - 1}{2} Ma^2} \tag{14.47}$$

由式(1.5)、式(14.46)和式(14.47)可得内孔气体密度与马赫数的关系表达式:

$$\frac{\rho_g}{\rho_{g,0}} = \frac{1 + (\gamma - 1)\frac{Ma^2}{2}}{1 + \gamma Ma^2} \tag{14.48}$$

由式(14.46)~式(14.48)可得内孔尾端(即无喷管发动机气体出口处)的压强、温度和气体密度:

$$p_e = \frac{p_0}{1 + \gamma} \tag{14.49}$$

$$T_e = \frac{2T_0}{1 + \gamma} \tag{14.50}$$

$$\rho_{g,e} = \frac{\rho_{g,0}}{2} \tag{14.51}$$

式中: 下标 e 和 0 分别为尾端和首端。尾端燃气壅塞状态的判据为 $p_0/p_e > 1 + \gamma$。

内孔尾端质量流速 $\dot{m}_{d,e}$ 为

$$\dot{m}_{d,e} = u_{g,e} \rho_{g,e} A_e \quad (14.52)$$

式中:下标 e 为内孔的尾端。内孔尾端流速为

$$u_{g,e} = \sqrt{\gamma R_g T_e} \quad (14.53)$$

将式(14.46)~式(14.48)和气体状态方程(1.5)代入式(14.52),得

$$\dot{m}_{d,e} = A_e p_0 \left[\frac{\gamma}{2R_g T_0 (\gamma+1)} \right]^{\frac{1}{2}} \quad (14.54)$$

$$\dot{m}_{d,e} = c_{D,p} A_e p_0 \quad (14.55)$$

式中:$c_{D,p}$ 为内孔排出系数,由下式计算:

$$c_{D,p} = \left[\frac{\gamma}{2R_g T_0 (\gamma+1)} \right]^{\frac{1}{2}} \quad (14.56)$$

此处假设 T_0 等于固体推进剂的绝热火焰温度[9],由式(1.61)可得等熵膨胀喷管的喷管排出系数 $c_{D,i}$ 为

$$c_{D,i} = \left[\left(\frac{\gamma}{R_g T_0} \right) \left(\frac{2}{\gamma+1} \right)^{\xi} \right]^{\frac{1}{2}} \quad (14.57)$$

式中:$\xi = (\gamma+1)/(\gamma-1)$。无喷管火箭发动机和常规火箭发动机的排出系数之比为

$$\frac{c_{D,p}}{c_{D,i}} = \frac{1}{2} \left(\frac{\gamma+1}{2} \right)^{\frac{1}{\gamma-1}} \quad (14.58)$$

燃气的比热比 γ 的值在 1.2~1.4 之间,$\gamma = 1.2$ 时 $c_{D,p}/c_{D,i} = 0.80$,$\gamma = 1.4$ 时 $c_{D,p}/c_{D,i} = 0.78$。文献[9]指出,当头部压强与发动机工作压强相同时,无喷管火箭发动机气体出口处的质量流速比常规火箭发动机喷管低 20% 左右。

这里需要指出的是,在内孔中气体质量和热量不断增加,其气体流动过程并非等熵过程,导致驻点压强降低,因此,无喷管火箭发动机的比冲低于传统火箭发动机。在无喷管发动机尾端装上渐缩喷管后,内孔出口处的稳态压强 p_e 逐渐降至大气压强,比冲增大。如本书 1.2 节所述,喷管扩张段的膨胀过程是等熵过程。

14.5.3 燃烧性能分析

无喷管火箭发动机结构简单,制造成本较低。当固体推进剂装药质量一定时,无喷管火箭发动机的比冲低于传统火箭发动机。采用收敛-扩张喷管使燃烧室内气体等熵膨胀至常压是获得推进动力最有效的手段,无喷管的气流过程使熵增大,同时产生驻点压强损失。

单孔管型装药的无喷管火箭发动机内孔气体流速从首端处的 $u_g = 0$ 沿尾端

方向逐渐增大,到装药尾端时气体流速达到声速,内孔压强则沿气流方向减小,此过程中气体流速和压强对固体推进剂燃速产生重要影响。在装药内环燃面气体流速较高的燃烧面上还会发生侵蚀燃烧。孔内靠近装药首端的区域气体流速较低,不会产生侵蚀燃烧现象,但此处压强较高,固体推进剂燃速较快,靠近尾端的区域压强较低,固体推进剂燃速较慢。

虽然推进剂装药点火后内孔中气体流速和压强迅速降低,但实际中需要综合考虑发动机的总体设计及推力调节等因素,因此,必须将头部压强峰值大小控制在一定范围内。装药内孔横截面积较小时燃烧初期的燃面面积较小,此时头部压强较高产生侵蚀燃烧现象。在装药燃烧后期内孔横截面积增大时燃烧面积减小,头部压强减小,侵蚀燃烧现象消失,后续的燃烧过程为无喷管发动机提供相对稳定的推力。内孔中压强分布梯度及内孔面积及内孔长度之比和固体推进剂的燃速压强指数 n 有关。文献[7-10]中列出了一些无喷管火箭发动机燃烧性能的实测数据。

14.6　燃气混合火箭

14.6.1　燃气混合火箭的原理

固液混合火箭是采用液态氧化剂和固体燃料组合燃烧方式的火箭发动机,具有液体火箭发动机和固体火箭发动机的共同特征。在液体火箭中燃料和氧化剂分置于不同的容器中,发动机工作时需要将燃料和氧化剂分别注入燃烧室内,因此,需要两套液体燃料加注系统。而固液混合火箭以惰性聚合物作为燃料,采用液体氧化剂,需要一套液体燃料加注系统将氧化剂注入燃烧室内。

聚合物燃料药柱装填于燃烧室中,药柱的孔洞中注入液体氧化剂。燃烧由燃料药柱内孔边界层表面开始,聚合物燃料吸收燃气带来的热量后分解、气化,燃料气体和氧化剂气体的掺混过程直接决定固液混合火箭的燃烧性能。随着燃烧的持续进行,燃料表面不断退移,燃料药柱内孔不断扩大,内孔中气流速度降低,气流传向燃料表面的热流量发生变化。此外,燃烧时燃料与氧化剂之比也发生变化,因此,固液混合火箭的实际燃烧性能远低于理论预期。

为了进一步提升固液混合火箭的燃烧性能,人们设计了一种新型固液混合火箭,称为燃气混合火箭[4,11]。图 14.26(b)是燃气混合火箭的结构示意图,由图可知,燃气混合火箭主要由燃烧室、燃气发生器、液体氧化剂容器、氧化剂输送管道及喷射器、氧化剂流量控制阀组成。与固液混合火箭不同,燃气混合火箭采用两级燃烧室设计,在一次燃烧室中装填富燃料烟火剂用于产生富燃料气体,富燃料气体通过燃气喷射器进入二次燃烧室,液体氧化剂此时也通过流量控制阀和氧化剂喷射器雾化后注入二次燃烧室,富燃料气体和雾化的氧化剂液滴立即反应生成高温燃烧产物,由二次燃烧室尾端的喷管喷出,这就是燃气混合火箭的简单工作过程。因为富燃料气体温度非常高,所以二次燃烧室中的化学反应速率非常快,因此,火箭的燃烧性能有所提高。二次燃烧室中的质量生成率由液体氧化剂的质量流率控制,而氧化剂的质量流率可通过氧化剂容器上的流量控制阀调节。

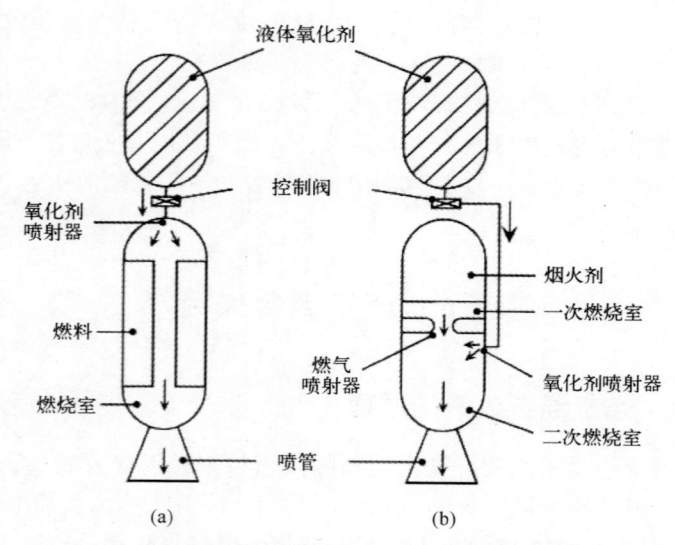

图 14.26　固液混合火箭与燃气混合火箭的结构示意图
(a) 固液混合火箭;(b) 燃气混合火箭。

如图 14.27 所示,采用自调节氧化剂供给装置代替氧化剂抽送装置。一次燃烧室中富燃料气体聚集而产生的压强将容器中的液体氧化剂压向二次燃烧室,同时富燃料气体也被注入二次燃烧室与氧化剂液滴反应。富燃料气体由一次燃烧室射入二次燃烧室时在一次燃烧室内产生壅塞气流,一次燃烧室内的压强约为二次燃烧室的 2 倍,该系统称为燃气增压系统。

涡轮泵可加快液体氧化剂的流动速度,当一次燃烧室内产生富燃料气体流向二次燃烧室的过程中流经涡轮泵时,涡轮泵会加速工作。当一次燃烧室内富燃料气体压强高于二次燃烧室中气体压强时,通过涡轮泵流向二次燃烧室内的液体氧化剂流量增大,驱动涡轮泵的富燃料气体流向二次燃烧室作为燃料参与燃烧反应。当存在壅塞气流时燃气喷射器才能正常工作,控制涡轮泵两端的压强差可调节液体氧化剂的流速。

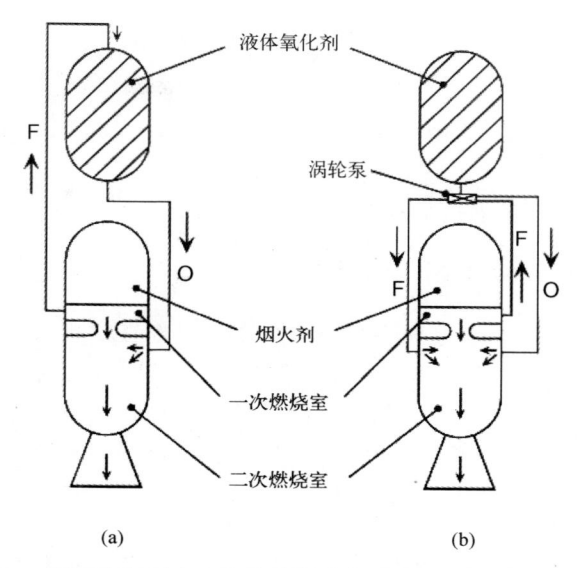

图 14.27　两种燃气混合火箭的结构示意图：燃气增压型和涡轮泵型
(a) 燃气增压型；(b) 涡轮泵型。

14.6.2　推力和燃烧压强

在火箭发动机中,燃烧压强通过质量生成率和质量排出率之间的质量平衡定义:

$$p_c = \frac{\dot{m}_g + \dot{m}_o}{c_D A_t} \qquad (14.59)$$

式中:p_c 为燃烧室压强;$\dot{m}_g$ 为质量生成率;$\dot{m}_o$ 为氧化剂流动率;c_D 为喷管排出系数;A_t 为喷喉面积。燃烧温度由氧化剂和燃料的质量流率之比 O/F 确定,用于产生富燃料气体的烟火剂的燃速表达式详见式(3.68),参照固体推进剂的表达方法,可通过式(14.3)和式(3.68)将式(14.59)写为

$$p_c = \frac{a p_g^n \rho_p A_b}{c_D A_t} + \frac{\dot{m}_o}{c_D A_t} \qquad (14.60)$$

式中:p_g 为燃气发生器(一次燃烧室)中的压强;A_b 为烟火剂的燃面;ρ_p 为烟火剂的密度。

当气体在非壅塞状态下流入喷管时,燃气发生器中的压强等于燃烧室压强,即 $p_g = p_c$。燃气生成率由燃烧室压强确定。当气体在壅塞状态下流入喷管时,燃速由燃气喷射器喷管面积 $A_{t,g}$ 和燃气发生器中压强 p_g 确定,具体如下:

$$p_{g}=\left(\frac{a\rho_{p}K_{n,g}}{c_{D,g}}\right)^{\frac{1}{1-n}} \qquad (14.61)$$

式中:$c_{D,g}$为燃气喷射器喷管的排出系数;$K_{n,g}=A_b/A_{t,g}$。推力 F 可表示为

$$F=c_{F}A_{t}p_{c} \qquad (14.62)$$

式中:c_F为推力比,由喷管膨胀比和燃气比热比确定。

14.6.3 燃气发生器用烟火剂

在燃气混合火箭中烟火剂的作用与固体推进剂在常规火箭中的作用类似,烟火剂为贫氧燃料,在燃烧过程中往往燃烧不完全,燃温低于 1000K,其燃气在二次燃烧室中与雾化后的氧化剂混合后燃烧,生成高温的燃烧产物。比冲 I_{sp} 是描述其燃烧性能的重要参数,比冲大小与烟火剂和氧化剂的含量有关,具体情况如表 14.4 所列。

表 14.4 氧化剂为液氧的烟火剂在 p_c=5MPa,ε=100 下的比冲

烟 火 剂	I_{sp}/s	O/F	$\rho_{O/F}\times10^3/(\text{kg}\cdot\text{m}^{-3})$
$\xi(\text{GAP})=1.00$	360.0	1.1	1.19
$\xi(\text{GAP})=0.80,\xi(\text{Al})=0.20$	361.9	0.8	1.28
$\xi(\text{GAP})=0.80,\xi(\text{B})=0.20$	361.4	1.1	1.25
$\xi(\text{GAP})=0.80,\xi(\text{Zr})=0.20$	350.1	0.9	1.31
$\xi(\text{GAP})=0.80,\xi(\text{Mg})=0.20$	357.1	0.8	1.25
$\xi(\text{GAP})=0.80,\xi(\text{C})=0.20$	353.1	1.3	1.24
$\xi(\text{GAP})=0.80,\xi(\text{HTPB})=0.20$	362.9	1.4	1.16
$\xi(\text{GAP})=0.60,\xi(\text{HTPB})=0.40$	365.3	1.7	1.13
$\xi(\text{BAMO})=1.00$	365.1	1.1	1.21
$\xi(\text{BAMO})=0.80,\xi(\text{Al})=0.20$	366.9	0.7	1.30
$\xi(\text{AMMO})=1.00$	366.0	1.5	1.11

典型烟火剂有 GAP、GAP-金属粉、GAP-HTPB、BAMO、AMMO 等,它们的燃速非常快,生成富燃料燃烧产物。常用的液体氧化剂有液氧、N_2O、N_2O_4 和 HNO_3 等,它们广泛应用于液体火箭发动机和固液混合火箭发动机中。除液氧外,其他几种氧化剂在室温下都相对稳定,液氧一般作为低温氧化剂。图 14.28 示出了 N_2O_4 与其他烟火剂混合物在压强 5MPa、膨胀比 ε=100 条件下的比冲 I_{sp}、氧燃

比 O/F 的计算值[4]，由图可知，HTPB-AP 烟火剂在配方为 ξ(HTPB) = 0.60，ξ(AP) = 0.40，氧燃比 O/F = 1.25 时比冲最大。烟火剂 GAP-N_2O_4 在 O/F = 1.60 时比冲 I_{sp} = 338s，在 O/F = 4.05 时比冲 I_{sp} = 340s。表 14.4~表 14.8 列出了不同氧化剂和燃料组成的烟火剂在不同配比下的最大比冲值 I_{sp}、氧燃比 O/F 和密度 $\rho_{O/F}$ 值，它们是设计燃气混合火箭时不可或缺的重要参数。

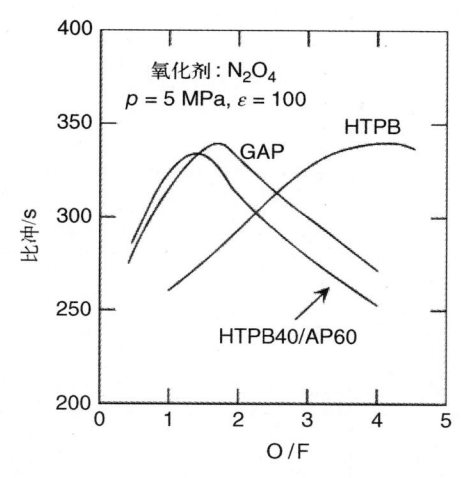

图 14.28 N_2O_4-烟火剂燃气混合火箭的比冲与氧燃比的关系

表 14.5 氧化剂为 N_2O 的烟火剂在 p_c = 5MPa，ε = 100 下的比冲

烟 火 剂	I_{sp}/s	O/F	$\rho_{O/F} \times 10^3$/(kg·m^{-3})
ξ(GAP) = 1.00	321.8	3.3	1.24
ξ(GAP) = 0.80, ξ(Al) = 0.20	330.6	2.8	1.27
ξ(GAP) = 0.80, ξ(B) = 0.20	327.8	3.5	1.26
ξ(GAP) = 0.80, ξ(Zr) = 0.20	321.1	3.0	1.29
ξ(GAP) = 0.80, ξ(Mg) = 0.20	327.7	3.0	1.25
ξ(GAP) = 0.80, ξ(C) = 0.20	318.4	4.3	1.26
ξ(GAP) = 0.80, ξ(HTPB) = 0.20	321.6	4.3	1.22
ξ(GAP) = 0.60, ξ(HTPB) = 0.40	321.7	5.3	1.21
ξ(BAMO) = 1.00	325.6	3.4	1.25
ξ(BAMO) = 0.80, ξ(Al) = 0.20	333.9	2.7	1.28
ξ(AMMO) = 1.00	323.1	4.6	1.20

表 14.6　氧化剂为 N_2O_4 的烟火剂在 $p_c=5MPa, \varepsilon=100$ 下的比冲

烟火剂	I_{sp}/s	O/F	$\rho_{O/F}\times 10^3/(kg\cdot m^{-3})$
$\xi(GAP)=1.00$	338.4	1.8	1.36
$\xi(GAP)=0.80, \xi(Al)=0.20$	344.8	1.3	1.43
$\xi(GAP)=0.80, \xi(B)=0.20$	341.6	1.8	1.42
$\xi(GAP)=0.80, \xi(Zr)=0.20$	333.2	1.4	1.43
$\xi(GAP)=0.80, \xi(Mg)=0.20$	340.9	1.3	1.39
$\xi(GAP)=0.80, \xi(C)=0.20$	332.6	2.1	1.42
$\xi(GAP)=0.80, \xi(HTPB)=0.20$	339.4	2.2	1.35
$\xi(GAP)=0.60, \xi(HTPB)=0.40$	340.1	2.7	1.33
$\xi(BAMO)=1.00$	343.1	1.6	1.38
$\xi(BAMO)=0.80, \xi(Al)=0.20$	349.4	1.2	1.44
$\xi(AMMO)=1.00$	341.5	2.3	1.29

表 14.7　氧化剂为 H_2O_2 的烟火剂在 $p_c=5MPa, \varepsilon=100$ 下的比冲

烟火剂	I_{sp}/s	O/F	$\rho_{O/F}\times 10^3/(kg\cdot m^{-3})$
$\xi(GAP)=1.00$	339.3	2.7	1.39
$\xi(GAP)=0.80, \xi(Al)=0.20$	347.4	2.3	1.44
$\xi(GAP)=0.80, \xi(B)=0.20$	345.1	3.0	1.43
$\xi(GAP)=0.80, \xi(Zr)=0.20$	336.8	2.3	1.46
$\xi(GAP)=0.80, \xi(Mg)=0.20$	344.7	2.3	1.41
$\xi(GAP)=0.80, \xi(C)=0.20$	335.4	3.2	1.43
$\xi(GAP)=0.80, \xi(HTPB)=0.20$	340.1	3.3	1.37
$\xi(GAP)=0.60, \xi(HTPB)=0.40$	341.1	4.3	1.36
$\xi(BAMO)=1.00$	342.8	2.6	1.40
$\xi(BAMO)=0.80, \xi(Al)=0.20$	348.4	3.0	1.37
$\xi(AMMO)=1.00$	341.8	3.5	1.33

表 14.8　氧化剂为 HNO_3 的烟火剂在 $p_c=5MPa, \varepsilon=100$ 下的比冲

烟火剂	I_{sp}/s	O/F	$\rho_{O/F}\times 10^3/(kg\cdot m^{-3})$
$\xi(GAP)=1.00$	324.3	1.9	1.41
$\xi(GAP)=0.80, \xi(Al)=0.20$	333.5	1.5	1.47
$\xi(GAP)=0.80, \xi(B)=0.20$	329.4	2.0	1.47

(续)

烟 火 剂	I_{sp}/s	O/F	$\rho_{O/F} \times 10^3/(kg \cdot m^{-3})$
$\xi(GAP)=0.80, \xi(Zr)=0.20$	321.5	1.6	1.50
$\xi_{(GAP)}=0.80, \xi(Mg)=0.20$	330.1	1.6	1.44
$\xi(GAP)=0.80, \xi(C)=0.20$	318.5	2.5	1.47
$\xi(GAP)=0.80, \xi(HTPB)=0.20$	324.4	2.6	1.40
$\xi(GAP)=0.60, \xi(HTPB)=0.40$	324.1	3.2	1.38
$\xi(BAMO)=1.00$	329.0	1.9	1.42
$\xi(BAMO)=0.80, \xi(Al)=0.20$	337.9	1.4	1.48
$\xi(AMMO)=1.00$	326.0	2.6	1.34

参 考 文 献

[1] Kubota, N. (1984) Survey of rocket propellants and their combustion characteristics, in Fundamentals of Solid-Propellant Combustion, Progress in Astronautics and Aeronautics, vol. 90, Chapter 1 (eds K. K. Kuo and M. Summerfield), AIAA, New York.

[2] Glassman, I. and Sawyer, F. (1970) The Performance of Chemical Propellants, Circa Publications, New York.

[3] Sutton, G. P. (1992) Rocket Propulsion Elements, Chapter 11, 6th edn, John Wiley & Sons, Inc., New York.

[4] Kubota, N. (1995) Rocket Combustion, Nikkan Kogyo Press, Tokyo.

[5] Kubota, N. (2004) Principles of Solid Rocket Motor Design, Pyrotechnics Chemistry, Chapter 12, Journal of Pyrotechnics, Inc., Whitewater, CO.

[6] Takishita, Y., K., and Kubota, N. (1974) Experimental studies on erosive burning of rocket motors. Proceedings of the 18th Symposium on Space Science and Technology, Tokyo, Japan, pp. 197-200.

[7] Procinsky, I. M. and McHale, C. A. (1981) Nozzleless boosters for integral-rocket ramjet missile systems. J. Spacecraft Rockets, 18, 193.

[8] Procinsky, I. M. and Yezzi, C. A. (1982) Nozzleless Performance Program, AIAA paper 82-1198.

[9] Okuhara, H. (1987) Combustion characteristics of nozzleless rocket motors. Kogyo Kayaku, 48(2), 85-94.

[10] Timnat, Y. M. (1987) Advanced Chemical Rocket Propulsion, Chapter 6, Academic Press, New York.

[11] Kubozuka, S., and Kubota, N. (1994) Combustion Characteristics of Gas-Hybrid Rockets, AIAA-94-2880, New York.

第 15 章　冲压火箭推进

15.1　冲压火箭推进的基本原理

15.1.1　固体火箭发动机、液体冲压喷气发动机与固体火箭冲压发动机

固体火箭冲压发动机是一种新型动力装置,它利用空气中的氧作为氧化剂,可极大提高推进剂的比冲,利用这种发动机进行高速巡航可以大幅度增加射程。因此,它是飞行器增程的一个重要手段。这种新型的动力装置把固体火箭发动机和液体冲压喷气发动机有机地组合在一起,产生了一些新的特点。固体火箭发动机是通过固体推进剂燃烧获得推力,固体推进剂一般由氧化剂和燃料构成,在发动机工作过程中,不用再从空气中获取额外的燃料或氧化剂组分,燃烧气体产物由尾喷管喷出时的动量变化转化为推力推动弹体前进。液体火箭冲压发动机是通过液体碳氢燃料与外界空气中的氧气发生燃烧反应而获得推进力[1],空气经压缩后进入燃烧室参与燃烧,推力由从喷管中喷出的燃气与吸入进气道的空气间的动量差而产生。

固体火箭冲压发动机与液体冲压喷气发动机的相似之处是,在飞行过程中将空气通过进气道吸入燃烧室作为二次燃烧的氧化剂;不同之处是,固体火箭冲压发动机采用富燃料烟火剂作为一次燃烧燃料,在燃气发生器中富燃料烟火剂的不完全燃烧产物在燃烧室中与外界吸入的空气继续发生燃烧反应[1-6]。

空气中的氧气通过进气道进入固体火箭冲压发动机和液体冲压喷气发动机后均作为氧化剂参与反应,但两种发动机使用的燃料具有较大差异。液体冲压喷气发动机的燃料是液态的,它被雾化或自身蒸发后与空气混合燃烧。固体火箭冲压发动机二次燃烧室中的燃料主要是烟火剂燃烧后产生的高温气体,它们的点火时间和反应时间均短于液体冲压喷气发动机,因此固体火箭冲压发动机具有较高的潜能和较好的燃烧稳定性。

通过进气道被压缩的空气称为冲压气,流场中空气流速降低时冲压气的压强称为冲压压强。在冲压喷气发动机中,气流压强的提高是依靠速度冲压作用

来实现的,即利用高速气流的滞止过程使压强提高,依据空气动力学原理合理设计进气道使冲压压强达到最大[1],燃料气体与冲压空气混合、发生反应的地方称为引射掺混补燃室,这里简称补燃室。

15.1.2 固体火箭冲压发动机的结构及工作过程

图15.1为典型固体火箭冲压发动机结构示意图,它主要由燃气发生器(含烟火剂装药)、气流控制系统、进气道、补燃室和尾喷管构成。燃气发生器装药为烟火剂,主要是富燃料物质,在燃气发生器中燃烧不完全,产生富燃料气体产物[1-7],这些富燃料气体通过气流控制系统喷注到补燃室内后与冲压气混合并完全反应,产生大量气体产物,再通过补燃室尾喷管喷出。

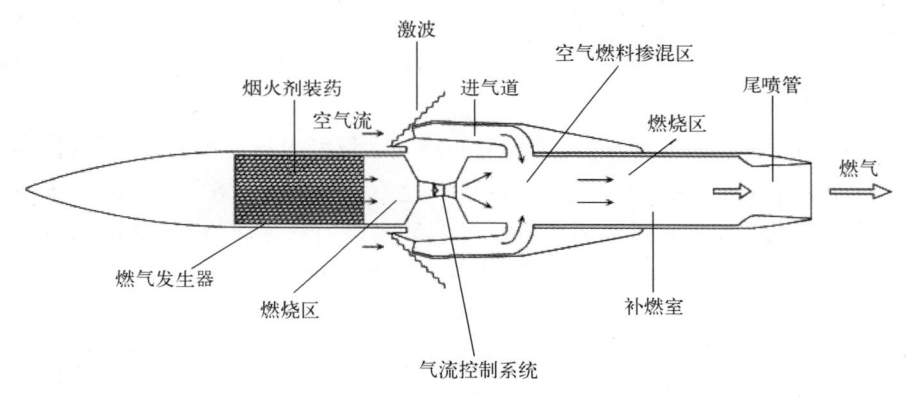

图15.1 典型固体火箭冲压发动机结构示意图

与固体火箭发动机不同,固体火箭冲压发动机需要持续的空气流通过进气道流入补燃室。固体火箭冲压发动机导弹加速至一定飞行速度时即产生压缩气体,当足量的压缩气体进入补燃室内时,固体火箭冲压发动机开始工作并产生推力。固体火箭冲压发动机导弹的尾端装有助推火箭,当助推火箭内的推进剂烧尽时,助推火箭即刻与主火箭分离。

补燃室可作为助推火箭推进剂装药燃烧和冲压发动机二次掺混燃烧共用燃烧室,一般设计为中空结构的圆柱形筒体,可将助推火箭置于其中,助推火箭由助推推进剂药柱、与进气道连接的堵盖和助推喷管组成,助推推进剂药柱的燃气通过助推喷管排出。助推推进剂燃烧时堵盖关闭,保证燃烧在一定压强下进行。当助推推进剂点火燃烧时,产生助推推力推动弹体前进,助推推进剂烧尽后弹体飞行速度达到超声速,燃烧室压强急剧下降,这时通过进气道进来的冲压空气打开堵盖进入燃烧室,此时燃气发生器点火工作,产生的富燃料气体喷入燃烧室,将助推火箭的堵头、管型组件包括助推器喷管的内锥体都推出发动机抛弃,这时尾喷管的外锥体就是主发动机的尾喷管,助推燃烧室就成为补燃室。补燃室内二次燃烧产生的燃气由尾喷管高速喷出,产生反作用推力。

15.2 固体火箭冲压发动机的设计参数

15.2.1 推力和阻力

进气道是决定固体火箭冲压发动机总燃烧效率的重要部件,进气道处压缩空气的压强大小直接决定了补燃室压强的大小,进气道处激波的热效应导致压缩空气温度升高,燃气发生器中产生的富燃料气体产物在补燃室内与通过进气道压缩并加热的空气混合继续燃烧,燃烧气体产物绝热膨胀加速流过尾喷管喷出,这里所讲的绝热膨胀过程与本书1.2节中所述的固体火箭发动机喷管绝热膨胀过程相同。

回顾书1.3节的内容,进入进气道的空气动量可表示为$\dot{m}_a v_a$,尾喷管排出气体的动量表示为$(\dot{m}_a + \dot{m}_f) \cdot v_e$,推力源自动量差,详见式(1.62)。当固体火箭冲压发动机进气道和喷管经最优化设计得到最大推力效率时,进气道前端压强和喷管尾端压强相等,即$p_a = p_i = p_e$,式(1.62)可表示为

$$F = (\dot{m}_a + \dot{m}_f) v_e - \dot{m}_a v_a \tag{15.1}$$

式中:F为推力;$\dot{m}_a$为进气道处的空气流速;$\dot{m}_f$为燃料流速;v_e为尾喷管位置e处的气体速度。进气道处的空气流速为

$$\dot{m}_a = \rho_a v_i A_i \tag{15.2}$$

式中:ρ_a为空气密度;v_i为i处空气流速;A_i为i处进气道横截面积。

当导弹以速度V、沿与地面夹角为θ的航迹飞行时,推力F可表示为

$$F = D + M_p g \sin\theta \tag{15.3}$$

式中:D为导弹的气动阻力;M_p为导弹的质量;g为重力加速度,飞行速度V等于进入进气道的气流速度v,气动阻力与飞行速度的关系可表示为

$$D = \frac{1}{2} C_d \rho_a V^2 A \tag{15.4}$$

式中:C_d为空气阻力系数;A为弹体的横截面积。阻力系数与导弹的外形、飞行速度和攻角α有关。飞行速度接近声速时($Ma\ 0.7\sim1.2$)空气阻力系数C_d随马赫数增大而急速增大,在实际飞行速度下($Ma\ 1.8\sim4$)C_d随M增大逐渐减小。例如,当$Ma\ 2$时$C_d = 0.25$,当$Ma\ 4$时$C_d = 0.18(\alpha = 0°)$。气动阻力可近似看作与飞行速度的平方成正比。假设导弹水平飞行($\theta = 0°$)且攻角α一定,$F > D$时飞行速度增加,$F = D$时飞行速度保持不变,$F < D$时飞行速度减小。

15.2.2 设计参数的确定

与固体火箭发动机不同,固体火箭冲压发动机导弹的飞行速度与飞行高度有关。吸入进气道的空气密度随着高度的变化而变化,导致补燃室内的空燃比发生变化,继而使固体火箭冲压发动机的推力也发生改变,导弹飞行时会出现加速或减速现象。导弹飞行速度不同时,进入进气道的气流速度不同,使空气阻力发生改变。目前通过计算还很难得出飞行速度与高度间最优化的关系,表 15.1 所列固体火箭冲压发动机的设计参数和计算步骤。

由表 15.1 列出的参数可计算出推力和气动阻力,具体计算步骤见表 15.2。

表 15.1　固体火箭冲压发动机的一些设计参数

名　称	符　号	单　位
飞行高度	h	m
飞行马赫数	Ma	
燃料流速	$\dot{m}_f$	$kg \cdot s^{-1}$
进气道面积比	$\varepsilon_i = A_i/A_m$	
喷管膨胀比	$\varepsilon_e = A_e/A_t$	
导弹的面积比	$\varepsilon_t = A_t/A_m$	
进气道面积	A_i	m^2
喷喉面积	A_t	m^2
喷管出口面积	A_e	m^2
导弹横截面积	A_m	m^2

表 15.2　固体火箭冲压发动机推力计算步骤

内　容	符　号	单　位
1. 确定初始条件:		
飞行高度	h	m
大气压强	p_a	MPa
大气密度	ρ_a	$kg \cdot m^{-3}$
大气温度	T_a	K
飞行速度	v	$m \cdot s^{-1}$
进气道面积	A_i	m^2
弹体横截面积	A_m	m^2

(续)

内　容	符　号	单　位
2. 计算 $\dot{m}_a$，$\dot{m}_a = \rho_a v A_i$		
3. 确定 $\dot{m}_f$ 和 A_t		
4. 计算 ε_a，$\varepsilon_a = \dfrac{\dot{m}_a}{\dot{m}_f}$		
5. 计算 T_c、γ_c 和 M_c： 用热化学平衡计算约束条件		
6. 计算喷管排出系数 c_D		
7. 计算 p_c，$p_c = \dfrac{\dot{m}_f + \dot{m}_a}{c_D A_t}$		
8. 确定冲压恢复压强比		
9. 计算 c_D		
10. 确定 c_F		
11. 计算 $c_F p_c A_t D$		kN
12. 确定 F		kN

15.2.3　最优飞行包线

图 15.2 所示为导弹在 $\theta = 0°$ 时的燃料流速与对应马赫数典型飞行模拟计算结果，设计点为高度 10km、Ma 2.5、$\dot{m}_f = 0.24 \text{kg} \cdot \text{s}^{-1}$，其中 $\dot{m}_f$ 为在特定马赫数和飞行高度下的最优燃料流速。图中的一系列曲线表示不同 $\dot{m}_f$ 下的飞行包线，例如 Ma 2.5、飞行高度由 15km 降至 3km 时，$\dot{m}_f$ 由 $0.15 \text{kg} \cdot \text{s}^{-1}$ 升至 $0.65 \text{kg} \cdot \text{s}^{-1}$。

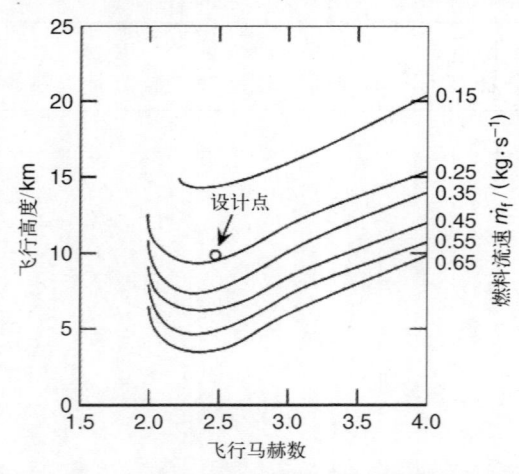

图 15.2　飞行高度、燃料流速与飞行马赫数间的关系

$\dot{m}_f$ 一定时飞行马赫数必须随飞行高度增加而增大,由图中还可看出,低于 Ma 2.0 时导弹不能正常飞行,这是因为飞行速度较低时进气道内空气流速偏低,固体火箭冲压发动机无法正常工作。

显然,飞行马赫数一定时空气流速降低,导致燃料流速随飞行高度增大而减小。还需注意的是高度越高空气密度越低,导弹受到的空气阻力越小,维持飞行马赫数所需的推力就减小。飞行高度一定时,采用增大燃料流动速度的方法提高推力可增大飞行的马赫数,马赫数增大时空气流速也增大。

15.2.4 比冲与飞行马赫数的关系

固体火箭发动机的比冲由内部装填的固体推进剂决定,固体火箭冲压发动机的比冲由燃料流速和空气流速之比决定。补燃室中冲压压强随着进气道外激波的产生而逐渐增大,燃烧反应则进一步增大了补燃室内部的压强。固体火箭冲压发动机的比冲由燃气发生器烟火剂的能量和进气道空气动力学效率共同决定。因空气密度随高度增大而减小,进入进气道的空气流速与飞行速度有关,因此,固体火箭冲压发动机的比冲随着飞行速度和飞行高度的变化而变化。

由式(15.1)可知,火箭发动机的推力源自动量差,导弹所受的阻力必须与一定飞行速度下产生的推力相匹配,对固体火箭冲压发动机的飞行工况分析表明,飞行马赫数在 2~4 时,冲压火箭发动机可获得较高的能效[1]。超声速空气流通过激波伴随熵增过程转化为压强和温度,然后流速降至亚声速,如本书 1.2.1 节所述。固体火箭冲压发动机的比冲 $I_{sp,d}$ 定义为

$$I_{sp,d} = I_{sp} - \frac{\varepsilon u_{air}}{g} \tag{15.5}$$

式中:u_{air} 为飞行速度;g 为重力加速度;I_{sp} 为燃气发生器烟火剂的比冲,定义为

$$I_{sp} = \frac{1}{g}\frac{F}{\dot{m}_g} \tag{15.6}$$

式中:F 为固体火箭冲压发动机的推力;$\dot{m}_g$ 为燃料质量流速。计算 I_{sp} 时进气道处空气的动量忽略不计,I_{sp} 的定义方法与固体火箭发动机类似。

15.3 固体火箭冲压发动机的性能分析

15.3.1 燃料流动系统

固体火箭冲压发动机的比冲主要由空气流速决定,在燃气发生器中烟火剂燃烧产生的富燃料气体与通过进气道流入的压缩空气继续发生燃烧反应,因此,

通过调节富燃料气体的质量生成率和空气流速即可调节固体火箭冲压发动机的性能,换言之,固体火箭冲压发动机的推力主要由飞行速度和高度决定。

导弹在给定的高度按照一定的速度飞行时,发动机推力输出必须保持恒定,这就需要流入补燃室的空气流保持恒定,所以燃气发生器产生的富燃料气体流动速度也必须保持不变,因此,导弹飞行高度和速度不变时可省去发动机中的燃流控制系统,使发动机的结构得以优化。但是当导弹飞行高度和飞行速度不断变化时,飞行过程中每一时刻的空气流速都可能不同,为了提供合适的推力,燃料流速就必须随时发生改变,因此,固体火箭冲压发动机分成了非壅塞式、固定流量式和可变流量式三类。

15.3.1.1 非壅塞式

非壅塞式燃气发生器烟火剂通常设置在冲压发动机的前端,燃气发生器燃烧压强等于补燃室工作压强,同时近似等于进气道压强,这些压强都随着导弹飞行速度和高度的变化而变化。因为烟火剂燃烧的质量生成率与压强有关,所以也随着导弹飞行速度和高度变化而变化,该系统也称为"固体喷气火箭"。

导弹飞行速度增大时燃气发生器中压强增大,烟火剂燃烧的质量燃速也增大,同时进气道中空气流速增大,空气阻力增大,由式(15.3)可知,必须提高推力以保证导弹正常飞行。非壅塞式燃料流动系统是一种自调节质量流动系统,结构非常简单,无任何活动部件。式(15.3)所表述的推力-阻力关系在极限飞行包线范围内可精确调节。

15.3.1.2 固定流量式

固定流量式燃料流动系统是一种结构简单的使燃料流速保持不变的装置。富燃料气体由燃气发生器尾端的喷嘴喷出,故富燃料气体的质量生成率与补燃室中的压强无关。固定流量式冲压发动机导弹以固定超声速、固定高度飞行时,进气道处的空气流速保持恒定。燃气发生器中气体生成率保持不变,空燃比也保持不变,由此飞行工况可达最佳。装备这类冲压发动机的火箭称为"固定流量式冲压火箭"。

飞行速度和高度改变时空气流速也发生变化,固定流量式冲压发动机补燃室中的空燃比也将改变,使推力输出发生改变,导弹的飞行包线范围不能进一步扩大,对此类发动机的实际应用产生一定的局限。

15.3.1.3 可变流量式

为了解决非壅塞式和固定流量式固冲发动机存在的问题,人们设计了一种可变燃料流动系统:将燃气发生器产生的燃料气体喷注到补燃室中,燃气流速可由燃气发生器喷嘴上的流速调节阀根据流入补燃室的空气流速大小灵活控制。空气和燃气混合的最佳比率由飞行高度和飞行速度决定,调节烟火剂的燃烧速度可改变空燃比的大小。将可变燃料流速系统装在燃气发生器喷嘴上后，可根据补燃室中可燃气体的实际需求量改变燃气流速，此类发动机称为可变流量固体冲压发动机(Variable Fuel-flow Ducted Rockets，VFDR)。

燃气发生器燃气质量生成率与压强有关，而质量排出率与燃气发生器喷嘴的喷喉面积有关，所以可通过改变喷嘴的喷喉面积来改变质量生成率。

15.4 可变流量固体冲压发动机原理

15.4.1 能量转化过程的优化

超声速空气通过激波后在进气道中压缩并转变为亚声速气流。燃气发生器中产生富燃料气体使燃烧室中压强增大，通过流速调节阀进入补燃室。压缩空气和富燃料气体在补燃室中生成预混和(或)扩散火焰，燃烧气流经收敛-扩张喷管加速成为超声速气流。

进气道中空气流速与导弹飞行速度和高度有关，故空燃比必须精确调节。有时在冲压发动机中空气和燃料混合物可能会出现空气过量或不足量的情况，超出燃烧极限(详见 3.4.3 节)，不能被点燃(详见 3.4.1 节)，因此，要准确控制燃气流速保证在不同飞行工况下补燃室中空气和燃气能够充分发生反应。

15.4.2 燃气流速的控制

燃气发生器中燃气质量生成率由可变流量系统控制，使冲压发动机中的空燃比达到最优。燃速与压强关系可近似表示为 $r=ap^n$，式中 r 为线性燃速，p 为压强，n 为燃速压强指数，a 为常数，其中 n 和 a 由烟火剂本身的性质所决定，由燃速与压强的表达式可看出燃速随压强增大而增大(一般情况下 $n>0$)，燃速压强指数增大说明燃速随压强变化的敏感程度增加。

变流量系统的基本概念建立在固体火箭发动机中固体推进剂燃烧的基础上，质量生成率和质量排出率必须相等以保证燃气流速保持不变，这与 14.1 节所述的固体火箭发动机中质量平衡相同。图 15.3 所示为燃气发生器中质量生成率 $\dot{m}_\mathrm{g}$ 和质量排出率 $\dot{m}_\mathrm{d}$ 间的质量平衡与压强之间的关系，质量生成率为

$$\dot{m}_\mathrm{g}=\rho_\mathrm{f} A_\mathrm{b} r \tag{15.7}$$

式中：A_b 为燃面面积；ρ_f 为烟火剂密度。燃气发生器喷嘴排出气体的质量排出率可参照式(1.60)给出：

$$\dot{m}_\mathrm{d}=c_\mathrm{D} A_\mathrm{t} p_\mathrm{c} \tag{15.8}$$

式中：A_t 为喷喉面积；c_D 为质量排出系数；p_c 为燃气发生器压强。若燃气发生器

中压强随时间的变化量很小可忽略不计,则质量积聚率也非常小,当 $\dot{m}_\mathrm{g}=\dot{m}_\mathrm{d}$ 时发生稳态燃烧,即

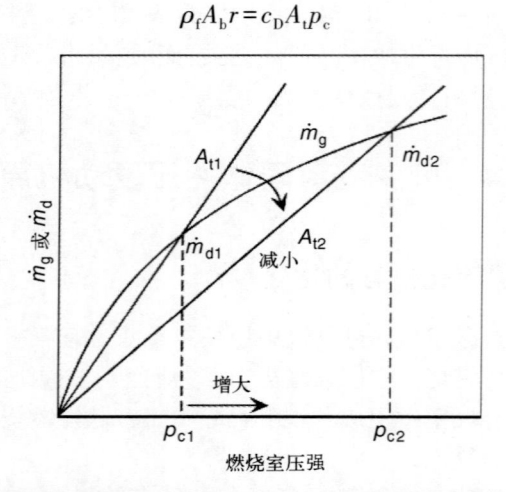

$$\rho_\mathrm{f} A_\mathrm{b} r = c_\mathrm{D} A_\mathrm{t} p_\mathrm{c} \tag{15.9}$$

图 15.3　燃气发生器中燃气质量生成率和质量排出率间的质量平衡与压强之间的关系

将式(3.68)代入式(15.9)得到稳态条件下燃气发生器的压强表达式:

$$p_\mathrm{c} = \left(\frac{a\rho_\mathrm{f}}{c_\mathrm{D}} \frac{A_\mathrm{b}}{A_\mathrm{t}} \right)^{\frac{1}{1-n}} \tag{15.10}$$

如图 15.3 所示,中当喷喉面积为 A_t1 时,质量排出率为 $\dot{m}_\mathrm{d1}$,燃气发生器中平衡压强为 p_c1,稳定压强即为 $\dot{m}_\mathrm{g}$-p 曲线与 A_t1-p 直线交点 $\dot{m}_\mathrm{d1}$ 对应横轴的压强。当喷喉面积由 A_t1 减至 A_t2 时,$\dot{m}_\mathrm{g}$-p 曲线与 A_t2-p 直线交点为 $\dot{m}_\mathrm{d2}$,燃气发生器中平衡压强由 p_c1 变为 p_c2。质量燃速增大时燃气发生器压强增大,质量排出率也增大。喷喉面积变化时燃气发生器的质量排出率也随之变化,因此,VFDR 的推力也发生改变。

图 15.4 是 VFDR 中用到的一种喷喉面积控制装置示意图,在一次燃烧室尾端喷管的喷喉处顶入针栓可调节富燃料气体流向补燃室质量流速,燃气发生器产生的高温气体流经带有针栓的喷管进入补燃室,针栓可前后移动改变喷喉面积。喷喉面积变小时,质量流速将增大。因此,采用带针栓的喷管可对燃料流动速度进行调节。

如图 15.5 所示,烟火剂的燃速压强指数较高时,可变流量范围增大。由图 14.6 可知稳态燃烧时燃速压强指数 n 必须小于 1,此外,烟火剂的燃速压强指数较高时,压强温度敏感系数也会相应增大。

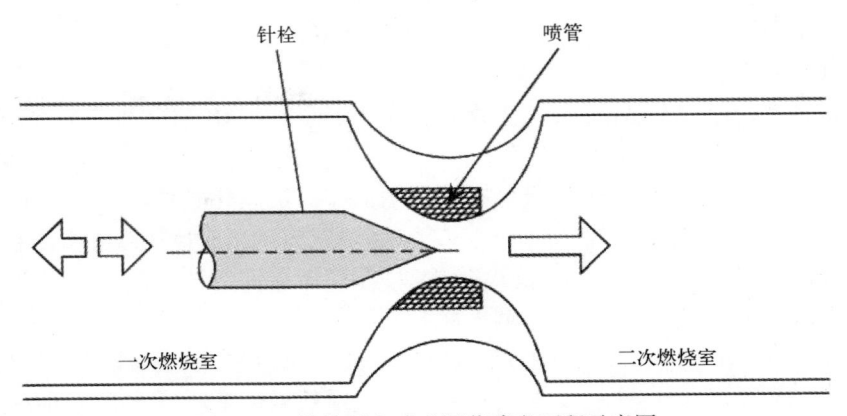

图 15.4　针栓顶入喷喉调节喷喉面积示意图

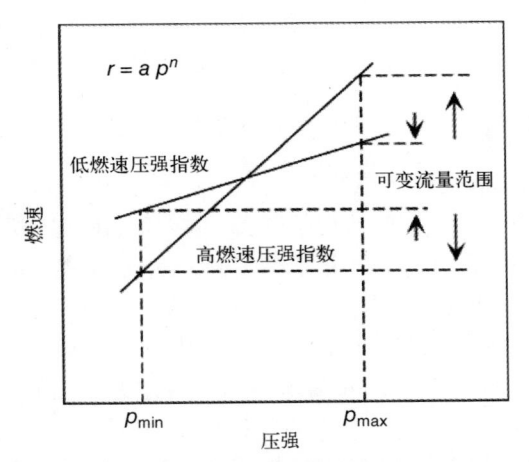

图 15.5　不同燃速压强指数烟火剂的可变流量范围

15.5　燃气发生器用烟火剂的能量

15.5.1　物理化学性质

固体火箭冲压发动机燃气发生器用烟火剂的化学组成与固体火箭发动机用固体推进剂不同,燃气发生器用烟火剂主要采用不完全燃烧的含能材料生成富燃料气体产物。通常,烟火剂的燃速和燃速压强指数随单位质量烟火剂中含能材料的比例降低而减小。

烟火剂主要由贫氧物质组成,因此,点燃后需要从外界吸氧才能保持正常燃烧。烟火剂主要采用 AP 作为氧化剂,AP 在受热分解后可生成气体氧化性物质。烃类聚合物如 HTPB、HTPU 等在烟火剂中常用作燃料,它们受热分解后可产生气体和含碳碎片。烃类聚合物和 AP 的混合物为富燃料烟火剂,它们的燃速特性与混合比例和 AP 的粒度有关,此类烟火剂称为 AP 烟火剂。

含—O—NO_2 基团的硝基聚合物和烃类化合物用作烟火剂时,通过放热反应生成富燃料产物,典型的硝基聚合物是硝化棉(NC)、硝化甘油(NG)、三羟甲基乙烷三硝酸酯(TMETN)或二缩三乙二醇二硝酸酯(TEGDN)的混合物,与固体火箭推进剂或枪炮发射药中双基火药相似,在固体火箭冲压发动机中硝基聚合物用作富燃料烟火剂,称为"NP 烟火剂"。

叠氮键(—N_3)在无氧化剂存在的条件下即可断裂释放能量。典型的叠氮化物有聚叠氮缩水甘油醚(GAP)、3,3-二叠氮甲基氧杂丁环(BAMO)和 3-叠氮甲基-3-甲基氧杂丁环(AMMO)等,这些聚合物与烃类聚合物共聚形成富燃料烟火剂,它们的放热分解产物中含有高浓度的 H_2、CO、C 等可燃组分,此类烟火剂称为"AZ 烟火剂",由于 GAP 是主要组分,故又称为"GAP 烟火剂"。

15.5.2 燃气发生器用烟火剂的燃速特性

15.5.2.1 燃速和燃速压强指数

典型的燃气发生器用烟火剂包括①AP 烟火剂,由 AP 和 HTPB 组成,其中 $\xi(AP)=0.5$、$\xi(HTPB)=0.5$,采用异佛尔酮二异氰酸酯(IPDI)作为固化剂;②NP 烟火剂,由 NC 和 NG 组成,其中 $\xi(NC)=0.7$,$\xi(NG)=0.3$,采用邻苯二甲酸二乙酯(DEP)作为增塑剂;③GAP 烟火剂,其中 $\xi(GAP)=0.85$,采用亚己基二异氰酸酯(HMDI)和交联三羟甲基丙烷(TMP)作为固化剂。

AP 烟火剂燃烧产物中含有大量的碳颗粒和 HCl,这些可燃组分的质量分数随 HTPB 质量分数增加而增加,当 HPTB 质量分数增加到一定程度后,分解反应表面生成的热能太低,导致进一步的热分解反应不能发生,因此,AP 烟火剂不能自持燃烧。NP 烟火剂中即使在 NC 质量分数增大的情况下也能燃烧生成富燃料产物。因 AP 烟火剂和 NP 烟火剂的燃速过低,燃烧压强指数较小,在 VFDR 中并不适用。

图 15.6 所示为 AP 烟火剂、NP 烟火剂和 GAP 烟火剂的燃速特性,由图中可看出 GAP 烟火剂的燃速明显高于 AP 烟火剂和 NP 烟火剂。压强由 2.5MPa 升至 10MPa 时,GAP 烟火剂的燃速由 10mm·s^{-1} 提高到 25mm·s^{-1}。GAP 烟火剂的燃速压强指数较高,在 1~12MPa 范围内 n 值约为 0.7。

图 15.7 所示为计算得出的三种烟火剂比冲与空燃比的关系曲线,计算参数设置如下:冲压发动机工作压强 0.6MPa,飞行马赫数 2.0,飞行高度 0m。由图中可知,空燃比 $\varepsilon=10$ 时 GAP 烟火剂的比冲约为 800s。此外,由图中还可看出,

NP 烟火剂和 AP 烟火剂的比冲相对较低,不适合在 VFDR 中使用。烟火剂中加入含能材料和燃速调节剂可提高比冲、调节燃烧性能。

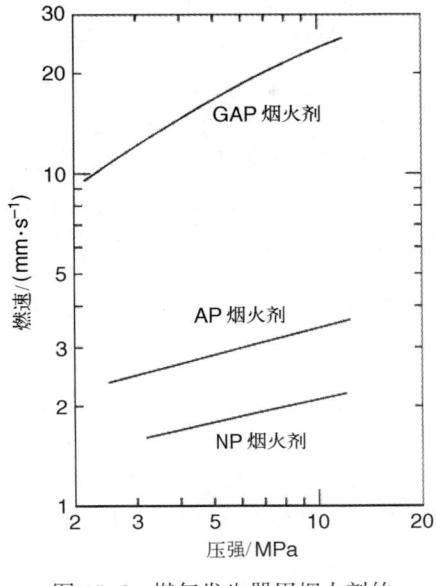

图 15.6　燃气发生器用烟火剂的燃速特性

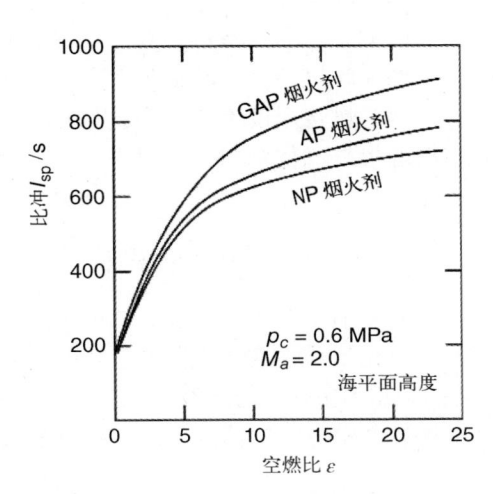

图 15.7　燃气发生器用烟火剂的比冲与空燃比的关系

15.5.2.2　嵌金属丝的烟火剂

与固体火箭推进剂相比,燃气发生器用富燃料烟火剂中含能组分质量分数较低,因此燃速也较低,限制了它们在固体火箭冲压发动机中的应用。在固体火箭推进剂中加入燃烧催化剂可提高燃速,但由于烟火剂中采用了富燃料组分,目前还未发现有可提高烟火剂燃速的燃烧催化剂。

本书 13.6 节中提到,在固体推进剂中沿药柱燃烧方向嵌入细金属丝后,可明显提高燃速,燃速沿着金属丝方向增加,燃烧表面增大,质量燃速增大,在烟火剂中嵌入金属丝同样可使其燃速 r_w 增大。金属丝的热扩散率越高,燃速 r_w 就越高。

燃速增加率定义为 r_w/r_0,可通过实验测得,r_0 表示无金属丝的烟火剂的燃速。金属丝直径减小,r_w/r_0 增大,但当金属丝直径小于 0.05mm 后,烟火剂的燃速并未增加,与不加金属丝的烟火剂相同。燃气发生器用 AP 烟火剂和 NP 烟火剂的燃速 r_0 小于同组分固体推进剂的燃速。与固体推进剂相比,烟火剂气相温度较低,通过金属丝反馈的热流量相对较少,但烟火剂与固体推进剂加入金属丝后的燃速增加率 r_w/r_0 却几乎相同,实测的燃速增加率通常在 2~5 之间。

15.5.3 可变燃料固体冲压发动机用烟火剂

设计能在多种工况下稳定工作的可变流量固体冲压发动机的首要工作是选用燃速压强指数较高的烟火剂，除此之外，所选烟火剂还应具有以下几个特点：

（1）在氧化剂不足时仍可自持分解或燃烧；

（2）燃速压强指数在 0.7~0.9 之间，但必须小于 1；

（3）端燃药柱 1MPa 下燃速 5mm·s^{-1} 左右，10MPa 下燃速 25mm·s^{-1} 左右；

（4）燃烧温度不能太高，以免烧坏流速调节阀，但也不能太低，应确保补燃室内的掺混气体能被顺利点燃，一般要求燃气发生器用烟火剂的燃烧温度在 1000K 左右。

15.5.4 GAP 烟火剂

如本书 4.2.4.1 节和 5.2.2 节所述，GAP 是唯一可以快速燃烧且燃烧时不发生氧化反应的含能材料，叠氮键断裂生成氮气并产生大量的热，GAP 烟火剂在 VFDR 中的物理化学性质在表 15.3 中列出，GAP 燃烧生成的 H_2、CO 和 $C_{(S)}$ 在补燃室中与空气混合后可继续燃烧，最终产物为 N_2 和少量的 CO_2 和 H_2O。

表 15.3　GAP 烟火剂的物理化学性质

摩尔质量/（kg·mol^{-1}）		1.98
密度/（kg·m^{-3}）		1.30×10^3
生成焓		273K 时 957kJ·kg^{-1}
绝热火焰温度		5MPa 下 1465K
5MPa 下燃烧产物摩尔分数	H_2	0.3219
	CO	0.1395
	$C_{(S)}$	0.2847
	CH_4	0.0215
	N_2	0.2234
	H_2O	0.0071
	CO_2	0.0013

图 15.8 是一些 GAP 烟火剂的燃速-压强曲线，其中部分配方中含有燃速调节剂。由图中可知，燃速调节剂炭黑[8,9]（粒径 300nm，用 C 表示）的质量分数增大时燃速降低，燃速压强指数增大，这是由于在压强较低时加入催化剂控制燃速所致。在配方中添加不同量的炭黑，可在一定范围内调节燃速和燃速压强指数，如在给定压强下加入 10% 的炭黑可使烟火剂的燃速压强指数在 0.3~1.5 范围内可调，此外，炭黑在补燃室内还可作为燃料燃烧。

图 15.9 所示为通过式（15.5）计算得出在压强 0.6MPa、飞行速度 Ma 2、高

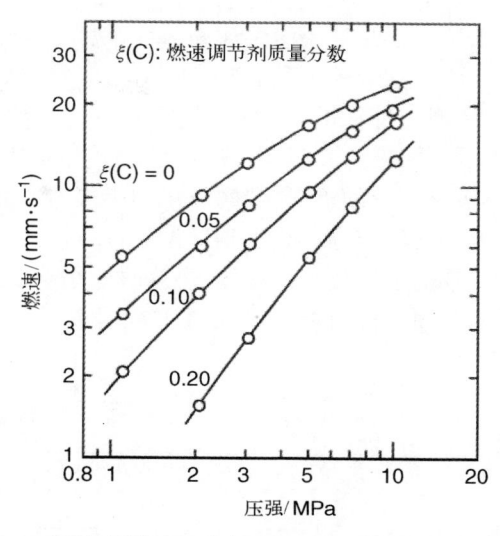

图 15.8 不同含量燃速调节剂的 GAP 烟火剂的燃速压强曲线

度 0m 条件下，GAP 烟火剂的比冲与空燃比关系，由图中可看出，比冲 I_{sp} 随空燃比 ε 增加而增加，$\varepsilon = 15$ 时比冲可达 800s。此外还计算了燃烧温度 T_f 与空燃比 ε 之间的关系：当 $\varepsilon < 5$ 时，T_f 随 ε 增大而增大；当 $\varepsilon = 5$ 时，T_f 达最大值 2500K；当 $\varepsilon > 5$ 时 T_f 随 ε 增大而减小。

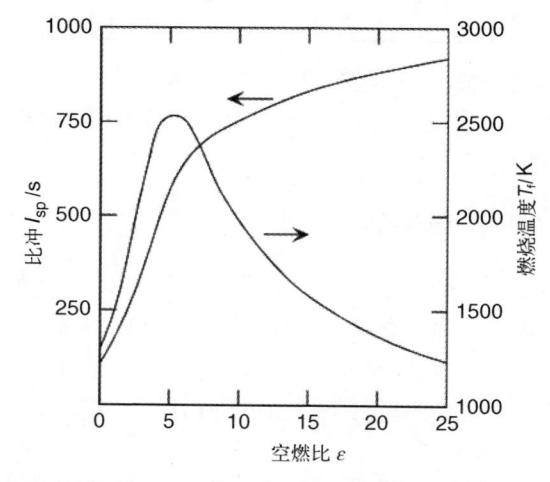

图 15.9 通过计算得出的 GAP 烟火剂比冲、燃烧温度与空燃比的关系

15.5.5 金属粉燃料

金属粉可作为燃料组分应用于燃气发生器烟火剂。因为烟火剂为富燃料物

质,没有过多的氧化剂组分,所以燃烧时金属粉只能被燃气加热而不能被氧化,炙热的金属颗粒被喷注到二次燃烧室后,与空气中的氧气发生氧化反应并产生大量的热,生成金属氧化物。烟火剂中常用的金属有铝、镁、钛和锆等,此外,非金属材料硼也是一种常见的烟火剂添加剂,它氧化时放出的热量远高于其他金属材料[1,5]。

在补燃室中随着氧化反应的进行,金属氧化物质量增大,燃烧产物的分子质量不断增大,燃烧室温度逐渐升高。热化学理论计算结果表明,当烟火剂中金属含量增加时,与燃烧产物的平均分子量相比,燃烧时的平均温度对比冲的影响更大一些。表 15.4 列出了固体火箭冲压发动机中常用金属和非金属燃料的燃烧热及主要生成物。

表 15.4 固体火箭冲压发动机中常用金属和非金属材料的物理化学性质

名 称	密度/(kg·m^{-3})	熔点/K	燃烧热 H_c/(MJ·kg^{-1})	氧 化 物
金属				
铝(Al)	2700	934	16.44	Al_2O_3
镁(Mg)	1740	922	14.92	MgO
钛(Ti)	4540	1998	8.50(TiO)	TiO, Ti_2O_3, TiO_2
锆(Zr)	6490	2125	8.91	ZrO_2
非金属				
硼(B)	2340	2573	18.27	B_2O_3
碳(C)	2260	3820	8.94(CO_2)	CO, CO_2

铝粉和镁粉具有较好的点火和燃烧特性,在烟火剂中得到广泛应用,但它们的氧化产物较易发生积聚现象。钛粉和锆粉的密度和燃烧热均大于铝和镁,因此,它们具有较好的应用前景。

15.5.6　GAP-B 烟火剂

在 GAP 烟火剂中加入硼粉可提高比冲[8,10-13],图 15.10 和图 15.11 所示分别为 GAP-B 烟火剂的绝热火焰温度和比冲与空燃比的关系。在性能预估中,将烟火剂燃烧产物与空气的混合物假设为反应物。空气的焓值随着飞行速度(或相对空气的飞行速度)和高度的变化而变化,这里设置为:速度 Ma 2,海平面高度,空气焓值 218.2kJ·kg^{-1}。

当空燃比为化学计量比($\varepsilon=5$)时,燃气发生器的燃烧温度可达最大值,比冲随着空燃比 ε 的增大而增大,推力随着空燃比 ε 的增大而减小,当空燃比为化学计量比时,推力达最大值。由图中还可看出烟火剂中硼粉质量分数增加时比冲增大,$\xi(B)=0.20$ 的烟火剂比冲为 1100s,$\varepsilon=20$ 时 T_f 约为 1600K。

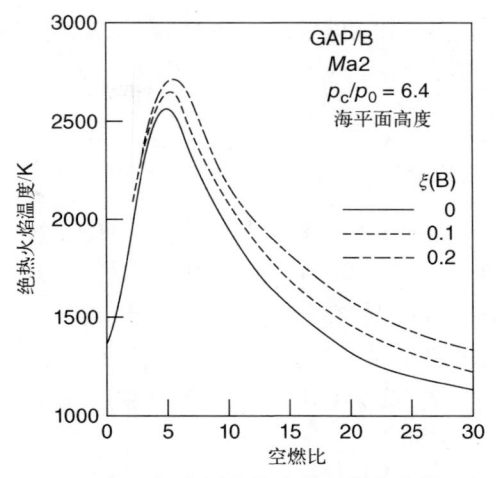

图 15.10　GAP-B 烟火剂绝热火焰温度与空燃比的关系

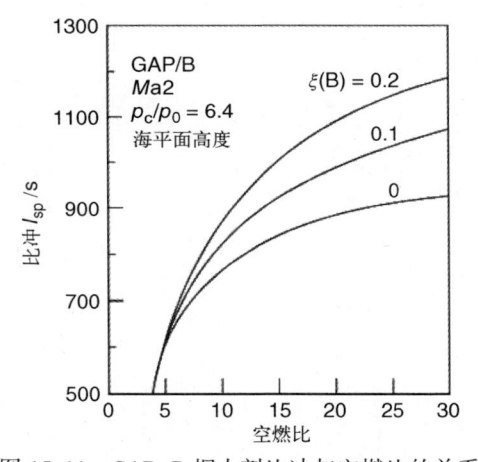

图 15.11　GAP-B 烟火剂比冲与空燃比的关系

表 15.5 列出了 GAP 和 GAP-B 烟火剂燃烧温度的理论值及实测值,GAP 烟火剂中不含硼时燃烧不完全,实测温度约为 300K,低于理论值。GAP 烟火剂中加入硼粉后燃烧温度有所升高,$\xi(B) = 0.10$ 时燃烧温度的理论值和实测值相差约 1000K。

表 15.5　GAP 和 GAP-B 烟火剂燃烧温度的理论值及实测值

GAP-B 烟火剂	燃烧温度/K	
	理　论　值	实　测　值
$\xi(GAP) = 1.00, \xi(B) = 0.00$	1347	1054
$\xi(GAP) = 0.90, \xi(B) = 0.10$	2173	1139

GAP 分解产生的热量使硼粉温度升高,但硼粉和 GAP 烟火剂的气态分解产物间并未发生燃烧反应,因此,燃气发生器中的温度较低,有利于保护喷管。

15.5.7　AP 烟火剂

图 15.12 所示为含硼的 AP 烟火剂的燃速特性曲线,烟火剂组成为 $\xi(AP)=0.40$、$\xi(HTPB)=0.30$、$\xi(B)=0.30$。由图中可看出硼粉粒度对燃速的影响规律,燃速和燃速压强指数随硼粉粒径 d_B 的增大而降低。当 $d_B=2.7\mu m$ 时,7MPa 下燃速为 $6mm\cdot s^{-1}$,燃速压强指数为 0.65;当 $d_B=9.0\mu m$ 时,7MPa 下燃速降至 $1.8mm\cdot s^{-1}$,燃速压强指数降为 0.16。但这类大粒度硼粉不宜在 VFDR 燃气发生器的 GAP-B 烟火剂中使用。

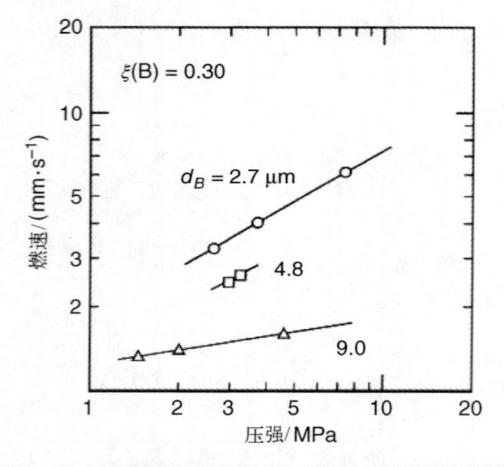

图 15.12　含不同粒度硼粉的 AP 烟火剂的燃烧性能

15.5.8　金属粉对燃烧稳定性的影响

冲压发动机中完全燃烧所需的反应时间与气体流速和发动机长度有关,为了提高燃烧效率,流速较高时冲压发动机的长度应尽可能短。富燃料气体和由进气道进入的压缩空气在补燃室中混合形成可燃气体。比如长度为 1m 的补燃室中流速为 $500m\cdot s^{-1}$ 时,可燃气体在补燃室中的滞留时间约为 2ms,因为可燃气体的火焰传播速度约为 $10m\cdot s^{-1}$,火焰形成后很快由发动机喷管中喷出,而在补燃室中一般不存在火焰,故可燃气体燃烧并不完全。

在燃气发生器所用烟火剂中加入金属粉可起到保持火焰的作用。金属颗粒随着可燃气体流动过程中变成高温金属或高温金属氧化物颗粒,它们的流速低于可燃气体流速,依据气流和高温颗粒表面间的空气动力学效应可知,高温颗粒下游处的可燃气体流速降低。每一个高温颗粒上都将产生微小火焰并点燃它们周围的可燃气体,由此形成火焰并向未燃的可燃气体处延伸。换言之,可将高温颗粒看作点火器,它们将补燃室内的可燃气体点燃。

15.6　固体火箭冲压发动机燃烧试验

15.6.1　燃烧试验系统

评估固体火箭冲压发动机燃烧性能的地面测试系统主要有以下三类:直连式试验(DCF)系统、半自由射流试验(SFJ)系统和自由射流试验(FJ)系统,原理示意图如图 15.13 所示。在这三类试验系统中均配备有提供压缩热空气和冷空气的空气控制系统,可精确调节空气流的温度和压强,用来模拟固体火箭冲压发动机导弹飞行时的工况。在 DCF 系统中,补燃室前端配备一个高压容器,容器内装有空气,通过高压管路和补燃室连接,高压容器直接向补燃室供气,因此,DCF 系统中没有空气进气道,补燃室内空气的压强和温度与高压容器相同,供

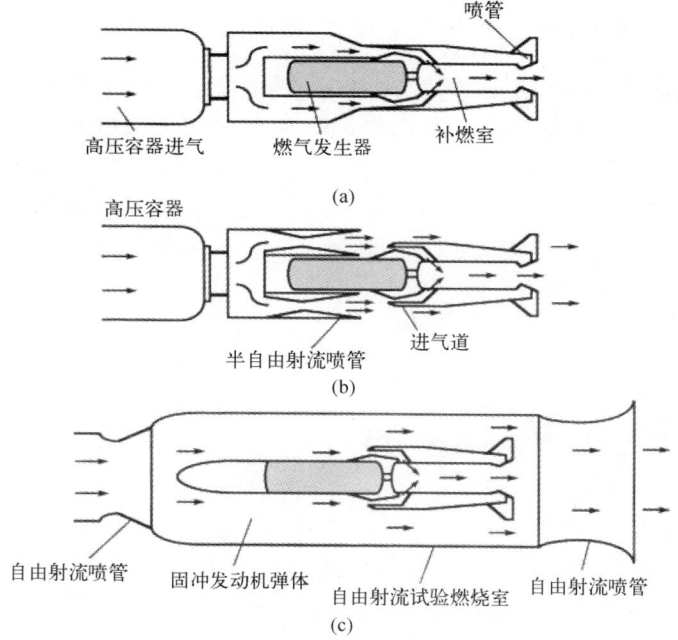

图 15.13　DCF、SFJ 和 FJ 试验装置测试原理示意图
(a) DCF 试验;(b) SFJ 试验;(c) FJ 试验。

气过程中并不形成超声速气流和激波。在该试验中可测得补燃室的燃烧效率与空燃比 ε 之间的关系,通过实测的补燃室压强、空气流速和燃流速度,评价固体火箭冲压发动机的燃烧特性。

SFJ 中空气通过进气道进入补燃室,试验用固冲发动机安装在带有高空仓的推力试验台架上。将高压容器内的高压空气通过管路由半自由射流喷管排出后形成超声速气流,通过激波进入进气道后到达补燃室,为固冲发动机提供补燃空气。为了模拟导弹飞行时的实际工况(飞行高度和飞行马赫数),需要在高压容器上加装加热器调节进气温度,并通过高压容器或高压管路上的调压阀控制空气流量。在 SFJ 试验中,超声速半射流喷管的数量应与固冲发动机进气道数量相同。补燃室中燃烧产生的燃气通过高空仓后端的排气管排出,这样在 SFJ 试验中即可测得燃烧效率,还可得到净推力和进气道的性能参数。

FJ 试验与超声速飞行器风洞试验类似。固体火箭冲压发动机弹体固定在推力台上,将弹体和推力台置于高空仓中,高空仓前端的超声速喷管向弹体喷射超声速气流,在地面模拟不同马赫数和飞行高度下的飞行条件。FJ 试验可直接测得固体火箭冲压发动机导弹的气动阻力和推力,弹体周围气流和补燃室的燃气由高空仓后端的排气管排出。

15.6.2 可变流量燃气发生器的燃烧

图 15.14 是一种 DCF 试验所用 VFDR 燃烧器结构示意图。空气被压缩并加热后通过调节阀和流量计进入 DCF 燃烧室中,空气的温度和压强可精确调节至与导弹实际飞行工况相一致,高压容器通过管路直接向补燃室供气,燃气发生器位于补燃室前端,燃气发生器烟火剂采用端燃装药,后端点火,其外表面和

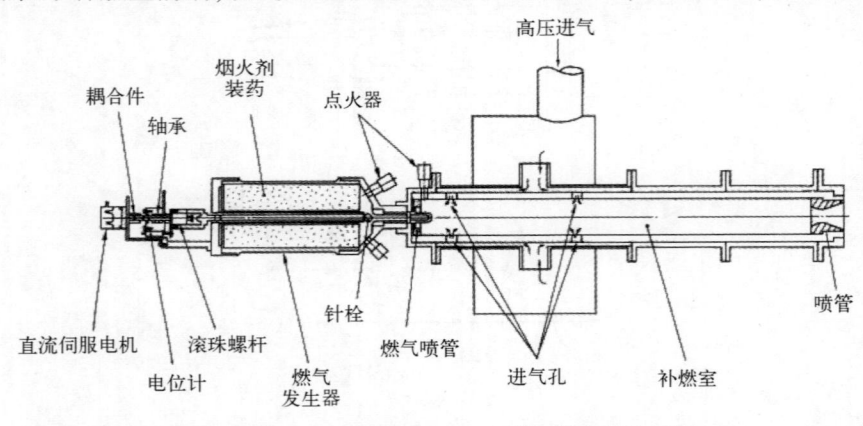

图 15.14 DCF 试验所用 VFDR 燃烧器结构示意图

前端用聚丁二烯橡胶包覆。燃气流速由燃气发生器尾端的壅塞孔尺寸决定,针栓在直流伺服电机通过滚珠螺杆的带动下可沿烟火剂装药的中心轴方向来回移动,靠顶入燃气发生器尾端的壅塞孔的深度来调节燃气流量,如图 15.14 所示。

空气经加热加压后由进气口进入补燃室,如图 15.14 所示燃烧室采用前后二次侧向进气口设计,分为前进气口和后进气口,每种进气口各有 2 个,称为"多进气口冲压发动机",设置多口进气是为了对流入补燃室的空气进行合理分配,图中由前进气口流入补燃室的空气占 34%,由后进气口流入补燃室的空气占 66%。燃气发生器内的烟火剂燃烧后产生的燃气通过燃气喷嘴进入补燃室,与空气掺混燃烧,最终的燃烧产物经尾喷管排出产生推力。燃气发生器和补燃室内的压强由压力传感器测得,温度由 Pt-Pt/13%Rh 热电偶测得。

图 15.15 所示为由 DCF 法测得的不同流量下 GAP 烟火剂比冲与空燃比 ε 的关系曲线,补燃室长 1.5m,压强 0.47~0.51MPa。由图中可看出,比冲随空燃比增大而增大,$\varepsilon=15$ 时比冲达 800s,此时实测比冲约为理论比冲的 97%。补燃室中流速约为 250m·s^{-1}。所用 GAP 烟火剂中 GAP 约占总质量的 85%,配方中不含燃速调节剂,1MPa 下燃速 5mm·s^{-1},燃速压强指数 0.76;10MPa 下燃速 23mm·s^{-1},燃速压强指数 0.35。

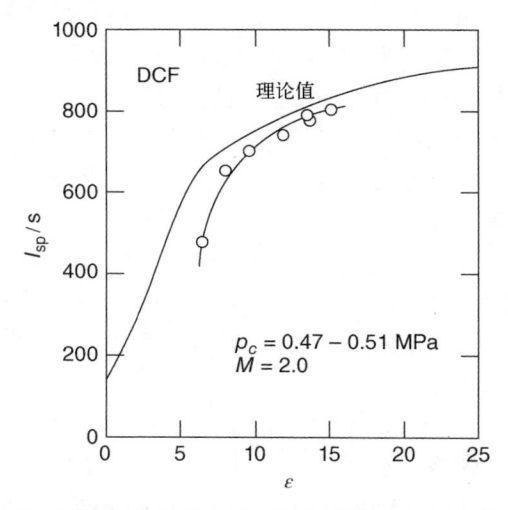

图 15.15 GAP 烟火剂在不同空燃比下比冲的理论值与 DCF 法实测值

图 15.16 是面喉比、补燃室压强与针栓位移的关系,燃气发生器的喷喉面积 A_t 随针栓位置的变化而改变。

图 15.17(a)所示为燃烧测试过程中的流速控制伺服电机的方波控制信号,针栓位移和燃烧压强 p_c 控制信号的趋势一致。燃气发生器在第 16s 中止燃烧。

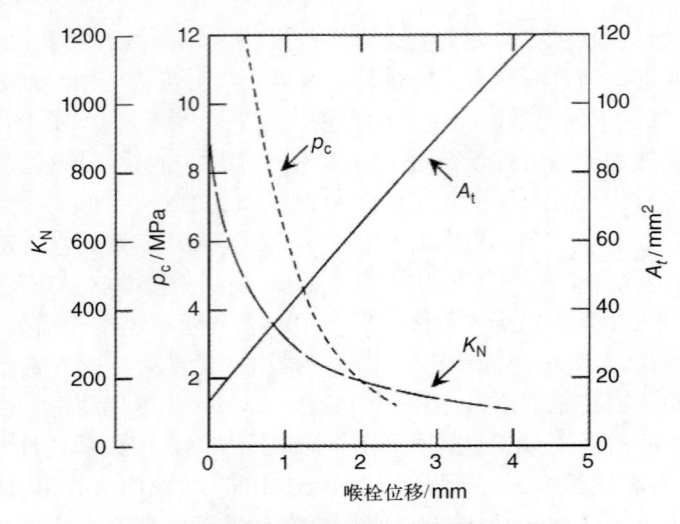

图15.16 补燃室压强与针栓位移的关系

图15.17(b)是燃烧测试过程中的流速控制伺服电机的三角波控制信号,由图中可看出压强 p_c 与控制信号和针栓位移变化趋势一致。图15.17(c)是燃烧测试过程中流速控制伺服电机的正弦波控制信号,正弦波频率从1~5Hz逐渐增加,结果表明,控制信号频率为2Hz时产生的压力波频率为2Hz。

GAP 烟火剂的燃速随压强变化十分明显,它们可以产生大量的可燃性富燃料燃气,达到冲压发动机对质量流量的设计要求。在补燃室中高速气流条件下空气与燃气掺混后发生稳定的燃烧反应,为发动机提供很高的比冲。烟火剂的燃烧温度必须控制在一定的范围内,燃温过高时流速调节阀易损坏,燃温过低时补燃室中的空气和燃气的掺混气体不易被点燃。图15.18所示为 DCF 试验测得的某发动机工作的结果曲线,由图中可看出,补燃室中的推力和压强的变化规律与燃气发生器中压强变化规律一致,而燃气发生器压强大小变化规律可通过针栓位置控制信号调节。

图15.18所示的 SFJ 试验中,采用两个正弦波控制信号,燃气发生器初始工作压强6.0MPa,在正弦波控制信号的作用下最大压强(对应波峰)为8.7MPa,最小压强(对于波谷)为3.3MPa,补燃室中的压强和推力也随燃气发生器压强的变化而立即改变。图15.19为某可变流量冲压发动机 SFJ 试验中拍摄到的羽流照片,图15.19(a)是最优空燃比燃烧的照片,图15.19(b)是燃料不足量时的燃烧照片,试验发动机采用双侧进气道进气,图见本书附录的图 D.5。

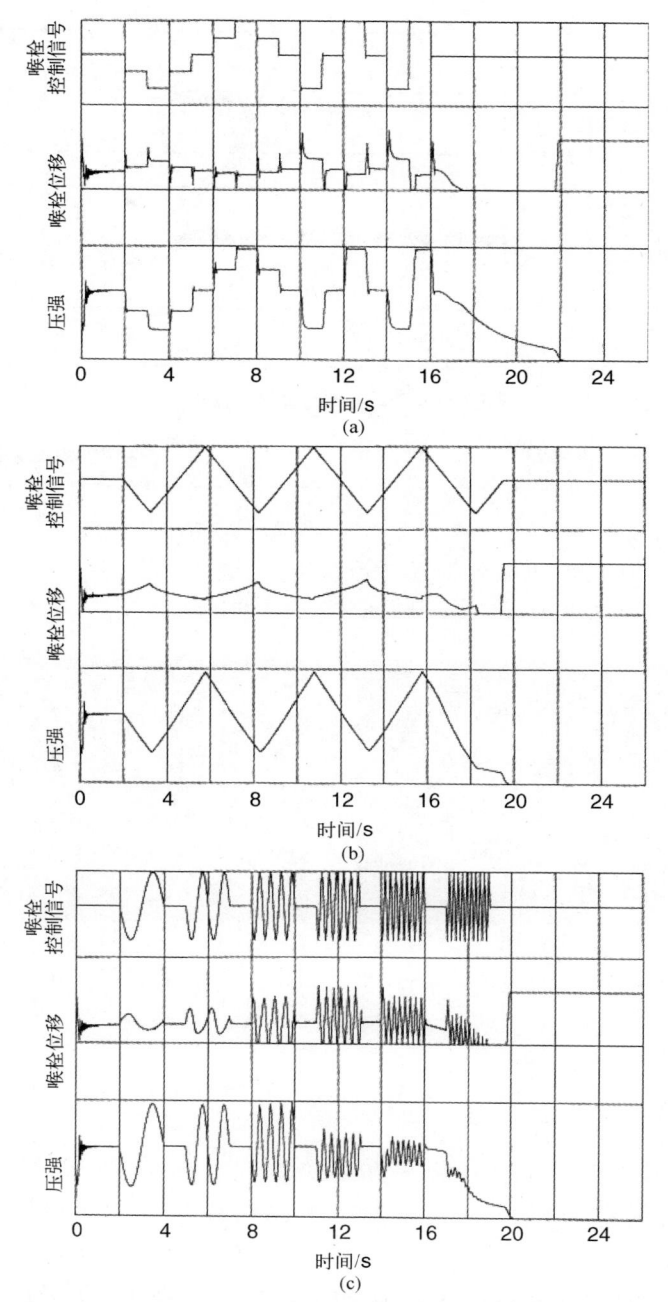

图 15.17　可变流量冲压发动机 DCF 试验中所应用的不同控制信号
（a）方波信号；（b）三角波信号；（c）正弦波信号。

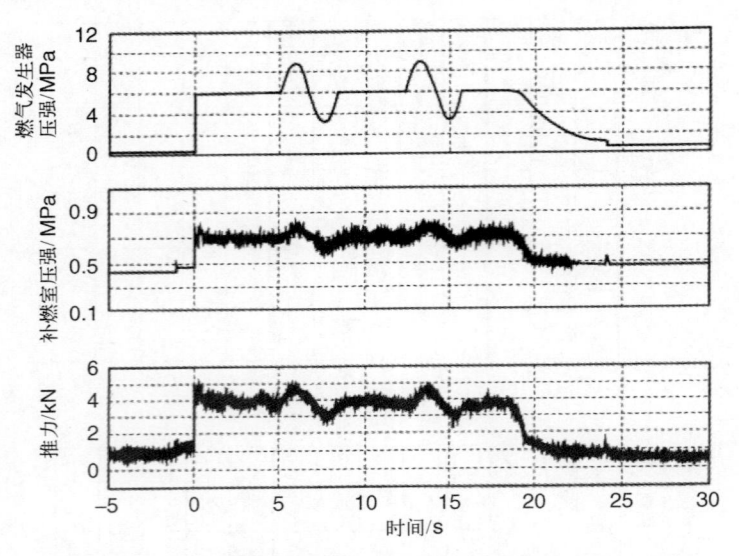

图 15.18 可变流量冲压发动机 SFJ 试验中燃气发生器压强为
正弦规律变化时的试验结果

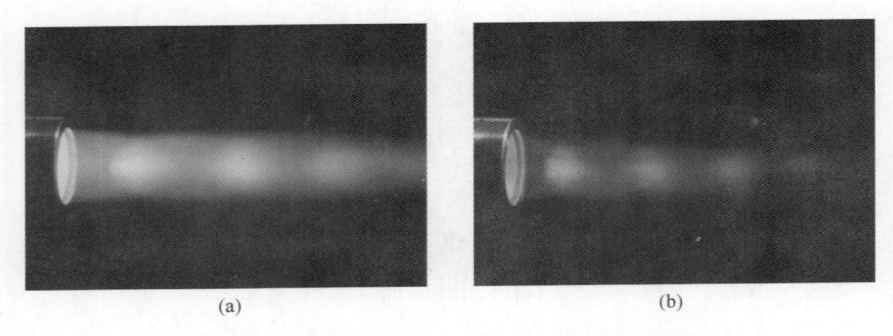

图 15.19 某可变流量冲压发动机 SFJ 试验中的羽流照片
(a)最优空燃比;(b)燃料不足。

15.6.3 多口进气道的燃烧效率

硼是一种可有效提高固体火箭冲压发动机比冲的材料,但含硼烟火剂的燃烧效率往往不高,这是由于在补燃室中硼颗粒的不完全燃烧所致[9,14-16]。图 15.20 所示为含硼和不含硼烟火剂的燃烧温度与空燃比 ε 的变化规律曲线,典型含硼烟火剂的配方为:$\xi(B)=0.30$、$\xi(AP)=0.40$、$\xi(CTPB)=0.30$。若硼粉完全燃烧时最大燃烧温度可达 2310K(工况:空燃比 6.5,飞行速度 Ma 2,工作压强 0.6MPa,高度 0m),在相同工况下若无硼燃烧时燃温只有 1550K,由此可见硼粉燃烧效率是高比冲固体火箭冲压发动机的一个重要参数。

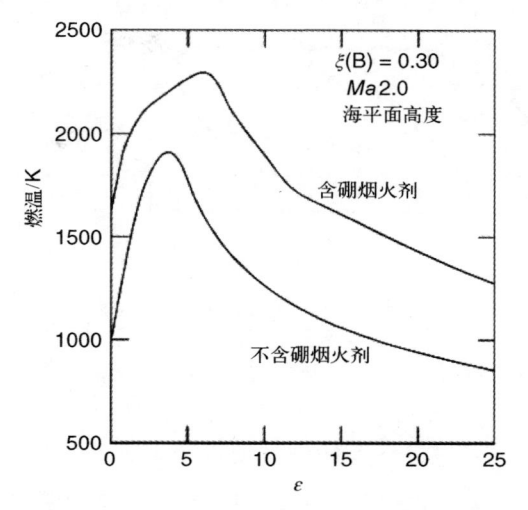

图 15.20　含硼和不含硼烟火剂的燃烧温度与空燃比 ε 的变化规律曲线

补燃室内的燃烧效率可定义为

$$\eta_{c^*} = \frac{c_{ex}^*}{c_{th}^*} \tag{15.11}$$

式中：c_{th}^* 为理论特征排气速度；c_{ex}^* 为实测特征排气速度。c_{th}^* 和 c_{ex}^* 可由式(1.73)和式(1.74)表示为

$$c^* = \frac{A_t p_c}{\dot{m}_a + \dot{m}_f} \tag{15.12}$$

式中：A_t 为补燃室喷喉面积；p_c 为补燃室压强；$\dot{m}_a$ 为空气流速；$\dot{m}_f$ 为燃料流速。硼燃料燃烧的实测数据表明硼的燃烧效率与补燃室中燃料和空气的掺混过程有关。目前在 DCF 试验中常用两种进气道，一种是单口进气道，如图 15.1 所示。另一种是二次侧向多口进气道，如图 15.21 所示[15,16]。单口进气道在补燃室的前端设有两个进气口，一个在左侧，另一个在右侧；二次侧向多口进气道共有四个进气口，在补燃室的前端有设有两个进气口，后端有两个进气口。

流入单口进气道的空气全部通过前进气口进入补燃室，因此，补燃室前端的混合气体中空气相对过量，导致温度过低，难以点火燃烧。采用二次多口进气道设计时，流入进气道的气流可从前进气口和后进气口分别进入补燃室的前端和后端，通过逆向流动使空燃比达到化学计量比，使混合气体易于点火燃烧。在顺流方向，多余的空气与燃烧产物混合后温度降低，比冲增大。

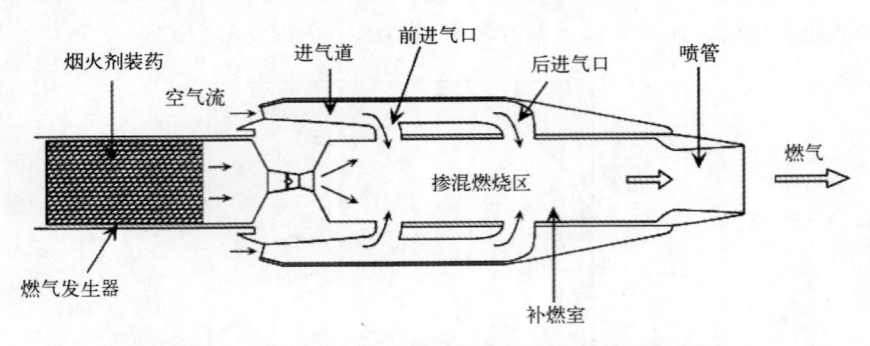

图 15.21 多口进气道固体火箭冲压发动机结构示意图

采用含 30%平均粒径为 2.7μm 硼粉的燃气发生器用烟火剂装药,在单口进气道冲压发动机中当空燃比 ε 在 5~22 范围内时,燃烧效率 η_{c^*} 为 79%,而同样的烟火剂装药在二次多口进气道冲压发动机中当 $\varepsilon = 12$ 时,燃烧效率 η_{c^*} 可达 92%,相应试验结果如图 15.22 所示。由图 15.23 可看出,硼粉粒径对试验结果也会产生较大影响,在单口进气道冲压发动机中燃烧效率 η_{c^*} 随硼粉粒径 d_B 增大而迅速降低。燃气发生器烟火剂所用的硼粉粒径为 9.0μm 时,在补燃室中硼粉不能燃烧。同样的烟火剂装药在二次多口进气道冲压发动机补燃室中硼粉可以部分燃烧,但硼燃烧效率 η_{c^*} 降至 81%左右。

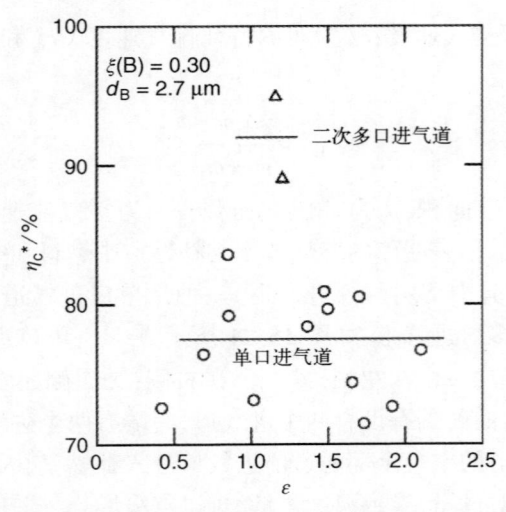

图 15.22 不同类型进气道冲压发动机中硼粉的燃烧效率与空燃比的关系

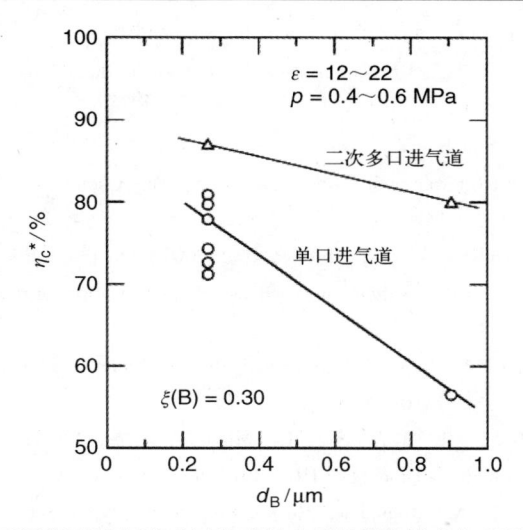

图 15.23　不同类型进气道冲压发动机中硼粉燃烧效率与硼粉粒径的关系

参 考 文 献

[1]　Kubota, N. and Kuwahara, T. (1997) Ramjet Propulsioin, Nikkan Kogyo Press, Tokyo.

[2]　Besser, H. L. Solid Propellant Ducted Rockets, Messerschmitt-Bölkow-Blohm GmbH, Unternehmensbereich Apparate, München.

[3]　Technology of Ramjet and Ramrocket Propulsion at Bayern-Chemie (1989), AY75, January 1989.

[4]　Kubota, N., Yano, Y., Miyata, K., Kuwahara, T., Mitsuno, M., and Nakagawa, I. (1991) Energetic solid fuels for ducted rockets (II). Propellants Explos. Pyrotech., 16, 287-292.

[5]　McClendon, S. E., Miller, W. H., and Herty, C. H., III, (1980) Fuel Selection Criteria for Ducted Rocket Application. AIAA Paper No. 80-1120, June 1980.

[6]　Mitsuno, M., Kuwahara, T., Kosaka, K., and Kubota, N. (1987) Combustion of Metallized Propellants for Ducted Rockets. AIAA Paper No. 87-1724, 1987.

[7]　Zhongqin, Z., Zhenpeng, Z., Jinfu, T., and Wenlan, F. (1986) Experimental investigation of combustion efficiency of air-augmented rockets. J. Propul. Power, 4, 305-310.

[8]　Limage, C. and Sargent, W. (1980) Propulsion System Considerations for Advanced Boron Powdered Ramjets, AIAA Paper No. 80-1283, June 1980.

[9]　Schadow, K. (1972) Boron combustion characteristics in ducted rockets. Combust. Sci. Techno., 5, 107-117.

[10]　Kubota, N. and Sonobe, T. (1988) Combustion mechanism of azide polymer. Propellants

Explos. Pyrothch. ,13, 172-177.

[11] Kubota, Kuwahara, T. (1991) Energetic solid fuels forducted rockets (1). Propellants Explos. Pyrotech. , 16, 51-54.

[12] Kubota, N. , and Sonobe, T. (1990) Burning rate catalysis of azide/nitramine propellants. 23rd Symposium (International) on Combustion, The Combustion Institute, Pittsburgh, PA, 1990, pp. 1331-1337.

[13] Ringuette, S. , Dubois, C. , and Stowe, R. (2001) On the optimization of GAP-based ducted rocket fuels from gas generator exhaust characterization. Propellants Explos. Pyrotech. ,26, 118-124.

[14] Schadow, K. (1974) Experimental investigation of boron combustion in air-augmented rockets. AIAA J. , 7, 1870-1876.

[15] Kubota, N. , Miyata, K. , Kuwahara, T. , Mitsuno, M. , and Nakagawa, I. (1992) Energetic solid fuels for ducted rockets (III). Propellants Explos. Pyrotech. , 17, 303-306.

[16] Kubota, N. (1994) Air-Augmented Rocket Propellants. Solid Rocket Technical Committee Lecture Series, AIAA, Aerospace Sciences Meeting, Reno, Nevada, 1994.

附录 A 含能材料缩写表

缩写词	英　文	中　文
ADN	ammonium dinitramide	二硝酰胺铵
AMMO	3-azidomethyl-3-methyloxetane	3-叠氮甲基-3-甲基氧丁烷
AN	ammonium nitrate	硝酸铵
AP	ammonium perchlorate	高氯酸铵
BAMO	bis-azide methyloxetane	双叠氮基甲基氧丁烷
CL-20	hexanitrohexaazatetracyclododecane（HNIW）	六硝基六氮杂异伍兹烷
CTPB	carboxy-terminated polybutadiene	端羧基聚丁二烯
CuSa	copper salicylate	水杨酸铜
CuSt	copper stearate	硬脂酸铜
DATB	diaminotrinitrobenzene	二氨基三硝基苯
DBP	dibutylphthalate	邻苯二甲酸二丁酯
DDNP	diazodinitrophenol	二硝基重氮酚
DEGDN	diethyleneglycol dinitrtate	二乙二醇二硝酸酯
DEP	diethylphthalate	邻苯二甲酸二乙酯
DNT	dinitrotoluene	二硝基甲苯
DOA	dioctyl adipate	己二酸二辛酯
DOP	dioctyl phthalate	邻苯二甲酸二辛酯
DPA	diphenylamine	二苯胺
EC	ethyl centralite	乙基中定剂
GAP	glycidyl azide polymer	聚叠氮缩水甘油醚
HMDI	hexamethylene diisocyanate	六亚甲基二异氰酸酯
HMX	cyclotetramethylene tetranitramine	环四次甲基四硝胺(奥克托今)
HNB	hexanitrobenzene	六硝基苯
HNF	hydrazinium nitroformate	硝仿肼
HNIW	hexanitrohexaazatetracyclododecane（CL-20）	六硝基六氮杂异伍兹烷
HNS	hexanitrostilbene	六硝基芪
HTPA	hydroxy-terminated polyacetylene	端羟基聚乙炔
HTPB	hydroxy-terminated polybutadiene	端羟基聚丁二烯
HTPE	hydroxy-terminated polyether	端羟基聚醚
HTPS	hydroxy-terminated polyester	端羟基聚酯
IDP	isodecyl pelargonate	壬酸异癸酯
IPDI	isophorone diisocyanate	异氟尔酮二异氰酸酯

(续)

缩写词	英　文	中　文
MAPO	tris(1-(2-methyl)aziridinyl)phosphine oxide	三(2-甲基-1-氮丙啶)-氧化磷
MT-4	adduct of 2.0 moles MAPO, 0.7mole adipic acid, and 0.3 mole tartaric acid	2 mol MAPO、0.7 mol 己二酸和 0.3mol 酒石酸的加合物
NBF	n-butyl ferrocene	正丁基二茂铁
NC	nitrocellulose	硝化棉
NG	nitroglycerin	硝化甘油
NP	nitronium perchlorate	高氯酸硝酰
NQ	nitroguanidine	硝基胍
2NDPA	2-nitrodiphenylamine	2-硝基二苯胺
OXM	oxamide	草酰胺
PB	polybutadiene	聚丁二烯
PBAN	polybutadiene acrylonitrile	聚丁二烯-丙烯腈(丁腈橡胶)
PbSa	lead salicylate	水杨酸铅
PbSt	lead stearate	硬脂酸铅
Pb2EH	lead 2-ethylhexoate	2-乙基己酸铅
PE	polyether	聚醚
PETN	pentaerythritol tetranitrate	季戊四醇四硝酸酯(太安)
Picric Acid	2,4,6-trinitrophenol	2,4,6-三硝基苯酚(苦味酸)
PQD	paraquinone dioxime	对苯醌二肟
PES	polyester	聚酯
PS	polysulfide	聚硫
PU	polyurethane	聚氨酯
PVC	polyvinyl chloride	聚氯乙烯
RDX	cyclotrimethylene trinitramine	环三亚甲基三硝胺(黑索今)
SN	sodium nitrate	硝酸钠
SOA	sucrose octacetate	蔗糖八醋酸酯
TA	triacetin	三醋精(甘油三醋酸酯)
TAGN	triaminoguanidine nitrate	三氨基硝酸胍
TATB	triaminonitrobenzene	三氨基三硝基苯
TDI	toluene-2,4-diisocyanate	甲苯二异氰酸酯
TEA	triethanolamine	三乙醇胺
TEGDN	triethyleneglycol dinirtate	二缩三乙二醇二硝酸酯
Tetryl	trinitro-2,4,6-phenylmethylnitramine	2,4,6-三硝基苯甲基硝胺,特屈儿
TF	polytetrafluoroethylene, "Teflon"	聚四氟乙烯(特氟龙)
TMETN	trimethylolethane trinitrate	三羟甲基乙烷三硝酸酯
TMP	trimethylolpropane	三羟甲基丙烷
TNT	trinitrotoluene	三硝基甲苯
Vt	vinylidene fluoride hexafluoropropene polymer	聚偏氟乙烯氟丙烯(Viton 氟橡胶)

附录 B　燃烧波中的质量与热传递

图 B.1 为燃烧波中稳态流示意图,表示了在一维空间中,x_1 和 x_2 之间(Δx)的质量、动量和能量传递,以及化学物质变化,同时假定了燃烧波中黏性力和动能为零。图中 ωQ 为空间中的热生成速率,ω 为反应速率,Q 为单位质量物质在化学反应过程中释放的热量。

流入	流出
$\rho u \to$	$\to \rho u + \dfrac{\mathrm{d}\rho u}{\mathrm{d}x}\Delta x$
$\rho u \cdot u \to$	$\to \rho u \cdot u + \dfrac{\mathrm{d}}{\mathrm{d}x}(\rho u \cdot u)\Delta x$
$p \to$	$\to p + \dfrac{\mathrm{d}p}{\mathrm{d}x}\Delta x$
$\rho u c T \to$	$\to \rho u c T + \dfrac{\mathrm{d}}{\mathrm{d}x}(\rho u c T)\Delta x$
$-\lambda\dfrac{\mathrm{d}T}{\mathrm{d}x} \to$	$\to -\lambda\dfrac{\mathrm{d}T}{\mathrm{d}x} + \dfrac{\mathrm{d}}{\mathrm{d}x}\left(-\lambda\dfrac{\mathrm{d}T}{\mathrm{d}x}\right)\Delta x$
$\rho u Y_i \to$	$\to \rho u Y_i + \dfrac{\mathrm{d}}{\mathrm{d}x}(\rho u Y_i)\Delta x$
$-\rho D_i\dfrac{\mathrm{d}Y_i}{\mathrm{d}x} \to$	$\to -\rho D_i\dfrac{\mathrm{d}Y_i}{\mathrm{d}x} + \dfrac{\mathrm{d}}{\mathrm{d}x}\left(-\rho D_i\dfrac{\mathrm{d}Y_i}{\mathrm{d}x}\right)\Delta x$

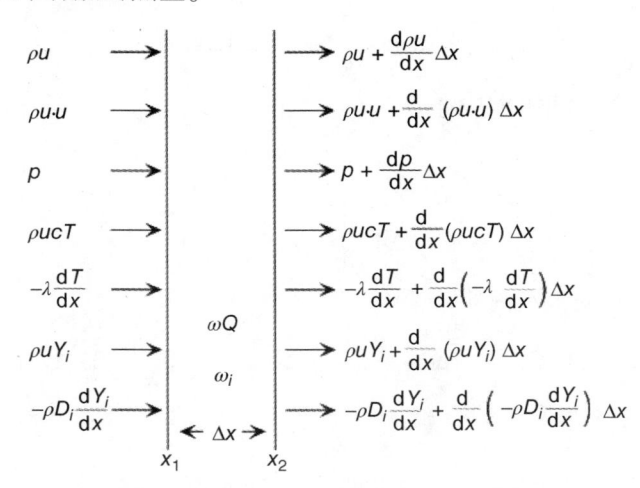

中间:ωQ,ω_i,$\leftarrow \Delta x \rightarrow$,$x_1$,$x_2$

图 B.1　燃烧波中质量、动量、能量与化学物质守恒示意图

B.1　稳态条件下一维流场的守恒方程

B.1.1　质量守恒方程

单位时间内在 x_1 处流入横截面面积 ΔA 的质量可表示为
$$\rho u \Delta A$$
同时,单位时间内在 x_2 处流出横截面面积 ΔA 的质量可表示为
$$\left\{\rho u + \left[\frac{\mathrm{d}}{\mathrm{d}x}(\rho u)\right]\Delta x\right\}\Delta A$$
稳态条件下,根据质量守恒原理,则有

$$\rho u \Delta A = \left\{ \rho u + \left[\frac{\mathrm{d}}{\mathrm{d}x}(\rho u) \right] \Delta x \right\} \Delta A$$

其质量守恒方程可表示为

$$\frac{\mathrm{d}}{\mathrm{d}x}(\rho u) = 0 \tag{B.1}$$

B.1.2 动量守恒方程

在 x_1 处，单位时间内流入横截面面积 ΔA 的动量为

$$\rho u u \Delta A$$

在 x_2 处，单位时间内流出横截面面积 ΔA 的动量为

$$\rho u \Delta A u + \frac{\mathrm{d}}{\mathrm{d}x}(\rho u u) \Delta A \Delta x$$

在 x_1 和 x_2 处，ΔA 上的压强为

$$p \Delta A$$

和

$$p \Delta A + \frac{\mathrm{d}p}{\mathrm{d}x}(\Delta A \Delta x)$$

则在 x_1 和 x_2 的空间范围内的动量为

$$\rho u \Delta A + p \Delta A = \rho u \Delta A + \frac{\mathrm{d}}{\mathrm{d}x}(\rho u u) \Delta A \Delta x + p \Delta A + \frac{\mathrm{d}p}{\mathrm{d}x}(\Delta A \Delta x)$$

动量守恒方程为

$$\frac{\mathrm{d}}{\mathrm{d}x}(\rho u^2) + \frac{\mathrm{d}p}{\mathrm{d}x} = 0 \tag{B.2}$$

B.1.3 能量守恒方程

在 x_1 处，单位时间内流入横截面面积 ΔA 的热量为

$$\rho u c T \Delta A$$

在 x_2 处，单位时间内流出横截面面积 ΔA 的热量为

$$\rho u c T \Delta A + \frac{\mathrm{d}}{\mathrm{d}x}(\rho u c T) \Delta A \Delta x$$

在 x_1 处，单位时间内经横截面面积 ΔA 的热传导为

$$\left(-\lambda \frac{\mathrm{d}T}{\mathrm{d}x} \right) \Delta A$$

在 x_2 处，单位时间内经横截面面积 ΔA 的热传导为

$$\left(-\lambda\frac{\mathrm{d}T}{\mathrm{d}x}\right)\Delta A+\frac{\mathrm{d}}{\mathrm{d}x}\left(-\lambda\frac{\mathrm{d}T}{\mathrm{d}x}\right)\Delta A\Delta x$$

单位时间内,在 $\Delta A\Delta x$ 体积内由化学反应产生的热量为

$$Q\Delta A\Delta x$$

在体积 $\Delta A\Delta x$ 内能量守恒

$$\rho ucT\Delta A+\left(-\lambda\frac{\mathrm{d}T}{\mathrm{d}x}\right)\Delta A+\omega Q\Delta A\Delta x$$

$$=\left\{\rho ucT\Delta A+\frac{\mathrm{d}}{\mathrm{d}x}(\rho ucT)\Delta A\Delta xx\right\}$$

$$+\left\{\left(-\lambda\frac{\mathrm{d}T}{\mathrm{d}x}\right)\Delta A+\frac{\mathrm{d}}{\mathrm{d}x}\left(-\lambda\frac{\mathrm{d}T}{\mathrm{d}x}\right)\Delta A+\frac{\mathrm{d}}{\mathrm{d}x}\left(-\lambda\frac{\mathrm{d}T}{\mathrm{d}x}\right)\Delta A\Delta x\right\}$$

则能量守恒方程为

$$\frac{\mathrm{d}}{\mathrm{d}x}\left(\lambda\frac{\mathrm{d}t}{\mathrm{d}x}\right)-\rho u\frac{\mathrm{d}}{\mathrm{d}x}(cT)+\omega Q=0 \qquad (\mathrm{B}.3)$$

热传导项　　对流项　　化学反应热

B.1.4 化学物质守恒方程

在 x_1 处,单位时间内流入横截面面积 ΔA 的化学物质 i 的量为

$$\rho uY_i\Delta A$$

在 x_2 处,单位时间内流出横截面面积 ΔA 的化学物质 i 的量为

$$\rho uY_i\Delta A+\frac{\mathrm{d}}{\mathrm{d}x}(\rho uY_i\Delta A)\Delta x$$

在 x_1 处,单位时间内经扩散作用流入横截面面积 ΔA 的化学物质 i 的量为

$$\left(-\rho D_i\frac{dY_i}{dx}\right)\Delta A$$

在 x_2 处,单位时间内经扩散作用流出横截面面积 ΔA 的化学物质 i 的量为

$$\left(-\rho D_i\frac{dY_i}{dx}\right)\Delta A+\frac{\mathrm{d}}{\mathrm{d}x}\left(-\rho D_i\frac{dY_i}{dx}\right)\Delta A\Delta x$$

在空间体积 $\Delta A\Delta x$ 的范围内由化学反应所引起的化学物质质量变化速率为

$$\omega_i\Delta A\Delta x$$

在 $\Delta A\Delta x$ 内的,化学物质 i 的守恒方程为

$$\rho uY_i\Delta A+\left(-\rho D_i\frac{\mathrm{d}Y_i}{\mathrm{d}x}\right)\Delta A-\omega_i\Delta A\Delta x$$

$$=\rho uY_i\Delta A+\frac{\mathrm{d}}{\mathrm{d}x}(\rho uY_i)\Delta A\Delta x+\left(-\rho D_i\frac{\mathrm{d}Y_i}{\mathrm{d}x}\right)\Delta A+\frac{\mathrm{d}}{\mathrm{d}x}\left(-\rho D_i\frac{\mathrm{d}Y_i}{\mathrm{d}x}\right)\Delta A\Delta x$$

化学物质守恒方程为

$$\frac{\mathrm{d}}{\mathrm{d}x}\left(\rho D_i \frac{\mathrm{d}Y_i}{\mathrm{d}x}\right) - \frac{\mathrm{d}}{\mathrm{d}x}(\rho u Y_i) + \omega_i = 0 \qquad (\text{B.4})$$

扩散相　　　　　对流项　化学反应生成物
　　　　　　　　　　　　质量增加率

B.2　流场在稳态条件下的通用守恒方程

在 B.1 节介绍的质量、动量、能量和化学物质守恒方程为一维流场在稳态条件下的守恒方程。与一维条件下的情况类似，可类推出二维或三维流场在稳态条件下的守恒方程。其向量形式的守恒方程表达式如下：
质量守恒为

$$\nabla \cdot (\rho v) = 0 \qquad (\text{B.5})$$

动量守恒为

$$\rho v \cdot \nabla v = -\nabla p \qquad (\text{B.6})$$

能量守恒为

$$\nabla \cdot (\rho v cT - \lambda \nabla T) = -\sum \omega_i Q_i \qquad (\text{B.7})$$

化学物质守恒为

$$\nabla \cdot (\rho v Y_i - \rho D \nabla Y_i) = \omega_i \qquad (\text{B.8})$$

式中：v 为质量平均速度矢量。

附录 C 冲击波在二维流场中的传播

在第 1 章中主要介绍了一维情况下的冲击波特性,但当冲击波以超声速流传播时,其不仅存在一维问题,而且存在二维和三维空间问题。例如,在发动机管道中吸入空气形成的冲击波即二维或三维形状。同时在超声速流中还会形成膨胀波。在膨胀波的后段,压强会减小,流速会增加。作为第 1 章的参考,该部分主要介绍二维冲击波和膨胀波的特性[1-5]。

C.1 斜 激 波

冲击波的形成主要取决于影响流场的物体的形状。在任何位置必须保证质量、动量和能量守恒。为满足守恒方程,则很容易确定流场中哪些位置会产生激波。当处于超声速流中的物体为钝体时,在钝体的前缘压力会增加。压力增加会产生一个离体激波以保证流场的性能满足守恒方程,即钝体前缘流体流入和流出时的性能满足守恒方程。在离体激波后,流体速度变为超声速,但远离钝体的激波受到的影响很小,因此离体激波变为一个斜激波,故激波看上去是呈弧形,这种激波称为弓形激波,见图 C.1。

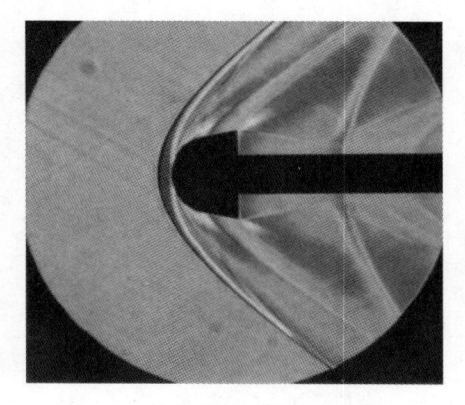

图 C.1 钝体前缘形成的弓形激波

图 C.2(a)是楔形体尖端形成的附体激波示意图。当相关的压力差别很小时,这种激波为弱冲击波。而当相关的压力差别很大时,会形成离体激波,如图 C.2(b)所示。当激波的楔形较变大时,附体激波可变为离体激波。

当在超声速流场中放入一个二维楔形物体时,在楔形物体的尖端会形成一个从尖端开始传播的激波。与普通的冲击波不同,这种激波的流线与冲击波并不垂直,称为斜激波。如图 C.3 所示,冲击波偏离了一定的角度,流线也偏离了

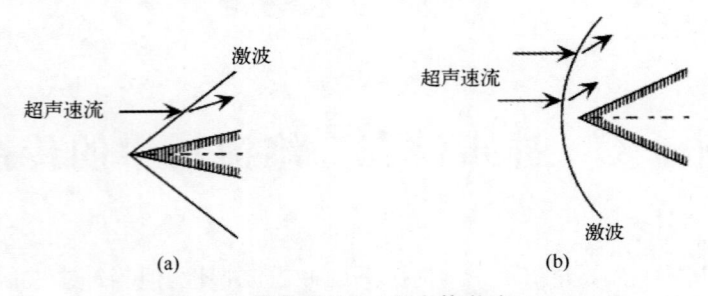

图 C.2 附体激波(a)和离体激波(b)

一定的角度。沿流线方向的速度经斜激波后由 w_1 变为 w_2。沿垂直于激波方向的速度分量由 u_1 变为 u_2,沿平行于激波方向的速度分量由 v_1 变为 v_2。速度变化的三角关系为

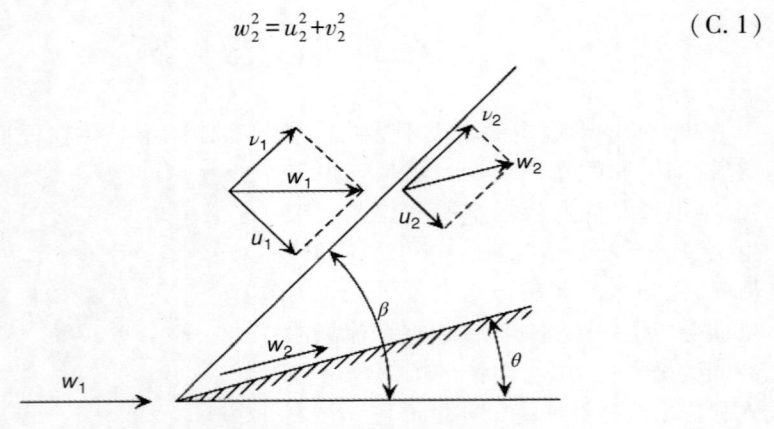

$$w_2^2 = u_2^2 + v_2^2 \tag{C.1}$$

图 C.3 二维楔形物体表面形成的斜激波

虽然平行于激波方向的速度分量保持不变,即 $v_1 = v_2$,但垂直于激波方向的速度分量发生了改变,即由 u_1 变为 u_2。而垂直于激波方向的速度分量经过斜激波后的改变量应等于正激波的速度变化量,即图 C.3 中的 u_1 应满足图 3.1 中所示的速度变化,同时,斜激波中压强和密度变化的 Rankine-Hugoniot 关系也应满足一维激波中压强和密度变化的 Rankine-Hugoniot 关系,即

$$\frac{p_2}{p_1} = \frac{\dfrac{\rho_2}{\rho_1}\zeta - 1}{\zeta - \dfrac{\rho_2}{\rho_1}} \tag{C.2}$$

$$\frac{\rho_2}{\rho_1} = \frac{\dfrac{p_2}{p_1}\zeta + 1}{\dfrac{p_2}{p_1} + \zeta} \tag{C.3}$$

式中：$\zeta = (\gamma+1)/(\gamma-1)$。

流入流与斜激波间的夹角可表示为

$$\beta = \arctan\frac{u_1}{v_1} \tag{C.4}$$

由于流入流相对于激波的马赫数 $Ma_1 = w_1/a_1$，因此流出流的马赫数也可写为 $Ma_2 = w_2/a_2$，故垂直于斜激波的速度 Ma_1^* 可表示为

$$\frac{u_1}{a_1} = Ma_1 \sin\beta = Ma_1^* \tag{C.5}$$

用 Ma_1^* 取代正激波方程式(3.19)~式(3.23)中的 Ma_1，则可得到斜激波的表示方程为

$$\frac{p_2}{p_1} = \frac{2\gamma}{\gamma+1} Ma_1^{*2} - \frac{1}{\zeta} \tag{C.6}$$

$$\frac{p_{02}}{p_{01}} = \left[\frac{(\gamma+1)Ma_1^{*2}}{(\gamma-1)Ma_1^{*2}+2}\right]^{\frac{\gamma}{\gamma-1}} \left[\frac{2\gamma}{\gamma+1}(Ma_1^{*2}-1)+1\right]^{\frac{\gamma}{\gamma-1}} \tag{C.7}$$

$$Ma_1^* = \left[\frac{\gamma+1}{2\gamma}\frac{p_2-p_1}{p_1}+1\right]^{1/2} \tag{C.8}$$

$$\frac{T_2}{T_1} = \frac{2(\gamma-1)(Ma_1^{*2}-1)(\gamma Ma_1^{*2}+1)}{(\gamma+1)^2 Ma_1^{*2}} + 1 \tag{C.9}$$

$$\frac{\rho_2}{\rho_1} = \frac{(\gamma+1)Ma_1^{*2}}{(\gamma-1)Ma_1^{*2}+2} \tag{C.10}$$

经斜激波后的焓变为

$$s_2 - s_1 = c_p \ln\left(\frac{T_2}{T_1}\right) - R_g \ln\left(\frac{\rho_2}{\rho_1}\right) \tag{1.45}$$

由于式(C.8)中 $p_2/p_1 \geqslant 1$，因此相对于斜激波的正常马赫数为

$$Ma_1^{*2} \geqslant 1 \tag{C.11}$$

则有

$$\arcsin\left(\frac{1}{Ma_1}\right) \leqslant \beta \leqslant \frac{\pi}{2} \tag{C.12}$$

沿流线上段的倾角可定义为

$$\alpha = \arcsin\left(\frac{1}{Ma_1}\right) \qquad (\text{C.13})$$

其称为马赫角,参见第 2 章的定义。由定义可以看出,斜激波的角度会大于马赫角。

激波角 β 与激波后部流线角 θ 的夹角 η 为

$$\eta = \beta - \theta \qquad (\text{C.14})$$

其可表示为

$$\tan\eta = \frac{u_2}{v_2} \qquad (\text{C.15})$$

联立式(C.1)、式(C.2)、式(C.8)以及 $v_1 = v_2$、$u_2/u_1 = \rho_1/\rho_2$ 可得

$$\frac{\tan\eta}{\tan\beta} = \frac{2}{[(\gamma+1)Ma_1^{*2}]} + \frac{1}{\zeta} \qquad (\text{C.16})$$

可以看出,两个 β 和两个 θ 对应于一个 Ma_1。当 β 很小时,静压比 p_2/p_1 也很小,激波为弱激波,而当 β 很大时,激波为强激波,静压比 p_2/p_1 也很大。斜激波后的马赫数对于弱激波为超声速,而对于强激波则为亚声速。

基于式(C.15),马赫数 Ma_1^* 为

$$Ma_1^* = \left\{(\gamma+1)\left(\frac{Ma_1^2}{2}\right)\frac{\sin\beta\sin\theta}{\cos\eta} + 1\right\}^{1/2} \qquad (\text{C.17})$$

当 θ 很小时,式(C.17)变为

$$Ma_1^* = \left\{(\gamma+1)\left(\frac{Ma_1^2}{2}\right)\theta\tan\beta + 1\right\}^{1/2} \qquad (\text{C.18})$$

C.2 膨 胀 波

接下来考虑超声速流沿凹型壁面流动时的情况。该超声速流在楔形表面流动时形成斜激波的流动过程也受守恒方程的控制。关键的不同是在夹角为正时会形成斜激波,而夹角为负时会形成膨胀波。如图 C.4 所示,在有角的扇形物中心处即会形成膨胀波。膨胀波包含大量的马赫波,第一个马赫波的角度为 α_1,其在膨胀波的前端形成,后面角度为 α_2 的第二个马赫波在膨胀波的后端形成,其角度可表示为:$\alpha_1 = \arcsin(1/Ma_1)$ 和 $\alpha_2 = \arcsin(1/Ma_2)$。

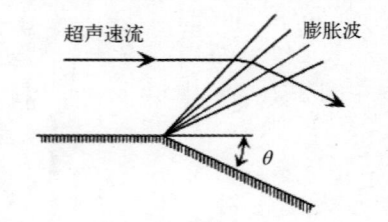

图 C.4 超声速流沿负方向弯折的壁面流动时形成的冲击波

在膨胀波中,沿扩张扇面的流线方向其流速增加,压强、密度和温度降低。由于 $α_1 > α_2$,因此 $Ma_1 < Ma_2$。经膨胀波的流动是一个连续且等熵变化过程,此膨胀波即 Prandtl-Meyer 膨胀波。偏离角与马赫数的关系可由 Prandtl-Meyer 膨胀方程[1-5]得到。

C.3 菱形激波

当某一超声速流从喷管中喷出后,在沿喷管流方向上会形成许多斜激波和膨胀波。这些反复形成的波会形成一列明亮的菱形状结构,如图 C.5 所示。当喷管中的燃气流处于欠膨胀状态,即流体压强 p_e 高于环境压强 p_a 时,会形成膨胀波以减小压强。该过程重复多次后则会形成菱形激波,如图 C.6(a) 所示。

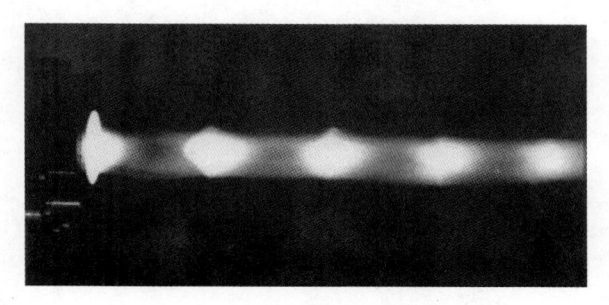

图 C.5 喷管下游形成的菱形激波阵列

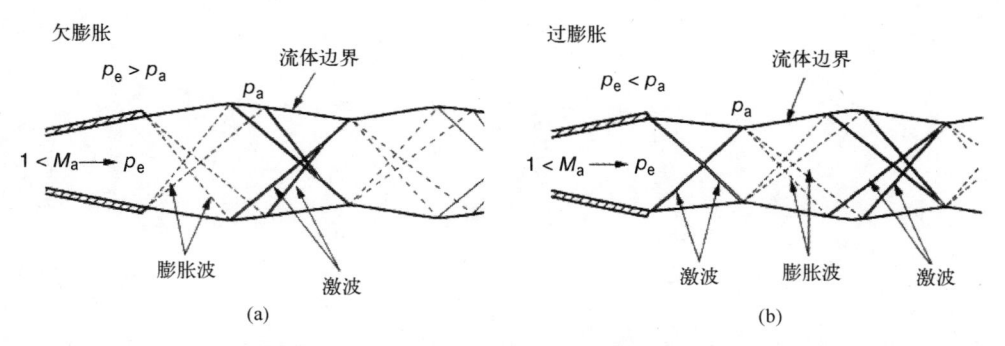

图 C.6 欠膨胀的喷管内流体(a)和过膨胀的喷管出口处流体(b)的结构

另外,当喷管中的燃气流处于过膨胀状态,即流体压强 p_e 低于环境压强 p_a 时,也会产生激波以增加压强。该激波在流束与空气的界面处发生反射,会形成膨胀波。与未膨胀流相类似,该过程重复多次后也会形成菱形激波,如图 C.6(b) 所示。

参 考 文 献

[1] Shapiro, A. H. (1953) The Dynamics and Thermodynamics of Compressible Fluid Flow, The Ronald Press Company, New York.
[2] Liepman, H. W. and Roshko, A. (1957) Elements of Gas Dynamics, John Wiley & Sons, Inc., New York.
[3] Kuethe, A. M. and Schetzer, J. D. (1967) Foundations of Aerodynamics, John Wiley &Sons, Inc., NewYork.
[4] Zucrow, M. J. and Hoffman, J. D. (1976) Gas Dynamics, John Wiley & Sons, Inc., New York.
[5] Kubota, N. (2003) Foundations of Supersonic Flow, Sankaido, Tokyo.

附录 D 超声速进气道

D.1 扩压器的压缩特性

D.1.1 扩压器原理

进气道是航空喷气发动机的重要部件,如涡轮喷气发动机、冲压发动机和冲压火箭发动机。通过进气道将发动机引入空气的速度转化为静压,以获得高动量变化。扩压器是这些进气道的主要部件。扩压器的物理形状与由收敛和(或)扩张部分组成的喷嘴的原理基本相同。进气道的基本设计原则基于冲击波的空气动力学特性[1-6]。

当亚声速的气流被引入扩张喷管时,其流速减小,静压增大。如图 D.1 所示,用于亚声速流的进气道由亚声速扩压器,即扩张喷管组成。而当气流为超声速时,超声速气流在扩压器的收敛部分流速会降低,静压会增大。通过喷管的喉部后,在扩压器的扩张段,气流速度增加,静压再次增加。在扩张段的下游会形成正激波,其流速突然减小,压强增大。超声速进气道由一个收敛-扩张喷管组成。必须注意的是,在喷管的收敛段中不会形成正激波,因为这样的激波在此处是不稳定的。

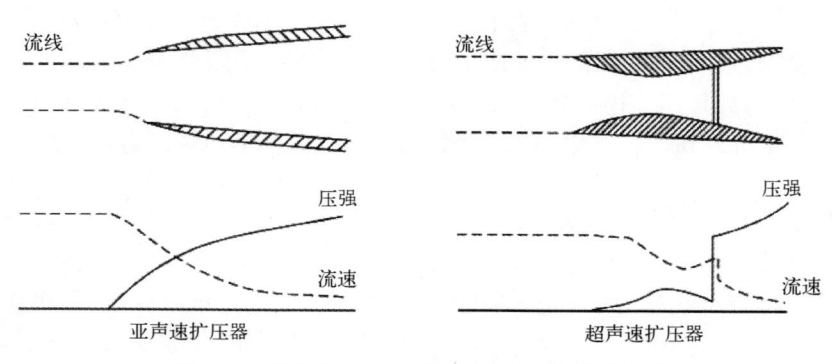

图 D.1 亚声速和超声速扩压器中的压强和流速

图 D.2 所示为由扩张喷管组成的超声速扩压器所形成的冲击波。在扩张段的下游三种不同的背压会形成三种类型的冲击波。当背压高于设计压强时，在扩张喷管前会建立一个正激波，其流速变成亚声速流动，如图 D.2(a) 所示。由于冲击波下游的流线会向外弯曲，一些空气会从进气口溢出，由于管道上游的截面积比进气口的截面积小，因此扩压器的效率降低。在扩压器的扩张段，亚声速气流的速度进一步减小，同时压强进一步增加。

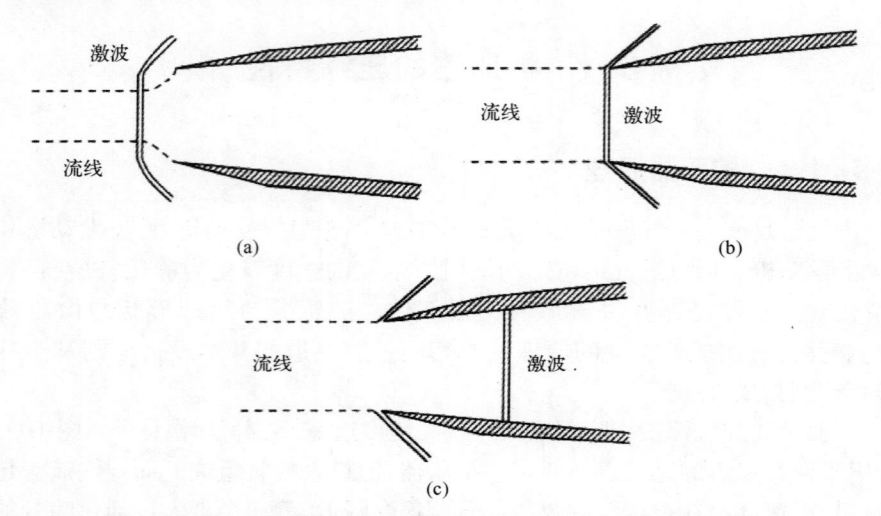

图 D.2 超声速扩压器在不同背压下形成的正激波
(a)高背压；(b)最佳背压；(c)低背压。

当扩压器中的背压为最佳设计背压时，会在扩压器的唇口处形成正激波，同时激波后的压强增加。扩压器唇口处无空气外溢，气流速度如图 D.2(b) 所示。扩压器中的压强增大，气流速度沿流动方向减小。当背压低于最佳设计压强时，正激波会被"吞"进扩压器中，如图 D.2(c) 所示。由于正激波前的流速沿流动方向增加，因此扩压器内的正激波的强度高于扩压器在最佳设计压强时其内部的强度(图 D.2(b))。因此，由于熵增加，冲击波后面的压强降低。

D.1.2 压强恢复

当收敛-扩张的喷管用在冲压火箭发动机上时，其收敛部分会将气流的速度由超声速降至喉部的声速，而在喷管的扩张段，气流速度再次增加，由声速增加到超声速。当扩张段的超声速气流产生一个正激波时，其流速度变为亚声速，同时压强增加。当超声速气流通过等熵压缩变为亚声速时，相应气流的压强由 p_a 增加到 p_{0a}，焓由 h_a 增加到 h_{0a}，如图 D.3 所示。但如果超声速气流是通过激波压缩变才为亚声速气流,气流的压强会由 p_a 增加到 p_{02},焓由 h_a 增加到 h_{02}。尽管两种压缩方式的焓变相同,即 $h_{0a}=h_{02}$,但由采用冲击波压缩的方式产生的压强升高量会低于等熵压缩方式的压强升高,即 $p_{02}<p_{0a}$。

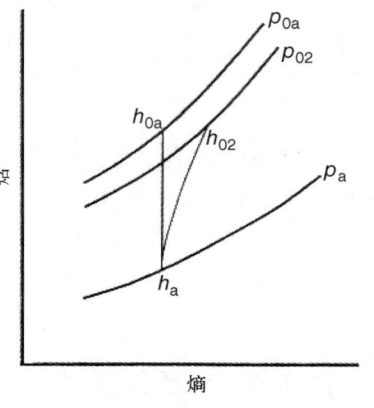

总压比可表示为

$$\frac{p_{02}}{p_{0a}}=\frac{p_{02}}{p_a}\cdot\frac{p_a}{p_{0a}} \quad (D.1)$$

p_{0a}/p_a 为

$$\frac{p_{0a}}{p_a}=\left[\frac{1+(\gamma-1)Ma^2}{2}\right]^{\frac{\gamma}{(\gamma-1)}} \quad (D.2)$$

压强的恢复系数定义为

$$\eta_p=\frac{p_{02}}{p_{0a}} \quad (D.3)$$

图 D.3 等熵和非等熵变化中的压力恢复

将式(D.1)和式(D.2)代入式(D.3),则可得到恢复系数为

$$\eta_p=\left[1+\frac{(\gamma-1)Ma^2}{2}\right]^{\frac{-\gamma}{(\gamma-1)}}\cdot\frac{p_{02}}{p_a} \quad (D.4)$$

如果流动过程是等熵过程,则通过喷管的气流总压 p_{0a} 保持不变。但在扩张段产生冲击波的过程会使熵增加,总压变为 p_{02}。很明显,p_{02} 越接近 p_{0a},进气道性能越好。

当扩张段的压缩过程有热损失时,总焓降低,由 h_{0a} 降为 h_{02}。焓的恢复系数 η_d 定义为

$$\eta_d=\frac{h_{02}-h_a}{h_{0a}-h_a} \quad (D.5)$$

在扩压器的压缩过程中,可认为空气的比热比保持不变,即

$$\eta_d=\frac{T_{02}-T_a}{T_{0a}-T_a} \quad (D.6)$$

压缩过程的压力和温度变化为

$$\frac{T_{02}}{T_a}=\left(\frac{p_{02}}{p_a}\right)^{\frac{\gamma-1}{\gamma}} \quad (D.7)$$

温度比为

$$\frac{T_{0a}}{T_a}=1+\frac{(\gamma-1)Ma^2}{2} \quad (D.8)$$

将式(D.7)和式(D.8)代入式(D.6)可得到焓的恢复系数为

$$\eta_d = \frac{\left(\dfrac{p_{02}}{p_a}\right)^{\frac{\gamma-1}{\gamma}} - 1}{\dfrac{(\gamma-1)Ma^2}{2}} \tag{D.9}$$

结果分析表明,为减小进气道的焓熵增加,可将多个斜激波与一个弱的正激波组合以提高压力恢复系数。

D.2 进气道系统

D.2.1 外压缩系统

外压缩系统主要是为了在超声速进气道的外部形成斜激波,而在进气道的唇口处形成正激波。由于斜激波的形成,焓增加会降低。例如图 D.4 所示的激波压缩,在第一压缩面形成一角度为 15°的斜激波,可使马赫数由 $Ma_1 = 3.5$ 降至 $Ma_2 = 2.59$,滞止压强比 p_{02}/p_{01} 变为 0.848;在角度为 15°的第二压缩面,马赫数由 $Ma_2 = 2.59$ 降至 $Ma_3 = 1.93$,滞止压强比 p_{03}/p_{02} 变为 0.932;在角度为 15°的第三压缩面,马赫数由 $Ma_3 = 1.93$ 降至 $Ma_4 = 0.59$,滞止压强比 p_{04}/p_{03} 变为 0.754。则在 1 区和 4 区间总的滞止压强比为

$$\frac{p_{04}}{p_{01}} = \frac{p_{02}}{p_{01}} \cdot \frac{p_{03}}{p_{02}} \cdot \frac{p_{04}}{p_{03}} = 0.596$$

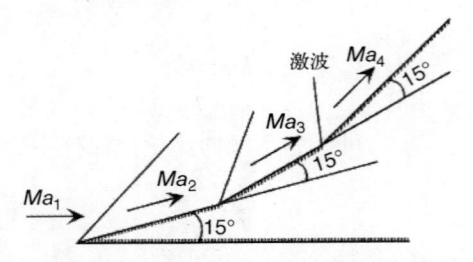

图 D.4 通过形成带有三个压缩面的三个斜激波压缩

如果压缩源于一个正激波,则 $Ma_4 = 0.45$,$p_{04}/p_{01} = 0.213$,$p_4/p_1 = 14.13$,$T_4/T_1 = 3.32$。很明显,结合斜激波得到的压力恢复系数明显高于仅含一个正激波所获得的压力恢复系数。

D.2.2 内压缩系统

内压缩系统会在进气道内形成多个斜激波和一个正激波。第一个斜激波会在进气道的唇口处形成,随后的斜激波进一步在下游形成。如图 D.1 所示的超声速扩压器,正激波会将超声速流的速度降为亚声速。压力恢复系数和马赫数、压力比和温度比的变化与外压缩系统的情况相同。对于喷气冲压发动机和火箭冲压发动机,无论选择的是外部进气系统、内部进气系统还是组合进气系统,都是为了使压力恢复系数达到最大。

D.2.3 进气道设计

图 D.5 所示为一个优化设计的用于 Ma 为 2.0 时使用的外压缩进气道。图 D.6 为设计的 Ma 为 2 时使用的外压缩进气道的一组气流计算结果,其中图 D.6(a) 为临界流,图 D.6(b) 为亚临界流,图 D.6(c) 为超临界流。图 D.6 中还包括沿冲压流方向的下部和上部的压力变化。在如图 D.6(a) 所示的临界流中,在进气道的上表面唇口的两个压缩面处形成了两个斜激波,在内进气道喉部的底壁处,两个反射斜激波会形成一个正激波。压力变为 0.65MPa 的设计压力。在图 D.6(b) 所示的亚临界流的情况下,激波角度增大,进气道下游的压力变为 0.54MPa。然而,在斜激波后的一些气流会向外部溢出部分气流。因此,总气流速度变为设计气流速度的 68%。在图 D.6(c) 所示的超临界流的情况下,激波角减小,并且进气道下游的压力变为 0.15MPa,但此时气流的流速仍然是超声速。

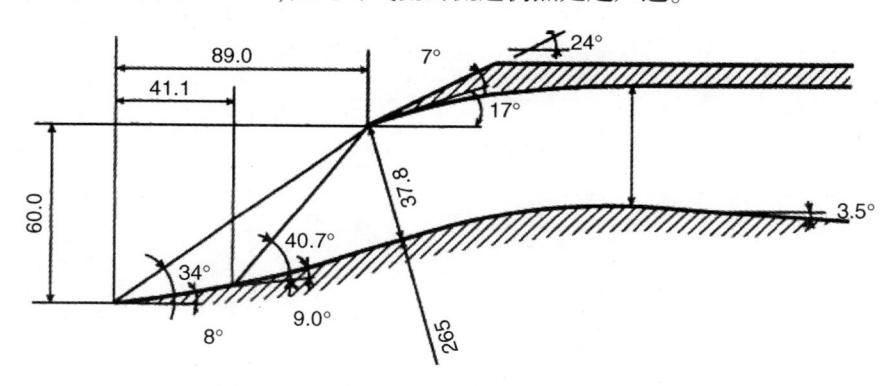

图 D.5 Ma 为 2.0 时使用的外部压缩进气道

图 D.7 所示为沿图 D.5 所示的进气道底部唇口处压力分布的实验和计算结果。由于三个激波的形成,压力反复地增大和减小。进气道下游的压力可有效从超声速流的 0.1MPa 恢复到亚声速流的 0.77MPa。

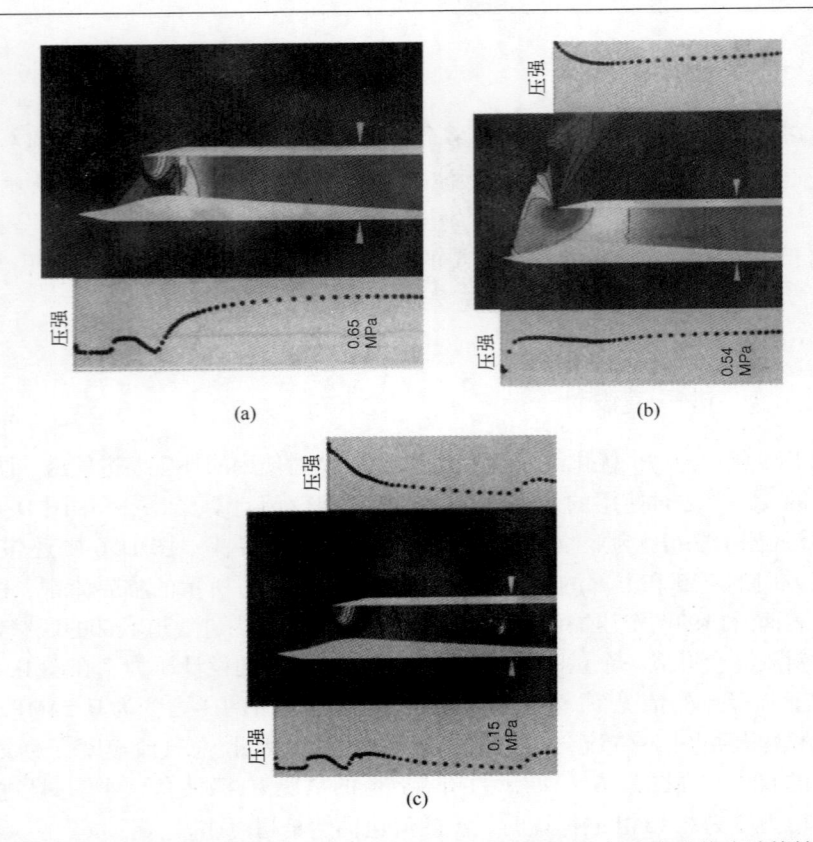

图 D.6 采用图 D.5 所示的进气道在三种不同操作条件下得到的气流实验值和计算结果对比
(a)临界流；(b)亚临界流；(c)超临界流。

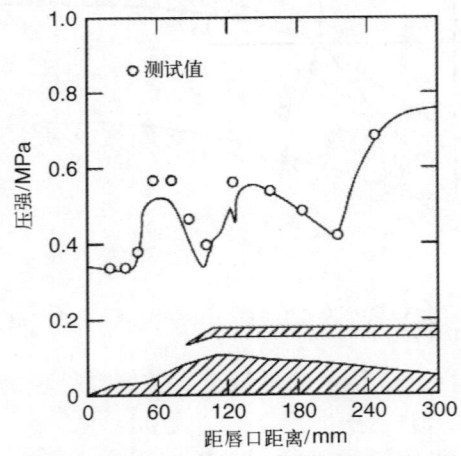

图 D.7 采用图 D.5 所示的进气道得到的气流实验和计算数据

参 考 文 献

［1］ Shapiro, A. H. (1953) The Dynamics and Thermodynamics of Compressible Fluid Flow, The Ronald Press Company, New York.
［2］ Liepman, H. W. and Roshko, A. (1957) Elements of Gas Dynamics, John Wiley & Sons, Inc., New York.
［3］ Kuethe, A. M. and Schetzer, J. D. (1967) Foundations of Aerodynamics, John Wiley & Sons, Inc., NewYork.
［4］ Zucrow, M. J. and Hoffman, J. D. (1976) Gas Dynamics, John Wiley & Sons, Inc., New York.
［5］ Kubota, N. and Kuwahara, T. (1997) Ramjet Propulsion, Nikkan Kogyo Press, Tok yo.
［6］ Kubota, N. (2003) Foundations of Supersonic Flow, Sankaido, Tokyo.

附录 E 燃速和燃烧波结构的测定

推进剂的燃速是火箭发动机设计所需的重要参数之一。一般来说,测得的燃速是压强和初温的函数,通过燃速数据可推算出燃速压强指数和燃速燃速温度敏感系数。

测量燃速的燃烧室常称为"药条燃烧器"。图 E.1 所示的就是一个用氮气加压到所需工作压强的药条燃烧器简图。如图 E.1 所示,纯净的氮气从燃烧室底部一侧通入,从燃烧器顶部中心的一个节流小孔中排出。在此过程中氮气在推进剂药条周围流动,最后和推进剂燃气一同从节流小孔中排出。为了消除药条上方的氮气和燃气之间剪切气流,吹洗的氮气流速必须固定。这样做,可使燃烧时火焰稳定和燃面保持平坦。所以这种带有氮气流系统的燃烧器又称为"烟道式燃烧器"。

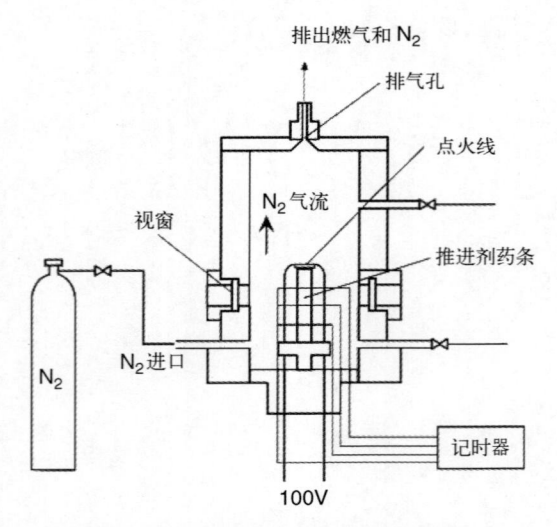

图 E.1 带视窗的烟道式药条燃烧器

当推进剂药条在氮气吹洗条件下被点燃后,燃烧器中的压强会因为燃气的生成而增大。但是固定在氮气源上的阀门可自动调节减少氮气的流量,使燃烧器中压强保持恒定,因而燃烧器中的压强可维持实验所需的压强。

附录 E 燃速和燃烧波结构的测定

测燃速的推进剂药条具有标准尺寸,它的横截面为 7mm×7mm,长度为 100mm。药条垂直放于燃烧器的中央,一根直径 0.1mm 的细金属丝从试样的顶部穿过。燃速可通过测定五条低熔点铅熔断丝的熔化时间差而确定。每条铅熔断丝直径为 0.25mm,它们以 15mm 的精确间距均匀分布并且穿过试样,每个铅熔断丝与电阻串联,构成测试电路中五个并联的分电路。熔断丝一旦熔化,这五个分电路输出的电压也立即中断。药条的温度测定通过一个经校准的铜-康铜热电偶实现,该热电偶的球形头穿过药条置于其中心。

不同温度下的燃速也可通过该装置测定,但是必须放在该装置外添加温度调节器。而且吹入燃烧器的氮气也必须通过放于该温度调节器中的热交换器冷却或加热到测试所需的温度。于是,药条燃烧器、推进剂药条和氮气保持了同一温度。但燃烧的药条产生的高温气体并不会影响药条的温度,因为高温燃气源始终是向药条的上方流动。在氮气流动条件下测燃速,药条保温时间必须在 5min 以上。

为了便于对气相和燃面的观察,燃烧室的四个侧面各安装了一个石英窗。一个直径为 20mm 的圆筒垂直安装于烟道燃烧器中并且和燃烧室的底部相连。四块透明的玻璃板也安装于圆筒体侧面。安装圆筒的目的在于使燃烧的药条周围保持一定的氮气流动,以防止烟尘沉积于玻璃板上。氮气可通过燃烧器的底部补充,它的流速可通过改变燃烧器顶部排气孔的大小来调节。

在测试的过程中,可使用高速摄影获得气相中的燃烧波结构。但为了清楚地观察燃烧表面,必须用钨灯或氙气灯从燃烧器外部对推进剂药条进行照明。同时燃面的显微照片也可通过安装在高速摄影仪上的显微光学装置得到。

名 词 术 语

a

acoustic combustion instability　声不稳定燃烧
　　-model for suppression　声不稳定燃烧抑制模型
　　-oscillatory combustion　振荡燃烧
　　-test　声不稳定燃烧试验
acoustic wave travelling　声波传播
activation energy　活化能
　　-ammonium perchlorate　高氯酸铵(AP)的活化能
active polymers　活性聚合物
　　-azide polymers　叠氮活性聚合物
　　-nitropolymers　硝基活性聚合物
adiabatic flame temperature　绝热火焰温度
　　-of HMX-CMDB propellants　HMX-CMDB 推进剂的绝热火焰温度
adiabatic flame temperature *vs.* burning rate　绝热火焰温度与燃速
　　-AN-GAP composite propellants　AN-GAP 复合推进剂的绝热火焰温度与燃速
　　-AP-GAP composite propellants　AP-GAP 复合推进剂绝热火焰温度与燃速
ADN composite propellants　ADN 复合推进剂
afterburning　二次燃烧
ammonium dinitramide　二硝酰胺铵(ADN)
ammonium nitrate　硝酸铵(AN)
　　-characteristics　AN 的特性
　　-composite propellants　AN 复合推进剂
　　-disadvantages of　AN 的缺点
　　-fuel oil explosives　AN 燃料油炸药
　　-physicochemical properties of　AN 的物理化学性质
　　-pyrolants　AN 烟火剂
　　-thermal decomposition　AN 的热分解

ammonium nitrate fuel oil (ANFO) explosives　硝酸铵燃料油炸药
ammonium perchlorate　高氯酸铵(AP)
　—AP-GAP propellants　AP-GAP 推进剂
　—AP-HTPB composite propellants　AP-HTPB 复合推进剂
　—burning rate　AP 的燃速
　—combustion wave structure　AP 的燃烧波结构
　—pyrolants　AP 烟火剂
　—thermal decomposition　AP 的热分解
ammonium perchlorate composite propellants　AP 复合推进剂
　—binders　AP 复合推进剂的黏合剂
　—combustion wave structure　AP 复合推进剂的燃烧波结构
　—granular diffusion-flame theory　AP 复合推进剂粒状扩散火焰理论
　—LiF negative catalyst　AP 复合推进剂用 LiF 负催化剂
　—particle size　AP 复合推进剂颗粒尺寸
　—positive catalyst　AP 复合推进剂用正催化剂
　—premixed and diffusion flame　AP 复合推进剂的预混和扩散火焰
　—SrCO$_3$ negative catalyst　AP 复合推进剂用 SrCO$_3$ 负催化剂
　—temperature sensitivity　AP 复合推进剂的燃速温度敏感系数
AN-(BAMO-AMMO)-HMX composite propellants　AN-(BAMO-AMMO)-HMX 复合推进剂
AN-GAP composite propellants　AN-GAP 复合推进剂
AP-CMDB propellants　AP-CMDB 推进剂
　—burning rate　AP-CMDB 推进剂的燃速
　—flame structure and combustion mode　AP-CMDB 推进剂的火焰结构和燃烧模型
AP composite pyrolants　AP 复合烟火剂
AP-GAP composite propellants　AP-GAP 复合推进剂
AP-nitramine composite propellants　AP-硝胺复合推进剂
　—binder　AP-硝胺复合推进剂的黏合剂
　—particle size　AP-硝胺复合推进剂的颗粒大小
　—theoretical performance　AP-硝胺复合推进剂理论性能
atmospheric windows　大气窗口
azide polymer　叠氮聚合物

b

band spectra 带状光谱
B-AP pyrolants B-AP 烟火剂
bis-azide methyl oxetane 3,3-二叠氮甲基氧杂丁环(BAMO)
2,2-bis(ethylferrocenyl)propane 2,2-双(乙基二茂铁)丙烷(BEFP)
B-KNO$_3$ pyrolants B-KNO$_3$ 烟火剂
black-body radiation 黑体辐射
black powder 黑火药
black smoke emitters 释放黑烟的物体
Boltzmann constant 玻耳兹曼常数
brittle fracture 脆性断裂
burning rate 燃速
 -ammonium perchlorate 高氯酸铵的燃速
 -AP-CMDB propellants AP-CMDB 推进剂的燃速
 -AP-nitramine composite propellants AP-硝胺复合推进剂的燃速
 -bis-azide methyl oxetane 3,3-二叠氮甲基氧杂丁环(BAMO)的燃速
 -characteristics 燃速特性
 -catalysts 燃速催化剂
 -catalyzed HMX-CMDB propellants 催化的 HMX-CMDB 推进剂的燃速
 -GAP GAP 的燃速
 -HMX HMX 的燃速
 -HMX-GAP composite propellants HMX-GAP 复合推进剂的燃速
 -HNIW composite propellants HNIW 复合推进剂的燃速
 -NC-TMETN propellants NC-TMETN 推进剂的燃速
 -nitramine-CMDB propellants 硝胺改性双基推进剂的燃速
 -nitramine composite propellants 硝胺复合推进剂的燃速
 -nitro-azide propellants 叠氮硝基推进剂的燃速
 -pressure exponent 燃速压强指数
 -SrCO$_3$ negative catalyst 负催化剂 SrCO$_3$ 的燃速
 -TAGN TAGN 的燃速
 -TAGN-GAP composite propellants TAGN-GAP 复合推进剂的燃速
 -temperature sensitivity of 燃速温度敏感系数
burning surface transition 燃面过渡

c

catalyst activity 催化活性
catalyzed double-base propellants 催化的双基推进剂
　-burning rate 催化的双基推进剂的燃速
　-combustion models 催化的双基推进剂的燃烧模型
　-dark zone reactions in 催化的双基推进剂的暗区反应
　-fizz zone reaction in 催化的双基推进剂的嘶嘶区反应
　-LiF　LiF 催化的双基推进剂
　-Ni　Ni 催化的双基推进剂
　-super-rate, plateau and mesa-burning characteristics 催化的双基推进剂超速燃烧、平台燃烧和麦撒燃烧
catalyzed HMX-CMDB propellants 催化的 HMX-CMDB 推进剂
　-burning rate 催化的 HMX-CMDB 推进剂的燃速
　-combustion wave structure 催化的 HMX-CMDB 推进剂的燃烧波结构
catastrophic explosion 毁灭性爆炸
catocene 卡托辛,2,2-双(乙基二茂铁)丙烷
Chapman-Jouguet points　C-J 点
chemical bond energy 化学键能
chemical smoke 化学烟雾
CHNOexplosives　CHNO 炸药
colored light emitters 彩色焰火
　-combustion 彩色焰火的燃烧
　-aluminum particle 铝粉的彩色焰火
　-B-AP pyrolants　B-AP 烟火剂
　-B-KNO$_3$ pyrolants　B-KNO$_3$ 烟火剂
　-boron particles 含硼粉的烟火剂
　-burning rate augmentation 烟火剂燃速增量
　-effects of aluminum particles 烟火剂中铝粉的作用
　-GAP-AN pyrolants　GAP-AN 烟火剂
　-Li-SF$_6$ pyrolants 含 Li-SF$_6$ 烟火剂
　-magnesium particles 含镁的烟火剂
　-metal-GAP pyrolant　GAP-金属烟火剂
　-metal particle with gaseous oxidizer 含气态氧化物的金属粉烟火剂

467

-Mg-Tf pyrolants　Mg-Tf 烟火剂

-NaN₃ pyrolants　NaN₃ 烟火剂

-nitramine pyrolants　硝胺烟火剂

-pressure　烟火剂压强

-Ti-C pyrolants　Ti-C 烟火剂

-Ti-KNO₃ and Zr-KNO₃ pyrolants　Ti-KNO₃ 和 Zr-KNO₃ 烟火剂

-zirconium particles　锆粉的彩色焰火

combustion wave　燃烧波

-burning rate model　燃烧波燃速模型

-Chapman-Jouguet points　燃烧波 C-J 点

-chemical reaction rate　燃烧波化学反应速率

-deflagration wave　爆燃波

-detonation wave　爆轰波

-flame stand-off distance　燃烧波火焰投射距离

-propagation of　燃烧波的传播

-Rankine-Hugoniot equation　燃烧波 Rankine-Hugoniot 方程

-thermal model of　燃烧波的热模型

-thermal structure in condensed and gas phases　燃烧波在气相和凝聚相中的热结构

combustion wave structure　燃烧波结构

-ammonium dinitramide　二硝酰胺铵(ADN)的燃烧波结构

-AP　AP 的燃烧波结构

-AP propellants　AP 推进剂的燃烧波结构

-bis-azide methyl oxetane　3,3-二叠氮甲基氧杂丁环(BAMO)的燃烧波结构

-GAP　GAP 的燃烧波结构

-HMX　HMX 的燃烧波结构

-HMX-GAP composite propellants　HMX-GAP 复合推进剂的燃烧波结构

-HNF　HNF 的燃烧波结构

-LiF　LiF 的燃烧波结构

-NC-NG double-base propellants　NC-NG 双基推进剂的燃烧波结构

-NC-TMETN propellants　NC-TMETN 推进剂的燃烧波结构

-nitro-azide propellants　叠氮硝基推进剂的燃烧波结构

-SrCO₃ negative catalyst　负催化剂 SrCO₃ 的燃烧波结构

-TAGN-GAP composite propellants　TAGN-GAP 复合推进剂的燃烧波结构

-TAGN　TAGN 的燃烧波结构
composite-modified double-base propellants　复合改性双基(CMDB)推进剂
composite propellants　复合推进剂
condensed-phase reaction zone　凝聚相反应区
conductive heat　传导的热量
continuous emission　持续发射(辐射)
convective and conductive ignition　对流和传导点火
convergent-divergent nozzle　收敛-扩张喷管
critical friction energy　临界摩擦能量
cross-flow velocity　截面流速
crystalline oxidizers　晶体氧化剂
cyclo-1,3,5,7-tetramethylene-2,4,6,8-tetranitramine　环四亚甲基四硝胺(HMX),奥克托今
cyclo-1,3,5-trimethylene-2,4,6-trinitramine　环三次甲基三硝胺(RDX),黑索今

d

damping factor　阻尼因数
dark zone　暗区
deflagration model　爆燃模型
deflagration todetonation transition　燃烧转爆轰(DDT)
deflagration wave　爆燃波
degrees of freedom　自由度
destructive force formation　破坏力的形成
detonation temperature　爆炸温度
detonation transition to deflagration　爆轰转爆燃(DTD)
detonation wave　爆轰波
detonation wave propagation　爆轰波的传播
diffusional flamelets　扩散火焰
diffusional mixing process　扩散混合过程
diffusion flame　扩散火焰
direct-connect flow test　直连式(DCF)试验
dissociation process　离解过程
double-base propellants　双基推进剂

dual-thrust motors 双推力发动机
　-burning interruption 双推力发动机燃烧中断
　-design parameters 双推力发动机设计参数
　-mass generation rates 双推力发动机质量生成率
　-physical parameters 双推力发动机物理参数
　-physicochemical parameters 双推力发动机物理化学参数
　-pressure deflagration limit 双推力发动机的压强爆燃极限
　-pressure vs. burning time curve 双推力发动机压强-燃烧时间曲线
　-principles 双推力发动机原理
　-single propellant grain 双推力发动机的单推进剂装药
　-thrust modulator 双推力发动机推力调节器
ducted rocket propulsion 固体火箭冲压发动机推进
　-combustion of variable-flow gas generator 固冲发动机可变流量燃气发生器的燃烧
　-combustion test facility 固冲发动机燃烧测试装置
　-computational process 固冲发动机性能模拟计算步骤
　-design parameters 固冲发动机设计参数
　-flight altitude 固冲发动机火箭飞行高度
　-flight Mach number 固冲发动机火箭飞行马赫数
　-fuel-flow system 固冲发动机燃料流动系统
　-high-temperature gaseous products 固冲发动机高温气体产物
　-multiport air-intake combustion efficiency 多孔进气道固冲发动机燃烧效率
　-ramburner 固冲发动机补燃室
　-structure 固冲发动机的结构
　-thrust and drag 固冲发动机的推力和阻力
ductile fracture 韧性断裂

e

electromagnetic radiation 电磁辐射
elements 元素
　-heat of combustion 单质元素的燃烧热
　-periodic table 元素周期表
　-physicochemical properties 单质元素的物理化学性质
energetic explosive materials 含能爆炸性材料

energetic material　含能材料
energy density　能量密度
enthalpy　焓
　-definition　焓的定义
　-stagnation　临界焓
entropy　熵
equilibrium constant　平衡常数
erosive burning　侵蚀燃烧
　-erosive ratio vs. mass flow rate　侵蚀燃烧中侵蚀比与质量流速的关系
　-head-end pressure　侵蚀燃烧头部压强
　-overall erosive ratio *vs.* L/D　侵蚀燃烧总侵蚀比与长径比的关系
　-peak pressures　侵蚀燃烧峰值压强
　-propellant grain internal geometry　侵蚀燃烧推进剂装药内部药型
　-thrust versus burning time relationship　侵蚀燃烧中推力与燃速的关系
erosive burning model　侵蚀燃烧模型
erosive burning phenomena　侵蚀燃烧现象
　-cross-flow effects　侵蚀燃烧现象的横向流动作用
　-heat transfer through boundary layer　侵蚀燃烧现象中通过边界层的热传递
　-Lenoir-Robilard parameters　侵蚀燃烧现象的 Lenoir-Robilard 参数
　-threshold velocity　侵蚀燃烧现象的极限速度
erosive burning rate equation　侵蚀燃速方程
erosive ratio　侵蚀比
ethyl nitrate　硝酸乙酯
explosives　炸药
　-ammonium nitrate fuel oil　铵油炸药（ANFO）
　-CHNO explosives　碳氢氧氮炸药
　-critical diameters　炸药的临界直径
　-detonation process　炸药的爆轰过程
　-detonation velocity　炸药的爆速
　-detonation velocity and pressure　炸药的爆速和爆压
　-energetic materials　含能材料炸药
　-equation of state for detonation　炸药的爆轰态方程
　-industrial explosives　工业炸药
　-lens　炸药聚能镜

471

-military explosives 军用炸药
-Rankine-Hugoniot equations 炸药的 Rankine-Hugoniot 方程
-slurry 浆状炸药
-TNT-based TNT 基炸药
-uses 炸药的用途

f

first law of thermodynamics 热力学第一定律
first-order reaction 一级反应
fixed fuel-flow ducted rocket 固定流量式固体火箭冲压发动机
fizz zone 嘶嘶区
　　-flame stand-off distance 嘶嘶区火焰与燃面间的距离
　　-heat flux 嘶嘶区热流量
　　-reaction models in 嘶嘶区反应模型
flame stand-off distance 火焰与燃面间的距离
　　-catalyzed HMX-CMDB propellants 催化 HMX-CMDB 推进剂火焰与燃面间的距离
flame structure 火焰结构
　　-AP-CMDB propellants AP-CMDB 推进剂的火焰结构
　　-nitramine-CMDB propellants 含硝胺 CMDB 推进剂的火焰结构
flame temperature 火焰温度
flame velocity 火焰速度
flame zone 火焰区
flammability limit 可燃极限
flat detonation wave formation 平面爆轰波的形成
flow Mach number 流动马赫数
freejet（FJ）test 自由射流试验
friction sensitivity 摩擦感度
fuel components 燃料组分
　　-metallic fuels 金属燃料组分
　　-metal particles 金属颗粒燃料组分
　　-non-metallic solid fuels 非金属固体燃料组分
　　-polymeric fuels 聚合物燃料组分
fuel-flow system 燃料流动系统

-fixed fuel-flow system 固定流量系统
-non-choked flow system 非壅塞式系统
-variable fuel-flow system 可变流量系统

g

GAP-AN pyrolants GAP-AN 烟火剂
GAP-B pyrolants GAP-B 烟火剂
gas constant 气体常数
gaseous high-temperature flames 气态高温火焰
gas-generating pyrolants 燃气发生器用烟火剂
　　-AP composite pyrolants AP 复合燃气发生器用烟火剂
　　-burning rate and pressure exponent 燃气发生器用烟火剂的燃速和燃速压强指数
　　-fuel components metal particles 燃气发生器用烟火剂燃料中的金属颗粒
　　-GAP-B pyrolants GAP-B 燃气发生器用烟火剂
　　-GAP pyrolants GAP 燃气发生器用烟火剂
　　-metal particles on combustion stability 金属颗粒的稳态燃烧
　　-physicochemical properties 燃气发生器用烟火剂的物理化学性质
　　-used in VFDR 燃气发生器用烟火剂在可变流量固冲发动机(VFDR)中的应用
　　-wired gas-generation pyrolants 嵌金属丝的燃气发生器用烟火剂
gas-hybrid rocket 燃气混合火箭
　　-liquid oxidizer 燃气混合火箭液体氧化剂
　　-mixing process 燃气混合火箭掺混过程
　　-principles 燃气混合火箭原理
　　-pyrolants 燃气混合火箭用烟火剂
　　-schematic diagram 燃气混合火箭原理示意图
　　-self-regulation oxidizer feeding mechanism 燃气混合火箭氧化剂自动喷注装置
　　-thrust and combustion pressure 燃气混合火箭的推力和燃烧过程
　　-types of 燃气混合火箭的种类
gas-phase reaction 气相反应
gas-phase reaction HMX-GAP propellants HMX-GAP 推进剂的气相反应
gas-phase reaction rate 气相反应速率
gas-phase reaction zone 气相反应区
gas-pressurized system 气体压缩系统

Gibbs free energy　Gibbs 自由能
glycidyl azide polymer　聚叠氮缩水甘油醚(GAP)
glycidyl azide polymer(GAP) pyrolants　GAP 烟火剂
granular diffusion-flame(GDF) theory　粒状扩散火焰(GDF)理论
franulared propellant　粒状火药
green propellants　绿色推进剂
　-ADN and HNF-composite propellants　ADN 和 HNF 绿色复合推进剂
　-characteristics　绿色推进剂的特性
　-nitramine composite propellants　绿色硝胺复合推进剂
　-nitropolymer propellants　绿色硝基聚合物推进剂
　-oxidizer components　绿色推进剂的氧化剂组分
　-physical and chemical properties　绿色推进剂的物理化学性质
　-TAGN-GAP composite propellants　绿色 TAGN-GAP 复合推进剂
gun cotton　强棉(含氮量为 13.0%~13.5%的硝化纤维素)
gun propulsion　枪炮推进
　-internal ballistics　枪炮内弹道
　-thermochemical process　枪炮推进的热化学过程

h

HCl reduction　HCl 还原
　-acid mist formation　HCl 还原酸雾的形成
　-ammonium perchlorate composite propellants　HCl 还原高氯酸铵复合推进剂
　-booster propellant　HCl 还原助推推进剂
　-by metal chlorides formation　生成金属氯化物的 HCl 还原过程
heat balance, HMX-CMDB propellants　热平衡, HMX-CMDB 推进剂
heat conduction zone　热传导区
heat of detonation per mole　每摩尔爆热
heat release process　放热过程
heats of explosion　爆热
heats of formation　生成热
heat-transfer coefficient　传热系数
heat-transfer process　传热过程
heterogeneous pyrolants　异质烟火剂
hexanitrostilbene　六硝基芪

hexanitrohexaazaisowurtzitane　六硝基六氮杂异伍兹烷(HNIW,CL-20)
HMX　环四亚甲基四硝胺(奥克托今)
　　-burning rate　HMX 的燃速
　　-combustion wave structure and heat transfer　HMX 的燃烧波结构和热传导
　　-gas-phase reaction　HMX 气相反应
　　-thermal decomposition　HMX 热分解
HMX composite propellants　HMX 复合推进剂
　　-chemical properties　HMX 复合推进剂的化学性质
　　-compositions of　HMX 复合推进剂由……组成
HMX-GAP composite propellants　HMX-GAP 复合推进剂
　　-burning rate　HMX-GAP 复合推进剂的燃速
　　-combustion wave structure　HMX-GAP 复合推进剂的燃烧波结构
　　-physicochemical properties of　HMX-GAP 复合推进剂的物理化学性质
HMX-PBX materials　HMX-PBX 材料
HNF composite propellants　HNF 复合推进剂
HNIWcomposite propellants　HNIW(CL-20)复合推进剂
homogeneous pyrolants　均质烟火剂
Hopkinnson effect　Hopkinnson 效应
hot particles　热粒子
hot-spot ignition　热点点火
Hugoniot curve　Hugoniot 曲线
　　-definition　Hugoniot 曲线的定义
　　-detonation and deflagration regions on　Hugoniot 曲线的爆轰和爆燃区
hydrazinium nitroformate　硝仿肼(HNF)
hydrazinium nitroformate composite propellants　硝仿肼复合推进剂
hydrocarbon polymers　烃类聚合物
hydroxyl-terminated polybutadiene　端羟基聚丁二烯(HTPB)
hydroxyl-terminated polyester　端羟基聚酯(HTPS)

i

igniters　点火器
ignition　点火
　　-for combustion　点火燃烧
　　-definition　点火的定义

-physicochemical parameters of　点火的物理化学参数
　　-system　点火系统
　　-thermal theory of　点火的热理论
　　-transient　点火瞬间
　　-industrial explosives　工业炸药点火
　　-ANFO　铵油炸药点火
　　-nitroglycerin　硝化甘油点火
　　-slurry and emulsion　浆状炸药和乳化炸药点火
inert polymers　惰性聚合物
infrared emission　红外发射
infrared light　红外线
infrared radiation　红外辐射
infrared spectra of TAGN　TAGN 的红外光谱
inhibitory effect of lead oxide　氧化铅的抑制作用
internal ballistics of a gun　枪炮的内弹道
internal burning　内部燃烧

l

laminar flame　层状火焰
laminar flame-speed theory　层状火焰速度理论
L^* combustion instability　L^* 燃烧的不稳定性
lead-catalyzed double-base propellant　铅催化的双基推进剂
lead stearate　硬脂酸铅
LiF-catalyzed double-base propellant　LiF 催化的双基推进剂
light attenuation　光散射
line spectra　线状光谱
liquid ramjets　液体冲压喷射发动机
Li-SF$_6$ pyrolants　Li-SF$_6$ 烟火剂
lithium fluoride　氟化锂
　　-catalyst action on combustion wave　燃烧波上氟化锂催化剂的作用
　　-super-rate burning　氟化锂超速燃烧
luminous flame front approach　明亮火焰近前
luminous flame zone　明亮火焰区

m

Mach number 马赫数
mass flux 质量流量
mass variable fuel-flow ducted rockets 可变流量固体火箭冲压发动机(VFDR)
　　-generation rate 可变流量固体火箭冲压发动机质量生成率
metal azides 金属叠氮化物
metal-GAP pyrolants GAP金属烟火剂
metallic crystalline oxidizers 金属氧化物晶体
　　-barium chlorate 氯酸钡晶体
　　-barium nitrate 硝酸钡晶体
　　-potassium chlorate 氯酸钾晶体
　　-potassium nitrate 硝酸钾晶体
　　-potassium perchlorate 高氯酸钾晶体
　　-sodium nitrate 硝酸钠晶体
　　-strontium nitrate 硝酸锶晶体
metallic fuels 金属燃料
metalized pyrolants 含金属粉的烟火剂
methyl nitrate 硝酸甲酯
Mg-Tf pyrolants Mg-Tf烟火剂
military explosives 军用炸药
　　-plastic-bonded explosives 军用塑料黏结炸药
　　-TNT 军用TNT炸药
molten jet stream formation 熔融射流的形成
momentum change 动力变化
multi-port air-intake combustion efficiency 多口进气道燃烧效率
Munroe effect Munroe效应

n

NaN_3 pyrolants NaN_3烟火剂
NC-NG double-base propellants NC-NG双基推进剂
　　-burning rate characteristics NC-NG双基推进剂燃速特性
　　-combustion wave structure NC-NG双基推进剂燃烧波结构
　　-energetics NC-NG双基推进剂的能量

-gas-phase model　NC-NG 双基推进剂气相模型

-heat feedback　NC-NG 双基推进剂热反馈

-temperature sensitivity　NC-NG 双基推进剂燃速燃速温度敏感系数

NC-TMETN propellants　NC-TMETN 推进剂

-burning rate　NC-TMETN 推进剂燃速

-combustion wave structure　NC-TMETN 推进剂燃烧波结构

negative erosive burning　负侵蚀燃烧

neutralized propellants　中性推进剂

Ni-catalyzed double-base propellants　Ni 催化的双基推进剂

nitramine-CMDB propellants　硝胺改性双基推进剂

-burning rate characteristics　硝胺改性双基推进剂的燃速特性

-burning rate model　硝胺改性双基推进剂的燃速模型

-flame structure and combustion mode　硝胺改性双基推进剂火焰结构和燃烧模型

-thermal wave structure　硝胺改性双基推进剂热波结构

nitramine composite propellants　硝胺复合推进剂

-binders　硝胺复合推进剂黏合剂

-combustion wave structure　硝胺复合推进剂燃烧波结构

-particle size　硝胺复合推进剂颗粒粒径

nitramine pyrolants　硝胺烟火剂

nitrate esters　硝酸酯

nitro-azide polymer propellants　叠氮硝基聚合物推进剂

nitro-azide propellants　叠氮硝基推进剂

nitrocellulose　硝化纤维素,硝化棉

nitro compounds　硝基化合物

nitroglycerin　硝化甘油

nitroguanidine　硝基胍

nitronium perchlorate　高氯酸硝酰,NO_2ClO_4

nitropolymer propellant　硝基聚合物推进剂

nitropolymers　硝基聚合物(NP)

-prolants　硝基聚合物烟火剂

non-choked fuel-flow system　非壅塞式燃流系统

non-metallic solid fuels　非金属固体燃料

-boron　含硼非金属固体燃料

-carbon　含碳非金属固体燃料
-silicon　含硅非金属固体燃料
-sulfur　含硫非金属固体燃料
normal shock wave　正激波
nozzle discharge coefficient　喷管排出系数
nozzle expansion　喷管膨胀
nozzleless rocket motor　无喷管火箭发动机
　-combustion performance analysis　无喷管火箭发动机燃烧性能分析
　-flow characteristics　无喷管火箭发动机流动特性
　-principles of　无喷管火箭发动机原理

o

overall erosive burning ratio　总侵蚀比
oxidation and combustion process　氧化和燃烧过程
oxidation reaction　氧化反应
oxidizer components　氧化剂组分
　-chemical potential　氧化剂组分的化学潜能
　-crystalline materials　晶体材料氧化剂组分
　-fluorine compounds　氟化物氧化剂组分
　-metallic crystalline oxidizers　金属晶体氧化物氧化剂组分
　-metallic oxides　金属晶体氧化物氧化剂组分
　-metallic sulfides　金属硫化物氧化剂组分
　-metal oxides　金属氧化物氧化剂组分
oxygen balance　氧平衡

p

particle size　粒径
　-AP composite propellants　AP复合推进剂的粒径
　-nitramine composite propellants　硝胺复合推进剂的粒径
pentaerythritol tetranitrate　季戊四醇四硝酸酯,太安
pentaerythrol tetranitrate　季戊四醇四硝酸酯,太安
physical smoke　物理烟雾
plastic-bonded explosives　PBX炸药
plateau burning　平台燃烧

poly(bis-azide methyl oxetane) 聚3,3-二叠氮甲基氧杂丁环(BAMO)
polybutadiene acrylonitrile copolymer 聚丁二烯-丙烯酸-丙烯腈三元共聚物(PBAN)
polymeric fuels 聚合物燃料
　　-azide polymers 叠氮聚合物燃料
　　-hydrocarbon polymers 碳氢聚合物燃料
　　-nitropolymers 硝基聚合物燃料
polymers 聚合物
　　-azide 叠氮聚合物
　　-inert 惰性聚合物
　　-nitrate esters 硝酸酯聚合物
　　-physicochemical properties of 聚合物的物化性质
polysulfides 聚硫化物
polyurethane 聚氨酯
polyurethane copolymer 聚氨酯共聚物
potassium nitrate 硝酸钾
potassium perchlorate 高氯酸钾
potassium salts 钾盐
premixed flame 预混火焰
preparation zone 准备区
propellants 推进剂,火药,发射药
　　-composite 复合推进剂
　　-double-base 双基推进剂
　　-and explosives 火炸药
　　-formulation of 火药(推进剂、发射药)配方
　　-nitropolymer 硝基聚合物火药
pulse rocket motor 脉冲火箭发动机
　　-combustion test 脉冲火箭发动机燃烧测试
　　-design 脉冲火箭发动机设计
　　-operational flight design 脉冲火箭发动机作战飞行设计
pyrolants 烟火剂
　　-burning rate 烟火剂的燃速
　　-categories 烟火剂的种类
　　-characteristics 烟火剂的特性

-chemical composition 烟火剂的化学组成
-chemical ingredients 烟火剂的化学组分
-combustion characteristics 烟火剂的燃烧特性
-deflagration 烟火剂爆燃
-diffusional process 烟火剂扩散过程
-energetic materials 烟火剂类含能材料
-energetics of elements 烟火剂组分的能量
-enthalpy and heat of reaction 烟火剂的焓和反应热
-flame temperature and gas volume 烟火剂的火焰温度和燃气体积
-fuel components 烟火剂中的燃料组分
-gas generators 燃气发生器用烟火剂
-heats of explosion 烟火剂的爆热
-heats of formation 烟火剂的生成热
-heterogeneous materials 异质烟火剂
-homogeneous materials 均质烟火剂
-igniters 烟火剂点火器
-metal azides 叠氮金属烟火剂
-oxidizer components 烟火剂中的氧化剂组分
-physicochemical characteristics 烟火剂的物化特性
-reactants and products 烟火剂反应物和生成物
-smoke characteristics 烟火剂的烟雾特性
-thermodynamic energy 烟火剂的热动力学能量
-thermodynamic properties 烟火剂的热动力学性质

r

radiative energy 辐射能
radiative ignition 辐射点火
ramburner （固体冲压发动机中的）补燃室
Rankine-Hugoniot equation Rankine-Hugoniot 方程
Rayleigh equation Rayleigh 方程
RDX-AP composite propellant RDX-AP 复合推进剂
RDX-PBX materials RDX-PBX 材料
reaction rate 反应速度
reduced-smoke propellants 少烟推进剂

Reynolds number　雷诺数
rocket flight trajectories　火箭飞行弹道
rocket motors　火箭发动机
　　-burning rate　火箭发动机燃速
　　-combustion efficiency　火箭发动机燃烧效率
　　-combustion phenomena　火箭发动机燃烧现象
　　-erosive burning　火箭发动机侵蚀燃烧
　　-pressure versus burning time curves　火箭发动机压强-时间关系曲线
　　-propellant burning　火箭发动机中推进剂的燃烧
　　-stability criteria　火箭发动机稳定性判据
　　-temperature sensitivity　火箭发动机温度敏感性
　　-zones of burning　火箭发动机燃烧区
rocket nozzle　火箭喷管
rocket plumes　火箭羽流
rocket propulsion　火箭推进
　　-characteristic velocity　火箭推进的特征速度
　　-$vs.$ gun propulsion　火箭推进与枪炮推进
　　-pressure-volume and enthalpy-entropy diagrams　压强-体积和焓-熵图
　　-specific impulse　火箭推进的比冲
　　-thrust coefficient　火箭推进的推力系数

S

second-order reaction　二级反应
self-sustaining combustion　自持燃烧
semi-freejet test　半自由射流(SFJ)试验
shaped charge　锥孔装药
shock wave　冲击波，激波
　　-formation　冲击波(激波)的形成
　　-and pressure　冲击波和压强
simplified burning-rate model　简化的燃速模型
single-base propellants　单基火药
single-grain dual-thrust motor　单药柱双推力火箭
six-pointed-star geometry　六星角星形
six-pointed-star grain　六星角星形药柱

slurry and emulsion explosives　浆状和乳化炸药
slurry explosives　浆状炸药
smoke and flame　烟和火焰
smoke emission　释放烟雾
　　-black smoke emitters　冒黑烟的物体
　　-chemical smoke　放出化学烟雾
　　-physical smoke　放出物理烟雾
　　-white smoke emitters　冒白烟的物体
smokeless pyrolants　无烟烟火剂
　　-ammonium nitrate　硝酸铵无烟烟火剂
　　-nitropolymer　硝基聚合物无烟烟火剂
sodium nitrate　硝酸钠
solid-phase reaction zone　固相反应区
solid ramjet　固体冲压喷气火箭
solid rockets　固体火箭
sonic velocity　超声速
specific heat　比热
specific impulse, rocket propulsion　比冲,火箭推进
stagnation point　驻点
standing pressure wave　驻点压力波
step function model, for gas-phase reaction　气相反应的阶梯函数模型
subsurface reaction zone　亚表面反应区
super-rate burning　超速燃烧
　　-HMX-GAP composite propellant　HMX-GAP 复合推进剂超速燃烧
　　-HMX-HTPE composite propellant　HMX-HTPE 复合推进剂超速燃烧
　　-HMX-HTPS composite propellant　HMX-HTPS 复合推进剂超速燃烧
　　-LiF catalysts for　可产生超速燃烧的 LiF 催化剂
supersonic nozzle flow　超声速喷管气流
suppression of combustion instability　燃烧不稳定性的抑制

t

TAGN composite propellants　TAGN 复合推进剂
TAGN-GAP composite propellants　TAGN-GAP 复合推进剂
　　-burning rate and combustion wave structre　TAGN-GAP 复合推进剂的燃速和

燃烧波结构

-physicochemical properties of   TAGN-GAP 复合推进剂的物化性质

T-burner   T 形燃烧器

T* combustion instability   T* 燃烧不稳定性

temperature sensitivity ammonium perchlorate composite propellants   AP 复合推进剂的温度敏感性

temperature sensitivity of burning rate   燃速燃速温度敏感性

termolecular reaction   三分子反应

thermal conductivity of carbon   碳的热导率

thermal decomposition   热分解

-ammonium nitrate   硝酸铵的热分解

-ammonium perchlorate   高氯酸铵(AP)的热分解

-bis-azide methyl oxetane   BAMO 的热分解

-GAP   GAP 的热分解

-HMX   HMX 的热分解

-TAGN   TAGN 的热分解

thermal dissociation   热解离

thermal equilibrium   热平衡

thermalodynamic energy   热力学能量

thermalodynamic potential   热力学潜能

third-order reaction   三级反应

thrust   推力

Ti-C pyrolants   Ti-C 烟火剂

Ti-KNO$_3$ and Zr-KNO$_3$ pyrolants   Ti-KNO$_3$ 和 Zr-KNO$_3$ 烟火剂

TNT-based explosives   TNT 基炸药

triaminoguanidine nitrate   三氨基胍硝酸盐(TAGN)

-burning rate   TAGN 的燃速

-combustion wave structure and heat transfer   TAGN 的燃烧波结构和热传导

-thermal decomposition   TAGN 热分解

trinitrobenze   三硝基苯

triple-base propellants   三基火药

turbo pump operation system   涡轮泵增压系统

turbulence   湍流

u

underwater explosion 水下炸药

v

variable-flow gas generator 可变流量燃气发生器
variable fuel-flow ducted rockets 可变流量固体冲压发动机(VFDR)
 -definition 可变流量固体冲压发动机的定义
 -energy conversion 可变流量固体冲压发动机的能量转化
 -high and low pressure exponent pyrolants 可变流量固体冲压发动机用高、低压强指数烟火剂
 -mass generation rate 可变流量固体冲压发动机质量生成率
 -nozzle throat area controller 可变流量固体冲压发动机喷喉面积控制器
 -pyrolants 可变流量固体冲压发动机用烟火剂
Vieille's law Vieille 定律
volumetric burning rate of propellant grain 推进剂装药的体积燃速
von Neumann spike von Neumann 峰值

w

white smoke emitters 释放白烟的物体
wired gas-generating pyrolants 燃气发生器用嵌丝烟火剂
wired propellant burning 嵌丝推进剂燃烧
 -burning rate augmentation 嵌丝推进剂燃速增量
 -heat-transfer process 嵌丝推进剂燃烧时的热传导过程

z

Zeldovich, von Neumann and Düring model ZND 模型
zirconium pyrolants 含锆的烟火剂